名师名著
教育中国·规划精品系列

普通高等教育“十一五”国家级规划教材
普通高等教育一流本科专业建设成果教材
石油和化工行业“十四五”规划教材
中国石油与化工教育教学优秀教材一等奖
中国石油和化学工业优秀出版物（教材奖）一等奖

ENGINEERING
FLUID MECHANICS

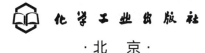

工程流体力学

第4版

黄卫星　伍　勇　潘大伟　编著

化学工业出版社
·北　京·

内容简介

本书在第3版基础上总结教学和工程实践修订成稿，内容涉及流体力学基本概念、基本原理、研究方法和工程应用四个方面。全书共12章，包括：流体的力学特性、流体流动的基本概念、流体静力学、流体流动的守恒原理、不可压缩流体的一维层流流动、流体流动微分方程、不可压缩理想流体的平面流动、流动相似与模型实验、管内不可压缩流体的湍流流动、边界层及绕流流动、可压缩流动基础与管内流动、过程设备内流体的停留时间分布。

本书内容编排层次清晰，概念阐述直观明确，理论应用与过程装备流动问题结合紧密；各章均有开篇导言，介绍该章的科学背景、内容构成及学习意义；书中例题习题及原理图例丰富，可有效促进知识的理解与掌握；并以二维码形式给出全书习题答案或解题提示，以及相关学习资料。

本书内容定位于工程专业本科，但亦有扩展以满足研究生教学基本需要，在作为过程装备与控制工程专业核心课教材的同时，可供高校化工轻工、能源动力、环境安全及机械工程类专业作为教材或教学参考书使用，对以上专业的科研和工程技术人员亦有重要参考价值。

图书在版编目（CIP）数据

工程流体力学 / 黄卫星，伍勇，潘大伟编著. 4版. -- 北京 : 化学工业出版社，2024. 8 --（普通高等教育“十一五”国家级规划教材）. -- ISBN 978-7-122-45904-6

Ⅰ. TB126

中国国家版本馆CIP数据核字第2024KW6632号

责任编辑：丁文璇
责任校对：田睿涵
装帧设计：张　辉

出版发行：化学工业出版社
（北京市东城区青年湖南街13号　邮政编码100011）
印　　装：大厂回族自治县聚鑫印刷有限责任公司
880mm×1230mm　1/16　印张21　字数665千字
2024年8月北京第4版第1次印刷

购书咨询：010－64518888
售后服务：010－64518899
网　　址：http://www.cip.com.cn
凡购买本书，如有缺损质量问题，本社销售中心负责调换。

定　　价：60.00元

第 4 版前言

流体及其流动现象在日常生活和工程实际中广泛存在，很多工程领域都需要应用流体力学的理论与方法来解决其面临的流体流动问题。这种需求既是流体力学发展的促进因素，也是国内外高校相关工程学科与专业开设“工程流体力学”课程的直接原因，过程装备与控制工程专业亦不例外。

“工程流体力学”作为过程装备专业的核心课程，其专业背景是：过程装备是以“流体流动”方式实现“三传一反”（动量 / 能量 / 质量传递及化学反应）过程的装置与设备，其中的相关过程为“流体流动”所主导；流体力学作为研究流体受力及运动规律的学科，则为装备流程系统的工艺计算及装备内构件的设计分析提供了理论与方法；以此为指导创造有利于过程强化的流动模式，则是过程装备内构件设计创新的基本出发点。除此之外，工程流体力学课程教学还有其超越专业层面的意义：流体力学的理论与方法作为众多科学家和工程师的智慧结晶，其中所蕴含的丰富科学思想、创新精神及榜样力量，对提升新时代工科人才的科学素质（探索创新精神 / 逻辑思维能力 / 数理分析能力）有重要的促进作用。

本书作为“过程装备与控制工程”专业的核心课教材，从体现学科知识体系、突出专业工程实际、适应教学认知规律三方面协调选材，内容编排层次清晰，概念阐述直观明确，理论与实际结合紧密。教材自 2001 年第 1 版发行以来，得到了广泛的使用和好评，入选为“十一五”普通高等教育国家级规划教材，曾荣获中国石油和化学工业优秀出版物（教材奖）一等奖（第 2 版），中国石油和化工教育教学优秀教材一等奖（第 3 版）。

本书第 4 版作为四川大学国家级一流本科专业——过程装备与控制工程专业的建设成果之一，在保持原有 12 章结构的基础上，总结编者近年来在工程流体力学课程建设与教学改革中的有益经验，融合编者在科研工作中解决流体流动问题的成功实践，对各章内容作了相应的优化与更新，全书的知识系统性、结构逻辑性、教学执行性进一步增强。主要变化如下：

1. 各章均增加了开篇导言。导言介绍了该章所涉及的科学或工程背景，该章的内容组成及编排思想，该章知识的工程应用或科学价值，以引导读者从专业的视角了解全章概貌，把握该章的展开脉络及重点所在，明确其学习的目的与意义。

2. 优化更新了相关章节的内容及编排顺序。包括对各章内容的精简与更新、章节标题及编排顺序的调整等；比如，为区分“方法的普适性”与“问题的特殊性”，第 5 章中原“概述”部分分成了两个专节；为强调流体本构关系及其在建立 N-S 方程中的重要地位，第 6 章增列了“牛顿流体本构方程”专节；根据问题演进的逻辑顺序，对第 7、8、9 章中的内容做了全新的编排；为突出经典理论的思想及其对工程实际的贡献，改进了第 8、9、10 章的标题，等等。

3. 丰富了反映我国科技成果的相关案例，加强了相关知识点与前沿领域的联系。

本次修订中，对近年我国相关行业在过程装备自主研发创新中（包括编著者科研实践中）应用流体力学解决问题的成功案例进行凝练，将其中有教学价值的问题纳入了教材；同时还针对微尺度多相流、工程湍流模拟、过程装备创新等前沿领域，加强了表面张力效应、N-S 方程湍流应用、相似理论指导数值模拟、RANS 方程及湍流模型、流体 RTD 实验指导设备结构创新等方面的论述。

4. 从增强课程高阶性和挑战度、培养学生解决复杂问题的能力出发，在习题中增加了有工程实际背景，及有一定难度，需要综合应用所学知识、微积分数值方法和 Excel 等计算工具才能完成的问题；同时还从拓展认知深度和启发高级思维的角度，重新设计了第 7 ~ 11 章的大部分思考题。全书例题、习题与图例也更为丰富（例题 89 例，习题 275 题，插图 356 幅），其中工程实际背景较强习题亦可作为案例教学的素材。

5. 适应新形态和数字化教材的发展趋势增加了数字资源，为教学内容拓展、多维内容呈现、智能交互学习和个性化教学提供了接口。其中，从辅助教学的角度，以二维码形式给出了全部习题的参考答案或解题提示；从弘扬科学精神、拓展专业视野的角度，以二维码形式给出了本书内容涉及的主要科学家及相关研究成果介绍；更多学习资料将在教材使用中及时上新。

本书以“过程装备与控制工程”专业为背景编写，同时可供化工轻工、能源动力、环境安全及机械工程类专业作为教材或教学参考书。书中内容兼顾了工学专业本科生及研究生课程教学基本需求，编者建议其中第 1 ~ 5 章（流体的力学特性、流体流动的基本概念、流体静力学、流体流动的守恒原理、不可压缩流体的一维层流流动）可作为本科生教学基本内容（~ 48 学时）；第 6 ~ 10 章（流体流动微分方程、不可压缩理想流体的平面流动、流动相似与模型实验、管内不可压缩流体的湍流流动、边界层及绕流流动）可作为研究生教学基本内容（~ 48 学时）；第 11 ~ 12 章（可压缩流动基础与管内流动、过程设备内流体的停留时间分布）可作为选择讲授内容；任课教师亦可根据本校专业学科的特色，交叉选择、补充扩展相关教学内容。

本书第 4 版修订工作仍由黄卫星教授全面负责并执笔，伍勇教授、潘大伟副教授、魏文韫博士、谭帅副教授等参与协同完成。修订工作吸纳了兄弟院校专家教授和任课教师的宝贵意见，得到了四川大学教务处及化学工程学院的立项支持，并得到博士研究生张涛先、陶淳、葛世雄、牟晓锋等同学的大力协助，在此一并致谢。

希望大家对本书第 4 版内容中的不足予以指正。

编著者

2024 年 8 月

本书前 3 版前言

第 1 版序

按照国际标准化组织（ISO）的认定，社会经济过程中的全部产品通常分为四类，即硬件产品（hardware）、软件产品（software）、流程性材料产品（processed material）和服务产品（service）。在新世纪初，世界上各主要发达国家和我国都已把“先进制造技术”列为优先发展的战略性高技术之一。先进制造技术主要是指硬件产品的先进制造技术和流程性材料产品的先进制造技术。所谓“流程性材料”是指以流体（气、液、粉粒体等）形态为主的材料。

过程工业是加工制造流程性材料产品的现代国民经济的支柱产业之一。成套过程装置则是组成过程工业的工作母机群，它通常是由一系列的过程机器和过程设备，按一定的流程方式用管道、阀门等连接起来的一个独立的密闭连续系统，再配以必要的控制仪表和设备，即能平稳连续地把以流体为主的各种流程性材料，让其在装置内部经历必要的物理化学过程，制造出人们需要的新的流程性材料产品。单元过程设备（如塔、换热器、反应器与储罐等）与单元过程机器（如压缩机、泵与分离机等）二者统称为过程装备。为此，有关涉及流程性材料产品先进制造技术的主要研究发展领域应该包括以下几个方面：①过程原理与技术的创新；②成套装置流程技术的创新；③过程设备与过程机器——过程装备技术的创新；④过程控制技术的创新。于是把过程工业需要实现的最佳技术经济指标：高效、节能、清洁和安全不断推向新的技术水平，确保该产业在国际上的竞争力。

过程装备技术的创新，其关键首先应着重于装备内件技术的创新，而其内件技术的创新又与过程原理和技术的创新以及成套装置工艺流程技术的创新密不可分，它们互为依托，相辅相成。这一切也是流程性产品先进制造技术与一般硬件产品的先进制造技术的重大区别所在。另外，这两类不同的先进制造技术的理论基础也有着重大的区别，前者的理论基础主要是化学、固体力学、流体力学、热力学、机械学、化学工程与工艺学、电工电子学和信息技术科学等，而后者则主要侧重于固体力学、材料与加工学、机械机构学、电工电子学和信息技术科学等。

“过程装备与控制工程”本科专业在新世纪的根本任务是为国民经济培养大批优秀的能够掌握流程性材料产品先进制造技术的高级专业人才。

四年多来，教学指导委员会以邓小平同志提出的“教育要面向现代化，面向世界，面向未来”的思想为指针，在广泛调查研讨的基础上，分析了国内外化工类与机械类高等教育的现状、存在的问题和未来的发展，向教育部提出了把原“化工设备与机械”本科专业改造建设为“过程装备与控制工程”本科专业的总体设想和专业发展规划建议书，于 1998 年 3 月获得教育部的正式批准，设立了“过程装备与控制工程”本科专业。以此为契机，教学指导委员会制订了“高等教育面向 21 世纪‘过程装备与控制工程’本科专业建设与人才培养的总体思路”，要求各院校从转变传统教育思想出发，拓宽专业范围，以培养学生的素质、知识与能力为目标，以发展先进制造技术作为本专业改革发展的出发点，重组课程体系，在加强通用基础理论与实践环节教学的同时，强化专业技术基础理论的教学，削减专业课程的分量，淡化专业技术教学，从而较大幅度地减少总的授课时数，以增加学生自学、自由探讨和发展的空间，以有利于逐步树立本科学生勇于思考与创新的精神。

高质量的教材是培养高素质人才的重要基础，因此组织编写面向21世纪的6种迫切需要的核心课程教材，是专业建设的重要内容。同时，还编写了6种选修课程教材。教学指导委员会明确要求教材作者以“教改”精神为指导，力求新教材从认知规律出发，阐明本课程的基本理论与应用及其现代进展，做到新体系、厚基础、重实践、易自学、引思考。新教材的编写实行主编负责制，主编都经过了投标竞聘，专家择优选定的过程，核心课程教材在完成主审程序后，还增设了审定制度。为确保教材编写质量，在开始编写时，主编、教学指导委员会和化学工业出版社三方签订了正式出版合同，明确了各自的责、权、利。

“过程装备与控制工程”本科专业的建设将是一项长期的任务，以上所列工作只是一个开端。尽管我们在这套教材中，力求在内容和体系上能够体现创新，注重拓宽基础，强调能力培养，但是由于我们目前对教学改革的研究深度和认识水平所限，必然会有许多不妥之处。为此，恳请广大读者予以批评和指正。

全国高等学校化工类及相关专业教学指导委员会

副主任委员兼化工装备教学指导组组长

大连理工大学　博士生导师

丁信伟　教授

2001年3月于大连

8 流动相似与模型实验 181

9 管内不可压缩流体的湍流流动 206

10 边界层及绕流流动 234

11 可压缩流动基础与管内流动 259

12 过程设备内流体的停留时间分布 292

1 流体的力学特性

○○ —— ○○ ○ ○○ ——

本章导言

流体力学是研究流体受力及其运动规律的学科。从力学的角度，流体不同于固体的主要特点是流体具有流动性、可压缩性、黏滞性及液体表面张力特性，由此导致了运动流体的力学行为与固体显著不同。因此了解流体的力学特性是学习流体力学的第一步。

本章是流体力学的入门知识，内容包括：①流体质点的概念及连续介质模型；②流体的力学特性（流动性、可压缩性、黏滞性、表面张力特性）及行为表现；③牛顿流体与非牛顿流体及其黏度特性简介。

流体的力学特性及行为表现，既是流体力学的入门知识，也是分析解释流动现象的基本切入点。其中还引出了“可压缩流体”与“不可压缩流体”、“黏性流体”与“理想流体”、流－固边界的“无滑移条件”等流体力学常用概念，给出了流体压缩率、流体摩擦力、弯曲液面附加压差、毛细管爬升高度等问题的计算公式。尤其需要提及的是，表面张力虽然对常规大尺度流动的影响很小，但在当今备受关注的微尺度多相流问题中却是重要的力学因素，已成为分析解释微液滴运动变形及界面行为的基本出发点。

根据现代科学观点，物质可区分为五种状态：固态、液态、气态、等离子态和凝聚态。自然界和工程技术领域中常见的是固、液、气三态，分别称为固体、液体、气体。从力学角度，固体与液体和气体的显著不同是：固体具有确定的形状，在确定的剪切应力作用下将产生确定的变形；液体和气体则没有确定的形状，且在剪切应力作用下将产生连续不断的变形——流动，因而又通称为流体。研究流体受力及其运动规律的学科称为流体力学，其中面向工程实际的内容归属工程流体力学。

1.1 流体的连续介质模型

1.1.1 流体质点的概念

流体是由分子或原子构成的。根据热力学理论，这些分子（无论液体或气体）在不断地随机运动和相互碰撞着，因此，到分子水平这一层，流体之间总是存在着间隙，其质量在空间的分布是不连续的，其运动在时间和空间上也是不连续的。但是，在流体力学及与之相关的工程科学领域中，人们感兴趣的往往不是个别分子的运动，而是大量分子的统计平均特性（如密度、压力和温度等）以及这些特性参数的时空变化。因此，流体力学分析中首先需要明确的问题是，如何定义一个基本流体单元，使其满足以下两点要求：

① 该单元包含有足够多的分子，以使其统计平均特性参数为确定值（非随机值）；

② 该单元的尺度必须足够小，以使其统计平均特性参数可视为空间点的特性参数。

所谓流体质点即满足以上两点要求的基本流体单元。

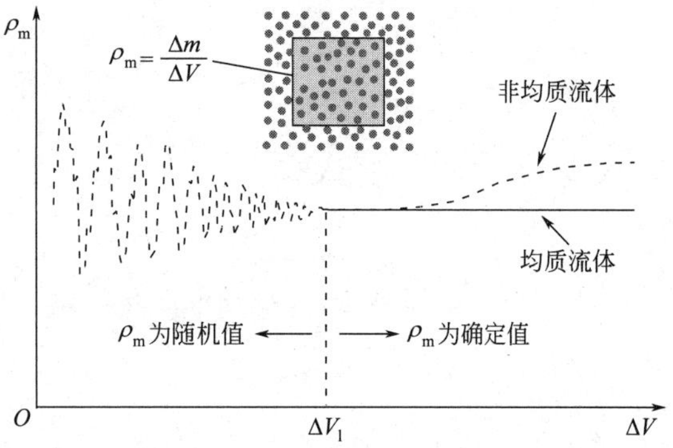

图 1-1 流体单元平均密度 ρ_m 随单元体积 ΔV 的变化

为定义这样的基本单元，可在流体中任选体积为 ΔV 的单元，考察其流体平均密度 ρ_m 随 ΔV 的变化，如图 1-1 所示，其中 $\rho_m = \Delta m/\Delta V$，$\Delta m$ 是 ΔV 中流体分子的质量。

由图可见，随着单元体积 ΔV 逐渐增大，其平均密度 ρ_m 将从随机值变为确定值，其中 ΔV_1 是平均密度为确定值的最小单元。当 $\Delta V < \Delta V_1$ 时，ΔV 内分子数量较少，分子随机进出将显著影响单元内的质量，故其平均密度 ρ_m 是随机值；当 $\Delta V \geqslant \Delta V_1$ 后，ΔV 内有足够多的分子，其质量已不受分子随机进出的影响，故 ρ_m 是确定值（压力、温度等参数也随之为确定值）；需要说明的是，$\Delta V \geqslant \Delta V_1$ 后，均质流体的 ρ_m 不再变化，非均质流体的 ρ_m 会随 ΔV 不同而变化，但确定的 ΔV 总有确定的 ρ_m 与之对应，即 ρ_m 为确定值。

综上可知，满足要求①并兼顾要求②的基本流体单元只能是 ρ_m 为确定值的最小单元 ΔV_1，故流体力学中就将 ΔV_1 定义为流体质点，质点的密度则是 ΔV_1 内流体的平均密度，即

$$\rho = \lim_{\Delta V \to \Delta V_1} \frac{\Delta m}{\Delta V} \tag{1-1}$$

相应地，流体质点的压力、温度等均是指 ΔV_1 内的分子统计平均值。

需要指出，ΔV_1 在尺度上满足“点”的要求（即要求②）只是相对工程问题尺度而言的。举例来说，在一般关于流体运动的工程科学问题中，将描述流体运动的空间尺度细分到 0.01mm 的数量级已足够精确。在三维空间，其对应的单元尺度为 10^{-6}mm^3，如果令 $\Delta V_1 = 10^{-6}\text{mm}^3$，则在标准大气条件下，$\Delta V_1$ 中的空气分子数就有 2.69×10^{10} 个之多，足以使其统计平均特性与个别分子的随机进出无关；但另一方面，与一般工程问题的特征几何尺度相比，ΔV_1 的尺度又如此之小，完全可将其视为一个“点”。

1.1.2 流体连续介质模型

基于上述流体质点的概念，可认为流体由连续分布的质点构成，流体内的每一点都被确定的流体质点所占据，其中并无间隙，于是流体的任一物理参数 ϕ（密度、压力、速度等）都可表示为空间坐标和时间的连续函数 $\phi = \phi(x, y, z, t)$，而且是连续可微函数，这就是流体连续介质假说，即流体连续介质模型。其要点包括：

① 质量连续，即流体由连续排列的流体质点组成，质量分布连续，其密度 ρ 是空间坐标和时间的单值和连续可微函数

$$\rho = \rho(x, y, z, t) \tag{1-2}$$

② 运动连续，即流体处于运动状态时，质量连续分布区域内流体的运动连续，其速度 $\mathbf{v}$ 是空间坐标和时间的单值和连续可微函数

$$\mathbf{v} = \mathbf{v}(x, y, z, t) \tag{1-3}$$

③ 内应力连续，即质量连续分布区域内流体质点之间的相互作用力即流体内应力连续，其内应力 $\mathbf{P}$ 为空间坐标和时间的单值和连续可微函数

$$\mathbf{P} = \mathbf{P}(x, y, z, t) \tag{1-4}$$

虽然将流体视为连续介质只是一种假说，但实践表明该假说在除稀薄空气和激波等少数情况外的大多数场合都是适用的。由此出发，将流体物性和运动参数表示成连续函数，就可将连续数学方法特别是微积分引入流体力学中，从而为研究带来极大的方便。

1.2 流体的力学特性

从力学的角度，流体区别于固体的显著特点是：流体具有流动性（易变形性）、可压缩性、黏滞性和液体

表面张力特性。

1.2.1 流动性

流体流动性的表现为：流体没有固定的形状，其形状取决于限制它的边界形状；或流体在受到很小的切应力时，就要发生连续不断的变形，直到切应力消失为止。简言之，流动性即流体受到切应力作用发生连续变形的行为。

由此可知，存在切应力是流体发生流动的充分必要条件。处于流动或连续变形状态的流体称为运动流体；无切应力作用的流体必将处于静止或相对静止状态，称为静止流体。

流体的运动可用流体速度 $\mathbf{v}=\mathbf{v}(x,y,z,t)$ 描述，即流体速度一般是空间与时间的函数。

1.2.2 可压缩性

流体不仅形状容易发生变化，而且在压力作用下体积大小也会发生改变，这一特性称为流体的可压缩性。流体的可压缩性通常用体积压缩系数或体积弹性模数来表征。

体积压缩系数 β_p 流体的体积压缩系数定义为：一定温度下，单位压力增量所产生的流体体积减小率，即

$$\beta_p=-\frac{\mathrm{d}V/V}{\mathrm{d}p}=-\frac{1}{V}\frac{\mathrm{d}V}{\mathrm{d}p} \tag{1-5}$$

压缩系数 β_p 恒为正值，其基本单位为 m^2/N 或 1/Pa，是压力单位的倒数。显然，β_p 值大，表示流体的可压缩性大，反之则表示可压缩性小。

体积弹性模数 E_V 流体的可压缩性更常用 β_p 的倒数即体积弹性模数 E_V 来表示，即

$$E_V=\frac{1}{\beta_p}=-V\frac{\mathrm{d}p}{\mathrm{d}V} \tag{1-6}$$

弹性模数 E_V 的基本单位为 Pa。E_V 值大表示流体可压缩性小，反之可压缩性大。

液体与气体的可压缩性 液体和气体的主要差别就在于两者的可压缩性显著不同。液体的 E_V 通常为 10^9Pa 数量级（见附录 C），因此其可压缩性很小，是难于压缩的流体，而且其可压缩性受温度和压力的影响也相对较小；气体的 E_V 通常比液体小几个数量级，因此其可压缩性远大于液体，属易于压缩的流体，而且温度和压力的变化均会显著影响其可压缩性。

对于液体，由于其体积弹性模数 E_V 随压力温度变化较小，若将其视为常数，则由式（1-6）可得体积减小率与压力变化的关系为

$$\frac{V_1-V_2}{V_1}=1-\exp\left(-\frac{p_2-p_1}{E_V}\right) \tag{1-7}$$

以水为例，在 20℃及标准大气压下，其体积弹性模数 $E_V=2.171\times10^9$Pa，若将水的压力增加 1 个标准大气压（1.0133×10^5Pa），其体积减小率仅为 0.0047%，可压缩性很小。

对于气体，其可压缩性与压缩过程的热力学行为有关。对于理想气体，其压缩过程中压力 p 与体积 V 的关系，即热力过程方程为

$$pV^n=\text{const} \quad 或 \quad np=-V\frac{\mathrm{d}p}{\mathrm{d}V} \tag{1-8}$$

其中，n 为多变过程指数，$n=1$ 为等温过程，$n=k$ 为等熵过程（k 为绝热指数）。

将过程方程式（1-8）代入式（1-6）可得理想气体的体积弹性模数为

$$(E_V)_{理想气体}=np \tag{1-9}$$

此方程表明，理想气体体积弹性模数随压力升高而增大，即压力越高，越难压缩。

由过程方程式（1-8）可得理想气体体积减小率与压力变化的关系为

$$\frac{V_1-V_2}{V_1}=1-\left(\frac{p_1}{p_2}\right)^{1/n} \tag{1-10}$$

以空气的等熵压缩为例（k=1.4），在 p=1.0133×10⁵Pa（1atm）条件下，$(E_V)_{等熵压缩}$ =1.4×1.0133×10⁵Pa，比水的体积弹性模数小 4 个数量级；此条件下将空气压力增加 1 个标准大气压，其体积减小率为 39%，远大于水的体积减小率。

此外，声波在流体（弹性体）中的传播速度 a 也是流体可压缩性的度量，其定义为

$$a=\sqrt{E_V/\rho} \tag{1-11}$$

传播速度 a 越大的流体可压缩性越差。例如，常温下水的 E_V = 2.171×10⁹Pa，ρ = 1000kg/m³，可得 a = 1473m/s；声波在空气中的传播近似为等熵过程，故 $E_V = kp$，取 k=1.4，p = 1.0133×10⁵Pa，ρ = 1.2kg/m³，可得常温常压空气中 a =344m/s，远小于水中的传播速度。

可压缩流体与不可压缩流体　理论上所有流体都是可压缩的。具体问题中是否考虑其可压缩性，主要依据是可压缩性对流动过程影响的大小。气体可压缩性很大，属可压缩流体，故气体动力学问题必须考虑其可压缩性；但对于气体低速流动过程（比如＜ 100m/s），若气体压力变化以及由此导致的密度变化相对较小，则可将其近似为不可压缩流体来处理。液体通常被视为不可压缩流体，但研究水中爆炸和高压液压系统时，则必须考虑其可压缩性。

1.2.3　黏滞性

流体受剪切力作用发生连续变形的过程中，其内部会产生对变形的抵抗，并以内摩擦力的形式表现出来；运动一旦停止，内摩擦力即消失。这一力学属性称为流体的黏滞性。

流体黏滞性的表现——内摩擦力　图 1-2 所示的剪切流动实验表明，当平板在流体表面上以速度 U 连续滑动时，表面流体因受到平板施加的剪切力而发生流动，由于流体分子间的相互作用，表面流体又将带动下一层流体流动，这一作用逐层下传，将形成沿深度方向不断减小的速度分布，在底部固定的壁面上流体速度为零，如图 1-2 所示。从动力学的角度看，下层流体受上层流体的带动必然是上层流体对其施加作用力的结果，对应地，上层流体必然受到来自于下层流体的反作用力，以阻碍其向前运动。因此，设想在流体中有一个平面将流体分为上下两部分，则上下两部分流体接触面上必然存在一对大小相等、方向相反的力，这就是运动流体的内摩擦力。

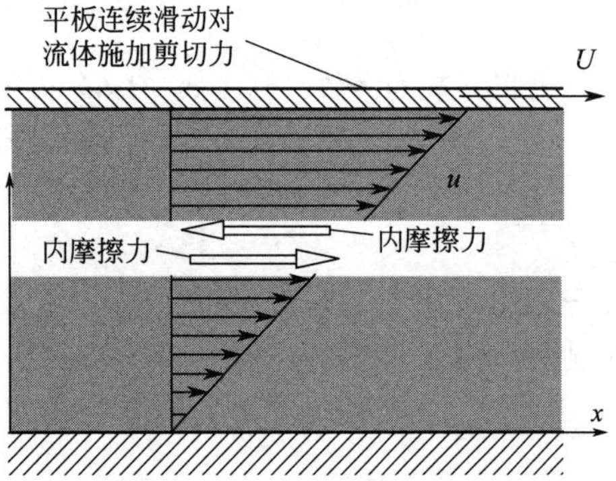

图 1-2　流体的内摩擦力

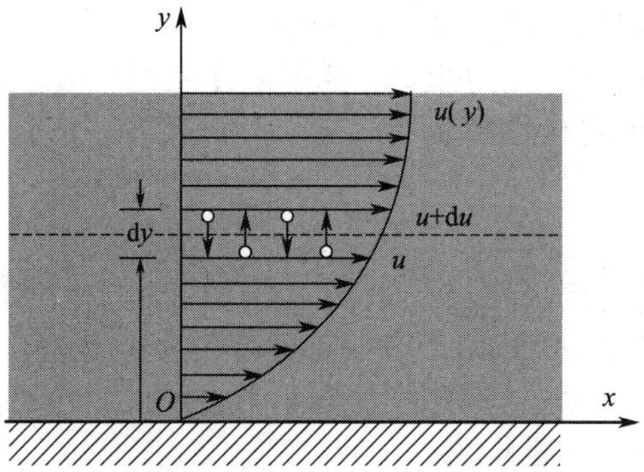

图 1-3　流体层间分子的动量传递

内摩擦力产生的机理　内摩擦力的产生有两方面的机理：分子内聚力机理和分子动量交换机理。分子内聚力机理即流体层之间相互滑动时，会因分子内聚力而产生沿滑动方向的相互约束力；分子动量交换机理可根据图 1-3 所示的流动来说明。考察图 1-3 中虚线所代表的假想平面上下两侧邻近流体的运动：设平面下侧流体速度为 u，由于速度梯度的存在，平面上侧流体的速度可表示为 u+du；如果流体分子质量为 m，则上下两侧流体分子 x 方向的宏观动量就分别为 $m(u+du)$ 和 mu。另一方面，流体在沿 x 方向宏观运动中，其分子热运动总是同时存在的，当上侧分子因热运动随机转移到下侧流体中时，其带入的宏观动量 $m(u+du)$ 大于下侧流体分子的宏观动量 mu，故下侧流体必然受到沿流动方向的作用力；类似地，当下侧分子随机转移到上侧流体中时，

其带入的宏观动量小于上侧分子的宏观动量，故上侧流体必然受到与流动方向相反的作用力；此即内摩擦力的分子动量交换机理。

内摩擦力的定量描述——牛顿剪切定律 最先研究流体内摩擦力的是法国物理学家马略特（E.Mariotte），他建立了世界上第一个风洞，并测量了物体与空气相对运动时受到的阻力。但在微积分发明之前，人们还不能掌握流体内摩擦特性的有关理论描述。1687 年，牛顿出版了开创人类科学史新纪元的《自然哲学的数学原理》一书，书中对流体的黏性作了理论描述：流体层之间单位面积的内摩擦力与流体剪切变形速率（即速度梯度）成正比，此即牛顿剪切定律。对应于图 1-3 所示的坐标系和速度分布，其速度梯度为 $\mathrm{d}u/\mathrm{d}y$，用希腊字母 τ 表示单位面积的内摩擦力，则牛顿剪切定律可表述为

$$\tau = \mu \frac{\mathrm{d}u}{\mathrm{d}y} \tag{1-12}$$

因单位面积的摩擦力称为切应力，故上式又称为牛顿切应力公式。切应力 τ 的基本单位为 $\mathrm{N/m^2}$ 或 Pa。τ 作用在垂直于 y 的流体面上，其方向可参见图 1-2 简单判断：若作用面内侧流体速度减小，则 τ 与速度 u 同向，若作用面内侧流体速度增大，则 τ 与 u 的方向相反。

牛顿剪切定律的应用 ①用作关联流体应力与速度的物理方程，相当于固体力学中的胡克定律；②由已知速度分布 $u = f(y)$ 计算流体摩擦力，其中，对于薄膜摩擦流动，通常可假设液膜内的速度为线性分布。

【例 1-1】 圆管层流流动的切应力与压力降

如图 1-4 所示，黏度为 μ 的流体在圆形管道中作充分发展的层流流动，其速度分布为

$$u = 2u_{\mathrm{m}}\left(1 - \frac{r^2}{R^2}\right)$$

其中 u_{m} 为管内流体的平均速度。

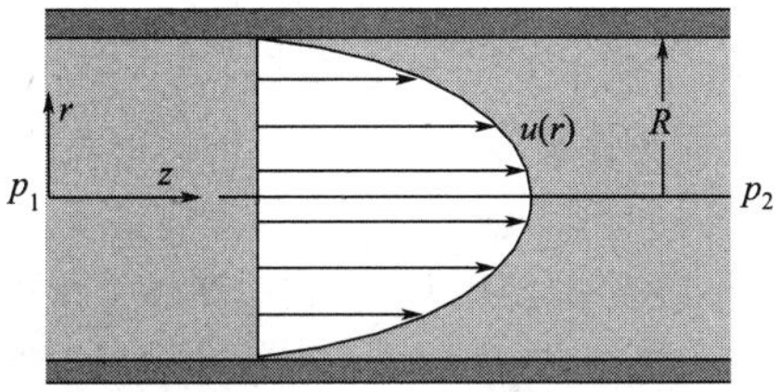

图1-4 例 1-1 附图

① 求管中流体切应力 τ 的分布式；

② 如长度为 L 的水平管道两端的压力降为 $\Delta p(=p_1 - p_2)$，求压力降 Δp 的表达式。

解 ① 根据牛顿剪切定律及速度分布，可得切应力分布式和壁面切应力 τ_0 如下

$$\tau = \mu \frac{\mathrm{d}u}{\mathrm{d}r} = -4\mu u_{\mathrm{m}} \frac{r}{R^2}, \quad \tau_0 = \tau|_{r=R} = -\frac{4\mu u_{\mathrm{m}}}{R}$$

由此可知，流体内的切应力随 r 线性增加。管中心 $\tau=0$，壁面切应力 τ_0 最大，式中负号表示管壁流体切应力 τ_0 方向与 z 相反（壁面所受流体摩擦力与 z 同向）。

② 对于直管中的充分发展流动，管道两端流体压差力与流体壁面摩擦力相平衡，即

$$\pi R^2 (p_1 - p_2) = |\tau_0| \pi D L$$

由此可得

$$\Delta p = (p_1 - p_2) = \frac{8\mu u_{\mathrm{m}} L}{R^2}$$

压差 Δp 确定，则管长 L 段流体的输送功率 $N = q_{\mathrm{V}} \Delta p$，$q_{\mathrm{V}}$ 是体积流量。

【例 1-2】 滑动摩擦问题——圆管内活塞下滑的平衡速度

内径 $D = 74.0\mathrm{mm}$ 的垂直圆管内有一活塞向下滑动，如图 1-5 所示。活塞质量 m=2.5kg，直径 $d = 73.8\mathrm{mm}$，长度 $L = 150\mathrm{mm}$；活塞与圆管对中，间隙均匀且充满润滑油膜；润滑油黏度 $\mu = 7\times10^{-3}\,\mathrm{Pa\cdot s}$。若不考虑空气阻力，试求活塞下滑最终的平衡速度，即活塞重力与活塞表面摩擦力相等时的速度。

解 如图 1-5 所示，因黏性作用（无滑移条件），管壁上流体速度为零，活塞面上流体速度等于活塞下滑速度 U（m/s）；又因油膜厚度 $\delta = (D-d)/2$ 仅为 0.1mm，故可假设油膜内速度分布是线性分布。因此垂直于液膜作辅助坐标 r，可得油膜内的速度分布和切应力，即

$$u = \frac{U}{\delta} r, \quad \frac{\mathrm{d}u}{\mathrm{d}r} = \frac{U}{\delta}, \quad \tau = \mu \frac{\mathrm{d}u}{\mathrm{d}r} = \mu \frac{U}{\delta}$$

由此可见，油膜内速度为线性分布时，膜内切应力沿厚度是均匀的，即各层流体间切应力相等；因此活

塞表面的摩擦切应力 τ_w 与 τ 大小相等，方向为活塞运动反方向；当活塞表面总摩擦力 $\pi dL\tau_w$ 与重力 mg 相等时，活塞下滑速度 U 即为活塞平衡速度，由此可得

$$U=\frac{\delta}{\mu}\frac{mg}{\pi dL}=\frac{0.0001}{0.007}\times\frac{2.5\times9.81}{\pi\times0.0738\times0.15}=10.07(\text{m/s})$$

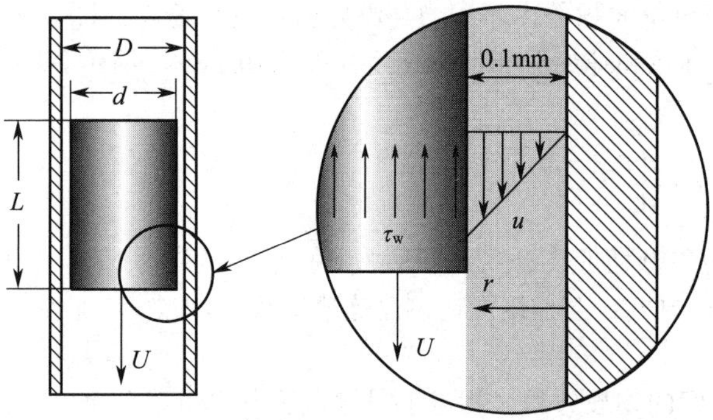

图1-5　例1-2附图

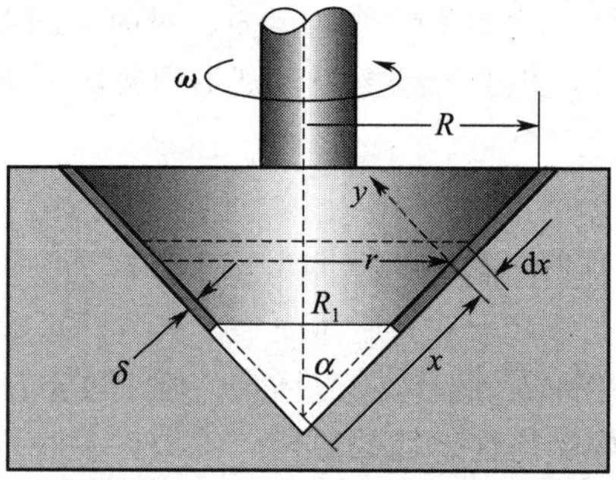

图1-6　例1-3附图

【例1-3】 转动摩擦问题——圆台的转动摩擦力矩

半锥角 α、大端半径 R、小端半径 R_1 的圆台体以角速度 ω 均速转动，如图1-6所示。圆台侧面与固定锥面之间的间隙为 δ，其中充满黏度为 μ 的润滑油。

① 求转动圆台所需的摩擦力矩；

② 求热稳态工况下转动摩擦所产生的发热率。

解　由图1-6所示坐标关系，锥面半径 r 及锥面周向线速度 u_w 与坐标 x 的关系分别为

$$r=x\sin\alpha,\quad u_w=\omega r=\omega x\sin\alpha$$

dx 对应的锥面微元面积 dA 为

$$\mathrm{d}A=2\pi r\mathrm{d}x=2\pi(x\sin\alpha)\mathrm{d}x$$

对于薄膜摩擦，可假定膜厚方向流体速度线性分布，因此垂直于液膜作辅助坐标 y，可将液膜内的速度分布表示为 $u=(u_w/\delta)y$，由此可得液膜内的切应力为

$$\tau=\mu\frac{\mathrm{d}u}{\mathrm{d}y}=\mu\frac{u_w}{\delta}=\frac{\mu\omega}{\delta}r=\frac{\mu\omega}{\delta}x\sin\alpha$$

该式表明，τ 沿油膜厚度是均匀分布的（与 y 无关），但随 x 或 r 增加而增大。

① 因为 τ 沿膜厚方向不变，故转动锥面上的切应力 τ_w 等于膜内切应力 τ，而 r 处锥面切应力 τ_w 对转动轴的力矩 dM 则可表示为

$$\mathrm{d}M=\tau_w r\mathrm{d}A=\left(\frac{\mu\omega}{\delta}x\sin\alpha\right)(x\sin\alpha)(2\pi x\sin\alpha\mathrm{d}x)=\left(2\pi\frac{\mu\omega}{\delta}\sin^3\alpha\right)x^3\mathrm{d}x$$

对上式积分并代入 x 的上下限可得圆台受到的摩擦力矩（或转动圆台体所需力矩）为

$$M=\int_{R_1/\sin\alpha}^{R/\sin\alpha}\left(2\pi\frac{\mu\omega}{\delta}\sin^3\alpha\right)x^3\mathrm{d}x=\frac{\mu\omega}{\delta}\frac{\pi(R^4-R_1^4)}{2\sin\alpha}$$

② 稳态工况下，摩擦功全部耗散为热量，故摩擦发热率 Q 等于摩擦功率 N，即

$$Q=N=M\omega$$

应用扩展　引入圆台侧面积（摩擦面积）S，则圆台摩擦力矩可表示为

$$S=\pi\frac{(R-R_1)}{\sin\alpha}(R+R_1),\quad M=\mu\frac{\omega}{\delta}\frac{(R^2+R_1^2)}{2}S \tag{1-13}$$

由此可将该圆台摩擦力矩公式扩展到图1-7所示的圆环盘和圆柱转动摩擦情况，其中

圆环盘摩擦：$\alpha=\pi/2$，$x=r$，$S=\pi(R^2-R_1^2)$，其膜内切应力及摩擦力矩为

$$\tau=\mu\frac{r\omega}{\delta}，\quad M=\mu\frac{\omega}{\delta}\frac{\pi(R^4-R_1^4)}{2} \tag{1-14}$$

圆柱摩擦：$R_1=R$ 且 $(R-R_1)/\sin\alpha=L$，$x\sin\alpha=R$，$S=2\pi LR$，由此可得

$$\tau=\mu\frac{R\omega}{\delta}，\quad M=\mu\frac{\omega}{\delta}\frac{4\pi LR^3}{2} \tag{1-15}$$

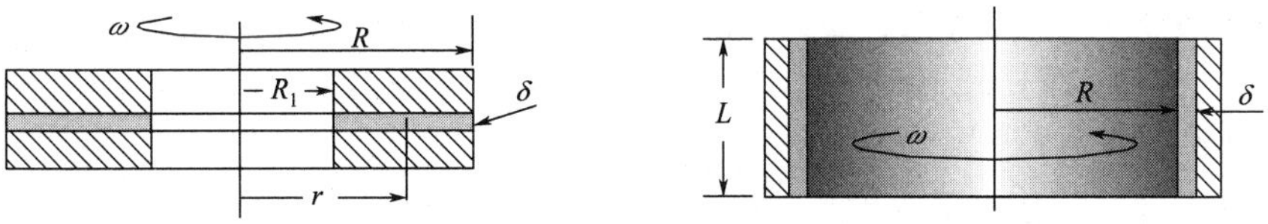

(a) 圆环盘转动摩擦　　(b) 圆柱转动摩擦

图 1–7　圆环盘和圆柱转动摩擦

动力黏度　牛顿切应力公式（1-12）中的比例系数 μ 是表征流体黏滞性的物理量，称为流体的动力黏度，其基本单位为 N・s/m² 或 Pa・s。

动力黏度 μ 是流体最重要的物性参数之一，温度对动力黏度 μ 有显著影响（压力影响相对较弱通常可不予考虑，除非压力很高）。液体和气体的动力黏度随温度的变化有明显不同：液体的黏度随温度升高而减小（液体黏性摩擦以分子内聚力机理占优，而分子内聚力随温度升高而减小），气体的黏度随温度的升高而增大（气体黏性摩擦以分子动量交换机理占优，而分子热运动随温度升高而加剧）。

一些常见液体和气体的动力黏度值见附录 C，从中可见液体黏度通常远高于气体。此外，还有不少动力黏度随温度变化的经验式，可为伴随温度变化的流动计算（如管内可压缩流动计算）带来方便。常压条件下，气体和水的动力黏度随温度的变化可按下列经验式计算

$$\mu_{气}=\mu_0\frac{273+C}{T+C}\left(\frac{T}{273}\right)^{1.5} \tag{1-16a}$$

$$\mu_{水}=\mu_0\exp\left[-1.94-4.80\left(\frac{273}{T}\right)+6.74\left(\frac{273}{T}\right)^2\right] \tag{1-16b}$$

式中，μ_0 为 $T=273\text{K}$ 时的黏度；C 是气体种类常数（见附录表 C-3），对于空气，$C=111$。

运动黏度　在流体力学分析中，流体的黏度 μ 和密度 ρ 常常以 μ/ρ 的组合形式出现，由此引出另一个参数即运动黏度 ν 来表示这种组合，即

$$\nu=\mu/\rho \tag{1-17}$$

ν 的基本单位为 m²/s，由于没有力的要素，故称为运动黏度，传递过程研究中常称为动量扩散系数。显然，对于可压缩流体，ν 不仅与温度有关，而且还与压力密切相关。

无滑移条件　即黏性流体与固体壁面之间不存在相对滑动的假设条件。根据无滑移条件，固体壁面上的流体速度与固体壁面速度相同，特别地，若固体壁面静止，则流体速度为零。实践证明，除聚合流体等少数情况，无滑移条件在多数场合都是符合实际的。

理想流体　即黏度 $\mu=0$ 的流体，或称无黏流体。理想流体是一种假想流体，因为真实流体都是有黏性的。但对于黏性力（比之于惯性力）相对较小的问题，或黏性影响区以外的流动分析，引入理想流体假设，既能使问题分析得到简化，也不失问题的主要特征。

1.2.4　液体表面张力特性

表面张力　对于与气体接触的液体表面，由于表面两侧分子引力作用的不平衡，会使液体表面处于张紧状态，即液体表面承受拉伸力，这种拉伸力称为表面张力。表面张力不仅存在于气 - 液界面，也存在于两种互不相溶液体的液 - 液界面。表面张力存在的表现是：液体表面总是呈收缩的趋势，如空气中的液滴、肥皂泡、

水中的油滴等总是呈球形。

① 表面张力系数　液体表面单位长度流体线上的表面张力称为表面张力系数，通常用希腊字母 σ 表示，其单位是 N/m。图 1-8 所示为置于容器中的静止液体，考察液面上 A、B 两点间的流体线，表面张力的存在将使该线段两侧都受到表面张力的作用，表面张力处处垂直于该线段且平行于液面，若该流体表面张力系数为 σ，线段长度为 l，则该线段一侧总的表面张力 f 就可表示为

$$f=\sigma l \tag{1-18}$$

表面张力系数 σ 属液体的物性参数，且同一液体其表面接触的物质不同，则 σ 不同；σ 随温度升高而降低，但不显著，比如水从 0℃变化到 100℃时，其与空气接触的表面张力系数 σ =0.0756 ～ 0.0589N/m。常见液体的表面张力系数列于附录 C 表 C-1 中。

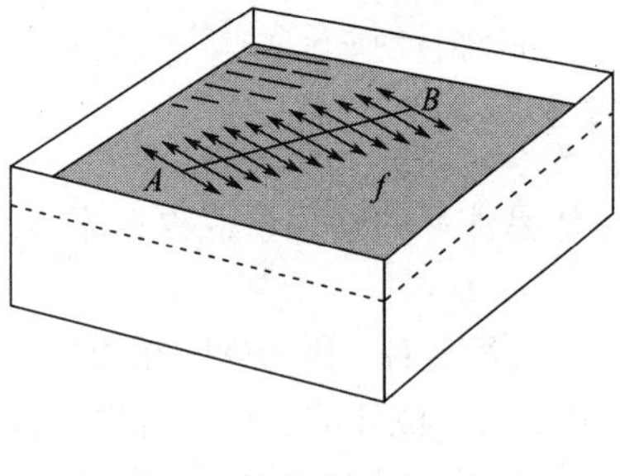

图 1-8　液体表面张力概念

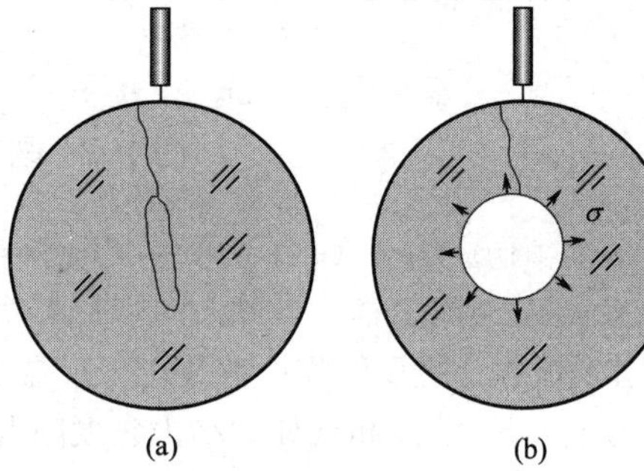

图 1-9　表面张力实验

② 表面张力实验　将圆形金属框浸于肥皂液中缓慢提出形成肥皂液膜，液膜上有挽成圈状的柔软棉线，由于棉线两侧所受表面张力相等，所以棉线圈处于自由形状，如图 1-9（a）所示。此时，若用灼热的金属签触及棉线圈内的液膜使其汽化，则棉线圈将只有外侧受到表面张力作用，从而形成图 1-9（b）所示的张紧状态。这说明了表面张力的存在及其作用。

③ 表面张力的影响及相关效应　一般常规流动问题中表面张力影响很小，可忽略不计。但在毛细现象、液滴运动、某些具有相界面的多相流等问题中，表面张力则有重要影响。尤其在当今备受关注的微尺度多相流过程中，表面张力更是必须考虑的主要力学因素。

表面张力在使液面处于张紧状态的同时，会产生弯曲液面附加压差效应、固壁润湿效应及毛细现象等，这些效应也是解释相关过程行为和机理的主要出发点。比如，液面处于张紧状态则意味着液面具有表面能 E_σ（见习题 1-13），由此又可明确大液滴分散成小液滴必须消耗能量（见习题 1-14）；弯曲液面附加压差效应则可解释为什么小油滴能在水中保持球形，为什么液体在加热壁面产生汽化时必须有过热度（即液体温度大于其饱和温度，见习题 1-15）。以下将对弯曲液面的附加压差效应、固壁润湿效应和毛细现象作进一步的定量描述。

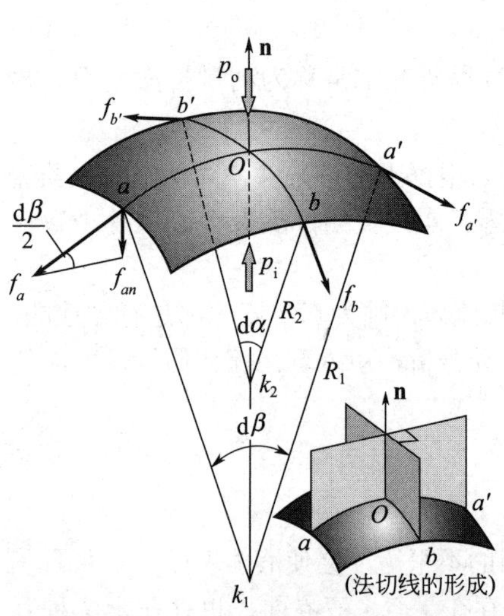

图 1-10　弯曲液面的附加压力差

弯曲液面的附加压差——拉普拉斯公式　对于弯曲的液面，表面张力的存在将使液面两侧产生附加压力差。现分析如下。

如图 1-10 所示，在凸起的弯曲液面上任选一点 O，以 O 点外法线 **n** 为交线作两个垂直相交平面，这两个平面与弯曲液面相交得到两条法切线 aa' 和 bb'，其对应圆心角分别为 $\mathrm{d}\beta$ 和 $\mathrm{d}\alpha$，曲率半径分别为 R_1 和 R_2；然后分别平行于 aa'、bb' 作出四边形微元面 $aa'bb'$，如图所示。其中微元面上 a、a'、b、b' 点所在边的长度分为

$$\mathrm{d}l_a=\mathrm{d}l_{a'}=R_2\mathrm{d}\alpha,\quad \mathrm{d}l_b=\mathrm{d}l_{b'}=R_1\mathrm{d}\beta$$

微元面 $aa'bb'$ 的面积为

$$\mathrm{d}A=R_2R_1\mathrm{d}\beta\mathrm{d}\alpha$$

现分析点 a 所在边上的表面张力，该边上表面张力 $f_a=\sigma\mathrm{d}l_a$ 且与液

面相切，f_a 在法线 **n** 方向的投影为

$$f_{an}=-f_a\sin\frac{\mathrm{d}\beta}{2}\approx-(\sigma\mathrm{d}l_a)\frac{\mathrm{d}\beta}{2}=-(\sigma R_2\mathrm{d}\alpha)\frac{\mathrm{d}\beta}{2}=-\frac{1}{2}\frac{\sigma}{R_1}\mathrm{d}A$$

同理可得点 a'、b、b' 所在边上的表面张力在法线 **n** 方向的投影分别为

$$f_{a'n}=-\frac{1}{2}\frac{\sigma}{R_1}\mathrm{d}A\text{，}\quad f_{bn}=f_{b'n}=-\frac{1}{2}\frac{\sigma}{R_2}\mathrm{d}A$$

于是，将上述 4 个表面张力分量相加，可得微元面 dA 上表面张力在法线方向的合力

$$f_{an}+f_{a'n}+f_{bn}+f_{b'n}=-\sigma\left(\frac{1}{R_1}+\frac{1}{R_2}\right)\mathrm{d}A$$

设液面两侧压力分别为 p_o（凸出侧）和 p_i（凹陷侧），则静止液面所受法线方向的总力有如下平衡关系

$$p_i\mathrm{d}A-p_o\mathrm{d}A-\sigma(1/R_1+1/R_2)\mathrm{d}A=0$$

由此得到

$$p_i-p_o=\sigma\left(\frac{1}{R_1}+\frac{1}{R_2}\right)\tag{1-19}$$

此即弯曲液面附加压差的拉普拉斯公式。该式表明：由于表面张力的存在，弯曲液面两侧会产生附加压力差，而且凹陷一侧的压力 p_i 总高于凸出一侧的压力 p_o。

对于平直液面，因为 $R_1=R_2=\infty$，所以 $p_i-p_o=0$，即没有附加压力差现象；

对于球形液面，因为 $R_1=R_2=R$，所以

$$p_i-p_o=2\sigma/R\tag{1-20}$$

此外，数学上已经证明，通过曲面上一点的任意一对正交法切线的曲率半径倒数之和（即 $1/R_1+1/R_2$）都相等，所以实践中只要能找到其中一对正交法切线的曲率半径即可。比如对于圆柱面，母线与圆周线就是一对正交法切线，其曲率半径分别为∞和 R，所以 $1/R_1+1/R_2=1/R$；因此对于圆柱液面有

$$p_i-p_o=\sigma/R\tag{1-21}$$

【例 1-4】 球形液膜的内外压差

图 1-11 所示是一个球形液膜（如肥皂泡等），其中液体表面张力系数为 σ；因液膜很薄，其内外表面半径均视为 R。试证明因表面张力导致的液膜内外压差为 $4\sigma/R$。

解 考察液膜外侧点 C，内侧点 A 和液膜中点 B。由于液膜有内外两个液面，所以根据拉普拉斯公式，表面张力在 A 和 B 点之间、B 和 C 之间造成的压力差分别为

$$p_A-p_B=\left(\frac{1}{R}+\frac{1}{R}\right)\sigma=\frac{2\sigma}{R}\text{，}\quad p_B-p_C=\left(\frac{1}{R}+\frac{1}{R}\right)\sigma=\frac{2\sigma}{R}$$

以上两式消去 p_B 可得

$$p_A-p_C=4\sigma/R$$

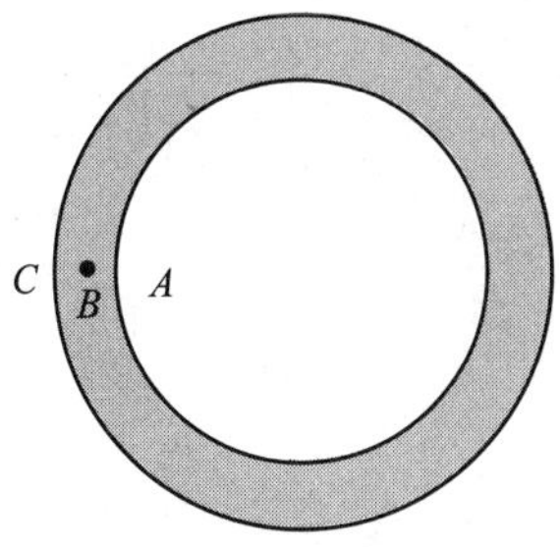

图 1-11 例 1-4 附图

由此可以推知，水中的微小球形气泡或油滴其表面张力导致的内外压差为 $2\sigma/R$。

润湿效应 是液体与固体接触时的一种界面现象。润湿是指液体与固体接触时，能在固体表面四散扩张，不润湿则指液体在固体表面不扩张而收缩成团。

润湿效应与液 - 固所处的第三相环境有关。在常见的第三相即大气环境下，润湿效应取决于液体表面张力和气 - 液 - 固三相接触边缘的液 - 固分子引力，当液体表面张力作用占优时，润湿效应减弱，当液 - 固分子引力作用占优时，润湿效应增强。

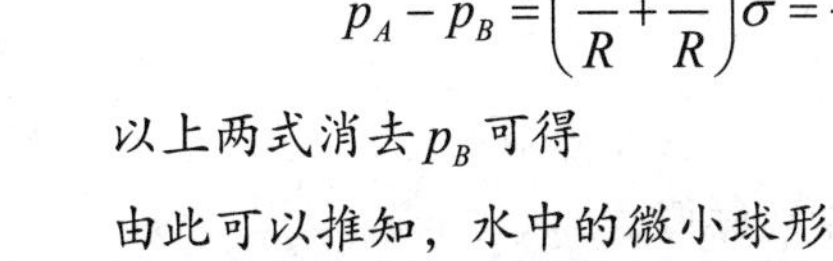

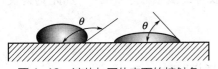

图 1-12 液体与固体表面的接触角

润湿性可用液 - 固界面边缘的接触角 θ 来表征，如图 1-12 所示。液体能润湿固体壁面时 θ 为锐角，反之为钝角。例如，大气环境下水和水银分别与洁净玻璃面接触时，前者接触角 $\theta=0°$，后者 $\theta=140°$，故水在洁净玻璃表面能四散扩张润湿玻璃，而水银则收缩成球形不能润湿玻璃。

毛细现象——细小玻璃管内外的液面高差　观察发现，将两支细小玻璃管分别插在水和水银中，管内外的液位将有明显的高度差，如图1-13所示，这种现象称为毛细现象。毛细现象与液体对固壁的润湿效应及液体表面张力相关。润湿性液体在细小玻璃管中将产生毛细爬升现象［见图1-13（a）］，非润湿性液体在管中将产生毛细抑制现象［见图1-13（b）］。

需要指出，液体不仅在细小玻璃管中有毛细现象，在狭窄缝隙、纤维及粉体物料构成的多孔介质中也有毛细现象。广义而言，能产生毛细现象的固体介质可通称为毛细管。毛细现象在微细血管血液流动、植物根茎养分输送、多孔介质渗流中扮有重要的作用。

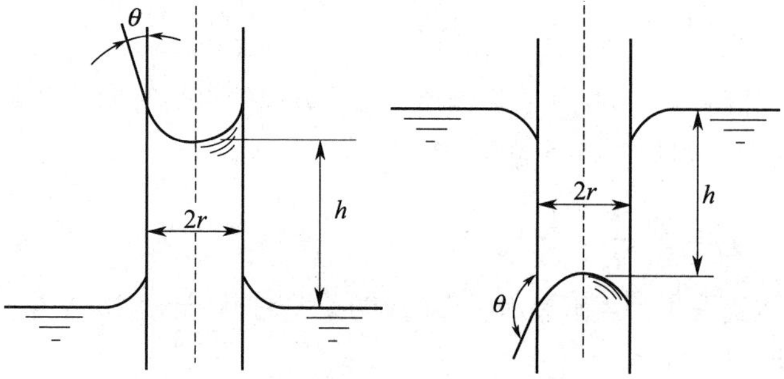

(a) 玻璃管插入水中　(b) 玻璃管插入水银中

图1-13　毛细现象

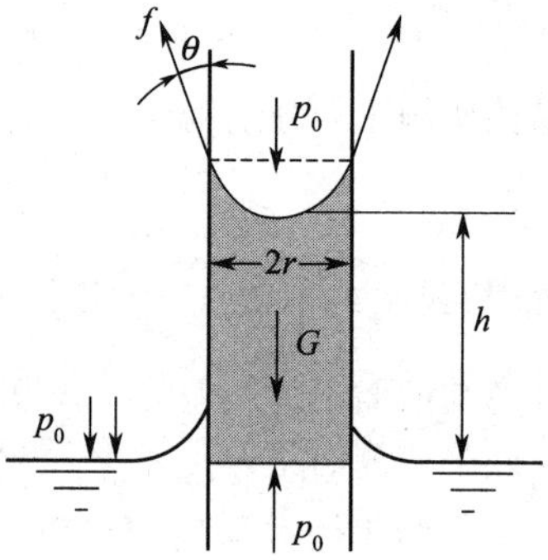

图1-14　毛细升高液柱受力分析

如图1-14所示，为确定细小玻璃管内外的液面高差，可取上升高度h对应的液柱为对象，分析其在竖直方向的受力。液柱底部与管外液面在同一水平面，故底部压力为p_0，而液柱上表面压力也为p_0，两者在竖直方向的作用力大小相等、方向相反，相互平衡；除此之外，液柱竖直方向受力还有液柱重力G和弯月面-管壁接触边缘表面张力f的竖直分量。

忽略弯月面中心以上部分的液体体积，则液柱受到的重力为

$$G = \pi r^2 h\rho g$$

在弯月面-管壁接触边缘圆周线上，微元弧长$\mathrm{d}l$对应的表面张力为$\sigma \mathrm{d}l$，其竖直分量为$\sigma\cos\theta \mathrm{d}l$，故整个弯月面边缘上表面张力的竖直分量$f_z$为

$$f_z = \int_0^{2\pi r} \sigma\cos\theta \mathrm{d}l = 2\pi r\sigma\cos\theta$$

由$G = f_z$可得

$$h = \frac{2\sigma\cos\theta}{\rho g r} \tag{1-22}$$

式（1-22）应用说明：

① 对于θ为钝角的情况，h为负值，表明管内液面低于管外液面；

② 因忽略了弯月面底部以上部分的液体体积，由上式计算的h值略高于实际值；

③ 当管直径大于12mm时毛细效应可忽略不计（此时管中心液面不再是弯月面）；

④ 式（1-22）中，爬升高度h、接触角θ、液体密度ρ以及毛细管半径r都是可测参数，故该式可用作测定液体表面张力系数σ的原理式。

【例1-5】　水在毛细管中的爬升高度

内直径为2mm的玻璃管，与水的接触角$\theta = 20°$。水在空气中的表面张力系数$\sigma = 0.0730\mathrm{N/m}$。若取水的密度为$\rho = 1000\mathrm{kg/m^3}$，试求水在玻璃管中的爬升高度。其他条件不变，仅将玻璃管换为相距$\delta = 2\mathrm{mm}$的两块平板玻璃，则水在其中的爬升高度又为多少？

解　对于玻璃管，根据式（1-22）可得水的爬升高度为

$$h = \frac{2\sigma\cos\theta}{\rho g r} = \frac{2\times0.073\times\cos20°}{1000\times9.81\times0.001} = 0.0140(\mathrm{m}) = 14.0(\mathrm{mm})$$

对于玻璃板情况，其液体爬升高度仅需在上式中将 r 换成 δ 即可（见习题 1-9），即

$$h = \frac{2\sigma\cos\theta}{\rho g\delta} = \frac{2\times0.073\times\cos20^\circ}{1000\times9.81\times0.002} = 0.0070(\text{m}) = 7.0(\text{mm})$$

1.3 牛顿流体和非牛顿流体

1.3.1 牛顿流体与非牛顿流体

牛顿切应力公式（1-12）表明：在平行层状流动条件下，流体切应力 τ 与速度梯度 $\mathrm{d}u/\mathrm{d}y$ 之间成正比关系，即 $\tau=\mu(\mathrm{d}u/\mathrm{d}y)$。但并非所有流体都满足这一规律，由此可将流体分为牛顿流体和非牛顿流体。

牛顿流体 即平行层状流动条件下，其 τ-$\mathrm{d}u/\mathrm{d}y$ 关系满足牛顿切应力公式的流体。牛顿流体的黏度 μ 是流体物性参数，与速度梯度 $\mathrm{d}u/\mathrm{d}y$ 无关。实践表明，气体和低分子量液体及其溶液，其中包括最常见的空气和水，都属于牛顿流体。

非牛顿流体 即 τ-$\mathrm{d}u/\mathrm{d}y$ 关系不满足牛顿切应力公式的流体。虽然非牛顿流体的切应力 τ 也可表示成速度梯度 $\mathrm{d}u/\mathrm{d}y$ 的单值函数

$$\tau = f\left(\mathrm{d}u/\mathrm{d}y\right) \tag{1-23}$$

但 τ 与 $\mathrm{d}u/\mathrm{d}y$ 的函数关系却是非线性的。聚合物溶液、熔融液、料浆液、悬浮液，以及一些生物流体如血液、微生物发酵液等均属于非牛顿流体。

从黏性的角度看，非牛顿流体最大的特点是其黏度与自身的运动（速度梯度）相关，不再是物性参数；非牛顿流体种类不同，其 τ 与 $\mathrm{d}u/\mathrm{d}y$ 之间的非线性行为也不同。

1.3.2 非牛顿流体及其黏度特性

图 1-15（a）所示是典型非牛顿流体的切应力 τ 与变形速率 $\mathrm{d}u/\mathrm{d}y$ 之间的关系（速度梯度 $\mathrm{d}u/\mathrm{d}y$ 又称剪切变形速率，见习题 1-7）。同时也标出了牛顿流体（曲线斜率为 μ）、理想流体（$\tau=0$）和弹性固体（$\mathrm{d}u/\mathrm{d}y=0$）以供对比。图中的非牛顿流体类型有：胀塑性流体、假塑性流体、塑性流体 / 宾汉 (Bingham) 理想塑性流体。

胀塑性流体 其 τ-$\mathrm{d}u/\mathrm{d}y$ 曲线的斜率随变形速率增加而增大，因此又称为剪切增稠流体（变形速率增加提高其黏性）。属于这类流体的有淀粉、硅酸钾、阿拉伯树胶的悬浮液等。

假塑性流体 其 τ-$\mathrm{d}u/\mathrm{d}y$ 曲线的斜率随变形速率增加而减小，因此又称为剪切变稀流体（变形速率增加降低其黏性）。属于这类流体的有聚合物溶液、聚乙烯 / 聚丙烯熔体、涂料 / 泥浆悬浮液等。

胀塑性、假塑性以及牛顿流体的 τ-$\mathrm{d}u/\mathrm{d}y$ 曲线都通过原点，即一旦受到剪切应力作用就有变形速率，不能像固体那样以确定的变形抵抗剪切应力，所以通称之为**真实流体**。

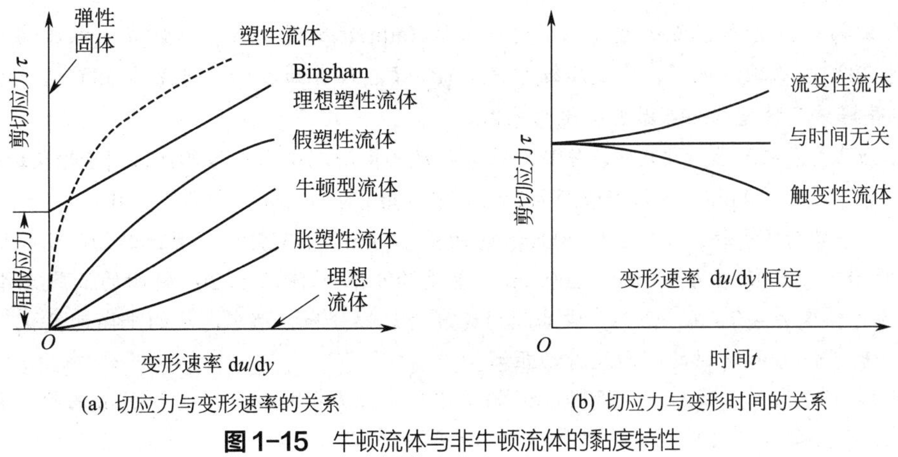

(a) 切应力与变形速率的关系　　(b) 切应力与变形时间的关系

图 1-15 牛顿流体与非牛顿流体的黏度特性

塑性流体/宾汉理想塑性流体　能抵抗一定的切应力，且只有在切应力大于某一值（称为屈服应力）后才开始流动的流体，其中宾汉理想塑性流体是塑性流体的理想模型。理想塑性流体有确切的屈服应力 τ_0，其内部切应力 $\tau \leqslant \tau_0$ 时无流动发生（$\mathrm{d}u/\mathrm{d}y=0$）；$\tau > \tau_0$ 后切应力与变形速率呈线性关系，表现出牛顿流体的行为，即

$$\tau=\tau_0+\mu_0\frac{\mathrm{d}u}{\mathrm{d}y}\quad（\tau\leqslant\tau_0\text{时}，\mathrm{d}u/\mathrm{d}y=0）\tag{1-24}$$

由于塑性流体/宾汉理想塑性流体能在一定程度上像固体那样以确定的变形抵抗切应力，因此可以看成半是固体半是流体，如钻井泥浆、污水泥浆、某些颗粒悬浮液等。

依时性流体　是更复杂的一类非牛顿流体。这类流体的 $\tau-\mathrm{d}u/\mathrm{d}y$ 关系不仅非线性，而且还随时间而变化，即在变形速率保持恒定时，其剪切应力要随时间变化，如图1-15（b）所示。其中，剪切应力随时间而增加的流体称为流变性流体，如石膏水溶液；剪切应力随时间而减小的流体则称为触变性流体，油漆即是如此。

广义牛顿剪切应力公式　为描述非牛顿流体，人们提出了广义的牛顿切应力公式

$$\tau=\eta\frac{\mathrm{d}u}{\mathrm{d}y}\tag{1-25}$$

上式中系数 η 同样反映流体的内摩擦特性，称为广义的牛顿黏度。对牛顿流体，$\eta=\mu$ 且属于流体的物性参数；对非牛顿流体，η 不再是常数，它不仅与流体的物理性质有关，而且还与剪切速率有关，即流体的流动情况要改变其内摩擦特性。为此提出了描述非牛顿流体内摩擦特性的所谓“黏度函数”模型，如Ostwald-de Waele的指数模型、Ellis模型以及Carreau模型等。其中指数模型可表达式为

$$\eta=\eta_{\mathrm{R}}\left|\left(\frac{\mathrm{d}u}{\mathrm{d}y}\right)_{\mathrm{R}}\right|^{n-1}\tag{1-26}$$

式中，$(\mathrm{d}u/\mathrm{d}y)_{\mathrm{R}}$ 称为参考或相对剪切速率，数值上与剪切速率（速度梯度）相等，但无量纲；η_{R} 称为稠度系数，单位为Pa·s，可视为剪切速率为1时的流体黏度。

根据式（1-26）可以得到各种流体的定义：

① $n=1$ 时，$\eta=\eta_{\mathrm{R}}=\mu$，为牛顿流体；

② $n<1$ 时，为假塑性流体（剪切变稀流体），即 $(\mathrm{d}u/\mathrm{d}y)_{\mathrm{R}}$ 增加，黏度 η 减小；

③ $n>1$ 时，为胀塑性流体（剪切增稠流体），即 $(\mathrm{d}u/\mathrm{d}y)_{\mathrm{R}}$ 增加，黏度 η 增大。

非牛顿流体主要是流变学的研究对象，本书后续各章的内容主要针对牛顿流体。

习题

1-1　用压缩机压缩初始温度为20℃的空气，绝对压力从1atm升高到6atm。试计算等温压缩、等熵压缩以及压缩终温为78℃这三种情况下，空气压缩率 $\varDelta_V=(V_1-V_2)/V_1$ 各为多少？终温为78℃这一过程的过程指数 n 为多少？并解释三种过程终点温度不同的原因。

1-2　图1-16所示为压力表校验器，器内充满体积压缩系数 $\beta_{\mathrm{p}}=4.75\times10^{-10}\mathrm{m}^2/\mathrm{N}$ 的油，用手轮旋进活塞达到设定压力。已知活塞直径 D=10mm，活塞杆螺距 t=2mm，在1atm时的充油体积为 V_0=200cm³。设活塞推进过程中无泄漏，问手轮转动多少转，才能达到200atm的油压（1atm=101325Pa），且此时油的体积压缩率为多少？

1-3　如图1-17所示，一个底边为200mm×200mm、重量为1kN的滑块在20°斜面的油膜上滑动，油膜厚度0.05mm，油的黏度 $\mu=7\times10^{-2}$ Pa·s。设油膜内速度为线性分布，试求滑块的平衡速度 u_{T}。若滑块初速为零，求滑块速度 $u=0.99u_{\mathrm{T}}$ 时的时间及滑动距离。

1-4　黏度 $\mu=7.2\times10^{-3}$ Pa·s、密度 $\rho=850\ \mathrm{kg/m^3}$ 的流体在直径 D=10mm、长度 L=50m的圆形管道中以 u=1m/s的平均速度流动，试求管道两端压力降及推动该流动需要的功率。

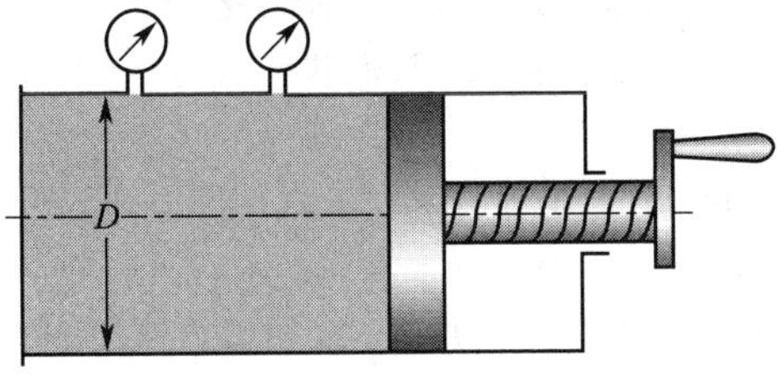

图 1-16 习题 1-2 附图

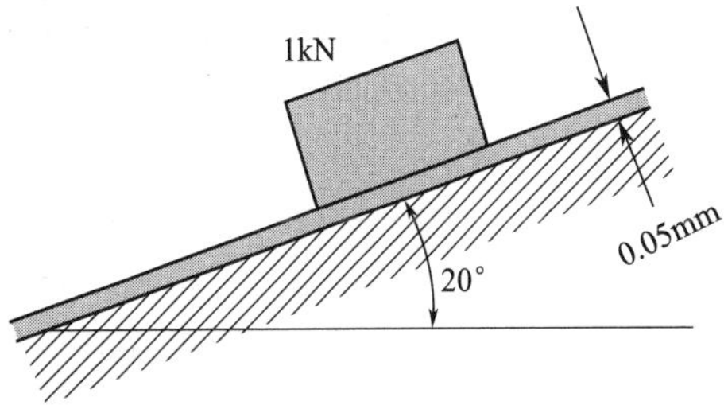

图 1-17 习题 1-3 附图

1-5 有一直径 d=150mm 的轴在轴承中转动，转速 n=400r/min，轴承宽度 $L=300$mm，轴与轴承间隙 $\delta=0.25$mm，其间充满润滑油膜，油的黏度为 $\mu=0.049$Pa • s。假定润滑油膜内速度为线性分布，试求转动轴的功率 N。注：转轴功率 $N=M\omega$，其中 M 为转动力矩，ω 为转轴角速度。

1-6 图 1-18 所示为两平行圆盘，直径为 D，间隙中液膜厚度为 d，液体动力黏度为 μ，若上盘固定，下盘以角速度 ω 旋转，试写出任意半径 r 处的流体速度表达式和转动下圆盘所需力矩 M 的表达式。设任意半径 r 处上下壁面间的流体速度线性分布。

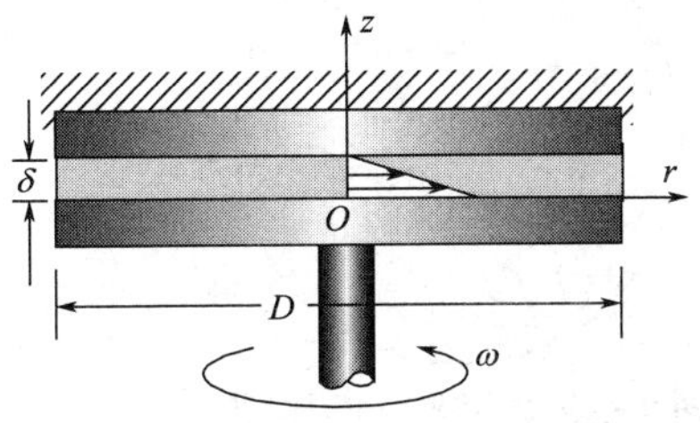

图 1-18 习题 1-6 附图

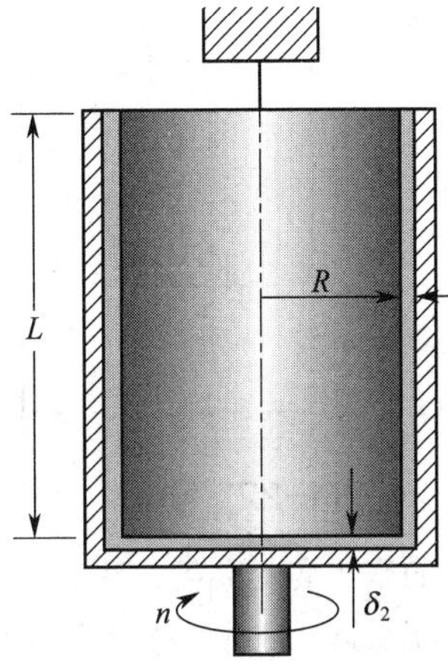

图 1-19 习题 1-7 附图

1-7 图 1-19 所示为旋转黏度测定仪。该测定仪由两个带底板的内外圆筒组成，外筒以转速 n（r/min）旋转，通过内外筒之间的油液，将力矩传递至内筒；内筒上端悬挂于一金属丝下，并通过测定金属丝（或内筒）扭转的角度得知内圆筒所受扭矩为 M。已知内外筒之间的间隙为 δ_1，底面间隙为 δ_2，内筒半径为 R，筒高为 L。假设油膜内速度为线性分布，求油液动力黏性系数 μ 的计算式。

1-8 空气中水滴直径为 0.3mm 时，因表面张力导致的内部压力比外部大多少？

1-9 图 1-20 所示为插入水银中的两平行玻璃板，板间距 δ =1mm，水银在空气中的表面张力 σ =0.514N/m，与玻璃的接触角 θ =140° ，水银密度 ρ =13600kg/m^3。试推导玻璃板内外水银液面高度差 h 的计算公式，并代入数据计算 h 的值。

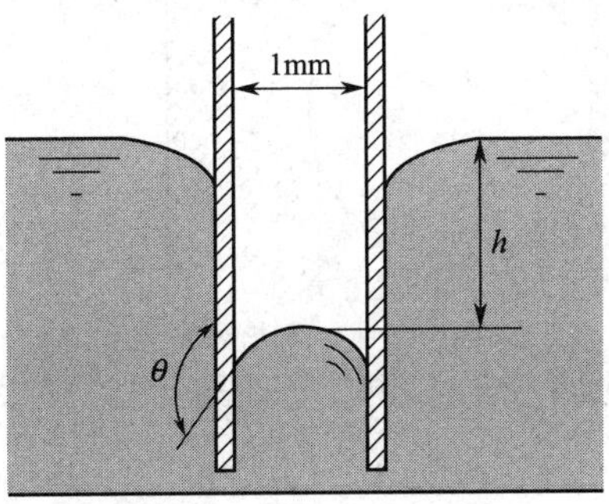

图 1-20 习题 1-9 附图

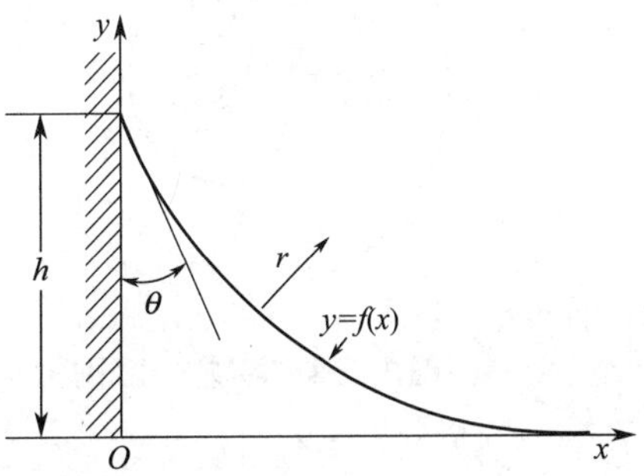

图 1-21 习题 1-10 附图

1-10 如图 1-21 所示，一平壁浸入体积很大的水中。由于存在表面张力，在靠近壁面的地方水的表面成为弯曲面。很显然，该弯曲液面是垂直于 x-y 平面的可展曲面。假定该弯曲液面形状曲线为 $y=f(x)$，则该曲线的曲率半径 r 的表达式为

$$\frac{1}{r}=\frac{y''}{(1+y'^2)^{3/2}}，\ 其中 y'=\frac{\mathrm{d}y}{\mathrm{d}x}，\ y''=\frac{\mathrm{d}^2y}{\mathrm{d}x^2}$$

① 近似取 $1/r=y''$，确定平壁附近液面的形状曲线 $y=f(x)$ 和最大高度 h。其中接触角 θ 和表面张力系数 σ 为已知参数。

② 按准确的曲率半径表达式建立液面形状曲线的微分方程，然后用数值方法求解方程，并绘制液面形状曲线。其中 $\rho=1000\text{kg/m}^3$，$g=9.8\text{m/s}^2$，$\sigma=0.073\text{N/m}$，$\theta=10°$。

1-11 图 1-22 所示为表面张力实验装置，该装置由一矩形金属线框构成，其中下部边框可沿左右边框上下滑动。当线框从肥皂液中垂直向上提出后，线框内将形成肥皂液膜。已知活动边框宽度为 L，重量为 W，肥皂液在空气中的表面张力系数为 σ。假设活动边框的滑动无摩擦，且液膜本身重量可以忽略，试确定活动边框自行向上滑动的条件。

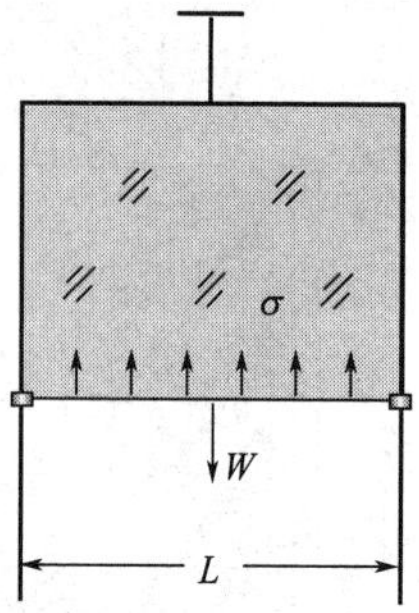

图 1-22 习题 1-11 附图

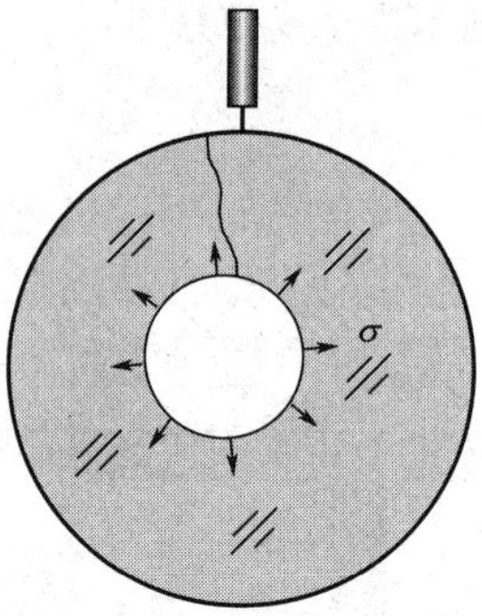

图 1-23 习题 1-12 附图

1-12 图 1-23 为表面张力实验装置。将圆形金属框浸于肥皂液中缓慢提出形成液膜，液膜上原有挽成圈状的柔软棉线，用灼热金属签触及棉线圈内的液膜使其汽化，则棉线圈在液膜表面张力作用下形成图中所示的张紧状态。设液膜表面张力系数 σ=0.073N/m，棉线圈直径 D=20mm，试求棉线受到的拉力（张紧力）。

1-13 参见图 1-24，在水平液面取半径为 r 圆形液面，液面边缘单位弧长的表面张力为 σ。

① 试确定将该液面半径扩展至 R 时表面张力所做的功；

② 由此验证：若将扩展液面时表面张力所做的功定义为该扩展液面的表面能 E_σ，则面积为 A 的液面所具有的表面能可表示为 $E_\sigma=\sigma A$。

1-14 根据习题 1-13 可知，面积为 A 自由液面因表面张力效应而具有的表面能为 $E_\sigma=\sigma A$。若将一个半径为 R 的大液滴分解为 n 个半径为 r 的小液滴，试给出分解过程克服表面张力的功耗表达式。

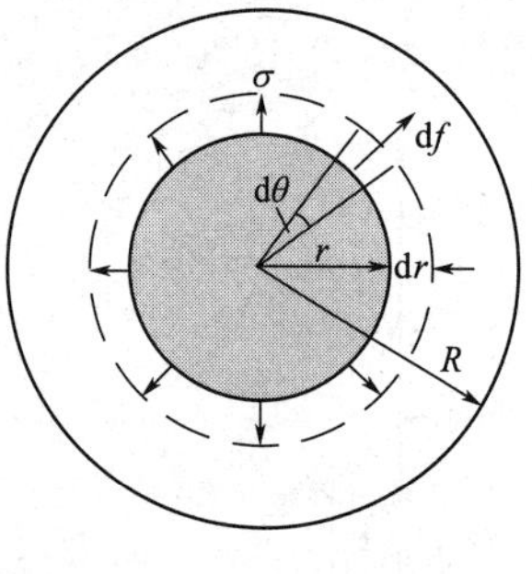

图 1-24 习题 1-13 附图

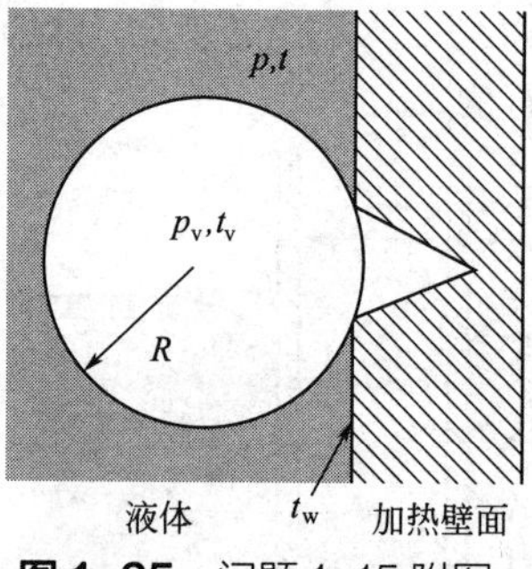

图 1-25 问题 1-15 附图

1-15 图 1-25 所示为加热壁面微小裂穴处（汽化核心）液体汽化产生的气泡。气泡内为饱和蒸汽且压力为 p_v、温度为 t_v；周围液体压力为 p、温度为 t；壁面温度为 t_w。从传热学观点可知，要维持气泡生长，液体温

度 $t \geqslant t_v$。

① 试根据表面张力压差公式证明，此时气泡周围液体必然处于过热状态，即液体温度 t 大于其压力 p 对应的饱和温度 t_s。注：液体压力越高对应的饱和温度越高。

② 假设气泡半径 R=25μm，气液界面表面张力系数 $\sigma = 0.588$N/m，液体压力 p = 101325Pa（对应饱和温度 t_s =100℃），试估计过热度 $\Delta t_s = (t_w - t_s)$。注：壁面产生微小气泡时其周围液体温度 $t = t_w$。

1-16 如图 1-26 所示，流体沿 x 轴方向作层状流动，在 y 轴方向有速度梯度。在 $t = 0$ 时，任取高度为 dy 的矩形流体面考察，其底边 a 点的流速为 u，上边 b 点的流速为 u+(du / dy)dy；经过 dt 时间段后，矩形流体面变成如图所示的平行四边形，原来的 α 角变减小为 α−dα。若剪切变形速率定义为 dα/dt（单位时间内因剪切变形产生的角度变化），试推导表明：流体的剪切变形速率就等于流体的速度梯度，即 $\mathrm{d}\alpha/\mathrm{d}t = \mathrm{d}u/\mathrm{d}y$。

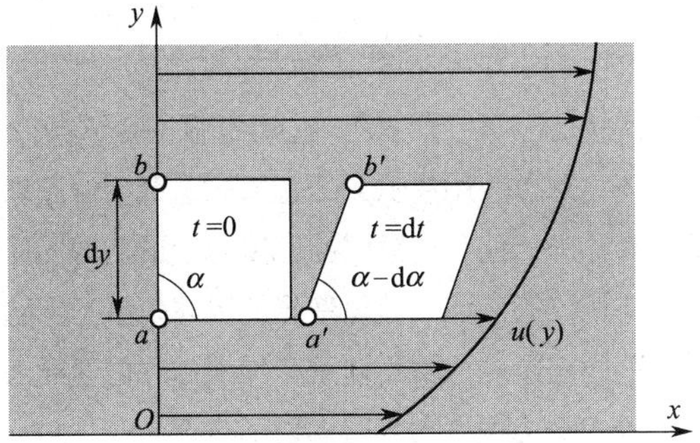

图 1-26 习题 1-16 附图

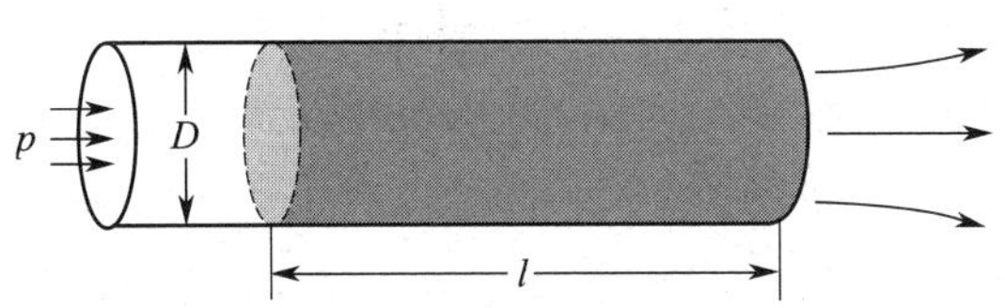

图 1-27 习题 1-17 附图

1-17 如图 1-27 所示，一圆形管内装有 Bingham 理想塑性流体，其剪切应力与变形速率的关系由式（1-24）所描述，且已知该流体屈服应力为 τ_0。现从管的左端加压力 p，问该压力至少为多大才能将该塑性流体挤出管外？已知管子直径为 D，塑性流体充满长度为 l 的管段，管外为大气。

1-18 为考察空气分子因热运动随机进出流体单元对密度的影响，在密度为 ρ_g 的空气中选取边长为 a 的立方体单元，如图 1-28 所示，以建立该单元统计平均密度的近似模型。模型认为：距离该单元外表面一个分子平均自由程 λ 以内［图 1-28（a）中阴影部分体积内］的空气分子随机进入该单元时，该单元的密度最大，记为 ρ_{max}；当距离该单元内表面一个分子平均自由程 λ 以内［图 1-28（b）中阴影部分体积内］的空气分子随机跳出该单元时，该单元的密度最小，记为 ρ_{min}。这样，对于分子进出单元的双向随机过程，单元内的统计平均密度随机值 ρ 必然介于 ρ_{max} 与 ρ_{min} 之间，且二者无限接近时 $\rho \to \rho_g$（确定值）。

① 若已知单元相对尺度 $\varepsilon = a/\lambda \gg 1$ 时，图中阴影部分体积内空气分子随机进入或跳出该单元的总体概率均为 1/4，试建立 ρ_{max}/ρ_g、ρ_{min}/ρ_g 与 ε 的关系，并在 $\varepsilon = 10 \sim 10^4$ 的范围内绘图显示这一关系；

② 已知标准状态下（T=0℃，P=101325 Pa）空气分子的平均自由程 $\lambda = 6.9\times10^{-2}$μm，试确定满足条件 $(\rho_{max} - \rho_{min})/\rho_g < 5\%$ 的最小单元边长 a。

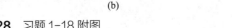

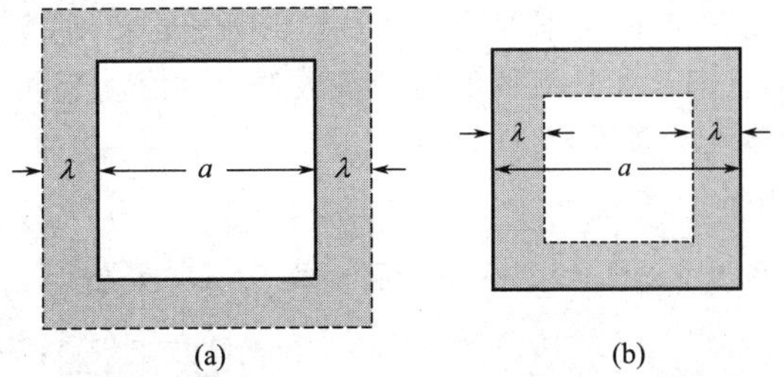

图 1-28 习题 1-18 附图

第1章
习题答案

2 流体流动的基本概念

本章导言

流体流动问题的研究不同于固体。固体可视为刚体，其运动过程中形状不变，因此固体运动学关系可用质点运动理论和刚体转动来描述，动力学关系可直接以固体为对象应用牛顿第二定律来研究。但流体流动问题有所不同，流体无确切形状，其运动过程中除了平动和转动外，还有持续不断的膨胀变形与剪切变形，故流体运动学还需重点考虑变形的影响，为此首先要解决流体运动的描述、流体变形的描述等基本问题；因变形持续不断，流体动力学也不便像固体那样直接以一团流体为对象进行跟踪研究，且根据流体速度大小和流场边界形状的不同，流动还会出现层流与湍流两种形态，流动阻力等动力学行为也随之不同。

本章主要讲述流体运动学及动力学基础层面的概念与知识。内容包括：①流场和流动分类；②描述流体运动的两种方法：拉格朗日法和欧拉法，并由此引出质点导数概念；③迹线与流线；④流体的运动与变形，包括流体线的拉伸与转动，流体微元的平动、转动、剪切与膨胀，并从中引出有旋流动与无旋流动；⑤流体的流动与阻力，包括流体流动的推动力、层流与湍流、固壁边界的影响及三种典型流动、流动阻力及阻力系数。

本章的目的是从运动学和动力学两方面为后续各章的学习搭建基础平台。其中引出的稳态与非稳态流动、欧拉场质点导数、流线及流线方程、有旋流动与无旋流动、层流与湍流、流动阻力与阻力系数等概念将贯穿后续各章。

2.1 流场及流动分类

2.1.1 流场的概念

流体所占据的空间称为“流场”。有时也根据所研究的主要物理量来表征流场，如“速度场”“压力场”等。为描述流体在流场内各点的运动状态，可将流体的运动参数表示为流场空间坐标 (x, y, z) 和时间 t 的函数。比如，在流场空间中，流体运动速度 $\mathbf{v}$ 就表示为

$$\mathbf{v}=\mathbf{v}(x,y,z,t)=v_x\mathbf{i}+v_y\mathbf{j}+v_z\mathbf{k} \quad 或 \quad \begin{cases} v_x = v_x(x,y,z,t) \\ v_y = v_y(x,y,z,t) \\ v_z = v_z(x,y,z,t) \end{cases} \tag{2-1}$$

这一表达式的一般含义是：

① 流体速度 $\mathbf{v}$ 随流场空间点 (x, y, z) 不同而变化；

② 流场空间各点 (x,y,z) 处的流体速度 $\mathbf{v}$ 又随时间 t 而变化；

③ 根据连续介质概念，流场空间点总被流体质点所占据，所以 t 时刻空间点 (x,y,z) 处的速度 $\mathbf{v}$ 就是该时刻流经该点的流体质点的速度。

对于流体的其他物理量（如压力、温度、密度等）亦有类同的表达式和含义。

2.1.2 流动分类

根据着眼点的不同，流体流动的分类有多种方式。例如，根据流体流动的时间变化特性可分为稳态流动和非稳态流动；根据流体流动的空间变化特性分为一维、二维和三维流动；根据流体内部流动结构分为层流流动和湍流流动；根据流体的性质可分为黏性流体流动与理想流体流动、可压缩流体流动与不可压缩流体流动；根据流体质点是否有自转分为有旋流动和无旋流动；根据引发流动的力学因素可分为压差流动、重力流动、剪切流动等；根据流场边界特征分为内部流动和外部流动（绕流流动、明渠流动）；根据流体速度大小可分为亚声速流动和超声速流动；根据流动的沿程发展状态分为发展中流动和充分发展流动等。

流体流动的各种分类，主要目的是突出问题特征，使研究过程包括问题的抽象、假设与简化、方法的采用等更具有针对性，以有利于揭示其中的规律。但需指出，对于某一具体的实际流动问题，往往是多种特征并存。比如常见的水在圆管中的流动，就同时属于一维、不可压缩、黏性流体流动，而且还有层流或湍流、稳态或非稳态之分。

对于上述各类流动，将在后续内容中涉及到时加以介绍。在此仅介绍其中最基本的（即各类流动都要涉及到的）按流体运动的时间变化特性和空间变化特性进行的分类。

（1）按时间变化特性分类

流动按其时间变化特性可分为**稳态流动**和**非稳态流动**。

如果流场内各空间点的流体运动参数均与时间无关，则这样的流动称为稳态流动或定常流动（steady state flow）；反之，若流场空间点的运动参数与时间有关，则称为非稳态流动或非定常流动（unsteady state flow）。对于稳态流动，流场内的流体速度可表示为

$$v_x = v_x(x,y,z),\ \ v_y = v_y(x,y,z),\ \ v_z = v_z(x,y,z) \tag{2-2}$$

即对于稳态流动，必然有

$$\frac{\partial \mathbf{v}}{\partial t} = 0 \quad 或 \quad \frac{\partial v_x}{\partial t} = \frac{\partial v_y}{\partial t} = \frac{\partial v_z}{\partial t} = 0 \tag{2-3}$$

必须说明的是，流体流动的稳态或非稳态有时与所选定的参考系有关。如图 2-1 所示，对于匀速飞行的飞行器，如果在固定于地面的坐标系 $(x\text{-}y\text{-}z)$ 来考察飞行器周围空气的流动，则流动是非稳态的；但在固定于飞行器上的坐标系 $(x'\text{-}y'\text{-}z')$ 来考察飞行器周围空气的流动，则流动是稳态的。

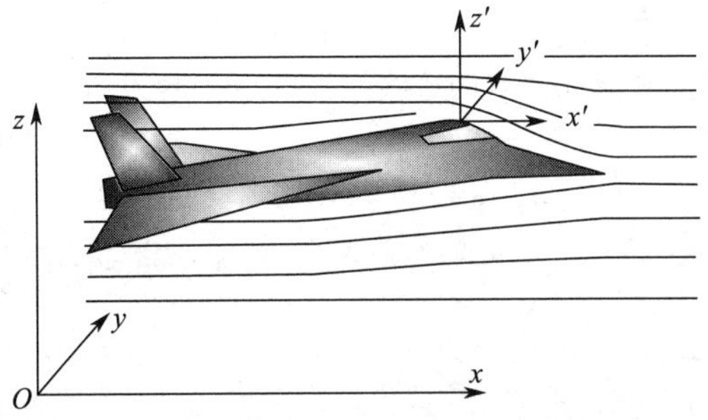

图 2-1 坐标系选择与流动的时间变化特性

（2）按空间变化特性分类

流动按其空间变化特性可分为**一维流动**、**二维流动**和**三维流动**。

式 (2-2) 反映了一般情况下流体流动取决于三维空间坐标，但在具体问题中，流体的运动可能只与（或主要与）一个或两个空间坐标有关。通常，流体速度只与一个坐标自变量有关的流动称为一维流动（one-dimensional flow），类似地，与两个或三个坐标自变量有关的流动称为二维流动（two-dimensional flow）或三维流动（three-dimensional flow）。

值得指出的是，流动的维数与流体速度的分量数不是一回事。例如，对于图 2-2（a）所示的矩形截面管道，在远离进口的管道截面上，$v_x=v_y=0$，只有一个速度分量 v_z，但 $v_z=v_z(x,y)$，故流动是二维流动；对于图 2-2（b）所示的圆形管道，在远离进口的截面上，$v_r=v_\theta=0$，也仅有速度分量 v_z，但由于轴对称性 $v_z=v_z(r)$，故流动是一维的；图 2-2（c）是曲率半径为 R 的封闭环形管道，由于管道截面上有离心力引起的二次流，故有三个速度分量，但因各截面上速度分布相同（与 θ 无关），即 $v_r=v_r(r,z)$，$v_\theta=v_\theta(r,z)$，$v_z=v_z(r,z)$，故流动是二维的。

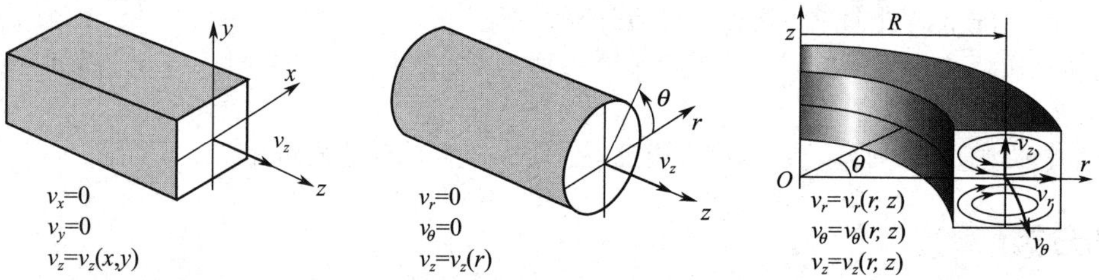

(a) 矩形管流动(二维)　(b) 圆管流动(一维)　(c) 环形管流动(二维)

图 2-2　三种典型流动的速度分量与流动维数

2.2 描述流体运动的两种方法

在流体力学中，研究流体运动通常有两种方法：拉格朗日法和欧拉法。

① 通过研究流场中单个质点的运动，进而获得流场运动规律的方法称为拉格朗日法；

② 通过研究流场空间点的流体运动，进而获得流场运动规律的方法称为欧拉法。

形象地说，前者是追随流体质点运动进行跟踪研究，后者则是在确定的空间点观察流经此处的每一质点。工程实际流动问题分析中通常采用的是欧拉法，因为多数情况下人们感兴趣的是空间特定位置或特定区域内的流动情况。

2.2.1 拉格朗日法

拉格朗日法着眼于追踪流体质点的运动，因而首先需要对流体质点进行标记并确定其运动轨迹。为此，对于某一时刻 t_0 位于流场空间点 (x_0, y_0, z_0) 的流体质点，特别用 a、b、c 来标记其初始位置（$a = x_0$，$b = y_0$，$c = z_0$），而该流体质点随后 t 时刻所处的位置 (x, y, z) 则可用质点标记 a、b、c 及时间 t 表示为

$$\begin{cases} x = x(a,b,c,t) \\ y = y(a,b,c,t) \\ z = z(a,b,c,t) \end{cases} \tag{2-4}$$

此即质点的轨迹或迹线方程。其中，(a,b,c) 称为拉格朗日变量，是质点的身份标记，即 t_0 时刻位于 (x_0, y_0, z_0) 的那个质点。显然，不同的质点有不同的一组 (a,b,c) 值。

流体质点的迹线方程（2-4）也可用其空间点的位置矢径 $\mathbf{r}$ 表示为

$$\mathbf{r} = x\mathbf{i} + y\mathbf{j} + z\mathbf{k} = \mathbf{r}(a,b,c,t) \tag{2-5}$$

以迹线方程为基础，流体质点的速度 $\mathbf{v}$ 及其分量就可用拉格朗日变量表示为

$$\mathbf{v} = \frac{\mathrm{d}\mathbf{r}}{\mathrm{d}t} = \frac{\mathrm{d}x}{\mathrm{d}t}\mathbf{i} + \frac{\mathrm{d}y}{\mathrm{d}t}\mathbf{j} + \frac{\mathrm{d}z}{\mathrm{d}t}\mathbf{k} = v_x\mathbf{i} + v_y\mathbf{j} + v_z\mathbf{k} = \mathbf{v}(a,b,c,t) \tag{2-6}$$

$$v_x = \frac{\mathrm{d}x}{\mathrm{d}t} = v_x(a,b,c,t),\quad v_y = \frac{\mathrm{d}y}{\mathrm{d}t} = v_y(a,b,c,t),\quad v_z = \frac{\mathrm{d}z}{\mathrm{d}t} = v_z(a,b,c,t) \tag{2-7}$$

一般地，流体质点的其他物理量 ϕ（如压力、温度等）都可用拉格朗日变量表示为

$$\phi = \phi(a,b,c,t) \tag{2-8}$$

2.2.2 欧拉法

欧拉法着眼于在确定的空间点上来考察流体的流动，因此流体的运动或物理参数就直接表示为空间坐标 (x, y, z) 和时间 t 的函数，其中坐标变量 (x, y, z) 称为欧拉变量。

按欧拉法，在流场空间点 (x, y, z) 处的流体速度就表示为

$$\begin{cases} v_x = v_x(x,y,z,t) \\ v_y = v_y(x,y,z,t) \\ v_z = v_z(x,y,z,t) \end{cases} \quad 或 \quad \mathbf{v} = v_x\mathbf{i} + v_y\mathbf{j} + v_z\mathbf{k} = \mathbf{v}(x,y,z,t) \tag{2-9}$$

同样地，流体空间点的其他物理量 ϕ（如压力、温度等）都可用欧拉变量表示为

$$\phi=\phi(x,y,z,t) \tag{2-10}$$

2.2.3 两种方法的关系

拉格朗日法和欧拉法这两种不同表示方法在数学上是可以互换的。拉格朗日法将流体质点物理量 ϕ 表示成拉格朗日变量 (a,b,c) 的函数，欧拉法则将 ϕ 表示成欧拉变量 (x,y,z) 的函数，因此，两种方法之间的互换就是拉格朗日变量和欧拉变量之间的数学变换。

① 从拉格朗日表达式 $\phi=\phi(a,b,c,t)$ 变换为欧拉表达式 $\phi=\phi(x,y,z,t)$：着手点是根据已知的流体质点迹线方程式（2-4），从中解出 (a,b,c)，即

$$a=a(x,y,z,t),\ b=b(x,y,z,t),\ c=c(x,y,z,t) \tag{2-11}$$

然后代入拉格朗日表达式 $\phi=\phi(a,b,c,t)$，即可得到 ϕ 的欧拉表达式 $\phi=\phi(x,y,z,t)$。

② 从欧拉表达式 $\phi=\phi(x,y,z,t)$ 变换为拉格朗日表达式 $\phi=\phi(a,b,c,t)$：着手点是根据已知的欧拉法速度表达式如 $v_x=v_x(x,y,z,t)$ 等，建立迹线微分方程，即

$$\frac{\mathrm{d}x}{\mathrm{d}t}=v_x(x,y,z,t),\quad \frac{\mathrm{d}y}{\mathrm{d}t}=v_y(x,y,z,t),\quad \frac{\mathrm{d}z}{\mathrm{d}t}=v_z(x,y,z,t) \tag{2-12}$$

然后求解该微分方程组，得到以积分常数 c_1、c_2、c_3 表示的 x、y、z，即

$$x=x(c_1,c_2,c_3,t),\quad y=y(c_1,c_2,c_3,t),\quad z=z(c_1,c_2,c_3,t) \tag{2-13}$$

再由 $t=t_0$ 时 $a=x_0$、$b=y_0$、$c=z_0$ 确定 c_1、c_2、c_3，得到质点 (a,b,c) 的迹线方程，即

$$x=x(a,b,c,t),\quad y=y(a,b,c,t),\quad z=z(a,b,c,t) \tag{2-14}$$

将此代入欧拉表达式 $\phi=\phi(x,y,z,t)$，即可得到 ϕ 的拉格朗日表达式 $\phi=\phi(a,b,c,t)$。

【例 2-1】 欧拉表达式与拉格朗日表达式的转换

已知欧拉法表示的速度和压力分布为

$$\mathbf{v}=v_x\mathbf{i}+v_y\mathbf{j}+v_z\mathbf{k}=\frac{xy}{1+\mathrm{e}^{-t}}\mathbf{i}-y\mathbf{j}+zt\mathbf{k},\quad p=\frac{At^2}{x^2+y^2+z^2}$$

求拉格朗日变量表示的质点速度和压力。设 $t=0$ 时质点位于 $x=a$、$y=b$、$z=c$ 处。

解 已知的速度场与压力场由欧拉变量表达。由已知的速度分量建立迹线微分方程

$$\frac{\mathrm{d}x}{\mathrm{d}t}=v_x=\frac{xy}{1+\mathrm{e}^{-t}},\quad \frac{\mathrm{d}y}{\mathrm{d}t}=v_y=-y,\quad \frac{\mathrm{d}z}{\mathrm{d}t}=v_z=zt$$

解该微分方程组得 $x=c_1(1+\mathrm{e}^{-t})^{-c_2}$，$y=c_2\mathrm{e}^{-t}$，$z=c_3\mathrm{e}^{t^2/2}$

对于 $t=0$ 时位于 $x=a$、$y=b$、$z=c$ 的质点，上式的积分常数 $c_1=a2^b$、$c_2=b$、$c_3=c$，将此代入上式，可得质点 (a,b,c) 的迹线方程为

$$x=\frac{2^b a}{(1+\mathrm{e}^{-t})^b},\quad y=b\mathrm{e}^{-t},\quad z=c\mathrm{e}^{t^2/2}$$

将其代入欧拉法速度和压力表达式，可得拉格朗日变量表示的质点速度和压力，即

$$\mathbf{v}=v_x\mathbf{i}+v_y\mathbf{j}+v_z\mathbf{k}=\frac{2^b ab\mathrm{e}^{-t}}{(1+\mathrm{e}^{-t})^{1+b}}\mathbf{i}-b\mathrm{e}^{-t}\mathbf{j}+ct\mathrm{e}^{t^2/2}\mathbf{k}$$

$$p=\frac{At^2}{(a2^b)^2(1+\mathrm{e}^{-t})^{-2b}+b^2\mathrm{e}^{-2t}+c^2\mathrm{e}^{t^2}}$$

2.2.4 质点导数

质点导数即流体质点的物理量（如流体质点的速度、压力、温度等）对时间的变化率。

（1）以拉格朗日变量表示的物理量的质点导数

拉格朗日方法中，物理量 $\phi=\phi(a,b,c,t)$ 本身就是流体质点的物理量，所以 ϕ 的质点导数就直接等于该物理

量 ϕ 对时间求偏导数，即

$$\frac{\partial \phi(a,b,c,t)}{\partial t} \tag{2-15}$$

例如，已知拉格朗日变量表示的速度 $\mathbf{v}=\mathbf{v}(a,b,c,t)$，则 $\mathbf{v}$ 的质点导数为 $\partial \mathbf{v}/\partial t$。因速度的质点导数 $\partial \mathbf{v}/\partial t$ 即流体质点的加速度 $\mathbf{a}$，故拉格朗日法中质点加速度就表示为

$$\mathbf{a}=\frac{\partial \mathbf{v}}{\partial t}=\frac{\partial v_x}{\partial t}\mathbf{i}+\frac{\partial v_y}{\partial t}\mathbf{j}+\frac{\partial v_z}{\partial t}\mathbf{k}=a_x\mathbf{i}+a_y\mathbf{j}+a_z\mathbf{k}=\mathbf{a}(a,b,c,t) \tag{2-16}$$

或用分量形式表示为

$$a_x=\frac{\partial v_x}{\partial t}=a_x(a,b,c,t),\quad a_y=\frac{\partial v_y}{\partial t}=a_y(a,b,c,t),\quad a_z=\frac{\partial v_z}{\partial t}=a_z(a,b,c,t) \tag{2-17}$$

（2）以欧拉变量表示的物理量的质点导数

在欧拉法或欧拉场中，物理量 $\phi=\phi(x,y,z,t)$ 是流场空间点 (x, y, z) 处的物理量。因不同时刻经空间点的流体质点是不同的，所以物理量 ϕ 直接对时间 t 求偏导数，即

$$\frac{\partial \phi(x,y,z,t)}{\partial t} \tag{2-18}$$

它并不代表同一质点物理量的时间变化率，因而不是 ϕ 的质点导数，只是空间点 (x, y, z) 处 ϕ 的时间变化率。但该变化率可用于判定流场是否稳态，即如果流场是稳态的，则

$$\frac{\partial \phi(x,y,z,t)}{\partial t}=0 \tag{2-19}$$

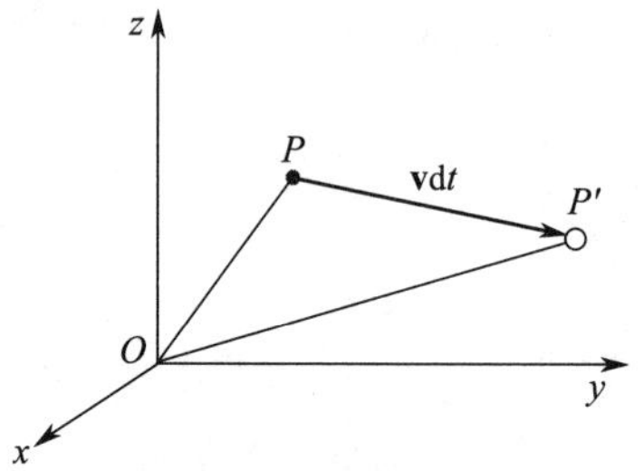

图 2-3 流体质点的运动

为建立欧拉物理量 $\phi=\phi(x,y,z,t)$ 的质点导数表达式，在此以欧拉变量表示的速度为例进行分析。图 2-3 所示为直角坐标系下的流场（欧拉场）。设时刻 t 位于空间点 $P(x,y,z)$ 处流体质点的速度为

$$\mathbf{v}_P=\mathbf{v}_P(x,y,z,t)$$

经过时间间隔 dt 后，该质点经过位移 $\mathbf{v}$dt 到达 P' 点，该点的速度及相对于 P 点的位移分别为

$$\mathbf{v}_{P'}=\mathbf{v}_{P'}(x+\mathrm{d}x,\ y+\mathrm{d}y,\ z+\mathrm{d}y,\ t+\mathrm{d}t)$$

$$\mathrm{d}x=v_x\mathrm{d}t,\ \mathrm{d}y=v_y\mathrm{d}t,\ \mathrm{d}z=v_z\mathrm{d}t$$

根据全微分概念，经过微元时间 dt 后，该流体质点的速度增量 d$\mathbf{v}$ 又可表示为

$$\mathrm{d}\mathbf{v}=\mathbf{v}_{P'}-\mathbf{v}_P=\frac{\partial \mathbf{v}}{\partial x}\mathrm{d}x+\frac{\partial \mathbf{v}}{\partial y}\mathrm{d}y+\frac{\partial \mathbf{v}}{\partial z}\mathrm{d}z+\frac{\partial \mathbf{v}}{\partial t}\mathrm{d}t$$

将上述位移关系代入，可得欧拉场中流体质点速度 $\mathbf{v}$ 随时间 t 的变化率为

$$\frac{\mathrm{d}\mathbf{v}}{\mathrm{d}t}=\frac{\partial \mathbf{v}}{\partial t}+v_x\frac{\partial \mathbf{v}}{\partial x}+v_y\frac{\partial \mathbf{v}}{\partial y}+v_z\frac{\partial \mathbf{v}}{\partial z}$$

这就是欧拉场中速度变量 $\mathbf{v}$ 的质点导数表达式。为了区别于一般导数，特别用 $D\mathbf{v}/Dt$ 代替 d$\mathbf{v}$/dt 以表示质点导数，即欧拉场中速度变量 $\mathbf{v}$ 的质点导数为

$$\frac{\mathrm{D}\mathbf{v}}{\mathrm{D}t}=\frac{\partial \mathbf{v}}{\partial t}+v_x\frac{\partial \mathbf{v}}{\partial x}+v_y\frac{\partial \mathbf{v}}{\partial y}+v_z\frac{\partial \mathbf{v}}{\partial z} \tag{2-20}$$

推而广之，欧拉场中任意物理量 ϕ（速度、压力、温度等）的质点导数可以写成

$$\frac{\mathrm{D}\phi}{\mathrm{D}t}=\frac{\partial \phi}{\partial t}+v_x\frac{\partial \phi}{\partial x}+v_y\frac{\partial \phi}{\partial y}+v_z\frac{\partial \phi}{\partial z} \tag{2-21}$$

其中，D/Dt 称为质点导数算子，定义为

$$\frac{\mathrm{D}}{\mathrm{D}t}=\frac{\partial}{\partial t}+v_x\frac{\partial}{\partial x}+v_y\frac{\partial}{\partial y}+v_z\frac{\partial}{\partial z} \tag{2-23}$$

为方便使用，在此一并给出柱坐标 $(r\text{-}\theta\text{-}z)$ 和球坐标 $(r\text{-}\theta\text{-}\varphi)$ 中的质点导数算子

$$\frac{\mathrm{D}}{\mathrm{D}t}=\frac{\partial}{\partial t}+v_r\frac{\partial}{\partial r}+v_\theta\frac{1}{r}\frac{\partial}{\partial \theta}+v_z\frac{\partial}{\partial z} \tag{2-24}$$

$$\frac{\mathrm{D}}{\mathrm{D}t}=\frac{\partial}{\partial t}+v_r\frac{\partial}{\partial r}+v_\theta\frac{1}{r}\frac{\partial}{\partial\theta}+v_\varphi\frac{1}{r\sin\theta}\frac{\partial}{\partial\varphi} \tag{2-25}$$

因速度 **v** 的质点导数即为流体质点的加速度 **a**，所以欧拉场中流体质点的加速度为

$$\mathbf{a}=\frac{\mathrm{D}\mathbf{v}}{\mathrm{D}t}=\frac{\partial\mathbf{v}}{\partial t}+v_x\frac{\partial\mathbf{v}}{\partial x}+v_y\frac{\partial\mathbf{v}}{\partial y}+v_z\frac{\partial\mathbf{v}}{\partial z} \tag{2-26}$$

由上式可见，欧拉场中流体质点的加速度 **a** 包括两部分：一部分是固定空间点上 **v** 随时间的变化率 $\partial\mathbf{v}/\partial t$（反映速度的时间变化特性），又称**局部加速度**（local acceleration）；另一部分是流动过程中 **v** 随空间位置的变化率（反映速度的空间变化特性），又称**对流加速度**（convective acceleration）或**传输加速度**（acceleration of transport）。

【例 2-2】 流场中的温度测试与质点导数

假设一微型温度传感器按某一运动轨迹在流场中运动，反馈的温度为 $T=T(x,y,z,t)$，其中 $x=x(t)$、$y=y(t)$、$z=z(t)$ 为传感器在流场中的运动轨迹。试求该传感器反馈温度随时间的变化率。

解 反馈温度与传感器轨迹和时间有关，轨迹又是时间的函数，所以温度是时间的复合函数，故温度随时间的变化率可一般地用 T 对 t 的全导数表示为

$$\frac{\mathrm{d}T}{\mathrm{d}t}=\frac{\partial T}{\partial t}+\frac{\partial T}{\partial x}\frac{\mathrm{d}x}{\mathrm{d}t}+\frac{\partial T}{\partial y}\frac{\mathrm{d}y}{\mathrm{d}t}+\frac{\partial T}{\partial z}\frac{\mathrm{d}z}{\mathrm{d}t}$$

其中，$\mathrm{d}x/\mathrm{d}t$、$\mathrm{d}y/\mathrm{d}t$、$\mathrm{d}z/\mathrm{d}t$ 分别代表传感器移动速度在 x、y、z 方向的速度分量。

如温度传感器固定于流场某点 (x_0,y_0,z_0) 不动，则 $\mathrm{d}x/\mathrm{d}t=\mathrm{d}y/\mathrm{d}t=\mathrm{d}z/\mathrm{d}t=0$，此时传感器温度 $T=T(x_0,y_0,z_0,t)$ 只在固定空间点上随时间变化，且时间变化率为

$$\frac{\mathrm{d}T}{\mathrm{d}t}=\frac{\partial T}{\partial t}$$

这表明欧拉场中的物理量 T 直接对时间偏导只代表空间点处温度 T 随时间的变化。

如果传感器完全追随流体质点运动，则传感器移动速度与流体质点速度 v_x、v_y、v_z 随时相同，即 $\mathrm{d}x/\mathrm{d}t=v_x$，$\mathrm{d}y/\mathrm{d}t=v_y$，$\mathrm{d}z/\mathrm{d}t=v_z$，此时温度随时间的变化率就等于

$$\frac{\mathrm{d}T}{\mathrm{d}t}=\frac{\partial T}{\partial t}+v_x\frac{\partial T}{\partial x}+v_y\frac{\partial T}{\partial y}+v_y\frac{\partial T}{\partial z}=\frac{\mathrm{D}T}{\mathrm{D}t}$$

该结果表明，此时的温度变化率 $\mathrm{d}T/\mathrm{d}t$ 就等于温度 T 的质点导数。原因很简单，因为此时传感器完全追随流体质点运动，T 反映的就是流体质点的温度，$\mathrm{d}T/\mathrm{d}t$ 自然就是质点温度的时间变化率，即温度 T 的质点导数。因追随流体质点之故，欧拉场中物理量的质点导数也称为随体导数（substantial time derivative）。

【例 2-3】 流体质点的速度和加速度

给定欧拉速度场 $\mathbf{v}=v_x\mathbf{i}+v_y\mathbf{j}+v_z\mathbf{k}=x(t+1)\mathbf{i}-y(t+1)\mathbf{j}$。

① 求以欧拉变量表示的质点加速度；

② 对于 t=0 时 x=a、y=b、z=c 的质点，求以拉格朗日变量表示的质点速度和加速度。

解 由给定速度场可知

$$v_x=x(t+1),\quad v_y=-y(t+1),\quad v_z=0$$

① 质点加速度是速度的质点导数，所以根据欧拉法质点导数式（2-26）有

$$a_x=\frac{\mathrm{D}v_x}{\mathrm{D}t}=\frac{\partial v_x}{\partial t}+v_x\frac{\partial v_x}{\partial x}+v_y\frac{\partial v_x}{\partial y}=x+x(t+1)^2=x[1+(t+1)^2]$$

$$a_y=\frac{\mathrm{D}v_y}{\mathrm{D}t}=\frac{\partial v_y}{\partial t}+v_x\frac{\partial v_y}{\partial x}+v_y\frac{\partial v_y}{\partial y}=-y+y(t+1)^2=-y[1-(t+1)^2]$$

$$a_z=\frac{\mathrm{D}v_z}{\mathrm{D}t}=0$$

② 根据欧拉变量表达的速度分量，建立迹线微分方程

$$\frac{\mathrm{d}x}{\mathrm{d}t}=v_x=x(t+1),\quad \frac{\mathrm{d}y}{\mathrm{d}t}=v_y=-y(t+1),\quad \frac{\mathrm{d}z}{\mathrm{d}t}=v_z=0$$

求解该微分方程组得流体质点的迹线方程（以积分常数表示）为

$$\ln x = \frac{(t+1)^2}{2} + c_1, \quad \ln y = -\frac{(t+1)^2}{2} + c_2, \quad z = c_3$$

对于 $t=0$ 时 $x=a$、$y=b$、$z=c$ 的质点，积分常数为

$$c_1 = \ln a - 1/2,\ c_2 = \ln b + 1/2,\ c_3 = c$$

因此，该流体质点的迹线方程为

$$x = a\mathrm{e}^{t+t^2/2},\ y = b\mathrm{e}^{-(t+t^2/2)},\ z = c$$

将以上迹线方程代入欧拉变量的速度和加速度表达式，可得拉格朗日变量表示的质点速度和加速度分别为

$$\begin{cases} v_x = a\mathrm{e}^{t+t^2/2}(t+1) \\ v_y = -b\mathrm{e}^{-(t+t^2/2)}(t+1) \\ v_z = 0 \end{cases}, \quad \begin{cases} a_x = a\mathrm{e}^{t+t^2/2}[1+(t+1)^2] \\ a_y = -b\mathrm{e}^{-(t+t^2/2)}[1-(t+1)^2] \\ a_z = 0 \end{cases}$$

此外也可直接由迹线方程对时间求导，得到拉格朗日变量表达的质点速度和加速度。

2.3 迹线和流线

2.3.1 迹线及迹线方程

流体质点的运动轨迹曲线称为迹线。

在拉格朗日法中，质点的迹线方程就是以拉格朗日变量表示的质点坐标时间参数方程

$$x = x(a,b,c,t), \quad y = y(a,b,c,t), \quad z = z(a,b,c,t) \tag{2-27}$$

如果从参数方程中消去 t，就可以得到以 x,y,z 表示的流体质点 (a,b,c) 的迹线方程。

在欧拉法中，可根据所给出的欧拉变量的速度表达式得到迹线微分方程

$$\frac{\mathrm{d}x}{\mathrm{d}t} = v_x(x,y,z,t), \quad \frac{\mathrm{d}y}{\mathrm{d}t} = v_y(x,y,z,t), \quad \frac{\mathrm{d}z}{\mathrm{d}t} = v_z(x,y,z,t) \tag{2-28}$$

解该微分方程组，可得迹线参数方程；消去参数 t 后可得以 x,y,z 表示的迹线方程。

【例 2-4】 流体质点的迹线方程

已知用欧拉法表示的速度场 $\mathbf{v} = Ax\mathbf{i} - Ay\mathbf{j}$，其中 A 为常数，求流体质点的迹线方程。

解 由速度场可建立迹线微分方程为

$$\frac{\mathrm{d}x}{\mathrm{d}t} = v_x = Ax, \quad \frac{\mathrm{d}y}{\mathrm{d}t} = v_y = -Ay$$

分离变量并积分可得迹线的时间参数方程

$$x = c_1\mathrm{e}^{At}, \quad y = c_2\mathrm{e}^{-At}$$

其中，c_1、c_2 是积分常数。从上两式中消去参数 t 可得 x、y 表示的迹线方程

$$xy = c_1c_2 = C \tag{①}$$

该方程表明，流场中流体质点的迹线为一簇双曲线，C 不同表示不同质点的迹线。

对于 $t=t_0$ 时位于 $x=x_0$、$y=y_0$ 的流体质点，记 $a=x_0$、$b=y_0$，由迹线时间参数方程式可确定拉格朗日变量为

$$a = x_0 = c_1\mathrm{e}^{At_0}, \quad b = y_0 = c_2\mathrm{e}^{-At_0}$$

从中解出 $c_1 = a\mathrm{e}^{-At_0}$，$c_2 = b\mathrm{e}^{At_0}$，再代入迹线时间参数方程式可得以拉格朗日变量表示的迹线参数方程为

$$x = a\mathrm{e}^{A(t-t_0)}, \quad y = b\mathrm{e}^{-A(t-t_0)}$$

从上两式中消去参数 t 得：$xy = ab$；对比式①可知，$C = ab$。

2.3.2 流线及流线方程

流线的定义与性质 流线是任意时刻流场中存在的这样一条曲线，该曲线上各点的速度方向都与曲线的切

线方向一致。流线具有如下的性质：

① 除速度为零或无穷大的特殊点外，经过空间一点只有一条流线，即流线不能相交，因为每一时刻空间点只能被一个质点所占据，且每一质点只能沿一个方向运动。

② 流场中每一点都有流线通过，所有流线形成流线谱。

③ 流线的形状随时间而变化，但稳态流动时流线的形状是确定不变的。

流线与迹线的区别 流线与迹线是两个不同的概念。流线是同一时刻不同质点构成的一条流体线，迹线则是同一质点在不同时刻经过的空间点所构成的轨迹线。但在稳态流动条件下，流线与迹线的形状是重合的，所以，通常采用稳态条件下的流线谱直观反映流动情况（尤其是二维流动时），而且流线的疏密程度可反映流动速度的大小，流线密集处流速高于稀疏处。

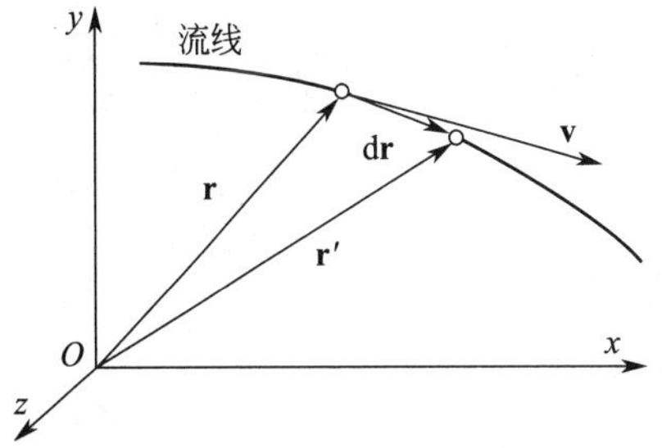

图 2-4 流线上的矢径增量与质点速度

流线方程 如图 2-4 所示，设流线上某点的位置矢径为 **r**，该点处流体质点的速度矢量为 **v**。由于流线上任一点的位置矢径增量 **dr** 总与流线的切线方向一致，而流线上的质点速度 **v** 也与流线相切，所以必然有 **v**//**dr**。于是，根据两平行矢量叉积为零的性质有

$$\mathbf{v}\times\mathbf{dr}=0 \tag{2-29}$$

由于 $$\mathbf{v}\times\mathbf{dr}=(v_y\mathrm{d}z-v_z\mathrm{d}y)\mathbf{i}+(v_z\mathrm{d}x-v_x\mathrm{d}z)\mathbf{j}+(v_x\mathrm{d}y-v_y\mathrm{d}x)\mathbf{k}$$

而 $\mathbf{v}\times\mathbf{dr}=0$ 则各分量都必须为 0，因此有

$$\frac{\mathrm{d}x}{v_x}=\frac{\mathrm{d}y}{v_y}=\frac{\mathrm{d}z}{v_z} \tag{2-30}$$

这就是直角坐标系中的流线微分方程，该方程可拆开写成两个独立方程。需要注意的是，虽然流体速度可能是时间 t 的函数，但流线是对同一时刻而言的，所以在式（2-30）积分时，时间 t 可视为常数，最后所得流线方程中包含时间 t 表示流线形状随时间而变。

【例 2-5】 流体的迹线和流线方程

已知直角坐标系中的速度场：$\mathbf{v}=v_x\mathbf{i}+v_y\mathbf{j}=x/(1+t)\mathbf{i}+y\mathbf{j}$。试求：①以拉格朗日变量表示的迹线方程；②流线方程。

解 ①根据已知速度分布，可得迹线微分方程为

$$\frac{\mathrm{d}x}{\mathrm{d}t}=v_x=\frac{x}{1+t},\quad \frac{\mathrm{d}y}{\mathrm{d}t}=v_y=y$$

由此解得迹线参数方程为 $$x=c_1(1+t),\quad y=c_2\mathrm{e}^t$$

对于 t=t_0 时位于 x=x_0、y=y_0 的质点，记 $a=x_0$、$b=y_0$，解出积分常数

$$c_1=a/(1+t_0),\quad c_2=b/\mathrm{e}^{t_0}$$

将此积分常数代入参数方程，可得拉格朗日变量表示的迹线方程为

$$x=a(1+t)/(1+t_0),\quad y=b\mathrm{e}^{t-t_0}$$

t_0=0 时，通过流场 x_0=a=1，y_0=b=1、b=5、b=20、b=50、b=100、b=200、b=400 各点的流体质点随时间的轨迹曲线如图 2-5（a）所示。

② 根据流线微分方程有 $$\frac{\mathrm{d}x}{v_x}=\frac{\mathrm{d}y}{v_y}\ \rightarrow\ (1+t)\frac{\mathrm{d}x}{x}=\frac{\mathrm{d}y}{y}$$

视 t 为常数，积分得流线方程为 $$y=c(t)x^{(1+t)}$$

式中 $c(t)$ 为 t 的函数。对于通过点（a, b）的流线，$c(t)=b/a^{(1+t)}$，相应方程为

$$y=b\left(x/a\right)^{(1+t)}$$

通过流场 x_0=a=1，y_0=b=1、b=5、b=20、b=50、b=100、b=200、b=400 各点的流线如图 2-5（b）所示，其中实线是 t=0s 时的流线，虚线是 t=1.0s 时的流线，可见非稳态流场中流线的形状随时间 t 不同而变化。

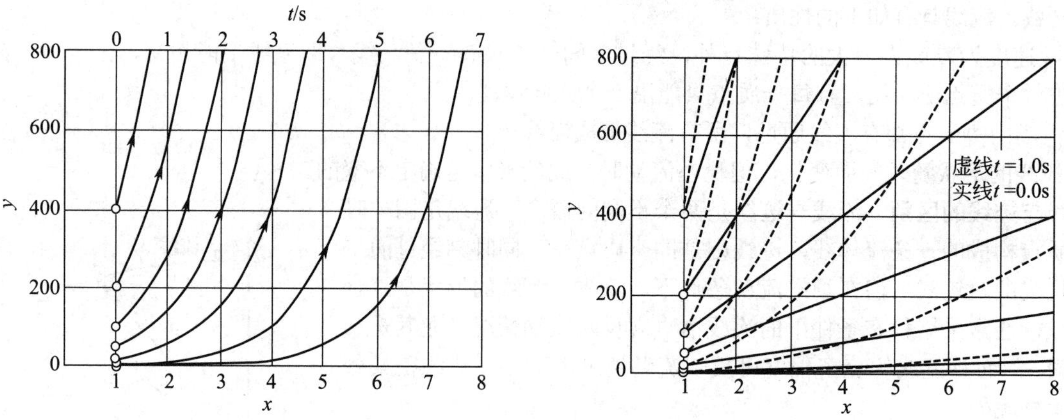

(a) 迹线图　　(b) 流线图

图 2-5 例 2-5 附图（非稳态流场中质点迹线与流线的对比）

2.3.3 流管与管流连续性方程

流管及其性质 如图 2-6 所示，在流场中作一条不与流线重合的封闭曲线，则通过此曲线的所有流线将构成一个管状曲面，该管状曲面就称为流管。

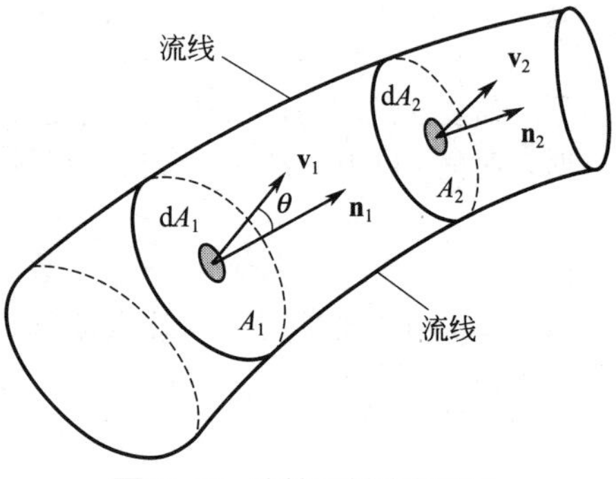

图 2-6 流管及其内部流动

显然，根据流线不能相交的性质，流管表面不可能有流体穿过；其次，与流线相类似，流管的形状一般是随时间而变化的，但稳态流动时流管形状是确定的。工程实际中的管道是流管的特例，此时的流管表面即为管道内壁面。

流管内的质量流量 对于图 2-6 所示的流管，作截面 A_1（可以是曲面），并设该截面上任意微元面 $\mathrm{d}A_1$ 的法向单位矢量为 $\mathbf{n}_1$，流体速度为 $\mathbf{v}_1$，密度为 ρ_1，且 $\mathbf{v}_1$ 与 $\mathbf{n}_1$ 的夹角为 θ，则微元面 $\mathrm{d}A_1$ 上的法向速度 $v_\mathrm{n} = v_1\cos\theta = \mathbf{v}_1 \cdot \mathbf{n}_1$，质量流量为

$$\mathrm{d}q_{\mathrm{m}1} = v_\mathrm{n}\mathrm{d}A_1 = \rho_1(\mathbf{v}_1 \cdot \mathbf{n}_1)\mathrm{d}A_1 \tag{2-31}$$

而通过流管截面 A_1 的总质量流量就表示为

$$q_{\mathrm{m}1} = \iint_{A_1}\mathrm{d}q_{\mathrm{m}1} = \iint_{A_1}\rho_1(\mathbf{v}_1 \cdot \mathbf{n}_1)\mathrm{d}A_1 \tag{2-32}$$

该式也就是流体流过任意曲面 A_1 的质量流量一般表达式。

稳态管流的连续性方程 因流管表面没有流体穿过，且稳态条件下流管形状不变，所以根据质量守恒原理，流管内流体通过任意两截面 A_1、A_2 的质量流量相等，即

$$q_{\mathrm{m}1} = q_{\mathrm{m}2} \text{ 或 } \iint_{A_1}\rho_1(\mathbf{v}_1 \cdot \mathbf{n}_1)\mathrm{d}A_1 = \iint_{A_2}\rho_2(\mathbf{v}_2 \cdot \mathbf{n}_2)\mathrm{d}A_2 \tag{2-33}$$

此即稳态管流的连续性方程（或质量守恒方程）。该方程表明，流场中流管截面不能收缩到零，否则此处流速将达到无穷大，这也意味着流管不能在流场内部中断。

对于实际管道的流动，连续性方程又常用平均密度 ρ_m 和平均速度 v_m 表示为

$$A_1\rho_{1\mathrm{m}}v_{1\mathrm{m}} = A_2\rho_{2\mathrm{m}}v_{2\mathrm{m}} \tag{2-34}$$

特别地，若流体不可压缩，即 ρ =const，则稳态管流各截面的体积流量相等，即

$$A_1v_{1\mathrm{m}} = A_2v_{2\mathrm{m}} \tag{2-35}$$

事实上，由于工程实际中的管道是刚性的，所以只要流体不可压缩且充满管道，则上述稳态管流连续性方程对非稳态流动也是成立的。

此外，根据式（2-33）和式（3-34），又可得管道截面上流体平均速度的定义式为

$$v_{\mathrm{m}}=\frac{q_{\mathrm{m}}}{A\rho_{\mathrm{m}}}=\frac{1}{A\rho_{\mathrm{m}}}\iint_{A}\rho(\mathbf{v}\cdot\mathbf{n})\mathrm{d}A \tag{2-36}$$

2.4 流体的运动与变形

运动流体的变形是连续不断的，因此流体的变形不能像固体变形那样用确切的应变来度量，而必须用变形速率（即单位时间的应变）来度量。本节将通过微元流体的变形分析，建立变形速率与运动速度之间的关系。

2.4.1 微元流体线的变形速率

（1）微元流体线的线变形速率

微元流体线的线变形速率定义为单位时间内微元线段的应变。若 dt 时间内微元线段 dl 的伸长量为 $\delta_{\mathrm{d}l}$，则 dl 的线应变为 $(\delta_{\mathrm{d}l}/\mathrm{d}l)$，其线变形速率 $\varepsilon=(\delta_{\mathrm{d}l}/\mathrm{d}l)/\mathrm{d}t$。

如图 2-7 所示，首先考察 x-y 平面流场中长度为 dx 的水平线段的拉伸。线段 dx 的拉伸仅与 x 方向的速度 v_x 有关，若该线段左端 a 点 x 方向速度为 v_{ax}，则其右端 b 点 x 方向速度可按微分关系表示为

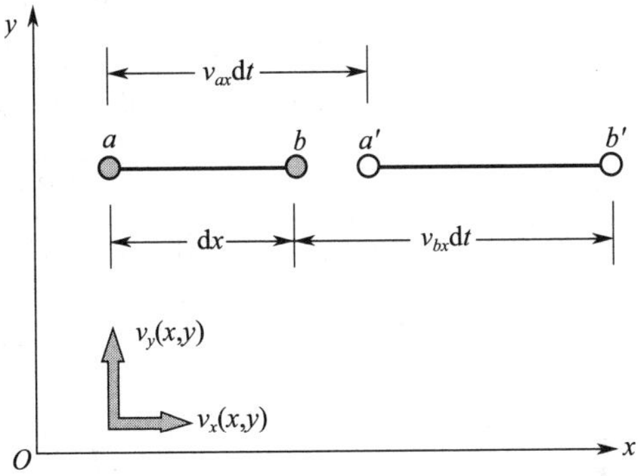

图 2-7 微元流体线的拉伸

$$v_{bx}=v_{ax}+\frac{\partial v_x}{\partial x}\mathrm{d}x$$

经过时间段 dt 后，线段 a 点移动到 a' 点，b 点移动到 b' 点，两点移动的距离则分别为

$$\overline{aa'}=v_{ax}\mathrm{d}t,\quad \overline{bb'}=v_{bx}\mathrm{d}t=(v_{ax}+\frac{\partial v_x}{\partial x}\mathrm{d}x)\mathrm{d}t$$

这两个移动距离的差值，则是 dt 时间内线段 dx 的伸长量 $\delta_{\mathrm{d}x}$，即

$$\delta_{\mathrm{d}x}=\overline{bb'}-\overline{aa'}=(v_{ax}+\frac{\partial v_x}{\partial x}\mathrm{d}x)\mathrm{d}t-v_{ax}\mathrm{d}t=\frac{\partial v_x}{\partial x}\mathrm{d}x\mathrm{d}t$$

所以，按线变形速率定义，线段 dx 的线变形速率（用 ε_{xx} 表示）就等于

$$\varepsilon_{xx}=\frac{\delta_{\mathrm{d}x}}{\mathrm{d}x\mathrm{d}t}=\frac{\partial v_x}{\partial x}$$

由此可知，一般三维流场中，任意微元流体线在 x、y、z 方向的线变形速率分别为

$$\varepsilon_{xx}=\frac{\partial v_x}{\partial x},\quad \varepsilon_{yy}=\frac{\partial v_y}{\partial y},\quad \varepsilon_{zz}=\frac{\partial v_z}{\partial z} \tag{2-37}$$

该式表明，某方向线段的线变形速率即该方向速度沿该方向的变化率。这使得速度分量沿自身方向坐标的偏导数具有两方面的意义，比如 $(\partial v_x/\partial x)$，既表示速度 v_x 沿 x 方向的变化率，又表示 x 方向流体的线变形速率。很显然，v_x 沿 x 方向加速，即 $(\partial v_x/\partial x)>0$，流体线必然受到拉伸；$v_x$ 沿 x 方向减速，即 $(\partial v_x/\partial x)<0$，流体线必然受到压缩。

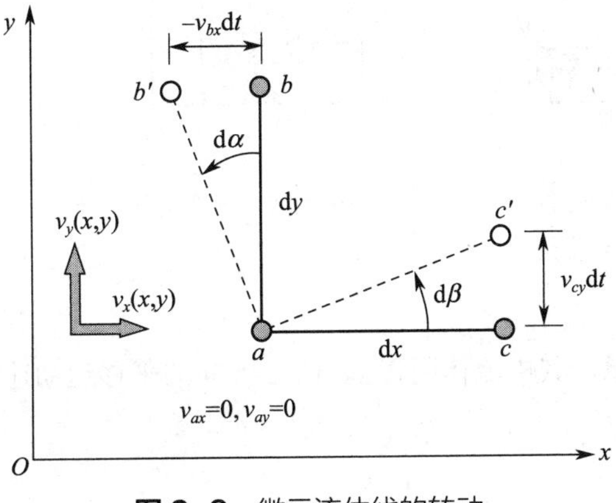

图 2-8 微元流体线的转动

（2）微元流体线的转动速率

微元流体线的转动速率定义为：该线段在某平面内单位时间所转动的角度，即该线段在平面内转动的角速度；并约定逆时针转动的角速度为正。如图 2-8 所示，若 dt 时间内线段 dx、dy 逆时针转动的角度分别为 dβ、dα，则 dx、dy 的转动速率（分别用 η_{xy}、η_{yx} 表示）就等于

$$\eta_{xy}=\frac{\mathrm{d}\beta}{\mathrm{d}t},\quad \eta_{yx}=\frac{\mathrm{d}\alpha}{\mathrm{d}t} \tag{2-38}$$

为将 $\mathrm{d}\beta$、$\mathrm{d}\alpha$ 与速度分量相联系，现进一步分析图中线段 $\mathrm{d}x$、$\mathrm{d}y$ 的端点速度。因为仅考虑 $\mathrm{d}x$、$\mathrm{d}y$ 相对于 a 点的转动，故可设 a 点速度为零，即 $v_{ax}=0$，$v_{ay}=0$；这样一来，引起 $\mathrm{d}x$ 转动的是 c 点的垂直速度 v_{cy}，引起 $\mathrm{d}y$ 转动的是 b 点的水平速度 v_{bx}，按微分关系这两个速度分别为

$$v_{cy}=v_{ay}+\frac{\partial v_y}{\partial x}\mathrm{d}x=\frac{\partial v_y}{\partial x}\mathrm{d}x,\quad v_{bx}=v_{ax}+\frac{\partial v_x}{\partial y}\mathrm{d}y=\frac{\partial v_x}{\partial y}\mathrm{d}y$$

而 $\mathrm{d}x$、$\mathrm{d}y$ 逆时针转动的角度 $\mathrm{d}\beta$、$\mathrm{d}\alpha$ 则分别为

$$\mathrm{d}\beta\approx\tan(\mathrm{d}\beta)=\frac{\overline{cc'}}{\mathrm{d}x}=\frac{v_{cy}\mathrm{d}t}{\mathrm{d}x}=\frac{\partial v_y}{\partial x}\mathrm{d}t,\quad \mathrm{d}\alpha\approx\tan(\mathrm{d}\alpha)=\frac{\overline{bb'}}{\mathrm{d}y}=\frac{-v_{bx}\mathrm{d}t}{\mathrm{d}y}=-\frac{\partial v_x}{\partial y}\mathrm{d}t$$

注：因线段 $\mathrm{d}y$ 逆时针旋转时必然有 $v_{bx}<0$，故用 $v_{bx}\mathrm{d}t$ 表示距离时需乘以负号。

因此，根据式（2-38），线段 $\mathrm{d}x$、$\mathrm{d}y$ 的转动速率就可进一步表示为

$$\eta_{xy}=\frac{\mathrm{d}\beta}{\mathrm{d}t}=\frac{\partial v_y}{\partial x},\quad \eta_{yx}=\frac{\mathrm{d}\alpha}{\mathrm{d}t}=-\frac{\partial v_x}{\partial y} \tag{2-39}$$

推而广之，一般三维流场中，x-y、y-z、z-x 平面内微元流体线的角速度分别为

$$\begin{cases}\eta_{xy}=\dfrac{\partial v_y}{\partial x},\quad \eta_{yx}=-\dfrac{\partial v_x}{\partial y} & (x\text{-}y\text{平面内d}x\text{和d}y\text{绕}z\text{轴转动的角速度})\\ \eta_{yz}=\dfrac{\partial v_z}{\partial y},\quad \eta_{zy}=-\dfrac{\partial v_y}{\partial z} & (y\text{-}z\text{平面内d}y\text{和d}z\text{绕}x\text{轴转动的角速度})\\ \eta_{zx}=\dfrac{\partial v_x}{\partial z},\quad \eta_{xz}=-\dfrac{\partial v_z}{\partial x} & (z\text{-}x\text{平面内d}z\text{和d}x\text{绕}y\text{轴转动的角速度})\end{cases} \tag{2-40}$$

上述角速度 η 的两个下标表示转动所在平面，其中第一个下标表示线段方位，第二个下标表示导致该线段转动的速度分量方向；当两个下标排序与 x-y-z 循环顺序相反时，η 的表达式带负号。

由上可见，某方向速度沿其他方向坐标的偏导数也有两重意义，比如 $(\partial v_x/\partial y)$，既表示速度 v_x 沿方向 y 的变化率，同时又表示 x-y 平面内线段 $\mathrm{d}y$ 绕 z 轴转动的角速度。

2.4.2 微元流体团的变形速率

微元流体团的运动，如图 2-9 所示，可分解为平移、转动、剪切变形和体积膨胀（体变形）四种基本运动形式。各种运动（变形）的速率分别如下。

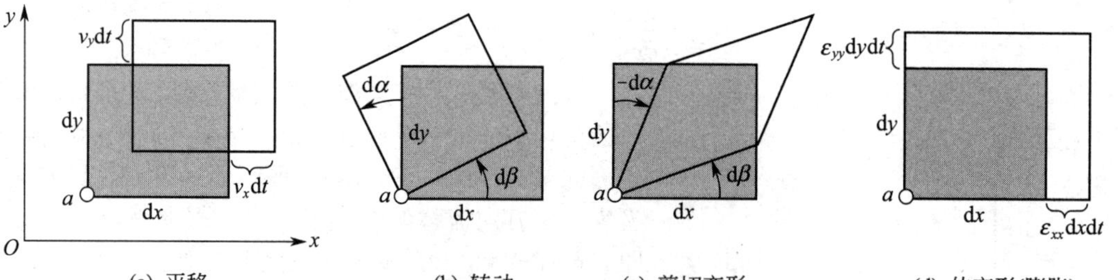

图 2-9 平面流体微元的运动与变形

（1）微元流体团的平移速率

平移运动即微元流体团跟随基点 a 的运动，如图 2-9（a）所示，其中流体团在 x、y、z 方向的平移运动速率就分别为 a 点的速度分量 v_x、v_y、v_z。

（2）微元流体团的转动速率

微元流体团绕基点 a 的转动如图 2-9（b）所示，其中流体团在 x-y 平面内的转动速率就定义为线段 $\mathrm{d}x$ 和

dy 绕 z 轴逆时针转动的角速度 dβ /dt 与 dα /dt 的平均值。因此，若用 ω_z 表示微元流体团在 x-y 平面绕 z 轴的转动速率（角速度），则

$$\omega_z = \frac{1}{2}\left(\frac{\mathrm{d}\beta}{\mathrm{d}t} + \frac{\mathrm{d}\alpha}{\mathrm{d}t}\right) = \frac{1}{2}\left(\frac{\partial v_y}{\partial x} - \frac{\partial v_x}{\partial y}\right) \tag{2-41}$$

同理，微元流体团在 y-z 平面绕 x 轴转动的角速度 ω_x 和在 z-x 平面绕 y 轴转动的角速度 ω_y 就分别为

$$\omega_x = \frac{1}{2}\left(\frac{\partial v_z}{\partial y} - \frac{\partial v_y}{\partial z}\right),\quad \omega_y = \frac{1}{2}\left(\frac{\partial v_x}{\partial z} - \frac{\partial v_z}{\partial x}\right) \tag{2-42}$$

这三个角速度合成，就是微元流体团的空间转动角速度，可用角速度矢量 $\boldsymbol{\omega}$ 表示为

$$\boldsymbol{\omega} = \omega_x\mathbf{i} + \omega_y\mathbf{j} + \omega_z\mathbf{k} = \frac{1}{2}\left(\frac{\partial v_z}{\partial y} - \frac{\partial v_y}{\partial z}\right)\mathbf{i} + \frac{1}{2}\left(\frac{\partial v_x}{\partial z} - \frac{\partial v_z}{\partial x}\right)\mathbf{j} + \frac{1}{2}\left(\frac{\partial v_y}{\partial x} - \frac{\partial v_x}{\partial y}\right)\mathbf{k} \tag{2-43}$$

有旋流动与无旋流动 流体运动学中，根据微元流体团的转动角速度 $\boldsymbol{\omega}$ 是否为零，特别将流体流动分为有旋流动与无旋流动，$\boldsymbol{\omega} \neq 0$ 为有旋流动，$\boldsymbol{\omega} = 0$ 则为无旋流动。根据式（2-43）可知，对于给定的流场速度分布，无旋流动的条件是

$$\omega_x = \frac{1}{2}\left(\frac{\partial v_z}{\partial y} - \frac{\partial v_y}{\partial z}\right) = 0,\ \omega_y = \frac{1}{2}\left(\frac{\partial v_x}{\partial z} - \frac{\partial v_z}{\partial x}\right) = 0,\ \omega_z = \frac{1}{2}\left(\frac{\partial v_y}{\partial x} - \frac{\partial v_x}{\partial y}\right) = 0 \tag{2-44}$$

若其中任一角速度分量不为零，则为有旋流动。

需要指出，有旋或无旋是针对流体微团（流体质点）自身的转动而言的，与其运动轨迹的曲线形状无关。换句话说，无论流体质点的运动轨迹是直线还是曲线，若流体质点沿轨迹曲线运动过程中本身有自转则为有旋流动，反之为无旋流动。

（3）微元流体团的剪切变形速率

参见图 2-9（c），微元流体团在 x-y 平面发生剪切变形时，dx 将绕 z 轴逆时针转动，转动的角速度为 dβ/dt; dy 将绕 z 轴顺时针转动，转动的角速度为 $-$dα/dt（顺时针时 dα < 0）；而微元流体团的剪切变形速率就定义为 dx 逆时针转动的角速度与 dy 顺时针转动的角速度的平均值。因此用 ε_{xy} 表示微元流体团在 x-y 平面的剪切变形速率，则按定义有

$$\varepsilon_{xy} = \frac{1}{2}\left(\frac{\mathrm{d}\beta}{\mathrm{d}t} - \frac{\mathrm{d}\alpha}{\mathrm{d}t}\right) \tag{2-45}$$

将式（2-39）代入上式，则可将 ε_{xy} 表达为速度偏导数的函数；类似可写出微元流体团在 y-z 平面和 z-x 平面的剪切变形速率 ε_{yz} 和 ε_{zx} 的表达式；现一并列出如下

$$\varepsilon_{xy} = \frac{1}{2}\left(\frac{\partial v_y}{\partial x} + \frac{\partial v_x}{\partial y}\right),\quad \varepsilon_{yz} = \frac{1}{2}\left(\frac{\partial v_z}{\partial y} + \frac{\partial v_y}{\partial z}\right),\quad \varepsilon_{zx} = \frac{1}{2}\left(\frac{\partial v_x}{\partial z} + \frac{\partial v_z}{\partial x}\right) \tag{2-46}$$

由此可见，剪切变形速率与转动速率表达式有些类似，两者都只与垂直于流动方向的速度梯度有关。

（4）微元流体团的体积膨胀速率

微元流体团的体积膨胀速率定义为单位时间微元流体团的体积应变。

设 t 时刻微元流体团的体积为 dxdydz，由于线变形，dt 时间后该流体团三边分别增长为 $(\mathrm{d}x + \varepsilon_{xx}\mathrm{d}x\mathrm{d}t)$、$(\mathrm{d}y + \varepsilon_{yy}\mathrm{d}y\mathrm{d}t)$、$(\mathrm{d}z + \varepsilon_{zz}\mathrm{d}z\mathrm{d}t)$。用 $\dot{V}$ 表示体积膨胀速率，则按定义有

$$\dot{V} = \frac{(\mathrm{d}x + \varepsilon_{xx}\mathrm{d}x\mathrm{d}t)(\mathrm{d}y + \varepsilon_{yy}\mathrm{d}y\mathrm{d}t)(\mathrm{d}z + \varepsilon_{zz}\mathrm{d}z\mathrm{d}t) - \mathrm{d}x\mathrm{d}y\mathrm{d}z}{\mathrm{d}x\mathrm{d}y\mathrm{d}z\mathrm{d}t} \tag{2-47}$$

将此式的分子项展开并略去高阶微量后可得

$$\dot{V} = \varepsilon_{xx} + \varepsilon_{yy} + \varepsilon_{zz} = \frac{\partial v_x}{\partial x} + \frac{\partial v_y}{\partial y} + \frac{\partial v_z}{\partial z} = \nabla \cdot \mathbf{v} \tag{2-48}$$

由此可见，体积膨胀速率 $\dot{V}$ 等于 x、y、z 三个方向的线变形速率之和，或者说体积膨胀速率 $\dot{V}$ 等于速度的散度 $\nabla \cdot \mathbf{v}$。

不可压缩流体的连续性方程 对于不可压缩流体，微元流体团可以变形，但体积大小不变，所以其体积膨

胀速率 $\dot{V}$ 必然为零，即

$$\nabla\cdot\mathbf{v}=\frac{\partial v_x}{\partial x}+\frac{\partial v_y}{\partial y}+\frac{\partial v_z}{\partial z}=0 \tag{2-49}$$

该方程称为不可压缩流体的连续性方程，是流体力学最常用的基本方程之一。

【例 2-6】 强制涡与自由涡的运动学特征

强制涡与自由涡是两种典型的平面旋转运动，如图 2-10 所示。

强制涡的特点是流场整体一起旋转，各点具有相同的角速度 ω，流体仅有切向速度 v_θ，且任意半径 r 处流体的切向速度 $v_\theta=\omega r$；实际流场中，随容器一起转动的流体运动、搅拌桨和旋流器中心区的流体运动等具有显著的强制涡的特征。

自由涡的特点是流场各点单位质量流体的机械能相同，流体仅有切向速度 v_θ，且 $v_\theta=\kappa/r$，其中 κ 为常数；实际流场中，通过水槽底部小孔放水时形成的旋涡、搅拌桨和旋流器中心区外的流体运动、龙卷风中心区流动等具有显著的自由涡的特征。

问题：判断这两种运动是有旋还是无旋流动，是可压缩还是不可压缩流动，并求各自的流线方程与迹线方程。

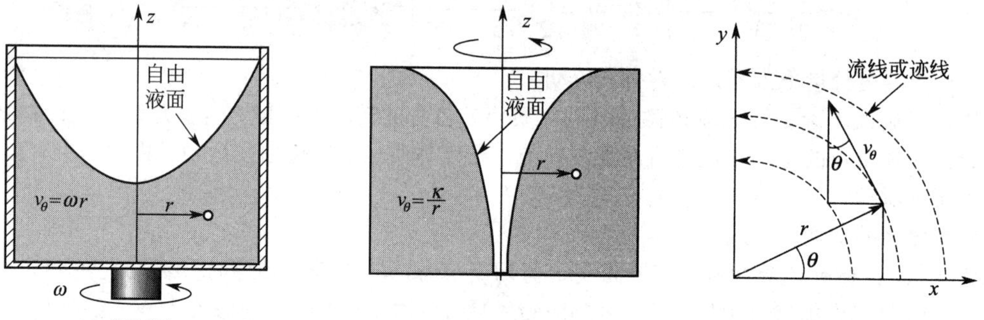

(a) 强制涡　(b) 自由涡　(c) 切向速度(x-y平面)

图 2-10　流体的两种旋转运动

解　如图 2-10（c）所示，对于强制涡，其切向速度 $v_\theta=\omega r$ 在 x-y 平面的分速度为

$$v_x=-v_\theta\sin\theta=-\omega r\sin\theta=-\omega y,\quad v_y=v_\theta\cos\theta=\omega r\cos\theta=\omega x$$

转动位于 x-y 平面时仅有角速度分量 ω_z。且根据速度分布式可知

$$\omega_z=\frac{1}{2}\left(\frac{\partial v_y}{\partial x}-\frac{\partial v_x}{\partial y}\right)=\frac{1}{2}(\omega+\omega)=\omega,\quad \nabla\cdot\mathbf{v}=\frac{\partial v_x}{\partial x}+\frac{\partial v_y}{\partial y}=0$$

根据流线及迹线的微分方程，分别有：

流线　$$v_y\mathrm{d}x=v_x\mathrm{d}y\ \rightarrow\ \omega x\mathrm{d}x=-\omega y\mathrm{d}y\ \rightarrow\ x^2+y^2=c'\ \rightarrow\ r=c$$

迹线　$$\begin{cases}r\mathrm{d}\theta/\mathrm{d}t=v_\theta\\ \mathrm{d}r/\mathrm{d}t=v_r\end{cases}\rightarrow\begin{cases}r\mathrm{d}\theta/\mathrm{d}t=\omega r\\ \mathrm{d}r/\mathrm{d}t=0\end{cases}\rightarrow\begin{cases}\theta=\omega t\\ r=c\end{cases}$$

可见，强制涡属有旋且不可压缩流动，其流线为绕 z 轴的圆周曲线，迹线是在 r 恒定的轨道上按角度 $\theta=\omega t$ 行进的轨迹线，且过同一点处的流线和迹线重合（稳态流动）。

对于自由涡，$v_\theta=\kappa/r$，其 x、y 方向的速度、角速度 ω_z 和速度散度 $\nabla\cdot\mathbf{v}$ 分别为

$$v_x=-v_\theta\sin\theta=-\frac{\kappa}{r}\sin\theta=-\frac{\kappa y}{(x^2+y^2)},\quad v_y=v_\theta\cos\theta=\frac{\kappa}{r}\cos\theta=\frac{\kappa x}{(x^2+y^2)}$$

$$\omega_z=\frac{1}{2}\left(\frac{\partial v_y}{\partial x}-\frac{\partial v_x}{\partial y}\right)=\frac{1}{2}\left(\frac{\kappa(y^2-x^2)}{(x^2+y^2)^2}+\frac{\kappa(x^2-y^2)}{(x^2+y^2)^2}\right)=0$$

$$\nabla\cdot\mathbf{v}=\frac{\partial v_x}{\partial x}+\frac{\partial v_y}{\partial y}=\frac{2\kappa xy}{(x^2+y^2)^2}-\frac{2\kappa xy}{(x^2+y^2)^2}=0$$

其流线和迹线方程分别为：

流线 $$v_y\mathrm{d}x = v_x\mathrm{d}y \rightarrow \frac{\kappa x}{x^2+y^2}\mathrm{d}x = -\frac{\kappa y}{x^2+y^2}\mathrm{d}y \rightarrow x^2+y^2=c' \rightarrow r=c$$

迹线 $$\begin{cases} r\mathrm{d}\theta/\mathrm{d}t = v_\theta \\ \mathrm{d}r/\mathrm{d}t = v_r \end{cases} \rightarrow \begin{cases} r\mathrm{d}\theta/\mathrm{d}t = \kappa/r \\ \mathrm{d}r/\mathrm{d}t = 0 \end{cases} \rightarrow \begin{cases} \theta = (\kappa/c^2)t \\ r=c \end{cases}$$

可见：自由涡属无旋且不可压缩流动，其流线是绕 z 轴的圆周曲线，迹线是在 r 恒定的轨道上按角度 $\theta=(\kappa/c^2)t$ 行进的轨迹线，且过同一点处的流线和迹线重合（稳态流动）。

本例中，强制涡和自由涡的质点迹线都是圆周曲线，但前者属有旋流动，后者属无旋流动；同样还可列举迹线是直线的有旋流动，如圆管中的流动；这表明有旋流动或无旋流动与流体质点轨迹曲线的形状无关。

2.5 流体的流动与阻力

本节将从动力学的角度，阐述流体流动的几个基本概念，包括流体流动的推动力、流动流体内部的行为表现（层流与湍流）、固壁边界对流动的影响、流动阻力及阻力系数。

2.5.1 流体流动的推动力

流体的流动总是在某些推动力作用下产生的，流动过程就是推动力对流体做功的过程。流体流动的推动力有多种形式，其中常见的有重力、压力差和外加机械力。

重力流动 即流体因重力自发产生的流动。如河床与水渠中的流动、溢流堰流动、沿固体壁面的降膜流动等，这类流动的外在特点是具有自由液面。此外，因热效应密度差产生的锅炉上下水的自然循环、环境大气的自然对流等，本质上也属重力流动。

压差流动 即靠压力差做功所产生的流动。流体在管道和过程设备内部的流动通常是压差流动；压差流动中，流体的压力通常由流体输送机械如泵、风机、压缩机等提供（其中轴功转换为流体压力能）；也可由热能转换或化学能转化（燃烧、爆炸）产生高压蒸汽或气体，或者由喷管射流或蒸汽冷凝方式形成负压，从而产生压差流动。

外加机械力产生的流动 主要指运动固体表面的法向推力和切向摩擦力对流体做功、使流体获得机械能所产生的流动；压缩机活塞运动、离心泵叶轮转动、搅拌桨 / 螺旋桨 / 电风扇转动等所产生的流体流动，其原理基本如此。其中单纯对流体表面施加摩擦力使流体产生的流动称为**摩擦流动**，如平板滑动所生产的流体剪切运动、机械密封端面或滑动轴承表面转动摩擦产生的液膜运动等，摩擦流动的特点是沿流动方向无压力差。

近年来，其他力学因素产生的流动正成为重要关注点。典型的有：表面张力或毛细力作用下液体在多孔介质 / 纤维材料等广义毛细管中的流动，微流控中液滴的变形运动，热管工质冷凝液通过输液芯或管壁沟槽的回流，电场力作用下导电液体在环形封闭管道内的流动，超重力作用下液体通过多孔介质的流动，多组分流体中因浓度扩散所产生的流动，等等。

2.5.2 层流与湍流

1883 年英国物理学家**奥斯本 · 雷诺**（Osborne Reynolds）通过实验发现，随着流速的增加，流体的内部行为会发生根本性变化，从而表现出两种不同的流动型态：层流（laminar flow）与湍流（turbulent flow）。层流指流体层间犹如平行滑动、横向仅有分子热运动的流动；湍流指内部充满不同尺度旋涡、流体层间有频繁的流体微团随机脉动的流动。

以下结合牛顿流体在圆管内的流动，如图 2-11 所示，对比说明层流与湍流的特点。

（1）流场内部结构——示踪实验

层流流动时，流体层间犹如平行滑动，其横向只有分子热运动，但热运动尺度远小于流体质点尺度，故质点运动轨迹平滑，此时在管中心用针头连续注入有色示踪剂，则示踪剂将在管中形成一条平滑的有色直线，直

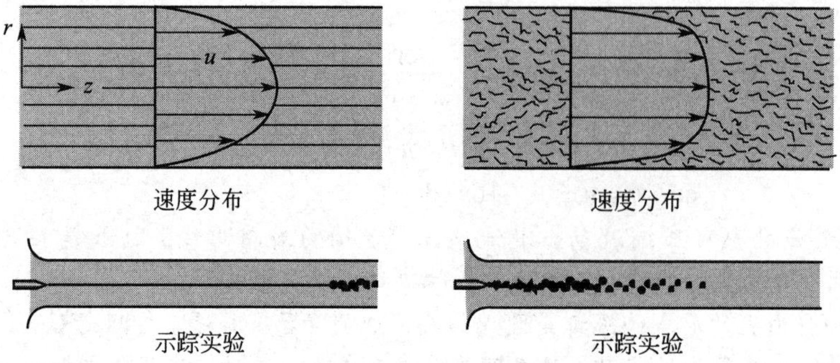

(a) 层流　　(b) 湍流

图 2-11　圆管内的层流与湍流

到分子扩散作用使其在下游逐渐消失；湍流流动时，流体内部充满不同尺度的旋涡，导致流体以微团形式随机脉动且脉动尺度远大于质点尺度，故质点运动紊乱无规则，实验时示踪剂在流体中很快弥散，不能形成清晰的有色直线。

（2）层流到湍流的过渡

层流到湍流的过渡是流体速度量变到流动行为质变的过程。实验表明，圆管中层流到湍流的过渡与流体的密度 ρ、黏度 μ、平均速度 u_m 和管道直径 D 有关，其综合影响可用无因次数即**雷诺数** $Re(=\rho u_m D/\mu)$ 的大小来判定。对于光滑圆管有

当 $Re < 2300$ 时，为层流流动；

当 $Re > 4000$ 时，为湍流流动；

当 $2300 < Re < 4000$ 时，为过渡流。

层流到湍流的过渡还与管道进口处的扰动、进口形状及管壁粗糙度等因素有关。如扰动较大、入口不平滑、管壁较粗糙，则过渡雷诺数 Re 可能要小些，反之 Re 可能要大些。

需要指出，对于很多具有复杂边界的流动问题，其层流与湍流的判别并不能像管道流动那样有明确简单的标准，但层流与湍流的本质不变，即层流时动量扩散只有分子扩散，湍流时动量扩散则主要是流体微团随机脉动产生的扩散（称为湍流扩散）。

（3）速度分布及动量扩散特性

层流时，流体层之间犹如平行滑动，远离进口的管道截面上速度 u 呈抛物线形分布，如图 2-11（a）所示，其中管中心最大速度 u_{max} 是平均速度 u_m 的 2 倍，即

$$u = u_{max}\left(1-\frac{r^2}{R^2}\right),\quad u_{max} = 2u_m \tag{2-50}$$

此时流体层间分子热运动产生的动量扩散通量（即切应力 τ）服从牛顿剪切定律，即

$$\tau = \mu\frac{du}{dr} \tag{2-51}$$

湍流时，流体微团大尺度的随机脉动使管道径向的混合大为增强，中心区速度差异减小，但管壁附近速度梯度增大，速度 u 呈圆台形分布，见图 2-11（b），并可近似表示为

$$u = u_{max}\left(1-\frac{r}{R}\right)^{1/7},\quad u_{max} \approx 1.25u_m \tag{2-52}$$

湍流时内部动量交换增强、管壁附近速度梯度增大，导致传热传质速率和流动阻力显著大于层流。湍流时流体层间的动量扩散通量（或切应力 τ）也可仿照层流情况表示为

$$\tau = (\mu + \mu_T)\frac{du}{dr} \tag{2-53}$$

上式中的 μ_T 称为湍流黏性系数，反映湍流脉动对动量传递的影响，且 $\mu_T \gg \mu$。湍流黏性系数 μ_T 不再是流

体物性参数，而是与湍流行为有关、随空间和时间变化的非线性函数，这使得湍流问题较层流复杂得多。其中为确定 μ_T 所作的各种假设也称为湍流模型。

（4）时间特性

如果在流场某固定空间点处测量该点速度 u 则会发现，层流时该点速度 u 是确定的，其中稳态流动时 u 不随时间变化，非稳态流动时 u 是时间的单值函数，如图 2-12 所示。湍流时该点速度 u 是随机脉动的，但 u 的时间平均值 $\bar{u}$ 是确定量；这意味着湍流的瞬时速度 u 一般可表示为时均速度 $\bar{u}$ 与脉动速度 u' 之和，即

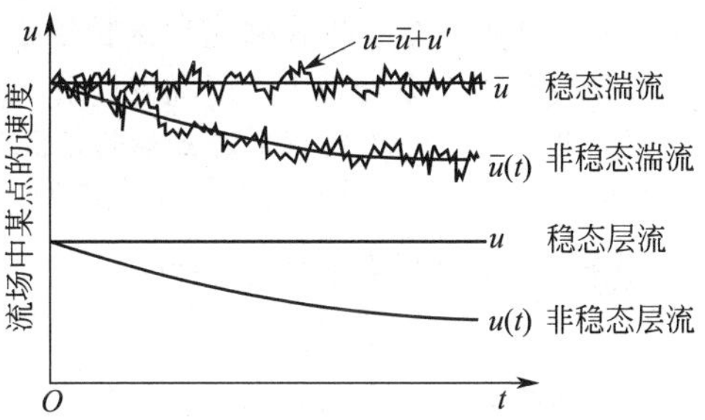

图 2-12　层流与湍流的时间特性

$$u = \bar{u} + u' \tag{2-54}$$

时均速度 $\bar{u}$ 是测速点处流体的平均速度，是确定值；脉动速度 u' 则是该点因湍流脉动产生的随机速度。其中对于稳态湍流，时均速度 $\bar{u}$ 不随时间变化，非稳态时，$\bar{u}$ 是时间的单值函数，如图 2-12 所示。

说明：湍流问题中提到速度、速度分布、稳态与非稳态等通常都是针对时均速度 $\bar{u}$ 而言的。

时均速度 $\bar{u}$ 是指瞬时速度 u 在这样的时间周期 Δt 内的时间平均值。Δt 比脉动速度 u' 的脉动周期大得多，但又比时均速度 $\bar{u}$ 随时间变化的最小时间段小得多。

不加特别指明时，一般认为脉动速度 u' 是各向同性的，即 $\overline{u'}=0$，故通常不直接采用 u' 来度量湍流强度，而是采用 u' 的均方根值来表征湍流强度（用 I 表示），即

$$I = \sqrt{\overline{u'^2}} \tag{2-55}$$

2.5.3　固壁边界的影响及三种典型流动

（1）固壁边界

固壁边界是指由固体壁面形成的流场边界（流 - 固界面），也指形成边界的固体壁面本身。流场边界也可能包括气 - 液界面（如液体自由面）或液 - 液界面（互不相溶液体的接触面），但通常都必然包括固壁边界，因为实际流动问题通常总是与特定形状的固壁边界相关的。

例如，对于过程设备，其器壁和内构件表面都属于固壁边界。而内构件的设计或创新，最直接的出发点就是要创造特定形状的边界、形成有利的流动模式（促进流 - 固充分接触、提高流 - 固相对速度、增强流体横向混合、阻断边界层发展、减小流动死区或防止流动短路等），以实现过程强化的目的（提高传热传质及反应效率、增强混合或分离效果、减小流动阻力及综合能耗等）。换热器壳程设置折流板或折流杆，换热管内插入扰流件或管壁开槽，搅拌反应器设置防涡挡板，塔设备内装填各类填料，以及过程设备内常见的气 / 液分布器、导流筒、防冲板等，都是为了达到这样的目的。

固壁边界一方面主导着流体的流动方式，同时也对流体流动产生阻力。因此不同固壁边界条件下的流动行为及流动阻力也就成为工程流体力学所关心的重要问题。简单固壁边界形成的三种典型流动及基本特征如下。

圆管中的流动　如图 2-13 所示，当流体以均匀速度 u_m 进入管口后，因黏性作用流体速度将在管壁表面滞止为零，导致近壁区速度发生变化，该速度变化区称为管壁影响区；随着流动向前发展，管壁影响区逐渐向管中心扩展，直至遍及整个管道截面，此后速度分布形态不再改变。其中管壁影响达到管中心之前的流动区称为**进口区**，进口区的流动称为**发展中流动**，此后的流动区称为**充分发展区**，对应称为**充分发展的流动**。

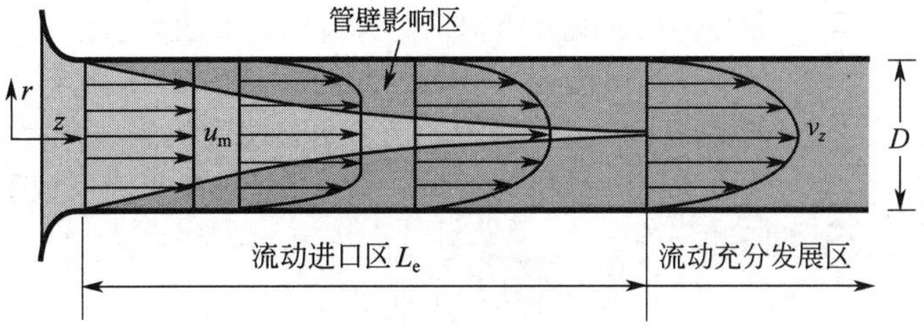

图 2-13　流体在圆管内的流动

实验表明：层流时圆管进口区长度 L_e=0.058DRe，其中 $Re=\rho u_m D/\mu$ 为管流雷诺数；湍流时进口区长度受进口条件等因素影响较大，情况较复杂，通常按经验取 L_e=50D。

进口区与充分发展区的流动显著不同。进口区有两个速度分量且流动是二维的，即

$$v_r=v_r(r,z)，\ v_z=v_z(r,z)，\ v_\theta=0$$

充分发展区只有 z 方向（轴向）速度分量且流动是一维的，即

$$v_z=v_z(r)，\ v_r=v_\theta=0$$

比较而言，充分发展流动问题相对较简单（与 z 无关），但应用更广泛，因为工程实际中的管流问题多属于管长 $L \gg L_e$ 的情况。进口区流动（与 z 有关）主要针对短管情况，短管流动平均阻力相对更大，但平均换热系数更高，所以也有其特定的实用场合。

平壁边界层流动 如图 2-14 所示，当流体以来流速度 u_0 沿平壁流动时，若壁面影响区在整个壁面长度 L 内都局限于壁面邻近的流体层内，则这样的流动称为边界层流动。其中壁面附近有速度变化的流体层称为**流动边界层**，边界层外称为外流区（非影响区）。

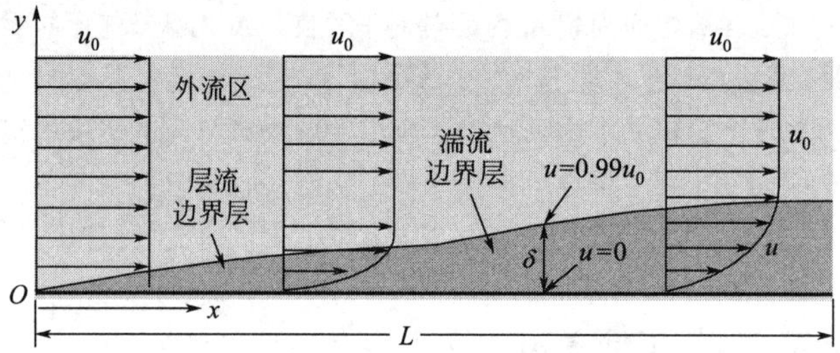

图 2-14 沿平壁表面的边界层流动

边界层厚度的具体定义是速度 u=0（壁面）至 u=0.99u_0 对应的流体层厚度，用 δ 表示。很显然，δ 沿流动方向 x 是不断增厚的，即 $\delta=\delta(x)$。其次，边界层形成初期（平壁前段），边界层内的流动总是层流，称为**层流边界层**，随着流动沿 x 方向发展，边界层内的流动将转变为湍流，称为**湍流边界层**。

对于平壁边界层流动，层流与湍流边界层的划分及其厚度的变化已有基本定论，即

在 $Re_x=\rho u_0 x/\mu < 3\times10^5$ 范围，边界层属于层流边界层，其厚度的变化为

$$\delta=4.96xRe_x^{-0.5} \tag{2-56}$$

当 $Re_x=\rho u_0 x/\mu > 3\times10^6$ 后，边界层属于湍流边界层，其厚度的变化近似为

$$\delta\approx0.381xRe_x^{-0.2} \tag{2-57}$$

在 $Re_x=3\times10^5 \sim 3\times10^6$ 区间，边界层内的流动处于过渡状态。注：一般简单计算中，可取过渡雷诺数 $Re_c=5\times10^5$，即 $Re_x<Re_c$ 边界层为层流，$Re_x>Re_c$ 边界层为湍流。

具有边界层特征的壁面绕流问题中，边界层内的流动行为极为重要，因为这类问题的流动阻力以及传热传质阻力都主要集中于边界层内。其典型问题包括气流掠过换热面的流动、飞行器表面的气流流动、潜艇表面的水流流动等；管道进口区的流动也属边界层流动。

绕球体或圆柱体的流动 流体以来流速度 u_0 绕流球体或长圆柱体的流动见图 2-15。其中迎风面的流动具有边界层流动的特点，但根据绕流雷诺数 $Re=\rho u_0 D/\mu$ 的不同，边界层会在迎风面与背风面交界点前后脱离壁面，即边界层分离，导致背风面下游出现涡流区（也称尾迹区），因此问题较为复杂。这种问题只有在绕流雷诺数 Re 很小的情况下有近似解析解，多数情况下的流体阻力等问题只能依靠实验确定。工程实际中颗粒的沉降、流体横掠换热管或塔设备的流动等属于典型的绕流问题。

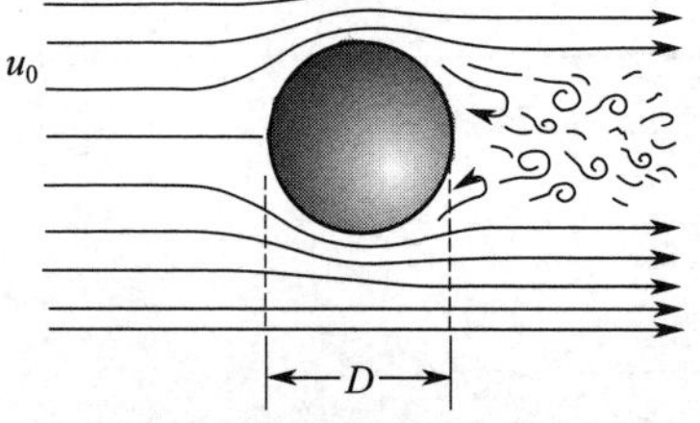

图 2-15 绕球体或圆柱体的流动

（2）定性尺寸与定性速度

在流体流动问题中，用于反映边界几何形状对流动影响的特征尺寸称为

定性尺寸，用 L 泛指；用于反映动力学条件影响的特征速度称为定性速度，用 V 泛指；二者与流体密度 ρ 与黏度 μ 构成的无因次数 $Re=\rho VL/\mu$ 即雷诺数，是表征流动行为的重要参数。其中

圆管充分发展流　$L=D$（圆管内径），$V=u_m$（平均流速），$Re=\rho u_m D/\mu$；

平板边界层流动　$L=L$（平壁纵向长度），$V=u_0$（来流速度），$Re_L=\rho u_0 L/\mu$；

球体或圆柱绕流　$L=D$（球体 / 圆柱直径），$V=u_0$（来流速度），$Re=\rho u_0 D/\mu$。

在接下来的流动阻力讨论中将会看到，对于这三种简单边界的流动，采用相应的雷诺数即可综合表征固壁边界、流动条件、流体物性（ρ、μ）对阻力系数的影响。

2.5.4 流动阻力与阻力系数

曳力与流动阻力　曳力是流动方向上流体对固体的作用力，在此用 F'_D 表示（见图 2-16），流动阻力则是流动方向上固体对流体的作用力，通常用 F_D 表示，换言之，曳力与阻力是一对大小相等方向的作用力，即 $F_D=-F'_D$。至于是从曳力还是从阻力的角度来讨论问题，取决于问题的关注点。例如对于管道流动，通常关注的是管壁对流体的作用力即阻力，而对于颗粒的流态化，通常关注的则是流体对颗粒的作用力即曳力。

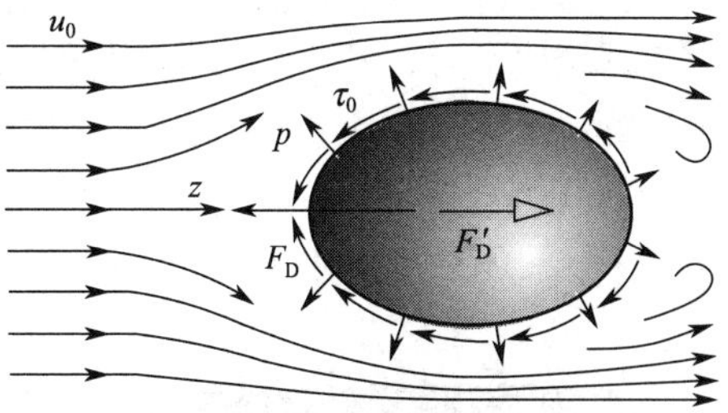

图 2-16　固体表面对流体的作用力

形状阻力与摩擦阻力　对于图 2-16 所示的流体绕固体的流动，固体表面对流体的作用力一般可分为法向正压力 p 和切向摩擦力 τ_0 两个部分，其中正压力 p 在流动方向的合力称为形状阻力，又称压差阻力，用 F_p 表示；切向摩擦力 τ_0 在流动方向的合力称为摩擦阻力，用 F_f 表示；流体受到的总阻力 F_D 则由形状阻力 F_p 和摩擦阻力 F_f 两部分构成，即

$$F_D=F_p+F_f \tag{2-58}$$

但需指出，对于黏性流体沿固体表面的流动，摩擦阻力 F_f 总是存在的，形状阻力 F_p 则不一定，例如，流体在平壁表面或直管中流动时，壁面压力 p 在流动方向没有合力，故这两种情况没有形状阻力，总阻力仅包括摩擦力。

三维物体的阻力与阻力系数　对于流体以来流速度 u_0 绕三维物体的流动，通常从便于计算的角度将 F_D、F_p 和 F_f 分别表示为

$$F_D=C_D\frac{\rho u_0^2}{2}A_D,\quad F_p=C_p\frac{\rho u_0^2}{2}A_D,\quad F_f=C_f\frac{\rho u_0^2}{2}A_f \tag{2-59}$$

式中，C_D、C_p、C_f 分别为总阻力系数、形状阻力系数和摩擦阻力系数，无因次；A_D 为物体在来流方向的投影面积；A_f 是物体的表面积（摩擦面积）。

这样一来，绕流阻力的计算其核心是阻力系数 C_D、C_p、C_f 的计算问题；通过理论或实验确定 C_D、C_p、C_f 与雷诺数 Re 的关系也就成为绕流问题研究的主要任务之一。

理论和实验表明，C_D、C_p、C_f 三者都与来流速度 u_0、流体黏度 μ、密度 ρ 以及固体的形状和大小有关，且这些因素的影响可综合用绕流雷诺数 Re 表征。

例如，对于常见的流体绕流球形固体颗粒的流动，总阻力系数就有如下经验关联式

$$C_D=\frac{24}{Re}+\frac{3.73}{Re^{0.5}}-\frac{4.83\times10^{-3}Re^{0.5}}{1+3\times10^{-6}Re^{1.5}}+0.49\quad (Re<2\times10^5) \tag{2-60}$$

式中，$Re=\rho u_0 D/\mu$ 在此称为颗粒雷诺数；D 为球形颗粒直径。

说明：由于测试 F_D 比分别测试 F_p 和 F_f 更为容易，且工程计算中主要关心的也是总阻力 F_D，所以文献资料中通常仅提供 C_D-Re 关联式，由此求得 C_D 即可计算 F_D。

平壁边界层流动的阻力与阻力系数　对于沿平壁的流动，壁面正压力与流动方向垂直，不构成流动方向的合力，所以形状阻力 $F_p=0$，其总流动阻力仅包括摩擦阻力，因此有

$$F_D=F_f=C_f\frac{\rho u_0^2}{2}A_f \tag{2-61}$$

由于平壁条件下，F_f/A_f 就等于壁面平均摩擦切应力 τ_0，所以上式又表达为

$$\tau_0 = C_f \frac{\rho u_0^2}{2} \tag{2-62}$$

该式也是平壁表面摩擦阻力系数 C_f 的定义式。理论和实验表明，对于平壁边界层流动，其平均摩擦阻力系数 C_f 是板长雷诺数 Re_L 的函数，其中

层流边界层 $C_f = 1.328Re_L^{-0.5}$ （$Re_L < 3\times10^5$） （2-63）

湍流边界层 $C_f \approx 0.074Re_L^{-0.2}$ （$5\times10^5 < Re_L < 10^7$） （2-64）

式中，板长雷诺数 $Re_L = \rho u_0 L/\mu$；u_0 是来流速度；L 为流动方向的平壁长度。由上式或类似更准确的关联式求得 C_f，即可计算壁面平均切应力 τ_0 或平壁总摩擦力 F_f。

圆形管道内充分发展流动的阻力与阻力系数 与平板类似，圆管流动也没有形状阻力，即 F_p=0，其总阻力只包括摩擦阻力。但管内流动习惯采用 λ 表示摩擦阻力系数（称为达西摩擦系数），且 $\lambda = 4C_f$（C_f 称为范宁摩擦系数）。因此将 λ 引入式（2-62），并以管内平均流速 u_m 替代 u_0，可将管壁摩擦切应力表示为

$$\tau_0 = C_f \frac{\rho u_m^2}{2} = \frac{\lambda}{4}\frac{\rho u_m^2}{2} \tag{2-65}$$

可见管壁摩擦力 τ_0 的计算其重点是 λ 的计算。

但对于管道流动，人们更感兴趣的是管道两端的摩擦压降，即 $\Delta p_f (= p_0 - p_L)$，见图 2-17，因为 Δp_f 乘以体积流量 q_V 即输送流体所需的功率。为此针对充分发展流动，取长度为 L 的管段流体作力平衡，即 $\Delta p_f \pi D^2/4 = \tau_0 \pi DL$，可得圆管流动的摩擦压降表达式为

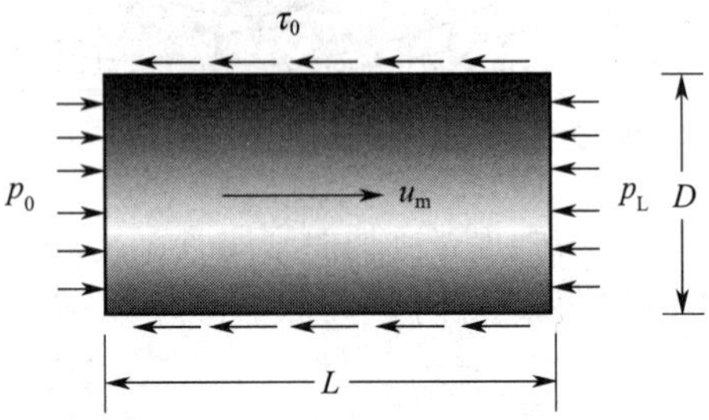

图 2-17 圆管内流体的受力

$$\Delta p_f = \lambda \frac{L}{D}\frac{\rho u_m^2}{2} \tag{2-66}$$

该式称为管道摩擦压降的达西 - 威斯巴赫（Darcy-Weisbach）公式，简称达西公式。该式既是管道摩擦压降计算式（已知 λ），也是系数 λ 的测试原理式（通过测试不同雷诺数 Re 下的管道摩擦压降 Δp_f，并由上式计算出 λ，即可建立 λ 与 Re 的关联式）。

此外，管道流动分析中（比如伯努利方程中），还经常用与摩擦压降 Δp_f 相当的压头高度 h_f 来表征阻力特性，称为压头损失，基本单位为 m。于是根据 $\rho g h_f = \Delta p_f$ 又有

$$h_f = \lambda \frac{L}{D}\frac{u_m^2}{2g} \tag{2-67}$$

综上可见，对于管道流动，壁面切应力 τ_0、摩擦压降 Δp_f 和压头损失 h_f 都表征了流体流动的阻力特性，相互间可以换算，且三者的计算重点都是确定摩擦阻力系数 λ。

对于常见的光滑圆管内充分发展的层流流动，λ 有解析解（见习题 2-12），即

$$\lambda = \frac{64}{\rho u_m D/\mu} = \frac{64}{Re} \quad (Re < 2300) \tag{2-68}$$

对于光滑圆管内充分发展的湍流流动，最简单的 λ 计算式是 Blasius 经验式，即

$$\lambda = \frac{0.3164}{Re^{1/4}} \quad (4000 < Re < 10^5) \tag{2-69}$$

需要说明，以上关于 Δp_f 和 h_f 的达西公式亦适用于非圆形截面的管道，只是其中的 D 需要用非圆形截面管道的水力当量直径 D_h 替代（见习题 2-13）。

【例 2-7】 平板边界层流动的摩擦力及其与圆管流动的对比

密度 $\rho = 1.205\ \text{kg/m}^3$、黏度 $\mu = 1.81\times10^{-5}$ Pa • s 的空气以 $u_0 = 20$m/s 的来流速度纵掠长度 $L = 10$m 的平板表面，试求 0.314m 板宽对应的平板表面的总摩擦力，并确定层流边界层占据的板长 L'，以及 $x = L'$ 和 $x = L$ 处的边界层厚度。若该空气以 $u_m = 20$m/s 的平均速度在内径 0.1m 的圆管内流动（管壁周长 0.314m），试求充分发

展段10m管长受到的总摩擦力。

解 空气纵掠平壁的流动通常为边界层流动，相关参数计算如下

板长雷诺数
$$Re_{\mathrm{L}}=\frac{\rho u_0 L}{\mu}=\frac{1.205\times 20\times 10}{1.81\times 10^{-5}}=1.33\times 10^{7}$$

可见流动为湍流，式（2-64）近似可用。由此可得阻力系数和总摩擦力分别为

$$C_{\mathrm{f}}\approx\frac{0.074}{Re_{\mathrm{L}}^{1/5}}=\frac{0.074}{(1.33\times 10^{7})^{0.2}}=2.78\times 10^{-3}$$

$$F_{\mathrm{f}}=C_{\mathrm{f}}\frac{\rho u_0^2}{2}A_{\mathrm{f}}=2.78\times 10^{-3}\times\frac{1.205\times 20^2}{2}\times(0.314\times 10)=2.10(\mathrm{N})$$

因为平板前缘至$Re_x=3\times 10^5$的范围是层流边界层，所以其占据的板长L'为

$$Re_{\mathrm{L}'}=\frac{\rho u_0 L'}{\mu}=3\times 10^5\ \rightarrow\ L'=3\times 10^5\frac{\mu}{\rho u_0}=3\times 10^5\times\frac{1.81\times 10^{-5}}{1.205\times 20}=0.225(\mathrm{m})$$

根据式（2-56）及式（2-57），$x=L'$和$x=L$处的边界层厚度δ'和δ分别为

$$\delta'=4.96xRe_x^{-0.5}=4.96\times 0.225\times\left(\frac{1.205\times 20\times 0.225}{1.81\times 10^{-5}}\right)^{-0.5}=0.002\mathrm{m}=2(\mathrm{mm})$$

$$\delta\approx 0.381xRe_x^{-0.2}=0.381\times 10\times\left(\frac{1.205\times 20\times 10}{1.81\times 10^{-5}}\right)^{-0.2}=0.143\mathrm{m}=143(\mathrm{mm})$$

以上结果表明，本题条件下层流边界层占据的板长L' =0.225m，比之于L=10m几乎可以忽略。注：湍流边界层厚度计算式（2-57）和阻力系数计算式（2-64）都是忽略了平壁前沿段层流边界层的近似公式，因此更适用于层流边界层占据板长$L'\ll L$的情况。

对于管流情况，管道直径0.1m，管长10m，平均流速20m/s，因此

管流雷诺数
$$Re=\frac{\rho u_{\mathrm{m}}D}{\mu}=\frac{1.205\times 20\times 0.1}{1.81\times 10^{-5}}=1.33\times 10^{5}$$ ［湍流，式（2-69）近似可用］

阻力系数
$$\lambda=\frac{0.3164}{Re^{0.25}}=\frac{0.3164}{(1.33\times 10^5)^{0.25}}=1.66\times 10^{-2}$$

总摩擦力
$$F_{\mathrm{f}}=\tau_0 A_{\mathrm{f}}=\frac{\lambda}{4}\frac{\rho u_{\mathrm{m}}^2}{2}A_{\mathrm{f}}=\frac{0.0166}{4}\times\frac{1.205\times 20^2}{2}\times(\pi\times 0.1\times 10)=3.14(\mathrm{N})$$

该结果与平板情况相比，两者流体相同、定性速度相同，且两者摩擦面宽度与长度也分别相同，但圆管总摩擦力却比平板情况大50%左右，原因是管内流动为内部流动（流场空间封闭），平板流动为外部流动（流场空间开放），两者动力学行为有所不同。

习题

2-1 已知直角坐标系中的速度场 $\mathbf{v}=v_x\mathbf{i}+v_y\mathbf{j}=(x+t)\mathbf{i}+(y+t)\mathbf{j}$。

① 试求t=0时位于$x=a$、$y=b$的质点的迹线方程；

② 试求该流场中通过$x=a$、$y=b$点的流线方程，并确定其t=0时刻的形状；

③求以拉格朗日变量（a、b）表示的流体速度与加速度。

提示：方程组 $\mathrm{d}x/\mathrm{d}t=x+t$，$\mathrm{d}y/\mathrm{d}t=y+t$ 的解为 $x=c_1\mathrm{e}^t-t-1$，$y=c_2\mathrm{e}^t-t-1$。

2-2 给定欧拉速度场：$\mathbf{v}=(6+2xy+t^2)\mathbf{i}-(xy^2+10t)\mathbf{j}+25\mathbf{k}$。试求空间点（3，0，2）处的流体加速度（局部加速度）及该点处的流体质点加速度。

2-3 已知欧拉场速度及温度分布为

$$\mathbf{v}=xt\mathbf{i}+yt\mathbf{j}+zt\mathbf{k},\quad T=At^2/(x^2+y^2+z^2)$$

其中 A 为常数。试求：

① 流场（x，y，z）点处的流体温度变化率和速度变化率（流体局部加速度）；

② 流场（x，y，z）点处流体质点的温度变化率和加速度；

③ $t=0$ 时位于（$x=a$，$y=b$，$z=c$）点的流体质点的温度变化率和加速度。

2-4　给定速度场：$\mathbf{v}=6x\mathbf{i}+6y\mathbf{j}-7t\mathbf{k}$。

① 试求 t=0 时通过点（a, b, c）的流体质点的迹线方程；

② 试求该流场的流线簇方程及该流线簇在 t=0 时刻的方程形式；

③ 求通过点（a, b, c）的流线方程和该流线在 t=0 时刻的方程形式。

2-5　给定二维流场速度分布：$\mathbf{v}=U_0\mathbf{i}+V_0\cos(kx-\beta t)\mathbf{j}$，其中 U_0、V_0、k、β 均为常数。

① 求 $t=t_0$ 时刻通过 x=a、y=b 点的流线方程；

② 分别求 $t=t_0$ 及 $t=0$ 时刻通过（a, b）点的质点迹线方程；

③ 证明 $k\to 0$、$\beta\to 0$ 时，通过相同点（a, b）的流线与迹线重合。

2-6　已知流体质点的迹线方程：$x=a\mathrm{e}^{-(2t/k)}$，$y=b\mathrm{e}^{t/k}$，$z=c\mathrm{e}^{t/k}$，其中 k 为常数。试判断流动是否是稳态流动？是否是有旋流动？是否是不可压缩流动？

2-7　给定速度场：$\mathbf{v}=k\sqrt{y^2+z^2}\mathbf{i}$，$k$ 为常数。取 k=2s^{-1}，试求 x=1m、y=3m、z=4m 处流体质点的角速度 ω_x、ω_y、ω_z 和通过该点的流线方程。

2-8　已知不可压缩流体运动速度 $\mathbf{v}$ 在 x、y 方向的分量为

$$v_x=2x^2+y,\quad v_y=2y^2+z$$

且在 z=0 处，有 $v_z=0$。试求 z 方向的速度分量 v_z。

2-9　图 2-18 所示为圆形管道中牛顿流体的层流流动，其速度分布为

$$v_z=2v_\mathrm{m}(1-r^2/R^2)$$

其中 v_m 为管内平均流速，R=D/2。

① 判断流动是否是不可压缩流动；

② 判断流动是有旋流动还是无旋流动；

③ 求流线与迹线方程。

提示：柱坐标下 $\nabla\cdot\mathbf{v}$ 的表达式见附录式（A-14），角速度分量表达式为

$$2\omega_r=\left(\frac{1}{r}\frac{\partial v_z}{\partial\theta}-\frac{\partial v_\theta}{\partial z}\right),\quad 2\omega_\theta=\left(\frac{\partial v_r}{\partial z}-\frac{\partial v_z}{\partial r}\right),\quad 2\omega_z=\left(\frac{1}{r}\frac{\partial rv_\theta}{\partial r}-\frac{1}{r}\frac{\partial v_r}{\partial\theta}\right)$$

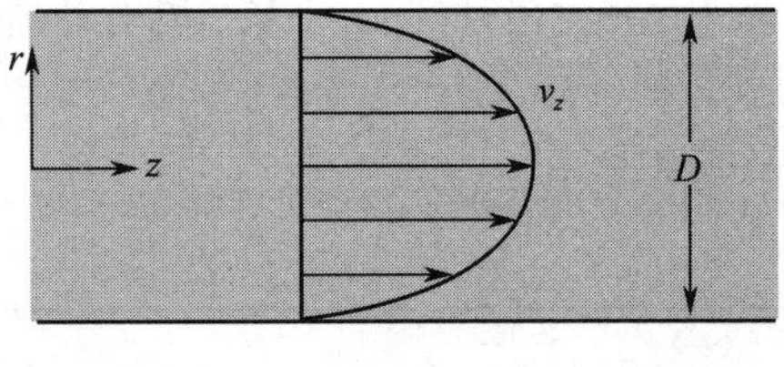

图 2-18　习题 2-9、2-12 附图

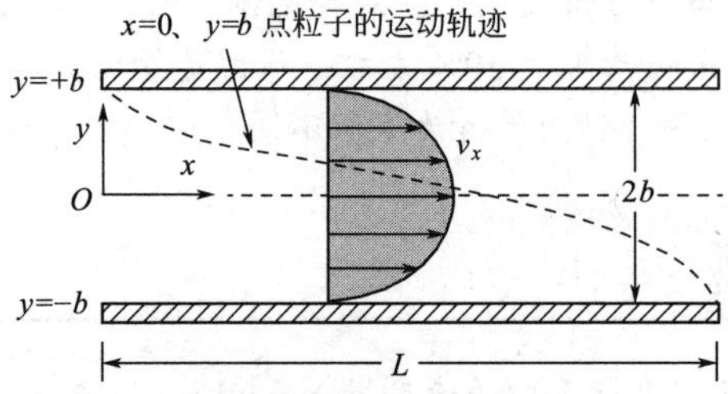

图 2-19　习题 2-10 附图

2-10　某除尘器由一对间距为 2b 的平行板组成，坐标设置如图 2-19 所示。其中板间气体的速度分布（x-y 二维问题）如下

$$v_y=0,\quad v_x=\frac{3}{2}v_m\left(1-\frac{y^2}{b^2}\right)$$

其中，v_m 是气体平均流速（已知量）。在除尘器进口截面上，尘埃粒子在 x 方向跟随气体流动，同时在重力及电场力作用下沿 $-y$ 方向作初速为零的匀加速运动，且已知加速度为 a。粒子到达底板即实现除尘分离。假设粒子之间的运动互不干扰且不影响气体流场。

① 试确定通过进口截面（x=0）上 $y = y_0$ 点粒子的轨迹方程；

② 试确定能到达底板最远距离的粒子在进口截面上的坐标位置 y_0；

③ 取 $b = 0.1\text{m}$，$v_m = 0.1\text{m/s}$，$a = 1\text{m/s}^2$，计算进口截面上 $y_0 = b$、$b/2$、0、$-b/2$ 处粒子到达底板的时间和距离，并画出其轨迹曲线。

2

2-11 有一水位保持不变的水箱，其底部有一竖直向下的排水管将水排入大气。已知排水管用法兰螺栓连接到水箱底部，管的内径 D=0.02m，管长 L=6m，流量 $q_V = 0.0015\text{m}^3/\text{s}$，水的密度 $\rho = 998.2\text{kg/m}^3$，运动黏度 $\nu = 1.006\times10^{-6}\text{m}^2/\text{s}$，管段上无其他支撑。试求因流动摩擦给螺栓增加的拉力 F。

2-12 试根据圆管内充分发展层流流动的速度分布式（见习题 2-9），导出管内流动摩擦阻力系数 λ 与雷诺数 Re 的关系。雷诺数定义为 $Re = \rho v_m D/\mu$。提示：应用牛顿剪切定律和管壁表面的切应力表达式（2-65）。

2-13 对于图 2-20 所示的非圆形管道内充分发展的流动（层流或湍流），如果用 A 表示管道横截面积（流体流通面积），P 表示截面上管道壁面的周长（管道浸润周边长度），且定义水力当量直径 $D_h = 4A/P$，试证明：非圆形管道内流体的摩擦压降 Δp_f 和压头损失 h_f 仍然可与圆管一样表示为

$$\Delta p_f = \lambda \frac{L}{D_h}\frac{\rho u_m^2}{2},\quad h_f = \lambda \frac{L}{D_h}\frac{u_m^2}{2g}$$

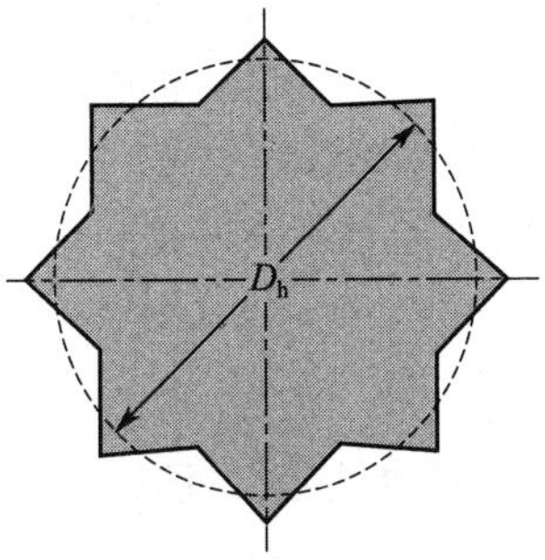

图 2-20 习题 2-13 附图

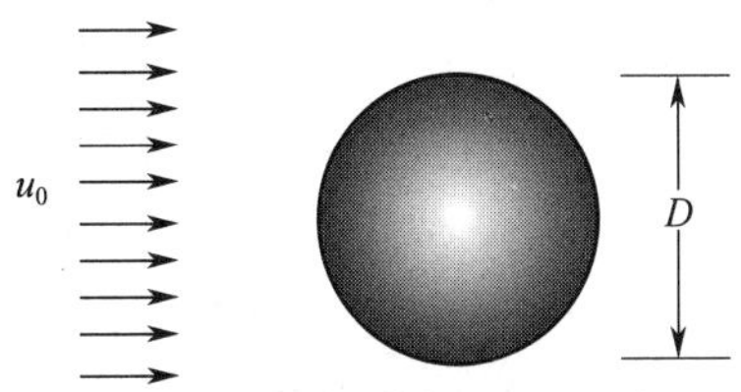

图 2-21 习题 2-14 附图

2-14 流体以均匀来流速度 u_0 流过直径为 D 球体，如图 2-21 所示。流体黏度为 μ，密度为 ρ。在速度极低的情况下（$Re = \rho u_0 D/\mu < 2$），理论解析得到流体沿流动方向作用于球体的总曳力 $F_D = 3\pi\mu u_0 D$，其中 1/3 的总曳力是球体表面上流体压力的不均匀性产生的，2/3 的总曳力是球体表面上流体的摩擦力产生的。试确定该条件下球体的形状阻力系数 C_p、摩擦阻力系数 C_f 和总阻力系数 C_D。

2-15 颗粒在流体中自由沉降时要受到重力、浮力和流体曳力作用，在力平衡条件下，颗粒下降速度恒定，该速度称为颗粒在该流体中的沉降速度，用 u_t 表示。设颗粒直径和密度分别为 d、ρ_p，流体黏度和密度分别为 μ、ρ_f，总阻力系数为 C_D，求沉降速度 u_t 的表达式；并根据该式计算 d=1mm、ρ_p = 7800kg/m^3 的金属球在 ρ_f = 998.2kg/m^3、μ = 0.001Pa·s 的水中的沉降速度，其中 C_D 可用经验式（2-60）计算，并需要试差。

2-16 通过测试光滑小球在液体中的自由沉降速度可确定液体的黏度。现将密度 ρ_p = 8010kg/m^3、直径 d = 0.16mm 的钢珠置于密度 ρ =980kg/m^3 的液体中自由沉降，测得其沉降速度 u_t=1.7mm/s，试求该液体的黏度 μ。提示：$Re = \rho u_t d/\mu < 2$ 时，C_D=24/Re，计算中可先假设 Re < 2，由此计算出 μ 后，再验证假设是否合理。也可直接用经验式（2-60）试差计算。

2-17 一轿车宽 1.8m，高 1.6m，底盘离地高度 0.16m，其总阻力系数 C_D =0.3。试求该轿车在 20℃空气中以 120km/h 速度行驶时的空气阻力 F 及克服该阻力所消耗的功率 P。

2-18 某轻型鱼雷长度 L=2.59m、直径 D=324mm，在密度 1010kg/m^3、运动黏度 $1.01\times10^{-6}\text{m}^2/\text{s}$ 的海水中行进，速度 20m/s。已知其形状阻力系数 C_p = 0.20，摩擦阻力可视为宽度为 πD、长度为 L 的平壁边界层摩擦阻力，且边界层湍流摩擦阻力系数仍可用式（2-64）近似计算。

① 试求该鱼雷克服形状阻力和摩擦阻力所消耗的功率 P；

② 将鱼雷表面视为宽度为 πD、长度为 L 的平壁时，该平壁前沿层流边界层占据的长度 L' 和平壁末端的边界层厚度 δ 各为多少？

第2章
习题答案

3 流体静力学

本章导言

广义地说，内部无相对运动（无剪切力）的流体称为静止流体，静止流体所占据的空间称为静止流场。流体静力学的任务就是研究静止流场的力学行为，分析静止流体与其接触表面之间的相互作用力。

本章讨论流体静力学的基本问题，包括四个部分：①作用于流体上的力，即质量力与表面力，并由此引出流体静压力的概念；②流体静力学基本方程，即流体静力平衡方程和静止流场压力微分方程；③重力场液体静力学问题，包括重力场中静止液体的压力分布，U 形管测压原理，静止液体中固体壁面受力的计算方法，静止液体中物体的浮力与浮力矩；④非惯性坐标系液体静力学，包括直线匀加速系统、匀速旋转容器和高速回转圆筒中相对静止液体的压力分布问题。

流体静力学的理论与方法在工程实际中有着广泛的应用。其中，流体的质量力与表面力、表面力中的切应力与正应力、正应力中的静压力与附加正应力，以及流体单位体积的质量力（$\rho\mathbf{f}$）、单位体积的压差力（$-\nabla p$）等基本概念，亦将贯穿流体动力学的分析过程。

3.1 作用在流体上的力

从受力方式的角度，无论流体是处于静止还是运动状态，其所受外力可分为两类：一类是由质量力场作用于流体整个体积的力，称为质量力或体积力，另一类是由与之接触的流体或固体壁面直接作用于流体表面上的力，称为表面力或面积力。

3.1.1 质量力

质量力因质量力场的作用而产生，故属于非接触力或称为远程力。一般而言，总质量力与流体质量的分布和质量力场的分布有关，质量的分布可用空间点处的密度 ρ 来表征，而力场的分布则可用空间点处单位质量流体受到的质量力 $\mathbf{f}$ 来表征（$\mathbf{f}$ 简称单位质量力，基本单位为 N/kg 或 m/s^2）。这样一来，对于图 3-1 所示的流场空间点体积为 $\mathrm{d}V$ 的微元流体，其质量就可表示为 $\mathrm{d}m=\rho\mathrm{d}V$，所受到的质量力 $\mathrm{d}\mathbf{F}_\mathrm{m}$ 就可表示为

$$\mathrm{d}\mathbf{F}_\mathrm{m}=\mathbf{f}\,\mathrm{d}m=\rho\mathbf{f}\,\mathrm{d}V \tag{3-1}$$

而作用在体积为 V 的流体团上的总质量力 $\mathbf{F}_\mathrm{m}$ 就表示为

$$\mathbf{F}_\mathrm{m}=\iiint_V \mathbf{f}\,\mathrm{d}m=\iiint_V \rho\mathbf{f}\,\mathrm{d}V \tag{3-2}$$

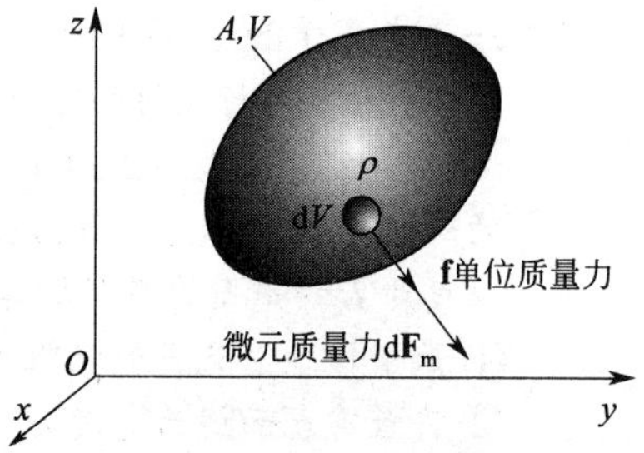

图 3-1 流体的质量力

单位质量力 $\mathbf{f}$ 与流体密度无关，但一般是随空间和时间变化的矢量函数，即

$$\mathbf{f}=\mathbf{f}(x,y,z,t)=f_x\mathbf{i}+f_y\mathbf{j}+f_z\mathbf{k} \tag{3-3}$$

重力场中的质量力 重力场是工程实际中最常见的质量力场，重力场中质量为 m 的流体受到的重力为 $\mathbf{F}_g=m\mathbf{g}$，由此可知重力场中的单位质量力 $\mathbf{f}$ 就是重力加速度 $\mathbf{g}$，即

$$\mathbf{f}=\mathbf{g}=g_x\mathbf{i}+g_y\mathbf{j}+g_z\mathbf{k} \quad 或 \quad f_x=g_x，f_y=g_y，f_z=g_z \tag{3-4}$$

重力场严格地说是非均匀力场，但一般问题中都将其看成均匀的，所以才有 $\mathbf{F}_\mathrm{g}=m\mathbf{g}$。

离心力场中的质量力 离心力场存在于旋转流体系统，属惯性力场（质量力场之一类）。对于工程实际中常见的流体以角速度 ω 绕 z 轴水平旋转形成的离心力场，半径 r 处的流体质点（质量 $\mathrm{d}m$）所受到的离心力 $\mathrm{d}\mathbf{F}_\mathrm{c}$ 为

$$\mathrm{d}\mathbf{F}_\mathrm{c}=(\mathbf{r}\omega^2)\mathrm{d}m \tag{3-5}$$

式中，$\mathbf{r}$ 是质点的径向坐标矢量，$\mathbf{r}$ 与该点 (x,y) 坐标的矢量关系为 $\mathbf{r}=x\mathbf{i}+y\mathbf{j}$。上式与式（3-1）对比可知，该点处的单位质量力 $\mathbf{f}$（离心力）就等于

$$\mathbf{f}=\mathbf{r}\omega^2=x\omega^2\mathbf{i}+y\omega^2\mathbf{j} \quad 或 \quad f_x=x\omega^2，f_y=y\omega^2 \tag{3-6}$$

由此可见，绕 z 轴水平旋转的离心力场是非均匀力场，因为质量力 $\mathbf{f}$（离心力）与转动平面的坐标 x、y 有关；$\mathbf{f}$ 的大小等于 $r\omega^2$（向心加速度），方向沿径向朝外。

注：特定场合下，流体还可能受到电场力或磁场力之类的非接触力，这类力虽然与质量无直接关系，但静力学分析中仍可称为质量力。此外一般静力学分析也未考虑表面张力。

3.1.2 表面力——应力与压力

表面力 是流体表面受到的与之接触的流体或固体壁面的作用力，故属于接触力或称近程力。表面力的分布可用表面局部单位面积的表面力 $\mathbf{p}_\mathrm{n}$ 来表征。$\mathbf{p}_\mathrm{n}$ 的基本单位为 $\mathrm{N/m^2}$ 或 Pa，下标“n”表示其作用于外法线单位矢量为 $\mathbf{n}$ 的表面上，见图 3-2。一般而言，$\mathbf{p}_\mathrm{n}$ 是随空间和时间变化的函数，即

$$\mathbf{p}_\mathrm{n}=\mathbf{p}_\mathrm{n}(x,y,z,t) \tag{3-7}$$

这样一来，若已知流体表面某点单位面积的表面力 $\mathbf{p}_\mathrm{n}$，则该点微元表面 $\mathrm{d}A$ 上所受到的表面力 $\mathrm{d}\mathbf{F}_\mathrm{A}$ 就可表示为

$$\mathrm{d}\mathbf{F}_\mathrm{A}=\mathbf{p}_\mathrm{n}\mathrm{d}A \tag{3-8}$$

而作用在流体表面 A 上的总表面力 $\mathbf{F}_A$ 就表示为

$$\mathbf{F}_\mathrm{A}=\iint_A\mathbf{p}_\mathrm{n}\mathrm{d}A \tag{3-9}$$

流体应力与压力 由于 $\mathbf{p}_\mathrm{n}$ 是单位面积上的力，所以通常称其为流体应力。如图 3-2 所示，一般情况下，流体应力 $\mathbf{p}_\mathrm{n}$ 与表面外法线 $\mathbf{n}$ 并不重合，因此总可将其分解为垂直于表面的正应力 $\boldsymbol{\sigma}_\mathrm{n}$ 和平行于表面的切应力 $\boldsymbol{\tau}_\mathrm{n}$，即

$$\mathbf{p}_\mathrm{n}=\boldsymbol{\sigma}_\mathrm{n}+\boldsymbol{\tau}_\mathrm{n} \tag{3-10}$$

而表面正应力 $\boldsymbol{\sigma}_\mathrm{n}$ 通常又由两部分构成，即

$$\boldsymbol{\sigma}_\mathrm{n}=(-p+\Delta\sigma_\mathrm{n})\mathbf{n} \tag{3-11}$$

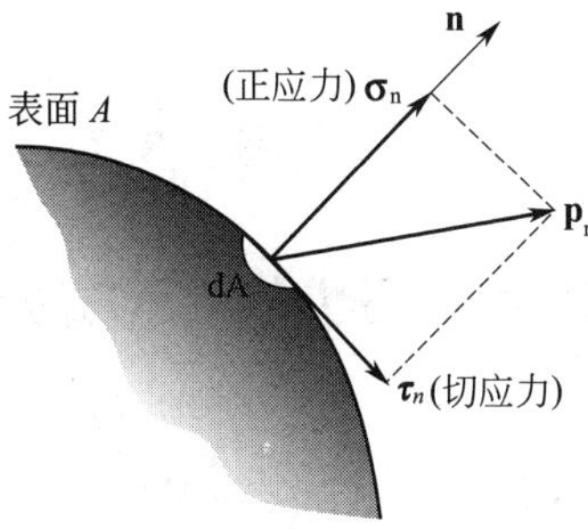

图 3-2 运动流体的表面力

式中，p 是流体分子碰撞作用在接触面产生的正应力，即流体静压力，其方向总是指向流体表面，即 $-\mathbf{n}$ 方向；$\Delta\sigma_\mathrm{n}$ 是运动流体线变形产生的附加正应力，可正可负；但总的正应力 $(-p+\Delta\sigma_\mathrm{n})<0$，即真实流体不承受拉应力，或者说表面正应力总是压应力（指向表面）。

合并式（3-10）及式（3-11），则运动流体表面上的应力就可一般表示为

$$\mathbf{p}_\mathrm{n}=\boldsymbol{\sigma}_\mathrm{n}+\boldsymbol{\tau}_\mathrm{n}=(-p+\Delta\sigma_\mathrm{n})\mathbf{n}+\boldsymbol{\tau}_\mathrm{n} \tag{3-12}$$

说明：附加正应力 $\Delta\sigma_\mathrm{n}$ 和切应力 $\boldsymbol{\tau}_\mathrm{n}$ 二者均是黏性且运动流体特有的，前者是黏性流体线变形产生的表面力（法向），后者是黏性流体剪切变形产生的表面力（切向）。对于理想流体或静止流体，$\Delta\sigma_\mathrm{n}$ 和 $\boldsymbol{\tau}_\mathrm{n}$ 均为零；对于不可压缩流体，若 $\partial v_\mathrm{n}/\partial n=0$，则 $\Delta\sigma_\mathrm{n}=0$。

3.1.3 静止流场中的表面力

静止条件下，流体之间没有相对运动，不存在线变形或剪切变形，即 $\Delta\sigma_n=0$，$\boldsymbol{\tau}_n=0$；因此按式（3-12），静止流体表面就仅有指向流体表面的压力 p（$-\mathbf{n}$ 方向），即

$$\mathbf{p}_n=-p\mathbf{n} \tag{3-13}$$

而作用在静止流体表面 A 上的总表面力 $\mathbf{F}_A$ 就表示为

$$\mathbf{F}_A=\iint_A \mathbf{p}_n \mathrm{d}A=-\iint_A \mathbf{n}p\mathrm{d}A \tag{3-14}$$

需要指出，围绕一点的表面取向不同（$\mathbf{n}$ 不同），p 的作用方向随之不同（总是指向表面），但其大小是一样的。这一结论的验证分析如下。

为考察空间点处不同取向表面上压力之间的关系，可围绕点 c 作垂直于 x-y 平面的任意流体面 A，见图3-3，然后围绕点 c 取三角形流体微元，其底边宽 Δx，侧边高 Δy，z 方向为单位厚度，其体积为 $\Delta x\Delta y/2$。微元在 x-y 平面的受力如图3-3所示，其中：f_x、f_y 分别为该点处 x、y 方向的单位质量力，p、p_x 和 p_y 分别是该微元三个面上的压力，这三个面代表了围绕点 c 取向不同的流体面。因流体静止，故微元体上 x、y 方向的合力分别为零，即

$$p_x\Delta y+f_x\rho\frac{1}{2}\Delta x\Delta y-p\Delta y=0 \ \rightarrow\ p_x+f_x\rho\frac{1}{2}\Delta x-p=0$$

$$p_y\Delta x+f_y\rho\frac{1}{2}\Delta x\Delta y-p\Delta x=0 \ \rightarrow\ p_y+f_y\rho\frac{1}{2}\Delta y-p=0$$

因为是考察空间点处不同取向表面上压力之间的关系，故可令 $\Delta x\rightarrow 0$、$\Delta y\rightarrow 0$，由此得到 $p_x=p$，$p_y=p$。这表明了静止流场中任意点处的压力值与流体表面取向无关。

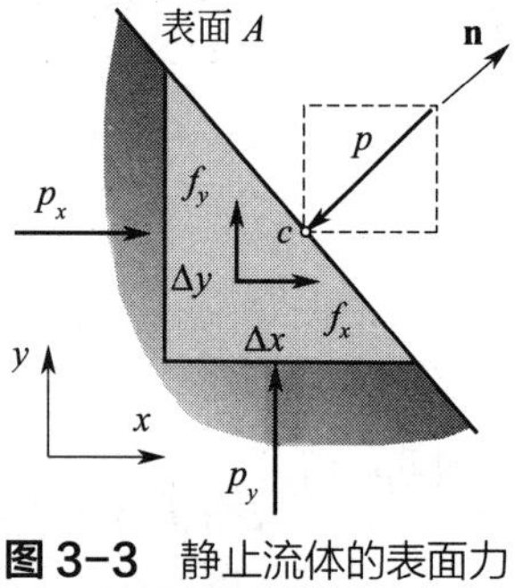

图3-3 静止流体的表面力

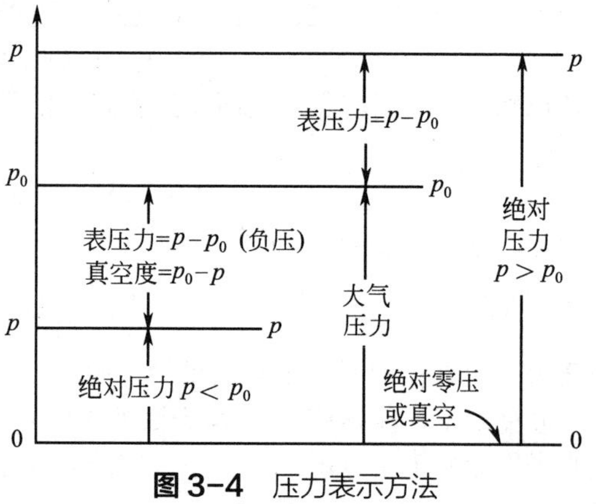

图3-4 压力表示方法

3.1.4 压力的表示方法及单位

压力的表示方法一般有三种：绝对压力 p、表压力 p_{gage} 和真空度 p_{vac}。绝对压力 p 指流体的实际压力。而表压力和真空度是绝对压力 p 扣除当地大气压力 p_0 后的相对压力，它们之间的关系如图3-4所示，其中：表压力 $p_{gage}=p-p_0$，真空度 $p_{avc}=p_0-p$。

常用压力表显示的压力一般是表压力，因为压力表通常在大气状态下归零，故所测压力只是压力差 $p-p_0$，即表压力。当 $p<p_0$ 时，表压力为负压，故通常又用正压力差 p_0-p 来表征相对压力，称为真空度。

大气环境中，物体表面都受到 p_0 的均匀作用，且 p_0 对物体封闭表面是自平衡力系（合力为零），因此，工程实际中流体压力的作用，人们感兴趣的是扣除 p_0 后的表压力的作用。在压力容器与设备、压力管道设计中，其设计压力通常指的是表压力。

在国际单位制中，压力 p 的基本单位是 N/m^2 或 Pa（帕斯卡）。压力基本单位与常用单位的换算关系如下，

更多的压力单位及其换算关系见附录表 B-1。

$$101325\text{Pa}=1\text{atm}(\text{标准大气压})=760\text{mmHg}=10.332\text{mH}_2\text{O}=14.695\text{psi}(\text{lb/in}^2)$$

3.2 流体静力学基本方程

3.2.1 流体静力平衡方程

由牛顿第二定律可知，惯性坐标系中任何物体处于静止的必要条件是：作用在物体上的外力总和及外力矩总和均为零，即

$$\Sigma\mathbf{F}=0,\quad \Sigma\mathbf{M}=0 \tag{3-15}$$

对于体积为 V、表面积为 A 的任意静止流体团，其作用力有质量力 $\mathbf{F}_m$ 和表面力 $\mathbf{F}_A$ 两部分。因此，根据 $\Sigma\mathbf{F}=0$ 及式（3-2）和式（3-14）可得

$$\Sigma\mathbf{F}=\mathbf{F}_m+\mathbf{F}_A=\iiint_V \rho\mathbf{f}\mathrm{d}V-\oiint_A p\mathbf{n}\mathrm{d}A=0 \tag{3-16}$$

根据高斯公式 [附录 A 式（A-18）]，将 $p\mathbf{n}$ 沿封闭表面 A 的积分转化为体积分有

$$\oiint_A p\mathbf{n}\mathrm{d}A=\iiint_V \nabla p\mathrm{d}V \tag{3-17}$$

其中 ∇p 是压力梯度（见以下说明）。将上式代入式（3-16）得

$$\iiint_V(\rho\mathbf{f}-\nabla p)\mathrm{d}V=0 \tag{3-18}$$

在任意封闭域内，要使积分式（3-18）恒成立，只能是被积函数为零，即

$$\rho\mathbf{f}=\nabla p \quad 或 \quad \rho\mathbf{f}=\frac{\partial p}{\partial x}\mathbf{i}+\frac{\partial p}{\partial y}\mathbf{j}+\frac{\partial p}{\partial z}\mathbf{k} \tag{3-19a}$$

或

$$\rho f_x=\frac{\partial p}{\partial x},\quad \rho f_y=\frac{\partial p}{\partial y},\quad \rho f_z=\frac{\partial p}{\partial z} \tag{3-19b}$$

此即流体静力平衡方程（根据 $\Sigma\mathbf{M}=0$ 同样可得上式，见习题 3-1）。该方程表明：静止流场中流体受力仅有质量力和压差力（表面力），其中 $\rho\mathbf{f}$ 为单位体积的质量力，$-\nabla p$ 为单位体积的压差力，二者之和为零则有 $\rho\mathbf{f}-\nabla p=0$ 或 $\rho\mathbf{f}=\nabla p$。

说明：数学上，压力梯度 ∇p 定义为压力 p 沿 x、y、z 的变化率的矢量和，即

$$\nabla p=\frac{\partial p}{\partial x}\mathbf{i}+\frac{\partial p}{\partial y}\mathbf{j}+\frac{\partial p}{\partial z}\mathbf{k} \tag{3-20}$$

梯度矢量 ∇p 的数值代表压力 p 沿空间变化的最大变化率（即 p 沿空间各方向的变化率中的最大值），其方向垂直于等压面并指向压力增加方向（p 的最大变化率方向）。

在流体力学中，更直观的理解是：$-\nabla p$ 即单位体积流体受到的压差力，该压差力在 x、y、z 方向的分量即 $-\partial p/\partial x$、$-\partial p/\partial y$、$-\partial p/\partial z$。比如，对于静止流场中体积为 $\mathrm{d}V=\mathrm{d}x\mathrm{d}y\mathrm{d}z$ 的流体微元，其 x 方向的质量力和表面力（表面仅有压力作用）如图 3-5 所示，由图可知其 x 方向单位体积的表面力为 $-\partial p/\partial x$，单位体积的质量为 ρf_x，二者之和为零则有 $\rho f_x=\partial p/\partial x$。

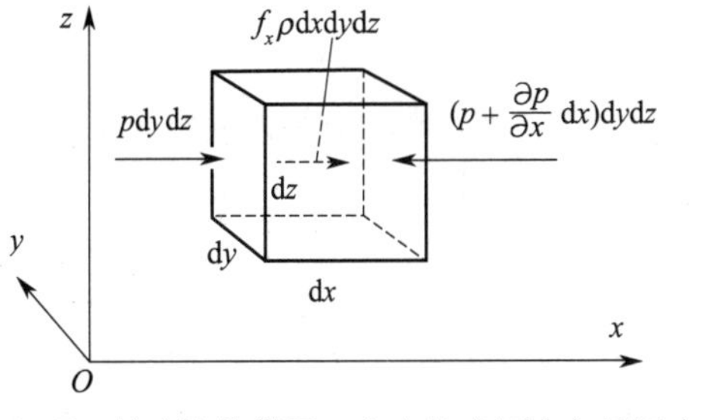

图 3-5 静止流体微元 x 方向的表面力与质量力

3.2.2 静止流场的压力微分方程

静止流场中压力沿空间坐标的微分变化（即压力的全微分）可一般表示为

$$\mathrm{d}p=\frac{\partial p}{\partial x}\mathrm{d}x+\frac{\partial p}{\partial y}\mathrm{d}y+\frac{\partial p}{\partial z}\mathrm{d}z \tag{3-21}$$

将静力平衡方程式（3-19）引入上式，可得静止流场的压力微分方程，即

$$\mathrm{d}p = \rho(f_x\mathrm{d}x + f_y\mathrm{d}y + f_z\mathrm{d}z) \tag{3-22}$$

压力微分方程的意义 因为dp是p沿任意方向路径d$\mathbf{r}$变化的增量，而

$$\mathrm{d}\mathbf{r} = \mathrm{d}x\mathbf{i} + \mathrm{d}y\mathbf{j} + \mathrm{d}z\mathbf{j}\text{，}\quad \mathbf{f} = f_x\mathbf{i} + f_y\mathbf{j} + f_z\mathbf{k}\text{，}\quad \mathbf{f}\cdot\mathrm{d}\mathbf{r} = (f_x\mathrm{d}x + f_y\mathrm{d}y + f_z\mathrm{d}z)$$

所以，如果用α表示d$\mathbf{r}$与$\mathbf{f}$的夹角，则压力微分方程又可表示为

$$\mathrm{d}p = \rho(f_x\mathrm{d}x + f_y\mathrm{d}y + f_z\mathrm{d}z) = \rho\mathbf{f}\cdot\mathrm{d}\mathbf{r} = (\rho f\cos\alpha)\mathrm{d}r \tag{3-23}$$

由此可见，静止流场中压力p沿dr的增量dp等同于质量力$\rho\mathbf{f}$沿dr做的功。

静止流场的基本特性 以下特性有助于对静止流场的进一步理解。

① 静止流场中，单位质量力$\mathbf{f}$垂直于等压面，压力p的最大变化率方向与$\mathbf{f}$同向。

因为压力梯度矢量∇p垂直于等压面，而静止流场中$\rho\mathbf{f} = \nabla p$，所以$\mathbf{f}$垂直于等压面。

进一步，根据式（3-23），压力p沿任意方向路径d$\mathbf{r}$的变化率dp/dr为

$$(\mathrm{d}p/\mathrm{d}r) = \rho f\cos\alpha$$

当d$\mathbf{r}$与$\mathbf{f}$同向时，$\cos\alpha = 1$，dp/dr有最大值，即p的最大变化率方向与$\mathbf{f}$同向。

② 静止流场中两种流体的分界面是等压面。

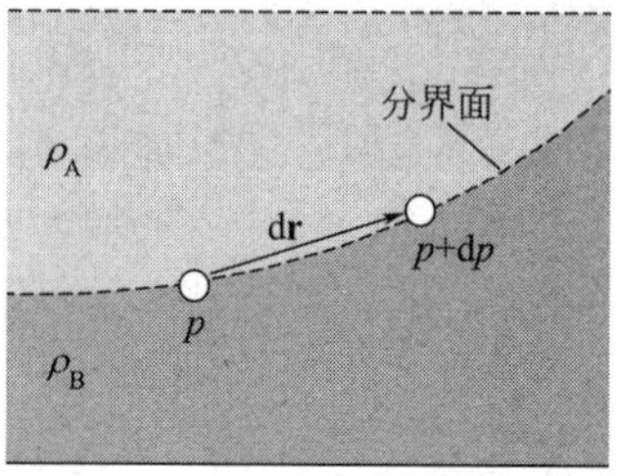

图3-6 流体分界面上两点的压力

如图3-6所示，沿两种流体（密度分别为ρ_A和ρ_B）的分界面任取微分距离为dr的两点，其压力分别为p和$p+\mathrm{d}p$。因分界面上同一点处两种流体的压力相同，单位质量力$\mathbf{f}$相同（与流体密度无关），所以沿分界面将压力微分方程用于两种流体有

$$\begin{cases}\mathrm{d}p = \rho_A\mathbf{f}\cdot\mathrm{d}\mathbf{r}\\ \mathrm{d}p = \rho_B\mathbf{f}\cdot\mathrm{d}\mathbf{r}\end{cases} \rightarrow \left(\frac{1}{\rho_A} - \frac{1}{\rho_B}\right)\mathrm{d}p = 0$$

由于$\rho_A \neq \rho_B$，所以只有$\mathrm{d}p = 0$。即压力p沿分界面没有变化，分界面是等压面。该方程的另一解是$\mathbf{f}\cdot\mathrm{d}\mathbf{r} = 0$，读者可自证：$\mathbf{f}\cdot\mathrm{d}\mathbf{r} = 0$同样表明分界面是等压面。

③ 正压流场中等压面是等密度面。正压流场指流体密度ρ只是压力p的函数的流场，即正压流场中

$$\rho = \rho(p) \tag{3-24}$$

譬如，理想气体等温流场就是正压流场，因为等温理想气体中$p/\rho = \text{const}$。

由于正压流场中密度与压力一一对应，所以其等压面必然是等密度面。

压力微分方程的应用 对于静止的不可压缩流体（液体），$\rho = \text{const}$，所以只要确定了单位质量力$\mathbf{f}$，即可应用压力微分方程分析静止流场的压力分布行为（见3.3节和3.4节）。

对于静止的气体流场，应用压力微分方程时还需要知道密度ρ与压力p的关系。实际气体流场很多就存在这样的关系（正压流场），其中最有代表性的是指数律流场，即

$$\frac{p}{\rho^n} = c \tag{3-25}$$

其中，n、c是常数。对于理想气体等温流场，n=1；对于海平面以上的大气对流层（高度＜11km），将其近似为正压流场来考虑时，n=1.238。

本章后续主要涉及静止液体，在此仅举例说明压力微分方程在静止气体流场中的应用。

【例3-1】 海平面上气体层的压力、密度和温度变化

作为近似估计，可将海平面以上的大气层视为静止的理想气体，其密度ρ与压力p的关系可用指数律方程（3-25）描述。取z坐标轴垂直于海平面向上，海平面上$z = 0$，相应压力为p_0、密度为ρ_0、温度为T_0，试确定气体压力p、密度ρ和温度T随高度变化。

解 气体受到的质量力为重力，在本题坐标系下的单位质量力及压力微分方程为

$$f_x = 0,\ f_y = 0,\ f_z = -g \rightarrow \mathrm{d}p = -\rho g\mathrm{d}z$$

根据压力与密度的指数律方程（3-25）可得

$$\frac{p}{\rho^n}=\frac{p_0}{\rho_0^n} \quad \rightarrow \quad \rho=\rho_0\left(\frac{p}{p_0}\right)^{1/n}$$

将此代入压力微分方程，并积分可得

$$\mathrm{d}p=-\rho_0 g\left(\frac{p}{p_0}\right)^{1/n}\mathrm{d}z \quad \rightarrow \quad \frac{n}{n-1}\left[\left(\frac{p_0}{p}\right)^{1/n}p-p_0\right]=-\rho_0 g z$$

整理上式可得气体压力p随高度z的变化为

$$\frac{p}{p_0}=\left[1-\frac{(n-1)}{n}\frac{\rho_0 g z}{p_0}\right]^{n/(n-1)} \tag{3-26}$$

再应用理想气体方程，可得气体密度ρ和温度T随高度z的变化为

$$\frac{\rho}{\rho_0}=\left[1-\frac{(n-1)}{n}\frac{\rho_0 g z}{p_0}\right]^{1/(n-1)} \tag{3-27}$$

$$\frac{T}{T_0}=1-\frac{(n-1)}{n}\frac{\rho_0 g z}{p_0} \tag{3-28}$$

如取海平面空气条件为：p_0 =1.0133×10⁵Pa，ρ_0 =1.225kg/m³，T_0 =288.15K，n=1.238，计算可得 10000m 高空（民航客机常见飞行高度）处的压力、密度、温度分别为

$$p=0.261\ p_0=0.264\times10^5\mathrm{Pa},\ \rho=0.337\ \rho_0=0.414\mathrm{kg/m^3},\ T=0.772\ T_0=222.5\mathrm{K}$$

3.3 重力场液体静力学问题

重力场是最常见的质量力场，地球上的一切物质都处于重力场中。工程实际中的诸多问题，如液体容器及其部件受力、水坝和水闸等水工结构的受力、船舶的浮力和浮力矩、液压机械受力分析等等，都与重力场中静止液体的压力分布行为有关。

3.3.1 重力场中静止液体的压力分布

（1）重力场静止流体的压力微分方程

前已述及，重力场中的单位质量力$\mathbf{f}=\mathbf{g}$。按习惯，取z轴垂直水平面朝上，如图 3-7 所示，其中重力加速度$\mathbf{g}=-g\mathbf{k}$，故单位质量力的分量为

$$f_x=0,\quad f_y=0,\quad f_z=-g$$

于是，根据式（3-22），重力场中静止流体的压力微分方程简化为

$$\mathrm{d}p=-\rho g\mathrm{d}z \tag{3-29}$$

（2）重力场中静止液体的压力分布及特点

静止液体的压力分布 对于均质液体（通常如此），$\rho=\mathrm{const}$。如图 3-7 所示，如果将z坐标原点置于自由液面，并令自由液面压力为p_0，即$p|_{z=0}=p_0$，则对式（3-29）积分可得液层深度$-z$处的压力为

$$p=p_0-\rho g z \tag{3-30}$$

该压力分布如图 3-7 所示。其中，若以自由液面以下的液层深度h替代$-z$，则有

$$p=p_0+\rho g h \tag{3-31}$$

以上两式是重力场静止液体压力分布的基本方程。其中$\rho g h$的物理意义是：横截面为单位面积、高度为h的液柱受到的重力，如

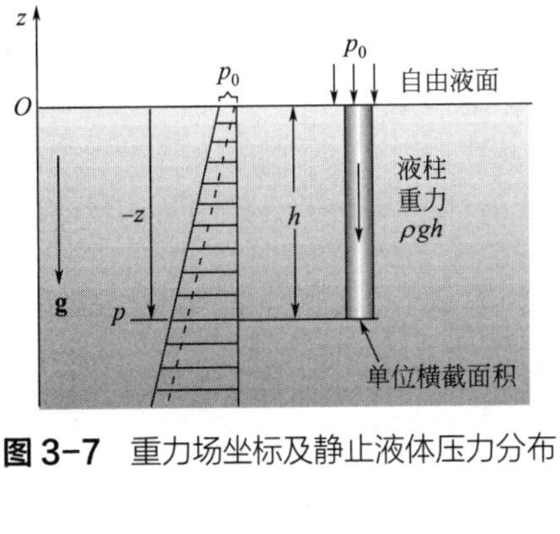

图 3-7 重力场坐标及静止液体压力分布

图 3-7 所示。

进一步，根据式（3-31）可知，同种液体中任意 A、B 两点的压力分别为：$p_A = \rho g h_A + p_0$，$p_B = \rho g h_B + p_0$，两式相减并令 $h_A - h_B = \pm h$，则有

$$p_A = p_B \pm \rho g h \tag{3-32}$$

这是重力场静止液体的压力递推公式。该式表明：静止流场中 A 点的压力可由与该点垂直相距 h 的 B 点压力表示，其中取“+”号表示 B 点在 A 之上，取“-”号表示 B 点在 A 之下。这为静止流体内部各点压力之间的换算提供了方便。

等压面与自由面 因为沿等压面 $\mathrm{d}p = 0$，故在式（3-29）中令 $\mathrm{d}p = 0$ 并积分可得

$$z = c \tag{3-33}$$

这表明重力场静止液体中的等压面是垂直于 z 轴的水平面，不同的 c 代表不同的等压面。按图 3-7 坐标原点的规定，$z = 0$ 即为自由表面方程。由此得到结论：对于连通管路或容器系统中的同一种静止液体，在同一水平面上具有相同的压力。

两种流体的分界面 前面 3.2.2 节中已经证明：静止流场中两种流体的分界面是等压面，而此处证明了重力场中等压面是水平面，所以重力场中两种静止液体的分界面是水平面。

3.3.2 U 形管测压原理

由重力场中静止液体的压力分布公式（3-31）可知，如果要知道图 3-8（a）所示容器或管道中 A 点的压力，可在 A 点开一小孔并用一竖直透明小管连接，这样，A 点压力 p_A 就可由小管中液体的上升高度 h 表示，即

$$p_\mathrm{A} = p_0 + \rho g h \tag{3-34}$$

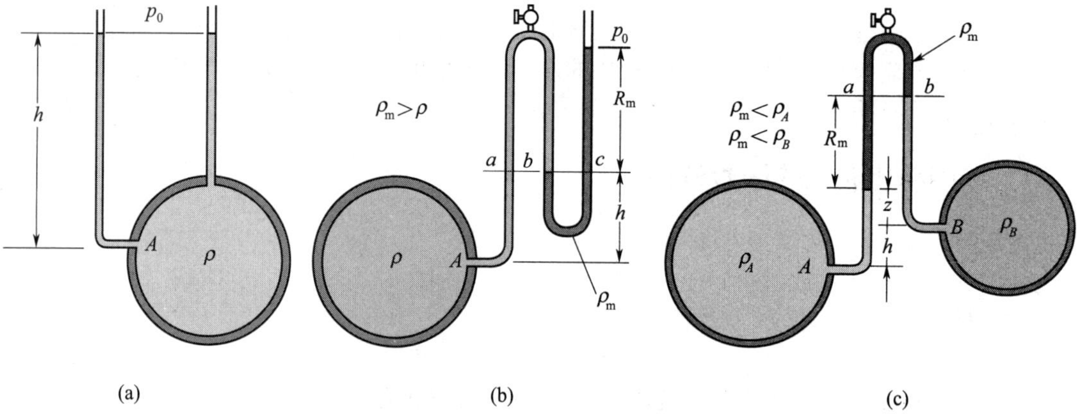

图 3-8 U 形管测压原理

但这种方法对于压力稍高的情况有一定问题。比如，如果 A 点液体表压为 1 个标准大气压即 101325Pa，取液体密度 $\rho = 1000\mathrm{kg/m^3}$、$g = 9.81\mathrm{m/s^2}$ 计算，则 h=10.33m。这样高度的测压管显然不便于实际操作。为此，通常采用 U 形管来解决这一问题，U 形管中盛有不易挥发、与被测液体密度不同、且不相溶的液体（称为指示剂）。

如图 3-8（b）所示，U 形管中指示剂密度 $\rho_\mathrm{m} > \rho$，ρ 为被测液体密度，而 A 点的压力 p_A 与 U 形管指示剂位差 R_m 和安装位置 h 的关系，就可根据压力递推公式（3-32）及水平面为等压面、分界面为等压面的性质确定，即

$$p_A = p_a + \rho g h，\quad p_a = p_b = p_c，\quad p_c = p_0 + \rho_\mathrm{m} g R_\mathrm{m}$$

所以 A 点压力可表示为

$$p_A = p_a + \rho g h = p_c + \rho g h = p_0 + \rho_\mathrm{m} g R_\mathrm{m} + \rho g h$$

如果测试现场 U 形管布置使 h=0（这易于做到），并采用水银（$\rho_\mathrm{m} = 13600\mathrm{kg/m^3}$）作指示剂，则对于表

压为 1 个标准大气压的液体，可计算出指示剂液面高差 $R_m = 760\text{mm}$。这表明从空间位置的角度，采用 U 形管测压更具有实际可行性。

此外，很多实际问题中往往需要测试的是压力差而不是绝对压力，这时也可采用装有指示剂的 U 形管连通两个被测点，由指示剂高度差 R_m 得到两点压差。比如对于图 3-8（c）所示情况，此时指示剂密度小于被测流体密度，即 $\rho_m < \rho_A$，$\rho_m < \rho_B$，因为 $p_a = p_b$ 且

$$p_a = p_A - \rho_m g R_m - \rho_A g(z+h),\quad p_b = p_B - \rho_B g(z+R_m)$$

所以，两式相减得 B、A 两点压差为

$$p_B - p_A = (\rho_B - \rho_m) g R_m + \rho_B g z - \rho_A g(z+h)$$

图 3-8（c）是指示剂密度 ρ_m 小于被测流体密度的情况，所以 U 形管反向布置，并需要在上部弯头处开孔排放气泡；也可采用 ρ_m 大于被测流体密度的指示剂，并将 U 形管正向布置，此时若 U 形管中有气泡，气泡会向上流动汇入管道被带走，故一般不需开孔排气。

用 U 形管测试气体压力或压差时，因指示剂密度大于气体密度，U 形管只能正向布置。

实践中，U 形管测压有多种布置方式，主要取决于现场空间条件、所选用的指示剂和被测流体性质、所测压力大小等因素。

【例 3-2】复式测压计

图 3-9 所采用的双 U 形管测压计称为复式测压计。其中指示剂汞的密度 $\rho_m = 13600\text{kg/m}^3$，容器中水的密度 $\rho = 1000\text{kg/m}^3$，各液面高差如图。

① 试确定密闭容器中水面的压力 p；

② 如果采用单 U 形管，且 a 点位置不变，b 点以上为空管，则指示剂高差为多少？

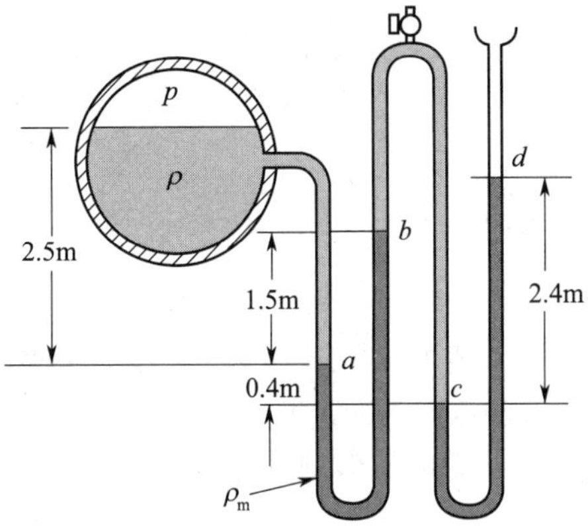

图 3-9 例 3-2 附图

解 ①根据压力递推公式（3-32），以及水平面为等压面、分界面为等压面的性质，可从容器中的液面压力开始，逐次递推直至获得液面压力的计算式，递推关系如下

$$\begin{aligned} p &= -\rho g 2.5 + p_a = -\rho g 2.5 + \rho_m g 1.5 + p_b \\ &= -\rho g 2.5 + \rho_m g 1.5 - \rho g 1.9 + p_c \\ &= -\rho g 2.5 + \rho_m g 1.5 - \rho g 1.9 + \rho_m g 2.4 + p_d \end{aligned}$$

因为 $p_d = p_0$，所以容器中的液面压力（表压）为

$$p - p_0 = -\rho g(2.5+1.9) + \rho_m g(1.5+2.4) = 476672\ \text{Pa}$$

② 若采用单 U 形管，且 a 点位置不变，b 点以上为空管，且汞柱高差为 R_m，则有

$$p = -\rho g 2.5 + p_a = -\rho g 2.5 + \rho_m g R_m + p_0$$

代入数据可得 $$R_m = (p - p_0 + \rho g 2.5)/\rho_m g = 3.76\text{m}$$

由此可见，采用复式测压计可减小 U 形测压管高度。

3.3.3 静止液体中固体壁面的受力

液 - 固界面上，流体表面与固体壁面的相互作用力大小相等方向相反，两个面的外法线单位矢量也刚好相反，因此静止液体中固体壁面的受力也可用式（3-14）表示，即

$$\mathbf{F} = -\iint_A \mathbf{n} p \, \mathrm{d}A \tag{3-35}$$

但此处 $\mathbf{n}$ 是固体表面的外法线单位矢量，负号表示壁面压力与 $\mathbf{n}$ 相反（指向壁面）。

（1）均匀压力对器壁的作用力

从应用需要的角度，首先考虑均匀压力 p_a 对固体壁面 A 的作用力，见图 3-10，其中 A 垂直 x-y 平面（即

p_a 的作用力为平面力系），A 在 x、y 方向的投影面分别为 A_x、A_y。图示坐标下，微元面 $\mathrm{d}A$ 的外法线单位矢量 $\mathbf{n}$ 以及 $\mathrm{d}A$ 的投影面 $\mathrm{d}A_x$、$\mathrm{d}A_y$ 可分别表示为

$$\mathbf{n} = \mathbf{i}\cos\theta + \mathbf{j}\sin\theta$$

$$\mathrm{d}A_x = \cos\theta \mathrm{d}A,\ \ \mathrm{d}A_y = \sin\theta \mathrm{d}A$$

即

$$\mathbf{n}\mathrm{d}A = (\mathbf{i}\cos\theta + \mathbf{j}\cos\theta)\mathrm{d}A = \mathbf{i}\mathrm{d}A_x + \mathbf{j}\mathrm{d}A_y$$

于是，根据式（3-35），均匀压力 p_a 对壁面的作用力可表示为

$$\mathbf{F} = -\iint_A \mathbf{n} p_a \mathrm{d}A = -p_a \iint_A (\mathbf{i}\mathrm{d}A_x + \mathbf{j}\mathrm{d}A_y) = -p_a A_x \mathbf{i} - p_a A_y \mathbf{j} \tag{3-36}$$

或

$$F_x = -p_a A_x,\ \ F_y = -p_a A_y \tag{3-37}$$

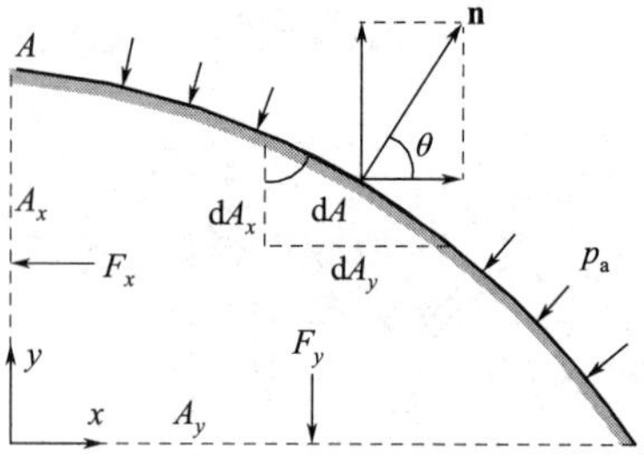

图 3-10 均匀压力对器壁的作用力

由此可见：均匀压力 p_a 对器壁 A 的合力分量 F_x、F_y 对应等于 p_a 乘以 A 的投影面积 A_x、A_y，其中“−”号仅表示 F_x、F_y 指向投影面（见图 3-10，其中 F_x、F_y 分别沿 x、y 反方向）。

以上结果推广到更一般情况的两个重要结论是：

① 均匀压力 p_a 作用于器壁表面 A 时，其合力在任意 i 方向的分量 F_i 都等于 p_a 乘以 A 在该方向的投影面积 A_i，即 $F_i = p_a A_i$；且 F_i 必然通过 A_i 的形心（F_i 的力矩由此可定）。

② 均匀压力 p_a 作用于（三维物体）封闭表面的合力为零（读者可自行证明）。

（2）静止液体中竖直平壁的受力

如图 3-11（a）所示，设竖直平壁面积为 A，高度为 H，宽度 w 是变化的。壁面顶部以上液层深度为 h_a，对应静压力 $p_a = p_0 + \rho g h_a$，顶部以下深度 h 处静压力 $p = p_a + \rho g h$，微元面 $\mathrm{d}A = w\mathrm{d}h$。取平壁表面垂直于 x 轴，并考虑左侧表面，则该表面的 $\mathbf{n} = -\mathbf{i}$，于是根据式（3-35），平壁左侧表面所受总力为

$$\mathbf{F} = -\iint_A \mathbf{n} p \mathrm{d}A = \iint_A \mathbf{i}(p_a + \rho g h)\mathrm{d}A = (p_a A + \rho g \iint_A h \mathrm{d}A)\mathbf{i}$$

即

$$F_x = p_a A + \rho g \iint_A h \mathrm{d}A = p_a A + \rho g \int_0^H h w \mathrm{d}h \tag{3-38}$$

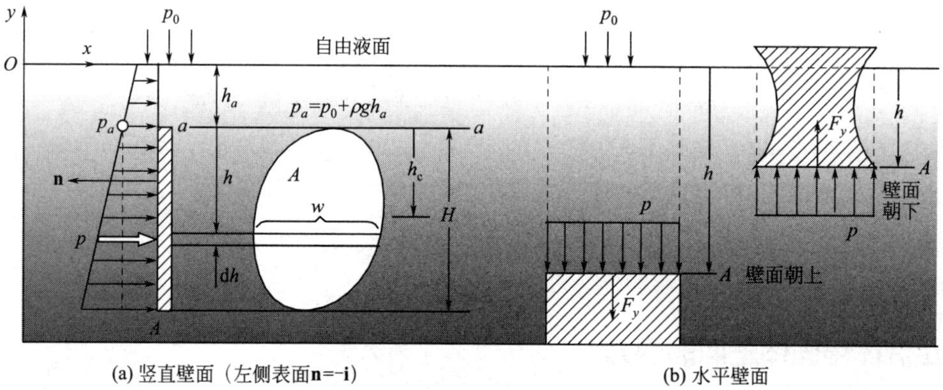

(a) 竖直壁面（左侧表面$\mathbf{n}=-\mathbf{i}$） (b) 水平壁面

图 3-11 静止液体中平壁表面的受力

由此可见，竖直平壁的静压合力仅有 F_x，且 F_x 可分为两个部分：一部分是平壁顶点以上液层静压 p_a（均匀压力）的作用力 $p_a A$；另一部分是顶点以下静压力 $\rho g h$ 的非均匀作用，其总力与板宽随高度的变化 $w = w(h)$ 有关。

特别地，若已知平壁顶部至表面形心的垂直距离 h_c，则根据平面形心坐标公式有

$$F_x = p_a A + \rho g h_c A = p_0 A + \rho g (h_a + h_c) A \tag{3-39}$$

该式是根据平壁表面形心位置 h_c 或 $(h_a + h_c)$（从自由液面算起）计算竖直平壁受力的公式，对于矩形、圆

形等规则竖直平壁的受力计算尤为方便。

（3）静止液体中水平壁面的受力

如图 3-11（b）所示，水平壁面上液层深度 h 不变，压力 $p=p_0+\rho gh$ 处处相同（为均匀压力），其静压合力仅有 F_y 且 F_y 指向表面，F_y 的大小为

$$F_y=pA=p_0A+\rho ghA=p_0A+\rho gV \tag{3-40}$$

其中 $hA=V$ 是水平壁面 A 对应的液柱体积（朝下的壁面亦如此）。

（4）弯曲 (或倾斜) 壁面的受力

如图 3-12（a）所示，考虑垂直于 x-y 平面的弯曲面 a-b，其中该弯曲面在垂直于 x、y 方向的投影面分别为 A_x、A_y，壁面顶端以上液层深度 h_a，相应压力 $p_a=p_0+\rho gh_a$。

① 弯曲壁面在水平方向（x 方向）的受力：从图中可见，弯曲面 a-b 在 x 方向的受力 F_x 与其投影面 A_x 的受力相平衡，而 A_x 的受力可用竖直平壁公式计算，因此

$$F_x=p_aA_x+\rho g\iint_{A_x}h\mathrm{d}A \tag{3-41}$$

由此可知：弯曲壁面在水平 x 方向的受力 F_x，就等于该曲面的投影面 A_x（竖直平面）的受力。其中，若 A_x 的形心位置已知，则可方便地用式（3-39）计算其受力。

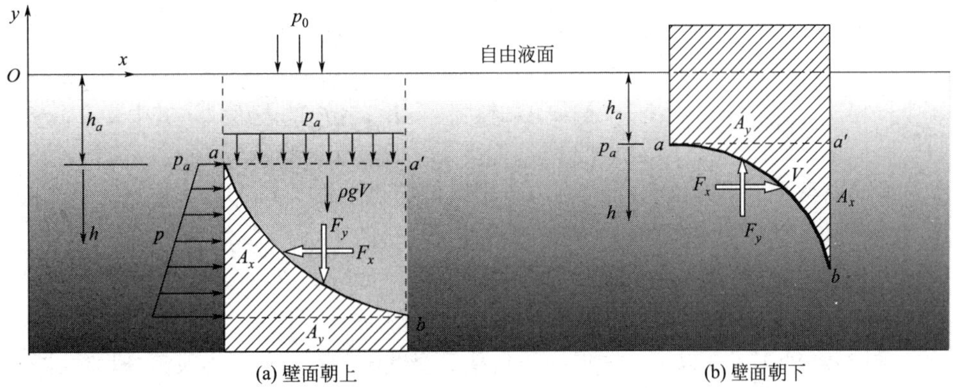

图 3-12 静止液体中弯曲壁面的受力

② 弯曲壁面在竖直方向（y 方向）的受力：很显然，弯曲面 a-b 在 y 方向的受力 F_y 由两部分构成，一部分是壁面顶端液层压力 p_a 的作用力 p_aA_y，另一部分是 a-b-a' 区域流体的重力，设该区域体积为 V，则流体重力为 ρgV；因此

$$F_y=-(p_aA_y+\rho gV) \tag{3-42a}$$

将 $p_a=p_0+\rho gh_a$ 代入，并记 $V'=(h_aA_y+V)$，上式又可表达为

$$F_y=-(p_0A_y+\rho gh_aA_y+\rho gV)=-(p_0A_y+\rho gV') \tag{3-42b}$$

其中 V' 是弯曲面 a-b 至自由液面对应的液柱体积。因此，构成 F_y 的两个部分又可表述为：一部分是自由液面压力的作用力 p_0A_y，另一部分是弯曲面 a-b 承受的液柱重力。

注：式（3-42）中“−”号表示壁面朝上时 F_y 与 y 反向。壁面朝下时，见图 3-12（b），F_y 与 y 同向，且尤其要注意：此时 V 是弯曲面 a-b 以上 a-b-a' 区域的液体体积。

最后需要指出，以上只是竖直平壁、水平壁面和弯曲壁面受力计算的基本方法，具体问题中若坐标方位选择不同，计算公式的形式会有不同，不能照搬上述公式。

（5）固体壁面静压力的力矩

固体壁面受力分析还包括流体静压力的力矩，尤其是需确定合力作用线的位置时。

参见图 3-13，设固体壁面 A 某点的外法线单位矢量为 $\mathbf{n}$，压力为 p，位置矢径为 $\mathbf{r}$，则该点微元面 $\mathrm{d}A$ 受到的液体静压力 $\mathrm{d}\mathbf{F}$ 以及 $\mathrm{d}\mathbf{F}$ 对原点 O 的矩可分别表示为

$$\mathbf{dF} = -\mathbf{n}p\mathrm{d}A, \quad \mathrm{d}\mathbf{M} = \mathbf{r} \times \mathrm{d}\mathbf{F} = -\mathbf{r} \times \mathbf{n}p\mathrm{d}A$$

于是，对于面积为 A 的固体壁面，其壁面静压力相对于 O 点的总力矩就可一般表示为

$$\mathbf{M} = \iint_A \mathrm{d}\mathbf{M} = \iint_A \mathbf{r} \times \mathrm{d}\mathbf{F} = -\iint_A \mathbf{r} \times \mathbf{n}p\mathrm{d}A \tag{3-43}$$

作用力对 O 点的总力矩 $\mathbf{M}$ 一般有三个分量：M_x、M_y、M_z，对应于该作用力对 x、y、z 轴的矩。

x-y 平面力系的矩 实际应用中常见的是 x-y 平面力系（壁面垂直于 x-y 平面），其力矩问题就变得相对简单。如图 3-13 所示，x-y 平面力系对原点 O 的矩就是该力系对 z 轴的矩 M_z，如果用 $\mathrm{d}F_x$ 和 $\mathrm{d}F_y$ 表示 $\mathbf{dF}$ 的两个分量，则它们对 z 轴的矩分别为

$$\mathrm{d}M_{z,F_x} = -y\mathrm{d}F_x, \quad \mathrm{d}M_{z,F_y} = x\mathrm{d}F_y \tag{3-44}$$

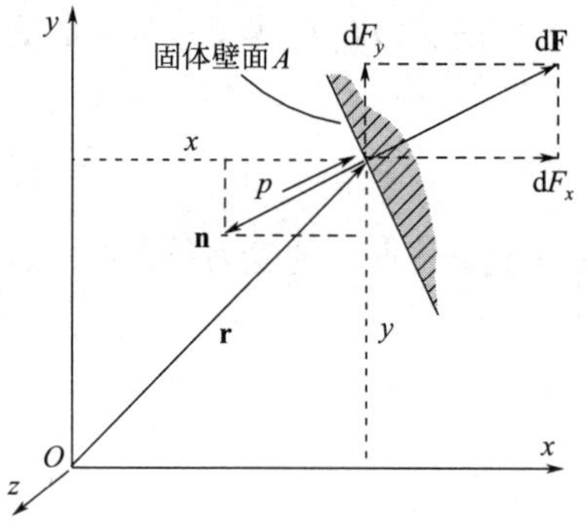

图 3-13 壁面静压力的力矩分析

注：针对右手法则坐标系 x-y-z，规定逆时针转矩为正（这可使得力矩 M_z 的正方向与 z 轴正方向一致）。上式中 $\mathrm{d}F_x$ 的矩有负号，是因为 $\mathrm{d}F_x$ 为正（沿 x 正方向）且该点 y 也为正时，$\mathrm{d}F_x$ 对 z 轴的矩必然为顺时针，见图 3-13。

于是，面积为 A 的壁面上，x、y 方向作用力对 z 轴的力矩及其总力矩就分别为

$$M_{z,F_x} = \iint_A \mathrm{d}M_{z,F_x} = \iint_A -y\mathrm{d}F_x, \quad M_{z,F_y} = \iint_A \mathrm{d}M_{z,F_y} = \iint_A x\mathrm{d}F_y \tag{3-45}$$

$$M_z = M_{z,F_x} + M_{z,F_y} \tag{3-46}$$

综上可见，确定壁面静压力的力矩，关键是正确写出固壁微元面 $\mathrm{d}A$ 上 x、y 方向微元力 $\mathrm{d}F_x$、$\mathrm{d}F_y$ 的表达式。其中注意，竖直壁面上 $\mathrm{d}F_y = 0$；水平壁面上 $\mathrm{d}F_x = 0$。

***F*$_x$、*F*$_y$ 作用线的交点及合力方位角** F_x、F_y 作用线的交点坐标（x_c, y_c）可根据“合力的矩等于分力的矩之和”计算，两力之比则为合力方位角 α（与 x 轴的夹角），即

$$x_c = M_{z,F_y}/F_y, \quad y_c = -M_{z,F_x}/F_x, \quad \tan\alpha = F_y/F_x \tag{3-47}$$

（6）等宽壁面的液压作用力及其作用线位置

为计算方便，图 3-14 给出了按以上方法得到的几种等宽壁面的液压作用力及其作用线位置，其中壁面⊥图面，且在⊥图面方向的宽度均为 L。

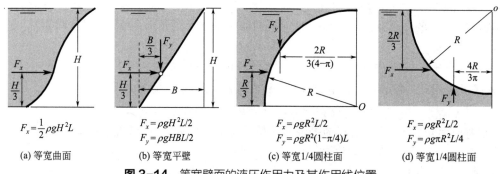

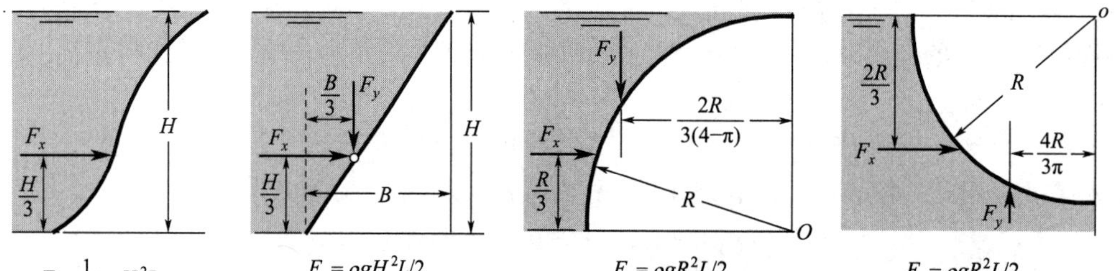

$F_x = \frac{1}{2}\rho g H^2 L$

(a) 等宽曲面

$F_x = \rho g H^2 L/2$
$F_y = \rho g HBL/2$

(b) 等宽平壁

$F_x = \rho g R^2 L/2$
$F_y = \rho g R^2(1-\pi/4)L$

(c) 等宽1/4圆柱面

$F_x = \rho g R^2 L/2$
$F_y = \rho g \pi R^2 L/4$

(d) 等宽1/4圆柱面

图 3-14 等宽壁面的液压作用力及其作用线位置

注：①以上各图中，壁面顶部为自由液面；若顶部以上另有液层，则该液层的静压可视为均匀压力，另行计算其作用力及其作用线位置。②若图中壁面另一侧接触液体，则作用力方向相反，力的大小及作用线位置不变。

【例 3-3】 流体静压对大坝的作用力

图 3-15 为一拦水大坝截面示意图。其中，$\theta = 30°$，$h_1 = 30\mathrm{m}$，$h_2 = 20\mathrm{m}$，$p_0 = 10^5\mathrm{Pa}$，水的密度 $\rho = 1000\mathrm{kg/m^3}$。试确定流体液压对 z 方向单位宽度大坝的作用力及作用位置。

解 由于大气环境中物体受到的大气压力是平衡的，所以流体静压作用力通常只计液压即 $(p-p_0)$ 的作

用。根据图示坐标可知，对应y坐标处的液压（液体重力静压）为

$$p-p_0=\rho g(h_1+h_2-y)$$

① 流体静压对大坝的作用力

按表面力积分式计算：根据式（3-35），液压$(p-p_0)$对大坝内表面A的总力为

$$\mathbf{F}_A=-\iint_A(p-p_0)\mathbf{n}\mathrm{d}A$$

其中大坝内表面单位法向矢量$\mathbf{n}$及微元面积$\mathrm{d}A$与y有关，见图3-14，计算如下。

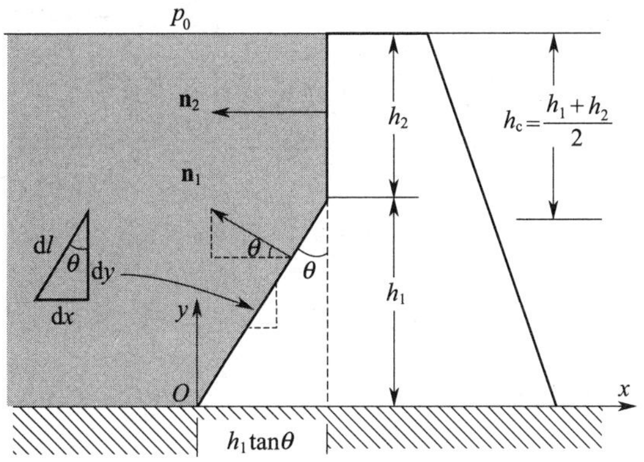

图3-15 例3-3附图

$0\leqslant y\leqslant h_1$：$\mathbf{n}=\mathbf{n}_1=-\cos\theta\mathbf{i}+\sin\theta\mathbf{j}$，$\mathrm{d}A=\mathrm{d}l$，且$\cos\theta\mathrm{d}l=\mathrm{d}y$，$\sin\theta\mathrm{d}l=\mathrm{d}x=\tan\theta\mathrm{d}y$

所以
$$\mathbf{n}\mathrm{d}A=\mathbf{n}_1\mathrm{d}A=\mathbf{n}_1\mathrm{d}l=-\cos\theta\mathrm{d}l\mathbf{i}+\sin\theta\mathrm{d}l\mathbf{j}=-\mathbf{i}\mathrm{d}y+\mathbf{j}\mathrm{d}x=-\mathbf{i}\mathrm{d}y+\mathbf{j}\tan\theta\mathrm{d}y$$

$h_1\leqslant y\leqslant h_1+h_2$：$\mathbf{n}=\mathbf{n}_2=-\mathbf{i}$，$\mathrm{d}A=\mathrm{d}y$，所以，$\mathbf{n}\mathrm{d}A=\mathbf{n}_2\mathrm{d}A=-\mathbf{i}\mathrm{d}y$。

将上述液压分布式和$\mathbf{n}\mathrm{d}A$表达式代入积分式有

$$\begin{aligned}\mathbf{F}_A&=-\iint_A(p-p_0)\mathbf{n}\mathrm{d}A=-\iint_{A_1}(p-p_0)\mathbf{n}_1\mathrm{d}A-\iint_{A_2}(p-p_0)\mathbf{n}_2\mathrm{d}A\\&=-\int_0^{h_1}\rho g(h_1+h_2-y)(-\mathbf{i}\mathrm{d}y+\mathbf{j}\tan\theta\mathrm{d}y)-\int_{h_1}^{h_1+h_2}\rho g(h_1+h_2-y)(-\mathbf{i}\mathrm{d}y)\\&=+\int_0^{h_1+h_2}\rho g(h_1+h_2-y)\mathrm{d}y\mathbf{i}-\int_0^{h_1}\rho g(h_1+h_2-y)\tan\theta\mathrm{d}y\mathbf{j}\end{aligned}$$

由此可知
$$F_x=\int_0^{h_1+h_2}\rho g(h_1+h_2-y)\mathrm{d}y=\rho g\frac{(h_1+h_2)^2}{2}=12.25\,\mathrm{MN/m}$$

$$F_y=-\int_0^{h_1}\rho g(h_1+h_2-y)\tan\theta\mathrm{d}y=-\rho g\left(\frac{h_1}{2}+h_2\right)h_1\tan\theta=-5.94\,\mathrm{MN/m}$$

采用简易方法计算：因为单位宽度大坝的内表面在垂直于x方向的投影面A_x为矩形，其面积$A_x=(h_1+h_2)$，其形心位置$h_c=(h_1+h_2)/2$；又因为该内表面在竖直方向对应的液柱体积为$V=(h_1/2+h_2)h_1\tan\theta$，所以根据式（3-39）和式（3-42），单位宽度大坝在x、y方向的受力F_x、F_y分别为

$$F_x=\rho gh_cA_x=\rho g\frac{(h_1+h_2)^2}{2},\quad F_y=-\rho gV=-\rho g\left(\frac{h_1}{2}+h_2\right)h_1\tan\theta$$

该结果显然和积分法结果一样，但计算过程更为简洁。

② 大坝内侧液体静压力对z轴的矩

按力矩积分式计算：大坝静压力为平面力系。从上述受力分析中可知，大坝表面微元面$\mathrm{d}A$上的微元力$\mathrm{d}F_x$、$\mathrm{d}F_y$就是F_x、F_y积分式中积分号内的表达式，即

$$\mathrm{d}F_x=\rho g(h_1+h_2-y)\mathrm{d}y,\quad \mathrm{d}F_y=-\rho g(h_1+h_2-y)\tan\theta\mathrm{d}y$$

将此代入式（3-45）有

$$M_{z,F_x}=-\int_0^{h_1+h_2}y\mathrm{d}F_x=-\int_0^{h_1+h_2}y\left[\rho g(h_1+h_2-y)\mathrm{d}y\right]=-\rho g\frac{(h_1+h_2)^3}{6}$$

$$M_{z,F_y}=\int_0^{h_1}x\mathrm{d}F_y=\int_0^{h_1}y\tan\theta\left[-\rho g(h_1+h_2-y)\tan\theta\mathrm{d}y\right]=-\rho g\frac{h_1^2}{2}\tan^2\theta\left(\frac{h_1}{3}+h_2\right)$$

代入数据：$\rho=1000\mathrm{kg/m^3}$，$g=9.80\mathrm{m/s^2}$，$\theta=30°$，$h_1=30\mathrm{m}$，$h_2=20\mathrm{m}$，有

$$M_{z,F_x}=-44.10\mathrm{MN\cdot m/m},\quad M_{z,F_y}=-204.17\mathrm{MN\cdot m/m}$$

按图3-14计算力矩：参见图3-14（a），F_x的y坐标为$y_c=(h_1+h_2)/3$，因此

$$M_{z,F_x}=-F_x y_c=-\rho g\frac{(h_1+h_2)^2}{2}\frac{(h_1+h_2)}{3}=-\rho g\frac{(h_1+h_2)^3}{6}$$

斜面 y 方向的受力分为两部分考虑，其中斜面顶部以上液层的作用力及作用线坐标为

$$F_{y1}=-\rho g h_2(h_1\tan\theta),\quad x_{c1}=\frac{h_1\tan\theta}{2}$$

斜面顶部以下液层的作用力及作用线坐标可参见图 3-14（b）得到，即

$$F_{y2}=-\rho g\frac{h_1^2\tan\theta}{2},\quad x_{c2}=\frac{h_1\tan\theta}{3}$$

由此可得
$$M_{z,F_y}=F_{y1}x_{c1}+F_{y2}x_{c2}=-\rho g\frac{h_1^2}{2}\tan^2\theta\left(\frac{h_1}{3}+h_2\right)$$

该结果显然和积分法的结果一样，但计算过程更为简洁。

③ 合力大小、方位角及作用线交点坐标

F_x、F_y 的合力 F、合力与 x 轴正向的夹角 α、两力作用线的交点坐标分别为

$$F=\sqrt{F_x^2+F_y^2}=\sqrt{12.25^2+(-5.94)^2}=13.61(\text{MN/m})$$

$$\alpha=\arctan\left(\frac{F_y}{F_x}\right)=\arctan\left(\frac{-5.94}{12.25}\right)=-25.87^{\circ}$$

$$x_c=\frac{M_{z,F_y}}{F_y}=\frac{-44.10}{-5.94}=7.42(\text{m}),\quad y_c=-\frac{M_{z,F_x}}{F_x}=-\frac{204.17}{-12.25}=16.67(\text{m})$$

【例 3-4】 液体静压对卧式容器封头的作用力

卧式容器受力分析中需要考虑其端部封头受液体静压的作用力。图 3-16（a）为圆筒形卧式容器，其端部封头为半球形壳体，筒壁半径与封头半径均为 R，容器内装满密度为 ρ 的液体，容器顶部工作压力 p_w（表压）。仅考虑液体重力静压 $(p-p_w)$ 的作用，试求：

① 液体对 z-x 水平面以上和以下各半个封头壁面的 y 方向作用力 F_{y1} 与 F_{y2}；

② 液体对整个封头的 y 方向作用力 F_y 及其作用位置（距离 b）;

③ 液体对整个封头的 x 方向作用力 F_x 及其作用位置（距离 a）。

解 见图 3-16（a），容器内 y 坐标处液体的重力静压为 $p-p_w=\rho g(R-y)$。

① F_{y1} 与 F_{y2} 的计算：首先确定 z-x 水平面上、下半个封头内壁对应的液柱体积 V_1、V_2。见图 3-16（a），因为底部为半圆、高度为 R 的半圆柱体积 $V_R=(\pi R^2/2)R$，而 $V_1=V_R-1/4$ 球体体积，$V_2=V_R+1/4$ 球体体积，所以

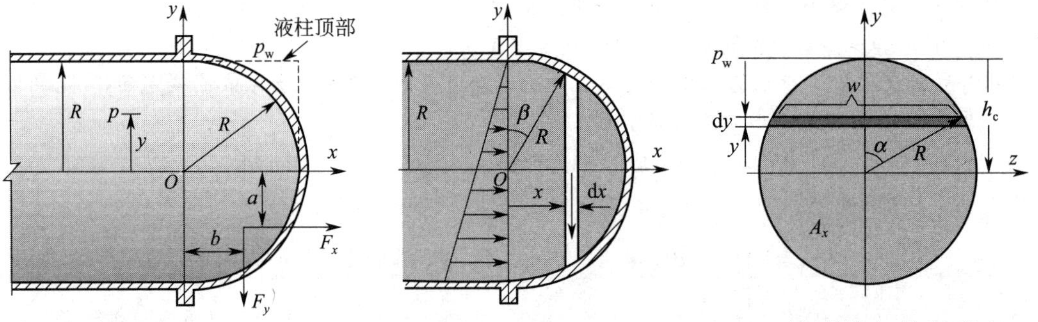

(a) 卧式容器端部封头　(b) 封头内的重力微元　(c) 封头投影面 A_x 的面积微元

图 3-16 例 3-4 附图

$$V_1=\frac{\pi R^2}{2}R-\frac{1}{4}\left(\frac{4}{3}\pi R^3\right)=\frac{1}{6}\pi R^3,\quad V_2=\frac{\pi R^2}{2}R+\frac{1}{4}\left(\frac{4}{3}\pi R^3\right)=\frac{5}{6}\pi R^3$$

因为液体重力静压在竖直方向对壁面的作用力等于壁面对应的液柱重力，所以 z-x 水平面上、下半个封头壁面在 y 方向受到的液体静压作用力 F_{y1}、F_{y2} 分别为

$$F_{y1}=\rho gV_1=\frac{1}{6}\rho g\pi R^3,\quad F_{y2}=-\rho gV_2=-\frac{5}{6}\rho g\pi R^3$$

② F_y 及其作用距离 b 的计算：液体对整个封头的 y 方向作用力 $F_y=F_{y1}+F_{y2}$（也等于封头内液体的重力），即

$$F_y=F_{y1}+F_{y2}=\frac{1}{6}\rho g\pi R^3-\frac{5}{6}\rho g\pi R^3=-\frac{2}{3}\rho g\pi R^3$$

F_y 对 z 轴的矩 M_{z,F_y}：见图 3-16（b），垂直于 x 轴切取微元，其体积 $\mathrm{d}V=\pi(R\cos\beta)^2\mathrm{d}x$，其中 $x=R\sin\beta$，$\mathrm{d}x=R\cos\beta\mathrm{d}\beta$，该微元液体重力对 z 轴的矩为

$$\mathrm{d}M_{z,F_y}=x\mathrm{d}F_y=x(-\rho g\mathrm{d}V)=-\rho g\pi R^4\cos^3\beta\sin\beta\mathrm{d}\beta$$

而整个半球封头体积 V 内液体重力对 z 轴的矩为

$$M_{z,F_y}=\int_V\mathrm{d}M_{z,F_y}=-\rho g\pi R^4\int_0^{\pi/2}\cos^3\beta\sin\beta\mathrm{d}\beta=-\frac{1}{4}\rho g\pi R^4$$

于是，根据合力的矩等于分力矩之和可得

$$bF_y=M_{z,F_y}\quad\rightarrow\quad b=\frac{M_{z,F_y}}{F_y}=\frac{\rho g\pi R^4}{4}\frac{3}{2\rho g\pi R^3}=\frac{3}{8}R$$

③ F_x 及其作用距离 a 的计算：因为液体静压在 x 方向对封头的作用力 F_x 等于封头在 x 方向的投影面 A_x 的受力（这意味着凸形封头 x 方向受力与平板封头受力一样）。由于 $A_x=\pi R^2$，其形心在圆心即 $h_c=R$，所以根据式（3-39）有

$$F_x=\rho gh_cA_x=\pi\rho gR^3$$

F_x 对 z 轴的矩 M_{z,F_x}：见图 3-16（c），在投影面 A_x 上取微元面积 $\mathrm{d}A=w\mathrm{d}y$，其中 $w=2R\sin\alpha$，$y=R\cos\alpha$，$\mathrm{d}y=R\sin\alpha\mathrm{d}\alpha$，因此 $\mathrm{d}A$ 面上静压力对 z 轴的矩为

$$\mathrm{d}M_{z,F_x}=-y\mathrm{d}F_x=-y\left[\rho g(R-y)\mathrm{d}A\right]=-2\rho gR^4(1-\cos\alpha)\sin^2\alpha\cos\alpha\mathrm{d}\alpha$$

而整个投影面 A_x 上静压力对 z 轴的矩为

$$M_{z,F_x}=\int_{A_x}\mathrm{d}M_{z,F_x}=-2\rho gR^4\int_0^{\pi}(1-\cos\alpha)\sin^2\alpha\cos\alpha\mathrm{d}\alpha=\frac{\pi\rho gR^4}{4}$$

因此，根据合力的矩等于分力矩之和可得

$$aF_x=M_{z,F_x}\quad\rightarrow\quad a=\frac{M_{z,F_x}}{F_x}==\frac{1}{\pi\rho gR^3}\frac{\pi\rho gR^4}{4}=\frac{R}{4}$$

3.3.4 静止液体中物体的浮力与浮力矩

浮力即静压力对（浸没于液体中的）物体表面的合力。见图 3-17，重力场静止液体中的静压力 $p=p_0-\rho gz$，将此代入式（3-35），则物体表面 A 的静压合力可一般表示为

$$\mathbf{F}=-\iint_A\mathbf{n}p\mathrm{d}A=-\iint_A\mathbf{n}(p_0-\rho gz)\mathrm{d}A \tag{3-48}$$

根据式（3-43）又知，物体表面静压合力对坐标原点的合力矩可一般表示为

$$\mathbf{M}=-\iint_A(\mathbf{r}\times\mathbf{n})p\mathrm{d}A=-\iint_A(\mathbf{r}\times\mathbf{n})(p_0-\rho gz)\mathrm{d}A \tag{3-49}$$

式中，$\mathbf{r}$ 是微元面 $\mathrm{d}A$ 的位置矢径。

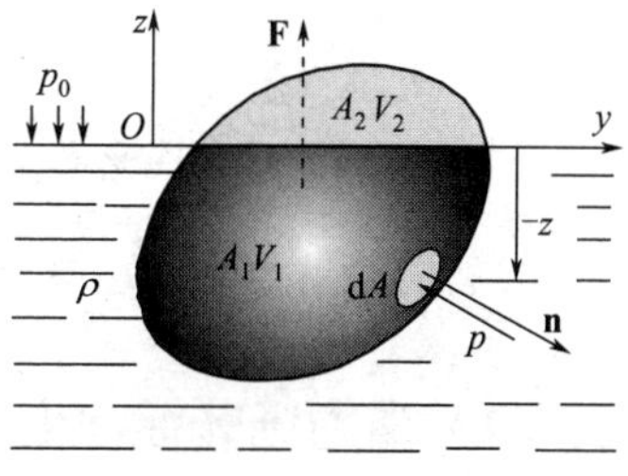

图 3-17 物体的浮力

物体的浮力 见图 3-17，考虑一般情况，设物体浸没于液体部分的体积为 V_1、表面积为 A_1，露出大气部分的体积与面积分别为 V_2、A_2，则物体表面的静压合力可表示为

$$\mathbf{F}=-\iint_{A_1}\mathbf{n}p\mathrm{d}A-\iint_{A_2}\mathbf{n}p_0\mathrm{d}A \tag{3-50}$$

将$p=(p_0-\rho gz)$代入，并考虑均匀气压p_0对封闭表面（A_1+A_2）的合力为零，可得

$$\mathbf{F}=\iint_{A_1}\mathbf{n}\rho gz\mathrm{d}A-\oiint_{A_1+A_2}\mathbf{n}p_0\mathrm{d}A=\iint_{A_1}\mathbf{n}\rho gz\mathrm{d}A$$

假设沿自由液面切割物体，且切割面的面积为A_0。因为A_0面上$z=0$，所以

$$\iint_{A_0}\mathbf{n}\rho gz\mathrm{d}A=0$$

将此引入$\mathbf{F}$表达式，并对（A_1+A_0）围成的封闭曲面应用高斯公式，可得

$$\mathbf{F}=\iint_{A_1}\mathbf{n}\rho gz\mathrm{d}A+\iint_{A_0}\mathbf{n}\rho gz\mathrm{d}A=\oiint_{A_1+A_0}\mathbf{n}\rho gz\mathrm{d}A=\iiint_{V_1}\rho g\nabla z\mathrm{d}V=\rho gV_1\mathbf{k} \tag{3-51}$$

由此可见，浸没物体表面静压力的合力大小等于其所排开的液体的重量，其方向朝上（z方向），这就是人们熟知的阿基米德浮力定律。因此，统一用V表示物体浸没部分的体积，则浸没物体表面静压力的合力（即物体的浮力）一般表示为

$$\mathbf{F}=\rho gV\mathbf{k} \tag{3-52}$$

物体的浮力矩　由式（3-49）并考虑A为封闭表面，则浸没物体的浮力矩为

$$\mathbf{M}=-\iint_{A}(\mathbf{r}\times\mathbf{n})(p_0-\rho gz)\mathrm{d}A=-\oiint_{A}\mathbf{r}\times\mathbf{n}p_0\mathrm{d}A+\oiint_{A}\mathbf{r}\times\mathbf{n}\rho gz\mathrm{d}A$$

其中，根据高斯公式［见附录A式（A-18）］有

$$\oiint_{A}(\mathbf{r}\times\mathbf{n})p_0\mathrm{d}A=\iiint_{V}\mathbf{r}\times\nabla p_0\mathrm{d}V=0,\quad \oiint_{A}(\mathbf{r}\times\mathbf{n})\rho gz\mathrm{d}A=\iiint_{V}\mathbf{r}\times\nabla(\rho gz)\mathrm{d}V$$

所以

$$\mathbf{M}=\iiint_{V}\mathbf{r}\times\nabla(\rho gz)\mathrm{d}V=\iiint_{V}\rho g(y\mathbf{i}-x\mathbf{j})\mathrm{d}V \tag{3-53}$$

或

$$M_x=\rho g\iiint_{V}y\mathrm{d}V,\quad M_y=-\rho g\iiint_{V}x\mathrm{d}V \tag{3-54}$$

该式对完全或部分浸没物体都适用。其中M_x和M_y分别是浮力对x轴和y轴的矩。

浮力中心　设浮力中心坐标$x=x_\mathrm{c}$、$y=y_\mathrm{c}$，则根据合力的矩等于分力矩之和有

$$-\rho gVx_\mathrm{c}=M_y,\quad \rho gVy_\mathrm{c}=M_x \tag{3-55}$$

由此可解出浮力中心坐标x_c、y_c；又因为浮力与物体方位无关，故将物体转动90°，使z轴转动到水平方向，亦可按以上类似步骤解出浮力中心另一坐标z_c，从而得到

$$x_\mathrm{c}=\frac{1}{V}\iiint_{V}x\mathrm{d}V,\quad y_\mathrm{c}=\frac{1}{V}\iiint_{V}y\mathrm{d}V,\quad z_\mathrm{c}=\frac{1}{V}\iiint_{V}z\mathrm{d}V \tag{3-56}$$

由此可见，浮力中心就是物体浸没部分体积的形状中心。浮力中心与物体本身重心之间的相对位置是分析浮体稳定性的基本数据。

3.4　非惯性坐标系液体静力学

所谓非惯性坐标系就是相对于地面作变速运动的坐标系，而相对于地面固定或作匀速直线运动的坐标系则称为惯性坐标系。流体能处于相对静止状态的非惯性坐标系有两种典型情况：一种是直线匀加速坐标系（加速度$\mathbf{a}$为定值），另一种是以匀角速度转动的坐标系（向心加速度$\mathbf{a}$为定值）。本节主要讨论这两种非惯性坐标系中的液体静力学问题。

3.4.1　重力场非惯性坐标系液体静力学方程

对于重力场非惯性坐标系中相对静止的液体，其受力除重力、压力外，还有惯性力，且根据达朗贝尔原

理，这三种力将构成平衡力系。因重力和惯性力都属于质量力，故可合并用 **f** 表示，这样，重力、惯性力和压力 p 的平衡关系就是 **f** 与 p 的平衡关系。这意味着前面关于 **f** 与 p 平衡关系的静力平衡方程式（3-19）和压力微分方程式（3-22）仍然适用，只不过其中的 **f** 同时包括了重力和惯性力。

注：非静止状态下即流体内部有相对运动时，**f** 同样与表面力构成平衡力系，但其中的表面力除 p 外，还有流体变形产生的附加正应力和切应力，此时的力平衡关系即流体运动微分方程。

单位质量力　因为加速度为 **a**、质量为 m 的物体的惯性力 $= -m\mathbf{a}$，所以 $-\mathbf{a}$ 就是单位质量的惯性力。于是重力场非惯性坐标系中的单位质量力 **f** 就表示为

$$\mathbf{f} = \mathbf{g} - \mathbf{a} \tag{3-57}$$

图 3-18 表现了直线匀加速系统中 **f** 与 **g** 和 $-\mathbf{a}$ 的关系，其中 **a** 为定值时液体相对静止。

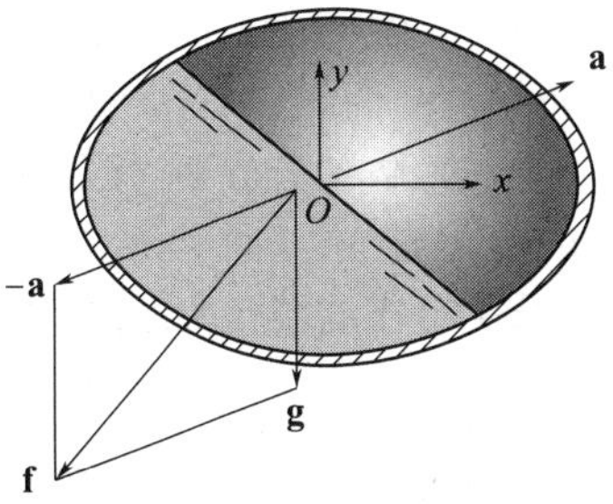

图 3-18　直线匀加速中的静止流体

基本方程　将 **f** 代入式（3-19），可得重力场非惯性坐标系中静止液体的静力平衡方程为

$$\rho(\mathbf{g} - \mathbf{a}) = \nabla p \tag{3-58}$$

或

$$\rho(g_x - a_x) = \frac{\partial p}{\partial x},\quad \rho(g_y - a_y) = \frac{\partial p}{\partial y},\quad \rho(g_z - a_z) = \frac{\partial p}{\partial z} \tag{3-59}$$

与式（3-22）相对应，重力场非惯性坐标系中静止液体的压力微分方程就表示为

$$\mathrm{d}p = \rho\left[(g_x - a_x)\mathrm{d}x + (g_y - a_y)\mathrm{d}y + (g_z - a_z)\mathrm{d}z\right] \tag{3-60}$$

3.4.2　直线匀加速系统中液体的压力分布

图 3-19 是运送液体的槽车简化模型：槽车以等加速度 **a** 沿倾角为 β 的斜面作直线运动。液体密度为 ρ，自由液面的压力为 p_0。为分析方便，取 x 坐标为水平方向（与静止时的液面重合），y 坐标垂直于地平面，原点 O 置于液面中点。图中 H 是槽车内原有液层深度。因此，在图示运动坐标系下，槽车加速度 **a** 和重力加速度 **g** 的分量为

$$a_x = a\cos\beta,\quad a_y = a\sin\beta,\quad a_z = 0$$

$$g_x = 0,\quad g_y = -g,\quad g_z = 0$$

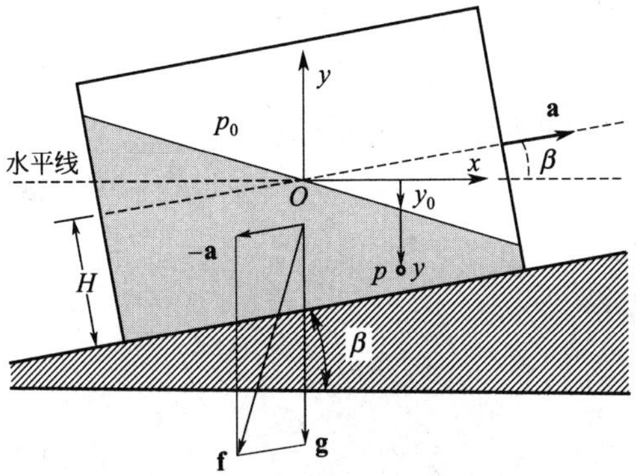

图 3-19　直线匀加速运动的槽车

流体的单位质量力 **f** 见图，其分量为

$$f_x = g_x - a_x = -a\cos\beta$$

$$f_y = g_y - a_y = -(g + a\sin\beta)$$

$$f_z = g_z - a_z = 0$$

于是根据式（3-60），可得槽车中相对静止液体的压力微分方程为

$$\mathrm{d}p = -\rho a\cos\beta\mathrm{d}x - \rho(g + a\sin\beta)\mathrm{d}y \tag{3-61}$$

压力分布方程　上式中流体密度 ρ 和加速度 a 为定值，积分可得压力分布为

$$p = -\rho(a\cos\beta)x - \rho(g + a\sin\beta)y + c \tag{3-62}$$

因为坐标原点置于自由液面，所以 $x = 0$，$y = 0$，$p = p_0$，$c = p_0$，由此得

$$p = p_0 - \rho(a\cos\beta)x - \rho(g + a\sin\beta)y \tag{3-63}$$

等压面与自由液面方程　在压力微分式（3-61）中令 dp=0，积分可得等压面方程

$$y = -\frac{a\cos\beta}{(g + a\sin\beta)}x + C_1 \tag{3-64}$$

因自由液面通过 $x = 0$、$y = 0$ 点，所以 C_1=0 对应的等压面即自由液面。在此用 y_0 表示自由液面 y 坐标（见

图 3-18），则自由液面方程为

$$y_0 = -\frac{a\cos\beta}{(g + a\sin\beta)}x \tag{3-65}$$

可见等压面与自由液面平行，两者都是垂直于 x-y 平面的斜平面。且该斜平面（等压面）的斜率 k 与质量力分量的比值有如下关系

$$k = -\frac{a\cos\beta}{(g + a\sin\beta)} = -\frac{f_y}{f_x} \quad \rightarrow \quad k\frac{f_x}{f_y} = -1$$

这表明质量力 **f** 垂直于等压面（静止流场性质①）。其中可见，a=0 时（匀速运动），k=0，即此时的自由液面为水平面；当槽车沿斜坡下行且加速度 $a = -g\sin\beta$ 时，k=tanβ，即自由液面与坡面平行。

两种液体的分界面 因为静止液体的分界面为等压面（静止流场性质②），所以槽车内若有两种液体，则其分界面与自由液面平行，分界面方程亦可用式（3-64）描述。

压力分布的统一表达式 如果对压力分布式稍加变化，并引入自由液面方程可得

$$p = p_0 - \rho(a\cos\beta)x - \rho(g + a\sin\beta)y = p_0 + \rho(g + a\sin\beta)(y_0 - y)$$

令

$$g_y = (g + a\sin\beta), \quad h = (y_0 - y)$$

则压力分布可表示为

$$p = p_0 + \rho g_y h \tag{3-66}$$

可见自由液面以下竖直深度 h 处的压力表达式与重力场情况相似，其中 g_y 仍然是竖直方向（y 方向）的重力加速度，只不过此时 g_y 除了 g 外，还有 a 的竖直分量 $a\sin\beta$。特别地，若槽车沿水平方向运动即 β =0，则 a 在 y 方向没有分量，此时 $p = p_0 + \rho gh$。

3.4.3 匀速旋转容器中液体的压力分布

图 3-20 是盛装液体的转动容器，容器半径 R。只要旋转角速度 ω 保持恒定，则容器内液体处于相对静止状态，此时液体受到的单位质量力包括重力 **g** 和离心力 –**a**。根据图示坐标，重力 **g** 的分量为

$$g_x = 0, \quad g_y = 0, \quad g_z = -g$$

离心力 –**a** 是旋转流场向心加速度 **a** 产生的（见俯视图），且图示柱坐标下 **a** 的表达式为

$$\mathbf{a} = -r\omega^2\mathbf{e}_r \tag{3-67}$$

其中 $\mathbf{e}_r$ 是 r 方向的单位矢量，但不是常矢量。$\mathbf{e}_r$ 与 x、y 方向单位矢量关系为

$$\mathbf{e}_r = \cos\theta\,\mathbf{i} + \sin\theta\,\mathbf{j} \tag{3-68}$$

故

$$\mathbf{a} = -(r\cos\theta)\omega^2\mathbf{i} - (r\sin\theta)\omega^2\mathbf{j}$$

或

$$\begin{cases} a_x = -(r\cos\theta)\omega^2 = -x\omega^2 \\ a_y = -(r\sin\theta)\omega^2 = -y\omega^2 \\ a_z = 0 \end{cases}$$

由此可知，单位质量离心力 –**a** 的分量为

$$-a_x = x\omega^2, \quad -a_y = y\omega^2, \quad -a_z = 0$$

因此，容器内液体单位质量力 $\mathbf{f} = \mathbf{g} - \mathbf{a}$ 的分量为

$$f_x = g_x - a_x = \omega^2 x$$

$$f_y = g_y - a_y = \omega^2 y$$

$$f_z = g_z - a_z = -g$$

将此代入式（3-60），可得转动容器内相对静止液体的压力微分方程为

$$\mathrm{d}p = \rho\left(\omega^2 x\mathrm{d}x + \omega^2 y\mathrm{d}y - g\mathrm{d}z\right) \tag{3-69}$$

等压面与自由液面 在上式中令 $\mathrm{d}p=0$，积分可得等压面方程为

$$z=\frac{\omega^2}{2g}(x^2+y^2)+c \text{ 或 } z=\frac{\omega^2}{2g}r^2+c \tag{3-70}$$

对于自由液面，设 $r=0$ 处的自由液面高度为 $z=H_0$，则上式中积分常数 $c=H_0$。特别用 z_0 表示自由液面 z 坐标，则自由液面方程为

$$z_0=\frac{\omega^2}{2g}r^2+H_0 \tag{3-71}$$

可见，容器内流体的等压面和自由液面都是抛物面。这是由质量力 **f** 的方向所确定的。对方程（3-70）求导，可得等压面的平面曲线的斜率 k 与质量力的关系为

$$k=\frac{\mathrm{d}z}{\mathrm{d}r}=\frac{r\omega^2}{g}=-\frac{f_r}{f_z} \ \rightarrow \ k\frac{f_z}{f_r}=-1$$

这表明单位质量力 **f** 处处垂直于等压面（静止流场性质①）。且从中可见，ω=0 时，k=0，z=c，即容器静止（不转动）时的等压面为水平面。

此外，容器中心的自由液面高度 H_0 显然与转速 ω 和容器盛装的液体量有关。设容器静止时的液层深度为 H（见图 3-20），则容器静止和旋转状态下的液体体积应相等，即

$$\pi R^2 H=\int_0^R z_0 2\pi r\mathrm{d}r$$

将 z_0 的表达式代入上式，积分可得容器中心液面高度 H_0 与 ω 和 H 的关系为

$$H_0=H-\frac{\omega^2R^2}{4g} \tag{3-72}$$

由此可将自由液面方程进一步表示为

$$z_0=\frac{\omega^2}{2g}r^2+H_0=H-\frac{\omega^2R^2}{2g}\left[\frac{1}{2}-\left(\frac{r}{R}\right)^2\right] \tag{3-73}$$

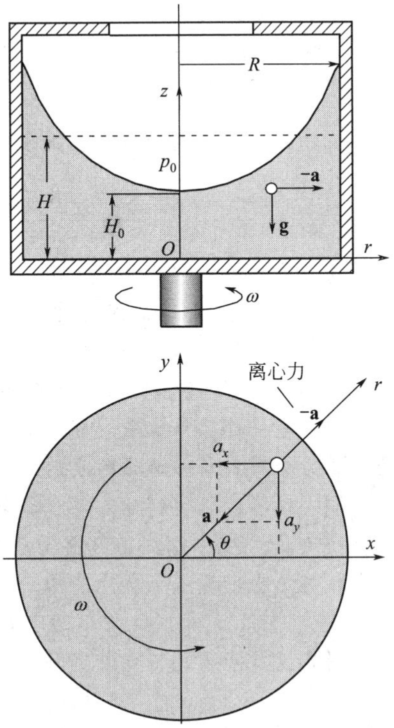

图 3-20 旋转容器中的液体

压力分布方程 对压力微分方程积分并引用 $x^2+y^2=r^2$，可得旋转液体压力分布为

$$p=\rho\left(\frac{\omega^2r^2}{2}-gz\right)+c \tag{3-74}$$

该式是转动系统中相对静止液体的压力分布通用方程。对于具体问题，可根据问题特点，由定解条件确定 c，得到适用于该问题的压力分布方程。

压力分布方程的统一形式 根据容器中心处的自由液面条件：$r=0$，$z=H_0$，$p=p_0$，可得 $c=p_0+\rho gH_0$；再引入 z_0，可将旋转容器中的液体压力分布表示为

$$p=p_0+\rho g\left(\frac{\omega^2r^2}{2g}+H_0-z\right)=p_0+\rho g(z_0-z) \tag{3-75}$$

其中 (z_0-z) 即自由液面 z_0 到液层深度 z 点的垂直距离 h，故压力分布又可表达为

$$p=p_0+\rho gh \tag{3-76}$$

由此可见，平面旋转流场中，自由液面以下竖直深度 h 处的压力表达式与仅受重力时一样，原因是此时竖直方向只有 **g** 的作用（离心力 **−a** 在竖直方向没有分量）。

【例 3-5】 旋转容器顶盖的液压轴向力

图 3-21 所示为一圆筒容器，其内壁面半径 R，顶盖中心有与大气接通的透明管。容器内注满水后透明管中的水面比顶盖高出 h，水的密度为 ρ。若容器以匀角速度 ω 旋转，试写出：①容器内液体的压力分布表达式；

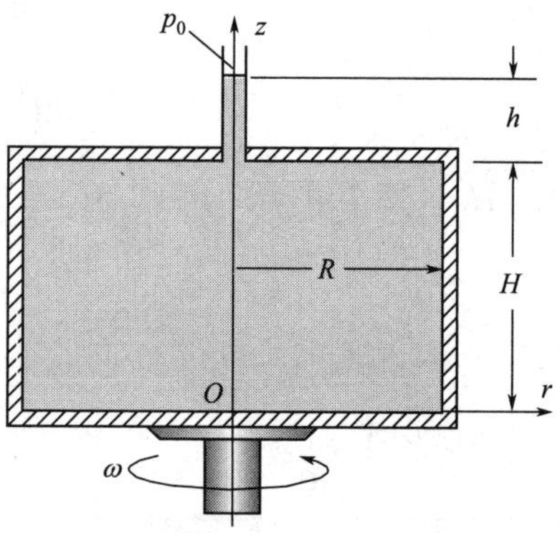

图 3-21 例 3-5 附图

②容器顶盖受到的液压轴向总力表达式。

解 ①根据式（3-74）可知，旋转系统内相对静止液体的压力分布一般表达式为

$$p=\rho\left(\frac{\omega^2 r^2}{2}-gz\right)+c$$

对于本例情况，由于液体不可压缩，故容器旋转后透明管液面高度位置不变，这一特点可根据图中坐标表述为：

$$r=0，\ z=H+h，\ p=p_0$$

由此确定 $c=p_0+\rho g(H+h)$，代入后的压力分布方程具体形式为

$$p-p_0=\frac{\rho\omega^2 r^2}{2}+\rho g(H+h-z)$$

② 由于容器顶盖外侧也受到大气作用，故液压轴向总力只需计入相对压力的作用；又因为沿顶盖内表面 $z=H$，所以液压轴向总力 F 为

$$F=\int_0^R (p-p_0)\Big|_{z=H} 2\pi r\mathrm{d}r=\int_0^R\left(\frac{\rho\omega^2 r^2}{2}+\rho gh\right)2\pi r\mathrm{d}r=\pi R^2\left(\frac{\rho\omega^2 R^2}{4}+\rho gh\right)$$

该轴向总力 F 可用于计算圆筒壁的轴向应力。

【例 3-6】 旋转容器内两种液体的分界面

圆柱形容器半径为 R，高 H。如图 3-22 所示，其中盛水深度 h，水的密度为 ρ_w，余下的容积盛满密度为 ρ_o 的油。容器绕 z 轴匀速旋转，并在顶盖中心有一小孔和大气相通。试写出油 - 水界面接触底板中心点时，流场的压力分布式和转速 n 的表达式。

解 容器旋转使得油水界面接触到容器底部中心点时，中心线上全部为油所占据，且中心线顶部压力已知为 p_0。所以根据式（3-76），此时中心线底部（坐标原点）上的压力

$$p_1=p_0+\rho_o gH$$

因此，本问题的特点或定解条件是

$$r=0，\ z=0，\ p=p_1$$

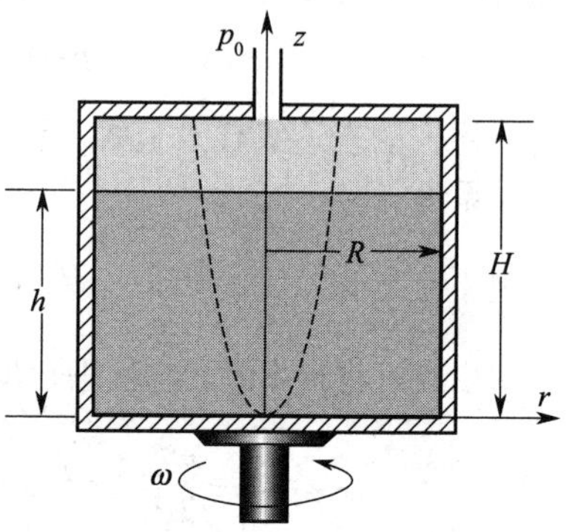

图 3-22 例 3-6 附图

将此代入旋转液体压力分布式（3-74），即

$$p=\rho\omega^2 r^2/2-\rho gz+c$$

可得积分常数 $c=p_1$。于是，油 - 水界面接触底板中心点时流场的压力分布为

$$p-p_1=\rho\omega^2 r^2/2-\rho gz$$

将油或水的密度替代该方程中的 ρ，可分别得到油和水中的压力分布方程，方程中的坐标取值区域则可用下面得到的分界面方程确定（见习题 3-22）。

因为分界面为等压面，所以分界面上各点压力都等于 p_1。于是由 $p=p_1$ 可得油水分界面方程。在此用 z_1 表示分界面方程的 z 坐标，则分界面方程可表示为

$$z_1=\frac{\omega^2}{2g}r^2$$

在该方程中令 $z_1=H$，可得顶盖处油水分界面的半径 r_1，即

$$H=\frac{\omega^2}{2g}r_1^2\ \rightarrow\ r_1=\frac{1}{\omega}\sqrt{2gH}$$

确定分界面方程和 r_1 后，再根据质量守恒：静止和旋转状态下油的体积相等，有

$$\pi R^2(H-h)=\pi r_1^2 H-\int_0^{r_1} z_1 2\pi r dr\ \rightarrow\ \pi R^2(H-h)=\pi r_1^2 H-\frac{\pi\omega^2}{4g}r_1^4$$

即
$$\omega = \frac{H}{R}\sqrt{\frac{g}{(H-h)}} \quad \to \quad n = \frac{30\omega}{\pi} = \frac{30}{\pi}\frac{H}{R}\sqrt{\frac{g}{(H-h)}}$$

此即油 - 水界面触底时的转速。可见油层越薄，即 $(H-h)$ 越小，触底转速越高。

3.4.4　高速回转圆筒内液体的压力分布

对于离心机之类的旋转机械，容器的转速少则每分钟几百转，多则每分钟数十万转，因此液体所受离心惯性力远大于重力。比如，转速为 1000r/min 的离心机，若转鼓半径为 400mm，则转鼓壁处的离心惯性力与重力之比为

$$\frac{\omega^2 R}{g} = \frac{(1000\pi/30)^2\,0.4}{9.81} = 447$$

如此大的差距，完全可在高速旋转情况下忽略重力的影响。于是，在式（3-70）和式（3-74）中令 g=0，可得高速回转圆筒内液体的等压面方程和压力分布方程分别为

$$r = c \tag{3-77}$$

$$p - p_0 = \frac{\rho\omega^2}{2}\left(r^2 - r_0^2\right) \tag{3-78}$$

等压面方程式（3-77）表明：高速回转圆筒内的等压面为圆柱面，如图 3-23（a）中自由面所示，原因是此时单位质量力仅有径向离心力（与离心力垂直的面为圆柱面）。

压力分布方程式（3-78）表明：高速回转圆筒中，离心力沿径向随 r 线性增加，流体压力沿径向按 r^2 增加（重力中 g 沿深度 h 不变，压力随 h 线性增加）。高速回转圆筒中流体压力与 ω^2 成正比，因而可通过提高 ω 获得较大的 p，这就使得离心分离过程的效率远高于重力分离。过滤离心机、沉降离心机、离心场超细粉流态化等就采用了这样的原理。

此外，压力分布式（3-78）同样也可表达为与重力场静压分布式类似的形式，即

$$p = p_0 + \rho g_c h_r \tag{3-79}$$

式中，$h_r = r - r_0$ 为液层径向深度，$g_c = \omega^2(r + r_0)/2$ 为液层平均半径处单位质量流体受到的离心力。

【例 3-7】 沉降离心机挡液板的液压轴向力及其在筒壁内产生的轴向应力

图 3-23 所示的容器以匀角速度 ω 旋转，由于角速度较高，重力影响可以忽略，而且在多余液体溢流出去后，液体圆筒状自由面的半径刚好与容器上部挡液板的出口半径 r_0 相等。试求挡液板受到的液压轴向总力和容器筒壁内的轴向应力。

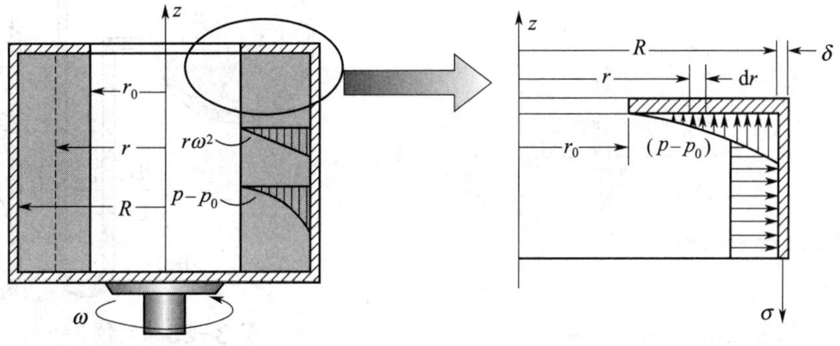

(a) 液面形状及液层压力分布　　(b) 器壁压力分布

图 3-23　高速旋转圆筒内的液面形状及压力分布

解　图 3-23（b）是挡液板和筒壁上的液体相对静压力（表压力）分布图，液体静压力与器壁表面处处垂直。其中，挡液板上的液体相对静压力分布可用式（3-78）描述，该静压力作用于挡液板的轴向总力 F 则为

$$F = \int_{r_0}^{R}(p - p_0)2\pi r\mathrm{d}r = \int_{r_0}^{R}\frac{\rho\omega^2}{2}\left(r^2 - r_0^2\right)2\pi r\mathrm{d}r = \frac{\pi\rho\omega^2}{4}\left(R^2 - r_0^2\right)^2$$

设容器筒壁厚度为δ，筒壁内的轴向应力为σ_z，由离心机转鼓轴向力平衡可得

$$2\pi R\delta\sigma_z = \frac{\pi\rho\omega^2}{4}\left(R^2 - r_0^2\right)^2 \quad \rightarrow \quad \sigma_z = \frac{\rho\omega^2}{8R\delta}\left(R^2 - r_0^2\right)^2$$

此外还可根据筒壁表面的液压$(p - p_0)_{r=R}$计算转鼓筒壁的周向应力σ_θ。

习题

3-1 流体静止的第二个条件是合力矩为零，即$\Sigma\mathbf{M} = 0$。因为$\Sigma\mathbf{M} = \Sigma(\mathbf{r}\times\mathbf{F})$，所以仿照$\Sigma\mathbf{F} = 0$的表达式（3-16），对于体积为$V$、表面积为$A$的流体团，其$\Sigma\mathbf{M} = 0$可表示为

$$\iiint\limits_V \mathbf{r}\times\mathbf{f}\rho\mathrm{d}V - \oiint\limits_A \mathbf{r}\times\mathbf{n}p\mathrm{d}A = 0$$

试引用附录A中的高斯公式（A-18），证明该式仍可导出流体静力平衡方程$\rho\mathbf{f} = \nabla p$。

3-2 证明不可压缩静止流场中质量力$\mathbf{f}$的旋度为零，即$\nabla\times\mathbf{f} = 0$［$\nabla\times\mathbf{f}$的展开式见附录A.2.4，证明时引用附录A.3第（17）式］。其次，已知某不可压缩流场的压力微分方程如下

$$\mathrm{d}p = \rho(yz\mathrm{d}x + 2\lambda zx\mathrm{d}y + 3\mu xy\mathrm{d}z)$$

问常数λ、μ取何值时，该流场是静止流场？

3-3 已知海平面上空气条件为：$p_0 = 1.0133\times10^5\mathrm{Pa}$，$\rho_0 = 1.285\mathrm{kg/m^3}$，$T_0 = 288.15\mathrm{K}$，并已知海平面上空气温度随高度的变化率$\mathrm{d}T/\mathrm{d}z = -0.007\mathrm{K/m}$；试计算$z = 5000\mathrm{m}$高空处的压力$p$和密度$\rho$。

3-4 如图3-24所示，用U形管测试管道两截面的压差时，要求测压孔位于等直径管段，这样就可认为测压孔所在截面上的压力分布满足静力学关系。比如，图中测压孔1位于直径为d等直径管段，则该截面上测压孔1的压力就可按静力学关系表示为$p_1 = p_a + \rho gd/2$。如图，现已知侧压孔1处管径为d，侧压孔2处管径为D，流体密度为ρ，U形管内指示剂密度为ρ_m，指示剂液面高差为Δh。试通过静力学分析，用已知参数写出以下表达式。

① 压差$(p_b - p_a)$的表达式，其中点a与点b分别位于两截面的中点；

② 压差$(p_c - p_1)$的表达式，其中点c与测压孔1在同一水平线上；

③ 压差$(p_2 - p_1)$的表达式，其中点1与点2是管壁测压孔位置。

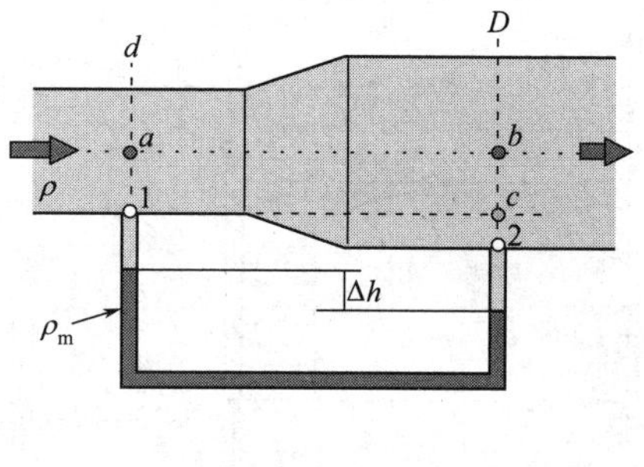

图3-24 习题3-4附图

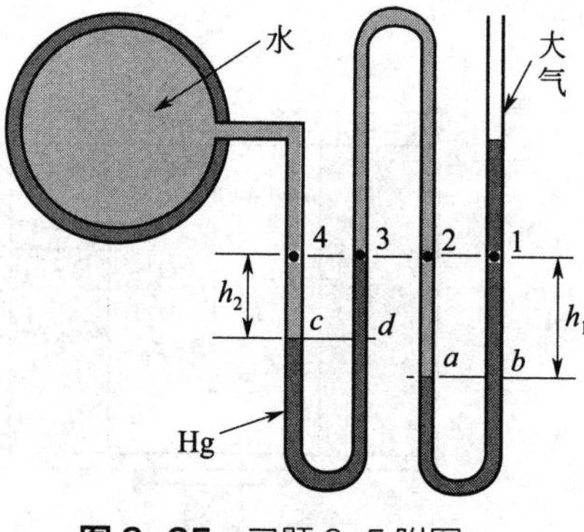

图3-25 习题3-5附图

3-5 图3-25所示U形管称为复式测压计（复式测压计可减小测压管高度），试根据图示情况，排列其中1、2、3、4点的压力p_1、p_2、p_3、p_4的大小顺序。

3-6 一敞口圆柱形容器，如图3-26所示，其直径D=0.4m，上部为油，下部为水。

① 若测压管中读数为a=0.2m，b=1.2m，c=1.4m，求油的比重（油/水密度比）。

② 若油的比重为0.84，a=0.5m，b=1.6m，求容器中水和油的体积。

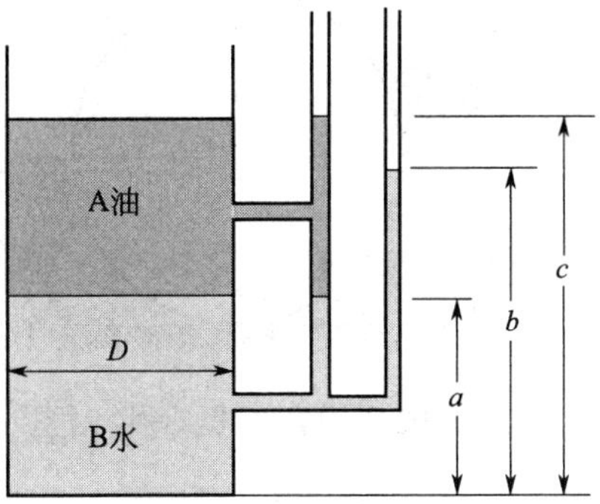

图 3-26 习题 3-6 附图

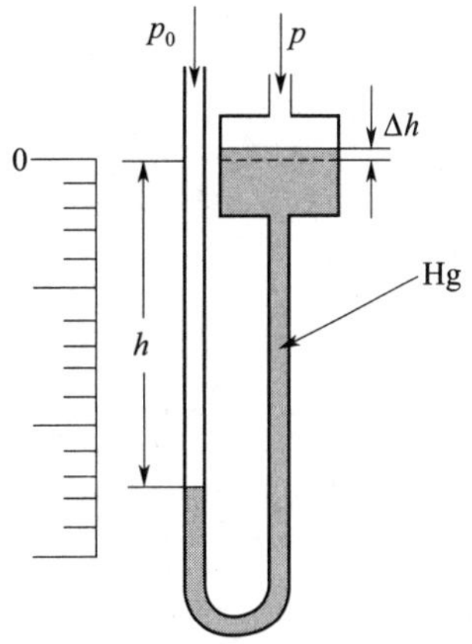

图 3-27 习题 3-7 附图

3-7 图 3-27 所示为杯式汞真空计，其中杯内接大气时 $p=p_0$，测压管读数 h=0；工作时杯内接真空 $p<p_0$，测压管读数为 h，同时杯内液面上升 Δh。与单纯的 U 形管相比，这种测压计可防止指示剂溢出并减小测压管高度（h 较大时 Δh 很小）。若已知杯的直径 D = 60mm，管的直径 d = 6mm，试求：① 测压管中读数 h = 300mm 时，杯中液面上升的高度 Δh；② 此时杯中液面上方的真空度（mmHg）。

3-8 旋风除尘器如图 3-28 所示，其下端出灰口管管长为 H，部分插入水中，使除尘器内部与外界大气隔开，称为水封。其要求是：负压操作时出灰管内液面不得高于出灰管上部法兰位置，正压操作时管内液面不得低于出灰管底部管口。设除尘器内操作压力（表压）p = −1.2 ~ 1.2kPa，试问：①管长 H 至少为多少？②若 H=300mm，则其中插入水中的部分 h 应在什么范围？水的密度 ρ =1000kg/m^3。

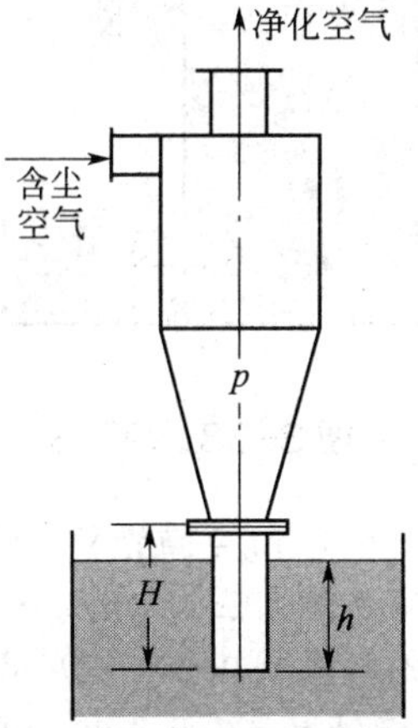

图 3-28 习题 3-8 附图

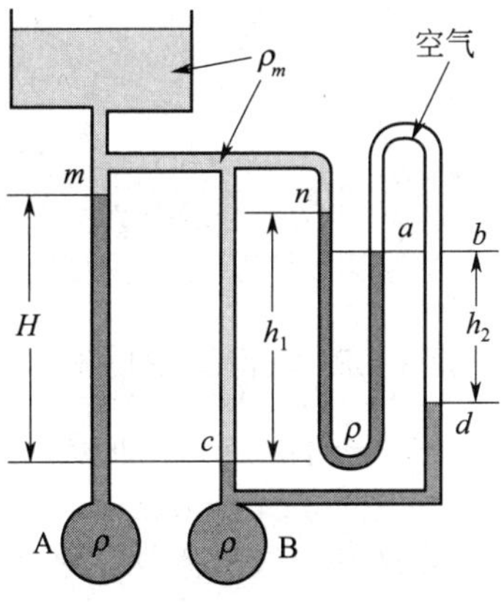

图 3-29 习题 3-9 附图

3-9 为了精确测定 A、B 两管道内流体的微小压差，设计如图 3-29 所示的微压计；A、B 两管道内和 U 形管内为同一种流体，密度为 ρ；微压计上方流体略轻一些，密度为 ρ_m。试用读数 H、h_1、h_2 和 ρg 表示 A 与 B 的压差。设 A、B 位于同一水平面。

注：该微压差计可减小测量误差，其误差分析详见参考文献［5］中的问题【P3-9】。

3-10 一个底部为 3m × 3m 的正方形容器，上部被隔板分成两部分。在容器中装入水以后，再在隔板左侧上方加入密度为 ρ_o =820kg/m^3 的油，形成如图 3-30 所示的形态。

① 试计算左侧油的高度 h，其中水的密度 ρ =1000kg/m^3。

② 如果在油面上再放置重量 G=1000N 的木块，则右边的水面要上升多少？

3-11 一圆筒形闸门如图 3-31 所示，直径 D=4m，长度 L=10m，上游水深为 D，下游水深为 D/2，水的密度 ρ = 1000kg/m^3。试参考图 3-14，计算流体重力静压作用下：

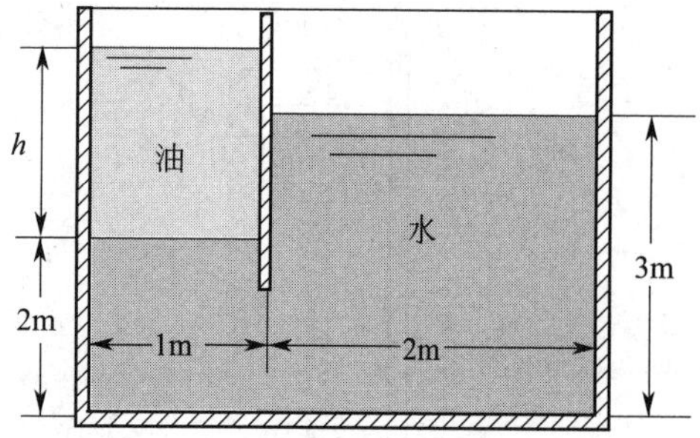

图 3-30　习题 3-10 附图

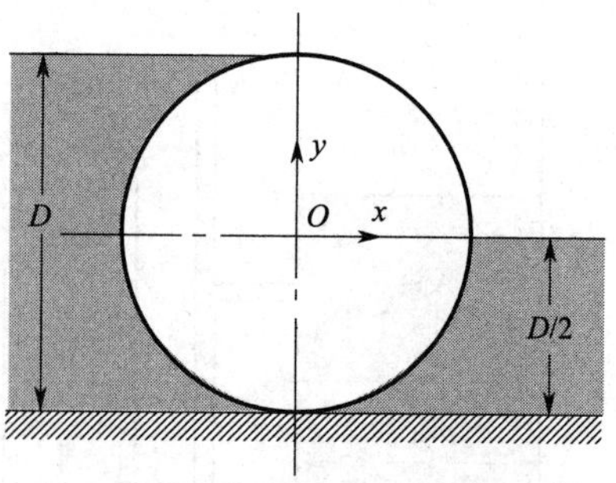

图 3-31　习题 3-11 附图

① 闸门 x 方向的静压总力 F_x、F_x 对圆筒中心线的矩 M_{z,F_x}、F_x 作用线的坐标 y_c；

② 闸门 y 方向的静压总力 F_y、F_y 对圆筒中心线的矩 M_{z,F_y}、F_y 作用线的坐标 x_c；

③ 闸门受到的浮力、静压总力 F 对圆筒中心线的矩 M_z。

提示：圆筒左下 1/4 圆柱表面的 F_y 可分为两部分考虑：y=0 平面以上液层静压的均匀作用力和 y=0 平面以下液层静压的非均匀作用力，以便确定其作用线的 x 坐标。

3-12　一拦河大坝，结构尺寸如图 3-32 所示。试参考图 3-14 中给出的结果，取单位宽度大坝计算：①水的重力静压作用下大坝所受合力 F 的大小、与 x 轴的交角 α；②合力 F 的作用线与坝基平面交点的 x 坐标。水的密度 ρ=1000kg/m³，g=9.81m/s²。

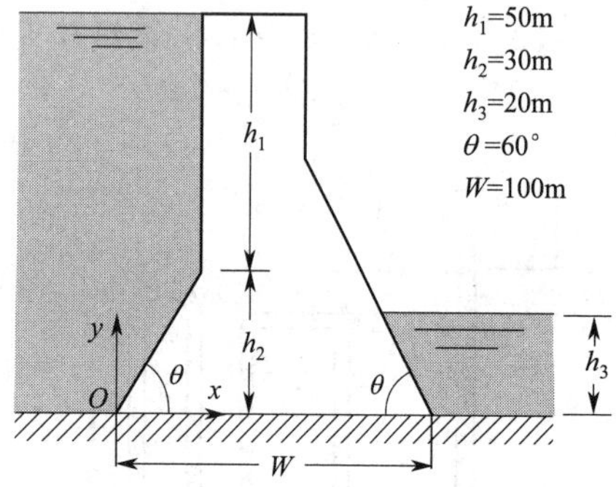

图 3-32　习题 3-12 附图

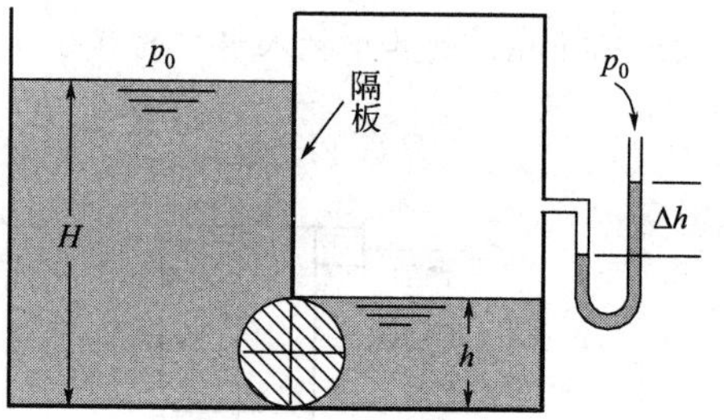

图 3-33　习题 3-13 附图

3-13　如图 3-33 所示，两水池间的隔板底端有一圆柱体闸门，圆柱体闸门与隔板和水池底部光滑接触（无泄漏、无摩擦）。已知：此时圆柱体水平方向所受合力为 0，圆柱体直径 D=1m，垂直于图面长 L=1m；左池敞口，水深 H=6m；右池封闭，水深 h=1m，右池装有 U 形水银测压管，测压管读数为 Δh。取水的密度 ρ=1000kg/m³，水银密度 ρ_m=13600kg/m³。试求：① 测压管读数 Δh 为多少；② 圆柱体在竖直方向受到的液体静压总力。

3-14　图 3-34 所示为一铅锤平板安全闸门。已知闸门高 $h_1 = 1$m，宽 $W = 0.6$m，支撑铰链 a 距离底部的高度 $h_2 = 0.4$m，闸门只能绕 a 点顺时针转动。闸门自动打开的条件是：闸门受到的静压合力 F_x 的作用线坐标 $y_c > h_2$，或静压力对 a 点的矩 M_a 为顺时针，即 $M_a < 0$。试建立 y_c 或 M_a 的表达式，并由此确定闸门自动打开所需的水深 h。

提示：确定 y_c 或 M_a 有以下三种方法，可选择其中一种方法。

① 将 F_x 分为两部分：$y=h_1$ 平面以上液层静压的均匀作用力 F_x' 和 $y=h_1$ 平面以下液层静压的非均匀作用力 F_x''，并参考图 3-14 确定其作用线坐标 y_c'、y_c''；然后由此确定 M_a，或由此确定合力 F_x 及其对 O 点（z 轴）的矩 M_{z,F_x}，进而确定 F_x 作用线的坐标 y_c；

② 用闸门形心处的压力乘面积确定合力 F_x，用积分法确定 M_{z,F_x}，进而确定 y_c；

③ 直接用积分法确定静压力对闸门铰链 a 点的矩 M_a。

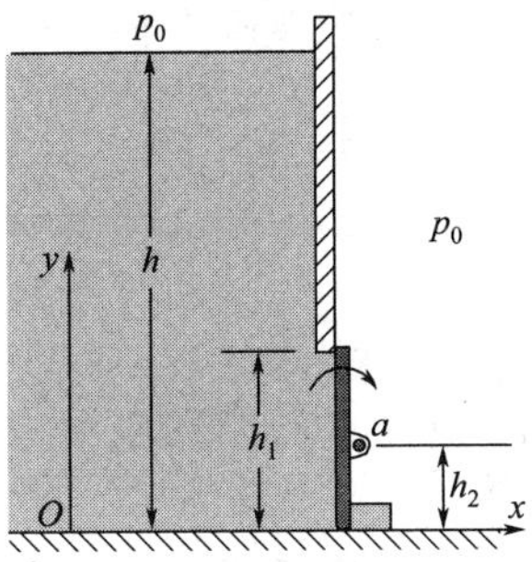

图 3-34 习题 3-14 附图

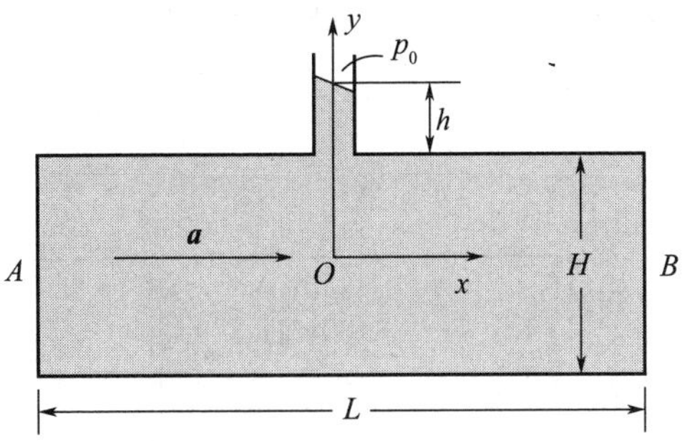

图 3-35 习题 3-15 附图

3-15 如图 3-35 所示，油罐车厢视为矩形截面的卧式容器，容器长 L=5m，宽 W=1.8m，高 H=1.2m；车厢顶部中心油管液面压力为 p_0，液面高 h=0.3m，油的密度 ρ=800kg/m^3。设油罐车以加速度 a=1.5m/s^2 水平运动，试求车厢左右两端壁面（A、B）各自受到的液压总力 F_A 和 F_B。其中，坐标原点在容器中心。

3-16 如图 3-36 所示，运送液体的矩形槽车以等加速度 **a** 沿坡度为 β 的斜面行进，其中槽车长度为 L，尾部上端溢流口高度 H，坐标设置如图。已知液体密度为 ρ，槽车在平地静止时的液面高度为 $H/2$。试确定：①槽车液面到达尾部溢流口时的加速度 a_1；②槽车液面与斜面平行时的加速度 a_2；③ 槽车液面与车厢底部的交点坐标为 $x=L/2$ 时的加速度 a_3（其中 $a_3 > a_1$，此时已有部分液体溢出）。

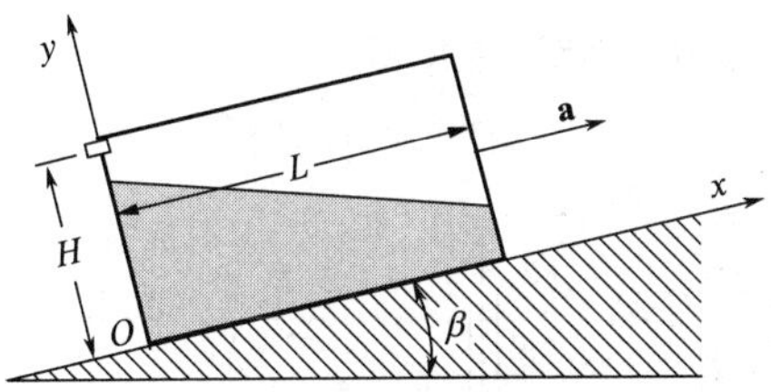

图 3-36 习题 3-16 附图

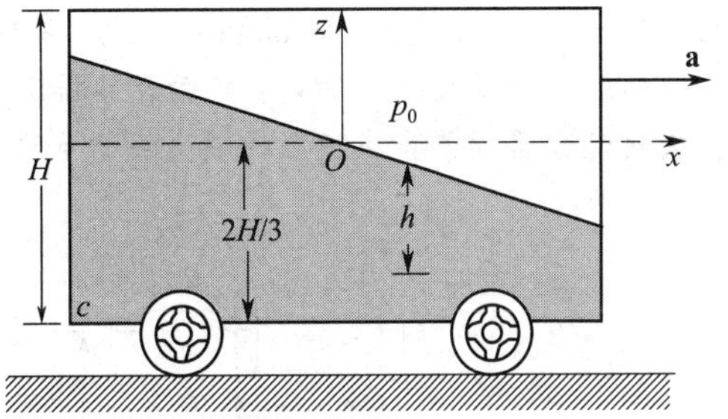

图 3-37 习题 3-17 附图

3-17 图 3-37 所示的是运送液体的槽车简化模型：槽车以等加速度 **a** 作水平运动，槽车车厢封闭，高度 H，静止时车内液体高度为 $2H/3$，自由液面压力 p_0，坐标原点在液面中点。

① 试求水平匀加速运动槽内液体的压力分布方程和自由液面方程；

② 证明距离自由液面以下垂直距离 h 处的压力为 $p = p_0 + \rho gh$；

③ 若槽车为敞口槽车（允许液体溢出），且槽车长度为 L，则加速度 a 多大时液体开始溢出，并求部分液体溢出后的压力分布方程和槽车左下角 c 点的压力。注：部分液体溢出后坐标原点不变，但自由液面不再通过坐标原点。

3-18 图 3-38 所示是一液体转速计，由直径为 d_1 的中心圆筒和重量为 W 的活塞，以及两个直径为 d_2 的有机玻璃管组成，玻璃管与转轴轴线的半径距离为 R，系统中盛有汞液，活塞与筒壁无摩擦。试求转速计角速度 ω 与指针下降距离 h 的关系。其中 $\omega = 0$ 时，$h = 0$。

3-19 一敞口圆筒容器绕 z 轴水平旋转，如图 3-39 所示。已知容器半径 R=150mm，高度 H=500mm，静止时液面高度 $h = 300$ mm，问当转速 n 为多少转时，水面恰好达到容器的上边缘？

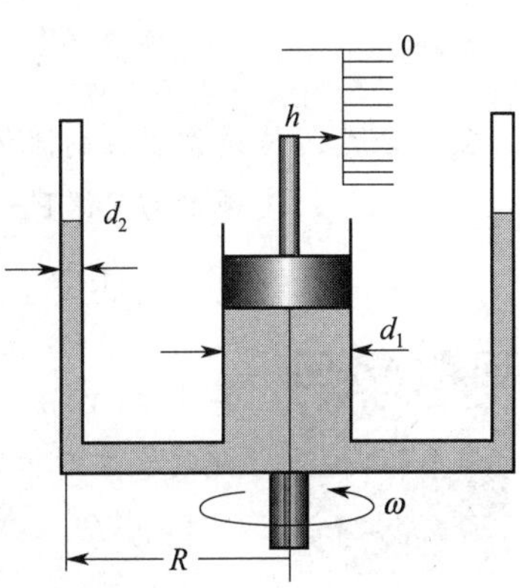

图 3-38 习题 3-18 附图

3-20 一个充满水的密闭圆筒容器，卧式放置，以等角速度 ω 绕自身中心 z 轴旋转，如图 3-40 所示。试考虑重力的影响，证明其等压面是圆柱面，且等压面的中心线比容器中心轴线高 $y_0 = g/\omega^2$。

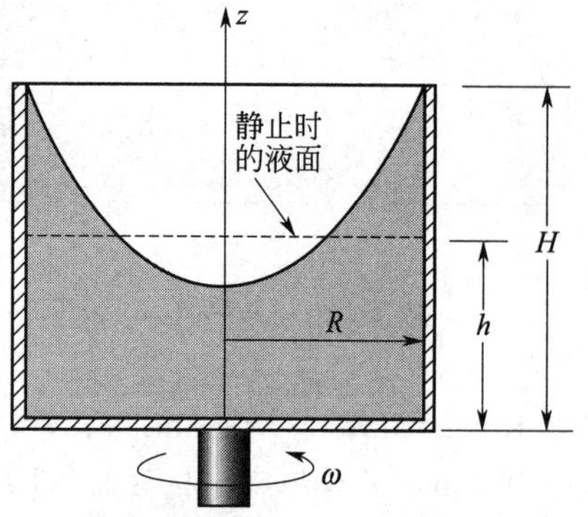

图 3-39 习题 3-19 附图

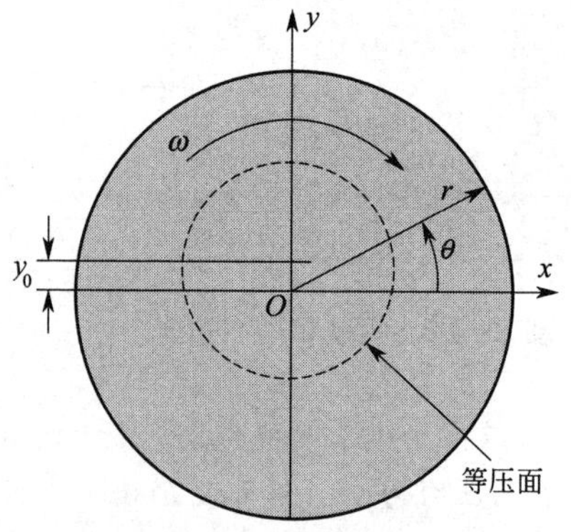

图 3-40 习题 3-20 附图

3-21 一圆柱形容器如图 3-41 所示，其半径 R=0.6m，完全充满水，在顶盖上 r_0 = 0.43m 处有一小管接大气，管中水位 h=0.5m，容器绕 z 轴水平旋转。①问转速 n 为多大时，顶盖所受液体静压总力为零？②若容器封闭（顶盖无接管）且顶盖内表面初始表压力为 0.1mH$_2$O，求转速 n=100r/min 时顶盖受到的液体静压总力。

3-22 圆柱形容器如图 3-42 所示，其半径 R = 300mm，高 H =500mm，盛水至 h = 400mm，水的密度 ρ_w =1000kg/m^3，余下容积是密度 ρ_o =800kg/m^3 的油。容器绕中心 z 轴平面旋转，并在顶盖中心有一小孔和大气相通。
① 问转速 n 为多大时，油 - 水界面开始接触底板？提示：油水分界面为等压面。
② 求此时容器顶盖和底板上的最大压力和最小压力值。

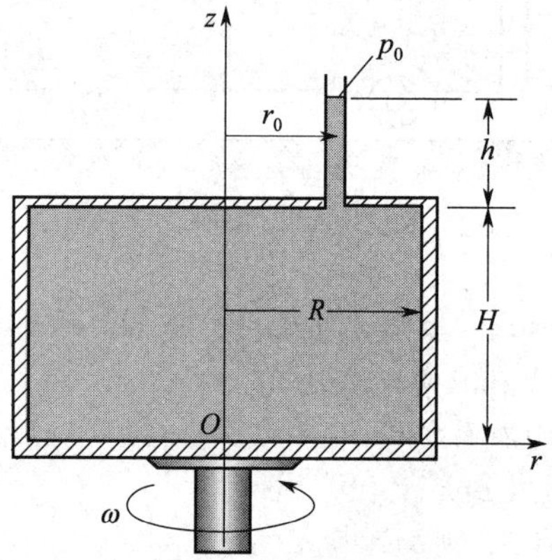

图 3-41 习题 3-21 附图

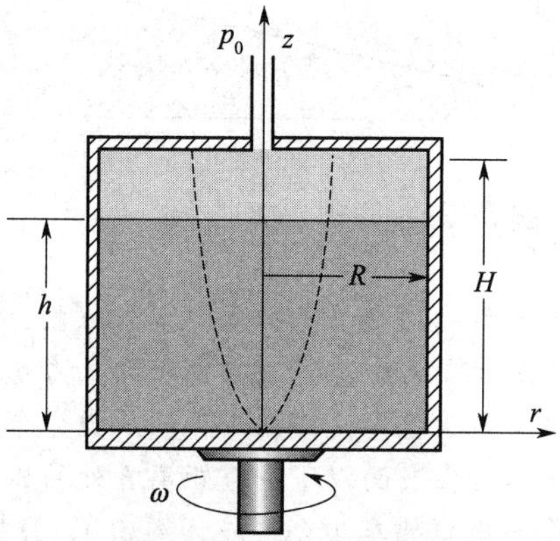

图 3-42 习题 3-22 附图

3-23 理想流体是无黏性的流体，因此其静止或运动过程中都只有质量力和压差力（无附加正应力和切应力）。试根据牛顿运动定律 $\mathbf{F} = m\mathbf{a}$ 证明：体积为 dV 的运动流体微元满足以下方程

$$\rho\left(\frac{\partial \mathbf{v}}{\partial t}+v_x\frac{\partial \mathbf{v}}{\partial x}+v_y\frac{\partial \mathbf{v}}{\partial y}+v_z\frac{\partial \mathbf{v}}{\partial z}\right)=\rho\mathbf{f}-\nabla p \text{ 或 } \rho\left(\frac{\partial \mathbf{v}}{\partial t}+\mathbf{v}\cdot\nabla\mathbf{v}\right)=\rho\mathbf{f}-\nabla p$$

其中 $\mathbf{v} = v_x\mathbf{i}+v_y\mathbf{j}+v_z\mathbf{k}$ 是微元所在空间点的速度，ρ 为流体密度，$\rho\mathbf{f}$ 和 $-\nabla p$ 分别为流体单位体积的质量力和压差力。以上方程是理想流体的运动微分方程，称为欧拉方程，其中流体静止时 $\mathbf{v} = 0$，$\rho\mathbf{f} = \nabla p$（流体静力平衡方程）。

第3章
习题答案

4 流体流动的守恒原理

本章导言

流体作为特定形态的物质，其流动过程必然遵循物质运动的基本原理，即质量守恒、动量守恒、能量守恒。依据这些原理，采用控制体方法建立流体流动的质量守恒、动量守恒和能量守恒方程，对过程工业流程系统的设计与分析有重要的理论和实用价值。

本章以过程设备流体系统为背景，阐述以控制体方法建立流体质量守恒、动量守恒和能量守恒方程的基本过程及守恒方程的应用问题。主要内容包括六个部分：①系统与控制体，并由此建立基于控制体的守恒定律；②质量守恒方程，包括有化学反应的多组分系统的质量守恒方程；③动量守恒方程，包括积分形式和以平均速度表示的动量方程；④动量矩守恒方程，其中重点是稳态平面系统的动量矩方程；⑤能量守恒方程，包括运动流体的能量，积分形式和应用于过程设备流动系统的能量守恒方程、机械能守恒方程——伯努利方程；⑥守恒方程的综合应用及典型问题分析，包括小孔流动问题，虹吸管流动及离心泵汽蚀问题，驻点压力与皮托管测速问题，管道局部阻力问题。

流体流动的质量、动量及能量守恒方程是流体系统的物料平衡、受力分析、能量衡算的重要工具，在过程设备及热工流体系统的设计计算与分析中有广泛的应用。

4.1 概述

与研究流体运动学的拉格朗日方法和欧拉方法相对应，在研究流体动力学行为时，既可在流场中选定部分流体即系统为对象，也可选择确定的流场空间即控制体为对象。为此，有必要首先说明系统与控制体这两个概念之间的区别与联系。

4.1.1 系统与控制体

系统 系统是确定不变的物质集合。如图 4-1（a）所示，若在 t=0 时刻选定虚线包围的流体为系统，其中虚线为系统的边界，边界以外的物质为外界，则在随后的 Δt 时间内，系统在与外界发生力的作用和能量交换的同时，其边界形状也随之变化，但系统质量保持不变，如图 4-1（b）所示。即系统的特点是：质量不变、而边界形状不断改变。显然，以系统为对象研究流体运动，就必须实时跟踪系统并识别其边界，这在实践上无疑是较困难的。况且，工程实际中所关心的问题多数不在于跟踪确定质量流体的运动，而在于特定空间或设备内的流体流动。所以工程实际中研究流体流动，一般不以系统为对象，而是以控制体为对象。

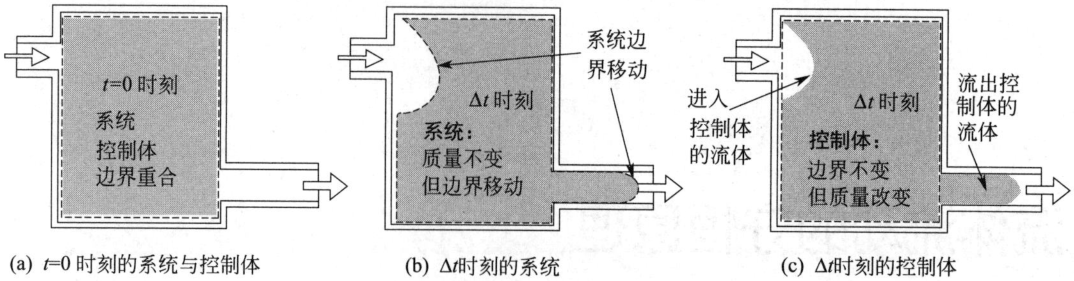

图 4-1 系统与控制体

控制体 控制体是根据需要所选择的具有确定形状的流场空间。如图 4-1（a）所示，若以 t=0 时刻虚线框定的流场空间为控制体，并称其表面为控制面，则在随后的 Δt 时间内，控制面上不仅可以有力的作用和能量交换，而且还可以有质量交换，但控制体形状与位置一般不变，如图 4-1（c）所示。即控制体的特点是：边界形状不变，而内部质量可变。然而，由于有关物质运动的质量守恒、动量守恒和能量守恒定律，都是针对具有确定质量的系统而言的，所以以控制体为对象研究流体流动就存在这样一个问题：如何将基于“系统”的守恒定律表达成适用于“控制体”的形式。这就是输运公式要解决的问题。

4.1.2 守恒定律与输运公式

守恒定律 即依据守恒原理建立的质量守恒、动量守恒和能量守恒定律，可分别表述为：系统质量 m 的时间变化率为 0，系统动量 $m\mathbf{v}$ 的时间变化率等于系统所受外力之合力 $\mathbf{F}$，系统能量 E 的时间变化率等于系统的吸热速率 $\dot{Q}$ 减去系统对外做功的功率 $\dot{W}$，即

$$\frac{\mathrm{d}m}{\mathrm{d}t}=0,\quad \frac{\mathrm{d}m\mathbf{v}}{\mathrm{d}t}=\mathbf{F},\quad \frac{\mathrm{d}E}{\mathrm{d}t}=\dot{Q}-\dot{W} \tag{4-1}$$

需要指出：上述定律中各变量（m、$m\mathbf{v}$、E）的时间变化率是针对质量确定的“系统”而言的，而实践中以控制体为对象研究流体流动时，控制体内部的质量 m_{cv} 是变化，因此，针对控制体应用守恒定律，首先需要用控制体参数来等价表述“系统”变量的时间变化率，这样的表达式就称为输运公式。

输运公式 为直观起见，在此以“系统”质量的时间变化率为例来导出输运公式。

图 4-2 所示为系统和控制体在 Δt 时间段前后的质量变化情况。其中 t=0 时刻，系统边界与控制体边界重合（矩形虚线框），系统质量和控制体质量都为 m_0；经过 Δt 时间后，控制体内有质量为 Δm_1 的新流体进入，有质量为 Δm_2 的老流体输出，仍然留在控制体的老流体质量为 m'；因此 Δt 时间后控制体内的质量为 $(\Delta m_1+m')$，系统的质量则为 $(\Delta m_2+m')$。于是，根据系统变量的时间变化率定义，系统质量的时间变化率可表述为

$$\frac{\mathrm{d}m}{\mathrm{d}t}=\lim_{\Delta t\to 0}\frac{(\Delta m_2+m')-m_0}{\Delta t}$$

在该等式右边上方分子项中同时加减 Δm_1，并重新组合可得

$$\frac{\mathrm{d}m}{\mathrm{d}t}=\underbrace{\lim_{\Delta t\to 0}\frac{(\Delta m_1+m')-m_0}{\Delta t}}_{\text{第一项}}+\underbrace{\lim_{\Delta t\to 0}\frac{\Delta m_2}{\Delta t}}_{\text{第二项}}-\underbrace{\lim_{\Delta t\to 0}\frac{\Delta m_1}{\Delta t}}_{\text{第三项}}$$

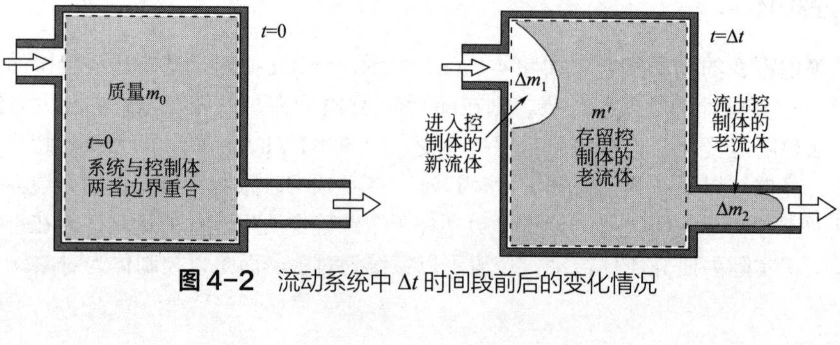

图 4-2 流动系统中 Δt 时间段前后的变化情况

由此可见，针对控制体，系统质量的时间变化率可表示为三项，第一项是控制体内流体质量的时间变化率，第二项是单位时间输出控制体的流体质量（输出控制体的质量流量），第三项是单位时间输入控制体的流体质量（输入控制体的质量流量），即

$$\frac{\mathrm{d}m}{\mathrm{d}t}=\begin{matrix}\text{控制体内的}\\\text{质量变化率}\end{matrix}+\begin{matrix}\text{输出控制体}\\\text{的质量流量}\end{matrix}-\begin{matrix}\text{输入控制体}\\\text{的质量流量}\end{matrix}\tag{4-2a}$$

这就是系统质量变化率的输运公式。因为动量和能量都是与质量成正比的物理量（热力学中称为广延量或尺度量），所以类似方法可得系统动量和能量变化率的输运公式，即

$$\frac{\mathrm{d}m\mathbf{v}}{\mathrm{d}t}=\begin{matrix}\text{控制体内的}\\\text{动量变化率}\end{matrix}+\begin{matrix}\text{输出控制体}\\\text{的动量流量}\end{matrix}-\begin{matrix}\text{输入控制体}\\\text{的动量流量}\end{matrix}\tag{4-2b}$$

$$\frac{\mathrm{d}E}{\mathrm{d}t}=\begin{matrix}\text{控制体内的}\\\text{能量变化率}\end{matrix}+\begin{matrix}\text{输出控制体}\\\text{的能量流量}\end{matrix}-\begin{matrix}\text{输入控制体}\\\text{的能量流量}\end{matrix}\tag{4-2c}$$

输运公式表明：以控制体为对象时，“系统”变量的时间变化率来自于两个方面：①控制体变量的时间变化率，②该变量输出与输入控制体的流量差。输运公式将系统与控制体联系起来，是由拉格朗日观点的“系统”过渡到欧拉观点的“控制体”的桥梁。

基于控制体的守恒定律　根据系统守恒定律和输运公式，并以 m_{cv}、$(m\mathbf{v})_{\mathrm{cv}}$ 和 E_{cv} 分别表示控制体的质量、动量和能量，则基于控制体的守恒定律可表述如下

$$\frac{\mathrm{d}m_{\mathrm{cv}}}{\mathrm{d}t}+\begin{matrix}\text{输出控制体}\\\text{的质量流量}\end{matrix}-\begin{matrix}\text{输入控制体}\\\text{的质量流量}\end{matrix}=0\tag{4-3}$$

$$\frac{\mathrm{d}(m\mathbf{v})_{\mathrm{cv}}}{\mathrm{d}t}+\begin{matrix}\text{输出控制体}\\\text{的动量流量}\end{matrix}-\begin{matrix}\text{输入控制体}\\\text{的动量流量}\end{matrix}=\mathbf{F}\tag{4-4}$$

$$\frac{\mathrm{d}E_{\mathrm{cv}}}{\mathrm{d}t}+\begin{matrix}\text{输出控制体}\\\text{的能量流量}\end{matrix}-\begin{matrix}\text{输入控制体}\\\text{的能量流量}\end{matrix}=\dot{Q}-\dot{W}\tag{4-5}$$

将以上守恒定律应用于宏观控制体，可分别得到质量、动量、能量守恒的积分方程（本章）；应用于微分控制体，可分别得到质量、动量、能量守恒的微分方程（见第 5、6 章）。

4.2　质量守恒方程

4.2.1　控制面上的质量流量

表面法向速度　通过表面 A 的质量流量取决于表面上流体的法向速度。考察位于流场中的任意控制体，如图 4-3 所示。在控制面上任取微元面积 $\mathrm{d}A$，设 $\mathrm{d}A$ 面上流体密度为 ρ，速度矢量为 $\mathbf{v}$，外法线单位矢量为 $\mathbf{n}$。通常情况下，速度 $\mathbf{v}$ 不垂直于 $\mathrm{d}A$，而是与 $\mathbf{n}$ 成夹角 θ。因此，若以 v 表示速度 $\mathbf{v}$ 的模，则 $\mathrm{d}A$ 面上流体的法向速度为 $v_{\mathrm{n}}=v\cos\theta$，另一方面，由于单位矢量 $\mathbf{n}$ 的模 $|\mathbf{n}|=1$，故

$$\mathbf{v}\cdot\mathbf{n}=|\mathbf{v}||\mathbf{n}|\cos\theta=v\cos\theta=v_{\mathrm{n}}$$

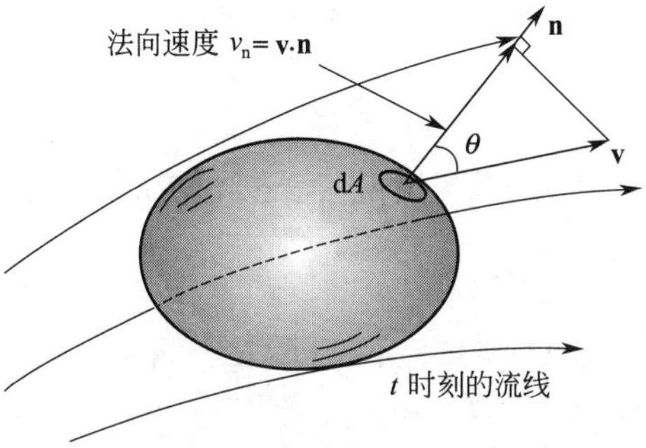

图 4-3　流场中的控制体

即，$\mathrm{d}A$ 面上流体的法向速度可一般表示为

$$v_{\mathrm{n}}=\mathbf{v}\cdot\mathbf{n}\begin{cases}v_{\mathrm{n}}>0,\ \theta<\pi/2 & \rightarrow\text{流体输出控制面}\\ v_{\mathrm{n}}=0,\ \theta=0 & \rightarrow\text{控制面上无流体流出}\\ v_{\mathrm{n}}<0,\ \theta>\pi/2 & \rightarrow\text{流体输入控制面}\end{cases}\tag{4-6}$$

微元面 dA 上的质量流量　根据以上法向速度，微元面 $\mathrm{d}A$ 上的质量流量可表达为

$$\mathrm{d}q_{\mathrm{m}}=\rho v_{\mathrm{n}}\mathrm{d}A=\rho(\mathbf{v}\cdot\mathbf{n})\mathrm{d}A\tag{4-7}$$

其中，ρv_n 或 $\rho(\mathbf{v}\cdot\mathbf{n})$ 的意义是单位面积的质量流量，称为质量通量（mass flux）。

输入面 A_1 的质量流量 设 A_1 为控制面上的流体输入面，则根据式（4-6）可知：该面上的微元面流量 $\mathrm{d}q_\mathrm{m} < 0$，而按习惯流量总取为正值，因此输入面 A_1 的质量流量 q_m1（取正值）就表示为

$$q_\mathrm{m1} = -\iint_{A_1} \mathrm{d}q_\mathrm{m} = -\iint_{A_1} \rho(\mathbf{v}\cdot\mathbf{n})\mathrm{d}A \tag{4-8}$$

输出面 A_2 的质量流量 设 A_2 为控制面上流体的输出面，则根据式（4-6）可知，该面上的微元面流量 $\mathrm{d}q_\mathrm{m} > 0$，因此输出面 A_2 的质量流量 q_m2 表示为

$$q_\mathrm{m2} = \iint_{A_2} \mathrm{d}q_\mathrm{m} = \iint_{A_2} \rho(\mathbf{v}\cdot\mathbf{n})\mathrm{d}A \tag{4-9}$$

控制面上净输出的质量流量 对于体积为 V 的控制体，其控制面 cs（control surface）一般总可以分为三部分：输入面 A_1、输出面 A_2 和无流体进出的表面 A_0。因此整个控制面 cs 上净输出的质量流量就是输出面 A_2 与输入面 A_1 的流量差，即

$$q_\mathrm{m2} - q_\mathrm{m1} = \iint_{A_2} \rho(\mathbf{v}\cdot\mathbf{n})\mathrm{d}A - \iint_{A_1} -\rho(\mathbf{v}\cdot\mathbf{n})\mathrm{d}A = \iint_\mathrm{cs} \rho(\mathbf{v}\cdot\mathbf{n})\mathrm{d}A = \iint_\mathrm{cs} \mathrm{d}q_\mathrm{m} \tag{4-10}$$

该式表明，$\mathrm{d}q_\mathrm{m}$ 沿封闭控制面 cs 的积分即控制面上净输出的质量流量。

4.2.2 控制体质量守恒方程

根据式（4-3），控制体质量守恒定律表述如下：

$$\frac{\mathrm{d}m_\mathrm{cv}}{\mathrm{d}t} + \begin{matrix}\text{输出控制体}\\\text{的质量流量}\end{matrix} - \begin{matrix}\text{输入控制体}\\\text{的质量流量}\end{matrix} = 0$$

其中输出与输入控制体的质量流量之差已由式（4-10）确定，即

$$q_\mathrm{m2} - q_\mathrm{m1} = \iint_\mathrm{cs} \rho(\mathbf{v}\cdot\mathbf{n})\mathrm{d}A$$

又因为控制体内任意微元的流体质量为 $\rho\mathrm{d}V$，所以整个控制体 cv（control volume）瞬时总质量 m_cv 及其对时间的变化率就可表示为

$$m_\mathrm{cv} = \iiint_\mathrm{cv} \rho\mathrm{d}V，\quad \frac{\mathrm{d}m_\mathrm{cv}}{\mathrm{d}t} = \frac{\mathrm{d}}{\mathrm{d}t}\iiint_\mathrm{cv} \rho\mathrm{d}V$$

一般形式的质量守恒方程 将上述二式代入控制体质量守恒定律，可得积分形式的控制体质量守恒方程为

$$\iint_\mathrm{cs} \rho(\mathbf{v}\cdot\mathbf{n})\mathrm{d}A + \frac{\mathrm{d}}{\mathrm{d}t}\iiint_\mathrm{cv} \rho\mathrm{d}V = 0 \tag{4-11}$$

或直接采用输入、输出面的质量流量 q_m1、q_m2 及控制体瞬时总质量 m_cv 将上式表示为

$$q_\mathrm{m2} - q_\mathrm{m1} + \frac{\mathrm{d}m_\mathrm{cv}}{\mathrm{d}t} = 0 \tag{4-12}$$

式（4-12）不仅形式上更直观，而且更常用，因为流体流量通常是给定的操作参数，并不需要通过速度分布积分计算。由质量守恒方程可见：若流量输出大于输入，即 $q_\mathrm{m2} > q_\mathrm{m1}$，则控制体内的总质量必然减小，即 $\mathrm{d}m_\mathrm{cv}/\mathrm{d}t < 0$；反之亦然。

需要指出，对于无化学反应的多组分流动系统，质量守恒方程对每一组分都成立。

稳态系统的质量守恒方程 稳态流动时，$\mathrm{d}m_\mathrm{cv}/\mathrm{d}t = 0$，质量守恒方程简化为

$$q_\mathrm{m1} = q_\mathrm{m2} \tag{4-13}$$

即对于稳态流动系统，流体输入控制体与输出控制体的质量流量必然相等。

特别地，对于管道或具有管状进出口设备中的流动，式（4-13）又通常表示为

$$\rho_1 v_1 A_1 = \rho_2 v_2 A_2 \tag{4-14}$$

式中，ρ、v 是相应进口截面或出口截面上流体的平均密度和平均速度。

进一步，若流体不可压缩，即 ρ =const，则控制体进出口的体积流量相等，即

$$v_1A_1 = v_2A_2 \tag{4-15}$$

此外，设管道截面 A 上流体平均密度为 ρ_m、平均流速为 v_m、速度分布为 $\mathbf{v}$，则采用 v_m 计算的流量 q_m 与采用 $\mathbf{v}$ 积分计算的 q_m 应相等，由此可得管道截面平均流速的定义为

$$v_m = \frac{q_m}{\rho_m A} = \frac{1}{\rho_m A}\iint_A \rho(\mathbf{v}\cdot\mathbf{n})\mathrm{d}A \tag{4-16}$$

【例 4-1】 圆管中平均流速与最大流速的关系

如图 4-4 所示，不可压缩流体在半径为 R 的圆管内流动。已知进口截面 1—1 上速度 v_1 均匀分布（等于平均流速），2—2 截面上流动已充分发展，且层流和湍流时的速度 v_2 分别为

$$v_2 = v_{max}\left(1-\frac{r^2}{R^2}\right),\quad v_2 = v_{max}\left(1-\frac{r}{R}\right)^{1/7}$$

其中 v_{max} 为截面 2—2 上的最大速度。试根据质量守恒方程确定 v_{max} 与 v_1 的关系。

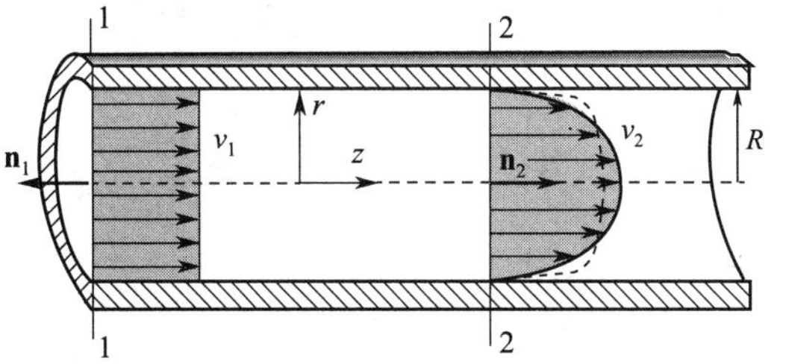

图 4-4 例 4-1 附图

解 取 1、2 截面之间的管内空间为控制体。流体不可压缩且速度与时间无关，因此流体流动为稳态流动，其质量守恒方程为

$$q_{m1} = q_{m2}$$

其中 q_{m1}、q_{m2} 分别为输入面 1—1（进口）和输出面 2—2（出口）的质量流量。

如图，因输入面上 v_1 与 $\mathbf{n}_1$ 的夹角 θ =180°，即 $\mathbf{v}_1\cdot\mathbf{n}_1 = -v_1$，故输入面的流量为

$$q_{m1} = -\iint_{A_1}\rho(\mathbf{v}\cdot\mathbf{n})\mathrm{d}A = \iint_{A_1}\rho v_1\mathrm{d}A = \rho v_1\iint_{A_1}\mathrm{d}A = \rho v_1\pi R^2$$

因输出面上 v_2 与 $\mathbf{n}_2$ 的夹角 θ =0°，即 $(\mathbf{v}\cdot\mathbf{n}) = v_2$，故输出面的质量流量为

$$q_{m2} = \iint_{A_2}\rho(\mathbf{v}\cdot\mathbf{n})\mathrm{d}A = \iint_{A_2}\rho v_2\mathrm{d}A = \int_0^R \rho v_2(2\pi r\mathrm{d}r)$$

分别将层流或湍流的速度分布式 v_2 代入上式积分，并与 q_{m1} 比较可得：

层流流动时 $q_{m2} = \rho(0.5v_{max})\pi R^2$，$v_{max} = 2v_1$

湍流流动时 $q_{m2} = \rho(0.817v_{max})\pi R^2$，$v_{max} = 1.224v_1$

可见湍流时速度分布更为平缓（见图 4-4 中虚线），原因是湍流有较强烈的径向混合。

【例 4-2】 搅拌槽出口的溶液浓度

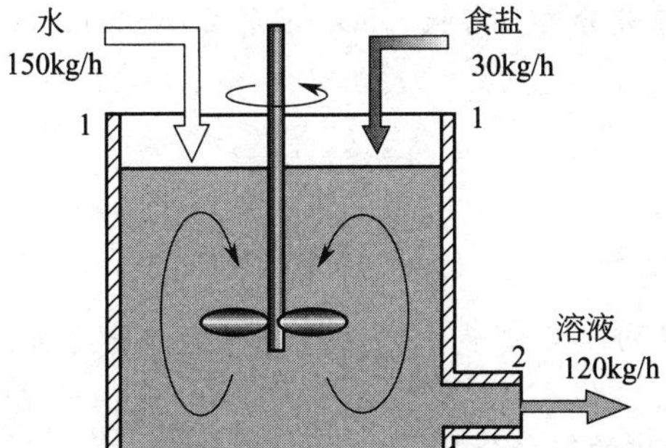

图 4-5 例 4-2 附图

如图 4-5 所示，水和食盐分别以 150kg/h 和 30kg/h 的质量流量加入搅拌槽，混合后盐溶液以 120kg/h 的质量流量流出。开始时，搅拌槽内有 100kg 的新鲜水。由于搅拌充分，槽内溶液浓度可视为均匀分布。试确定 1h 后出口溶液的浓度（以食盐的质量分率表示）。

解 取 1—1、2—2 截面之间的搅拌槽空间为控制体。本题条件下，控制体内的质量是变化的，属于非稳态问题，并涉及到两种组分。

设 q_{mw}、q_{ms} 分别表示进口处水和盐的质量流量；q_m 为出口溶液质量流量，x 为溶液中盐的质量分率；m_{cv}、m_0 分别为搅拌槽内流体的瞬时总质量和初始质量。

首先考虑水和盐的总质量平衡：因为出口流量和进口流量分别为

$$q_{m2}=q_m, \quad q_{m1}=q_{mw}+q_{ms}$$

故根据质量守恒方程（4-12）有

$$q_m - q_{mw} - q_{ms} + \frac{dm_{cv}}{dt} = 0 \tag{a}$$

其次，对于单独的盐组分，由于槽内溶液浓度均匀，所以出口和槽内各处盐的质量分率x相同，x仅与时间有关，因此食盐组分的质量守恒关系为

$$q_m x - q_{ms} + \frac{dm_{cv}x}{dt} = 0 \tag{b}$$

求解（a）式，并引用初始条件$m_{cv}|_{t=0}=m_0$，得搅拌槽内溶液的瞬时总质量为

$$m_{cv}=(q_{mw}+q_{ms}-q_m)t+m_0$$

将其代入（b）式，整理后得溶液中盐的质量分率的微分方程为

$$\frac{dx}{q_{ms}-(q_{mw}+q_{ms})x}=\frac{dt}{m_0+(q_{mw}+q_{ms}-q_m)t}$$

求解该微分方程，并由初始条件$x|_{t=0}=0$确定积分常数，可得出口溶液中盐的分率为

$$x=\frac{q_{ms}}{q_{mw}+q_{ms}}\left[1-\left(1+\frac{q_{mw}+q_{ms}-q_m}{m_0}t\right)^{-\frac{q_{mw}+q_{ms}}{q_{mw}+q_{ms}-q_m}}\right]$$

代入数据，得到1h后出口溶液中盐的质量分率为

$$x=\frac{30}{150+30}\times\left[1-\left(1+\frac{150+30-120}{100}\times 1\right)^{-\frac{150+30}{150+30-120}}\right]=0.126$$

【例 4-3】 筛板塔净化气流夹带液滴的塔板数计算

图4-6是核电行列用于净化气流夹带液滴的筛板塔中的一块塔板，其中W、G分别为洗涤液和气流质量流量，$G\varphi$为气流夹带的液滴质量流量（φ为液滴夹带率，即每kg气流夹带的液滴质量），其中需要净化的组分A只存在于洗涤液和夹带液滴中。只要进入塔板的洗涤液中组分A的质量分率x_0小于进入塔板的液滴中组分A的质量分率x_2，则液滴与洗涤液在塔板上混合后，气流重新夹带的液滴中组分A的质量分率x_1将小于x_2，从而实现液滴的净化。

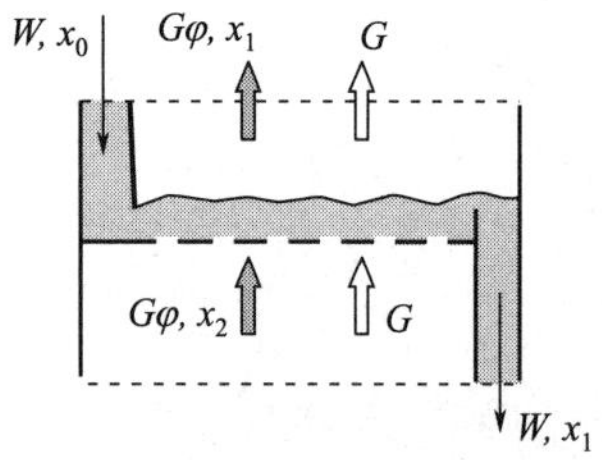

图4-6 例题4-3附图

设操作连续，W、G、φ保持恒定，且液滴与洗涤液在塔板上充分混合，试根据以下输入参数，确定将液滴中组分A的质量分率从0.012降低到0.03×10^{-6}所需的塔板数。

$$W=700\text{kg/h},\ G=3850\text{kg/h},\ \varphi=1\%,\ x_0=0$$

解 因塔板上的混合为充分混合，所以塔板上方再次夹带液滴的组分分率与塔板上混合液的分率相同，设为x_1，因此，针对图中的塔板单元，组分A的质量守恒方程为

$$Wx_0+G\varphi x_2=Wx_1+G\varphi x_1$$

由此可得

$$x_1=\frac{Wx_0+G\varphi x_2}{W+G\varphi} \quad 或 \quad x_2=x_1+\frac{W}{G\varphi}(x_1-x_0)$$

该式即塔板数递推计算公式。其中可见，塔板上部液滴中组分A的质量分率x_1是x_0与x_2的加权平均值，只要$x_0<x_2$，则$x_1<x_2$。应用该式确定所需塔板数的过程如下。

对于上部第1块塔板，取$x_0=0$，$x_1=0.03\times10^{-6}$，则该塔板之下液滴中的组分分率为

$$x_2=0.03\times10^{-6}+\frac{700}{3850\times0.01}\times(0.03\times10^{-6}-0)=0.5755\times10^{-6}$$

对于第 2 块塔板，可按相同公式计算该塔板之下液滴中的组分分率 x_3，即

$$x_3 = x_2 + \frac{W}{G\varphi}(x_2 - x_1) = 1.049\times10^{-5}$$

以此类推，可得第 3、4、5 块塔板之下液滴中的组分分率分别为

$$x_4 = 1.908\times10^{-4},\quad x_5 = 3.469\times10^{-3},\quad x_6 = 6.308\times10^{-2}$$

由此可见，第 5 块塔板之下液滴中的组分分率 $x_6 > 0.012$，表明 5 块塔板足以将液滴中组分 A 的质量分率从 0.012 降低到 0.03×10^{-6}。

4.2.3 多组分系统的质量守恒方程

（1）无化学反应的多组分系统

无化学反应系统中不存在物质转化，各组分质量保持不变，所以质量守恒式（4-11）和式（4-12）对多组分系统的每一组分都适用，有 n 个组分就有 n 个独立方程（见例 4-2）。

（2）有化学反应的多组分系统

基于质量单位的守恒方程 由于化学反应产生的物质转化，每一组分的质量可能增加或减少，故其质量是不守恒的；但如果将某组分因化学反应增加或减少的质量一并考虑，则该组分满足质量守恒。于是，对于多组分系统中的任意组分 i，假设其化学反应的质量生成率为 $\dot{R}_i$（kg/s），其中对于生成物 $\dot{R}_i > 0$，反应物 $\dot{R}_i < 0$，则该组分的质量守恒方程为

$$q_{m2,i} - q_{m1,i} - \dot{R}_i + \frac{\mathrm{d}m_{cv,i}}{\mathrm{d}t} = 0 \tag{4-17}$$

式中，$q_{m1,i}$、$q_{m2,i}$ 为 i 组分物质在控制体进出口截面上的质量流量；$m_{cv,i}$ 为控制体内 i 组分物质的瞬时总质量。由此可见：生成物（$\dot{R}_i > 0$）相当于增加控制体的输入项，反应物（$\dot{R}_i < 0$）相当于增加控制体的输出项。

另一方面，无论组分间如何转化，系统总质量是不变的。所以对有化学反应的多组分混合物总体，质量守恒式（4-12）仍然适用。这意味着以质量为物质量单位时，各组分质量生成率之和 $\Sigma\dot{R}_i = 0$。

基于物质的量的守恒方程 化学反应中常用摩尔表达物质的量，此时以 i 组分的分子量 M_i（kg/kmol）遍除式（4-17），则可得到基于物质的量的 i 组分的质量守恒方程，即

$$q'_{m2,i} - q'_{m1,i} - \dot{R}'_i + \frac{\mathrm{d}m'_{cv,i}}{\mathrm{d}t} = 0 \tag{4-18}$$

式中，$q'_{m1,i}$，$q'_{m2,i}$ 分别为控制体进出口截面上 i 组分物质的摩尔流量，kmol/s；$m'_{cv,i}$ 为控制体内 i 组分物质的瞬时摩尔量，kmol；$\dot{R}'_i$ 为组分 i 的摩尔生成率，kmol/s。

多组分系统混合物总体的摩尔质量守恒方程可由将式（4-18）相加得到，但需注意，所有组分的摩尔生成率之和一般不为零，即 $\Sigma\dot{R}'_i \neq 0$。

反应组分生成率之间的关系 可根据反应式的化学计量数和组分分子量 M_i 确定。比如，若反应物 A、B 得到生成物 C、D 的化学反应式为

$$a\mathrm{A} + b\mathrm{B} \longrightarrow c\mathrm{C} + d\mathrm{D}$$

则各组分的摩尔生成率 $\dot{R}'_i$ 或质量生成率 $\dot{R}_i$ 之间的关系为

$$\frac{-\dot{R}'_A}{a} = \frac{-\dot{R}'_B}{b} = \frac{\dot{R}'_C}{c} = \frac{\dot{R}'_D}{d} \quad 或 \quad \frac{-\dot{R}_A}{aM_A} = \frac{-\dot{R}_B}{bM_B} = \frac{\dot{R}_C}{cM_C} = \frac{\dot{R}_D}{dM_D} \tag{4-19}$$

其中 a、b、c、d 分别是组分 A、B、C、D 的化学计量数，“–”号是因为反应物生成率 $\dot{R}'_i < 0$。根据该关系，只要已知某一组分的生成率，则可得到其他各组分的生成率。

【**例 4-4**】 磷酸反应槽出口的溶液浓度

图 4-7 所示为湿法磷酸搅拌反应槽。槽内加入氟磷酸钙（磷矿石）$Ca_5F(PO_4)_3$、水 H_2O 和硫酸 H_2SO_4，生成磷酸 H_3PO_4、二水硫酸钙 $CaSO_4{\cdot}2H_2O$ 和氟化氢 HF。其反应式如下

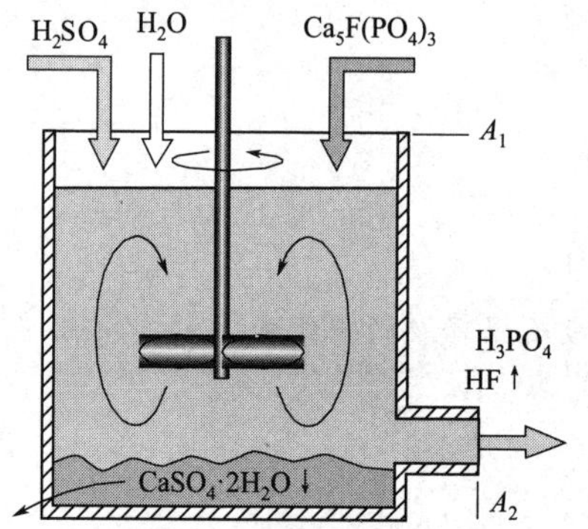

图 4-7　例 4-4 附图

$$Ca_5F(PO_4)_3+5H_2SO_4+10H_2O \longrightarrow 3H_3PO_4+5(CaSO_4 \cdot 2H_2O)+HF$$

操作过程中，磷矿石加入量 10000kg/h，硫酸按化学计量数送入，但按此计量送入的硫酸质量浓度为 98%；磷酸溶液、氟化氢（气）和二水硫酸钙（固）连续取出，以保持槽内磷酸溶液质量为 10000kg，且测试表明磷酸溶液质量浓度达到 28% 后保持稳定。设操作开始时，槽内存有质量浓度为 20% 的磷酸溶液 10000kg，且操作过程中槽内磷酸溶液浓度分布均匀，问操作开始 0.5h 后，槽内磷酸溶液的质量浓度为多少？

解　取 A_1、A_2 截面之间的搅拌槽空间为控制体，考虑溶液中磷酸组分的质量平衡。

进口面 A_1：无磷酸输入，故磷酸流量 $q_{m1,p}=0$；

出口面 A_2：设磷酸溶液流量为 q_{m2}、磷酸分率为 x_p，则磷酸流量 $q_{m2,p}=q_{m2}x_p$；

搅拌槽内：磷酸溶液质量恒定 $m_{cv}=10000$kg，磷酸分率 x_p，且 $x_p|_{t=0}=x_0=0.2$；

组分分子量：磷矿石 $M_{Ca_5F(PO_4)_3}=504$、磷酸 $M_{H_3PO_4}=98$、硫酸 $M_{H_2SO_4}=98$；

磷酸的质量生成率 $\dot{R}_p$ 计算：因为磷矿石加入量 10000kg/h=19.84kmol/h，而按化学反应式 1mol 磷矿石需要 5mol 硫酸，故硫酸加入量应为 5 × 19.84=99.2(kmol/h)，但按此计量加入的是质量浓度为 98% 的硫酸（换算成摩尔浓度为 90%），故纯硫酸加入量为 89.28kmol/h（未反应的磷矿石作为固渣排除）。又因为消耗 5 摩尔硫酸生成 3 摩尔磷酸，所以根据关系式（4-19），磷酸的质量生成率 $\dot{R}_p$ 为

$$\dot{R}_p=-\dot{R}'_{H_2SO_4}\frac{3}{5}M_{H_3PO_4}=-(-89.28)\times\frac{3}{5}\times 98=5249.67(\text{kg/h})$$

于是，根据式（4-17），磷酸组分的质量守恒方程为

$$q_{m2}x_p-\dot{R}_p+\frac{\mathrm{d}m_{cv}x_p}{\mathrm{d}t}=0 \quad\rightarrow\quad q_{m2}x_p-\dot{R}_p+m_{cv}\frac{\mathrm{d}x_p}{\mathrm{d}t}=0$$

由 $t=0\rightarrow t$、$x_p=x_0\rightarrow x_p$ 积分该方程，可得槽内溶液的磷酸质量分率表达式为

$$x_p=\frac{\dot{R}_p}{q_{m2}}+\left(x_0-\frac{\dot{R}_p}{q_{m2}}\right)\exp\left(-\frac{q_{m2}}{m_{cv}}t\right)$$

又因为 $t\rightarrow\infty$，$x_p\rightarrow x_{p,\infty}$（$x_{p,\infty}$ 为磷酸溶液稳定浓度），于是又有

$$q_{m2}=\frac{\dot{R}_p}{x_{p,\infty}},\quad x_p=x_{p,\infty}+\left(x_0-x_{p,\infty}\right)\exp\left(-\frac{\dot{R}_p}{m_{cv}x_{p,\infty}}t\right)$$

代入给定数据，可得磷酸溶液出口流量和 0.5h 后槽内磷酸溶液的质量分率为

$$q_{m2}=\dot{R}_p/x_{p,\infty}=5249.67/0.28=18748.82(\text{kg/h})$$

$$x_p=0.28+(0.2-0.28)\times e^{-18748.82\times10^{-4}\times0.5}=24.9\%$$

4.3 动量守恒方程

在动力学方面，流体流动遵循的基本原理是牛顿第二运动定律，即动量守恒定律。该定律阐明了流体运动的变化与所受外力之间的关系。

4.3.1 控制体动量守恒积分方程

根据式（4-4），控制体动量守恒定律表述如下

$$\frac{\mathrm{d}(m\mathbf{v})_{cv}}{\mathrm{d}t}+\begin{matrix}输出控制体\\的动量流量\end{matrix}-\begin{matrix}输入控制体\\的动量流量\end{matrix}=\mathbf{F}$$

为确定以上各项的数学表达式，可考查位于流场中的控制体，见图 4-8。其中，$\mathbf{F}_1$、$\mathbf{F}_2$ 和 $\mathbf{G}$ 分别表示作用于控制体的诸表面力和体积力，其矢量和用 $\sum\mathbf{F}$ 表示。

动量流量 根据动量 = 速度 × 质量，类似有：动量流量 = 速度 × 质量流量。动量流量是研究流体流动过程所提出的概念，因为流体源源不断地经过控制面时，其输入或输出控制体的动量只能以单位时间的动量来计，即动量流量。动量流量的基本单位是 $kg\cdot m/s^2$。

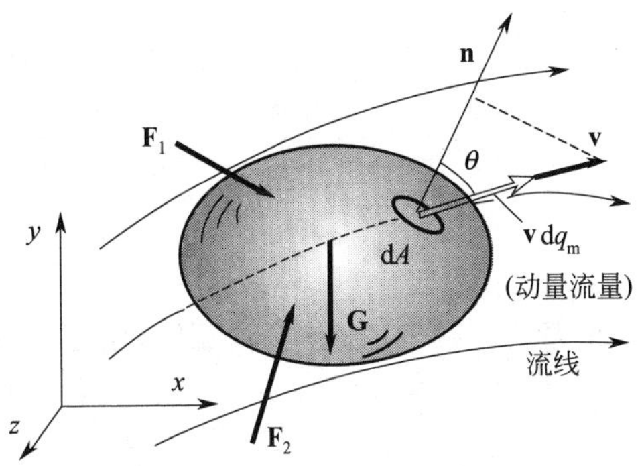

图 4-8 控制体的受力与动量输出

对于图 4-8 所示的控制体，其表面微元 dA 上的质量流量为

$$\mathrm{d}q_{\mathrm{m}}=\rho(\mathbf{v}\cdot\mathbf{n})\mathrm{d}A$$

该流量乘以 $\mathbf{v}$ 则是微元面 dA 上单位时间输出或输入的动量（动量流量），即

$$\mathbf{v}\,\mathrm{d}q_{\mathrm{m}}=\mathbf{v}\,\rho(\mathbf{v}\cdot\mathbf{n})\mathrm{d}A \tag{4-20}$$

由于 $\mathbf{v}\,\mathrm{d}q_{\mathrm{m}}$ 的输出输入性质已在法向速度 $(\mathbf{v}\cdot\mathbf{n})$ 中体现，所以 $\mathbf{v}\,\mathrm{d}q_{\mathrm{m}}$ 在整个控制面 cs 上积分就是控制面上净输出的动量流量，即

$$\begin{matrix}\text{控制面上净输}\\\text{出的动量流量}\end{matrix}=\iint_{\mathrm{cs}}\mathbf{v}\rho(\mathbf{v}\cdot\mathbf{n})\mathrm{d}A$$

控制体内的总动量及其时间变化率 因控制体内任意微元 dV 的质量为 $\rho\mathrm{d}V$，其动量为 $\mathbf{v}\rho\mathrm{d}V$，所以整个控制体 cv 内流体的瞬时总动量及其时间变化率就可表示为

$$(m\mathbf{v})_{\mathrm{cv}}=\iiint_{\mathrm{cv}}\mathbf{v}\rho\mathrm{d}V,\quad \frac{\mathrm{d}(m\mathbf{v})_{\mathrm{cv}}}{\mathrm{d}t}=\frac{\mathrm{d}}{\mathrm{d}t}\iiint_{\mathrm{cv}}\mathbf{v}\rho\mathrm{d}V$$

动量守恒方程 将以上关系代入控制体动量守恒定律，可得控制体动量守恒积分方程为

$$\sum\mathbf{F}=\iint_{\mathrm{cs}}\mathbf{v}\rho(\mathbf{v}\cdot\mathbf{n})\mathrm{d}A+\frac{\mathrm{d}}{\mathrm{d}t}\iiint_{\mathrm{cv}}\mathbf{v}\rho\mathrm{d}V \tag{4-21}$$

其分量式为

$$\begin{cases}\sum F_x=\iint_{\mathrm{cs}}v_x\rho(\mathbf{v}\cdot\mathbf{n})\mathrm{d}A+\dfrac{\mathrm{d}}{\mathrm{d}t}\iiint_{\mathrm{cv}}v_x\rho\mathrm{d}V\\ \sum F_y=\iint_{\mathrm{cs}}v_y\rho(\mathbf{v}\cdot\mathbf{n})\mathrm{d}A+\dfrac{\mathrm{d}}{\mathrm{d}t}\iiint_{\mathrm{cv}}v_y\rho\mathrm{d}V\\ \sum F_z=\iint_{\mathrm{cs}}v_z\rho(\mathbf{v}\cdot\mathbf{n})\mathrm{d}A+\dfrac{\mathrm{d}}{\mathrm{d}t}\iiint_{\mathrm{cv}}v_z\rho\mathrm{d}V\end{cases} \tag{4-22}$$

式中，$\sum F_i$ 是作用于控制体诸力在 i 方向的分力之和；v_i 是 i 方向的速度分量。

4.3.2 以平均速度表示的动量方程

对于管道流动或具有管状进出口设备中的流动，可忽略流体速度在进出口截面上的分布影响，近似用平均速度来计算进出口截面上流体的动量。设控制体进、出口截面上流体的平均速度分别为 v_1 和 v_2，其 x、y、z 方向的分速度分别为 v_{1x}、v_{1y}、v_{1z} 和 v_{2x}、v_{2y}、v_{2z}，并用 q_{m1}、q_{m2} 表示进、出口截面的质量流量，则 x 方向动量的净输出可近似表示为

$$\iint_{\mathrm{cs}}v_x\rho(\mathbf{v}\cdot\mathbf{n})\mathrm{d}A=v_{2x}\iint_{A_2}\rho(\mathbf{v}\cdot\mathbf{n})\mathrm{d}A-v_{1x}\iint_{A_1}[-\rho(\mathbf{v}\cdot\mathbf{n})]\mathrm{d}A=v_{2x}q_{\mathrm{m2}}-v_{1x}q_{\mathrm{m1}}$$

对 y、z 方向动量的净输出作类似处理，则可将动量守恒积分式（4-22）用平均速度表示为

$$\begin{cases}\sum F_x = v_{2x}q_{m2} - v_{1x}q_{m1} + \dfrac{d}{dt}\iiint_{cv} v_x\rho dV \\ \sum F_y = v_{2y}q_{m2} - v_{1y}q_{m1} + \dfrac{d}{dt}\iiint_{cv} v_y\rho dV \\ \sum F_z = v_{2z}q_{m2} - v_{1z}q_{m1} + \dfrac{d}{dt}\iiint_{cv} v_z\rho dV\end{cases} \tag{4-23}$$

稳态流动时，控制体内流体动量的时间变化率为零，动量守恒方程简化为

$$\begin{cases}\sum F_x = v_{2x}q_{m2} - v_{1x}q_{m1} \\ \sum F_y = v_{2y}q_{m2} - v_{1y}q_{m1} \\ \sum F_z = v_{2z}q_{m2} - v_{1z}q_{m1}\end{cases} \tag{4-24}$$

以平均速度表示的动量守恒方程在形式上直观简明，应用上也更方便。虽然该方程忽略了截面上速度分布的影响，但这种影响很小。比如，对于圆管截面，其层流或湍流的速度分布可分别用抛物线分布式和 1/7 次方分布式表示，则按积分式计算的动量流量为

$$层流：\iint_A v\rho(\mathbf{v}\cdot\mathbf{n})dA = \frac{4}{3}v_m q_m；湍流：\iint_A v\rho(\mathbf{v}\cdot\mathbf{n})dA = \frac{50}{49}v_m q_m$$

由此可见，对于层流，虽然按积分计算的动量流量是 $v_m q_m$ 的 1.33 倍，但层流流速低、动量小，流体本身受力亦小，这种误差并不重要；对于湍流，按积分计算的动量流量只是 $v_m q_m$ 的 1.02 倍，误差完全可忽略。由于这一原因，加之湍流又是常见工况，所以一般场合以 $v_m q_m$ 计算管口截面的动量流量完全满足要求。

动量方程描述了流体的动量变化和流体受力之间的关系，是过程设备、流体机械及管道中流体流动与设备受力分析的重要工具。在应用动量方程时，尤其要注意方程中的力指的是作用于流体上的力，而流体作用于管道设备上的力则是其反力。

【例 4-5】 管道弯头的受力分析

流体稳态流动，经过位于 x-y 平面的弯头，如图 4-9 所示。弯头进口截面面积为 A_1，流体平均速度 v_1 与 x 轴平行；出口截面面积为 A_2，平均流速 v_2 与 x 轴夹角为 β。试确定流体对弯头的作用力。

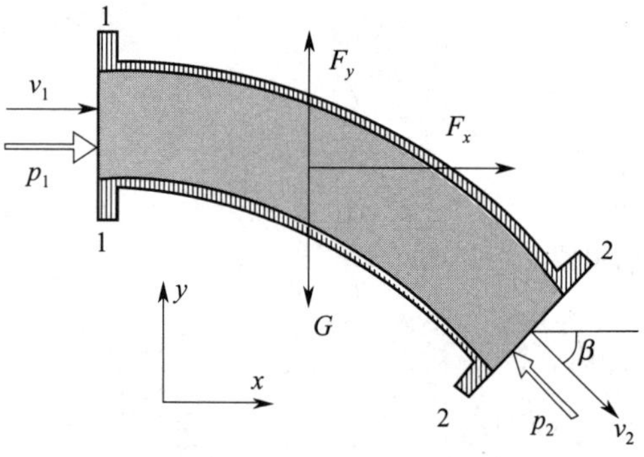

图 4-9 例 4-5 附图

解 取 1—1 截面与 2—2 截面之间的流场空间为控制体，分析流体受力。如图所示，流体受力分为三个部分：① 进、出口表面受到的压力 p_1 和 p_2（表面力）；② 流体自身重力 G（质量力）；③ 弯头内壁面对流体的正压力和摩擦力（表面力），这部分力是未知的，可假设其合力在 x、y 方向的分量分别为 F_x 和 F_y；而流体对弯头的作用力则为 $F'_x = -F_x$，$F'_y = -F_y$。

根据以上分析，作用于流体上的力在 x、y 方向的合力分别为

$$\sum F_x = p_1A_1 + F_x - p_2A_2\cos\beta$$
$$\sum F_y = F_y - G + p_2A_2\sin\beta$$

而出口截面和进口截面上流体在 x、y 方向的动量流量之差分别为：

x 方向 $$v_{2x}q_{m2} - v_{1x}q_{m1} = (v_2\cos\beta)q_{m2} - (v_1)q_{m1}$$

y 方向 $$v_{2y}q_{m2} - v_{1y}q_{m1} = (-v_2\sin\beta)q_{m2} - (0)q_{m1}$$

根据式（4-24）并考虑到稳态流动时 $q_{m2} = q_{m1} = q_m$ 得 x、y 方向动量守恒方程分别为

$$p_1A_1 + F_x - p_2A_2\cos\beta = (v_2\cos\beta - v_1)q_m$$

$$F_y - G + p_2A_2\sin\beta = (-v_2\sin\beta)q_m$$

由此可得弯头对流体的作用力 F_x、F_y 或流体对弯头的作用力 F'_x、F'_y 分别为

$$F'_x = -F_x = -p_2A_2\cos\beta + p_1A_1 - (v_2\cos\beta - v_1)q_m$$

$$F_y' = -F_y = p_2 A_2 \sin\beta + (v_2 \sin\beta) q_{\rm m} - G$$

这一结果还可直接推广应用到下列情况：

① 如果令 $G=0$，则 F_x'、F_y' 是流体对 x-y 平面水平弯头的作用力；

② 如果令 $\beta=90°$ 或 $-90°$，则 F_x'、F_y' 是流体对 90° 下弯或 90° 上弯弯头的作用力；

③ 如果令 $\beta=0°$，则 F_x'、F_y' 为流体对水平变径管段（$A_1 \to A_2$）的作用力；

④ 如果令 $\beta=0°$ 且 $A_1=A_2=A$，则 F_x' 为直管管段的管壁摩擦力，F_y' 为流体重力；

⑤ 如果令 $\beta=180°$，则 F_x'、F_y' 为流体对 U 形弯头的作用力，此时 F_x' 最大。

说明：弯头受力还与其弯曲半径有关，这在上述方程中并未体现。显然，同样条件下，弯曲半径小的弯头受力更大。弯曲半径的影响体现于弯头阻力损失与出口压力的关系中，即不同的弯曲半径对应有不同的出口压力 p_2，这是由能量守恒方程来解决的问题。

【例 4-6】 动量法测轿车的风阻系数

图 4-10 所示为在风洞中进行的小车模型风阻系数试验。试验在稳态条件下进行，来流风速 v_0 均匀（模拟车速），现场测得小车后方断面上风速分布为 $v_x=f(y,z)$，有效分布面积为 A（即 A 以外的风速为 v_0）。视空气为不可压缩流体且密度为 ρ，风洞内各点压力变化微弱可视为均匀，并不计空气与地面的摩擦（试验中另有方法排除摩擦）。试根据测试得到的风速分布，确定该小车模型的风阻系数（即总阻力系数）。

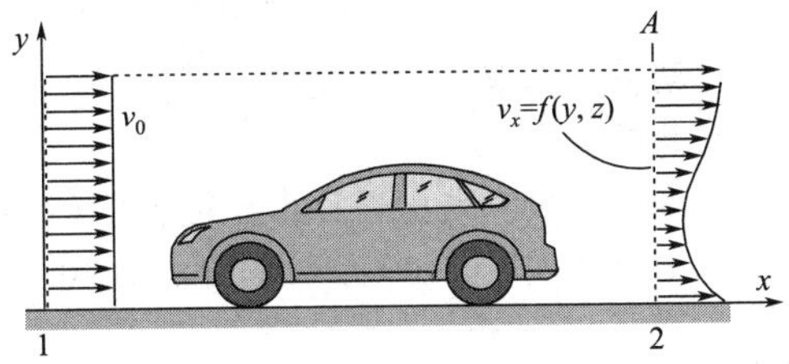

图 4-10 例 4-6 附图

解 取有效分布面积 A 对应的横向柱状空间为控制体，如图虚线所示。其控制面有四个部分：前端面 1、后端面 2、柱状侧表面、地面。各控制面参数如下

前端面 1：面积 A，来流速度 v_0 均匀分布，其质量流量和 x 方向动量流量分别为

$$q_{\rm m1}=\rho v_0 A，\quad v_{1x} q_{\rm m1} = v_0 q_{\rm m1} = \rho v_0^2 A$$

后端面 2：面积 A，流速分布已知 $v_x=f(y,z)$，质量流量和 x 方向动量流量为

$$q_{\rm m2}=\iint_A \rho v_x {\rm d}A，\quad v_{2x} q_{\rm m2}=\iint_A \rho v_x^2 {\rm d}A$$

柱状侧表面：对比前、后端面速度分布可知，侧表面必有空气流出，属于输出面，其质量流量 $q_{\rm m1-2}$ 可由质量守恒方程确定；侧表面上 x 方向的速度各点略有不同，但都近似为 v_0；因此侧表面的质量流量和 x 方向动量流量可表示为

$$q_{\rm m1-2}= q_{\rm m1} - q_{\rm m2}=\rho v_0 A - \iint_A \rho v_x {\rm d}A,\quad v_0 q_{\rm m1-2} = \rho v_0^2 A - v_0 \iint_A \rho v_x {\rm d}A$$

地面：没有流体进出，故质量流量为零，动量流量亦为零。

因流场各点压力视为均匀，且地面摩擦不计，所以控制体内空气在 x 方向受到的作用力只有小车阻力 F_x。因此将上述动量流量代入 x 方向的稳态动量守恒方程，可得

$$F_x = v_{2x} q_{\rm m2} + v_0 q_{\rm m1-2} - v_{1x} q_{\rm m1} = \iint_A \rho v_x^2 {\rm d}A + \rho v_0^2 A - v_0 \iint_A \rho v_x {\rm d}A - \rho v_0^2 A$$

即

$$F_x = -\iint_A \rho v_x (v_0 - v_x) {\rm d}A$$

式中 $v_x=f(y,z)$ 由测试确定，负号表示小车阻力（空气受力）沿 x 反方向。

根据总阻力系数的定义式，并设小车迎风面积为 $A_{\rm D}$，则小车的风阻系数为

$$F_x = C_{\rm D} \frac{\rho v_0^2}{2} A_{\rm D} \ \rightarrow \ C_{\rm D} = \frac{2}{\rho v_0^2 A_{\rm D}} \iint_A \rho v_x (v_0 - v_x) {\rm d}A$$

4.4 动量矩守恒方程

动量守恒方程阐明了流体动量变化与所受外力之间的关系。对应地，动量矩守恒方程则阐明的是流体动量矩变化与所受外力矩之间的关系。当流体受到力矩作用时（比如旋转机械中的流体），分析流体系统的动力学关系就需要用到动量矩守恒方程。

4.4.1 控制体动量矩守恒积分方程

动量矩及动量矩定律 动量矩就是动量矢量 $m\mathbf{v}$ 对参照点的矩，与力矩的概念相似。如图 4-11 所示，对于质量为 m 的运动物体，若其位置矢径为 $\mathbf{r}$，速度为 $\mathbf{v}$，则其动量为 $m\mathbf{v}$，而该动量对 O 点的矩（用 $\mathbf{L}$ 表示）就等于

$$\mathbf{L}=\mathbf{r}\times m\mathbf{v}=m(\mathbf{r}\times\mathbf{v})$$

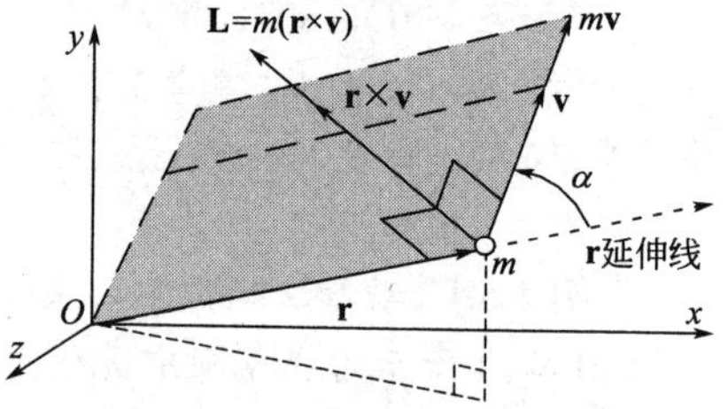

图 4-11 动量矩和速度矩的概念

动量矩 $\mathbf{L}$ 又称为角动量，其中 $(\mathbf{r}\times\mathbf{v})$ 称为速度矩，速度矩即单位质量的动量矩。

见图 4-11，动量矩 $\mathbf{L}$ 的方向垂直于 $\mathbf{r}$ - $\mathbf{v}$ 平面，大小等于 $\mathbf{r}$ 与 $\mathbf{v}$ 构成的平行四边形面积的 m 倍。动量矩定律即物体动量矩的时间变化率等于物体所受的外力矩 $\mathbf{M}$，或

$$\mathbf{M}=\frac{\mathrm{d}m(\mathbf{r}\times\mathbf{v})}{\mathrm{d}t} \tag{4-25}$$

控制体动量矩守恒方程 动量矩定律同样也是针对“系统”而言的。为建立控制体动量矩守恒方程，在此同时列出动量守恒定律和控制体动量守恒方程

$$\mathbf{F}=\frac{\mathrm{d}m\mathbf{v}}{\mathrm{d}t}, \quad \Sigma\mathbf{F}=\iint_{\mathrm{cs}}\mathbf{v}\rho(\mathbf{v}\cdot\mathbf{n})\mathrm{d}A+\frac{\mathrm{d}}{\mathrm{d}t}\iiint_{\mathrm{cv}}\mathbf{v}\rho\mathrm{d}V$$

对比可见，将动量定律中的 $\mathbf{F}$ 和 $\mathbf{v}$ 分别代之以 $\mathbf{M}$ 和 $\mathbf{r}\times\mathbf{v}$ 即得到动量矩定律，故在控制体动量守恒方程中作同样替代，即可得到控制体动量矩守恒方程，即

$$\Sigma\mathbf{M}=\iint_{\mathrm{cs}}(\mathbf{r}\times\mathbf{v})\rho(\mathbf{v}\cdot\mathbf{n})\mathrm{d}A+\frac{\mathrm{d}}{\mathrm{d}t}\iiint_{\mathrm{cv}}(\mathbf{r}\times\mathbf{v})\rho\mathrm{d}V \tag{4-26}$$

该方程的意义是 作用于控制体的合力矩 = 控制面净输出的动量矩流量 + 控制体瞬时动量矩的变化率

4.4.2 稳态平面系统的动量矩方程

动量矩方程的应用中，最常见的是二维平面稳态流动系统，即流体的速度 $\mathbf{v}$ 和受力 $\mathbf{F}$ 都位于二维平面，且流动稳态。考虑流动平面为 x-y 平面，见图 4-12，则速度矩 $(\mathbf{r}\times\mathbf{v})$ 只有 z 分量，且

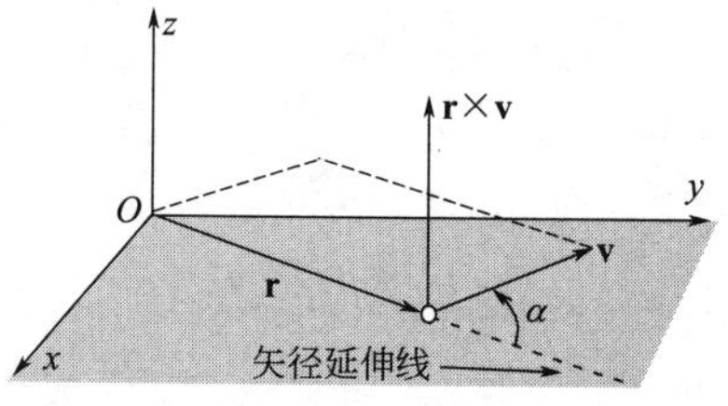

图 4-12 平面运动的速度矩概念

$$\mathbf{r}\times\mathbf{v}=(rv\sin\alpha)\mathbf{k} \tag{4-27}$$

其中 r、v 分别是 $\mathbf{r}$ 与 $\mathbf{v}$ 的模，α 是 $\mathbf{r}$ 延伸线与 $\mathbf{v}$ 的夹角，$\mathbf{k}$ 是 z 方向单位矢量。又因为流体受力 $\mathbf{F}$ 也在 x-y 平面，所以力矩也只有 z 分量，即 $\Sigma\mathbf{M}=\Sigma M_z\mathbf{k}$。将以上两项代入式（4-27），并考虑动量矩的时间变化率为零，可得 x-y 平面稳态流动的动量矩积分方程为

$$\Sigma M_z=\iint_{\mathrm{cs}}rv\sin\alpha\rho(\mathbf{v}\cdot\mathbf{n})\mathrm{d}A=\iint_{A_2}rv\sin\alpha\mathrm{d}q_{\mathrm{m}}-\iint_{A_1}-rv\sin\alpha\mathrm{d}q_{\mathrm{m}} \tag{4-28}$$

实际应用中，通常忽略速度分布的影响，将以上积分式以平均速度简洁表示为

$$\Sigma M_z = (r_2 \sin\alpha_2)v_2 q_m - (r_1 \sin\alpha_1)v_1 q_m \tag{4-29}$$

这是稳态平面系统动量矩方程的实用形式。其中 ΣM_z 是控制体内流体受到的合力矩，逆时针为正；v_1 是控制体进口的平均流速，见图 4-13，r_1 是进口中心的矢径长度，α_1 是由 r_1 的延伸线逆时针转动到 v_1 的角度。这样规定可使得速度矩 $(r_1\sin\alpha_1)v_1$ 的正负与逆时针矩为正的约定一致。出口速度矩 $(r_2\sin\alpha_2)v_2$ 注解亦相同。

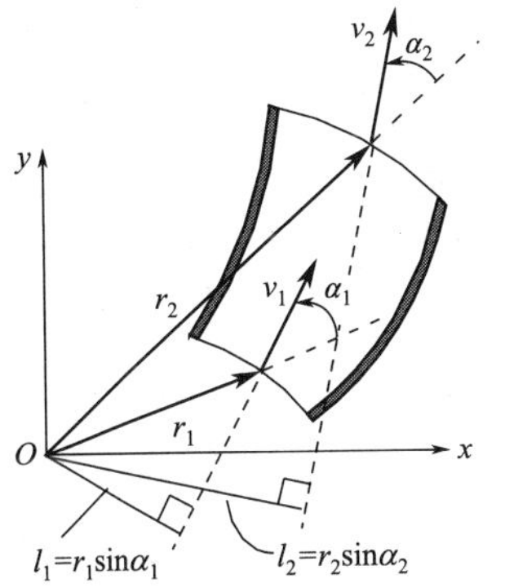

图 4-13 平面流道进出口的位置矢径、平均流速及其转动臂

由图 4-13 可见，式（4-29）中的 $r\sin\alpha$ 实际是速度作用线与 O 点的垂直距离 l（转动臂）。因此，在明确知道速度的转动臂时，式（4-29）改写为以下形式应用更为方便，即

$$\Sigma M_z = l_2 v_2 q_m - l_1 v_1 q_m \tag{4-30}$$

该式应用时需注意两点：①其中速度转动臂 l 有正负之分。当速度 v 绕 O 点构成逆时针转矩时 l 为正，反之为负。② 若有两个出口截面，或已知出口截面上合速度的两个分量，则出口动量矩 $l_2 v_2 q_m$ 指的是两个出口的动量矩之和，或出口截面上两个分速度的动量矩之和。进口截面动量矩 $l_1 v_1 q_m$ 也这样。

离心泵叶轮的输出力矩 流体在离心泵内的流动如图 4-14 所示，其中，流体进入离心泵后将转向进入叶轮，流体在叶轮中顺叶片流动的同时又随叶轮旋转（顺时针），获得的动能在叶轮以外的机壳空间（扩压室）内转化为压力能，然后由出口排出。

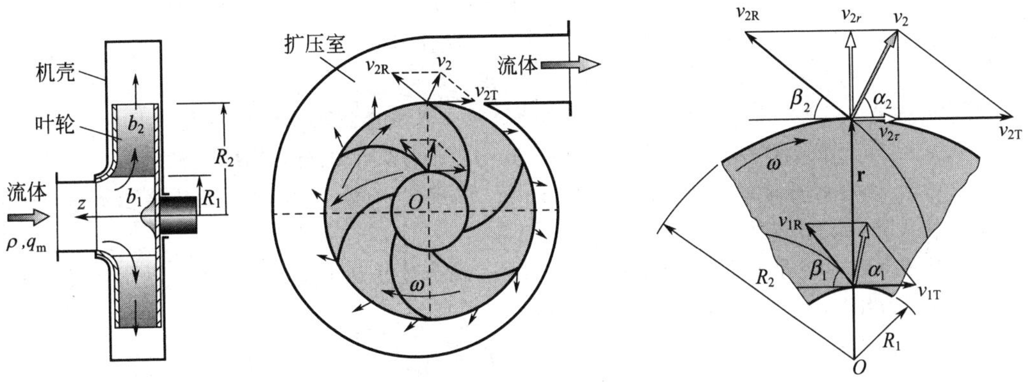

(a) 离心泵叶轮与机壳内的流体流动 (b) 叶轮进出口面上的速度关系

图 4-14 流体在离心泵内的流动

① 叶轮进 / 出口截面的几何参数（见图）如下。

进口截面：半径 R_1、宽度 b_1，面积 $A_1=2\pi R_1 b_1$，叶片进口安转角 β_1；

出口截面：半径 R_2、宽度 b_2，面积 $A_2=2\pi R_2 b_2$，叶片出口安转角 β_2；

② 叶轮进 / 出口截面上的速度及其相互关系如下。

叶轮出口截面：见图 4-14（b），其中：

相对速度 v_{2R}（沿安装角 β_2 方向），牵连速度 v_{2T}（沿叶轮切向）；

绝对速度 v_2（与切向夹角为 α_2），其径向分量为 v_{2r}，切向分量为 $v_{2\tau}$；

因流量 q_m 与转速 ω 通常为已知量，所以上述速度中可直接确定的速度有

$$v_{2T}=R_2\omega,\quad v_{2r}=q_m/(A_2\rho)$$

以此为基础，其余的速度可根据图 4-14（b）中所示关系确定，即

$$v_{2R}\sin\beta_2 = v_{2r} \quad\rightarrow\quad v_{2R}=\frac{v_{2r}}{\sin\beta_2}=\frac{q_m}{\rho A_2\sin\beta_2}$$

$$v_{2\mathrm{T}}-v_{2\mathrm{R}}\cos\beta_2=v_{2\tau}\quad\rightarrow\quad v_{2\tau}=R_2\omega-\frac{q_{\mathrm{m}}}{\rho A_2\tan\beta_2}$$

$$v_2\sin\alpha_2=v_{2r},\ v_2\cos\alpha_2=v_{2\tau}\quad\rightarrow\quad v_2=\sqrt{v_{2r}^2+v_{2\tau}^2},\quad \tan\alpha_2=\frac{v_{2r}}{v_{2\tau}}$$

叶轮进口截面：速度及其相互关系与上述相同，只是下标更换为“1”。

③ 叶轮输出力矩：叶轮输出力矩即流体受到的力矩。见图 4-14（b），考虑出口绝对速度的径向分量 v_{2r} 和切向分量 $v_{2\tau}$，其中 v_{2r} 通过转动中心，其矩为零；$v_{2\tau}$ 对转动中心的矩为顺时针，转动臂 $l_2=-R_2$，因此出口动量矩 $l_2v_2q_{\mathrm{m}}=-R_2v_{2\tau}q_{\mathrm{m}}$；类似可得叶轮进口的动量矩为 $l_1v_1q_{\mathrm{m}}=-R_1v_{1\tau}q_{\mathrm{m}}$；于是，应用（3-30）可得叶轮的输出力矩为

$$M_z=(-R_2v_{2\tau}q_{\mathrm{m}})-(-R_1v_{1\tau}q_{\mathrm{m}})\tag{4-31}$$

将前面 $v_{1\tau}$、$v_{2\tau}$ 与转速、流量和叶轮几何参数的关系式代入，可得（用转速、流量和叶轮几何参数表示的）离心泵叶轮输出力矩（即流体所受力矩）的一般公式，即

$$M_z=\left(\frac{q_{\mathrm{m}}}{\rho A_2\tan\beta_2}-R_2\omega\right)R_2q_{\mathrm{m}}-\left(\frac{q_{\mathrm{m}}}{\rho A_1\tan\beta_1}-R_1\omega\right)R_1q_{\mathrm{m}}\tag{4-32}$$

④ 叶轮的输出功率 N_{s}

叶轮输出功率 N_{s} 即流体获得的功率，等于输出力矩与角速度的乘积，即

$$N_{\mathrm{s}}=M_z\omega\tag{4-33}$$

不计损耗（摩擦）的情况下，叶轮输出功率 N_{s} 将全部用于提升流体的机械能（动能、位能、压力能）。离心泵提升的主要是流体的压力，动能与位能的提升一般可忽略不计。

【例 4-7】 离心泵叶轮的输出力矩及叶片的进口安装角

密度 ρ =1200kg/m³、质量流量 q_m =60kg/s 的海水通过离心泵稳态流动。叶轮参数为

$$\omega=124\ \mathrm{rad/s},\ R_1=0.05\mathrm{m},\ b_1=0.02\mathrm{m},\ R_2=0.20\mathrm{m},\ b_2=0.015\mathrm{m},\ \beta_2=45^\circ$$

若流体进入叶轮时的绝对速度 v_1 沿叶轮径向方向，试确定：① 离心泵叶轮的输出力矩 M_z 和功率 N_{s}；② 叶片的进口安装角 β_1 应为多少？

解 ① 进口处流体绝对速度 v_1 沿叶轮径向方向，则 v_1 将通过转动中心，这意味着进口截面无动量矩输入，故此条件下叶轮输出力矩只与出口截面动量矩有关，即

$$M_z=\left(\frac{q_{\mathrm{m}}}{\rho A_2\tan\beta_2}-R_2\omega\right)R_2q_{\mathrm{m}}=\left(\frac{q_{\mathrm{m}}}{\rho 2\pi R_2b_2\tan\beta_2}-R_2\omega\right)R_2q_{\mathrm{m}}$$

代入数据可得叶轮的输出力矩和功率分别为

$$M_z=31.83-297.60=-265.77(\mathrm{N\cdot m})\ （顺时针）$$

$$N_{\mathrm{s}}=M_z\omega=265.77\times124=32955.48(\mathrm{W})$$

注：运动流体的压力增量为 Δp，则其获得的功率为 $q_{\mathrm{V}}\Delta p$。所以若认为功率 N_{s} 主要用于提升流体压力，则 $N_{\mathrm{s}}=q_{\mathrm{V}}\Delta p$，由此可得流体的压力增量 Δp =659.1kPa。

② 绝对速度 v_1 沿叶轮径向时，叶片的进口安装角 β_1 可由条件 $v_{1\tau}=0$ 确定，即

$$v_{1\tau}=R_1\omega-\frac{q_{\mathrm{m}}}{\rho A_1\tan\beta_1}=0\quad\rightarrow\quad \tan\beta_1=\frac{q_{\mathrm{m}}}{\rho A_1R_1\omega}=\frac{q_{\mathrm{m}}}{\rho 2\pi b_1R_1^2\omega}$$

代入数据可得

$$\tan\beta_1=1.28\quad\rightarrow\quad \beta_1=52.0^\circ$$

【例 4-8】 喷水管输出力矩分析

密度为 ρ 的水通过图 4-15 所示的喷管以稳定流量喷出，使得喷管绕中心轴平面转动，角速度 ω，尺寸如图。设两个喷嘴的流量均为 q_{m}，喷嘴处水的相对速度为 v，牵连速度为 $r\omega$。试求喷管输出的力矩 M 与功率 N（即流体受到的力矩及获得的功率）的表达式。

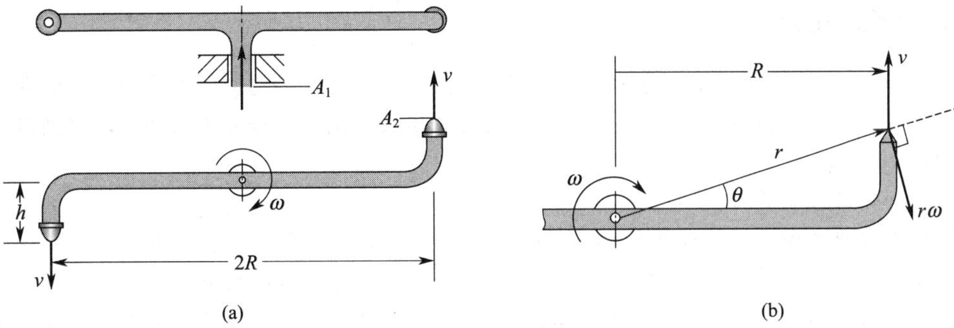

图 4-15 例 4-8 附图

解 见图，取喷管进口截面 A_1 与喷嘴出口 A_2 包括的流体空间为控制体。考察流体在 r-θ 平面相对于转动中心的动量矩。

喷管进口：速度通过转动中心，故流体对转动中心的动量矩为零。

喷嘴出口：见图 4-15(b)，相对速度 v 对转动中心的矩为逆时针，转动臂 $l=R$；牵连速度 $r\omega$ 的矩为顺时针，转动臂 $l=-r$。

显然，此条件下喷管输出力矩用式（4-30）比较方便，且考虑有两个出口，因此有

$$M=2l_2v_2q_m-l_1v_1q_m=2l_2v_2q_m=2\left[Rv+(-r)r\omega\right]q_m$$

由此可得喷管输出力矩 M 及功率 N 分别为

$$M=2(Rv-r^2\omega)q_m,\ N=M\omega=2(Rv-r^2\omega)\omega q_m$$

喷管转动过程讨论 以上动量矩方程中，外加力矩 M 是通过支撑处的摩擦施加的，$2Rvq_m$ 是相对速度 v 对应的动量矩（逆时针），$2r^2\omega q_m$ 则是牵连速度 $r\omega$ 的动量矩（顺时针）。若分别用 L_v、L_ω 表示这两个动量矩，则动量矩方程可表示为

$$M=2Rvq_m-2r^2\omega q_m=L_v-L_\omega$$

① 喷管转动及自由转动角速度：流量 q_m 一定时，动量矩 L_v（逆时针）是不变的。在 L_v 的反作用下喷管将顺时针转动，转速为 ω；若此时 $M=0$（支撑处无摩擦），则 ω 会不断增加，直至其动量矩 L_ω（顺时针）与 L_v 相等，此时的 ω 称自由转动角速度。因此在动量矩方程中令 $M=0$，其对应的转速（用 ω_0 表示）就是自由转动角速度，即

$$M=(2Rvq_m-2r^2\omega_0q_m)=0\ \rightarrow\ \omega_0=vR/r^2$$

② 转速 ω 随 M 的变化：从动量矩方程可见，喷管尺寸和 q_m 一定时，改变 M 则 ω 随之改变。对于 $M\geqslant 0$ 情况，M 增加（即增加支撑处的摩擦）则 ω 随之减小，其中

$$M=0:\ \omega=\omega_0=vR/r^2,\ N=0\ （喷管自由转动）$$

$$M=Rvq_m:\ \omega=\omega_0/2,\ N=N_{max}=v^2R^2q_m/2r^2$$

$$M=2Rvq_m:\ \omega=0,\ N=0\ （此时喷管静止）$$

若进一步增大即 $M>2Rvq_m$，则喷管将反向转动；反之若 $M<0$，则 $\omega>\omega_0$。

4.5 能量守恒方程

流体流动过程不仅要遵循质量守恒和动量守恒，同时也遵循能量守恒。分析流动系统的能量转换，所依据的是热力学第一定律，即能量守恒定律。本节将以控制体为对象，建立流体流动的能量守恒方程，并结合典型流动问题的分析，阐明能量守恒方程的应用。

4.5.1 运动流体的能量

从热力学的观点，流体能量一般划分为贮存能和迁移能两类。**贮存能**是流体因物质内部微观运动和物质整体宏观运动具有的能量，包括：内能、动能、位能。**迁移能**是流体系统与外界进行热、功交换过程中传递的能量，包括热量 Q 或功量 W。

（1）贮存能——内能、动能、位能

① 内能是流体物质微观运动的能量。一般包括：分子热运动的动能；分子间引力作用形成的位能；维持一定分子结构的化学能、原子能，以及电磁能等。对于工程实际中的一般流动问题，通常不涉及化学变化和电磁场作用，流体的内能通常只包括分子运动的动能和位能。单位质量流体具有的内能通常用 u 表示，其基本单位为 J/kg。

需要指出，实际流动问题中有意义的是内能的变化量（内能差）而不是内能的绝对大小。对于理想气体和无相变的液体，内能 u 只是流体温度 T 的函数，且内能差 $\Delta u = c_V \Delta T$，c_V 是比定容热容，ΔT 是温差；其中由于液体的 $c_V \approx c_p$（比定压热容），故其内能差 $\Delta u \approx c_p \Delta T$。对于理想气体和无相变液体的等温流动过程，$\Delta T=0$，$\Delta u=0$。

② 动能是宏观速度为 v 的流体所具有的做功能力的度量。单位质量流体的动能为 $v^2/2$，基本单位为 J/kg。

③ 位能是重力场中流体因处于相对位置高度 z 所具有的做功能力的度量。单位质量流体的位能为 gz，基本单位为 J/kg。

于是，用 e 表示单位质量流体的总贮存能，则有

$$e = u + \frac{v^2}{2} + gz \tag{4-34}$$

（2）迁移能——热量和功量

流体系统与外界交换的热量通常采用单位时间的热交换量即热流量 $\dot{Q}$ 来表示，并约定：系统吸热时 $\dot{Q} > 0$，系统放热时 $\dot{Q} < 0$；$\dot{Q}$ 的基本单位为 J/s 或 W。

流体系统与外界的功量交换通常采用单位时间做的功即功率 $\dot{W}$ 来表示，并约定：系统对外做功时 $\dot{W} > 0$，系统获得外功时 $\dot{W} < 0$；$\dot{W}$ 的基本单位为 J/s 或 W。

系统做功功率 $\dot{W}$ 通常可分为三个部分，即

$$\dot{W} = \dot{W}_s + \dot{W}_\mu + \dot{W}_p \tag{4-35}$$

① $\dot{W}_s$ 为轴功功率，即流体对机械设备（如透平机）做功的功率（正）或机械设备（如泵、搅拌器）对流体做功的功率（负，流体获得功）。

② $\dot{W}_\mu$ 为黏性功功率，即流体克服其表面黏性力做功的功率。根据式（3-12），运动流体的表面力一般表达为：$\mathbf{p}_n = (-p + \Delta\sigma_n)\mathbf{n} + \boldsymbol{\tau}_n$，$\dot{W}_\mu$ 即流体克服其中与黏性有关的切应力 $\boldsymbol{\tau}_n$ 和附加正应力 $\Delta\sigma_n$ 做功的功率。分析中应特别注意以下 $\dot{W}_\mu=0$ 的情况：

对于理想流体：因为 $\mu=0$，所以 $\boldsymbol{\tau}_n=0$，$\Delta\sigma_n=0$，故 $\dot{W}_\mu=0$；

在固定的固体壁面上：即使 $\Delta\sigma_n \neq 0$，$\boldsymbol{\tau}_n \neq 0$，但流体速度 $v=0$，故 $\dot{W}_\mu=0$；

在等直径管道截面上：等直径管中流体沿直线等速运动，没有轴向线应变，即 $\Delta\sigma_n=0$，且截面上的 $\boldsymbol{\tau}_n \perp$ 流体速度 v，故 $\boldsymbol{\tau}_n$ 不做功，因此等直径管道截面上 $\dot{W}_\mu=0$。

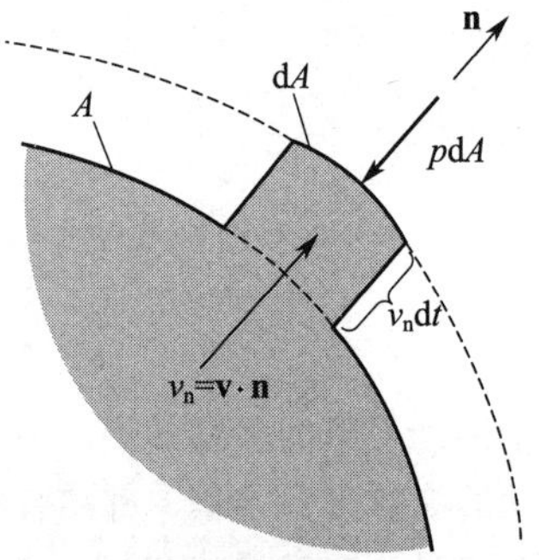

图 4-16 流体克服表面压力 p 做功

③ $\dot{W}_p$ 为流动功功率，即流体克服其表面静压力 p 做功的功率。参见图 4-16，在微元面 dA 上，p 的作用力为 pdA，流体的法向速度 $v_n = \mathbf{v} \cdot \mathbf{n}$，当流体在 d$t$ 时间段内的流动距离为 v_ndt 时，其克服 pdA 做功的功率为

$$\mathrm{d}\dot{W}_p = \frac{(p\mathrm{d}A)(v_n\mathrm{d}t)}{\mathrm{d}t} = p(\mathbf{v} \cdot \mathbf{n})\mathrm{d}A$$

对于控制体，流体从控制面输出时 $\mathrm{d}\dot{W}_p > 0$，流体进入控制面时：$\mathrm{d}\dot{W}_p < 0$。而 $\mathrm{d}\dot{W}_p$ 沿整个控制面 cs 积分，则为控制体净输出的流动功功

率，即

$$\dot{W}_{\mathrm{p}} = \iint_{\mathrm{cs}} p(\mathbf{v}\cdot\mathbf{n})\mathrm{d}A = \iint_{\mathrm{cs}} \frac{p}{\rho}\rho(\mathbf{v}\cdot\mathbf{n})\mathrm{d}A \tag{4-36}$$

其中，p/ρ 为单位质量流体的压力能（J/kg），是有压流体输出流动功的能力度量。

（3）运动流体的机械能

按热力学的观点，流体的动能 $v^2/2$、位能 gz 以及压力能 p/ρ 都属于机械能（有序能），三者之和常见于能量守恒方程中，称为单位质量流体的机械能，用 e_{M} 表示，即

$$e_{\mathrm{M}} = \overbrace{\underbrace{\frac{p}{\rho}}_{\text{压力能}} + \underbrace{gz}_{\text{位能}}}^{\text{总位能}} + \underbrace{\frac{v^2}{2}}_{\text{动能}} \tag{4-37}$$

如果用重力加速度 g 除以上式，则得到单位重量流体的机械能（e_{M}/g），其中各项都具有长度的单位 m，每一项的习惯称呼如下式所示

$$\frac{e_{\mathrm{M}}}{g} = \overbrace{\underbrace{\frac{p}{\rho g}}_{\text{静压头}} + \underbrace{z}_{\text{位头}}}^{\text{总位头}} + \underbrace{\frac{v^2}{2g}}_{\text{速度头}} = \text{总压头} \tag{4-38}$$

（4）等直径管道截面上各点的总位头（或总位能）

可以证明（见第 5 章），流动充分发展的等直径管截面上流体的压力分布满足静力学方程。以图 4-17 所示的管道截面为例，截面上压力分布满足静力学方程，则

$$p_A = p_B + \rho g(z_B - z_A) \quad \text{或} \quad \frac{p_A}{\rho g} + z_A = \frac{p_B}{\rho g} + z_B$$

即：这样的截面上，虽然 A、B 两点静压头不同，位头也不同，但两点的总位头是相同的（其直观意义是 A、B 两点静压测管的自由液面高度相同，见图 4-17）。由此得到的结论是，压力分布满足静力学方程的截面上，各点的总位头或总位能是不变量，即

$$\frac{p}{\rho g} + z = \text{const} \quad \text{或} \quad \frac{p}{\rho} + gz = \text{const} \tag{3-39}$$

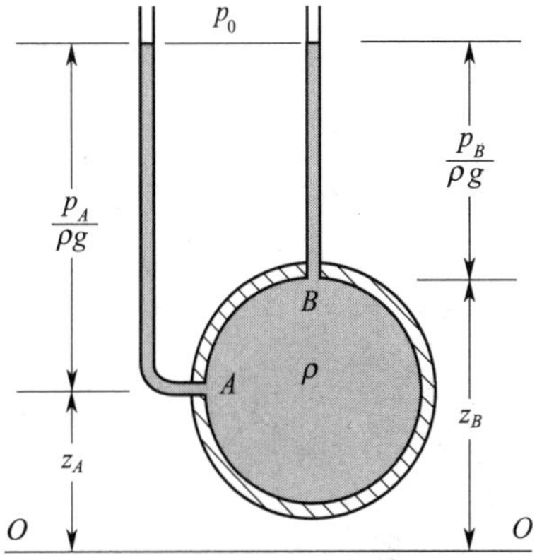

图 4-17 管截面上流体的位头与静压头

该结论的实用意义在于，只要控制体进 / 出口截面处于均匀流段或等直径管段（过程设备的进出口多属这种情况），则截面上的总位能或总位能为不变量（或近似认为是不变量），从而使其沿截面的积分得到简化，即

$$\iint_A \left(\frac{p}{\rho g} + z\right)\mathrm{d}q_{\mathrm{m}} = \left(\frac{p}{\rho g} + z\right)q_{\mathrm{m}} \quad \text{或} \quad \iint_A \left(\frac{p}{\rho} + gz\right)\mathrm{d}q_{\mathrm{m}} = \left(\frac{p}{\rho} + gz\right)q_{\mathrm{m}} \tag{4-40}$$

（5）单位质量流体的平均动能及动能修正系数

在能量守恒分析中，常常需要积分计算管道截面上单位时间输出的总动能。为免除积分的不便，人们自然想到用平均流速 v_{m} 表示的动能 $v_{\mathrm{m}}^2/2$（一般不等于平均动能）乘以某一修正系数 α 来表示平均动能，从而替代积分计算管截面上单位时间输出的总动能，即

$$\frac{\alpha v_{\mathrm{m}}^2}{2} q_{\mathrm{m}} = \iint_A \frac{v^2}{2}\mathrm{d}q_{\mathrm{m}} \tag{4-41}$$

上式中的系数 α 即动能修正系数。确定 α，则可用 $(\alpha v_{\mathrm{m}}^2/2)q_{\mathrm{m}}$ 直接计算管道截面上单位时间输出的总动能（免除了积分计算）。余下的问题是如何确定 α？

根据上式，并考虑 $q_{\mathrm{m}} = \rho v_{\mathrm{m}} A$，$\mathrm{d}q_{\mathrm{m}} = \rho v \mathrm{d}A$，可得动能修正系数 α 的定义式为

$$\alpha = \frac{1}{v_{\mathrm{m}}^3 A}\iint_A v^3 \mathrm{d}A \tag{4-42}$$

由此可见，一般情况下 α 仍需根据管道截面上的速度分布进行积分计算。但对于常见的圆管内充分发展的流动，通常取 α =1 即可，原因如下。

① 理想流体流动：因 $\mu=0$，流体层间无摩擦，管道截面上流速均匀，$v=v_{\rm m}$，故

$$\alpha=1 \text{（管道截面平均动能 = } v_{\rm m}^2/2\text{）}$$

② 黏性流体圆管层流：管道截面上 $v=2v_{\rm m}(1-r^2/R^2)$，代入式（4-42）有

$$\alpha=2 \text{（管道截面平均动能 =2 } v_{\rm m}^2/2\text{）}$$

③ 黏性流体圆管湍流：管道截面速度分布可用下列经验关系式表达

$$v=v_{\max}(1-r/R)^{1/n}$$

其中，$v_{\max}$ 为管中心流速，且在 $Re>4000$ 范围，n=6~10。将 v 代入式（4-42）积分得

$$\alpha=\frac{(1+2n)^3(1+n)^3}{4n^4(3+2n)(3+n)}=1.077\sim1.031 \text{（管道截面平均动能} \approx v_{\rm m}^2/2\text{）}$$

由此可见，除层流情况外，圆管流动或进 / 出口截面为圆管截面时，其截面平均动能都可直接用 $v_{\rm m}^2/2$ 表示，这就为能量守恒的分析带来了方便。圆管层流时 α =2，但由于层流时速度较小，其动能的份额也相对较小，此时即便取 $\alpha=1$ 对总能量的守恒也影响不大。

4.5.2　控制体能量守恒积分方程

根据式（4-5），控制体能量守恒定律表述如下

$$\dot{Q}-\dot{W}=\frac{\mathrm{d}E_{\rm cv}}{\mathrm{d}t}-\begin{matrix}\text{输出控制体}\\\text{的能量流量}\end{matrix}-\begin{matrix}\text{输入控制体}\\\text{的能量流量}\end{matrix}$$

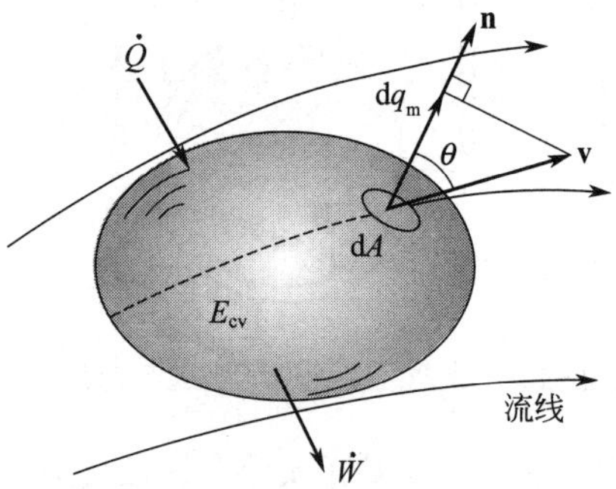

图 4-18　有能量交换的控制体

通过控制面的能量流量　取控制体如图 4-18，其中微元面积 dA 的质量流量 $\mathrm{d}q_{\rm m}=\rho(\mathbf{v}\cdot\mathbf{n})\mathrm{d}A$，所以，用 e 表示单位质量流体所具有的贮存能，则 dA 面上单位时间输入 / 输出的能量（即能量流量）为

$$e\mathrm{d}q_{\rm m}=e\rho(\mathbf{v}\cdot\mathbf{n})\mathrm{d}A \tag{4-43}$$

而 $e\mathrm{d}q_{\rm m}$ 沿整个控制面 cs 积分，则得到输出与输入控制体的能量流量之差，即

$$\begin{matrix}\text{控制体净输出}\\\text{的能量流量}\end{matrix}=\iint_{\rm cs}e\rho(\mathbf{v}\cdot\mathbf{n})\mathrm{d}A$$

控制体内的总储存能　因为体积为 dV 的微元流体具有的贮存能为 $e\rho\mathrm{d}V$，所以控制体内的瞬时总能量 $E_{\rm cv}$（贮存能）就等于

$$E_{\rm cv}=\iiint_{\rm cv}e\rho\,\mathrm{d}V \tag{4-44}$$

能量守恒积分方程　将上述两式代入控制体能量守恒定律，可得能量守恒积分方程为

$$\dot{Q}-\dot{W}=\iint_{\rm cs}e\rho(\mathbf{v}\cdot\mathbf{n})\mathrm{d}A+\frac{\mathrm{d}}{\mathrm{d}t}\iiint_{\rm cv}e\rho\,\mathrm{d}V \tag{4-45}$$

该式是针对控制体的通用能量守恒方程。其中等式左边是迁移能，右边是贮存能，各项基本单位为 J/s 或 W。对于一般工程流动问题，将式（4-34）~ 式（4-36）代入可得

$$\dot{Q}-\dot{W}_{\rm s}=\iint_{\rm cs}\left(u+\frac{v^2}{2}+gz+\frac{p}{\rho}\right)\rho(\mathbf{v}\cdot\mathbf{n})\mathrm{d}A+\frac{\mathrm{d}E_{\rm cv}}{\mathrm{d}t}+\dot{W}_{\mu} \tag{4-46}$$

其中

$$E_{\rm cv}=\iiint_{\rm cv}e\rho\,\mathrm{d}V=\iiint_{\rm cv}\left(u+\frac{v^2}{2}+gz\right)\rho\,\mathrm{d}V \tag{4-47}$$

特别需要指出，方程中的 $\dot{Q}$ 通常包括：通过导热或对流换热输入 / 输出控制体的热流量，控制体内化学反

应等的生成热。但不包括流体本身的热能，该热能已在 u 中计入。

【例 4-9】 滑动轴承的散热率

一滑动轴承，尺寸如图 4-19 所示。轴以角速度 ω 匀速转动，轴承座固定不动，转动轴与轴承座之间充满液态润滑油，轴承在轴线方向的宽度为 W。设润滑油无外漏，且润滑油动力黏度为 μ，试确定保持油温恒定所需要的散热速率（即轴承冷却负荷）。

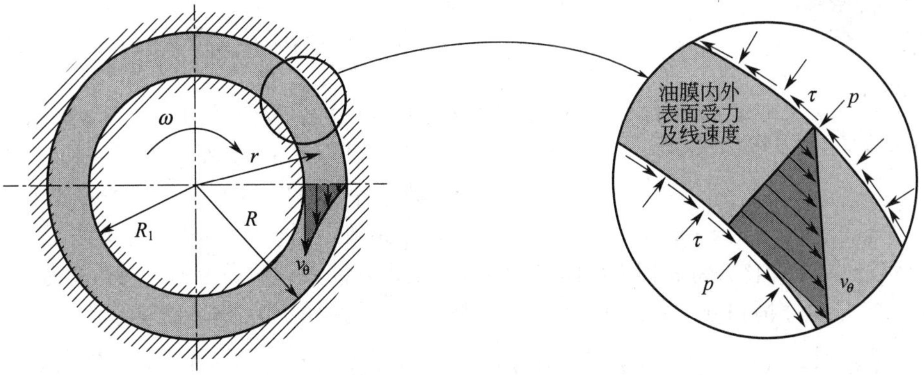

图 4-19 例 4-9 附图

解 因油膜很薄，并忽略曲率影响，可假定油膜内速度沿径向线形分布，并由牛顿剪切定律求得油膜内的切应力，即

$$v_\theta = \frac{R_1\omega}{R-R_1}(R-r), \quad \tau = \mu\frac{\mathrm{d}v_\theta}{\mathrm{d}r} = -\mu\frac{R_1\omega}{R-R_1}$$

由此可见，切应力 τ 沿径向不变。此处的负号仅表示流体表面切应力 τ 的方向与规定的正方向相反，即内表面上 τ 沿顺时针方向，外表面上 τ 为逆时针方向，见图 4-9。

取 R_1 与 R 以及宽度 W 之间的润滑油空间为控制体。因控制体内不存在轴功的输入 / 输出，控制体表面无流体输入 / 输出，而且油温恒定意味着是稳态散热问题，所以

$$\dot{W}_\mathrm{s} = 0, \quad \iint_{\mathrm{cs}}\left(u + \frac{v^2}{2} + gz + \frac{p}{\rho}\right)\rho(\mathbf{v}\cdot\mathbf{n})\mathrm{d}A = 0, \quad \frac{\mathrm{d}E_\mathrm{cv}}{\mathrm{d}t} = 0$$

于是根据能量守恒方程（4-46）有：系统吸热率等于流体的黏性功功率，即

$$\dot{Q} = \dot{W}_\mu$$

按定义，$\dot{W}_\mu$ 是流体克服表面黏性力（包括切应力、附加正应力）做功的功率。由于本例中流体只有切向运动，所以只需考虑表面切应力做功。又由于外表面上速度为零，切应力不做功，故只需考虑内表面切应力做的功。

内表面上，微元面 dA 上流体受到的切向力为 $\tau\mathrm{d}A$，切向速度 $v_\theta = R_1\omega$，二者方向一致，因此是切向力对流体做功（流体获得功），即 dA 面上流体获得的黏性功功率为

$$\mathrm{d}\dot{W}_\mu = -v_\theta\tau\mathrm{d}A$$

该式沿整个内表面积分，则为流体获得的总黏性功功率，即

$$\dot{Q} = \dot{W}_\mu = -\iint_A v_\theta\tau\mathrm{d}A = -\iint_A R_1\omega\mu\frac{R_1\omega}{R-R_1}\mathrm{d}A = -\mu\frac{(R_1\omega)^2}{R-R_1}2\pi R_1 W$$

该结果表明：为了维持流体温度不变（维持稳态运行过程），控制体必须向外散热（$\dot{Q} < 0$），且散热量应等于黏性功 $\dot{W}_\mu$ 转换产生的热量。散热的方法就是设置冷却装置。

4.5.3 过程设备流动系统的能量方程

能量守恒方程在过程设备及管道流动系统中应用广泛。针对其特点，对积分形式的能量方程进行简化，可

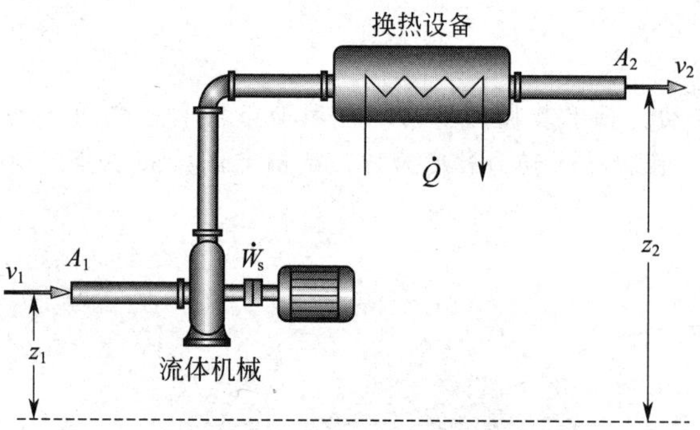

图4-20 过程设备流动系统

得到过程设备及管道流动系统常用的能量衡算方程。

图4-20是一个精简的过程设备流动系统，其中流体由截面A_1流入系统，经过流体输送机械做功并与换热设备进行热交换后，由截面A_2流出系统。对于这样的系统，通常取管道截面A_1和A_2之间的流场空间为控制体，其特点如下：

① 进/出口截面处于等直径管段，流体速度与截面垂直。故进口截面A_1上，流体速度与截面外法线方向相反，$(\mathbf{v}\cdot\mathbf{n})_1=-v_1$；出口截面$A_2$上，$\mathbf{v}$与$\mathbf{n}$同向，$(\mathbf{v}\cdot\mathbf{n})_2=v_2$。

② 由于进/出口截面处于等直径管段，故根据4.5.1节结论：截面各点的$(gz+p/\rho)$为不变量或近似为不变量，因此整个截面上的总位能就等于$(gz+p/\rho)q_m$；若引入动能修正系数，则$(\alpha v^2/2)q_m$就等于截面上的总动能（v为平均流速）；忽略截面温度变化并将u视为截面平均温度下的内热能，则截面上的总内热能为uq_m。

根据以上两点，能量守恒积分方程式（4-46）中流体净输出的能量项可简化如下

$$\iint_{cs}(u+\frac{v^2}{2}+gz+\frac{p}{\rho})\rho(\mathbf{v}\cdot\mathbf{n})\mathrm{d}A=\iint_{A_2}(u+\frac{v^2}{2}+gz+\frac{p}{\rho})\rho v\mathrm{d}A-\iint_{A_1}(u+\frac{v^2}{2}+gz+\frac{p}{\rho})\rho v\mathrm{d}A$$

$$=(u_2+\frac{\alpha_2 v_2^2}{2}+gz_2+\frac{p_2}{\rho_2})q_{m2}-(u_1+\frac{\alpha_1 v_1^2}{2}+gz_1+\frac{p_1}{\rho_1})q_{m1}$$

③ 控制体的控制面由静止的固体壁面和进出口截面（A_1、A_2）组成。静止壁面上虽然有摩擦切应力，但壁面速度$v=0$，故无黏性功；A_1、A_2处于等直径管段时，流体轴向速度恒定，没有线应变，即$\Delta\sigma=0$，截面上虽有切应力τ，但$\tau\perp v$，故A_1、A_2截面上也无黏性功；这意味着整个控制体表面上黏性功为零，即$\dot{W}_\mu=0$。

过程设备流动系统的能量方程 根据以上特点，能量守恒方程式（4-46）将简化为适用于一般过程工业流动系统的能量衡算方程，即

$$\dot{Q}-\dot{W}_s=(u_2+\frac{\alpha_2 v_2^2}{2}+gz_2+\frac{p_2}{\rho_2})q_{m2}-(u_1+\frac{\alpha_1 v_1^2}{2}+gz_1+\frac{p_1}{\rho_1})q_{m1}+\frac{\mathrm{d}E_{cv}}{\mathrm{d}t} \tag{4-48}$$

不可压缩稳态系统的能量方程 此条件下，$\rho_1=\rho_2=\rho$，$q_{m1}=q_{m2}=q_m$，$\mathrm{d}E_{cv}/\mathrm{d}t=0$，并考虑进/出口截面处于湍流流动，取$\alpha=1$，则方程（4-48）进一步简化为

$$\frac{\dot{Q}-\dot{W}_s}{q_m}=(u_2-u_1)+\frac{(v_2^2-v_1^2)}{2}+g(z_2-z_1)+\frac{(p_2-p_1)}{\rho} \tag{4-49}$$

绝热且无轴功的稳态系统能量方程 此时$\dot{Q}=0$，$\dot{W}_s=0$，能量方程进一步简化为

$$u_2+\frac{v_2^2}{2}+gz_2+\frac{p_2}{\rho_2}=u_1+\frac{v_1^2}{2}+gz_1+\frac{p_1}{\rho_1} \tag{4-50}$$

因为单位质量流体的热焓$i=u+p/\rho$，所以上式通常又表示为

$$i_2+\frac{v_2^2}{2}+gz_2=i_1+\frac{v_1^2}{2}+gz_1 \tag{4-51}$$

以上式（4-49）～式（4-51）以单位质量流体为衡算基础，各项基本单位为J/kg。

应用说明：根据经验，能量方程应用于以热交换过程为特征的流动系统时，流体机械能通常可忽略；但若过程压力变化较显著（如充/放气过程），通常仅可忽略动能和位能。

【例4-10】 非稳态加热过程问题

图4-21所示为一圆筒形热水器，直径D=0.8m，存有温度T_0=300K、质量m_0=200kg的水。现以q_{m1}=1kg/s的流量加入温度为T_1=320K的水，同时启动盘管蒸汽加热器对水进行加热，加热速率$\dot{Q}_s=hA(T_s-T)$，其中换热系数h=260W/m²K，加热管面积A=2m²，蒸汽温度T_s=388K，T为热水器内的瞬时水温。设：热水器保温良好热损失不计；热水器内各点水温均匀；与传热量相比流体的动能、位能、压力能均可忽略。试确定水位z达

到 1.5m 时的水温，并讨论本例忽略流体动能、位能、压力能的可行性。取水的比定压热容 c_p =4180J/（kg·K）。

解 取热水器空间为控制体。其特点是控制体无流体排出，流动与加热过程为非稳态。设 m 为热水器内水的瞬时质量，则根据质量守恒方程，并考虑 $t=0$ 时 $m=m_0$，有

$$q_{m1}=\mathrm{d}m/\mathrm{d}t \quad 或 \quad m=q_{m1}t+m_0$$

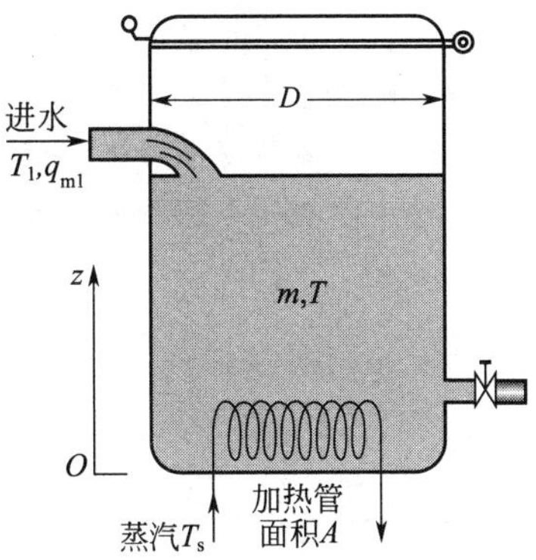

图 4-21 例 4-10 附图

根据过程设备流动系统能量方程，并考虑 $\dot{W}_s=0$、$q_{m2}=0$，取 $\alpha=1$，可得本问题能量守恒方程为

$$\dot{Q}=-(u_1+\frac{v_1^2}{2}+gz_1+\frac{p_1}{\rho})q_{m1}+\frac{\mathrm{d}E_{cv}}{\mathrm{d}t}\xrightarrow{\text{忽略机械能}}\dot{Q}=-u_1q_{m1}+\frac{\mathrm{d}E_{cv}}{\mathrm{d}t} \quad \text{(a)}$$

控制体无散热损失，仅从内部加热器获得热量，因此

$$\dot{Q}=\dot{Q}_s=hA(T_s-T) \quad \text{(b)}$$

单位质量流体的储存能 $e=(u+v^2/2+gz)\approx u$，且 u 与空间位置无关（温度均布）；对于不可压缩流体：$\mathrm{d}u=c_p\mathrm{d}T$；所以控制体贮存能 E_{cv} 的时间变化率为

$$\frac{\mathrm{d}E_{cv}}{\mathrm{d}t}=\frac{\mathrm{d}me}{\mathrm{d}t}\approx\frac{\mathrm{d}mu}{\mathrm{d}t}=m\frac{\mathrm{d}u}{\mathrm{d}t}+u\frac{\mathrm{d}m}{\mathrm{d}t}=(q_{m1}t+m_0)c_p\frac{\mathrm{d}T}{\mathrm{d}t}+uq_{m1} \quad \text{(c)}$$

将式（b）和式（c）代入式（a），并注意 $(u-u_1)=c_p(T-T_1)$，可得

$$hA(T_s-T)=c_p(T-T_1)q_{m1}+(q_{m1}t+m_0)c_p\frac{\mathrm{d}T}{\mathrm{d}t}$$

或

$$\frac{\mathrm{d}t}{c_p(q_{m1}t+m_0)}=\frac{\mathrm{d}T}{hAT_s+c_pT_1q_{m1}-(hA+q_{m1}c_p)T}$$

由 $t=0\rightarrow t$、$T=T_0\rightarrow T$ 积分上式，可得水温随时间变化的关系为

$$T=B-(B-T_0)\left(1+\frac{q_{m1}}{m_0}t\right)^{-\left[1+Ah/(c_pq_{m1})\right]}$$

其中

$$B=\frac{AhT_s+c_pq_{m1}T_1}{Ah+c_pq_{m1}}=\frac{2\times260\times388+4180\times1\times320}{2\times260+4180\times1}=327.5(\mathrm{K})$$

根据瞬时 m 与时间 t 的关系，可得水位 z 达到 1.5m 时所需时间 t 为

$$t=\frac{(m-m_0)}{q_{m1}}=\frac{\rho z\pi D^2/4-m_0}{q_{m1}}=\frac{1000\times1.5\times\pi\times0.8^2/4-200}{1}=554.0(\mathrm{s})$$

此时的水温为

$$T=327.5-(327.5-300)\times\left(1+\frac{1}{200}\times554\right)^{-\left(1+\frac{2\times260}{4180\times1}\right)}=321.3(\mathrm{K})$$

如果不用加热器（h=0），则水位达到 1.5m 时的水温为 314.7K。

在此，以每 kg 流体为基准，讨论本例条件下各机械能项与内能 u 的相对大小。

假设进口处流速 v=3m/s（水及一般低黏度液体常用流速为 1~3m/s），则流体的动能 $v^2/2$ =4.5J/kg；控制体内可资利用的位能由热水器高度确定，若取 z=3m，则流体位能 $gz\approx$ 30J/kg；常压下水的压力能 $p/\rho\approx$ 101J/kg；而水温每增加 1℃，内能增量 $\Delta u\approx$ 4180J/kg。

由此可见，前三者之和仅为后者的 3.2%，况且以加热 / 冷却为目的的过程其流体温差远不止 1℃。于是可得出结论：对于不可压缩流体的加热或冷却流动过程，流体机械能（动能、位能、压力能）通常可以忽略，除非该过程涉及高速流动或很大的压力变化。

【例 4-11】 泵的输入功率计算

如图 4-22 所示，水在稳态下流过水泵，体积流量 q_V =280m³/h，密度 ρ =1000kg/m³，泵的进口管直

径 D_1=300mm，出口管直径 D_2=150mm。用U形压差计测得水泵进口截面1与出口截面2之间的压差为 h=200mmHg，其中指示剂汞与水的密度之比 ρ_m/ρ=13.6。

① 忽略流体摩擦损失，试确定泵输入的轴功功率 N_e；

② 由于流体摩擦损失，泵的实际功率 N=4000W，试确定流体的内能增量。

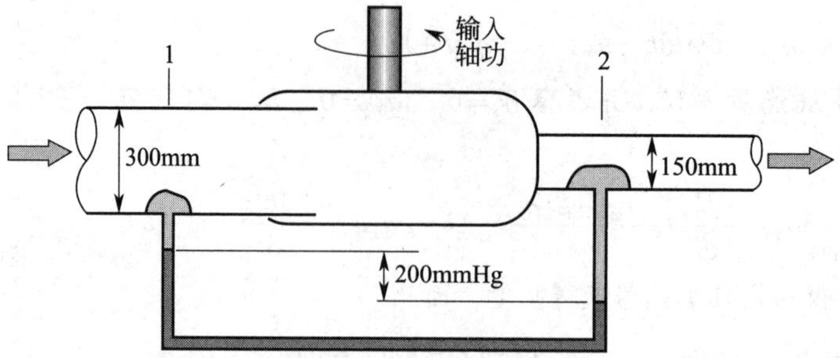

图4-22　例4-11附图

解　该问题属于不可压缩流体稳态流动问题。取1、2截面之间的流场空间为控制体。

① 在无加热装置且又忽略摩擦损失（无摩擦热）的条件下，必然有 $\dot{Q}=0$，且系统必然等温，即 Δu=0；于是根据式（4-49）并考虑 z_2-z_1 =0 有

$$-\frac{\dot{W}_s}{q_m}=\frac{1}{2}(v_2^2-v_1^2)+\frac{p_2-p_1}{\rho} \tag{a}$$

无流体摩擦损失时，$-\dot{W}_s$ 即泵的有效输入功率 N_e，且

$$p_2-p_1=(\rho_m-\rho)gh\,,\quad v_2^2-v_1^2=q_V^2(4/\pi)^2(1/D_2^4-1/D_1^4)\,,\quad q_m=\rho q_V$$

所以

$$N_e=-\dot{W}_s=\left[\frac{1}{2}q_V^2\frac{4^2}{\pi^2}\left(\frac{1}{D_2^4}-\frac{1}{D_1^4}\right)+\left(\frac{\rho_m}{\rho}-1\right)gh\right]\rho q_V$$

代入数据得

$$N_e=-\dot{W}_s=(9.08+24.70)\times 77.78=2627.4(\text{W})$$

② 有摩擦损失时，$-\dot{W}_s$ 即泵的实际输入功率 N，故根据式（4-49）并取 z_2-z_1 =0，有

$$\frac{\dot{Q}+N}{q_m}=(u_2-u_1)+\frac{1}{2}(v_2^2-v_1^2)+\frac{p_2-p_1}{\rho}$$

该式与式（a）比较可得

$$N-N_e=(u_2-u_1)q_m+(-\dot{Q})$$

该结果表明：因流体摩擦所增加的泵功率全部转化为热能，一部分用于增加流体内热能，另一部分由泵壳向外散热。假设泵壳绝热即 $\dot{Q}=0$，则摩擦消耗的功率将全部转化为流体的内热能，且该内热能增量及其对应的流体温升为

$$\Delta u=(u_2-u_1)=\frac{N-N_e}{q_m}=\frac{4000-2627.4}{77.78}=17.65(\text{J/kg})$$

$$\Delta T=\frac{\Delta u}{c_p}=\frac{17.64}{4180}=0.004(℃)$$

关于泵的功率的说明：泵的总输入功率 N 中，实际转化为流体机械能（总压头）的部分称为有效功率 N_e，剩余部分则是容积损失（流体泄漏）、水力损失（流体摩擦）和机械损失（机械摩擦）所损耗的功率。N_e 与 N 之比称为泵的效率 η，即 $\eta=N_e/N$。[注：能量守恒方程中的输入功率 N（$=-\dot{W}_s$）是输入给流体的功率（用于提升流体总压头和摩擦耗散），并不包括机械损失，并认为容积损失为零（因为进出口流量不变）]。

泵的扬程及其与有效功率的关系：扬程 H 指单位重量流体（经过水泵后）的总压头增量，扬程 H 乘以流体的重量流量 gq_m 则为有效功率 N_e，即

$$H=\Delta v^2/2g+\Delta p/\rho g+\Delta z\,,\quad N_e=gq_mH=\rho gHq_V$$

4.5.4 机械能守恒方程——伯努利方程

（1）伯努利方程（Bernoulli equation）

现进一步针对管流系统，考察能量方程式（4-46）在以下特定条件下的简化形式。

① 无热量传递，即 $\dot{Q}=0$；　② 无轴功输出，即 $\dot{W}_s=0$；

③ 流体不可压缩，即 $\rho=\text{const}$；　④ 稳态流动，即 $\mathrm{d}E_{cv}/\mathrm{d}t=0$

⑤ 理想流体（$\mu=0$），即 $\dot{W}_\mu=0$

上述条件中，前 4 个条件对于诸多实际流动问题都能完全或基本满足，而且只要不是高速流动问题，近似分析亦可忽略黏性摩擦影响，即认为条件⑤成立。这意味着上述条件下获得的能量守恒方程——伯努利方程具有重要的实际应用价值。

根据上述 5 个条件，且注意到 $\dot{Q}=0$（无热交换）与 $\mu=0$（无摩擦热）同时成立时不可压缩流体的内能 $u=\text{const}$，一般形式的控制体能量方程（4-46）将简化为

$$\iint_{cs}\left(\frac{v^2}{2}+gz+\frac{p}{\rho}\right)\rho(\mathbf{v}\cdot\mathbf{n})\mathrm{d}A=0 \tag{4-52a}$$

或

$$\iint_{A_2}\left(\frac{v^2}{2}+gz+\frac{p}{\rho}\right)\rho v\mathrm{d}A-\iint_{A_1}\left(\frac{v^2}{2}+gz+\frac{p}{\rho}\right)\rho v\mathrm{d}A=0 \tag{4-52b}$$

进一步，对于理想流体，只要进 / 出口截面处于等直径管段，则截面上速度均匀分布，各点动能 $v^2/2$ 相等，且截面各点的总位能（$gz+p/\rho$）亦相等。这意味着同一截面上单位质量流体的机械能 e_M 是不变量，又因稳态流动时 $q_{m1}=q_{m2}$，故由式（4-52b）可得

$$e_{M1}=e_{M2} \text{ 或 } \frac{v_1^2}{2}+gz_1+\frac{p_1}{\rho}=\frac{v_2^2}{2}+gz_2+\frac{p_2}{\rho} \tag{4-53a}$$

或以单位重量流体的机械能表示为

$$\frac{v_1^2}{2g}+z_1+\frac{p_1}{\rho g}=\frac{v_2^2}{2g}+z_2+\frac{p_2}{\rho g} \tag{4-53b}$$

这就是著名的伯努利方程（Bernoulli equation）。该方程表明，理想不可压缩流体在稳态流动过程中，其动、位能、压力能三者可相互转换，但总机械能是守恒的。

伯努利方程应用说明　伯努利方程是无热 / 功交换、理想不可压缩流体稳态流动过程的机械能守恒方程。

ⅰ. 该方程应用于管流或扩展应用于控制体时，要求控制体进出口截面处于均匀流段并与流动方向垂直（等直径管段的横截面通常满足该条件）。

ⅱ. 该方程亦准确适用于理想不可压缩流场中的任一条流线，即沿同一流线 $e_M=\text{const}$［应用高斯公式将积分式（4-52a）转化为体积分并引用流线方程可以证明］。

ⅲ. 该方程亦可近似用于可压缩流体，但要求平均流速 v 与音速 a 之比即马赫数 $Ma=v/a<0.3$，且流动过程中压力变化 $\Delta p<0.2p_m$（p_m 为平均压力），ρ 为流体平均密度。

ⅳ. 对式（4-53a）微分，可得微分形式的伯努利方程（称为一维欧拉方程），即

$$\mathrm{d}\left(\frac{v^2}{2}\right)+g\mathrm{d}z+\frac{\mathrm{d}p}{\rho}=0 \tag{4-53c}$$

该微分式同时适用于可压缩流体，但应用时需将 $\rho=f(p)$ 的关系代入。

（2）引申的伯努利方程

对于黏性不可压缩流体的稳态流动，其机械能的守恒关系主要有两点变化。

① 黏性导致管流截面上速度不再均匀分布。此时，只要进 / 出口截面处于等直径管段，截面各点总位能（$gz+p/\rho$）仍然相等；而速度分布不均时，截面总动能的计算可采用基于动能修正系数 α 和平均流速 v 的平均动能 $\alpha v^2/2$ 来等效计算。这样，同一截面上机械能 e_M 的积分仍可用 $e_M q_m$ 替代，只不过 e_M 中的动能项为 $\alpha v^2/2$。

② 黏性摩擦会导致机械能损耗，使得出口截面机械能减少。对于稳态流动，因 $q_{m1}=q_{m2}$，故出口截面机械能减少意味着：$e_{M2}<e_{M1}$。但若将单位重量流体损失的机械能计入（用 h_f 表示并称为压头损失），则进 / 出口截面总能量仍然守恒，即 $e_{M1}=(e_{M2}+gh_f)$，这就是无热功交换黏性不可压缩流体稳态流动的机械能守恒方程，称为引申的伯努利方程，即

$$\alpha_1\frac{v_1^2}{2}+gz_1+\frac{p_1}{\rho}=\alpha_2\frac{v_2^2}{2}+gz_2+\frac{p_2}{\rho}+gh_f \tag{4-54a}$$

或

$$\alpha_1\frac{v_1^2}{2g}+z_1+\frac{p_1}{\rho g}=\alpha_2\frac{v_2^2}{2g}+z_2+\frac{p_2}{\rho g}+h_f \tag{4-54b}$$

（3）机械能守恒方程

进一步，考虑到一般管道输送问题通常还涉及机械功的输入输出，并特别用 N 表示流体机械输入的轴功功率 $(-\dot{W}_s)$，则引申的伯努利方程可进一步扩展为

$$\frac{N}{q_m g}=\frac{(\alpha_2 v_2^2-\alpha_1 v_1^2)}{2g}+(z_2-z_1)+\frac{(p_2-p_1)}{\rho g}+h_f \tag{4-55}$$

该方程是流体输送系统常用的机械能衡算方程。方程各项都属于机械能，其中 h_f 虽属于热能，但仅由机械能损耗所产生；$N/q_m g$ 是单位重量流体获得的机械功（单位 m）。

（4）机械能守恒方程与稳态系统一般能量方程的对比分析

机械能守恒方程式（4-55）和（过程设备）稳态系统一般能量方程式（4-49）是能量守恒分析中最常用的两个方程，明确二者的区别与联系无疑有助于二者的合理应用。

为简洁起见，方程中单位质量流体的机械能（动能、位能、压力能）一并用 e_M 表示，流体获得的功率 $(-\dot{W}_s)$ 用流体机械输入功率 N 表示，则两方程可分别表示如下。

机械能守恒方程（简称方程 A）：　　$N/q_m=(e_{M2}-e_{M1})+gh_f$

稳态系统一般能量方程（简称方程 B）：　　$N/q_m=(e_{M2}-e_{M1})+(\Delta u-\dot{Q}/q_m)$

应用条件上：方程 A 用于无外加热（设备）的情况，方程 B 用于有外加热（设备）的情况，因此方程 A 只是方程 B 的特例，或者说，方程 A 适用的工况方程 B 也适用。

既然无外加热时两方程都适用，那么无外加热条件下同时应用两方程，则有

$$gh_f=(\Delta u-\dot{Q}/q_m)$$

这表明：无外加热的情况下，热能项 $(\Delta u-\dot{Q}/q_m)$ 仍然存在，只不过无外加热时该热能项全部来自于机械能损失 gh_f，所以方程 A 用 gh_f 替代了该热能项。

无外加热情况下，方程 A 以 gh_f 替代 $(\Delta u-\dot{Q}/q_m)$ 的意义是，h_f 通常可用压头损失的计算方法确定（见后）；至于 gh_f 中有多少用于 Δu（增加内能）、多少用于 $-\dot{Q}$（对外散热），并不重要、也难以确定；这同时说明无外加热时，一般没必要用方程 B。

由此还可明确，适用于有外加热情况的方程 B 中，其热能项 $(\Delta u-\dot{Q}/q_m)$ 实际也包括机械能损失 gh_f 所产生的热量；只不过有外加热时，该热量通常远小于外加热的热量，故一般计算中，若无专门说明，都予以忽略，并将方程 B 中的 $\dot{Q}$ 全部视为外加热的热量。

（5）压头损失 h_f 及其计算方法

压头损失 h_f 是单位重量流体因摩擦等损耗的机械能（总压头），单位为 m 或 J/N；而 gh_f 或 ρgh_f 则分别是单位质量或单位体积流体的机械能损失，单位分别为 J/kg 或 Pa。

对于管道流动，压头损失一般包括管道沿程摩擦产生的压头损失 h_f 和弯头 / 阀门等阻力元件产生的局部压头损失 h_f'，二者计算公式如下

$$\text{沿程压头损失：}\ h_f=\lambda\frac{L}{D}\frac{v^2}{2g}\text{，局部压头损失：}\ h_f'=\zeta\frac{v^2}{2g} \tag{4-56}$$

式中，L 为管长；D 为管径；λ 为摩擦阻力系数；ζ 为局部阻力系数，其值可由相关经验式计算或图表查取（详见第 9 章管道阻力系数计算）。局部阻力问题见以下 4.5 节。

【例 4-12】 薄板溢流堰的流动与流量公式

薄板溢流堰指薄板形成的水流溢流装置，其中水在跨越堰口边缘时形成舌形水流，如图 4-23 所示。试针对图中所示的梯形堰口，并设流体为理想流体，确定其理论流量。

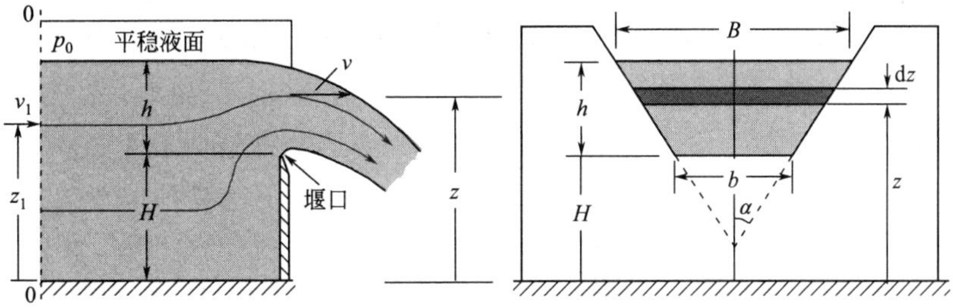

图 4-23 例 4-12 附图

解 考察堰口高度 z 处流速 v 对应的流线。设该流线在远离堰口的 0—0 截面速度为 v_1，位高为 z_1。因该截面流体为平行流动且流速缓慢，故可认为该截面压力分布满足静力学方程，即 z_1 点的压力为

$$p_1 = p_0 + \rho g(h+H-z_1) \quad 或 \quad p_1/\rho + gz_1 = p_0/\rho + g(h+H)$$

由此可见，0—0 截面压力分布满足静力学方程，意味着该截面任意点的总位能是不变量，且等于液面的总位能。因此，该流线从 0—0 截面至堰口截面的伯努利方程可表示为

$$\frac{p_0}{\rho} + g(h+H) + \frac{v_1^2}{2} = \frac{p_0}{\rho} + gz + \frac{v^2}{2}$$

因为 0—0 截面远大于堰口截面，故可认为 $(v^2 - v_1^2) \approx v^2$，将此代入上式可得

$$v = \sqrt{2g(h+H-z)}$$

根据图中坐标和梯形堰口几何关系，堰口高度 z 处 dz 对应的微元面积可表示为

$$\mathrm{d}A = \left[b + \frac{(B-b)}{h}(z-H)\right]\mathrm{d}z$$

由此可得梯形堰口体积流量理论公式为

$$q_V = \int_H^{H+h} v\mathrm{d}A \quad \rightarrow \quad q_V = \frac{2}{15}\sqrt{2g}\,(2B+3b)h^{3/2}$$

实际流动中，因惯性力及黏性摩擦的影响，堰口有效流动面积和平均流速都小于理论值，故引入流量系数 C_d 考虑二者影响，梯形堰口实际流量公式可表示为

$$q_V = C_d\frac{2}{15}\sqrt{2g}\,(2B+3b)h^{3/2}$$

V 形堰口流量公式：在上式中令 $b \rightarrow 0$，此时 $B/2h = \tan\alpha$，可得 V 形堰口流量为

$$q_V = C_d\frac{4}{15}\sqrt{2g}Bh^{3/2} \quad 或 \quad q_V = C_d\frac{8}{15}\sqrt{2g}(\tan\alpha)h^{5/2}$$

V 形堰口的 C_d 与 α 及 h 有关。其中当 α =35°、h=0.3m 时，C_d=0.581。

矩形堰口的流量公式：在梯形堰口公式中令 b=B 可得矩形堰口的流量公式，即

$$q_V = C_d A v_m = C_d\frac{2}{3}\sqrt{2g}Bh^{3/2}$$

实验表明，当矩形堰口与两端侧壁等宽，或两者虽不等宽但 $B >> h$ 时，其流量系数 C_d 是确定的。其中，对于水的溢流，$C_d \approx 0.62$，即矩形堰口水的溢流流量计算式为

$$q_V = 0.585\sqrt{g}Bh^{1.5}$$

该式应用时还要求：$(h+H)/h > 3.5$，即来流液层总深度显著大于溢流口液层厚度。同时需注意，当 h 过小以致溢流只能贴附堰板壁面流动时（不能形成水舌），该式不再适用。

【例 4-13】 消防水枪喷水速度计算

图 4-24 为一消防水枪系统，其中水泵 P 输入功率 N=10kW，泵的进口管径 d_1=150mm，出口管径 d_2=100mm，喷管管口直径 d_3=75mm。设水池液面恒定，液面与喷管和进口管的垂直距离如图，d_1、d_2、d_3 对应的流速分别为 v_1、v_2、v_3，水池液面 0—0 到泵进口截面 1—1 的总压头损失 $h_{f,0-1}=5(v_1^2/2g)$，截面 1—1 到喷口截面 3—3 的总压头损失 $h_{f,1-3}=12(v_2^2/2g)$。试计算水的喷出速度和 1—1 截面处的压力。

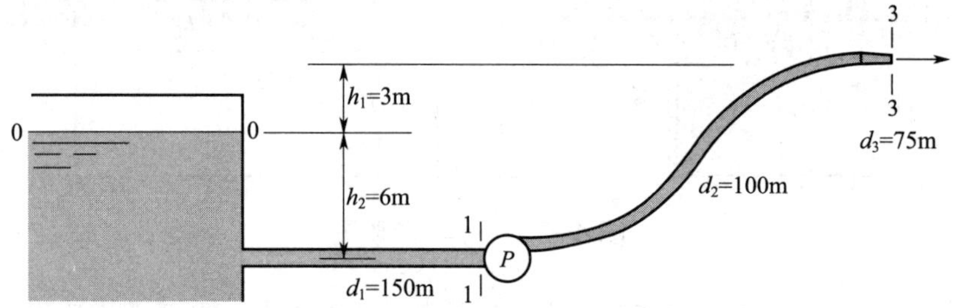

图 4-24 例 4-13 附图

解 在 0—0 截面与 3—3 截面之间应用机械能守恒方程并取 $\alpha=1$，有

$$\frac{N}{q_m g}=\frac{(v_3^2-v_0^2)}{2g}+(z_3-z_0)+\frac{(p_3-p_0)}{\rho g}+h_{f,0-3}$$

式中 $q_m=\rho v_3 \pi d_3^2/4$，$v_3^2-v_0^2\approx v_3^2$，$z_3-z_0=h_1$，$p_3=p_0$

考虑 v_3 是目标量，故将守恒方程中的相关量表示为 v_3 的函数，其中

$$v_1=d_3^2 v_3/d_1^2=v_3/4,\quad v_2=d_3^2 v_3/d_2^2=9v_3/16$$

$$h_{f,0-3}=h_{f,0-1}+h_{f,1-3}=5\frac{v_1^2}{2g}+12\frac{v_2^2}{2g}=\frac{5}{16}\frac{v_3^2}{2g}+\frac{243}{64}\frac{v_3^2}{2g}=\frac{263}{64}\frac{v_3^2}{2g}$$

将以上参数关系代入机械能守恒方程可得

$$N=\left(\frac{1}{2}v_3^2+gh_1+\frac{263}{64}\frac{v_3^2}{2}\right)\rho v_3\frac{\pi d_3^2}{4}$$

代入数据 N=10000W，$h_1=3$m，d_3=0.075m，ρ=1000kg/m^3，g=9.8m/s^2

可得 $$11.29v_3^3+129.88v_3-10000=0$$

由此解出水的喷出速度为 $$v_3\approx 9.2\ \text{m/s}$$

在 0—0 截面与 1—1 截面之间应用引申的伯努利方程并取 $\alpha=1$，有

$$\frac{(v_1^2-v_0^2)}{2g}+(z_1-z_0)+\frac{(p_1-p_0)}{\rho g}+h_{f,0-1}=0$$

因为 $$v_1^2-v_0^2\approx v_1^2=v_3^2/16,\quad z_1-z_0=-h_2,\quad h_{f,0-1}=5\frac{v_1^2}{2g}=\frac{5}{16}\frac{v_3^2}{2g}$$

所以 $$p_1-p_0=\left(-\frac{3}{8}\frac{v_3^2}{2g}+h_2\right)\rho g=\left(-\frac{3}{8}\times\frac{9.2^2}{2\times 9.8}+6\right)\times 9800=42930(\text{Pa})$$

【例 4-14】 喷射水流的轨迹问题

一水枪以仰角 α 将水连续喷出，见图 4-25，水流出口速度 v_1。按理想流体考虑并忽略空气摩擦阻力，试求水流的轨迹方程。

解 本例系理想不可压缩流体稳态流动问题，无热/功交换。取喷枪出口截面 A_1 与 x 处流股截面 A_2 为控制体进出口截面，并设 A_2 截面处的流速和方位角分别为 v_2、β。

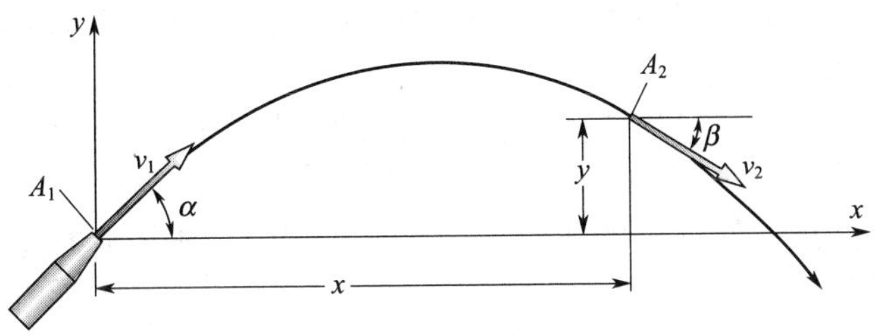

图 4-25 例 4-14 附图

① 由质量守恒方程有

$$v_1A_1 = v_2A_2 \quad \rightarrow \quad v_2 = v_1A_1 / A_2$$

② 由于进出口截面均处于大气压力，即 $p_1 = p_2 = p_0$，所以根据伯努利方程有

$$\frac{v_2^2}{2} + gy + \frac{p_0}{\rho} = \frac{v_1^2}{2} + 0 + \frac{p_0}{\rho} \quad \rightarrow \quad y = \frac{v_1^2 - v_2^2}{2g} = \frac{v_1^2}{2g}\left[1 - \left(\frac{A_1}{A_2}\right)^2\right]$$

③ 设 A_1、A_2 截面之间的水流质量为 m，且考虑到 $q_{m1} = q_{m2} = q_m$，则根据控制体动量守恒方程式（4-24）有

$$F_x = v_{2x}q_{m2} - v_{1x}q_{m1} \quad \rightarrow \quad 0 = (v_2\cos\beta - v_1\cos\alpha)q_m \tag{a}$$

$$F_y = v_{2y}q_{m2} - v_{1y}q_{m1} \quad \rightarrow \quad -mg = (-v_2\sin\beta - v_1\sin\alpha)q_m \tag{b}$$

根据式（a）有：$v_2\cos\beta = v_1\cos\alpha$ = 水流在 x 方向的分速度 v_x，且 v_x 恒定（水流在 x 方向受力为零）。由此可知，水流从 A_1 截面到 A_2 截面（水平距离 x）经历的时间为 $t = x/v_x$，而 A_1、A_2 截面之间的水流质量为

$$m = q_{m1}t = q_m(x/v_x) = q_m(x/v_1\cos\alpha)$$

将 m 代入式（b）并引用 $v_2A_2 = v_1A_1$，$\sin\beta = \sqrt{1-\cos^2\beta}$，$v_2\cos\beta = v_1\cos\alpha$，可得

$$\left(\frac{A_1}{A_2}\right)^2 = 1 - \frac{2g}{v_1^2}\left(x\tan\alpha - \frac{gx^2}{2v_1^2\cos^2\alpha}\right)$$

该式为喷射水流的截面变化关系，将其代入以上伯努利方程，可得水流轨迹方程为

$$y = x\tan\alpha - x^2\frac{g}{2v_1^2\cos^2\alpha}$$

其中射流轨迹最高点的 x 坐标及对应高度和面积比分别为

$$x = \frac{v_1^2}{g}\sin\alpha\cos\alpha, \quad y_{max} = \frac{v_1^2}{2g}\sin^2\alpha, \quad (A_1/A_2)_{min} = \cos\alpha$$

结果应用：在以上方程中令喷射角 $\alpha=0$，可得容器或水槽侧壁小孔水平射流的轨迹方程；令 $a=\pi/2$，可得垂直喷射水流高度为 $y_{max} = v_1^2/2g$（读者可以思考此时 A_1/A_2 随高度 y 如何变化？）。

4.6 守恒方程综合应用分析

4.6.1 小孔流动问题

（1）小孔稳态流动问题

流体通过容器或水槽壁上的小孔向外流动称为小孔流动，如图 4-26 所示。小孔流动的特点是：容器截面 $A_1 \gg A_0$（孔口面积），因此比起孔口处的流速 v_0，容器内的总体流动速度很缓慢。当液面与小孔的垂直高差 h 恒定时，流体通过孔口的流动将保持稳定状态。

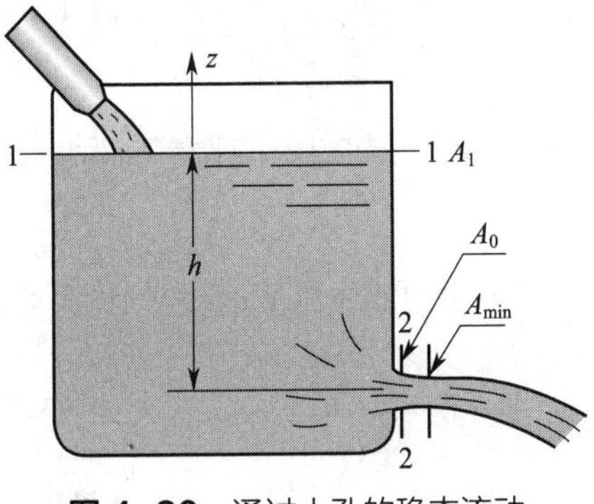

图 4-26 通过小孔的稳态流动

在此，首先按理想流体稳态流动分析孔口流速。取液体自由液面

1—1 与孔口截面 2—2 之间的流场空间为控制体，并特别用 A_0、v_0 表示孔口截面的面积和流速，根据伯努利方程有

$$\frac{(v_0^2-v_1^2)}{2}+g(z_2-z_1)+\frac{(p_2-p_1)}{\rho}=0$$

此处 $z_2-z_1=-h$，$p_1=p_2=p_0$，且按质量守恒有 $v_0=(A_1/A_0)v_1$；因为 $A_1 \gg A_0$，所以 $v_0 \gg v_1$，故可认为 $v_0^2-v_1^2 \approx v_0^2$，于是伯努利方程简化为，

$$v_0^2/2-gh=0$$

由此得小孔处的理论流速 v_0 和体积流量 q_{V0} 分别为

$$v_0=\sqrt{2gh}\ ,\ q_{V0}=A_0\sqrt{2gh} \tag{4-57}$$

式（4-57）中的 v_0 表达式即理想流体位能与动能的转换关系，称为 Torricelli 定理。

应用说明：将式（4-57）中的 gh 用 $\Delta p/\rho$ 替代，其中 Δp 为孔口两侧的压力差，则该式可适用于更一般的情况，比如液面上有压力或孔口两侧都有液层即沉浸小孔的情况。

与理想条件相比，通过小孔的实际流动有两个特点，一是有收缩现象，二是有摩擦阻力。如图 4-26 所示，由于惯性作用，流体在孔口处还有指向孔中心的径向速度分量，因此离开孔口时流体横截面处于收缩状态，直到一定距离后达到最小，此即收缩现象，其最小流动截面处称为“缩脉”。由于实际流动总存在摩擦，因此其流速也低于理论流速。考虑这两个因素，设缩脉截面面积为 $A_{\min}$，对应的实际流速为 v，并定义

$$\text{收缩系数}\ C_c=\frac{A_{\min}}{A_0}，\text{速度系数}\ C_v=\frac{v}{v_0}，\text{流量系数}\ C_d=C_cC_v=\frac{\text{实际流量}}{\text{理论流量}} \tag{4-58}$$

则通过小孔的实际体积流量 q_V 为

$$q_V=A_{\min}v=C_cC_vA_0v_0=C_dA_0\sqrt{2gh} \tag{4-59}$$

对于容器壁上的开孔（无接管），设容器壁厚为 δ，孔径为 d，则以上各系数为：

若 $d/\delta>1$（薄壁开孔情况），则 $C_c=0.62$，$C_v=0.98$，$C_d=0.61$；

若 $d/\delta\approx1$ 且孔内边缘为直角，则 $C_c=1.0$，$C_v=0.86$，$C_d=0.86$；

若 $d/\delta\approx1$ 且孔内边缘为圆弧，则 $C_c=1.0$，$C_v=0.98$，$C_d=0.98$。

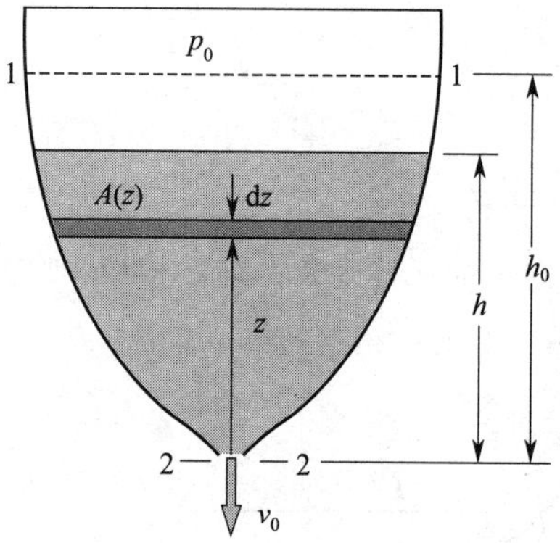

图 4-27　通过小孔的非稳态流动

（2）非稳态小孔流动问题

对于如图 4-27 所示小孔流动问题，若上方不供液，自由液面将持续下降，小孔流动为非稳态问题。在此分析小孔理论流速 v_0 与液面瞬时高度 h 的关系。

参见图 4-27，其中原始液面距离孔口的高度为 h_0，瞬时液面高度为 h，任意高度 z 处容器横截面积为 A（z）。取截面 1—1 与孔口截面 2—2 之间的空间为控制体，设控制体内流体内能恒定（温度均匀）且液体和气体的内能与密度分别记为 u_L、ρ_L、u_g、ρ_g，并忽略空气进入截面 1—1 的动能即 $v_1^2/2\approx0$。考虑到 $\dot{Q}=0$，$\dot{W}_s=0$，并取 $z_2=0$，$\alpha=1$，则根据过程设备流动系统能量方程式（4-48）有

$$\left(u_L+\frac{v_0^2}{2}+\frac{p_0}{\rho_L}\right)q_{mL}-\left(u_g+gh_0+\frac{p_0}{\rho_g}\right)q_{mg}+\frac{dE_{cv}}{dt}=0$$

式中的液体流量 q_{mL} 和气体流量 q_{mg} 可根据控制体质量和质量守恒方程确定，即

$$m_{cv,L}=\int_0^h \rho_L A(z)dz\quad\rightarrow\quad q_{mL}=-\frac{dm_{cv,L}}{dt}=-\rho_L A(h)\frac{dh}{dt}$$

$$m_{cv,g}=\int_h^{h_0} \rho_g A(z)dz\quad\rightarrow\quad q_{mg}=\frac{dm_{cv,g}}{dt}=-\rho_g A(h)\frac{dh}{dt}$$

注：上式中，积分限 h 是时间 t 的函数，故 m_{cv} 对时间 t 求导就是对积分限求导。

控制体内的总贮存能 E_{cv} 包括液体和气体的贮存能。因容器截面 $A \gg A_0$，容器内的总体流速缓慢，故可认为控制体内液体和气体的总体动能都可以忽略，于是有

$$E_{cv} \approx \iiint_{cv}(u+gz)\rho \mathrm{d}V = \int_0^h (u+gz)_L \rho_L A(z)\mathrm{d}z + \int_h^{h_0}(u+gz)_g \rho_g A(z)\mathrm{d}z$$

因上式中的积分限 $h=h(t)$，故 E_{cv} 对 t 求导可按积分限求导规则进行，结果为

$$\frac{\mathrm{d}E_{cv}}{\mathrm{d}t} = (u_L+gh)\rho_L A(h)\frac{\mathrm{d}h}{\mathrm{d}t} - (u_g+gh)\rho_g A(h)\frac{\mathrm{d}h}{\mathrm{d}t}$$

即

$$\mathrm{d}E_{cv}/\mathrm{d}t = -(u_L+gh)q_{mL} + (u_g+gh)q_{mg}$$

将此代入能量守恒方程，整理后可得非稳态小孔流动的理论流速为

$$v_0 = \sqrt{2gh\left(1+\frac{h_0-h}{h}\frac{\rho_g}{\rho_L}\right)} \tag{4-60}$$

因为 $\rho_L \gg \rho_g$，所以除了排放末期 $h \ll h_0$ 的情况外，通常有

$$v_0 \approx \sqrt{2gh} \text{ 或 } q_{V0} = A_0\sqrt{2gh} \tag{4-61}$$

即：对于非稳态小孔流动，只要容器及其内部液体体积较大（总体流动缓慢且不是排放末期），则每一瞬时的小孔流速近似于稳态情况。这种问题通常称之为拟稳态问题。

此外，引入流量系数 C_d 将实际流量表示为 $q_V = C_d q_{V0}$，并以实际流量 q_V 为出口流量，针对液体应用质量守恒方程（参照以上已有结果）可得

$$q_V = -A(h)\frac{\mathrm{d}h}{\mathrm{d}t} \quad \rightarrow \quad \mathrm{d}t = -\frac{A(h)}{q_V}\mathrm{d}h = -\frac{A(h)}{C_d A_0\sqrt{2gh}}\mathrm{d}h$$

对该式积分，可得液面从 h_0 下降到 h 所需时间为

$$t = \frac{1}{C_d A_0\sqrt{2g}}\int_h^{h_0}\frac{A(z)}{\sqrt{z}}\mathrm{d}z \tag{4-62}$$

【例 4-15】 圆筒容器与圆锥容器排液时间比较

一圆锥形容器，锥口朝下，上部敞口直径为 D、高度为 H；另有一圆筒形敞口容器，直径与高度也分别为 D、H；两者都装满液体并由底部中心小孔排放液体，且小孔面积与流量系数也分别相同。试确定液面下降到高度 h 时两者的排放时间公式。

解 与图 4-27 一样，将 z 坐标原点设于孔口中心。因此，对于圆锥形容器和圆筒容器，其横截面积与坐标 z 的关系分别为

$$A(z) = \pi D^2 z^2/4H^2 \text{（锥）}, \quad A(z) = \pi D^2/4 \text{（筒）}$$

将其代入式（4-62）积分可得两者的排放时间分别为

$$t_{锥} = \frac{1}{10}\frac{\pi D^2}{C_d A_0\sqrt{2g}}\left(\sqrt{H} - \frac{h^2}{H^2}\sqrt{h}\right), \quad t_{筒} = \frac{1}{2}\frac{\pi D^2}{C_d A_0\sqrt{2g}}(\sqrt{H}-\sqrt{h})$$

由此计算，当 h=0.5H 时，$t_{筒} \approx 1.78 t_{锥}$，此时筒体排放的液体量约为锥体的 1.71 倍。当 h=0 时（液体排放完毕），$t_{筒} = 5t_{锥}$，此时筒体排放的液体量是锥体的 3 倍，但这只是理想情况，因为以上关系不能用于将液体排放完毕的情况。

4.6.2 虹吸管流动及离心泵汽蚀问题

（1）虹吸管流动

工程与日常生活中常采用虹吸管从容器或水槽中排放流体。在图 4-28 所示的虹吸管排水系统中，取水槽液面 1—1 与虹吸管出口 2—2 为控制体进出口截面，则根据引申的伯努利方程（取 $\alpha=1$）有

$$\frac{v_2^2 - v_1^2}{2g} + (z_2 - z_1) + \frac{p_2 - p_1}{\rho g} + h_{f,1-2} = 0$$

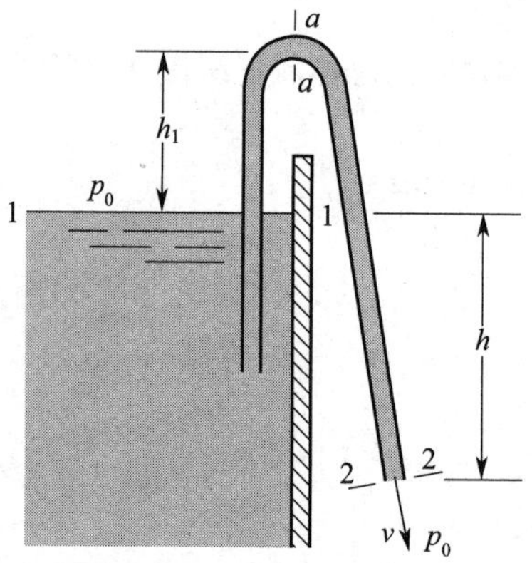

图4-28 虹吸管流动问题

式中，$h_{f,1-2}$为液面至虹吸管出口之间的总压头损失，包括沿程与局部损失。参见图4-28可知

$$v_2^2-v_1^2\approx v_2^2,\quad z_2-z_1=-h,\quad p_2=p_1=p_0$$

将其代入以上伯努利方程可得

$$v_2=\sqrt{2g(h-h_{f,1-2})} \tag{4-63}$$

另一方面，如果在液面与虹吸管顶点截面 a—a 之间应用引申的伯努利方程，则有

$$\frac{v_a^2}{2g}+h_1+h_{f,1-a}+\frac{p_a-p_0}{\rho g}=0$$

考虑等直径管 $v_a=v_2$，$h_{f,1-2}-h_{f,1-a}=h_{f,a-2}$，可得虹吸管顶点处的流体压力为

$$p_a=p_0-\rho g(h_1+h-h_{f,a-2}) \tag{4-64}$$

因为$(h_1+h)>h_{f,a-2}$，故截面 a—a 于负压状态。如果(h_1+h)大得来使$p_a\leqslant p_v$（p_v为流体温度对应的饱和蒸气压），则顶点处流体将产生汽化（又称空化现象），其形成的气泡将破坏流体的连续性，使流动中断。因此，根据$p_a=p_v$可确定虹吸管最大流速，即

$$v_{max}=\sqrt{2g\left[\frac{(p_0-p_v)}{\rho g}-(h_1+h_{f,1-a})\right]} \tag{4-65}$$

上式表明：减小压头损失 $h_{f,1-a}$或降低顶点高度 h_1 可提高最大流速。最大流速 v_{max} 对应的虹吸管出口至液面的最大距离 h_{max} 可根据式（4-63）计算。

（2）离心泵汽蚀现象与安装高度

如图4-29所示，工程上常用的液体输送设备离心泵在吸入液体的过程中，液池表面0—0与泵的入口截面 a—a 之间存在压差（p_0–p_a）。在两截面之间应用引申的伯努利方程并取 $v_0\approx 0$ 可得

$$\frac{p_0-p_a}{\rho g}=\frac{v^2}{2g}+H_g+h_{f,0-a} \tag{4-66}$$

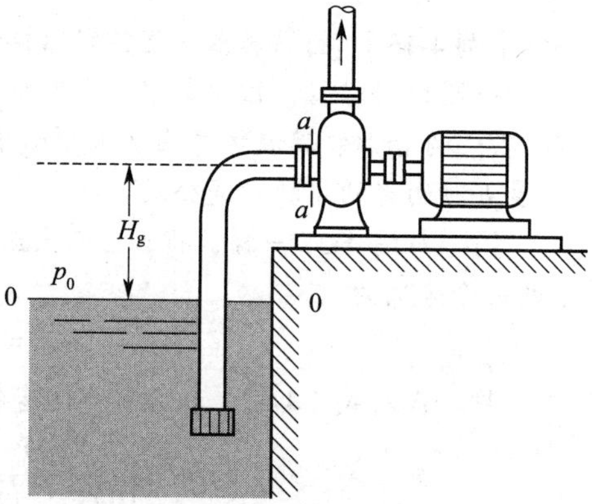

图4-29 离心泵的安装高度

式中，$h_{f,0-a}$为泵进口之前的总压头损失；v为泵进口的平均流度（由管径和流量确定）；H_g为泵进口至液池表面的垂直距离，称为安装高度。

由式（4-66）可知，安装高度H_g增加，泵入口压力减小；在给定流量下，若H_g使得入口压力$p_a\leqslant p_v$（p_v为流体温度对应的饱和蒸气压），则进口处流体将产生汽泡（空化）；液体汽化导致的体积突然膨胀必然扰乱入口处的液体流动，使能耗增加、效率下降，并产生噪声和振动；同时，气泡随液体进入泵内高压区后又突然凝结消失，导致周围液体以极高的速度向原气泡中心运动，产生极大的局部冲击力并不断打击叶轮表面，致使叶轮损坏，此现象称为离心泵汽蚀现象。

为防止汽蚀现象的发生，必须使$p_a\geqslant p_v$，即

$$\frac{(p_0-p_a)_{max}}{\rho g}=\frac{(p_0-p_v)}{\rho g}\equiv H_{S,0} \tag{4-67}$$

该式定义的$H_{S,0}$称为允许吸上真空高度。将此代入式（4-66），可得泵的最大理论安装高度H_{gmax}（$p_a=p_v$时的安装高度）为

$$H_{gmax}=\frac{(p_0-p_v)}{\rho g}-\frac{v^2}{2g}-h_{f,0-a}=H_{S,0}-\frac{v^2}{2g}-h_{f,0-a} \tag{4-68}$$

工业实际用泵的允许吸上真空高度 H_S 还与泵的转速 n、流量 q_V 等有关，即

$$H_S = \frac{(p_0 - p_v)}{\rho g} + f(n, q_v) \quad 或 \quad H_S = H_0 - H_v + f(n, q_v) \tag{4-69}$$

式中，H_0、H_v 分别是压力 p_0、p_v 对应的压头。工业用泵 H_S 通常由试验确定，并标注于产品说明书中。对于工业用水泵，H_S 通常是在 H_0 =10m 水柱、吸送 20℃清水的条件下标定的，若现场使用条件与之不符，需要将 H_S 换算成新条件下的 H'_S。换算时认为影响关系 $f(n,q_v)$ 对新条件不变，于是现场条件下 H'_S 与 H_S 的换算关系为

$$H'_S = H_S + (H'_0 - 10) - (H'_v - H_v) \tag{4-70}$$

式中各项单位均为 m；其中，H'_0 是现场环境压力的压头，H'_v 是现场流体温度对应的饱和蒸气压的压头，且为保守起见通常取 H_v =0。在 H'_S 值较低的情况下，可能出现安装高度 $H_{gmax} < 0$ 的情况，此时需要将泵安装于低于液面的位置。

4.6.3 驻点压力与皮托管测速

（1）驻点压力与全压

如图 4-30 所示，当流体绕流障碍物时，其速度将在障碍物前端点 B 处滞止为零，动能转化为压力能，使 B 点压力升高。流体速度滞止为零的点称为驻点，其压力称为驻点压力。

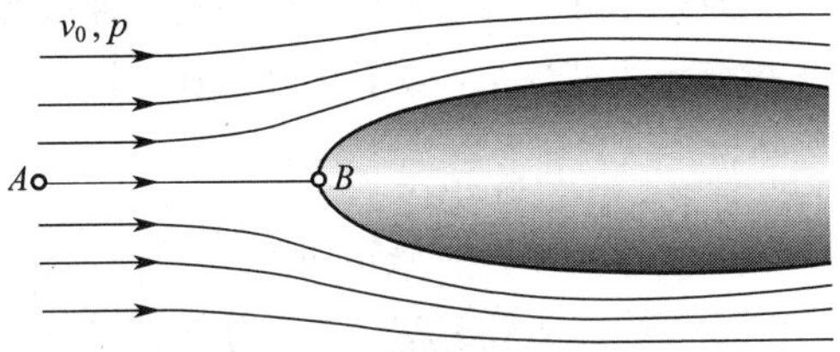

图 4-30 驻点与驻点压力

全压指流体的静压与动压（动能）之和，用 p_T 表示，即 $p_T = p + \rho v^2/2$。

考察图中 A 点至 B 点的流线：设无障碍物时 A 至 B 的压头损失为 h_f；有障碍物时，流体速度在 B 点滞止为零转化为压力能，使 B 点压力升高至 p_{B0}（驻点压力），因转化过程中总有机械能损耗，从而产生附加压头损失 h'_f。所以分别在两种情况下对 A、B 两点间的流线应用引申的伯努利方程有：

B 点无障碍物
$$\frac{v_A^2}{2g} + \frac{p_A}{\rho g} = \frac{v_B^2}{2g} + \frac{p_B}{\rho g} + h_f$$

B 点有障碍物
$$\frac{v_A^2}{2g} + \frac{p_A}{\rho g} = \frac{p_{B0}}{\rho g} + h_f + h'_f$$

比较两式可得
$$p_{B0} = p_B + \frac{\rho v_B^2}{2} - h'_f g = p_{BT} - h'_f g \tag{4-71}$$

因为 $h'_f > 0$，所以一般情况下驻点压力 $p_{B0} <$ 全压 p_{BT}；只有在 h'_f =0 的理想情况下才有 $p_{B0} = p_{BT}$（此时流体动能在驻点处将全部转化为压力能）。

（2）测压皮托管

考虑 h'_f =0 的理想情况，此时驻点压力 p_{B0} = 全压，并由此可得 B 点流速 v_B，即

$$\frac{p_{B0}}{\rho g} = \frac{v_B^2}{2g} + \frac{p_B}{\rho g} \quad \rightarrow \quad v_B = \sqrt{2g\left(\frac{p_{B0}}{\rho g} - \frac{p_B}{\rho g}\right)} \tag{4-72}$$

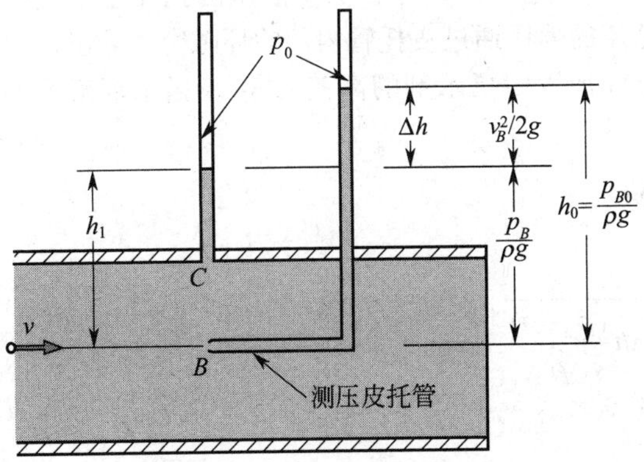

图 4-31 皮托管测试驻点压力

这意味着只要测定某点的驻点压力和静压力，即可确定该点的流体速度。根据这一原理建立的流体速度测试仪如图 4-31 所示。其中的 L 型弯管称为测压皮托管，其前端为光滑圆弧面，中心开有小孔与管内连通，流体进入管内达到平衡后静止，此时测管中的液柱高度 h_0 就是 B 点驻点压力 p_{B0}（表压）对应的压头，即

$$p_{B0}=\rho g h_0 \quad 或 \quad h_0=p_{B0}/\rho g$$

同时，在 B 点同一截面的管壁 C 处开孔接一静压测管，则静压管上方液面与 B 点的垂直距离 h_1 就是 B 点的静压头（表压），即

$$p_B=\rho g h_1 \quad 或 \quad h_1=p_B/\rho g$$

注：皮托管要求安装在等直径管段，此时管道截面上静压分布满足静力学方程，且皮托管管径较小，对流场的干扰可以忽略。

这样，B 点的速度（无皮托管时的速度）就可由两管的液面高差 Δh 确定，即

$$v_B=\sqrt{2g\left(\frac{p_{B0}}{\rho g}-\frac{p_B}{\rho g}\right)}=\sqrt{2g(h_0-h_1)}=\sqrt{2g\Delta h} \tag{4-73}$$

根据以上原理，就可将管道内不可压缩流体流动的能量转换关系（伯努利方程）用测压管液柱高度直观表示出来，见图4-32。

对于理想流体：截面2面积扩大（流速减小、静压增大）且位能提高（静压减小），故截面2速度头减小、静压头总体减小，但总压头不变，为水平线。

对于实际流体：截面2的位头、速度头与理想情况一样，但由于摩擦导致的机械能损失 h_f，截面2的静压头将进一步减少 h_f，故截面2总压头降低，降低的高度为 h_f。

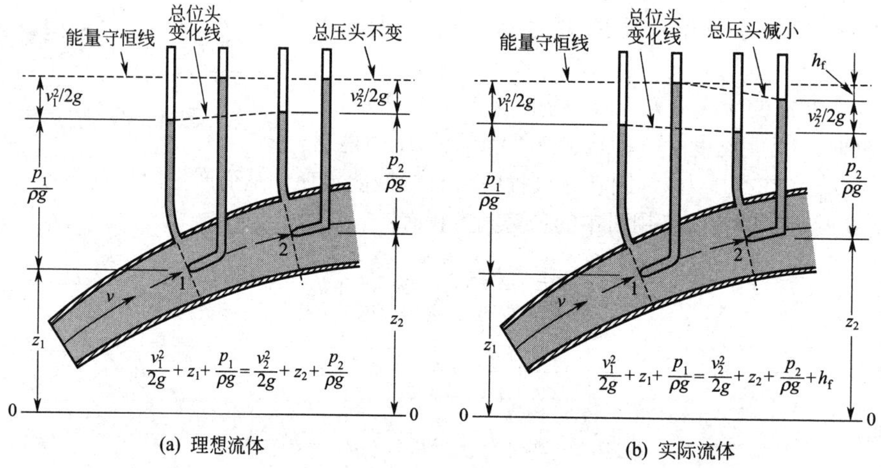

图4-32 管道内不可压缩流体流动的能量转换关系（伯努利方程）

（3）测速皮托管

测速皮托管是将测压皮托管与静压测管集为一体的测速仪器，如图4-33所示。其中静压侧孔 A 位于皮托管侧壁，距端部 B 有一定距离，以消除皮托管前端的干扰。侧孔 A 的静压通过皮托管内部的环隙空间导出，端点 B 的驻点压力由皮托管中心管导出，两者由U形管连接。若U形管中指示剂的高差为 Δh（指示剂密度为 ρ_m），则根据静压分布公式可得

$$p_{B0}-p_B=(\rho_m-\rho)g\Delta h$$

代入式（4-72）可得 B 点（未受干扰时）的速度为

$$v_B=\sqrt{2g\left(\frac{p_{B0}}{\rho g}-\frac{p_B}{\rho g}\right)}=\sqrt{2g\Delta h\frac{(\rho_m-\rho)}{\rho}} \tag{4-74}$$

说明：①上述速度公式是在理想流体条件下得到的，对于实际流动过程必须加以修正，即实际流速 $v=C_1 v_0$，v_0 为理论流速（即上述公式中的 v_B），修正系数 $C_1=0.98\sim0.99$。

②上述公式是针对不可压缩流体得到的，对于可压缩流体，只要气体流速 v 的马赫数 $Ma=v/a<0.1$，则上式误差较小。但高马赫数时必须考虑压缩性的影响，见第 11 章。

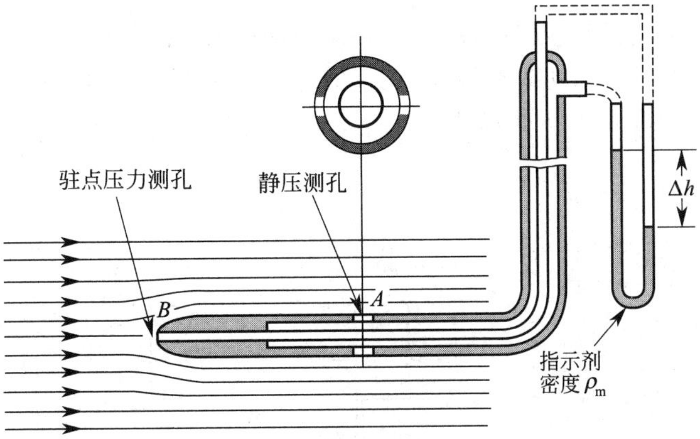

图 4-33 测速皮托管

4.6.4 管道局部阻力问题

（1）阻力损失机理

阻力损失通常指因流动阻力导致的流体机械能损失（机械能贬值为热能）。阻力损失的机理是黏性耗散，主要包括：摩擦耗散与涡流耗散。

摩擦耗散 即由于运动流体层之间及其与壁面之间的摩擦，使机械能耗散为热能。管道沿程摩擦阻力损失主要属于这种机理。

涡流耗散 即由于局部涡流区内涡旋（旋涡）的生长及其之间的转动摩擦，使机械能耗散为热能。局部阻力损失主要属于这种机理。

局部阻力损失 指的是局部区域内流体速度大小与方向突变产生的附加机械能损失。在管道流动中，管道几何形状突变区就是这样的局部区（如管道进出口、弯头、管中节流元件等）；附加机械能损失是因为这样的区域内会形成大量涡旋，产生涡流耗散。

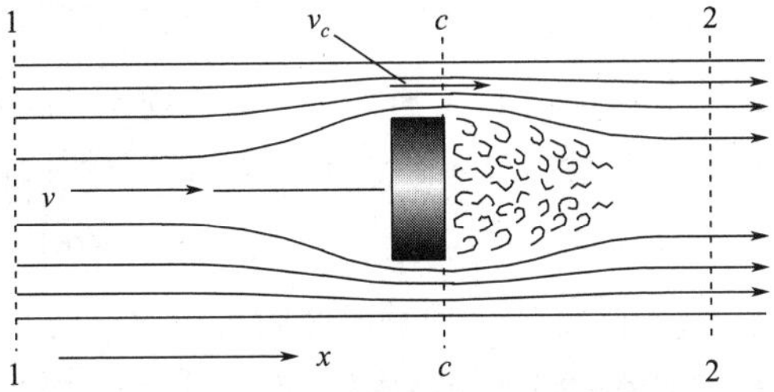

图 4-34 管内阻力件前后的流动

管道局部阻力及其特点 在图 4-34 所示的管道流动中，阻力元件对流场的影响区在上游截面 1 和下游截面 2 之间，但实践表明，其局部阻力产生的压头损失却主要来源于截面 c 至下游截面 2 之间的涡流区内，即

$$h'_{f,1-2}=h'_{f,1-c}+h'_{f,c-2}\approx h'_{f,c-2} \tag{4-75}$$

而且，根据质量、动量守恒及引申的伯努利方程，$h'_{f,c-2}$ 可表示为

$$h'_{f,c-2}=\frac{(v_c-v)^2}{2g}=\left(\frac{A}{A_c}-1\right)^2\frac{v^2}{2g} \tag{4-76}$$

进一步，根据局部压头损失的定义式，可得其局部阻力系数为

$$h'_{f,c-2}=\zeta\frac{v^2}{2g}\ \rightarrow\ \zeta=\left(\frac{A}{A_c}-1\right)^2 \tag{4-77}$$

式中，A_c 是最大速度 v_c 所在的截面面积；A 是管道截面积。

实践表明，对于类似图 4-34 这样的因流动截面突变使下游出现涡流区的情况，其局部压头损失 h_f 通常都可用式（4-76）表达，其中，v_c 是涡流区最小截面的平均流速（最大），v 是管道的平均流速，若涡流区上下游管径不同，则 v 是小管截面的平均流速。

（2）突扩管的局部阻力损失

如图4-35（a）所示，流体经过突扩管道时，由于惯性的作用，流动会出现分离，并在大管边角处形成涡流区。涡流区流体与主流体之间的剪切摩擦和涡旋之间的转动摩擦导致的机械能损失即局部阻力损失。此时涡流区壁面的附加摩擦很小，一般分析中可以忽略。

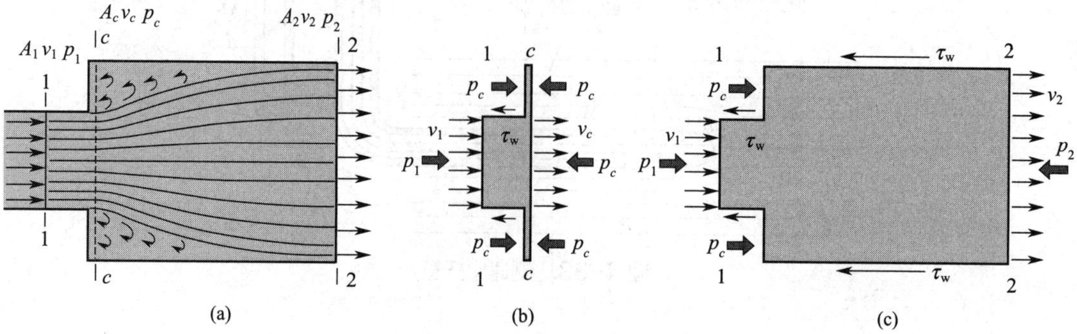

图4-35 突扩管流动受力分析

设截面1、c、2上压力均匀且分别为p_1、p_c、p_2，平均流速分别为v_1、v_c、v_2。

首先，取1、c截面之间的流场空间为控制体，如图4-35（b）所示。其中c截面无限靠近大管端部壁面，因此该截面的速度v_c仅存在于与A_1相等的面积内，且v_c=v_1。于是根据稳态动量守恒方程，管道轴线方向的动量守恒为

$$p_1A_1+p_c(A_c-A_1)-p_cA_c-F_{\tau,1-c}=v_cq_{mc}-v_1q_{m1}$$

其中$F_{\tau,1-c}$为管壁切应力τ_w的总力，因相对很小可以忽略；又因为v_c=v_1，且两截面质量流量相等即$q_{mc}=q_{m1}$，故有

$$p_c=p_1 \tag{4-78}$$

其次，取1、2截面之间的流场为控制体（其中2截面上流速分布已恢复正常），控制体受力如图4-35（c）所示，针对该控制体应用动量守恒方程可得

$$p_1A_1+p_c(A_2-A_1)-p_2A_2-F_{\tau,1-2}=v_2^2\rho A_2-v_1^2\rho A_1$$

其中$F_{\tau,1-2}$为两截面之间管壁切应力τ_w的总作用力，亦可认为$F_{\tau,1-2}\approx 0$（涡流区壁面摩擦力相对较小）；此外有p_c=p_1，v_2A_2=v_1A_1；将此代入以上动量守恒方程，整理可得突扩管的压头变化为

$$\frac{p_1-p_2}{\rho g}=\frac{v_2(v_2-v_1)}{g}=\frac{v_1^2}{2g}\left(1-\frac{A_1}{A_2}\right)^2-\frac{v_1^2}{2g}\left(1-\frac{A_1^2}{A_2^2}\right) \tag{4-79}$$

进一步，针对1、2截面应用引申的伯努利方程并取$\alpha=1$有

$$\frac{v_1^2}{2g}+z_1+\frac{p_1}{\rho g}=\frac{v_2^2}{2g}+z_2+\frac{p_2}{\rho g}+h_f'$$

其中h_f'是由涡流耗散产生的局部压头损失。因$z_1-z_2=0$，v_2A_2=v_1A_1，并应用式（4-79）的结果，可得突扩管的局部压头损失为

$$h_f'=\frac{(v_1-v_2)^2}{2g}=\left(1-\frac{A_1}{A_2}\right)^2\frac{v_1^2}{2g} \tag{4-80}$$

该式与局部阻力系数ζ的定义式对比，可知突扩管的局部阻力系数为

$$h_f'=\zeta\frac{v_1^2}{2g} \ \rightarrow \ \zeta=\left(1-\frac{A_1}{A_2}\right)^2 \tag{4-81}$$

特别地，当流体以流速 v 从管道进入大容器或水槽时，$A_1/A_2\approx 0$，此时

$$h_f'=\frac{v^2}{2g}\quad 或\quad \zeta=1 \tag{4-82}$$

两点讨论：①比较式（4-80）与式（4-76）可见，两者完全一致，说明式（4-76）确有一定普遍性。②对比式（4-80）与式（4-79）可以明确，突扩管的压头变化由两部分构成：一部分是涡流耗散产生的局部压头损失 h_f'（使 p_2 减小，不可逆），另一部分是因流通面积扩大，流体动能转化为压力能导致的压头升高（p_2 增大，可逆）。

（3）突缩管的局部阻力损失

图 4-36 所示为流体经过突缩管道的流动。当流体接近突缩口时，有效流动面积逐渐减小，直至进入突缩口并在小管内的某一截面 c 处收缩到最小截面 A_c（缩脉），之后再逐渐扩大到整个小管截面。实践表明，流体从大管到缩脉处（截面 c）的收缩流动中，流体加速，压力能转化为动能，该过程产生的涡流损失很小；缩脉（截面 c）之后流动截面膨胀，流体减速，动能转化为压力能，该过程产生的涡流损失很大，是突缩管局部阻力损失的主要部分。因此，以截面 c 之后的阻力损失代表突缩管的局部阻力损失，则该阻力损失可直接引用式（4-76）表示，即

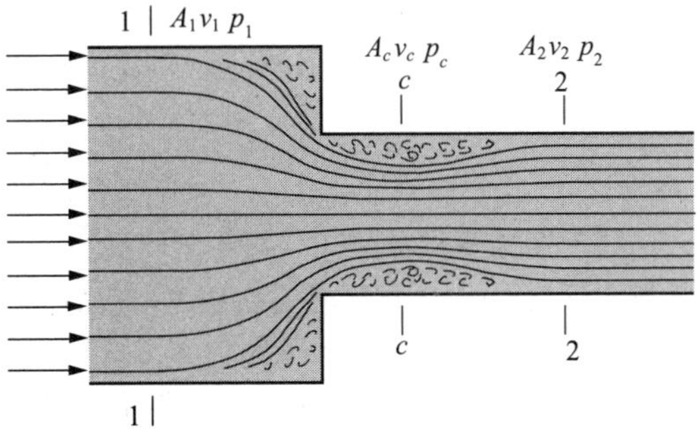

图 4-36　突缩管内的流动

$$h_f'=\frac{(v_c-v_2)^2}{2g}=\left(\frac{1}{C_c}-1\right)^2\frac{v_2^2}{2g}\quad 或\quad \zeta=\left(\frac{1}{C_c}-1\right)^2 \tag{4-83}$$

其中，$C_c=A_c/A_2$ 称为收缩系数。其值为 $C_c=0.585\sim1$，与 A_2/A_1 有关并随之增加而增大。ζ 是局部阻力系数，拟合经验数据，ζ 可近似表示为

$$\zeta\approx\frac{1}{2}\left[1-(A_2/A_1)^{3/4}\right] \tag{4-84}$$

特别地，当流体从大容器或水槽进入管道时，$A_2/A_1\approx 0$，$\zeta=0.5$。

此外，针对 1、2 截面（2 截面上流动已恢复正常）应用引申的伯努利方程并取 $\alpha=1$，可得突缩管压力降为

$$p_1-p_2=\rho g h_f'+\frac{\rho v_2^2}{2}\left(1-\frac{A_2^2}{A_1^2}\right) \tag{4-85}$$

可见突缩管压力降亦由两部分构成：一是局部阻力损失产生的压降（不可逆），二是因流通面积缩小（$A_1\to A_2$），流体压力能转换为动能产生的压力降（可逆）。

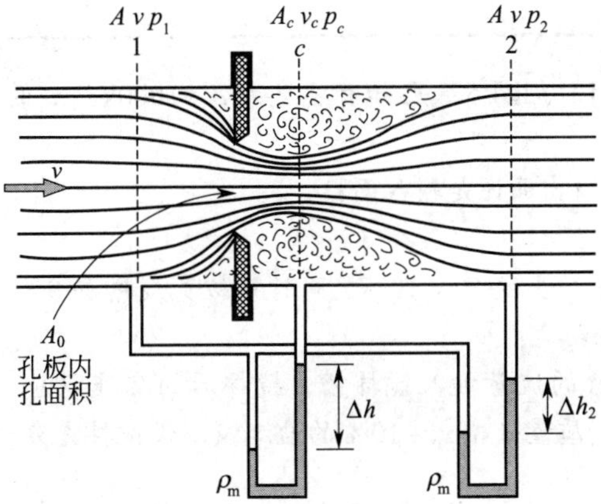

图 4-37　孔板流量计

（4）孔板流量计局部阻力及流量测量

流量是流体流动的基本参数。简单实用的流量测试方法是在管道上安装节流元件（如孔板、文丘里管等），通过测量其前后的压力差来确定流量。节流型流量计原理都是类似的，在此以孔板流量计为例，阐明如何建立其局部阻力系数关联式和流量计算式。

局部阻力损失及其影响因数　通过孔板流量计的流动与突缩管情况类似，如图 4-37 所示。其局部压头损失 h_f' 主要发生在缩脉截面 c 至流动恢复后的截面 2 之间，因此其局部压头损失可表示为

$$h_f'=\frac{(v_c-v)^2}{2g} \tag{4-86}$$

其中缩脉速度 v_c 可根据质量守恒表示为管道平均流速 v、管

道截面积 A、管板内孔面积 A_0 和收缩系数 $C_c=A_c/A_0$ 的函数，即

$$v_c=v\frac{A}{A_c}=v\frac{A}{A_0}\frac{1}{C_c}$$

将 v_c 代入式（4-86），可得孔板局部压头损失或阻力系数的影响因数关系式，即

$$h_f'=\left(\frac{A}{A_0}\frac{1}{C_c}-1\right)^2\frac{v^2}{2g}\quad 或\quad \zeta=\left(\frac{A}{A_0}\frac{1}{C_c}-1\right)^2 \tag{4-87}$$

孔板局部阻力损失的测量式　首先在未受干扰的截面 1、2 之间应用伯努利方程可得

$$h_f'=(p_1-p_2)/\rho g \tag{4-88}$$

然后再以截面 1、2 对应的 U 形压差计读数 Δh_2 替代 (p_1-p_2)，得到 h_f' 的测量式为

$$h_f'=\frac{(p_1-p_2)}{\rho g}=\frac{(\rho_m-\rho)}{\rho}\Delta h_2 \tag{4-89}$$

局部阻力系数关联式　对于某个孔板，可在不同流量下实验测取 Δh_2，然后用上式计算 h_f'，再用式（4-87）计算 C_c 和 ζ，最后整理成关联式 $\zeta=f(Re,A_0/A)$ 用于设计。

流量测量　从流量测量的角度，自然希望相同流量下有较大的压差显示值，以在相同仪表精度下获得更准确的结果。由图 4-37 可知，缩脉截面 c 流速最大，压力 p_c 最低，压差 (p_1-p_c) 是最大压差，因此孔板流量计测压接管开孔应在截面 1 和截面 c。在这两个截面之间应用伯努利方程（可不计 h_f'），可得其压差为

$$\frac{p_1-p_c}{\rho g}=\frac{v_c^2-v^2}{2g}=\frac{v^2}{2g}\left(\frac{A^2}{A_0^2}\frac{1}{C_c^2}-1\right) \tag{4-90}$$

根据该式可得到体积流量与压差的关系为

$$q_V=Av=\left(\frac{1}{C_c^2}-\frac{A_0^2}{A^2}\right)^{-1/2}A_0\sqrt{2\frac{p_1-p_c}{\rho}}\approx C_cA_0\sqrt{2\frac{p_1-p_c}{\rho}} \tag{4-91}$$

用两截面 U 形压差计读数 Δh（见图 4-37）替代压差 (p_1-p_c)，并考虑缩脉位置的不确定性、摩擦阻力、静压测口位置等因素的影响，将不确定的收缩系数 C_c 换为修正系数 C_0，可得孔板流量的流量计算公式为

$$q_V=C_0A_0\sqrt{2g\Delta h\frac{(\rho_m-\rho)}{\rho}} \tag{4-92}$$

式中，C_0 称为孔流系数。C_0 需实验标定，并表示成管流雷诺数 Re 和 D_0/D（孔板孔径 / 管径）的函数，以供设计应用。实验表明，Re 超过某一数值后，C_0 将只与 D_0/D 有关，即 D_0/D 一定，孔板的 C_0 是一常数，且设计良好的孔板其 C_0 在 0.6~0.7 之间。

习题

4-1　在三维流场中有一微元面 dA，其外法线单位矢量为 $\mathbf{n}=(\mathbf{i}+\sqrt{2}\mathbf{j}+\sqrt{2}\mathbf{k})/5$，已知有密度为 ρ =1000kg/m³ 的流体以速度 $\mathbf{v}=\sqrt{2}\mathbf{i}+1.5\mathbf{j}-2\mathbf{k}$ 通过该微元面。

① 试求该微元面上流体的法向速度和质量通量，并判断 dA 是输出面还是输入面；

② 求该微元面上 x、y、z 方向的动量通量。

4-2　一滚轧机轧制热钢板，如图 4-38 所示。钢板经过滚子后变薄，密度增加 10%，同时钢板宽度增加 9%。如果钢板轧制前的给进速度 v_1=0.1m/s，试确定轧制后钢板的运动速度 v_2。

4-3　如图 4-39 所示，质量分率 x_1 =20% 的盐溶液以 q_{m1} =20kg/min 的流量加入搅拌槽，搅拌后的溶液以 q_{m2} =10kg/min 的流量流出。开始时，搅拌槽内有质量 m_0=1000kg、质量分率 x_0 =10% 的盐溶液。设搅拌充分，槽内各处溶液浓度均匀，试确定：

① 任意时刻 t（min）搅拌槽中盐溶液的质量分率 x；

② 搅拌槽中溶液的盐含量达到 200kg 时所需的时间 t。

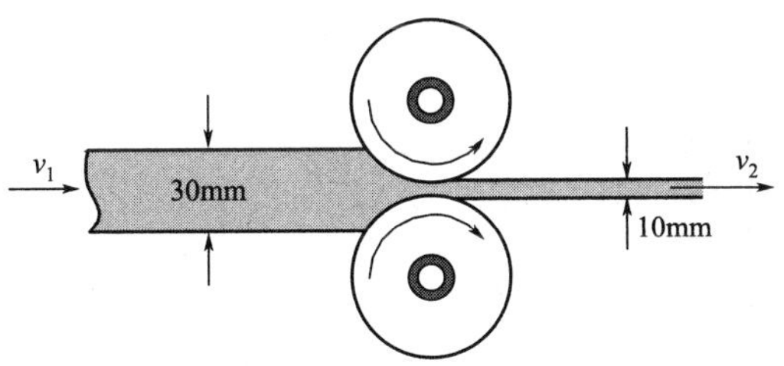

图 4-38 习题 4-2 附图

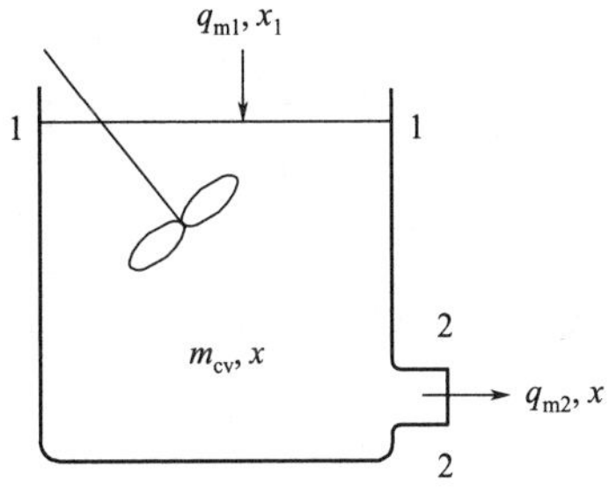

图 4-39 习题 4-3 附图

4-4 相同溶质不同浓度的两股溶液 A、B 进入搅拌槽中混合后放出，如图 4-40 所示。其中 q_{mA}、x_A，q_{mB}、x_B，q_m、x 分别为溶液 A、溶液 B、出口溶液的质量流量和溶质质量分率。由于充分搅拌，容器内溶液浓度分布均匀，且 t=0 时刻，容器内原有溶液质量为 m_0，溶质质量分率为 x_0。试推导表明：出口溶液溶质质量分率 x 与时间的关系为

$$\frac{x-x_1}{x_0-x_1}=\left(1+\frac{\Delta q_m}{m_0}t\right)^{-q_{m1}/\Delta q_m}$$

其中，x_1 为进口平均质量分率，q_{m1} 为进口总流量，Δq_m 为进出口流量差，即

$$x_1=(q_{mA}x_A+q_{mB}x_B)/q_{m1}，\quad q_{m1}=q_{mA}+q_{mB}，\quad \Delta q_m=q_{m1}-q_m$$

对于进出口总质量流量相等的情况，即 $\Delta q_m=0$，有

$$\frac{x-x_1}{x_0-x_1}=\exp\left(-\frac{q_{m1}}{m_0}t\right)$$

4-5 某工业废水以流量 q_m 排入搅拌槽中进行自分解反应，以降低有害组分 A 的排放浓度，如图 4-41 所示。已知，进口废水流量 q_m，A 组分质量分率 x_{A0}；A 组分分解速率 $\dot{r}_A=-k\rho_A$（kg/m³s），其中 ρ_A 为 A 组分质量浓度 [kg（A）/m³（溶液）]，k 为反应常数（1/s）；部分气相分解产物质量忽略不计，废水混合物密度 ρ 不变。设搅拌槽有效容积为 V 且搅拌槽中废水组分分布均匀，试求：

① 搅拌槽由空置状态到充满废水的过程中，槽内组分 A 质量分率 x_A 的表达式；

② 搅拌槽充满废水形成稳态流动后，槽内组分 A 质量分率 x_A 的表达式；

③ 无限长时间后搅拌槽排出废水的质量分率 x_A 与进口废水质量分率 x_{A0} 之比。

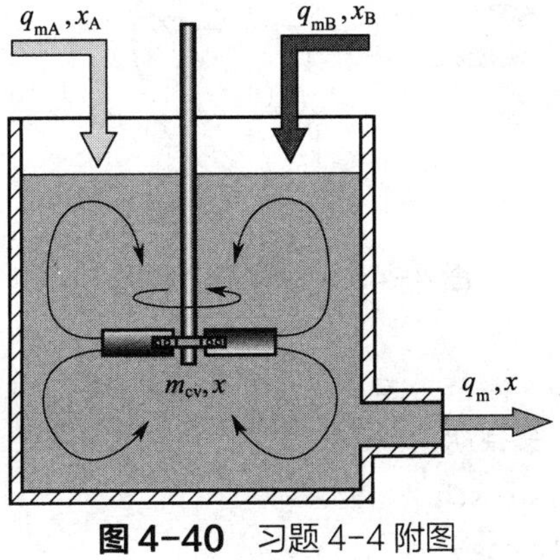

图 4-40 习题 4-4 附图

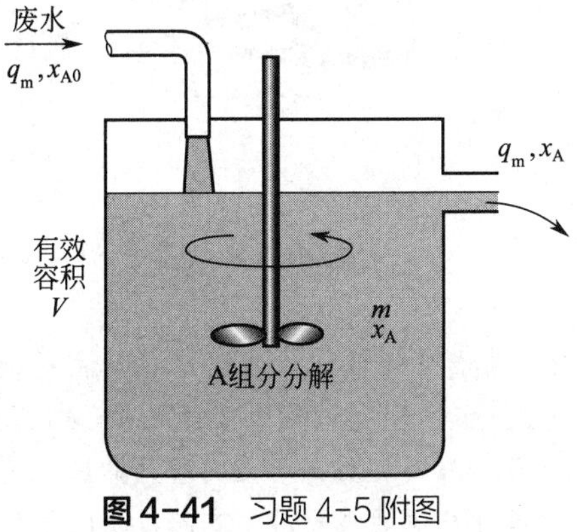

图 4-41 习题 4-5 附图

4-6 图 4-42 是某核电厂废水处理工艺中的蒸发器，目的是对含放射性盐分的溶液进行浓缩，以便后续处理。如图，待浓缩液有两股进料，其中一股的质量流量为 F、盐分质量分率为 x_F，另一股的质量流量为 W、盐分质量分率为 x_W。产生的蒸汽流量为 G，蒸汽本身不含盐分，但其中夹带的液滴含有盐分，且已知每 kg 蒸汽夹带的液滴质量为 φ（液滴夹带率），液滴中的盐分质量分率为 x_φ。蒸发过程连续稳定，蒸发器内溶液总质量 m 保持不变，但其中的盐分分率 x 随时间增加（水分相应减少），且蒸发从 $x=x_0$ 开始，至 $x=x_N$ 结束为一个操作周期（然后在短时间内排除部分浓缩液，并补水使蒸发器内溶液质量恢复到 m、盐分分率恢复到 x_0，继而进入下一蒸发周期）。试确定该蒸发周期的耗时，其中给定参数如下：

$$F=3150\text{kg/h},\ x_F=0.0004,\ W=700\text{kg/h},\ x_W=0.0002,\ m=900\text{kg}$$

$$\varphi=0.002\text{kg（液滴）/kg（蒸汽）},\ x_\varphi=(x_F+x)/2,\ x_0=0.04,\ x_N=0.05$$

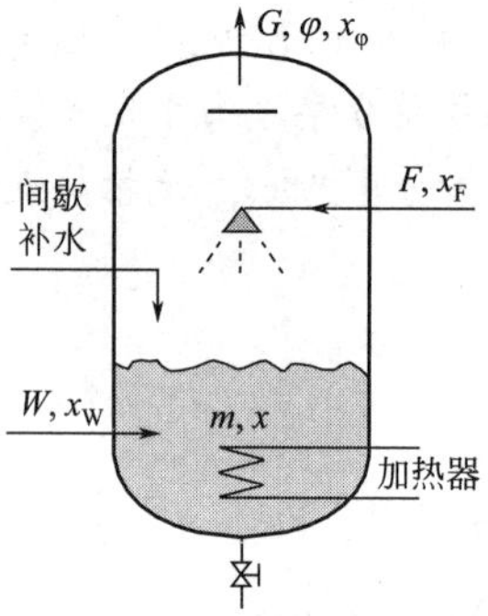

图 4-42 习题 4-6 附图

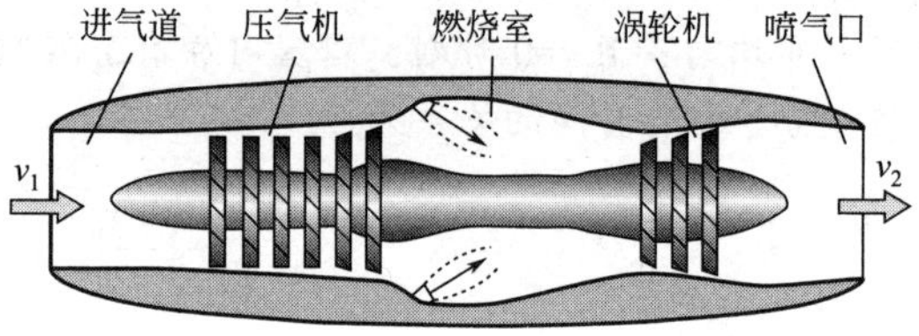

图 4-43 习题 4-7 附图

4-7 图 4-43 为一喷气发动机示意图。其中进气口空气平均流速 $v_1=90\text{m/s}$，密度 $\rho=1.307\ \text{kg/m}^3$，所耗燃油为空气质量流量的 1.5%，尾部喷气口平均气速 $v_2=270\text{m/s}$，且进气口与喷气口面积均为 1m^2。忽略燃料的进口动量，并设进、出口压力均等于环境压力，试估算发动机所能提供的推力（即发动机内气流受力的反作用力）。

4-8 图 4-44 所示为水流冲击固定垂直壁面的动量实验。忽略流体黏性（理想流体）和重力时，水流将形成图中所示冲击形态。现已知喷嘴出口直径 $d=10\text{mm}$，水的密度 $\rho=1000\text{kg/m}^3$，实验测得水流对平板的冲击力为 $F=100\text{N}$，试确定射流的体积流量。

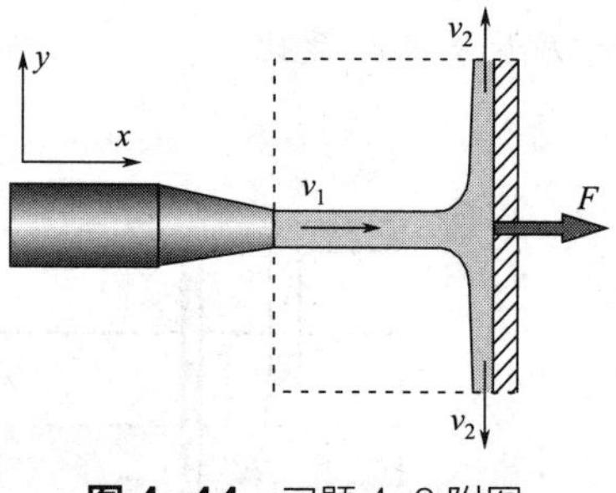

图 4-44 习题 4-8 附图

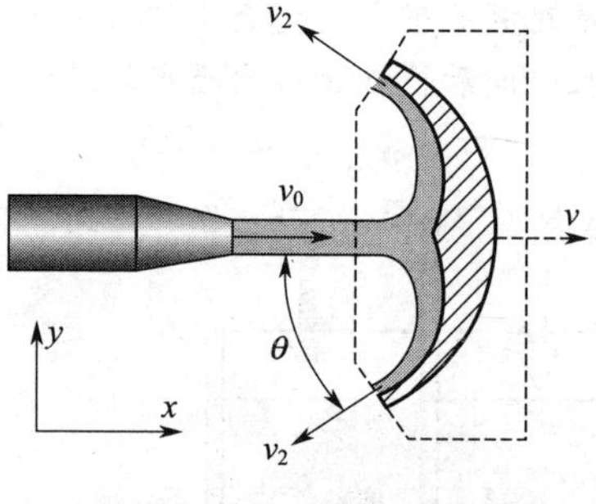

图 4-45 习题 4-9 附图

4-9 固定喷嘴喷出的水流以速度 v_0 冲击对称弯曲叶片，如图 4-45 所示。其中喷嘴出口截面积 A，叶片出口角为 θ，水的密度为 ρ。设水流为无黏水流且重力忽略不计。试证明：

① 当叶片固定时，水流对叶片的冲击力 F_x 为 $F_x=\rho A v_0^2(1+\cos\theta)$

② 当叶片以速度 v 沿 x 方向匀速运动时 $F_x=\rho A(v_0-v)^2(1+\cos\theta)$

提示：根据沿流线的伯努利方程可知，大气环境且忽略重力时，理想水流冲击叶片的速度与离开叶片的速度相等。因此，图中水流以速度 v_0 冲击固定叶片时，离开叶片的水流速度 $v_2=v_0$；若叶片以速度 v 移动，则水流冲击叶片的速度为 v_0-v，离开叶片的速度 $v_2=(v_0-v)$。

4-10 喷嘴以稳定水流冲击叶轮的叶片，使叶轮以角速度 ω 匀速转动，如图 4-46 所示。已知喷嘴出口面积为 A_0，水流速度为 v_0、密度为 ρ，叶轮半径为 R，叶片出口角为 θ。取所有叶片外缘的包络面空间为控制体（见图中虚线），试证明：

① 水流对叶片的冲击力 F_x 为 $F_x=(v_0-R\omega)(1+\cos\theta)q_m$，其中 $q_m=\rho A_0 v_0$；

② 水流作用于叶轮的力矩为：$M_z=R(v_0-R\omega)(1+\cos\theta)q_m$。

提示：与习题 4-9 不同，本题中叶轮转动不影响进入控制体的流量，仅影响水流冲击叶片的速度，同时也影响到叶片出口水流的相对速度，即图 4-46（b）中 $v_R=v_0-R\omega$。

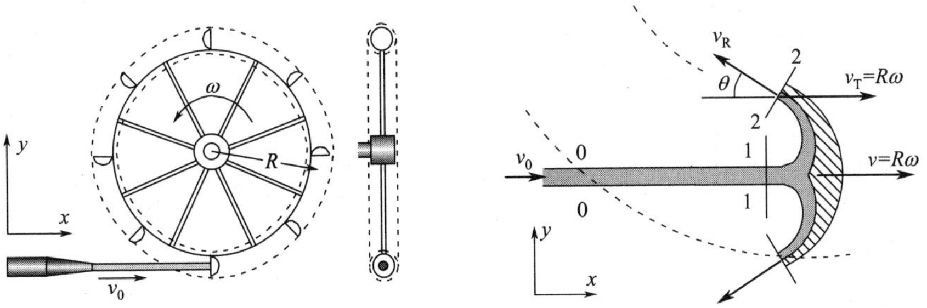

(a) 转动叶轮系统的控制体 (b) 水流冲击叶片示意图

图 4-46 习题 4-10 附图

4-11 稳态水流冲击倾斜角为 θ 的固定平板，如图 4-47 所示。喷嘴为二维喷嘴（相当于在 z 方向无限宽的矩形截面喷嘴），其中单位宽度的射流面积为 A_0，射流速度为 v_0。假设水流为理想水流（无摩擦、无重力），因此有 $v_1=v_2=v_0$。此外由于无摩擦，平板对射流的反作用力只有 F_y。

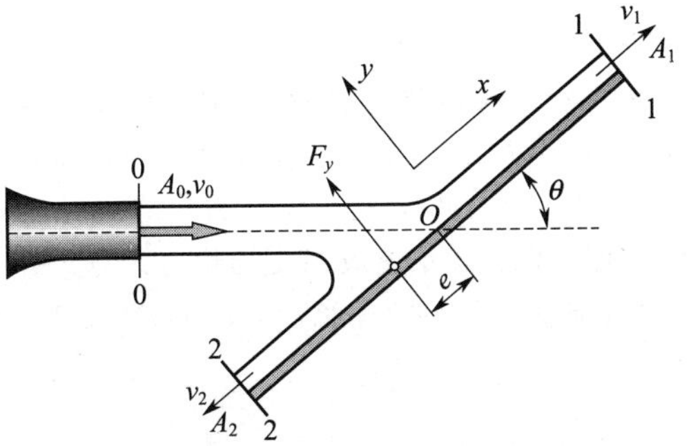

图 4-47 习题 4-11 附图

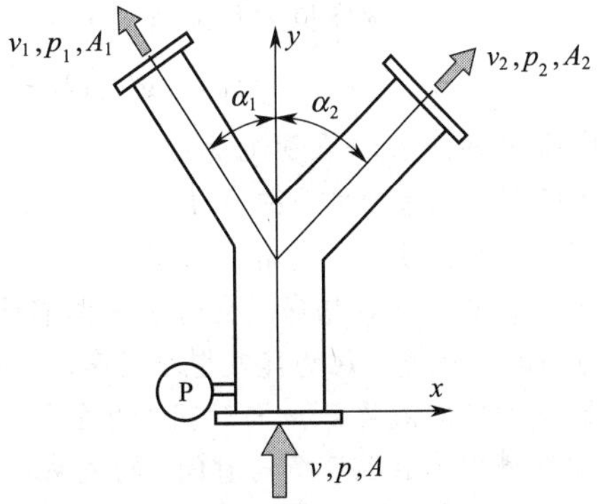

图 4-48 习题 4-12 附图

① 利用质量及动量守恒方程证明，z 方向单位宽度射流对应的转折流出口面积 A_1、A_2 和斜平板对水流的作用力 F_y 的表达式分别为

$$A_1=\frac{A_0}{2}(1+\cos\theta),\quad A_2=\frac{A_0}{2}(1-\cos\theta),\quad F_y=\rho v_0^2 A_0\sin\theta$$

② 设 F_y 的作用线与射流中心线交点 O 的距离为 e，试应用动量矩方程证明

$$e=A_0/(2\tan\theta)$$

4-12 图 4-48 所示为位于水平面（x-y 平面）的输水管路的三通接管。其中 $\alpha_1=30^\circ$、$\alpha_2=45^\circ$，管道

截面 A、A_1、A_2 对应的管道直径分别为 d=400mm、d_1=200mm、d_2=300mm，流量分别为 q_m=500kg/s、q_{m1}=200kg/s、q_{m2}=300kg/s；三通管进口处压力表读数 70kPa。取水的密度 ρ =1000kg/m^3，并忽略流体黏性摩擦，试确定水流在 x、y 方向对三通管的推力 R_x、R_y。

注：因管道外部处于大气压力环境，故分析流体对管道的作用力时，流体压力仅需考虑表压力。

4-13　如图 4-49 所示，水流以流量 q_V = 0.1m^3/s 流经一段变径弯管，弯管位于 x-y 水平平面，坐标方位如图。其中进口截面直径 d_1= 0.2m，表压 p_1=120kPa，出口截面直径 d_2=0.15m，进出口轴线夹角 θ=60°，且已知弯管的总压头损失 $\Sigma h_f = 0.3v_2^2/(2g)$。

① 假定进出口截面流速分布均匀，且弯管管壁绝热，试确定流体出口压力 p_2 和温升 ΔT。

② 确定水流对弯管作用力的大小和方向。

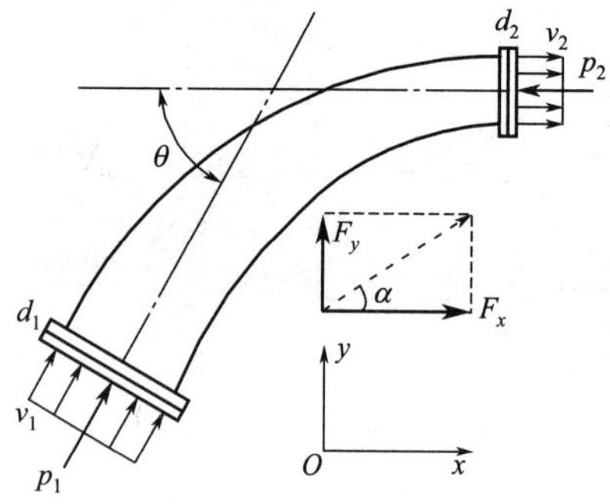

图 4-49　习题 4-13 附图

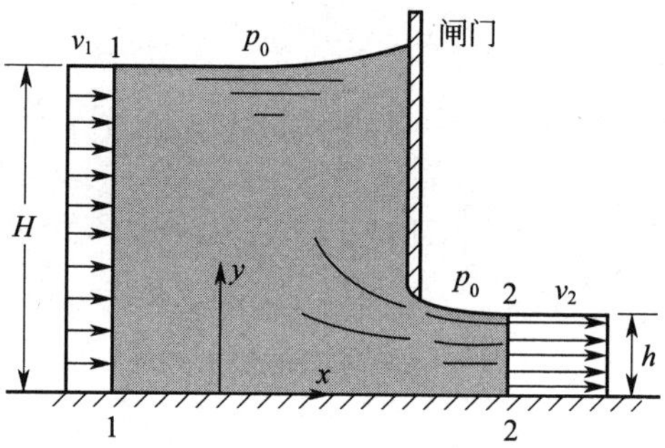

图 4-50　习题 4-14 附图

4-14　图 4-50 所示为明渠中水流经过闸门的情况。设流体为理想不可压缩流体，即流动无摩擦和阻力损失，流体密度为 ρ。在 1—1 和 2—2 截面上，水流速度 v_1、v_2 分布均匀，压力沿高度满足静力学分布，即

$$p_1 = p_0 + \rho g(H - y),\quad p_2 = p_0 + \rho g(h - y)$$

试应用动量及能量守恒方程证明：速度 v_1 和水对单位宽度闸门的作用力 F_x 分别为

$$v_1^2 = 2gh^2/(H+h),\quad F_x = \rho g(H-h)^3/[2(H+h)]$$

4-15　温度为 T_1 的溶液以质量流量 q_{m1} 进入搅拌槽加热，加热后的溶液以质量流量 q_{m2} 流出，如图 4-51 所示。搅拌槽中安装有加热面积为 A 的螺旋管，放热速率 $\dot{Q} = hA(T_s - T)$，其中 h、T_s 分别为换热系数和螺旋管内饱和蒸气温度，且两者均为定值，T 是搅拌槽中溶液温度。在 t=0 时刻，搅拌槽中溶液温度为 T_0、质量为 m_0。设：搅拌槽保温良好热损失不计，由于充分搅拌，搅拌槽中溶液温度场均匀，与传热量相比流体的动能、位能、压力能及搅拌功率均可忽略，此时单位质量流体的贮存能 $e \approx u = c_vT \approx c_pT$。试确定：

① 搅拌槽中溶液质量 m 与时间 t 的关系；

② 搅拌槽中溶液温度 T 与时间 t 的关系；

③ 代入下列数据，计算 t=1h 时搅拌槽出口的溶液温度。

$$q_{m1} = 81.6\text{kg/h},\ T_1 = 294\text{K},\ q_{m2} = 54.4\text{kg/h},\ m_0 = 227\text{kg},\ T_0 = 311\text{K}$$

$$A = 0.929\text{m}^2,\ h = 14\times10^5\ \text{J/(m}^2\cdot\text{h}\cdot\text{K)},\ T_s = 422\text{K},\ c_p = 4187\text{J/(kg}\cdot\text{K)}$$

4-16　图 4-52 所示为天然气气瓶充气过程。其中供气管压力 p_1 与温度 T_1 保持不变，气瓶体积 V=0.1m^3，瓶内气体原有压力温度分别为 p_0、T_0。天然气按理想气体处理，其比定容热容 c_v =1709J/（kg·K），绝热指数 $k= c_p/c_v$ =1.303，气体常数 R_G =519J/(kg·K)。设充气过程中瓶内气体温度分布均匀，动能与位能可忽略。

① 试求气瓶内压力达到 p 时，气体温度 T 的表达式。

② 若 $T_1 = T_0 = 303\text{K}$，且考虑充气过程为绝热过程，试求从 p_0 =0.1MPa 充气到 p =2.5MPa 时的气体温度

T和充气量 Δm（kg）。

③ 若充气过程中气瓶对外充分散热，使气体温度始终保持为 T_0，则充气量 Δm 和总散热量 Q（J）又为多少？

提示：取气瓶至 1—1 截面为控制体，读者可考虑为什么不取 0—0 截面为控制体边界。

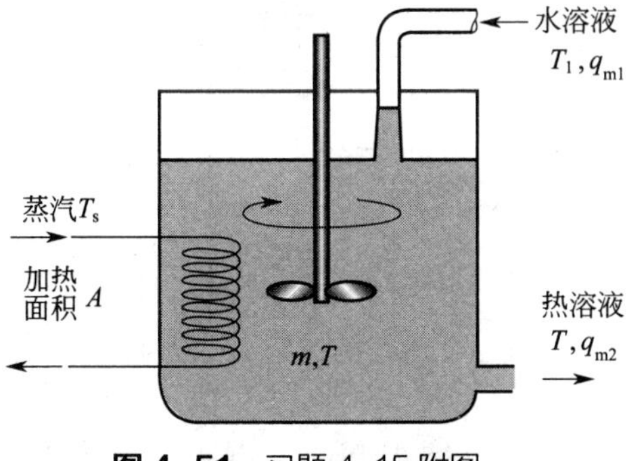

图 4-51 习题 4-15 附图

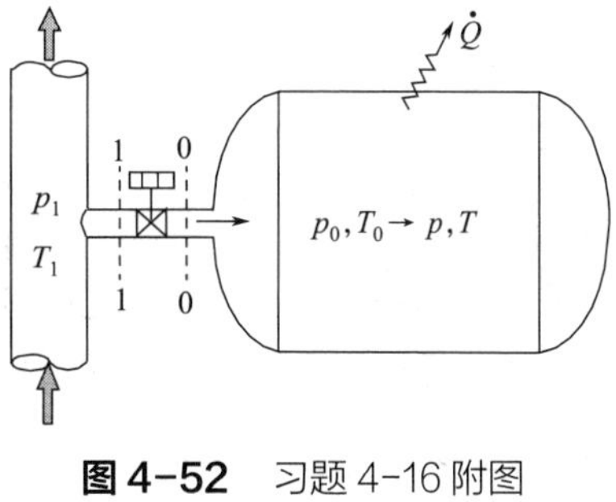

图 4-52 习题 4-16 附图

4-17 图 4-53 为某核电废水蒸发浓缩工艺。其操作期间系统物料流动和蒸发传热过程均可视为稳定状态。现已知进料溶液流量 $q_{m,F}$ =3850kg/h，温度 T_F =25℃；二次蒸汽为饱和蒸汽，流量 $q_{m,S}$ =3850kg/h，温度 =102℃，焓值 i_S =2680 kJ/kg；蒸发室内为饱和状态（温度 102℃，压力 110kPa），且限定加热器出口溶液温度 $T \leqslant$ 107℃。作为初步设计，溶液焓值可按水的焓值取值，密度 ρ =1000kg/m³。假设系统热损失、流体的动 / 位能均可以忽略不计。试确定循环管路所需最小流量 q_m；若已知最小流量下泵的输入功率 N = 11427 W，则加热器放热速率 Q 为多少？

注：该装置操作过程中蒸发室底部的溶液浓度是变化的，但浓度较低，故溶液进料量与蒸发量相等情况下，物料流动可视为稳态流动。

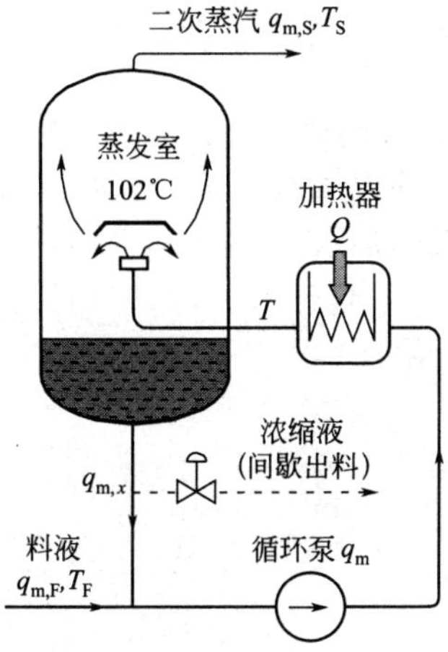

图 4-53 习题 4-17 附图

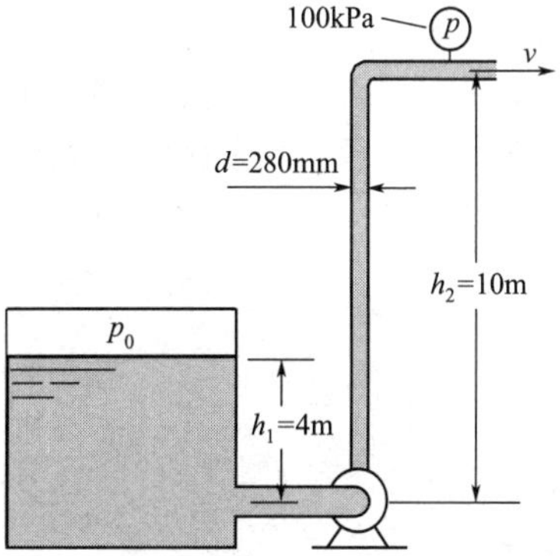

图 4-54 习题 4-18 附图

4-18 图 4-54 为某供水系统，其中水泵出口以后管路直径 d 相同且 d=280mm，压力表表压 p=100kPa，要求输送的水量为 q_V=0.25m³/s。已知水的密度 ρ =1000kg/m³，水池液面到压力表处的总压头损失 $\Sigma h_f = 1.5(v^2/2g)$，其中 v 是管路直径 d 对应的流速。试计算水泵的输入功率。若系统保持等温，则系统的散热速率为多少？

4-19 流体通过水槽壁面上的矩形孔向外排放，如图 4-55 所示，其中矩形孔宽度为 B，液面至孔上下边缘距离

分别为 h_1、h_2。设流动稳定，流体为理想不可压缩流体。

① 试求通过孔的理论流量 q_V 的表达式，并取 B=1.0m，h_1=0.8m，h_2=2.0m，计算 q_V；

② 应用小孔理论流量公式 $q_{V0}=A\sqrt{2gh}$，其中取 h 为液面至孔中心的垂直距离，计算流量 q_{V0}，并比较其与 q_V 的相对偏差。

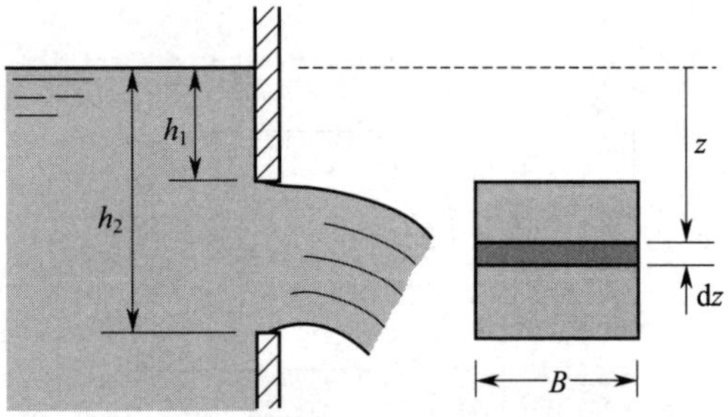

图 4-55　习题 4-19 附图

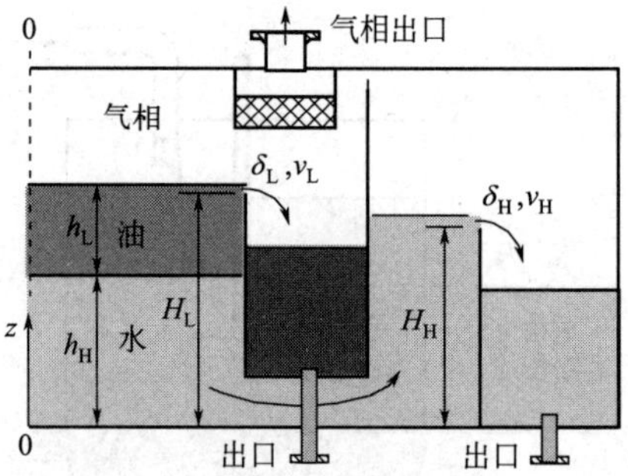

图 4-56　习题 4-20 附图

4-20　图 4-56 是双堰型卧式三相分离器后端采集段示意图，其中有油、水两个溢流堰。油的溢流堰高度 H_L，溢流层厚度 δ_L，溢流平均流速 v_L；水的溢流堰高度 H_H，溢流层厚度 δ_H，溢流流速 v_H；且溢流堰宽度和分离器侧壁间距均为 B。对于分离器设计，油和水的液层厚度 h_L 和 h_H 是两个重要参数。为确定这两个参数，可作如下假设：因实际分离器后端采集段油水两相总体流动较为缓慢，故可认为流体压力沿深度的分布近似满足静力学方程，沿流动方向保持不变。试根据该假设，并应用薄板溢流堰流量公式，导出油和水的液层厚度 h_L 和 h_H 的计算式；其次，根据下列数据并取溢流堰宽度 B=1000mm，计算 h_L 和 h_H 的值。

油：密度 ρ_L=800kg/m³，流量 q_{VL}=5m³/h，堰高 H_L=900mm，流量系数 C_{dL}=0.58

水：密度 ρ_H=1000kg/m³，流量 q_{VH}=10m³/h，堰高 H_H=800mm，流量系数 C_{dH}=0.62

说明：一般分离器只有一个溢流堰（油），双堰型分离器采用两个溢流堰，可有效调节水和油的液层厚度（尤其是油-水密度比较接近的工况），以满足沉降分离需求。

4-21　为测量管道中的流体流量，可将称为文丘里流量计的缩放管连接到管道上，如图 4-57 所示。其原理是通过测试来流段与颈缩段截面的压差确定流体平均流速，从而确定流体流量。设流体密度为 ρ，U 形管内指示剂密度为 ρ_m，且 $\rho<\rho_m$。试利用伯努利方程证明：颈缩段截面流速 v_2 与 U 形管读数高差 h 的关系为

$$v_2=\frac{1}{\sqrt{1-(A_2/A_1)^2}}\sqrt{2gh\frac{(\rho_m-\rho)}{\rho}}$$

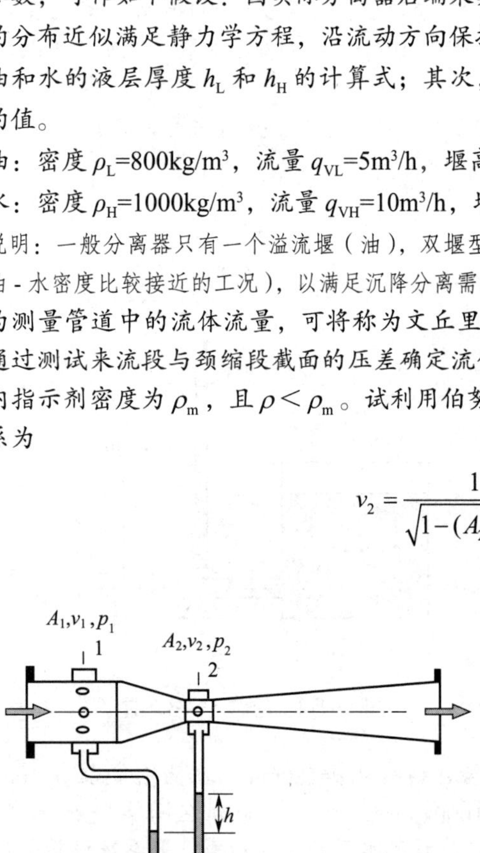

图 4-57　习题 4-21 附图

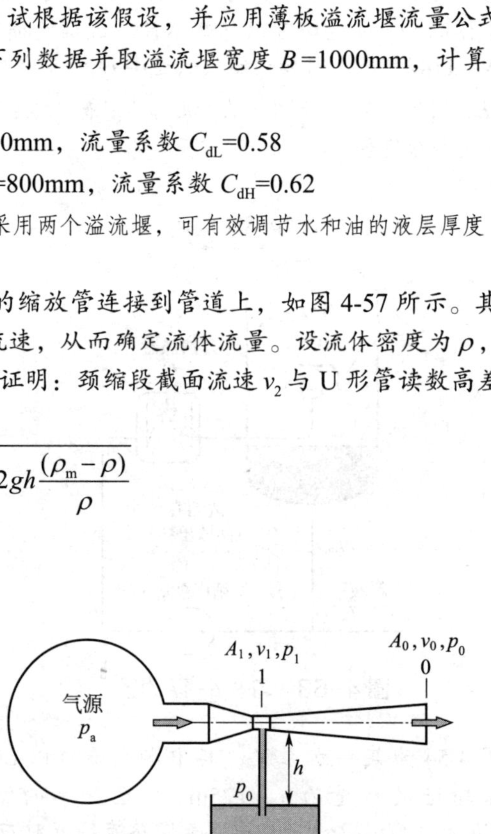

图 4-58　习题 4-22 附图

4-22 压缩空气通过一引射器将水池中的水抽吸喷出，如图 4-58 所示。已知：引射器喉口面积 A_1、出口面积 A_0，空气密度 ρ_g、水的密度 ρ_L，气源压力 p_a，引射器出口和水池液面均为大气压力 p_0。设气体为理想不可压缩流体，试求：①面积比 $A_1/A_0=m$ 一定时，将水吸入喉口所需的气源最小压力 $p_{a,min}$；②p_a 一定时，将水吸入喉口的最大面积比 m_{max}。

4-23 如图 4-59 所示，一喷管在距离地面 h=0.8m 的高度以 α=40° 的仰角将水喷射到 L=5m 远的地点。喷管口直径 d=12.5mm，水的密度 ρ=1000kg/m³。视流体为理想流体，试确定：①喷口处的质量流量；②在该流量下使 L 达到最大的喷管仰角 α。

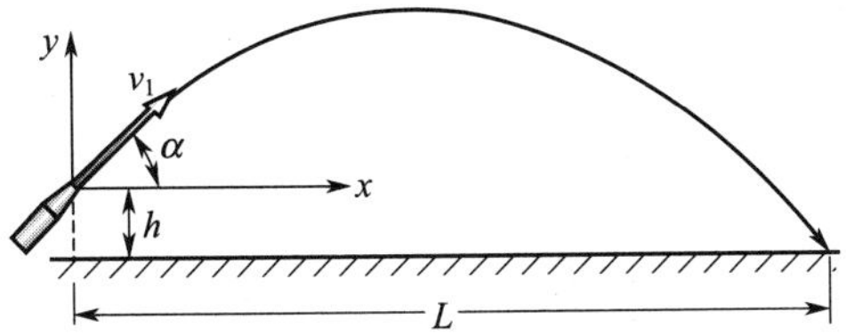

图 4-59 习题 4-23 附图

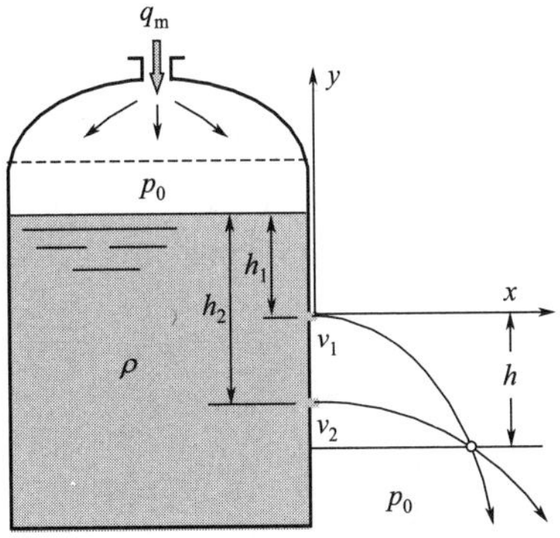

图 4-60 习题 4-24 附图

4-24 液体储存容器如图 4-60 所示。容器内液面上方为常压 p_0，液体从液面下深度 h_1=0.5m、h_2=1m 处的器壁小孔流出，小孔截面积均为 A=0.5cm²，液体密度 ρ = 1000kg/m³。如图，以孔 1 为坐标原点，并设两孔口流体沿径向水平射出。试根据理想液体小孔流速公式和射流轨迹方程确定：① 为保持液面高度恒定所需的供液量 q_m；② 两孔射流交汇点的坐标。

4-25 如图 4-61 所示，容器内液面高度恒定 h=2.0m，液面上方空间表压 p=50kN/m²；容器底部有一直径 d=50mm 的小孔，其流量系数 C_d=0.61。设液体密度 ρ=1000kg/m³，并取 g=9.81m/s²，试求通过小孔的液体流量。

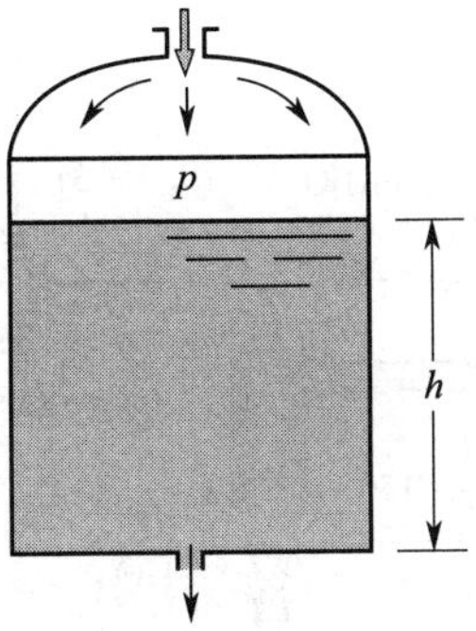

图 4-61 习题 4-25 附图

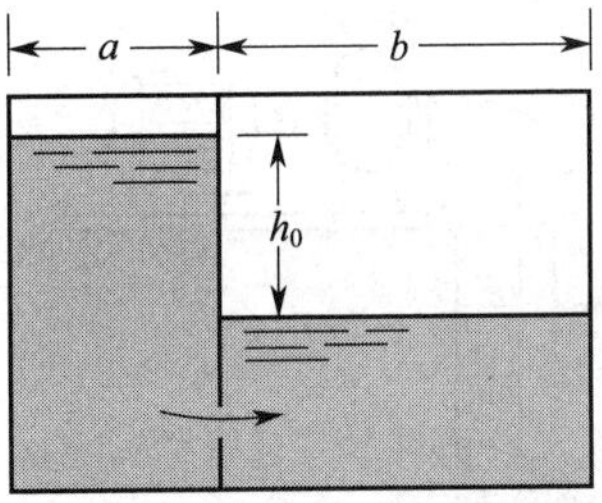

图 4-62 习题 4-26 附图

4-26 一矩形水槽，中间有一隔板，尺寸如图 4-62 所示，其中 a=3.5m，b=7.0m，垂直于纸面方向上水槽宽度 l=2.0m；隔板下部有一面积 A=0.065m² 的小孔沉浸于水中，其流量系数 C_d=0.65。若起始时刻两液面高差 h_0=4.0m，试求两液面高差为零时所需的时间。设两液面的升降很缓慢，沉浸小孔的流动为拟稳态过程，并取 g=9.81m/s²。

4-27　图 4-63 是内径 d=20mm 的虹吸管从直径 D=3m 的圆筒水槽排水。其中环境压力 p_0 =100kPa，水的密度 ρ = 988kg/m^3，饱和蒸气压 p_v = 12.3kPa（水温 50℃）。若起始时刻虹吸管顶点 c 至液面的垂直距离 h_c =0.5m，液面至虹吸管出口的垂直距离 h_0 =2m，且此条件下管路总压头损失可表示为 $\Sigma h_f = 7(v^2/2g)$（v 是管内平均流速），其中液面 1 至虹吸管顶点 c 的压头损失 $h_{f,1-c} = 3(v^2/2g)$，并取管流动能修正系数 $\alpha=1$，试确定：

① 维持液面液位不变的条件下，虹吸管的排水流速；

② 维持液面液位不变的条件下，通过降低虹吸管出口位置（h_0 增加）能达到的最大流速为多少？此时的 h_0 为多少？

③ 若水槽上游停止供水，试确定其液面下降 0.5m 所需的时间（设下降过程为拟稳态）。

4-28　直径 d=1.2m 的管道靠虹吸作用由水库 A 向水库 B 输水，如图 4-64 所示。两水库液面高差 H=6m，管道最高点 C 与水库 A 液面高差 h=3m。管道总长 L=720m，其中从 A 水库到最高点 C 之间的管长 l=240m。设管道沿程摩擦阻力系数 λ =0.04，不计局部阻力，试求管道内的体积流量 q_V 及 C 点处的流体表压力 p_c。取水的密度 ρ =1000kg/m^3，g=9.8m/s^2。

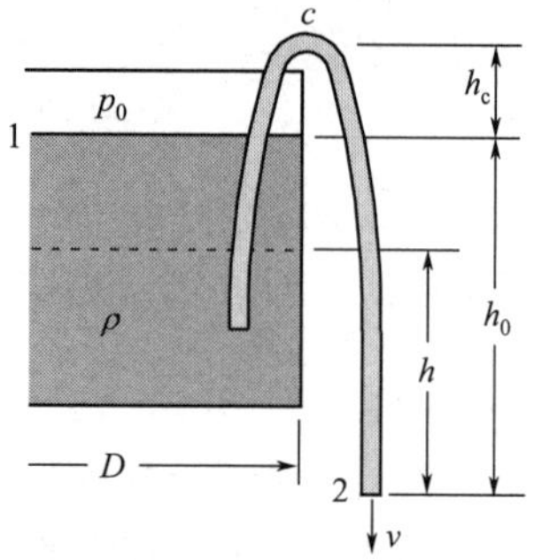

图 4-63　习题 4-27 附图

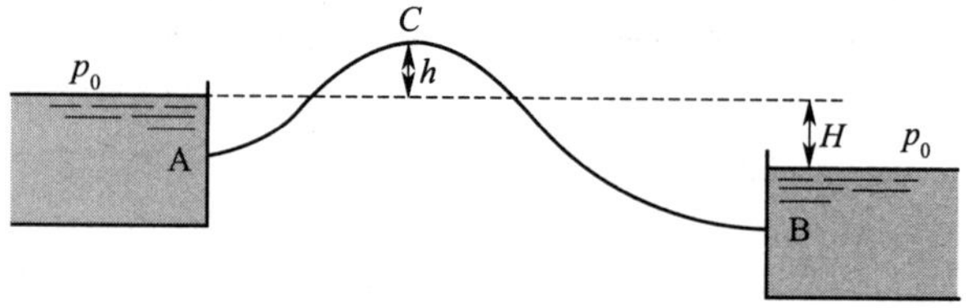

图 4-64　习题 4-28 附图

4-29　一离心泵（图 4-65）铭牌标注：流量 q_V=30m^3/h，扬程 H=24m 水柱，转速 n=2900r/min，允许吸上真空高度 H_s=5.7m。现假设该泵符合现场流量与扬程要求，且已知吸入管路全部压头损失 h_f =1.5mH$_2$O，当地大气压为 10mH$_2$O，泵的进口直径 80mm。试确定：

① 输送 20℃的水时泵的理论安装高度 H_g；② 水温提高到 80℃时泵的安装高度。

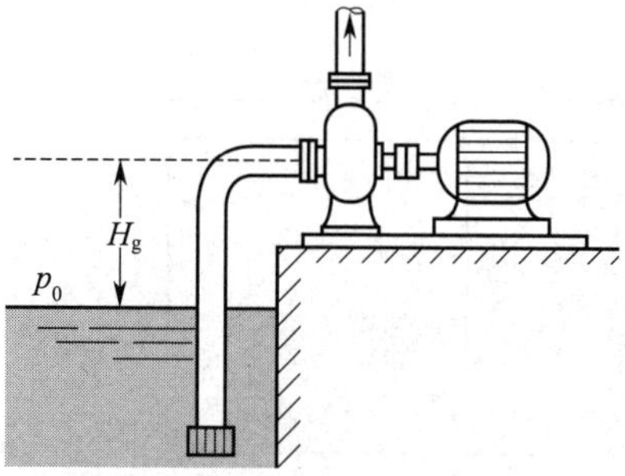

图 4-65　习题 4-29 附图

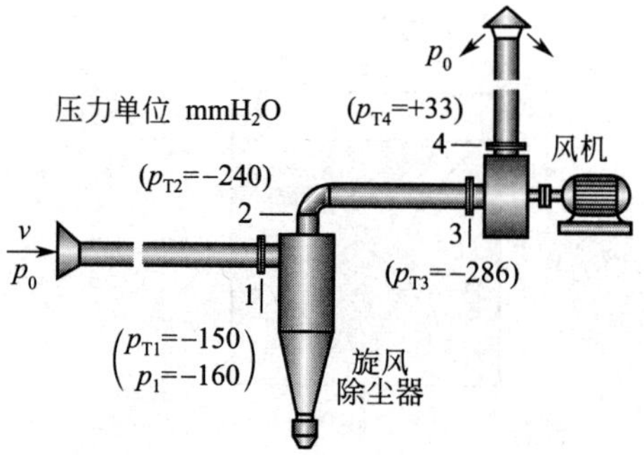

图 4-66　习题 4-30 附图

4-30　某抽风除尘系统如图 4-66 所示，其风机输入功率 N=12kW，管道直径 d 均为 500mm，气体密度 ρ =1.2kg/m^3，实验测得管路相关截面上的全压 p_{Ti} 如图所示，其中 p_1 是旋风除尘器进口的静压。设气体不可压缩，各截面之间的位差可忽略不计，管道截面动能修正系数 $\alpha=1$，且不考虑气体中少量粉尘对气体流动的影响。试求：

① 管路的平均风速 v_m 和除尘器的压头损失 $h_{f,1-2}$；

② 风机输入的有效功率 N_e（即增加流体机械能的功率）和风机内的压头损失 $h_{f,3-4}$；
③ 除尘系统的总压头损失 Σh_f（即从进口环境并经由管路到出口环境的总压头损失）。并说明 Σh_f 中多少损失于系统内部（进口与出口之间），多少损失于出口环境。

4-31 图 4-67 为风机引风系统进口段。已知管道直径 $D=300\text{mm}$，空气不可压缩且密度 $\rho=1.293\text{kg/m}^3$，p_0 为环境压力。
① 试分析确定进风口截面 1 的静压 p_1 与环境压力 p_0 的关系（由此可明确进风口压力 $p_1<p_0$）；
② 若水杯中玻璃管吸水高度 $h=50\text{mm}$，$p_0=10^5\text{Pa}$，且忽略截面 1→2 之间的阻力损失，计算空气的流速 v 及截面 1 的静压 p_1；
③ 若风机反转，向出口排风，试确定出风口截面 1 的静压 p_1 与环境压力 p_0 的关系（由此可明确出风口压力 $p_1=p_0$）；此时 h 将如何变化（其他条件不变）？

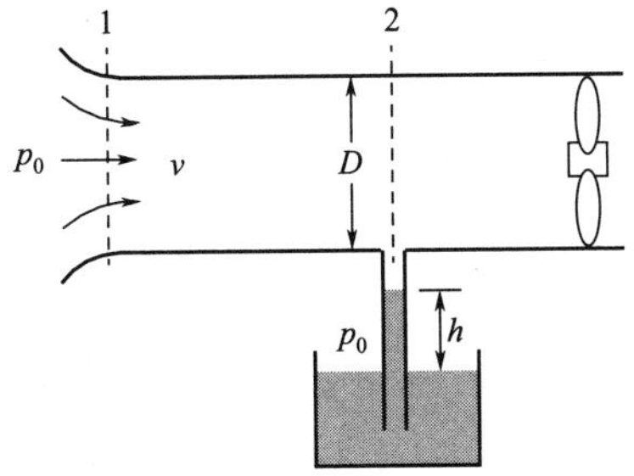

图 4-67 习题 4-31 附图

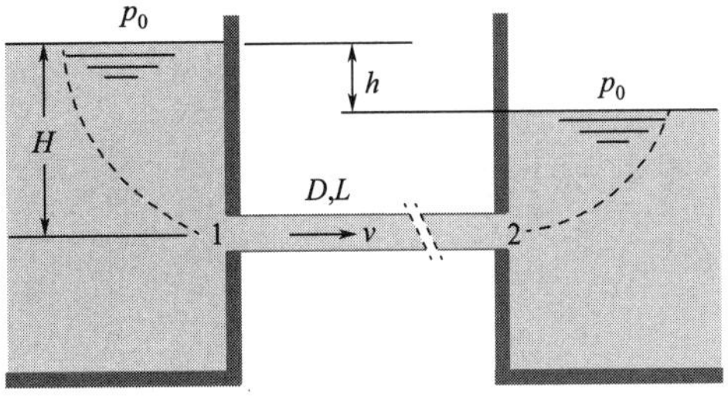

图 4-68 习题 4-32 附图

4-32 图 4-68 所示为连接两水槽的水平直管，管径 D、管长 L，管内流体在两水槽液面高差 h 作用下流动，管内平均流速为 v，管道进口截面压力 p_1，出口截面压力 p_2，管道摩擦阻力系数为 λ，管道进口局部阻力系数为 ζ_1，出口局部阻力系数为 ζ_2。已知：水槽液面为大气，液面速度为零，且管内流动的动能修正系数 $\alpha=1$，管道进出口摩擦压降为 Δp_f。
① 写出上游水槽液面至下游水槽液面之间的能量守恒方程，并计算管内平均流速 v；
② 写出上游水槽液面至管道进口截面 1 之间的能量守恒方程，并计算 p_1-p_0；
③ 写出管道出口截面 2 至下游水槽液面之间的能量守恒方程，并计算 p_2-p_0；
④ 写出管道进口截面 1 至出口截面 2 之间的能量守恒方程，并计算摩擦压降 Δp_f。
计算所需参数为 $H=10\text{m}$，$h=3.6\text{m}$，$L=33\text{m}$，$D=0.12\text{m}$

$$\zeta_1=0.5，\zeta_2=1，\lambda=0.033，\rho=1000\text{kg/m}^3，g=9.8\text{m/s}^2$$

4-33 图 4-69 为矿山横向坑道与竖向通风井，其中横向坑道长 $L=300\text{m}$，竖井高 $H=200\text{m}$。已知矿山环境气温夜晚可低至 5℃（空气密度 $\rho_a=1.270\ \text{kg/m}^3$），白天可高到 30℃（空气密度 $\rho_a=1.165\ \text{kg/m}^3$）。设通道内（竖井与坑道）热容很大，使其内部气温可保持在 20℃（空气密度 $\rho=1.205\ \text{kg/m}^3$），通道风速 v 相同且总压头损失 $h_f=9v^2/(2g)$。试应用引申的伯努利方程，确定白天和夜晚通道内的风向及风速大小。注：外部气压分布满足静力学方程。

4-34 图 4-70 所示为引射混合器，其中高速流体由中心管以速度 $v_0=30\text{m/s}$ 喷出，周围同种流体以速度 $v_1=10\text{m/s}$ 流动，两股流体混合均匀到达截面 2—2 后的平均速度为 v_m；已知中心管口直径 $d_0=50\text{mm}$（面积 A_0），大管直径 $d=150\text{mm}$（面积 A），流体密度 $\rho=1.2\text{kg/m}^3$。设流体不可压缩，截面 1 上压力 p_1 和速度 v_0、v_1 均匀分布，截面 2 的动能修正系数 $\alpha=1$。
① 试确定截面 2 上平均流速 v_m 的表达式，截面 1 上动能修正系数 α 的表达式，并计算其大小。
② 分别应用动量守恒和能量守恒导出压差 p_2-p_1 的表达式；其中壁面摩擦力用 F_τ 表示，截面 1→2 之间的摩擦压降用 Δp_f 表示，局部阻力压降用 $\Delta p_f'$ 表示。
③ 根据以上两个压差表达式，并近似认为 $F_\tau/A=\Delta p_f$，证明局部压头损失可表示为

$$h_f' = \beta \frac{v_0}{v_m}\frac{(v_0 - v_m)^2}{2g} + (1-\beta)\frac{v_1}{v_m}\frac{(v_1 - v_m)^2}{2g}，其中 \beta = \frac{A_0}{A} = \frac{d_0^2}{d^2}$$

④ 代入数据，计算局部阻力压降 $\Delta p_f'$；同时设 1 → 2 截面之间的距离 L=2m，按 Blasius 阻力系数公式计算两截面之间的摩擦压降 Δp_f；比较二者大小可说明什么问题。

⑤ 讨论局部压头损失 h_f' 表达式对 $v_1=0$、$v_0=0$、$v_0=v_1$ 三种特殊情况的适应性。

注：$v_1=0$ 相当于流体以速度 v_0 进入突扩管；$v_0=0$ 相当于流体以速度 v_1 由环隙进入突扩管；$v_0=v_1$ 相当于直管道中的流动，且此时 $v_0=v_1=v_m$。

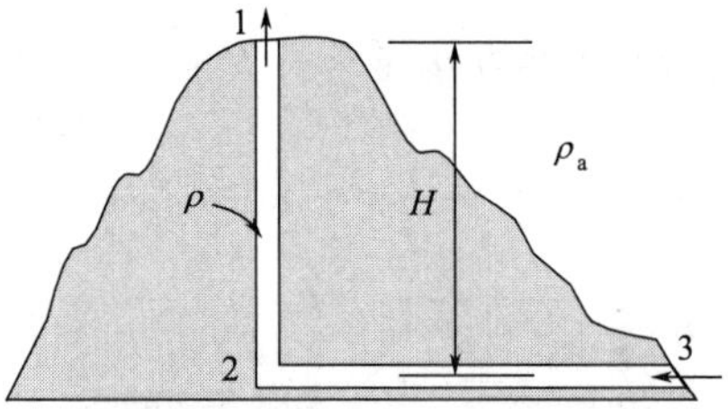

图 4-69 问题 4-33 附图

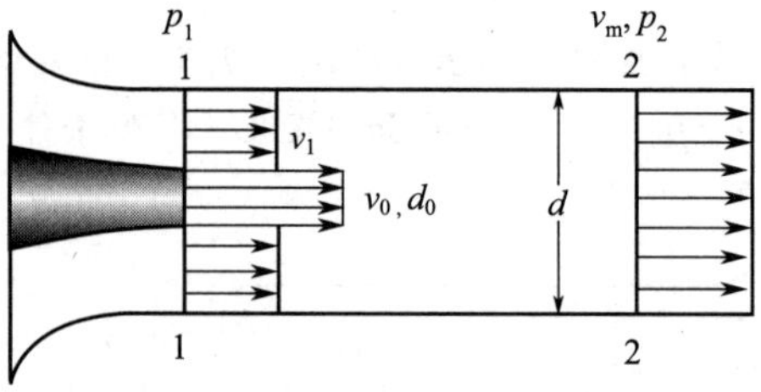

图 4-70 习题 4-34 附图

第4章
习题答案

5 不可压缩流体的一维层流流动

本章导言

第 4 章基于宏观控制体建立的守恒方程在过程设备流体系统的物料平衡、受力分析和能量衡算中发挥了重要作用。但这种基于宏观控制体的守恒方程，只表达了作用于控制体的外界因素与控制体进 / 出口参数和内部总体参数的关系，并不能给出控制体内部流场的分布信息。正是因为缺乏这样的信息，原本为积分形式的守恒方程在实际应用中都进行了平均化处理，如进 / 出口参数采用平均值替代，控制体内部的流动也常常以“充分混合假设”为前提。

从流体动力学的角度，流场内部的分布信息是第一手资料。但要获得这样的信息，就需要将守恒定律应用于微分控制体（微元体），建立流体流动微分方程。求解微分方程获得的流场分布信息，除了作为动力学分析的基本资料外，也是分析对流传热传质问题和揭示宏观传递现象内在机理的重要依据。

本章将针对不可压缩一维层流流动，阐述建立流动微分方程的基本方法。主要包括三方面内容：①建立流动微分方程的基本步骤；②不可压缩一维稳态层流的基本特点；③三种典型的一维层流流动及基本行为分析（狭缝流动、圆管流动、降膜流动）。

本章中基于一维流动的微分控制体分析方法，在工程实际问题尤其是以截面平均参数变化为关注点的问题中有广泛的应用（本章中的流体动压润滑问题分析、变厚度及非稳态降膜流动问题分析就是这一方法的扩展应用）。本章中所讨论的三种典型流动除了其广泛的工程实际背景外，同时也对相关复杂流动现象的分析有重要启示。

5.1 流动微分方程的建立及定解条件

5.1.1 建立流动微分方程的基本步骤

流动微分方程包括连续性方程和运动微分方程。建立连续性方程的基本依据是质量守恒定律，建立运动微分方程的基本依据是动量守恒定律，其基本步骤有四步。

第一步：选取微元体（微分控制体）并标注其流动参数和受力。

微元体是空间点的实体表征，直角坐标中，微元体尺度为 dx、dy、dz，体积为 dV=dxdydz；微元体流动参数重点是微元表面的流体速度，微元受力包括质量力和表面力。

第二步：将质量守恒定律应用于微元体建立连续性方程。

针对微元体（微分控制体）的质量守恒也可像宏观控制体那样一般表述为

$$q_{m2} - q_{m1} + \frac{\partial m_{cv}}{\partial t} = 0 \tag{5-1}$$

式中，q_{m1} 或 q_{m2} 是微元体各输入面或输出面的质量流量之和；m_{cv} 是微元体的瞬时质量。与宏观控制体不同的是，针对微元体得到的守恒方程直接就是微分方程。

第三步：将动量守恒定律应用于微元体得到动量守恒微分方程。

针对微元体的动量守恒定律也可一般表述为（此处只列出 x、y 方向分量式）

$$\left.\begin{aligned} \sum F_x &= v_{2x} q_{m2} - v_{1x} q_{m1} + \frac{\partial (m v_x)_{cv}}{\partial t} \\ \sum F_y &= v_{2y} q_{m2} - v_{1y} q_{m1} + \frac{\partial (m v_y)_{cv}}{\partial t} \end{aligned}\right\} \tag{5-2}$$

式中，$\sum F_x$ 是微元体 x 方向表面力和质量力之和；$v_{2x} q_{m2}$ 或 $v_{1x} q_{m1}$ 是微元体单位时间输出或输入的 x 方向动量（动量流量）；$(m v_x)_{cv}$ 是微元体 x 方向的瞬时动量。y 方向动量方程各项的意义类似。

第四步：因为按式（5-2）建立的动量方程中同时包含流体应力和速度两类变量，一般不能直接求解，故需要将流体应力与变形速率（速度梯度）的关系作为物理方程代入，消去应力项，获得关于流体速度的微分方程——运动微分方程。

其中，对于一维流动，物理方程即牛顿切应力公式；对于三维流动，物理方程即牛顿流体本构方程（见第 6 章），相当于广义的牛顿剪切定律。

5.1.2 流动微分方程的定解条件

运动微分方程只是某一类型流场遵从动量守恒定律的共性方程，而满足同一微分方程的特定问题，其流动规律的不同（问题的特点）是由定解条件确定的。定解条件有两种，一种是初始条件，另一种是边界条件。

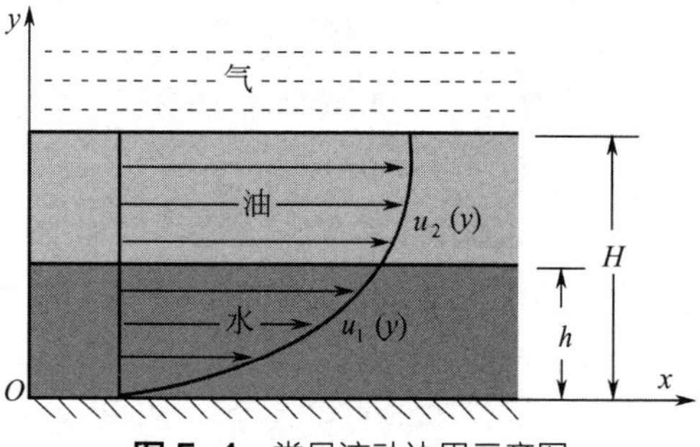

图 5-1 常见流动边界示意图

初始条件：某一起始时刻流场的状态，且只针对非稳态问题，稳态问题不提初始条件。

边界条件：流场边界的流动条件，常见边界条件有三类。

① **流 - 固边界**　由于流体具有黏滞性，所以流体与固体的交界面上，流体的速度与固壁速度相等。特别地，在静止的固体壁面上流体速度为零。比如针对图 5-1 所示的流动，静止壁面上流体速度为零的边界条件可表示为

$$u_1\big|_{y=0} = 0$$

② **液 - 液边界**　因液 - 液界面上运动连续、应力连续，故液 - 液界面上两种流体的速度相等、切应力相等。该条件在图 5-1 中的油 - 水界面上可表示为

$$u_1\big|_{y=h} = u_2\big|_{y=h}, \quad \tau_{yx,1}\big|_{y=h} = \tau_{yx,2}\big|_{y=h}$$

③ **气 - 液边界**　理论上，气 - 液界面也有运动连续、应力连续。但对于常见的大气环境中的气 - 液界面，界面上切应力很小，通常假设为零。比如，对图 5-1 所示的气 - 液界面，界面上切应力为零意味着界面处液体的速度梯度为零（或速度分布线垂直于界面），即

$$\tau_{yx,2}\big|_{y=H} = \mu_2 \left.\frac{du_2}{dy}\right|_{y=H} = 0 \;\rightarrow\; \left.\frac{du_2}{dy}\right|_{y=H} = 0$$

此外，具体问题的物理特点往往也是重要的定解条件。包括：流场对称性条件（如管道中心线上 $\partial u / \partial r = 0$），流动参数真实性的物理条件（如速度、切应力等不可能无穷大），边界影响的局限性条件（如无穷远处的流场、温度场不受影响），等等。

5.2 不可压缩一维稳态层流及其特点

5.2.1 不可压缩一维稳态层流

本章涉及的不可压缩一维稳态层流流动的含义如下。

不可压缩： 即流体密度 ρ=const。这意味着 ρ 对空间坐标和时间的求导均为零。

一维稳态： 意味着流体速度只在一个坐标方向变化且与时间 t 无关。本章主要限定于只有一个速度分量 u 的情况。其中采用直角坐标时，以 x 轴为流动方向、y 轴为速度变化方向；采用柱坐标时，以 z 轴为流动方向、r 为速度变化方向。根据这样的坐标设置，本章一维稳态层流的速度场可一般表示为

$$v_y=v_z=0,\ v_x=u=u(y) \quad 或 \quad v_r=v_\theta=0,\ v_z=u=u(r) \tag{5-3}$$

层流流动： 意味着可用牛顿剪切定律描述切应力 τ 与速度梯度的关系，即

$$u=u(y):\ \tau_{yx}=\mu\frac{\mathrm{d}u}{\mathrm{d}y} \quad 或 \quad u=u(r):\ \tau_{rz}=\mu\frac{\mathrm{d}u}{\mathrm{d}r} \tag{5-4}$$

5.2.2 质量与动量守恒的特点

不可压缩一维稳态层流有一些共同的特点，明确并掌握这些特点，就可在问题分析中直接引用，从而简化分析过程。以下结合建立流动微分方程的步骤阐述这些特点。

微元体尺度 直角坐标下微元体一般由 dx、dy、dz 构成，其体积 $\mathrm{d}V=\mathrm{d}x\mathrm{d}y\mathrm{d}x$。但对于本章关注的不可压缩一维稳态层流，如图 5-2 所示，其速度 $u=u(y)$，属 x-y 平面流动问题（所有变量在 z 方向皆无变化），故微元体 z 方向的尺度取 dz 或单位长度皆可（不影响分析结果）。因此代表空间点 A 的微元体由 dx、dy 构成，z 方向为单位厚度，体积 $\mathrm{d}V=\mathrm{d}x\mathrm{d}y$。

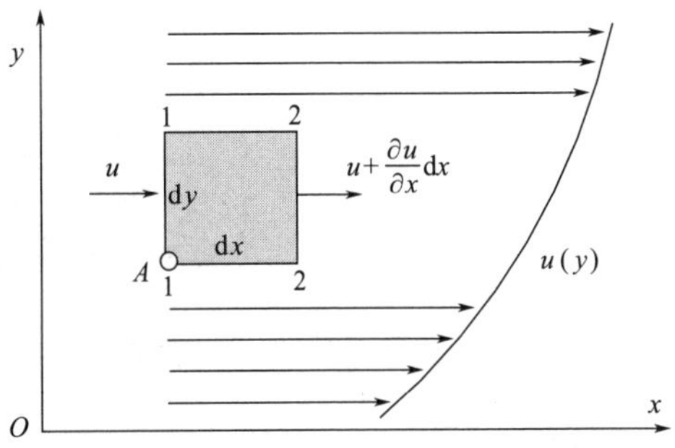

图 5-2 一维流动及微元体示意图

微元面的输出 / 输入面 这与微元面法向速度的方向有关。对于图 5-2 所示流场，因为仅有 x 方向速度 u，所以微元体仅在 x 方向前后两个面（截面 1 和截面 2）才有法向速度，且按坐标正方向速度为正的约定可知，截面 1 是输入面，截面 2 是输出面。

输出 / 输入面参数的微分关系 因截面 2 与截面 1 相距 dx，所以截面 1 的速度为 u，则截面 2 的速度可根据微分关系表示为：$u+(\partial u/\partial x)\mathrm{d}x$，其中 $(\partial u/\partial x)$ 是 u 沿 x 的变化率，$(\partial u/\partial x)\mathrm{d}x$ 则是经过 dx 后 u 在 x 方向的增量。一般地，凡输出面与输入面仅相隔微分距离，则输出面参数都可按这样的微分关系表示。

质量守恒特点 参见图 5-2，并考虑 $\rho=$const，则截面 1 和截面 2 质量流量，以及微元体瞬时质量的时间变化率可分别表示如下

$$q_{\mathrm{m1}}=\rho u\mathrm{d}y,\quad q_{\mathrm{m2}}=\rho\left(u+\frac{\partial u}{\partial x}\mathrm{d}x\right)\mathrm{d}y,\quad \frac{\partial m_{\mathrm{cv}}}{\partial t}=\frac{\partial\rho}{\partial t}\mathrm{d}x\mathrm{d}y=0$$

将此代入式（5-1），可得不可压缩一维流动（无需稳态层流条件）的质量守恒方程为

$$\frac{\partial u}{\partial x}=0 \quad 或 \quad u_1=u_2 \tag{5-5}$$

即不可压缩一维流动质量守恒的结果是：微元体流动方向前后两个表面上的速度相等。

动量守恒特点 参见图 5-2，因为只有截面 1 和截面 2 有流体进出，且这两个面上没有 y 方向的速度，并考虑质量守恒的结果 $u_1=u_2=u$，则有

$$q_{\mathrm{m1}}=q_{\mathrm{m2}}=\rho u\mathrm{d}y,\quad v_{1x}=v_{2x}=u,\quad v_{1y}=v_{2y}=0$$

将此代入动量守恒关系式（5-2），并考虑稳态流动时微元体动量变化率为零，有

$$\sum F_x=0,\ \sum F_y=0 \tag{5-6}$$

即不可压缩一维稳态流动动量守恒的结果是：微元体所受质量力与表面力之和为零。

这样一来，正确标注出微元体的受力就成为一维流动分析的关键步骤。

5.2.3 微元体表面力的特点

微元体受力的标注，重点是表面力（质量力的标注相对简单，比如重力场中 x 方向的重力加速度为 g_x，则该方向微元质量力为 $\rho g_x \mathrm{d}V$）。对于 $u=u(y)$ 的不可压缩一维层流，微元体表面力都可按图 5-3 所示的模板图标注。该受力模板图说明如下。

表面法向力 根据第 3 章表面力分析可知，表面法向力一部分是静压力 p，另一部分是附加黏性正应力 $\Delta\sigma$，其中对于不可压缩流体，x、y 方向的附加正应力分别为

$$\Delta\sigma_x = 2\mu\frac{\partial v_x}{\partial x}, \quad \Delta\sigma_y = 2\mu\frac{\partial v_y}{\partial y} \tag{5-7}$$

但对于 $u=u(y)$ 的不可压缩一维稳态流动，结合质量守恒结果 $\partial u/\partial x = 0$，可知

$$v_x = u = u(y),\ v_y = 0 \ \rightarrow \frac{\partial v_x}{\partial x} = \frac{\partial u}{\partial x} = 0,\ \frac{\partial v_y}{\partial y} = 0 \ \rightarrow \Delta\sigma_x = 0,\ \Delta\sigma_y = 0$$

所以，表面法向力只有静压力 p。又因 p 与表面取向无关，故微元体 A 点邻接表面上压力都为 p 且指向表面，另外两个表面的压力则按微分变化关系标注，见图 5-3。

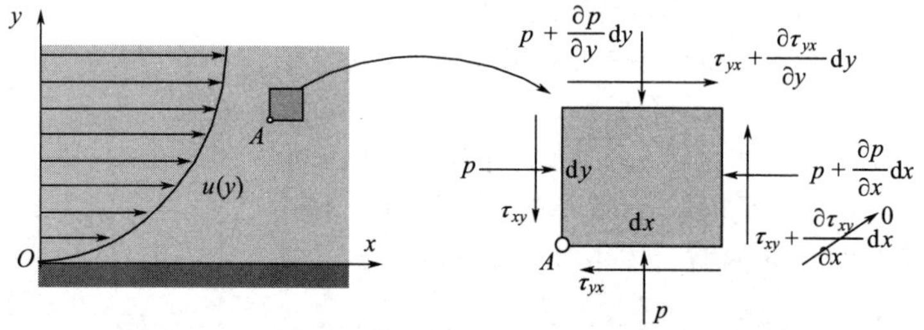

图 5-3 不可压缩一维稳态层流条件下微元体的表面力

表面切应力 一维流动 $u=u(y)$ 属于 x-y 平面流动，故垂直于 z 的前后微元面无切应力。

在 $\perp y$ 轴的表面上：仅有 x 方向的切应力。其中，下表面（A 点邻接表面）切应力为 τ_{yx} 且指向 x 负方向（该表面外法线与 y 反向，故 τ_{yx} 的正方向指向 x 负方向）；上表面切应力的大小按微分关系确定，指向 x 正方向（该表面外法线与 y 同向），见图 5-3。

在 $\perp x$ 轴的表面上：仅有 y 方向的切应力。其中，左边表面（A 点邻接表面）切应力为 τ_{xy} 且指向 y 负方向（其中根据切应力互等定理有 $\tau_{xy} = \tau_{yx}$）。但值得注意的是，对于 $u=u(y)$ 的一维流动，因为 $(\partial u / \partial y)$ 只是 y 的函数，故 τ_{xy} 沿 x 方向增量为零，即

$$\frac{\partial \tau_{xy}}{\partial x}\mathrm{d}x = \frac{\partial \tau_{yx}}{\partial x}\mathrm{d}x = \mu\frac{\partial}{\partial x}\left(\frac{\partial u}{\partial y}\right)\mathrm{d}x = 0$$

所以经过 $\mathrm{d}x$ 后的右边表面上切应力大小仍然为 τ_{xy}，只是方向相反，见图 5-3。

不可压缩一维稳态层流特点总结 ①微元体只在流动方向的前后表面有流体进出，且进 / 出速度相等（质量守恒）；②微元体动量守恒方程简化为微元体力平衡方程；③微元体表面力可根据模板图 5-3 标注。在此后的具体流动问题分析中，将直接引用这些结论。

5.3 狭缝流动分析

狭缝流动指平行平板间的流动，其中板间距远小于板长和板宽。这样的条件下，流道进 / 出口和侧壁效应只在局部范围，可以忽略，板间的流动可视为充分发展的一维流动（层流或湍流）。就产生流动的动力学因

素而言，狭缝流动可以由进 / 出口两端的压力差产生，简称**压差流**；也可以由壁面的相对运动产生，简称**剪切流或摩擦流**；对于倾斜狭缝，重力也可产生流动，简称**重力流**；作为一般情况，这些因素可能同时并存。

5.3.1 平壁层流的微分方程

图 5-4（a）所示为不可压缩流体在相距为 b 的两平行壁面间的层流流动（简称平壁层流）。其中，流体密度为 ρ，流动速度 u 沿 x 方向，速度分布为 $u=u(y)$；考虑一般情况，设流动方向（x 轴正向）与重力加速度 g 方向之间的夹角为 β。

平壁层流的微元体如图 5-4（b）所示。其中，微元体 y 方向边长 $\mathrm{d}y$，x 方向边长 $\mathrm{d}x$，z 方向取为单位厚度。因为 $u=u(y)$，所以微元体仅在流动方向的前后两个表面上有流体进出，且进 / 出速度均为 u（质量守恒）。微元体上 x 方向的表面力按模板图 5-3 标注，包括前后表面的压力和上下表面的切应力；单位质量力的 x 分量为 $g_x = g\cos\beta$。

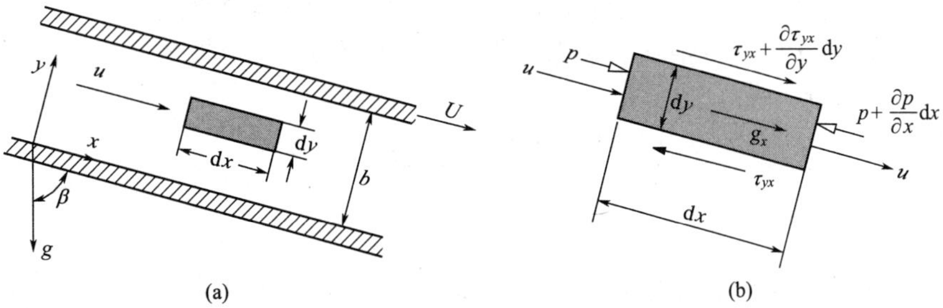

图 5-4 平壁层流的微元体及其 x 方向的表面力与质量力

前面已经指出，对于 $u=u(y)$ 的不可压缩一维稳态层流流动，微元体动量守恒方程就是微元体力平衡方程，故首先分析微元体在 x 方向的力平衡问题。

微元体 x 方向的力平衡方程 根据图 5-4 所示，微元体 x 方向受到的合力为

$$\Sigma F_x = -\tau_{yx}\mathrm{d}x + (\tau_{yx} + \frac{\partial\tau_{yx}}{\partial y}\mathrm{d}y)\mathrm{d}x + p\mathrm{d}y - (p + \frac{\partial p}{\partial x}\mathrm{d}x)\mathrm{d}y + \rho g\cos\beta\mathrm{d}x\mathrm{d}y$$

整理上式，并根据 $\Sigma F_x=0$ 可得微元体 x 方向的力平衡方程（动量守恒方程）为

$$\frac{\partial\tau_{yx}}{\partial y} = \frac{\partial p}{\partial x} - \rho g\cos\beta \tag{5-8}$$

微元体 y 方向的力平衡方程 按模板图 5-3，微元体上 y 方向的表面力如图 5-5 所示，主要有上下表面的压力和前后表面的切应力，且前后表面的切应力大小相等；单位质量力的 y 分量为 $g_y = g\sin\beta$。因此，微元体 y 方向受到的合力为

$$\Sigma F_y = -\tau_{xy}\mathrm{d}y + \tau_{xy}\mathrm{d}y + p\mathrm{d}x - (p + \frac{\partial p}{\partial y}\mathrm{d}y)\mathrm{d}x - \rho g\sin\beta\mathrm{d}x\mathrm{d}y$$

整理上式，并根据 $\Sigma F_y=0$ 可得微元体 y 方向的平衡方程为

$$\frac{\partial p}{\partial y} + \rho g\sin\beta = 0 \quad 或 \quad p+\rho g(y\sin\beta) = C(x) \tag{5-9}$$

该方程即流动截面上的压力分布方程。根据该方程可明确两点：

① 方程中的 $C(x)$ 实际就是 y=0 处（截面底部 O 点）的压力，将其记为 $p_{O(x)}$，则

$$p = p_{O(x)} - \rho g(y\sin\beta) \tag{5-10}$$

该式即静力学中提到的两点压力的递推公式，其中 $y\sin\beta$ 是 y 点至

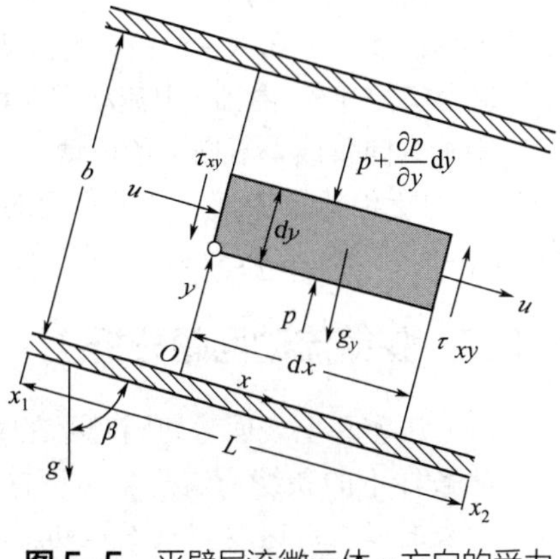

图 5-5 平壁层流微元体 y 方向的受力

O 点的垂直距离（位能高差）。由此可知，充分发展流动截面上的压力分布满足静力学规律，各点总位能为不变量。

② 根据式（5-9）进一步可知，$\partial p/\partial x$ 至多只能是 x 的函数。

力平衡方程的求解分析 考察 x 方向的力平衡方程式（5-8），即

$$\frac{\partial \tau_{yx}}{\partial y}=\frac{\partial p}{\partial x}-\rho g\cos\beta$$

首先由结论②可知其方程右边至多是 x 的函数；其次，由于 u 仅是 y 的函数，即 $u=u$（y），且 $\tau_{yx}=\mu(\partial u/\partial y)$，所以方程左边至多只能是 y 的函数；因此根据微分方程理论，方程（5-8）两边必为同一常数 C。先将右边表示为常数有

$$\frac{\partial p}{\partial x}-\rho g\cos\beta=C \quad\rightarrow\quad \frac{\partial p^*}{\partial x}=C \tag{5-11}$$

其中

$$p^*=p-\rho gx\cos\beta \tag{5-12}$$

此处 p^* 称为修正压力，是 x 处的压力 p 扣除相对于上游的重力静压后的压力。

由于 $\partial p^*/\partial x$ 为常数，即 p^* 沿 x 方向线性分布，所以 $\partial p^*/\partial x$ 又可用流道长度 $L=(x_2-x_1)$（见图5-5）对应的平均压力梯度 $-\Delta p^*/L$ 来代替，即

$$\frac{\partial p^*}{\partial x}=\frac{p_2{}^*-p_1{}^*}{x_2-x_1}=-\frac{p_1{}^*-p_2{}^*}{L}=-\frac{\Delta p^*}{L} \tag{5-13}$$

式中

$$\Delta p^*=p_1-(p_2-\rho gL\cos\beta)=p_1-p_2+\rho gL\cos\beta \tag{5-14}$$

Δp^* 称为修正压力降。其中对于倾斜管道的压差流动，Δp^* 等于管道摩擦压降 $\Delta p_{\rm f}$（也即管道上U形压差计测试的压差）；对于水平管道的压差流动，$\Delta p^*=\Delta p=\Delta p_{\rm f}$。

切应力与速度分布一般方程 用 $-\Delta p^*/L$ 代替方程（5-8）右边，积分可得

$$\tau_{yx}=-\frac{\Delta p^*}{L}y+C_1 \tag{5-15}$$

对于牛顿流体，将牛顿切应力公式代入上式，可得狭缝流的速度微分方程，即

$$\frac{{\rm d}u}{{\rm d}y}=\frac{1}{\mu}\left(-\frac{\Delta p^*}{L}y+C_1\right) \tag{5-16}$$

若流体黏度恒定，即 $\mu=\text{const}$，则积分上式可得狭缝流速度分布一般方程为

$$u=-\frac{1}{\mu}\frac{\Delta p^*}{L}\frac{y^2}{2}+\frac{C_1}{\mu}y+C_2 \tag{5-17}$$

应用条件 式（5-15）～式（5-17）适用于压差、剪切和重力作用下的平壁层流，不同边界条件下流动行为的不同由积分常数确定。方程对介质条件、流动方位的适应性如下：

① 介质条件：切应力分布式（5-15）对牛顿流体和非牛顿流体均适用；速度微分方程式（5-16）只适用于牛顿流体；速度分布式（5-17）则只适用于常黏度的牛顿流体。

② 流动方位：由 Δp^* 中流动方向相对于 g 的方位角 β 所体现；其中 $\beta=90^{\circ}$ 对应于水平流动，$\beta=0^{\circ}$ 或 180° 对应于垂直向下或垂直向上的流动。

③ 对于沿流动方向压力 p 不变的流动（如单纯的摩擦流动、倾斜平壁的降膜流动等），以上方程也适用，此时 $p_1=p_2$，$\Delta p^*=\rho gL\cos\beta$（即 L 两端的静压差）。

5.3.2 狭缝流动问题分析

（1）压差和上表面剪切同时存在时的倾斜狭缝流动

此条件下的狭缝通道与坐标设置如图5-6所示（图中将倾斜狭缝置于水平，其重力影响体现于 Δp^* 中），其中上表面以恒定速度 U 向右运动施加剪切力，两端同时存在压力差。

边界条件 在图示坐标下，本问题的边界条件为

$$u\big|_{y=0}=0,\quad u\big|_{y=b}=U \tag{5-18}$$

将边界条件代入速度分布式（5-17），可得该边界条件对应的积分常数为

$$C_1=\mu U/b+b\Delta p^*/2L,\quad C_2=0$$

切应力和速度分布 将积分常数代入式（5-15）和（5-17），可得切应力和速度分布为

$$\tau_{yx}=\frac{1}{2}\frac{\Delta p^*}{L}(b-2y)+\frac{\mu U}{b} \tag{5-19}$$

$$u=\frac{b^2}{2\mu}\frac{\Delta p^*}{L}\left[\frac{y}{b}-\left(\frac{y}{b}\right)^2\right]+U\frac{y}{b} \tag{5-20}$$

该结果表明，剪切流和压差流是线性叠加关系。速度分布：剪切流为线性分布，压差流为抛物线分布；切应力：剪切流为均匀分布，压差流为对称线性分布，如图 5-6 所示。

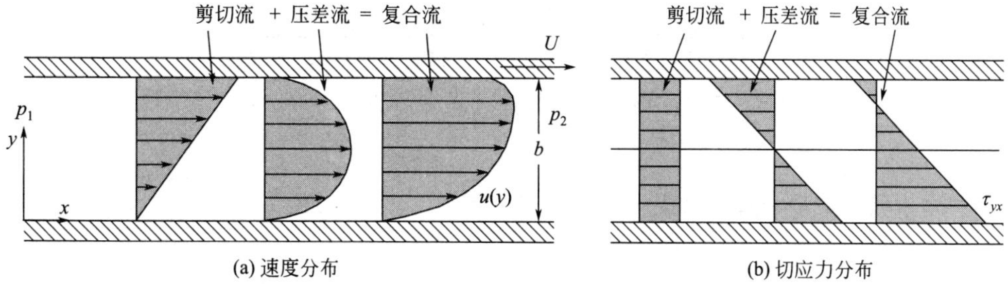

图 5-6 压差和上表面剪切同时存在时的狭缝流动

平均流速 u_m 和单位宽度流道的体积流量 q_V 可根据速度分布式积分得到，即

$$u_m=\frac{1}{b}\int_0^b u\,dy=\frac{b^2}{12\mu}\frac{\Delta p^*}{L}+\frac{U}{2} \tag{5-21}$$

$$q_V=bu_m=\frac{b^3}{12\mu}\frac{\Delta p^*}{L}+\frac{Ub}{2} \tag{5-22}$$

由此可见：平均速度和流量也是剪切流和压差流结果的线性叠加。

（2）平板通道层流流动的摩擦压降及阻力系数

平板通道指板间距 b 远小于通道宽度 W 和长度 L 的狭窄矩形通道（如板式换热器通道）。忽略两侧壁的影响，狭窄矩形通道中的流动可视为狭缝流动，且只有压差作用。因此平板通道内层流流动的切应力、速度分布和平均流速可在以上公式中令 $U=0$ 得到，即

$$\tau_{yx}=\frac{1}{2}\frac{\Delta p^*}{L}(b-2y) \tag{5-23}$$

$$u=u_m\left[\frac{y}{b}-\left(\frac{y}{b}\right)^2\right],\quad u_m=\frac{b^2}{12\mu}\frac{\Delta p^*}{L} \tag{5-24}$$

因为平板通道间距 b 远小于通道宽度 W 和长度 L，所以其水力当量直径 $D_h=2b$，其摩擦压降的定义式（达西公式）可表示为

$$\Delta p_f=\lambda\frac{L}{D_h}\frac{\rho u_m^2}{2}=\lambda\frac{L}{2b}\frac{\rho u_m^2}{2} \tag{5-25}$$

考虑压差流动时 $\Delta p_f=\Delta p^*$ 并代入 u_m 的表达式，可得平板通道的摩擦阻力系数为

$$\lambda=\frac{96}{\rho u_m(2b)/\mu}=\frac{96}{Re} \tag{5-26}$$

其中 $Re=\rho u_m(2b)/\mu$ 是以平板通道水力直径 $2b$ 定义的流动雷诺数。

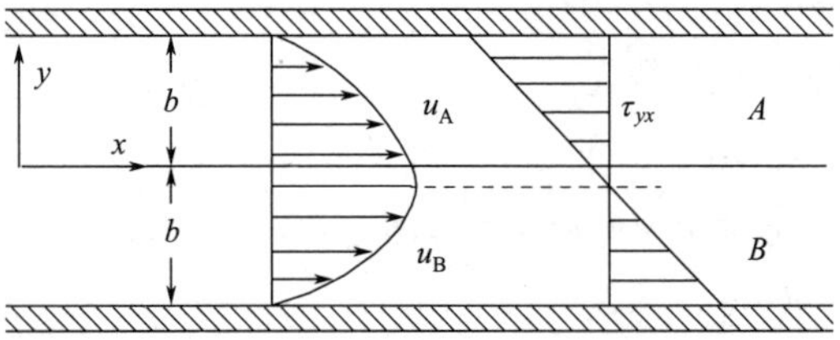

图5-7　例5-1附图

【例 5-1】 平行壁间两层不相溶流体的压差流动

图 5-7 为两层不相溶流体在两平行壁之间的压差流动，其中，上层为轻相流体 A，下层为重相流体 B，流体分界面位于两板中间面。流道长度 L，进口压力 p_0，出口压力 p_L。试按充分发展的层流流动考虑，确定其切应力和速度分布。

解　因为流动沿水平方向且为压差流，故

$$\beta=\pi/2 \quad \to \quad \Delta p^*=(p_0-p_L)+\rho gL\cos\beta=(p_0-p_L)=\Delta p$$

针对通道内的两种液体，分别应用方程式（5-15）和式（5-17）有

$$\begin{cases}\tau_{yx,A}=-\dfrac{\Delta p}{L}y+C_1\\ u_A=-\dfrac{1}{\mu_A}\dfrac{\Delta p}{L}\dfrac{y^2}{2}+\dfrac{C_1}{\mu_A}y+C_2\end{cases}\qquad \begin{cases}\tau_{yx,B}=-\dfrac{\Delta p}{L}y+C_3\\ u_B=-\dfrac{1}{\mu_B}\dfrac{\Delta p}{L}\dfrac{y^2}{2}+\dfrac{C_3}{\mu_B}y+C_4\end{cases}$$

本问题中，上、下壁面为液-固界面，壁面上流体速度为零，即

$$u_A|_{y=b}=0,\ u_B|_{y=-b}=0$$

板间液-液界面上运动连续、应力连续，所以

$$u_A|_{y=0}=u_B|_{y=0},\quad \tau_{yx,A}|_{y=0}=\tau_{yx,B}|_{y=0}$$

将上述边界条件代入方程得积分常数为

$$C_1=C_3,\quad C_1=-\frac{b}{2}\frac{\Delta p}{L}\frac{(\mu_A-\mu_B)}{(\mu_A+\mu_B)},\quad C_2=C_4,\quad C_2=\frac{b^2}{2}\frac{\Delta p}{L}\frac{2}{(\mu_A+\mu_B)}$$

于是，上层流体（A 相）的切应力和速度分布为

$$\begin{cases}\tau_{yx,A}=-\dfrac{b\Delta p}{L}\left(\dfrac{1}{2}\dfrac{\mu_A-\mu_B}{\mu_A+\mu_B}+\dfrac{y}{b}\right)\\ u_A=\dfrac{b^2}{2}\dfrac{\Delta p}{L}\dfrac{1}{\mu_A}\left[\dfrac{2\mu_A}{\mu_A+\mu_B}-\dfrac{\mu_A-\mu_B}{\mu_A+\mu_B}\dfrac{y}{b}-\left(\dfrac{y}{b}\right)^2\right]\end{cases}\quad (0\leqslant y\leqslant b)$$

而下层流体（B 相）的切应力和速度分布为

$$\begin{cases}\tau_{yx,B}=-\dfrac{b\Delta p}{L}\left(\dfrac{1}{2}\dfrac{\mu_A-\mu_B}{\mu_A+\mu_B}-\dfrac{y}{b}\right)\\ u_B=\dfrac{b^2}{2}\dfrac{\Delta p}{L}\dfrac{1}{\mu_B}\left[\dfrac{2\mu_B}{\mu_A+\mu_B}-\dfrac{\mu_A-\mu_B}{\mu_A+\mu_B}\dfrac{y}{b}-\left(\dfrac{y}{b}\right)^2\right]\end{cases}\quad (-b\leqslant y\leqslant 0)$$

根据以上方程，若 $\mu_A>\mu_B$，则两层流体的速度和切应力分布如图 5-7 所示。可见两层流体的切应力服从同一分布，且最大速度位置在 B 相流体层内（此处 $\tau_{yx}=0$）。可以验证，当 $\mu_A=\mu_B$ 时，切应力分布和速度分布将简化成单一流体狭缝流的情况。

【例 5-2】 流体动压润滑原理——平壁层流速度分布式的扩展应用

滑动轴承如图 5-8 所示。工作状态下，转动轴与轴承之间会产生带压的楔形油膜，从而使转动轴得以支撑和润滑（流体动压润滑）。为分析楔形油膜内的压力分布，可忽略曲率影响，建立如图所示的楔形液膜流动模型，其中上壁面（转轴表面）以恒速 $U(=R\omega)$ 水平运动，下壁面（轴承面）固定。且该问题有如下特点：

① 油膜很薄，重力影响不计，故膜内压力 p 与 y 无关，仅为 x 的函数，即 $p=p(x)$；

② 虽然油膜厚度是变化的，但因楔形角 α 很小，故任一流动截面上速度 u 沿 y 的变化仍可用平壁层流速度分布式（5-17）描述，只不过其中的平均压力梯度 $-\Delta p^*/L$ 应恢复为截面压力梯度 $\mathrm{d}p/\mathrm{d}x$，即任一流动截面上速度 u 沿 y 的变化可表示为

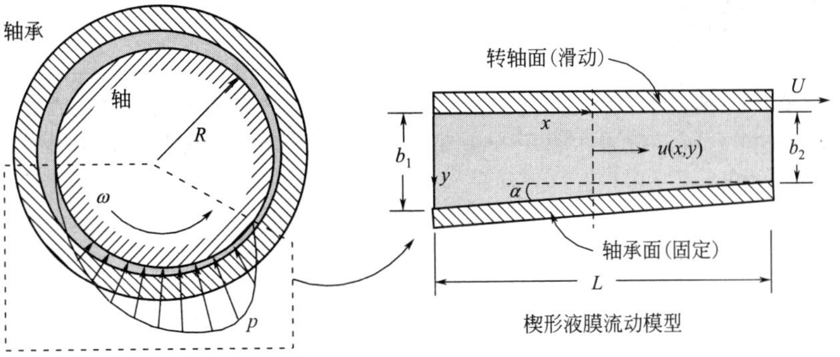

图 5-8　例 5-2 附图（流体动压润滑原理）

$$u=\frac{1}{2\mu}\frac{\mathrm{d}p}{\mathrm{d}x}y^2+\frac{C_1}{\mu}y+C_2$$

设楔形油膜两端压力均为 0（表压），试确定膜内压力 $p=p(x)$ 的具体表达式。

解　设任意 x 处截面的油膜厚度为 b，则该截面的速度边界条件为

$$u\big|_{y=0}=U,\ u\big|_{y=b}=0$$

由此确定速度表达式中的积分常数 C_1、C_2，可得任意 x 截面上的速度分布为

$$u=\frac{1}{2\mu}\frac{\mathrm{d}p}{\mathrm{d}x}(y^2-by)+\frac{U}{b}(b-y)$$

其中

$$b=b_1-x\tan\alpha,\quad \tan\alpha=(b_1-b_2)/L$$

由此可见，油膜内的速度 u 是 x，y 的函数，其中 u 随 x 的变化体现在 $\mathrm{d}p/\mathrm{d}x$ 和 b 中。

其次，已知 x 截面的速度 u，则该截面（垂直书面取单位宽度）的体积流量 q_V 为

$$q_V=\int_0^b u\mathrm{d}y=\int_0^b\left[\frac{1}{2\mu}\frac{\mathrm{d}p}{\mathrm{d}x}(y^2-by)+\frac{U}{b}(b-y)\right]\mathrm{d}y=\frac{bU}{2}-\frac{b^3}{12\mu}\frac{\mathrm{d}p}{\mathrm{d}x}$$

注：因 $\mathrm{d}p/\mathrm{d}x$ 和 b 仅是 x 的函数，所以 u 对 y 积分时两者均视为常数。

由此可将压力梯度表达为

$$\frac{\mathrm{d}p}{\mathrm{d}x}=\frac{6\mu U}{b^2}-\frac{12\mu q_V}{b^3}=\frac{6\mu U}{(b_1-x\tan\alpha)^2}-\frac{12\mu q_V}{(b_1-x\tan\alpha)^3}$$

因稳态流动时各截面 q_V 相同，故上式对 x 积分时 q_V 为常数，积分结果为

$$p=\frac{6\mu U}{\tan\alpha(b_1-x\tan\alpha)}-\frac{6\mu q_V}{\tan\alpha(b_1-x\tan\alpha)^2}+C$$

其中的体积流量 q_V 及常数 C 可进一步根据压力边界条件确定，即

$$p\,|_{x=0}=p\,|_{x=L}=0\ \ \rightarrow\ \ q_V=\frac{b_1b_2}{(b_1+b_2)}U,\ \ C=-\frac{6\mu}{(b_1+b_2)\tan\alpha}U$$

因此，楔形油膜内压力沿 x 方向的分布方程为

$$p=\frac{6\mu U}{(b_1+b_2)}\frac{x(b-b_2)}{b^2}=\frac{6\mu U}{(b_1+b_2)}\frac{x(L-x)\tan\alpha}{(b_1-x\tan\alpha)^2}$$

分析该方程可知，尽管楔形油膜两端压力均为 0，但油膜内总有 $p>0$，且压力 p 的最大值在 $x=L/(1+b_2/b_1)$ 处。正是压力 p 沿竖直方向的合力 F_y 使转动轴得以支撑并实现润滑（支撑力 F_y 等相关计算留作习题 5-5）。

5.4 管内流动分析

管内流动（包括圆管和圆形套管内的流动）是工程实际中最常见的流动方式。由于多数问题中管长 / 管径之比 $L/D \gg 1$，进口区影响有限，故整个管道中主要为充分发展流动。管内流动由进 / 出口两端压差推动，对于非水平管道还受重力影响。

5.4.1 管状层流的微分方程

图 5-9（a）所示为圆管内的流动，为适应圆管几何特征，采用了柱坐标。设管半径为 R，管长为 L，对应的进、出口压力分别为 p_1 和 p_2。流体沿管轴向 z 作层流流动，速度分布为 $u=u(r)$，流动方向（z 轴正向）与重力方向的夹角 β 称为流动方位角。

根据管流情况选取的管状微元体如图 5-9（b）所示。其 r 方向尺度 dr，z 方向尺度 dz；考虑 u 沿 θ 方向（周向）无变化（轴对称），所以 θ 方向尺度取为圆周长度。根据连续性方程，微元体流动方向前后端面上速度均为 u。微元体 z 方向的表面力按图 5-3 标注，主要有前后端面的压力和内外圆柱面的切应力；z 方向质量力分量 $g_z = g\cos\beta$。

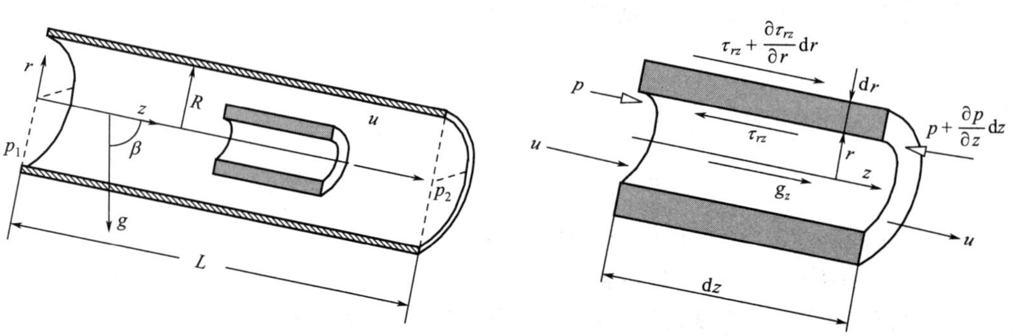

(a) 坐标及流动方向　　(b) 管状微元体及其z方向的受力

图 5-9 圆管内的层流流动及管状微元体

微元体 z 方向的力平衡方程 根据图 5-9，微元体 z 方向的作用力分别有：

① 表面切应力 τ_{rz} 的总作用力 $F_{\tau,z}$： τ_{rz} 具有轴对称性（沿周向不变），所以

$$F_{\tau,z}=-\tau_{rz}2\pi r\mathrm{d}z+\left(\tau_{rz}+\frac{\partial\tau_{rz}}{\partial r}\mathrm{d}r\right)2\pi(r+\mathrm{d}r)\mathrm{d}z=\frac{\partial\tau_{rz}}{\partial r}(r+\mathrm{d}r)2\pi\mathrm{d}r\mathrm{d}z$$

② 质量力 g_z 的作用力　$F_{g,z}=\rho(g\cos\beta)2\pi r\mathrm{d}r\mathrm{d}z$

③ 压力 p 的总作用力 $F_{p,z}$：压力 p 不具有轴对称性，即端面上各点的 p 是不同的，但可证明（见例 5-3），对于充分发展流动，相距 dz 的两端面上对应点的压力差却是相同的，即 $(\partial p/\partial z)\mathrm{d}z$ 与（r，θ）无关。故 $F_{p,z}$ 可由该压力差与端面面积相乘得到，即

$$F_{p,z}=-\left(\frac{\partial p}{\partial z}\mathrm{d}z\right)2\pi r\mathrm{d}r=-\frac{\partial p}{\partial z}2\pi r\mathrm{d}r\mathrm{d}z$$

因为不可压缩一维稳态层流条件下，微元体在 z 方向所受总力为零，即

$$\Sigma F_z = F_{\tau,z}+F_{g,z}+F_{p,z}=0$$

所以将上述各项作用力代入并略去一阶微量，可得微元体 z 方向的力平衡方程为

$$\frac{1}{r}\frac{\partial(r\tau_{rz})}{\partial r}=\frac{\partial p}{\partial z}-\rho g\cos\beta \tag{5-27}$$

因为 u=u（r），且 $\tau_{rz}=\mu(\partial u/\partial r)$，故上式左边至多是 r 的函数；又因为 $(\partial p/\partial z)$ 与（r，θ）无关，所以上式右边至多是 z 的函数；因此根据微分方程理论，式（5-27）两边必为同一常数 C。因此，与狭缝流分析类似，

方程右边可用单位长度的摩擦压降替代，即

$$\frac{\partial p}{\partial z}-\rho g\cos\beta=C \rightarrow \frac{\partial p^*}{\partial z}=C \rightarrow \frac{\partial p^*}{\partial z}=\frac{p_2^*-p_1^*}{z_2-z_1}=-\frac{\Delta p^*}{L}$$

此处 $$p^*=p-\rho gz\cos\beta,\quad \Delta p^*=p_1-p_2+\rho gL\cos\beta \tag{5-28}$$

切应力与速度分布一般方程 用 $-\Delta p^*/L$ 代替方程（5-27）右边，积分可得

$$\tau_{rz}=-\frac{\Delta p^*}{L}\frac{r}{2}+\frac{C_1}{r} \tag{5-29}$$

对于牛顿流体，将柱坐标下的牛顿剪切定理 $\tau_{rz}=\mu(\mathrm{d}u/\mathrm{d}r)$ 代入上式，可得

$$\frac{\mathrm{d}u}{\mathrm{d}r}=-\frac{\Delta p^*}{L}\frac{r}{2\mu}+\frac{C_1}{r\mu} \tag{5-30}$$

若流体黏度恒定，即 $\mu=\mathrm{const}$，则积分上式可得速度分布方程

$$u=-\frac{\Delta p^*}{L}\frac{r^2}{4\mu}+\frac{C_1}{\mu}\ln r+C_2 \tag{5-31}$$

应用条件 式（5-29）~式（5-31）适用于压差和重力作用下的管状层流流动，具体问题的特点由边界条件确定。方程对介质条件、流动方位的适应性等说明如下：

①介质条件：切应力分布式（5-29）对牛顿流体和非牛顿流体均适用；速度微分方程式（5-30）只适用于牛顿流体；速度分布式（5-31）则只适用于常黏度的牛顿流体；

②流动方位：由 Δp^* 中的方位角 β 体现；其中 $\beta=90^\circ$ 对应于水平流动；

③对于沿流动方向 p 不变的流动（如管状降膜流动），$p_1=p_2$，$\Delta p^*=\rho gL\cos\beta$。

【例 5-3】 圆管充分发展流动截面上的压力分布

圆管流动中，压力 $p=p(r,\theta,z)$。为确定流动截面上 p 的分布方程，可针对图 5-10（a）所示的微元体，考察其 r 方向（径向）和 θ 方向（周向）的力平衡。已知：微元 r、θ 方向的作用力如图 5-10（b）所示，其中有重力 g，径向和周向表面的压力 p，以及前后端面的切应力 τ_{zr}。但前后端面切应力大小相等、方向相反，对微元的合力为零。所以微元 r、θ 方向的力平衡仅涉及压力 p 和重力 g。

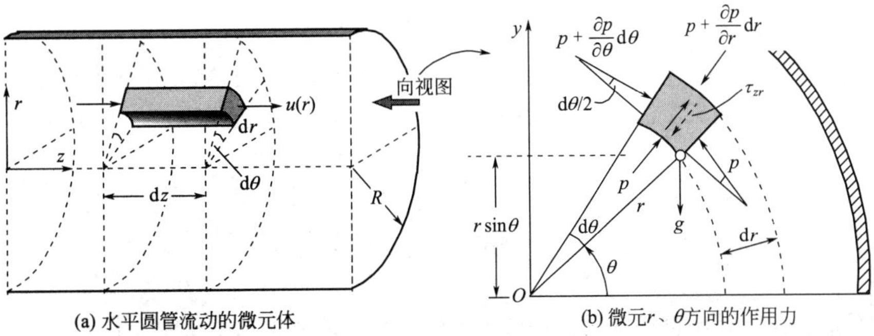

图 5-10 例 5-3 附图

解 首先考察微元 r 方向的力平衡。由图可见，作用于微元 r 方向的力包括：质量力的径向分量，径向表面的压差力，以及周向表面静压力的径向分量，这三个力分别为

$$-\rho g\sin\theta\mathrm{d}r(r\mathrm{d}\theta)\mathrm{d}z,\quad pr\mathrm{d}\theta\mathrm{d}z-\left(p+\frac{\partial p}{\partial r}\mathrm{d}r\right)(r+\mathrm{d}r)\mathrm{d}\theta\mathrm{d}z$$

$$p\mathrm{d}r\mathrm{d}z\sin\frac{\mathrm{d}\theta}{2}+\left(p+\frac{\partial p}{\partial\theta}\mathrm{d}\theta\right)\mathrm{d}r\mathrm{d}z\sin\frac{\mathrm{d}\theta}{2}$$

令以上三项之和为零，考虑 $\sin(\mathrm{d}\theta/2)\approx\mathrm{d}\theta/2$ 并略去剩余一阶微量，可得微元体 r 方向的力平衡方程为

$$\frac{\partial p}{\partial r}+\rho g\sin\theta=0 \quad 或 \quad \frac{\partial p^0}{\partial r}=0，其中\ p^0=p+\rho rg\sin\theta$$

微元 θ 方向（周向）的力平衡方程 $\Sigma F_\theta=0$ 可根据图示微元受力直接写出，即

$$p\mathrm{d}r\mathrm{d}z\cos\frac{\mathrm{d}\theta}{2}-\left(p+\frac{\partial p}{\partial\theta}\mathrm{d}\theta\right)\mathrm{d}r\mathrm{d}z\cos\frac{\mathrm{d}\theta}{2}-\rho g\cos\theta\mathrm{d}r(r\mathrm{d}\theta)\mathrm{d}z=0$$

整理上式，并考虑 $\cos(\mathrm{d}\theta/2)\approx1$，可得 θ 方向力平衡方程为

$$\frac{\partial p}{\partial\theta}+\rho rg\cos\theta=0 \quad 或 \quad \frac{\partial p^0}{\partial\theta}=0，其中\ p^0=p+\rho rg\sin\theta$$

综上可见，p^0 既非 r 的函数，也非 θ 的函数，所以至多只能是 z 的函数 $C(z)$，即

$$p+\rho rg\sin\theta=C(z)$$

若令管道截面中心点 O（$r=0$）的压力为 $p_{O(z)}$，则 $C(z)=p_{O(z)}$，因此

$$p=p_{O(z)}-\rho g(r\sin\theta)=p_{O(z)}-\rho gy$$

此即管道截面上 p 随 r、θ 变化的关系，其中 $y=r\sin\theta$ 是 (r,θ) 点至中心点 O 的垂直距离（相对于 O 点的位能高度，见图），表明管道截面的压力分布满足静力学关系。

此外，由压力分布方程可知，$(\partial p/\partial z)$ 只是 z 的函数，与 (r,θ) 无关。因此相距 dz 的两端面上的压力差 $(\partial p/\partial z)\mathrm{d}z$ 与 (r,θ) 无关，这正是前面分析中引用过的结论。

说明：因为微元 r 和 θ 方向的力平衡仅涉及压力 p 和重力 g，所以也可直接引用第3章的静力平衡方程得到以上结果。其次，对于流动方向与重力方向夹角为 β 的倾斜管道，其流动截面的压力关系只需将以上方程中的 g 用 $g\sin\beta$ 替代即可。

5.4.2 圆管及圆形套管内的层流流动

（1）圆管内充分发展的层流流动

圆管内流动是压差流，其速度方向与坐标设置如图5-11（图中将倾斜圆管置于水平，其重力影响由 Δp^* 中的方位角 β 体现）。

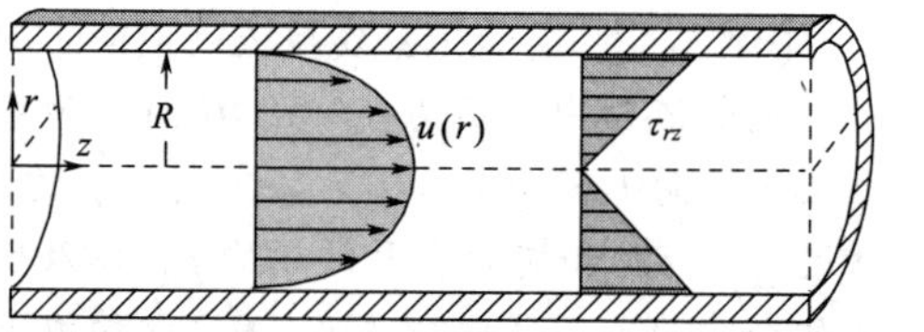

图5-11　圆管内层流流动的速度和切应力分布

定解条件　本问题的定解条件为

$$u\big|_{r=R}=0,\quad \mathrm{d}u/\mathrm{d}r\big|_{r=0}=0 \tag{5-32}$$

切应力与速度分布　将定解条件代入管状层流的速度微分方程式（5-30）和速度分布一般式（5-31），确定其中的积分常数，可得圆管内不可压缩充分发展层流流动的切应力和速度分布方程分别为

$$\tau_{rz}=-\frac{\Delta p^*}{L}\frac{r}{2} \tag{5-33}$$

$$u=\frac{\Delta p^*}{L}\frac{R^2}{4\mu}\left(1-\frac{r^2}{R^2}\right) \tag{5-34}$$

即层流时圆管截面上速度呈抛物线分布，切应力为线性分布，分布形态见图5-11。

最大速度　由速度分布式可知，在管道截面中心（r=0）速度最大，即

$$u_{\max}=\frac{\Delta p^*}{L}\frac{R^2}{4\mu} \tag{5-35}$$

平均速度与体积流量　平均速度 u_{m} 可根据 u 积分得到，进而可得体积流量 q_{V}，即

$$u_{\mathrm{m}}=\frac{1}{\pi R^2}\int_0^R u2\pi r\mathrm{d}r=\frac{R^2}{8\mu}\frac{\Delta p^*}{L}=\frac{u_{\max}}{2} \tag{5-36}$$

$$q_{\mathrm{V}}=\pi R^2u_{\mathrm{m}}=\frac{\pi R^4}{8\mu}\frac{\Delta p^*}{L} \tag{5-37}$$

式（5-37）称为哈根 - 泊谡叶（Hagen-Poiseuille）方程，它表明了圆管层流流动中体积流量与管道单位长度的压降、管道半径及流体黏度的关系。由于 q_V、Δp^*、R、L 的测试较方便，故该式可用于测试流体黏度的原理式，据此制成的黏度计称为毛细管黏度计。

阻力系数 基于阻力系数 λ 的摩擦压降 Δp_f 达西公式为

$$\Delta p_f = \lambda \frac{L}{D} \frac{\rho u_m^2}{2}$$

考虑压差流动时 $\Delta p_f = \Delta p^*$，并代入 u_m 的表达式，同时取 $2R=D$（管径），$\rho u_m D/\mu = Re$（管流雷诺数），可得圆管层流的阻力系数为

$$\lambda = \frac{64}{\rho u_m D/\mu} = \frac{64}{Re} \quad （Re < 2300） \tag{5-38}$$

【例 5-4】 Bingham 流体在圆管内的流动

理想塑性流体（Bingham 流体）在圆管内流动，如图 5-12 所示。在图示坐标系下该流体切应力与速度梯度符合以下模型：

$$|\tau_{rz}| \leqslant \tau_0: \quad \frac{du}{dr} = 0 \text{；} \quad |\tau_{rz}| > \tau_0: \quad \tau_{rz} = -\tau_0 + \mu_0 \frac{du}{dr}$$

其中，常数 $\tau_0 \geqslant 0$，$\mu_0 > 0$，流体速度 $u = u(r)$。设流体密度为 ρ，管道长度为 L，对应的修正压降为 Δp^*。试根据管状层流的切应力方程，确定其切应力分布、速度分布和流动条件。

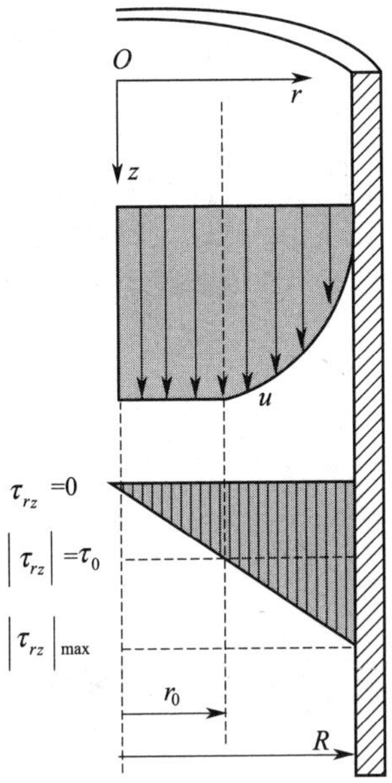

图 5-12 例 5-4 附图

解 管状层流的切应力方程适合于非牛顿流体，其形式为

$$\tau_{rz} = -\frac{\Delta p^*}{L} \frac{r}{2} + \frac{C_1}{r}$$

本问题中，$r=0$ 时切应力不可能无穷大，故 $C_1=0$，因此有

$$\tau_{rz} = -\frac{\Delta p^*}{L} \frac{r}{2}$$

由此可知，切应力 τ_{rz} 沿 r 线性分布，分布形态如见图。根据该分布图，设 $|\tau_{rz}| = \tau_0$ 对应半径为 r_0，则 r_0 是流动区最小半径，且该最小半径可根据以上切应力方程得到，即

$$|\tau_{rz}| = \tau_0 = \frac{\Delta p^*}{L} \frac{r_0}{2} \quad \rightarrow \quad r_0 = \frac{2\tau_0 L}{\Delta p^*}$$

于是，将流动区（$r_0 < r \leqslant R$）的切应力模型代入以上切应力方程，积分可得

$$u = -\frac{\Delta p^*}{L} \frac{1}{4\mu_0} r^2 + \frac{\tau_0}{\mu_0} r + C_2 \quad (r_0 < r \leqslant R)$$

根据边界条件 $u|_{r=R} = 0$ 确定 C_2，可得流动区的速度分布方程为

$$u = \frac{\Delta p^*}{L} \frac{R^2}{4\mu_0} \left[1 - \left(\frac{r}{R} \right)^2 \right] - \frac{\tau_0 R}{\mu_0} \left(1 - \frac{r}{R} \right) \quad (r_0 < r \leqslant R)$$

在 $0 \leqslant r \leqslant r_0$ 区域，切应力 $|\tau_{rz}| \leqslant \tau_0$，$du/dr = 0$，所以流体之间没有相对运动，整个区域内流体犹如活塞状向下运动，其速度 u_c 等于流动区 $r=r_0$ 位置的速度，即

$$u_c = \frac{\Delta p^*}{L} \frac{R^2}{4\mu_0} \left(1 - \frac{r_0}{R} \right)^2 \quad (0 \leqslant r \leqslant r_0)$$

显然，若令 $\tau_0 = 0$，u 将简化为牛顿流体的速度分布，u_c 则为管中心最大速度。

此外，若流动区最小半径 $r_0 > R$，则该非牛顿流体在管内将不发生流动，由此可得

$$r_0 = 2\tau_0 L/\Delta p^* > R \quad \rightarrow \quad \Delta p^* < 2\tau_0 L/R$$

此即该非牛顿流体在管内不发生流动的条件（此时 Δp^* 很小管壁静摩擦力 $< \tau_0$）。

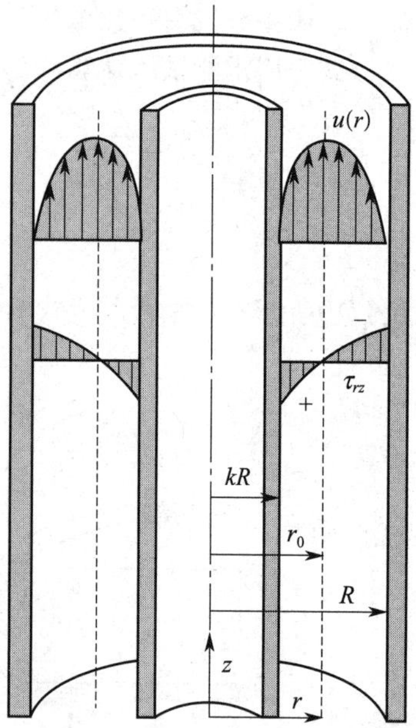

图 5-13 圆形套管内的层流流动

（2）圆形套管内充分发展的层流流动

图 5-13 所示为流体在圆形套管内沿轴向 z 作层流流动。其中 $u=u(r)$，外管内壁半径 R，内管外壁半径 kR。显然，圆形套管层流流动也属于管状层流，因此其切应力及速度分布可引用管状层流一般公式（5-29）和式（5-31），即

$$\tau_{rz}=-\frac{\Delta p^*}{L}\frac{r}{2}+\frac{C_1}{r}，\ u=-\frac{\Delta p^*}{L}\frac{r^2}{4\mu}+\frac{C_1}{\mu}\ln r+C_2$$

切应力与速度分布 圆形套管流动的边界条件可表述为

$$u\big|_{r=kR}=0,\quad u\big|_{r=R}=0 \tag{5-39}$$

将边界条件代入速度方程确定 C_1、C_2，可得圆形套管层流的切应力和速度分布式为

$$\tau_{rz}=-\frac{\Delta p^*}{L}\frac{r}{2}\left[1-\left(\frac{R}{r}\right)^2\frac{(1-k^2)}{2\ln(1/k)}\right] \tag{5-40}$$

$$u=\frac{\Delta p^*}{L}\frac{R^2}{4\mu}\left[1-\left(\frac{r}{R}\right)^2+\frac{(1-k^2)}{\ln(1/k)}\ln\left(\frac{r}{R}\right)\right] \tag{5-41}$$

以上两式所描述的速度和切应力分布如图 5-13 所示。

最大速度 由于套管有内外壁，所以在套管间某一半径 r_0 处存在最大速度，此处速度梯度（或切应力）必然为零。所以根据 $\mathrm{d}u/\mathrm{d}r=0$ 可得 r_0 及其对应的最大速度分别为

$$r_0=R\sqrt{\frac{(1-k^2)}{2\ln(1/k)}} \tag{5-42}$$

$$u_{\max}=\frac{\Delta p^*}{L}\frac{R^2}{4\mu}\left(1-\frac{r_0^2}{R^2}+\frac{r_0^2}{R^2}\ln\frac{r_0^2}{R^2}\right) \tag{5-43}$$

平均速度与体积流量 平均速度可由速度分布式积分得到，进而得到体积流量，即

$$u_{\mathrm{m}}=\frac{1}{\pi R^2(1-k^2)}\int_{kR}^{R}u2\pi r\mathrm{d}r=\frac{\Delta p^*}{L}\frac{R^2}{8\mu}\left[1+k^2-\frac{(1-k^2)}{\ln(1/k)}\right] \tag{5-44}$$

$$q_{\mathrm{V}}=\pi R^2(1-k^2)u_{\mathrm{m}}=\frac{\Delta p^*}{L}\frac{\pi R^4}{8\mu}\left[(1-k^4)-\frac{(1-k^2)^2}{\ln(1/k)}\right] \tag{5-45}$$

阻力系数 对于圆形套管，其水力当量直径为 $D_{\mathrm{h}}=D(1-k)$，其中 $D=2R$ 为外管直径；基于阻力系数 λ 的摩擦压降 Δp_{f} 达西公式为

$$\Delta p_{\mathrm{f}}=\lambda\frac{L}{D_{\mathrm{h}}}\frac{\rho u_{\mathrm{m}}^2}{2}$$

取 $\Delta p_{\mathrm{f}}=\Delta p^*$ 并代入 u_{m} 的表达式，可得圆形套管层流流动的阻力系数为

$$\lambda=\alpha\frac{64}{Re}\quad (Re\leqslant 2000) \tag{5-46}$$

其中

$$Re=\frac{\rho u_{\mathrm{m}}D(1-k)}{\mu},\quad \alpha=\frac{(1-k)^2\ln(1/k)}{(1+k^2)\ln(1/k)-(1-k^2)} \tag{5-47}$$

且当 $k>0.5$ 时，$\alpha\approx 1.5$，即

$$\lambda\approx 96/Re \tag{5-48}$$

可以验证，在以上各式中令 $k=0$（$r_0=0$），即可得到相应的圆管流动公式。

【例 5-5】 套管与圆管的流动参数比较

圆管内半径 R，流量为 q_{V}。现假设在圆管中心放置一根半径为 $0.1R$ 的钢丝（相当于直径 100mm 的圆管中心有一根 10mm 的钢丝），试确定放置钢丝后最大速度的相对位置，最大流速与平均流速之比，并比较放置钢丝前后的平均流速、压力降和最大流速之比。

解 钢丝与圆管轴心线准确对中情况下，放置钢丝后的流动相当于套管流动，其中内外管管径之比 k=0.01。因此，根据式（5-42）~式（5-44），套管最大流速相对位置、最大流速与平均流速之比为

$$\frac{r_0^2}{R^2}=\frac{(1-k^2)}{2\ln(1/k)}=\frac{(1-0.1^2)}{2\ln(1/0.1)}=0.215 \quad \rightarrow \quad \frac{r_0}{R}=0.464$$

$$\frac{u_{\max}}{u_{\mathrm{m}}}=2\left(1-\frac{r_0^2}{R^2}+\frac{r_0^2}{R^2}\ln\frac{r_0^2}{R^2}\right)\left(1+k^2-2\frac{r_0^2}{R^2}\right)^{-1}=1.567$$

套管与圆管（无钢丝情况）流量相同，故两者平均流速之比为

$$\frac{u_{\mathrm{m,ann}}}{u_{\mathrm{m,cir}}}=\frac{q_{\mathrm{V}}/[\pi R^2(1-k^2)]}{q_{\mathrm{V}}/\pi R^2}=\frac{1}{(1-k^2)}=1.010$$

根据方程（5-45）和（5-37），套管与圆管情况的摩擦压降之比为

$$\frac{(\Delta p^*)_{\mathrm{ann}}}{(\Delta p^*)_{\mathrm{cir}}}=\left[1-k^4-2(1-k^2)\frac{r_0^2}{R^2}\right]^{-1}=1.741$$

根据方程（5-43）和（5-35），套管与圆管情况的最大流速之比为

$$\frac{(u_{\max})_{\mathrm{ann}}}{(u_{\max})_{\mathrm{cir}}}=\frac{(\Delta p^*)_{\mathrm{ann}}}{(\Delta p^*)_{\mathrm{cir}}}\left(1-\frac{r_0^2}{R^2}+\frac{r_0^2}{R^2}\ln\frac{r_0^2}{R^2}\right)=0.792$$

由计算结果可见：圆管内设置钢丝后，虽然平均流速 u_{m} 只增加 1%，但因流场的改变，其最大流速降低，$u_{\max}$ =1.567 u_{m}（圆管 $u_{\max}$ = 2 u_{m}），且摩擦压降增加了 74.1%。

5.5 降膜流动分析

降膜流动在湿壁塔、冷凝器、蒸发器以及产品涂层方面有广泛的应用。降膜流动是靠重力产生的，其特点是：流速相对较低，沿流动方向没有压力差，液膜一侧与大气接触（气 - 液边界）。本节将首先分析充分发展的层流降膜流动，然后分析变厚度降膜问题。

5.5.1 倾斜平壁上充分发展的降膜流动

图 5-14(a) 所示为倾斜平壁上充分发展的降膜流动。液膜厚度 δ，表面与大气接触。液膜流动方向沿 x 轴，速度分布 $u=u(y)$，流动方向与重力加速度 g 方向的夹角为 β。其微元体及其 x 方向作用力如图 5-14(b) 所示。

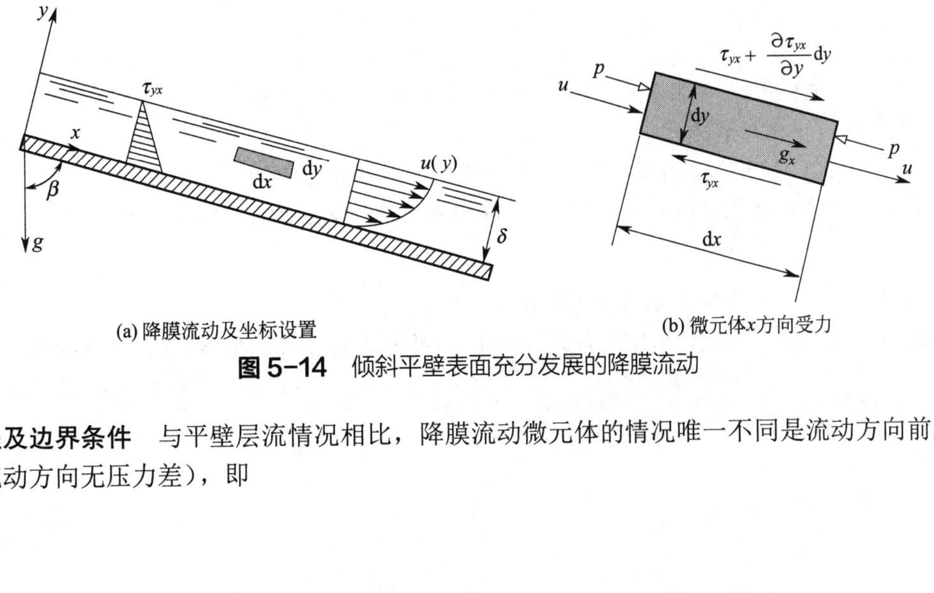

图 5-14 倾斜平壁表面充分发展的降膜流动

一般方程及边界条件 与平壁层流情况相比，降膜流动微元体的情况唯一不同是流动方向前后两个端面的压力相同（流动方向无压力差），即

$$\Delta p^* = p_1 - p_2 + \rho g L\cos\beta = \rho g L\cos\beta \tag{5-49}$$

将此代入平壁层流切应力及速度分布的一般方程可得

$$\tau_{yx} = -\rho g y\cos\beta + C_1 \tag{5-50}$$

$$\frac{\mathrm{d}u}{\mathrm{d}y} = -\frac{\rho g\cos\beta}{\mu}y + \frac{C_1}{\mu} \tag{5-51}$$

$$u = -\frac{\rho g\cos\beta}{2\mu}y^2 + \frac{C_1}{\mu}y + C_2 \tag{5-52}$$

因为液膜两侧分别与固壁和大气接触，其边界条件可表述为

$$u|_{y=0} = 0;\quad \tau_{yx}|_{y=\delta} = \mu(\mathrm{d}u/\mathrm{d}y)_{y=\delta} = 0 \tag{5-53}$$

切应力与速度分布 将边界条件代入以上一般方程可得 $C_2=0$，$C_1 = \delta\rho g\cos\beta$。于是可得斜板层流降膜流动的切应力和速度分布方程为

$$\tau_{yx} = \rho g\delta\cos\beta\left(1-\frac{y}{\delta}\right) \tag{5-54}$$

$$u = \frac{\rho g\delta^2\cos\beta}{2\mu}\left[2\frac{y}{\delta}-\left(\frac{y}{\delta}\right)^2\right] \tag{5-55}$$

可见，斜板降膜流动的速度为抛物线分布，切应力为线性分布，分布形态见图 5-14。

平均速度、最大速度与体积流量 利用速度分布公式可确定降膜流动平均速度 u_m、最大速度 $u_{\max}$ 和 z 方向单位板宽对应的体积流量 q_V 分别为

$$u_\mathrm{m} = \frac{1}{\delta}\int_0^\delta u\,\mathrm{d}y \;\rightarrow\; u_\mathrm{m} = \frac{\rho g\delta^2\cos\beta}{3\mu} \tag{5-56}$$

$$u_{\max} = u\big|_{y=\delta} = \frac{\rho g\delta^2\cos\beta}{2\mu} = \frac{3}{2}u_\mathrm{m} \tag{5-57}$$

$$q_\mathrm{V} = \delta u_\mathrm{m} = \frac{\rho g\delta^3\cos\beta}{3\mu} \tag{5-58}$$

流动形态 实验表明，随着平均速度增加，降膜流动会出现三种形态：直线型的层流流动；表面呈波纹状起伏的层流流动；湍流流动。其中，对于竖直平壁（即 $\beta=0^\circ$）的降膜流动，其流态可根据雷诺数 $Re=\rho u_\mathrm{m}(4\delta)/\mu$ 判定（其中 4δ 为流动截面水力当量直径），即

直线型层流流动 $Re < 4\sim25$

波纹状层流流动 $4\sim25 < Re < 1000\sim2000$

湍流流动 $Re > 1000\sim2000$

特别说明：平均速度 u_m 与液膜厚度 δ 的关系式（5-56）虽然是针对稳态层流的等厚度液膜建立的，但该关系在变厚度降膜流动，甚至非稳态液膜流动问题中也得到广泛应用；这类问题的特征是：重力流动且流速缓慢，气 - 液界面切应力微弱，以至于液膜的每一截面上的速度分布都满足或近似满足抛物线分布（详见 5.5.3 节）。

【例 5-6】 变黏度流体的降膜流动

图 5-15 所示为竖直平壁上降膜流动。由于传热的影响，液膜沿 y 方向存在温度分布，温度由壁温 T_w 变化到液膜表面温度 T_0，流体黏度相应由 μ_w 变化到 μ_0，其中液膜内流体黏度随 y 的变化可表示为

$$\mu = \mu_0 \mathrm{e}^{\alpha(1-y/\delta)}$$

其中 μ_0、α 为常数。试确定液膜的切应力和速度分布。

解 根据降膜流动一般方程式（5-50）和式（5-51），并考虑到竖直平壁 $\beta=0^\circ$，可得切应力分布和速度微分方程分别为

$$\tau_{yx} = -\rho g y + C_1,\quad \frac{\mathrm{d}u}{\mathrm{d}y} = -\frac{\rho g y}{\mu} + \frac{C_1}{\mu}$$

将黏度公式代入速度微分方程积分得

$$u=-\frac{\rho g\delta^2}{\mu_0}\left(\frac{1}{\alpha}\frac{y}{\delta}-\frac{1}{\alpha^2}\right)e^{-\alpha(1-y/\delta)}+\frac{C_1}{\mu_0}\frac{\delta}{\alpha}e^{-\alpha(1-y/\delta)}+C_2$$

液膜两侧分别与固壁和大气接触，其边界条件可表述为

$$\tau_{yx}\big|_{y=\delta}=0；\quad u\big|_{y=0}=0$$

将边界条件分别代入切应力和速度方程，可得积分常数为

$$C_1=\rho g\delta；\quad C_2=-\frac{\rho g\delta^2}{\mu_0}\left(\frac{1}{\alpha}+\frac{1}{\alpha^2}\right)e^{-\alpha}$$

于是得切应力和速度分布为

$$\tau_{yx}=\rho g\delta\left(1-\frac{y}{\delta}\right),\quad u=\frac{\rho g\delta^2}{\mu_0\alpha^2}\left[\frac{1+\alpha(1-y/\delta)}{e^{\alpha(1-y/\delta)}}-\frac{1+\alpha}{e^{\alpha}}\right]$$

读者可以验证，当 $\alpha\to 0$ 时，以上速度分布方程将与常黏度降膜流动结果一致。

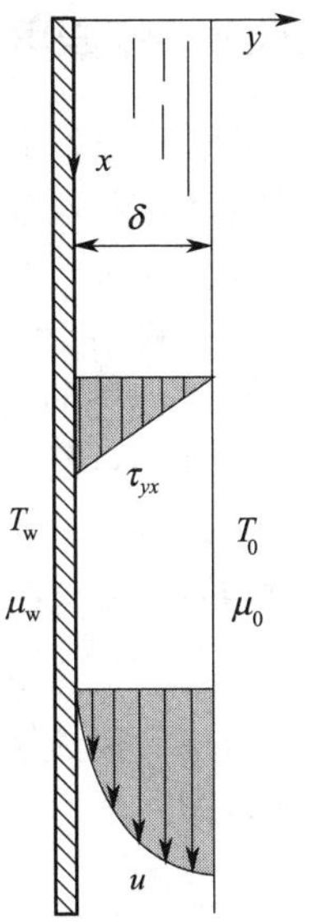

图 5-15 例 5-6 附图

5.5.2 竖直圆管外壁的降膜流动

图 5-16 所示为流体在竖直圆管外壁的层流降膜流动。圆管外壁半径 R，液膜厚度 δ。很显然，在图示坐标系下，其微元体与管状层流时（见图 5-9）的区别是，流动方向无压差，即 $p_1=p_2$，且竖直向下流动时 β=0°。因此

$$\Delta p^*=p_1-p_2+\rho gL\cos\beta=\rho gL$$

将此代入管状层流的一般方程，可得圆管降膜流动切应力和速度的一般方程为

$$\tau_{rz}=-\rho g\frac{r}{2}+\frac{C_1}{r} \tag{5-59}$$

$$u=-\rho g\frac{r^2}{4\mu}+\frac{C_1}{\mu}\ln r+C_2 \tag{5-60}$$

对于竖直圆管外壁的降膜流动，边界条件可表述为

$$\tau_{rz}\big|_{r=R+\delta}=0；\quad u\big|_{r=R}=0 \tag{5-61}$$

将该条件代入以上一般方程，确定积分常数后可得

$$\tau_{rz}=\frac{\rho gR}{2}\left[\left(1+\frac{\delta}{R}\right)^2\frac{R}{r}-\frac{r}{R}\right] \tag{5-62}$$

$$u=\frac{\rho gR^2}{4\mu}\left[1-\left(\frac{r}{R}\right)^2+\left(1+\frac{\delta}{R}\right)^2\ln\left(\frac{r}{R}\right)^2\right] \tag{5-63}$$

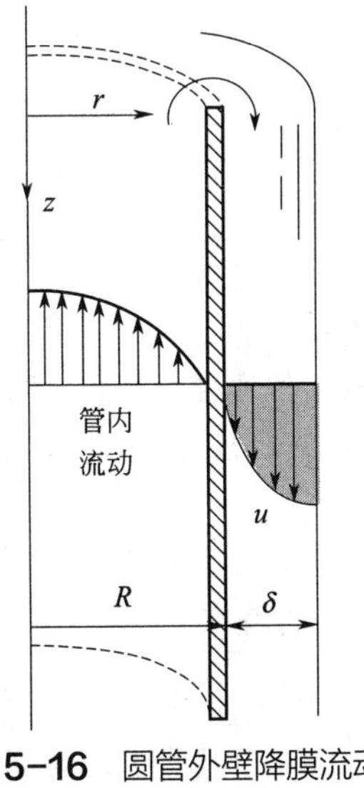

图 5-16 圆管外壁降膜流动

由此可进一步确定竖直圆管外壁降膜流动的平均速度 u_m 和体积流量 q_V 分别为

$$u_m=\frac{1}{A}\iint_A u\,dA\quad\to\quad u_m=\frac{\rho g\delta^2}{3\mu}f(\alpha) \tag{5-64}$$

$$q_V=\pi R^2(\alpha^2-1)u_m=2\pi R\frac{\rho g\delta^3}{3\mu}\left(\frac{1+\alpha}{2}\right)f(\alpha) \tag{5-65}$$

其中

$$\alpha=\frac{R+\delta}{R},\quad f(\alpha)=\frac{3}{8}\left[\frac{\alpha^4(4\ln\alpha-3)+4\alpha^2-1}{(\alpha+1)(\alpha-1)^3}\right] \tag{5-66}$$

当 $R\to\infty$ 时，$\alpha\to 1$，$f(\alpha)\to 1$，u_m 和 q_V 的表达式与竖直平板降膜公式一致。

5.5.3 变厚度降膜流动问题分析

以上充分发展降膜流动的液膜厚度沿流动方向是不变的，但工程实际中还经常遇到液膜厚度沿流动方向不断变化，甚至还随时间变化的问题。以下将分别讨论这两种问题。

（1）稳态变厚度降膜流动问题

这类问题的典型示例是倾斜平壁上蒸汽冷凝形成的稳态液膜，如图5-17所示。其特点是：液膜厚度 δ 沿 x 方向不断增加，液膜 x 方向速度 u 沿 y 方向变化的同时在 x 方向也有变化，但由于液膜表面上蒸汽连续冷凝，液膜各点的速度与时间无关，即

$$\delta=\delta(x), u=u(x,y) \tag{5-67}$$

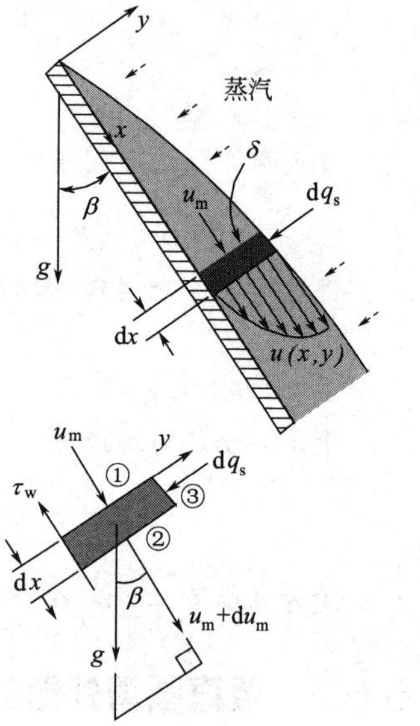

图5-17 倾斜壁面的冷凝液膜

考虑液膜流速较慢，汽-液界面切应力 $\tau\approx0$，故可假 u 沿 y 均呈抛物线变化，即

$$u=ay^2+by+c \tag{5-68}$$

但该分布应满足以下边界条件和质量守恒条件

$$u\big|_{y=0}=0\text{，}\frac{\mathrm{d}u}{\mathrm{d}y}\Big|_{y=\delta}=0\text{，}u_{\mathrm{m}}\delta=\int_0^{\delta}u\mathrm{d}y \tag{5-69}$$

式中，u_{m} 是液膜厚度 δ 内的平均流速，两者都是 x 的函数。根据这三个条件确定式（5-68）中的待定系数 a、b、c 后，可得到任意流动截面上的速度分布为

$$u=\frac{3}{2}u_{\mathrm{m}}\left[2\frac{y}{\delta}-\left(\frac{y}{\delta}\right)^2\right] \tag{5-70}$$

其中，u 随 x 的变化隐含于 $\delta=\delta(x)$ 及 $u_{\mathrm{m}}=u_{\mathrm{m}}(x)$ 中。

根据该速度分布式，应用牛顿剪切定律可得 x 方向的壁面切应力 τ_{w} 为

$$\tau=\mu\frac{3u_{\mathrm{m}}}{\delta}\left(1-\frac{y}{\delta}\right)\ \rightarrow\ \tau_{\mathrm{w}}=\mu\frac{3u_{\mathrm{m}}}{\delta} \tag{5-71}$$

质量守恒分析 对于这类问题，工程实际中关心的是 δ 与 u_{m} 的关系，而这两者都仅随 x 变化，因此微元体只需在流动方向取微分尺度 $\mathrm{d}x$，而 y 方向尺度则取整个液膜厚度 δ，z 方向尺度取单位宽度，见图5-17。该微元体上，截面①和汽-液界面③有质量输入，截面②有质量输出，若其质量流量分别用 q_{m1}、q_{m3}、q_{m2} 表示，则

$$q_{\mathrm{m1}}=\rho u_{\mathrm{m}}\delta\text{，}q_{\mathrm{m3}}=\mathrm{d}q_{\mathrm{s}}\text{，}q_{\mathrm{m2}}=\rho\left[u_{\mathrm{m}}\delta+\mathrm{d}(u_{\mathrm{m}}\delta)\right] \tag{5-72}$$

其中，$\mathrm{d}q_{\mathrm{s}}$ 是 $\mathrm{d}x$ 对应的单位宽度汽-液界面上的蒸汽冷凝量。于是，根据质量守恒方程有

$$q_{\mathrm{m1}}+q_{\mathrm{m3}}=q_{\mathrm{m2}}\ \rightarrow\ \mathrm{d}q_{\mathrm{s}}=\rho\mathrm{d}(u_{\mathrm{m}}\delta)\quad\text{或}\quad q_{\mathrm{s}}=\rho u_{\mathrm{m}}\delta \tag{5-73}$$

式中，q_{s} 是 $0\rightarrow x$ 板长范围内，单位宽度壁面对应的蒸汽冷凝量（质量流量），δ 和 u_{m} 是 x 处液膜截面的厚度及平均流速。

动量守恒分析 考察图5-17中微元体 x 方向动量守恒。微元体 x 方向的受力有重力（用 $\mathrm{d}F_{\mathrm{g},x}$ 表示）和壁面摩擦力（用 $\mathrm{d}F_{\tau,x}$ 表示），两者分别为

$$\mathrm{d}F_{\mathrm{g},x}=\rho g_x\delta\mathrm{d}x=\rho(g\cos\beta)\delta\mathrm{d}x\text{，}\mathrm{d}F_{\tau,x}=\tau_{\mathrm{w}}\mathrm{d}x=(3\mu u_{\mathrm{m}}/\delta)\mathrm{d}x \tag{5-74}$$

微元体截面①和截面②两侧压力相等（均为蒸汽压力）可不予考虑。

若微元体截面①、②、③表面上 x 方向的流速分别用 v_{1x}、v_{2x}、v_{3x} 表示，则

$$v_{1x}=u_{\mathrm{m}},\quad v_{2x}=u_{\mathrm{m}}+\mathrm{d}u_{\mathrm{m}},\quad v_{3x}=u\big|_{y=\delta}=3u_{\mathrm{m}}/2 \tag{5-75}$$

于是，根据稳态流动条件下微元体的动量守恒方程有

$$\mathrm{d}F_{\mathrm{g},x}-\mathrm{d}F_{\tau,x}=v_{2x}q_{\mathrm{m}2}-(v_{1x}q_{\mathrm{m}1}+v_{3x}q_{\mathrm{m}3}) \tag{5-76}$$

将式（5-72）～（5-75）代入上式可得

$$\rho g_x\delta\mathrm{d}x-\tau_{\mathrm{w}}\mathrm{d}x=(u_{\mathrm{m}}+\mathrm{d}u_{\mathrm{m}})\rho\left[u_{\mathrm{m}}\delta+\mathrm{d}(u_{\mathrm{m}}\delta)\right]-\rho u_{\mathrm{m}}^2\delta-\frac{3u_{\mathrm{m}}}{2}\rho\mathrm{d}(u_{\mathrm{m}}\delta)$$

整理该方程并略去二阶微量，可得液膜微元体 x 方向的动量守恒方程为

$$\underbrace{\rho g_x\,\delta\mathrm{d}x}_{\text{重力}}-\underbrace{\tau_{\mathrm{w}}\,\mathrm{d}x}_{\text{摩擦力}}=\underbrace{\rho u_{\mathrm{m}}\,(\delta\mathrm{d}u_{\mathrm{m}}-u_{\mathrm{m}}\mathrm{d}\delta)/2}_{\text{惯性力}} \tag{5-77}$$

实践表明，对于重力产生的层流降膜流动，流速相对有限，惯性力项可以忽略，即认为重力与摩擦力基本平衡。因此，由重力＝摩擦力，并将 g_x 和 τ_{w} 代入可得

$$u_{\mathrm{m}}=\frac{\rho(g\cos\beta)\delta^2}{3\mu} \tag{5-78}$$

可见，该式形式上与等厚度降膜流动时完全一样，不同的是此处的 u_{m} 与 δ 都是 x 的函数。根据式（5-77），对于等厚度降膜流动，$\mathrm{d}\delta=0$，$\mathrm{d}u_{\mathrm{m}}=0$，自然有以上结果。

若定义壁面 x 处单位面积的蒸汽冷凝量为 $\dot{q}_{\mathrm{s}}$（kg/m²s），则根据式（5-73）有

$$\mathrm{d}q_{\mathrm{s}}=\rho\mathrm{d}(u_{\mathrm{m}}\delta)\ \rightarrow\ \dot{q}_{\mathrm{s}}\mathrm{d}x=\rho\mathrm{d}(u_{\mathrm{m}}\delta) \tag{5-79}$$

将式（5-78）代入并积分，可得 $0\rightarrow x$ 范围内单位宽度壁面上蒸汽的总冷凝量为

$$q_{\mathrm{s}}=\int_0^x\dot{q}_{\mathrm{s}}\mathrm{d}x=\rho u_{\mathrm{m}}\delta=\frac{\rho^2(g\cos\beta)}{3\mu}\delta^3 \tag{5-80}$$

若进一步认为 $\dot{q}_{\mathrm{s}}$ 与 x 无关（平均通量），则根据上式又可得 δ 或 u_{m} 与 x 的关系为

$$\delta=\left(\frac{3\mu}{\rho g\cos\beta}\right)^{1/3}\left(\frac{\dot{q}_{\mathrm{s}}x}{\rho}\right)^{1/3}\ \text{或}\ u_{\mathrm{m}}=\left(\frac{\rho g\cos\beta}{3\mu}\right)^{1/3}\left(\frac{\dot{q}_{\mathrm{s}}x}{\rho}\right)^{2/3} \tag{5-81}$$

最后需要指出，在蒸汽冷凝形成降膜流动中忽略惯性力，其合理性已在实践中得到充分证实，根据式（5-78）导出的平壁和圆管壁饱和蒸汽冷凝液膜换热系数与实验高度吻合。

（2）非稳态变厚度降膜流动问题

这类问题的典型示例是平板从液池中抽出时，其表面上黏附液层的流动，如图 5-18 所示。其特点是：液膜厚度 δ 和平均速度 u_{m} 既随 x 变化又随时间 t 变化，即

$$\delta=\delta(x,t),\quad u_{\mathrm{m}}=u_{\mathrm{m}}(x,t) \tag{5-82}$$

对于图中的微元体（z 方向为单位宽度），其瞬时质量为 $m_{\mathrm{cv}}=\rho\delta\mathrm{d}x$，其质量守恒方程为

$$\rho\left[u_{\mathrm{m}}\delta+\frac{\partial(u_{\mathrm{m}}\delta)}{\partial x}\mathrm{d}x\right]-\rho u_{\mathrm{m}}\delta+\frac{\partial(\rho\delta\mathrm{d}x)}{\partial t}=0$$

即

$$\frac{\partial(u_{\mathrm{m}}\delta)}{\partial x}+\frac{\partial\delta}{\partial t}=0 \tag{5-83}$$

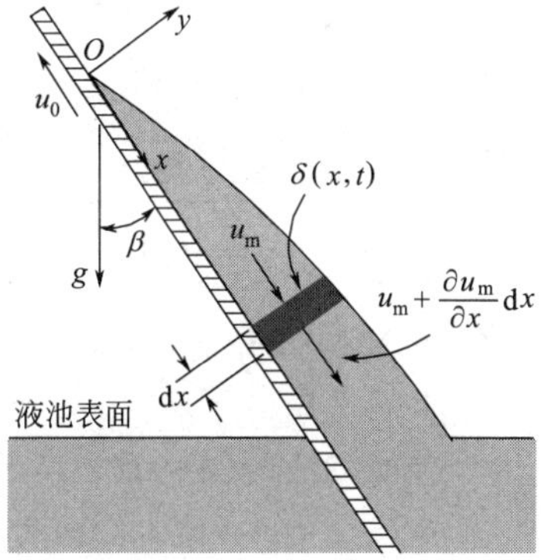

图 5-18 倾斜壁面的非稳态液膜

对于重力作用下的非稳态变厚度降膜流动，仍然可认为微元重力与壁面摩擦力近似平衡，任何截面上 δ 和速度 u_{m} 的关系可用式（5-78）描述，因此将其代入以上质量守恒方程可得

$$\frac{\rho g\cos\beta}{\mu}\delta^2\frac{\partial\delta}{\partial x}+\frac{\partial\delta}{\partial t}=0 \tag{5-84}$$

为确定该方程的定解条件，考察图 5-18。设时间 $t=0$ 时刻坐标原点 O 位于液面，此时没有形成液膜或液膜为无限厚，当 $t>0$ 后，平板以匀速 u_0 抽出，其坐标原点 O 处（x=0）液膜厚度总是为零，因此该问题的初始条件和边界条件分别为

$$t=0:\ \delta=\infty;\quad t>0:\ \delta|_{x=0}=0 \tag{5-85}$$

此外根据 δ 随 x 增加，随时间 t 减小的特点，可尝试用变量替代法将式（5-84）变换为常微分方程。设新变量为 η 且

$$\eta(x,t)=\sqrt{x/t}$$

则根据复合函数微分法则有

$$\frac{\partial\delta}{\partial x}=\frac{\partial\delta}{\partial\eta}\frac{\partial\eta}{\partial x}=\frac{\partial\delta}{\partial\eta}\frac{\eta}{2x},\quad \frac{\partial\delta}{\partial t}=\frac{\partial\delta}{\partial\eta}\frac{\partial\eta}{\partial t}=-\frac{\partial\delta}{\partial\eta}\frac{\eta}{2t}$$

将其代入方程（5-84）后会发现，该方程将转化为简单代数方程，并直接给出

$$\delta=\sqrt{\frac{\mu}{\rho g\cos\beta}\frac{x}{t}}\quad（x\leqslant u_0t\ 且\ t>0） \tag{5-86}$$

此即倾斜平板从液池中匀速抽出时壁面液膜的厚度 δ 变化公式。该式显然满足问题的初始条件和边界条件（变量替代法成功的标志是既满足微分方程，又满足定解条件）。

根据该方程，可得到液膜截面的平均流速 $u_{\rm m}$（相对速度）和绝对流速 $\bar{u}$ 分别为

$$u_{\rm m}=\frac{\rho(g\cos\beta)\delta^2}{3\mu}=\frac{1}{3}\frac{x}{t},\quad \bar{u}=u_{\rm m}-u_0=\frac{1}{3}\frac{x}{t}-u_0 \tag{5-87}$$

任意 t 时刻液膜的总质量 m 可用式（5-86）积分计算，也可根据液膜末端截面（$x=u_0t$）的绝对速度和液膜厚度计算（见习题 5-17）。

习题

5-1 有两种完全不相溶的液体 A 和 B 在平行平板间作层流流动。试问是否可能出现如图 5-19 所示的速度分布，为什么？

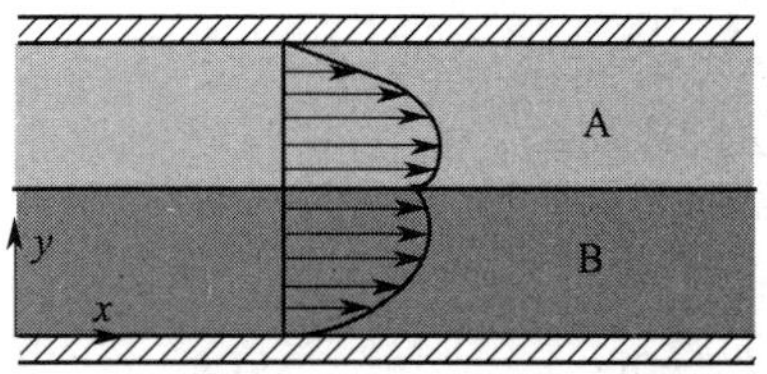

图 5-19 习题 5-1 附图

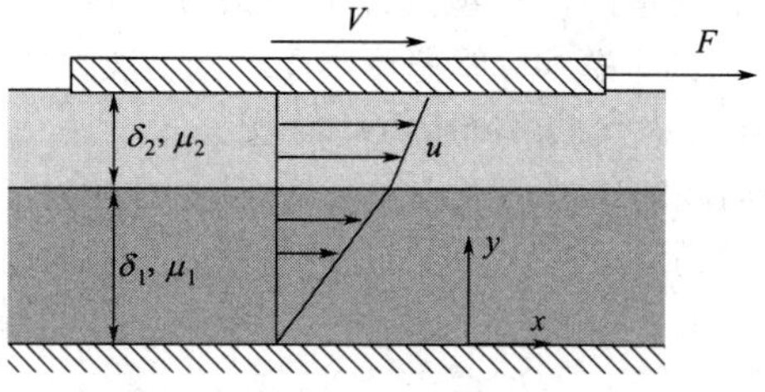

图 5-20 习题 5-2 附图

5-2 如图 5-20 所示，一面积为 $A=0.5\text{m}^2$ 的平板，与固定底面平行，运动速度 $V=0.4\text{m/s}$，平板与底面间有两层液膜，上层液膜厚度为 $\delta_2=0.8\text{mm}$，黏度 $\mu_2=0.142\text{N·s/m}^2$，下层液膜厚度为 $\delta_1=1.2\text{mm}$，黏度 $\mu_1=0.235\text{N·s/m}^2$。因液膜较薄，在平板剪切作用下的流动可视为充分发展的层流流动，试求平板的拖曳力 F 及两液膜界面上的切应力 τ。

5-3 如图 5-21 所示，两同心圆筒，外筒内半径为 R，以角速度 ω_0 逆时针转动；内筒外半径为 kR，$k<1$，以角速度 ω_1 顺时针转动；两筒之间的不可压缩流体因内外圆筒反向转动而流动，因间隙很小，其流动可视为层流流动，且重力和端部效应影响可以忽略。试将其简化为相互滑动的两水平平板之间的流动问题，确定流体的切应力分布和速度分布。

提示：简化模型的 x、y 坐标如图。

5-4 图 5-22 所示为流体在压差作用下沿倾斜平板通道流动。流体密度 ρ，动力黏度 μ，通道仰角 α，板间距 $2b$，流动为不可压缩一维稳态层流。

① 试根据图示坐标设置和边界条件，确定板间流体的速度 u 和切应力 τ_{yx} 分布式；

② 试根据水力直径定义，证明板间距为 $2b$ 的平板通道的水力直径 $D_h=4b$；且以此为雷诺数 Re 的定性尺寸，平板通道的摩擦阻力系数同样为 $\lambda=96/Re$ [与式（5-26）一致]；

③ 若通道仰角 $\alpha=30°$，流体密度 $\rho=1200\text{kg/m}^3$，通道单位长度的摩擦压降 $\Delta p^*/L=900\ \text{Pa/m}$，并取 $g=9.8\text{m/s}^2$，则该通道单位长度的压力降 $\Delta p/L$ 为多少？

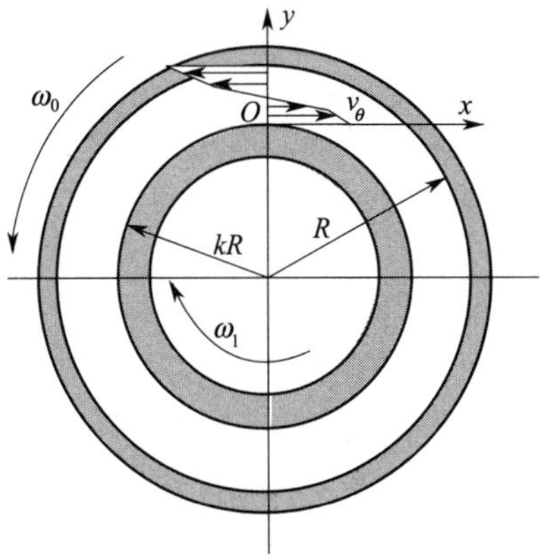

图 5-21 习题 5-3 附图

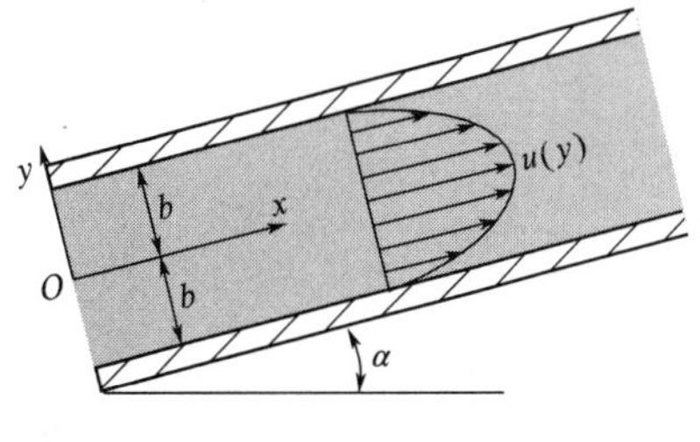

图 5-22 习题 5-4 附图

5-5 根据例题 5-2 中所得流体动压润滑模型的速度与压力分布方程，求：

① 楔形液膜静压力在 y 方向的合力 F_y 的表达式（取垂直书面为单位宽度）；

② 楔形液膜上表面的总摩擦力 F_f 的表达式（取垂直书面为单位宽度）；

③ 取 $b_1=2\text{mm}$，$b_2=1\text{mm}$，$L=78.5\text{mm}$，$U=5.236\text{m/s}$，$\mu=0.007\text{Pa·s}$，绘制压力 p 沿 x 的分布图，并求其中的最大压力。

5-6 图 5-23 所示为两同心圆筒，外筒半径 R，以角速度 ω 转动，静止内筒半径 kR（$k<1$），从而使间隙内流体产生摩擦流动，这种流动形式常见于滑动轴承等结构。试针对两筒间隙较小的情况（k 接近于 1），应用狭缝流模型建立外筒转动所需的力矩表达式。其中简化模型的 x、y 坐标如图。

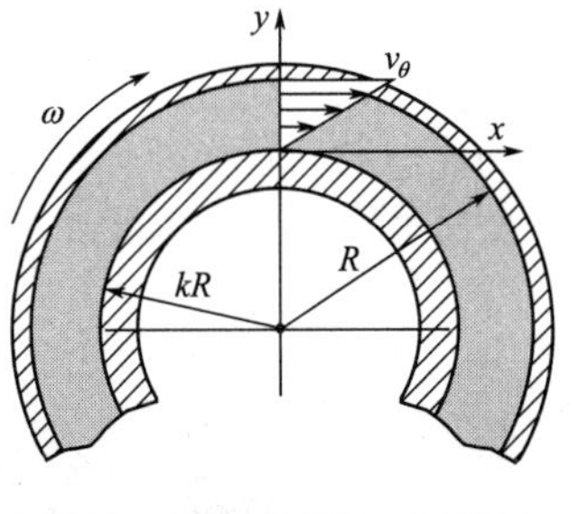

图 5-23 习题 5-6 附图

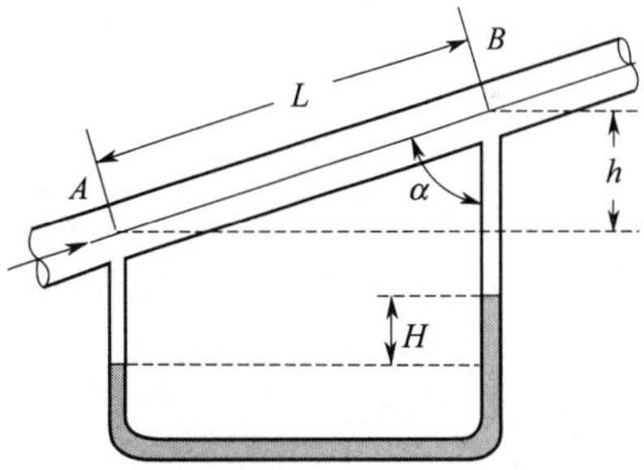

图 5-24 习题 5-7 附图

5-7 某毛细管流量计如图 5-24 所示。温度为 293K 的水流过直径 $D=0.254\text{mm}$ 倾斜毛细管，水的黏度 $\mu=100.42\times10^{-5}\text{Pa·s}$，密度 $\rho=998.2\text{kg/m}^3$；用 U 形压差计联通 A、B 两点，两点距离 $L=3.048\text{m}$，压差计中指示剂为 CCl_4，密度 $\rho_m=1594\text{kg/m}^3$，指示剂高差 $H=25.4\text{mm}$，毛细管仰角 $\alpha=\pi/3$。

① 试根据图中参数写出 A、B 两点之间摩擦压降 Δp^* 的定义式，其中 A 点静压记为 p_A，B 点记为 p_B；

② 根据静力学关系证明指示剂所反映的压差就是摩擦压降，即 $\Delta p^*=(\rho_m-\rho)gH$；

③ 试计算 A、B 两点之间摩擦压降 Δp^*，总压降 Δp（$=p_A-p_B$），以及通过毛细管的质量流量 q_m。并解释为什么 $\Delta p>\Delta p^*$？

5-8 根据哈根 - 泊谡叶（Hagen-Poiseuille）公式（5-37），圆管层流中流体黏度可表示为

$$\mu=\frac{\Delta p^*}{L}\frac{\pi R^4}{8q_V}$$

以此进行实验测量流体黏度时，若各直接测量值的相对偏差均为2%，则黏度μ（间接测量值）的最大相对偏差为多少？提示：考察μ的全微分$d\mu$，其中$(d\mu)/\mu$即μ的相对偏差；且μ的最大相对偏差是各直接测量值相对偏差绝对值之和。

5-9 图5-25是根据圆管层流流量估计流体运动黏度的装置。其中油从敞口容器侧壁沿内径D=1mm、长度L=45cm的光滑圆管横向流出。容器液面至圆管中心的垂直距离h=60cm并保持恒定，测试流量为14.8cm^3/min。

① 假定管内流动是充分发展层流，并忽略管道进口局部阻力损失，试估计油的运动黏度，并验证充分发展层流的假定是否有效；

② 若管道进口（位置1）的局部阻力系数ζ=0.5，则油的运动黏度又为多少？

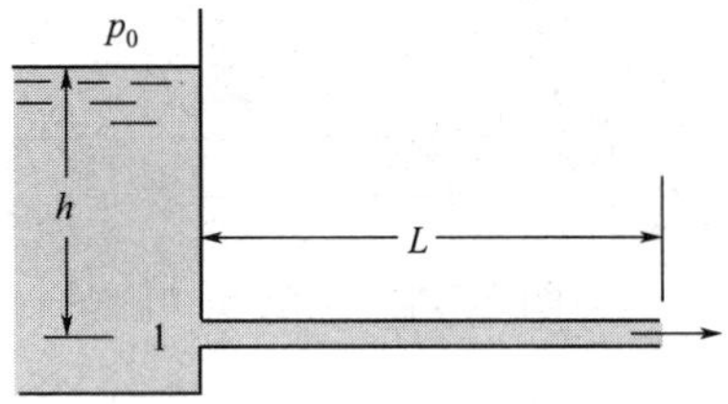

图5-25 习题5-9附图

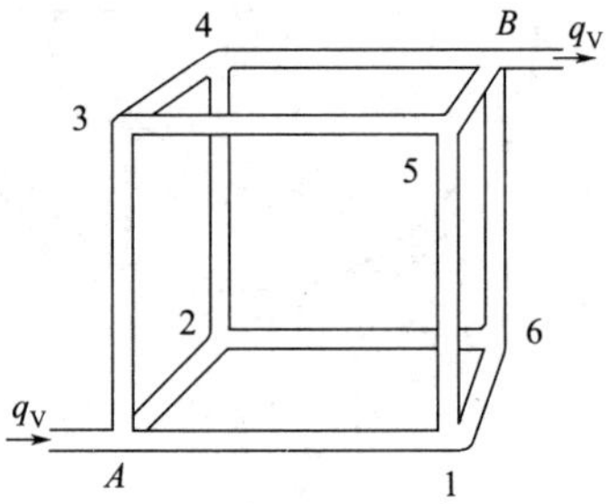

图5-26 习题5-10附图

5-10 不可压缩流体经过如图5-26所示的管网流动。已知进口A和出口B的修正压力分别为p^*_A、p^*_B，管网中管道半径均为R，各管段长度均为L，管内流动为层流，流体黏度为μ。假设各角点处的局部阻力可忽略不计，试确定体积流量q_V的表达式，以及各管段内流体的流动方向。提示：假设各管流动方向，应用Hagen-Poiseuille公式表示流量，并对各连接点应用质量守恒方程。

5-11 有一长度L=8.23m的圆环形截面水平管，内管外半径kR=0.0126m，外管内半径R=0.028m。现有质量浓度为60%的蔗糖水溶液在T=293K的温度下用泵输送通过该环隙。该温度下溶液的密度ρ =1286kg/m^3，黏度μ =0.0565Pa·s。测得管子两端压降为Δp =3.716×10^{4}Pa。

① 试求套管中的体积流量q_V；② 沿流动方向流体对套管的作用力F为多少？

5-12 如图5-27所示，一半径为kR的无限长圆杆以速度U匀速通过两涂料槽之间的圆管，圆管半径为R。试求稳定操作条件下圆管内流体的速度u、体积流量q_V、单位长度圆杆受到的流体阻力F_1、单位长度环隙内流体沿流动方向受到的总作用力F_2。

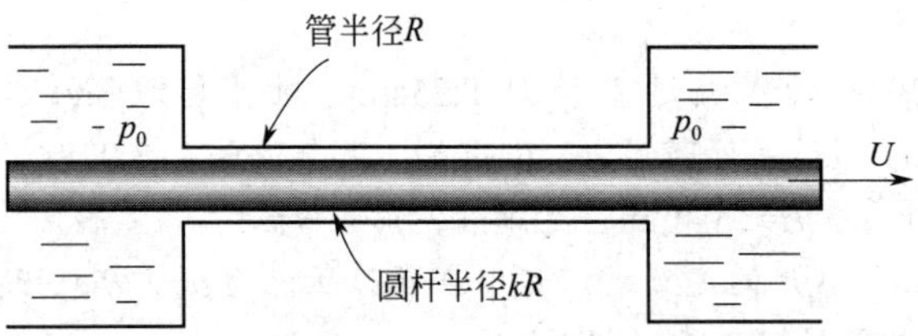

图5-27 习题5-12附图

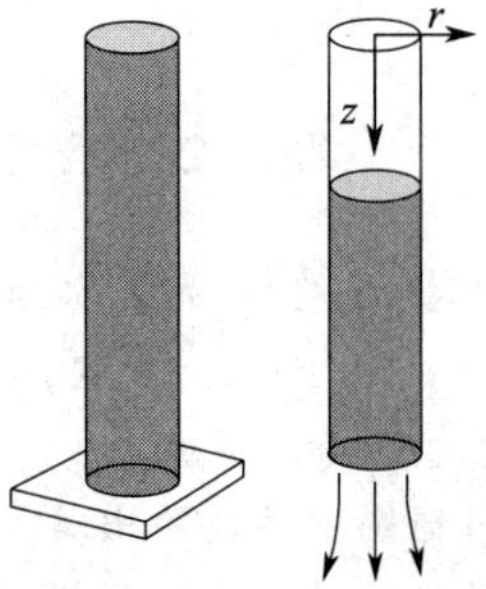

图5-28 习题5-13附图

5-13 一圆管内充满非牛顿流体（Bingham流体），如图5-28所示。该流体切应力与速度梯度符合下述模型（参见例题5-4）

$$\tau_{rz} = -\tau_0 + \mu_0 \frac{du}{dr} \quad (|\tau_{rz}| > \tau_0)$$

其中，常数 τ_0、μ_0 均大于零，u 为轴向速度，r 为圆管径向坐标。圆管下端放置在一平板上。当移去平板时，管内流体可能流出，也可能不流出，试解释原因，并建立流出的条件。设流体密度为 ρ，圆管半径为 R。

5-14 活塞在充满流体的密闭长圆筒内对中下滑，见图 5-29，其中几何尺寸已知，活塞密度为 ρ_0，液体密度为 ρ，黏度为 μ，活塞与圆筒壁之间的流动可视为充分发展的层流流动。若实验测得活塞终端速度（平衡时的下滑速度）为 u_0，并定义 $\xi = r/R$ 为无因次径向坐标，试证明：

① 环隙内流体速度分布为

$$\frac{u}{u_0} = -\frac{(1-\xi^2)-(1+k^2)\ln(1/\xi)}{(1-k^2)-(1+k^2)\ln(1/k)}$$

② 流体黏度的计算式为

$$\mu = \frac{(\rho_0-\rho)g(kR)^2}{2u_0}\left[\ln\frac{1}{k}-\frac{(1-k^2)}{(1+k^2)}\right]$$

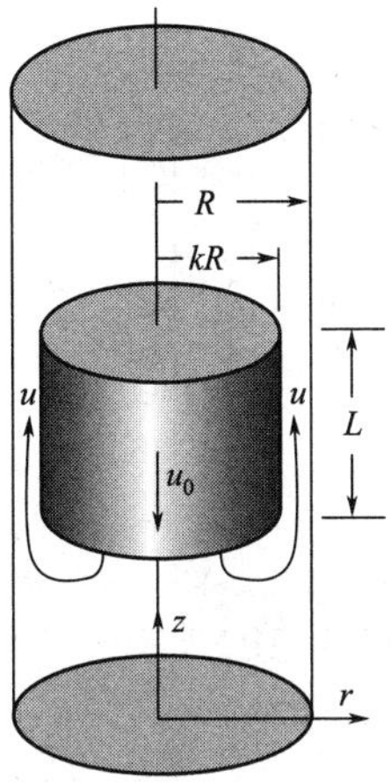

图 5-29 习题 5-14 附图

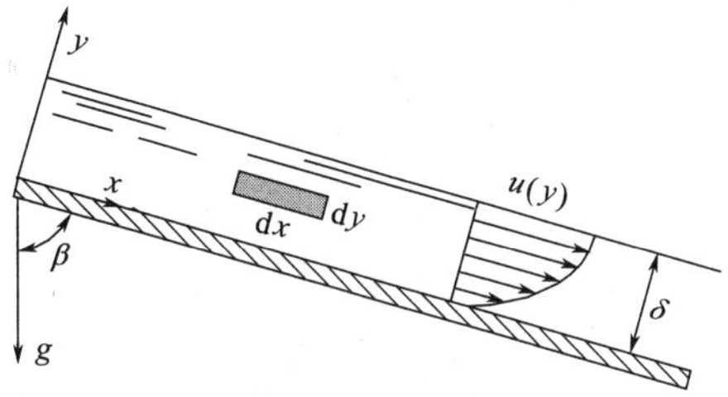

图 5-30 习题 5-15 附图

5-15 图 5-30 所示为倾斜平板上充分发展的层流降膜流动。液膜厚度为 δ，表面与大气接触。液膜沿 x 轴方向流动，速度 u=u（y）。

① 试根据图中微元体 y 方向的力平衡，导出流动截面上的压力分布方程；

② 设液膜截面流体速度分布为 $u = ay^2 + by + c$，试根据边界条件和平均速度 u_{m} 的定义式，确定其中常数 a、b、c，由此证明速度分布可表示为

$$u = \frac{3}{2}u_{\mathrm{m}}\left[2\frac{y}{\delta}-\left(\frac{y}{\delta}\right)^2\right]$$

③ 试针对长度 L、宽度 W、厚度 δ 的液膜，列出其 x 方向力平衡方程，由此证明

$$u_{\mathrm{m}} = \frac{\rho g \delta^2 \cos\beta}{3\mu}$$

5-16 黏度 μ =0.16Pa·s、密度 ρ =800kg/m³ 的油在宽度 W=500mm 的竖直平壁上作降膜流动。设油膜流动为层流，厚度 δ =2.5mm，求油的质量流量 q_{m}，并校核层流假设。

5-17 图 5-31 所示为排放液体时（液面下降）液体在容器器壁（平壁）上黏附形成的液膜。其中液体黏度为 μ、密度为 ρ，液面下降速度为 u_0。显然，液膜厚度 δ 和截面平均速度 u_{m} 都是坐标 x 和时间 t 的函数。

① 试针对图中所示 dx 段的液膜微元（z 方向为单位宽度），应用质量守恒方程证明

$$\frac{\partial(u_{\mathrm{m}}\delta)}{\partial x} = -\frac{\partial \delta}{\partial t} \qquad \text{(a)}$$

② 证明：若液膜每一截面上的平均速度 u_{m} 与液膜厚度 δ 的关系都可用式（5-78）表示，则式（a）可转化为

$$\frac{\partial\delta}{\partial t}+\frac{\rho g}{\mu}\delta^2\frac{\partial\delta}{\partial x}=0 \tag{b}$$

③ 验证该方程的解，即液膜厚度 δ 随 x 和 t 变化的关系为

$$\delta=\sqrt{(\mu/\rho g)(x/t)}\ （x\leqslant u_0 t \text{ 且 } t>0）$$

④ 求液面处（ $x=x_L=u_0 t$ ）的液膜厚度 δ_L 、平均速度 $u_{m,L}$，以及液膜相对于液面的上升速度 u_L 的表达式。提示：求 u_L 时，可设液面固定，平壁以 u_0 上升，此时 u_0 是牵连速度，u_m 是相对速度，液膜上升绝对速度 $u_L = u_0 - u_{m,L}$。

⑤ 试证明：用以上 δ 表达式积分得到的单位宽度器壁黏附的液体总质量 m 与按 $\rho u_L\delta_L t$ 计算的 m 相等，并根据以下数据计算 t=100s 时单位宽度器壁黏附的液体总质量 m。

$$\mu=0.16\text{Pa·s}，\rho=800\text{kg/m}^3，u_0=0.01\text{ m/s}$$

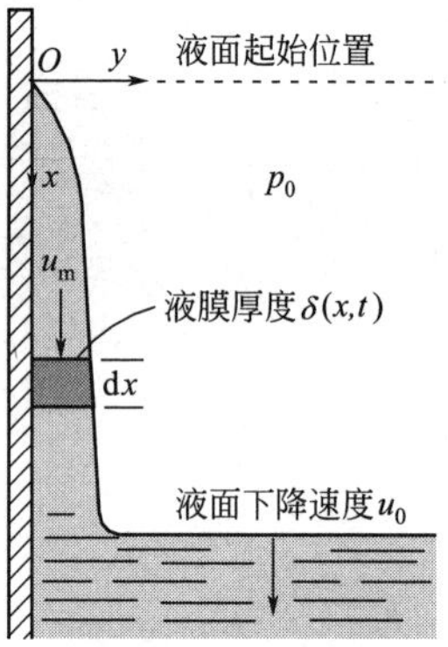

图 5-31 习题 5-17 附图

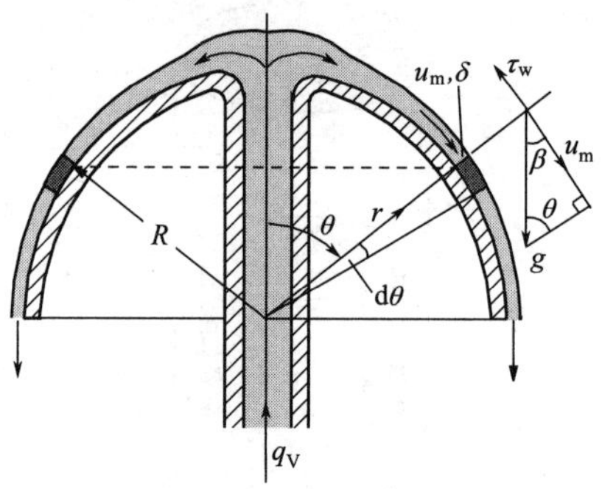

图 5-32 习题 5-18 附图

5-18 图 5-32 所示为流体沿半球壁面的对称稳态层流降膜流动，其中液体密度为 ρ，黏度为 μ，且液膜厚度 $\delta\ll R$（球面半径）。很显然，壁面上液膜的平均速度 u_m 与厚度 δ 都随经向角 θ 变化。

① 对于层流降膜，液膜表面切应力近似为零，因此可假设膜截面上流速 u 沿径向坐标 r 呈抛物线分布，即

$$u=a(r-R)^2+b(r-R)+c$$

其中 $R\leqslant r\leqslant R+\delta$。试利用边界条件和平均速度 u_m 的定义式，确定待定常数 a、b、c。其中 u_m 可视为已知量，且 $\delta/R\ll 1$ 。

② 假设图中所示微元体在流动方向（球面切线方向）的重力与壁面摩擦力相互平衡[其中切应力用 $\tau\approx\mu(\partial u/\partial r)$ 计算]，证明 u_m - δ 的关系为

$$u_m=\frac{\rho g\delta^2\sin\theta}{3\mu}=\frac{\rho g\delta^2\cos\beta}{3\mu}\quad（\theta\leqslant\frac{\pi}{2}）$$

③ 设体积流量 q_V 已知，试写出液膜厚度 δ 随经向角 θ 的变化关系。

第5章
习题答案

6　流体流动微分方程

本章导言

流体流动微分方程包括：连续性方程和运动微分方程。连续性方程是基于微元体质量守恒建立的微分方程，描述的是运动流体的质量守恒关系。运动微分方程（又称 N-S 方程）则是基于微元体动量守恒建立的微分方程，描述的是运动流体的动量守恒关系。

在今天看来，依据牛顿第二定律建立 N-S 方程的过程似乎顺理成章，但其实际过程及方程的最终建立却经过了多人的努力，代表人物有欧拉（Euler）、纳维（Navier）、柯西（Cauchy）、泊松（Poisson）、圣维南（Saint-Venant）、斯托克斯（Stokes）。其中欧拉导出了理想流体的运动微分方程，纳维导出了完整的不可压缩流体运动微分方程，柯西给出了应力形式的运动微分方程，泊松和圣维南则各自根据不同假设得到了相应的运动微分方程，但完整的流体运动微分方程是在斯托克斯提出牛顿流体本构方程后，才最终得以建立。1934 年，普朗特（Prandtl）在其“水和空气力学基础”课程中正式将此命名为 Navier- Stokes equations（纳维 - 斯托克斯方程），并一直为后人所沿用，简称 N-S 方程。

本章主要展现一般三维流动条件下流体流动微分方程的建立过程，并给出 N-S 方程的应用要点。内容包括：①连续性方程；②应力形式的运动方程；③牛顿流体的本构方程；④流体运动微分方程——N-S 方程；⑤ N-S 方程的应用概述及应用举例。

本章在展示流动微分方程建立过程的同时，还通过对应力形式运动方程的讨论阐明了运动微分方程的物理意义；通过对本构方程的讨论阐明了流体应力之间、应力与变形速率之间的相互关系；并以具体流动问题为例对 N-S 方程的求解过程进行了示范。

N-S 方程作为描述流体运动的一般方程具有普遍的适应性。静力学方程和理想流体运动方程仅是其特例。虽然 N-S 方程以层流流动为背景，但一般认为非稳态的 N-S 方程对湍流的瞬时运动仍然适用。为此，雷诺（Reynolds）针对湍流流动，将瞬时速度分解成湍流时均值与随机脉动值，并据此对 N-S 方程进行时均化处理，获得了适用于湍流的 N-S 方程，称为雷诺平均运动方程（简称 RANS 方程，详见第 9 章 9.2 节）；RANS 方程是当今湍流数值模拟的主干方程，该方程与布辛涅斯克（Boussinesq）的涡黏性假设结合，又形成了目前湍流工程模拟的主流方法——涡黏性系数法。需要指出，虽然 N-S 方程的实际应用极为成功，但其普遍解至今仍是难题，其中“N-S 方程的存在性与光滑性”就于 2000 年被美国克雷数学研究所列为 7 个千禧年大奖难题之一，2008 年美国国防高级研究计划局（DARPA）又将“N-S 方程与 21 世纪的流体问题”列为了 23 个数学挑战问题之一。

6.1 连续性方程

6.1.1 直角坐标系中的连续性方程

连续性方程即一般微元体的质量守恒关系。对于直角坐标系中的一般流场，流体速度是空间坐标（x，y，z）和时间 t 的函数，因此代表流场空间点 A 的微元体由 dx、dy、dz 构成，微元体积 dV=dxdydz，如图 6-1 所示。

按坐标轴正方向速度为正的约定，该微元体 A 点邻接的三个微元面是输入面，这三个面上的法向速度分别为 v_x、v_y、v_z，对应的质量通量分别为 ρv_x、ρv_y、ρv_z；微元体的另外三个面则是输出面，对应的质量通量由微分关系确定，见图 6-1。

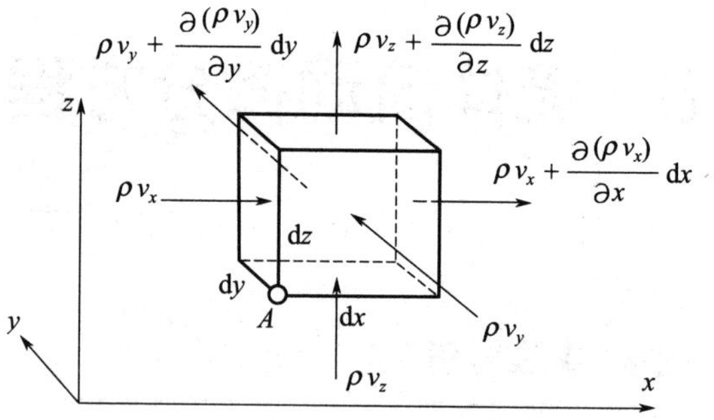

图 6-1 直角坐标系的微元体及其表面的质量通量

微元体是微分控制体，因此其质量守恒也可像宏观控制体那样，一般性地表述为

$$q_{m2} - q_{m1} + \frac{\partial m_{cv}}{\partial t} = 0 \tag{6-1}$$

式中，q_{m2} 是三个输出面的质量流量（= 质量通量 × 流通面积）之和；q_{m1} 是三个输入面的质量流量之和；m_{cv} 则是微元体的瞬时质量，且根据图 6-1 所示微元体，有

$$q_{m2} = (\rho v_x + \frac{\partial \rho v_x}{\partial x}dx)dydz + (\rho v_y + \frac{\partial \rho v_y}{\partial y}dy)dxdz + (\rho v_z + \frac{\partial \rho v_z}{\partial z}dz)dxdy$$

$$q_{m1} = \rho v_x dydz + \rho v_y dxdz + \rho v_z dxdy, \quad m_{cv} = \rho dV = \rho dxdydz$$

连续性方程 将上述 q_{m2}、q_{m1}、m_{cv} 代入式（6-1）可得直角坐标系的连续性方程为

$$\frac{\partial(\rho v_x)}{\partial x} + \frac{\partial(\rho v_y)}{\partial y} + \frac{\partial(\rho v_z)}{\partial z} + \frac{\partial \rho}{\partial t} = 0 \tag{6-2a}$$

或以矢量简洁表示为

$$\nabla \cdot (\rho \mathbf{v}) + \frac{\partial \rho}{\partial t} = 0 \tag{6-2b}$$

式中，$\nabla \cdot (\rho \mathbf{v})$ 是质量通量 $\rho \mathbf{v}$ 的散度（即 $\rho \mathbf{v}$ 的三个分量分别对三个坐标的偏导数之和）；∇ 是矢量微分算子（关于矢量的散度和矢量微分算子 ∇，可参见附录 A.2）。

需要指出：由于导出方程（6-2）的过程中没有对流体和流动状态作任何假设，故该方程对层流和湍流、牛顿流体和非牛顿流体均适用。

此外，将方程（6-2a）展开有

$$\left(\frac{\partial \rho}{\partial t} + v_x\frac{\partial \rho}{\partial x} + v_y\frac{\partial \rho}{\partial y} + v_z\frac{\partial \rho}{\partial z}\right) + \rho\left(\frac{\partial v_x}{\partial x} + \frac{\partial v_y}{\partial y} + \frac{\partial v_z}{\partial z}\right) = 0$$

由此可见，上式第一括号项是流体密度 ρ 的质点导数 $D\rho/Dt$，第二括号项是速度 $\mathbf{v}$ 的散度 $\nabla \cdot \mathbf{v}$，因此连续性方程通常又表示为

$$\frac{D\rho}{Dt} + \rho(\nabla \cdot \mathbf{v}) = 0 \tag{6-3}$$

不可压缩流体的连续性方程 对于不可压缩流体，ρ=const，连续性方程简化为

$$\nabla \cdot \mathbf{v} = 0 \quad 或 \quad \frac{\partial v_x}{\partial x} + \frac{\partial v_y}{\partial y} + \frac{\partial v_z}{\partial z} = 0 \tag{6-4}$$

物理意义上，速度的散度$\nabla \cdot \mathbf{v}$表示单位时间内流体的体积变化率。对于不可压缩流体，其运动过程中形状可变，但体积大小不会改变，故体积变化率为零，即$\nabla \cdot \mathbf{v} = 0$。正因如此，对于不可压缩流体，无论是稳态还是非稳态流动，其连续性方程都是一样的。

6.1.2 柱坐标和球坐标系中的连续性方程

在工程实际中，除了直角坐标外，流动问题的描述还经常采用柱坐标（如圆管流动问题）和球坐标（如球体绕流问题）。在此直接给出这两种坐标系中的连续性方程，以供选用。

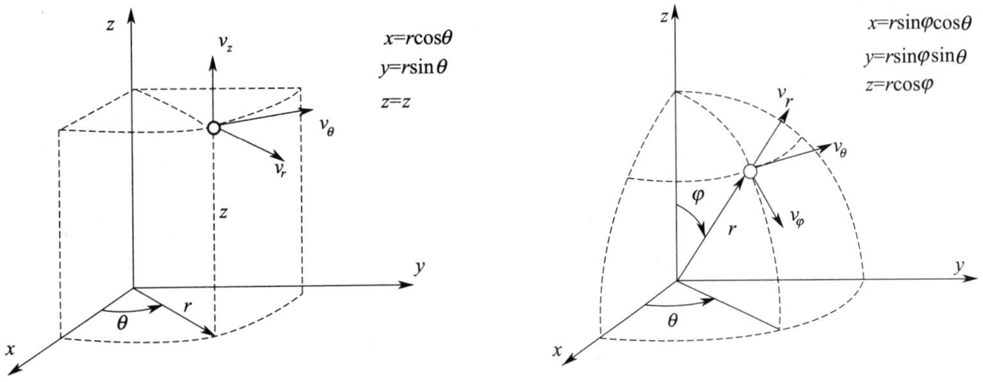

(a) 柱坐标 (b) 球坐标

图6-2 柱坐标系、球坐标系及其速度分量

对于r-θ-z柱坐标系，见图6-2（a），其r、θ、z方向的速度分量分别为v_r、v_θ、v_z，运动流体的连续性方程为

$$\frac{\partial \rho}{\partial t} + \frac{1}{r}\frac{\partial}{\partial r}(\rho r v_r) + \frac{1}{r}\frac{\partial}{\partial \theta}(\rho v_\theta) + \frac{\partial}{\partial z}(\rho v_z) = 0 \tag{6-5}$$

特别地，对于不可压缩流体，柱坐标系下的连续性方程简化为

$$\frac{1}{r}\frac{\partial (r v_r)}{\partial r} + \frac{1}{r}\frac{\partial v_\theta}{\partial \theta} + \frac{\partial v_z}{\partial z} = 0 \tag{6-6}$$

对于以r为径向坐标、θ为周向坐标、φ为经向坐标的球坐标系，见图6-2（b），其r、θ、φ坐标方向的速度分量分别为v_r、v_θ、v_φ，运动流体的连续性方程为

$$\frac{\partial \rho}{\partial t} + \frac{1}{r^2}\frac{\partial}{\partial r}(\rho r^2 v_r) + \frac{1}{r\sin\theta}\frac{\partial}{\partial \theta}(\rho v_\theta \sin\theta) + \frac{1}{r\sin\theta}\frac{\partial}{\partial \varphi}(\rho v_\varphi) = 0 \tag{6-7}$$

连续性方程是流体流动微分方程中最基本的方程之一，常规流动问题都应满足该方程。

6.2 应力形式的运动方程

应力形式的运动方程是微元体动量守恒的基本方程。将其称为应力形式的运动方程是因为方程中的变量包含微元体表面的正应力和切应力。

与宏观控制体类似，微元体的动量守恒关系也可一般表示为

$$\begin{cases}\sum F_x=\sum v_{2x}q_{m2}-\sum v_{1x}q_{m1}+\dfrac{\partial(mv_x)_{cv}}{\partial t}\\ \sum F_y=\sum v_{2y}q_{m2}-\sum v_{1y}q_{m1}+\dfrac{\partial(mv_y)_{cv}}{\partial t}\\ \sum F_z=\sum v_{2z}q_{m2}-\sum v_{1z}q_{m1}+\dfrac{\partial(mv_z)_{cv}}{\partial t}\end{cases} \tag{6-8}$$

式中，$\sum F_x$ 是微元体 x 方向的表面力和质量力之和；$\sum v_{2x}q_{m2}$ 是微元体三个输出面上 x 方向的动量流量之和；$\sum v_{1x}q_{m1}$ 是三个输入面上 x 方向的动量流量之和；$(mv_x)_{cv}$ 是微元体 dV 自身瞬时动量的 x 分量。y、z 方向动量守恒关系中各项的说明类似。

6.2.1　作用于微元体上的力

作用于微元体上的力包括质量力和表面力，分别用 F_g、F_s 表示。

（1）质量力

质量力是外力场（如重力场等）作用于微元体整个体积上的力。如图6-3所示，设微元体中单位质量力的x、y、z 分量分别为f_x、f_y、f_z，则对应方向上微元体的质量力为

$$\begin{cases}F_{g,x}=f_x\rho dV=f_x\rho dxdydz\\ F_{g,y}=f_y\rho dV=f_y\rho dxdydz\\ F_{g,z}=f_z\rho dV=f_z\rho dxdydz\end{cases} \tag{6-9}$$

特别地，若力场只有重力场（通常情况如此），且重力加速度 g 指向 z 轴负方向，则 f_x=0、f_y=0、f_z=−g。

（2）表面力

表面力包括垂直于微元表面的正应力 σ 和平行于表面的切应力 τ，其中切应力 τ 又按平行于微元表面的坐标分为两个分量。因此，对于图 6-3 所示的微元，在 A 点邻接的三个微元面上共有 9 个应力，即

σ_{xx}、τ_{xy}、τ_{xz}——作用于与 x 轴垂直的微元面 dydz

σ_{yy}、τ_{yx}、τ_{yz}——作用于与 y 轴垂直的微元面 dxdz

σ_{zz}、τ_{zx}、τ_{zy}——作用于与 z 轴垂直的微元面 dxdy

微元体另外三个表面的应力可按微分关系标出，见图 6-3。

应力下标的意义　每个应力都有两个下标，第一个下标表示应力作用面的方位，第二个下标表示应力方向。例如 τ_{xy}，其中 x 表示 τ_{xy} 的作用面垂直于 x 轴，y 则表示该应力方向为 y 方向（至于是指向 y 的正方向还是负方向，与应力正负的规定有关，见下）。

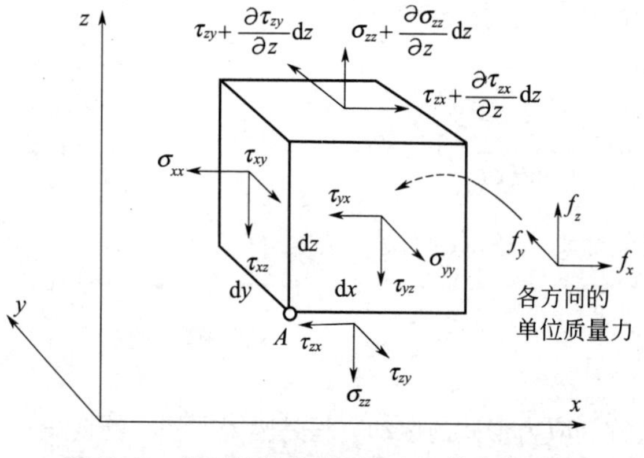

图 6-3　微元体的单位质量力和微元表面的正应力与切应力

应力正负的规定　通常规定：若应力所在平面的外法线方向与坐标轴正向一致，则指向坐标轴正向的应力为正，反之为负；若应力所在平面的外法线方向与坐标轴正向相反，则指向坐标轴负方向的应力为正，反之为负。图 6-3 中的正应力和切应力均按正方向标注。对于正应力，这种规定与“拉应力为正、压应力为负”的约定也是一致的。

应力状态及切应力互等定理　某点应力的构成称为该点的应力状态。图 6-3 中，邻接 A 点的三个微元面上的 9 个应力代表了流场空间 A 点的应力状态，包括 3 个正应力分量和 6 个切应力分量。但根据切应力互等定理可知，这 6 个切应力分量中，互换下标的每一对切应力是相等的，即

$$\tau_{xy}=\tau_{yx},\ \tau_{xz}=\tau_{zx},\ \tau_{yz}=\tau_{zy} \tag{6-10}$$

这样一来，流场空间点上的 9 个应力分量中，实际上只有 6 个分量是独立的。

微元体每一方向的总表面力 为简明起见，从 y 方向视图来观察微元体各表面上 x 和 z 方向的应力，如图 6-4 所示，图中所有应力都是处于正方向。

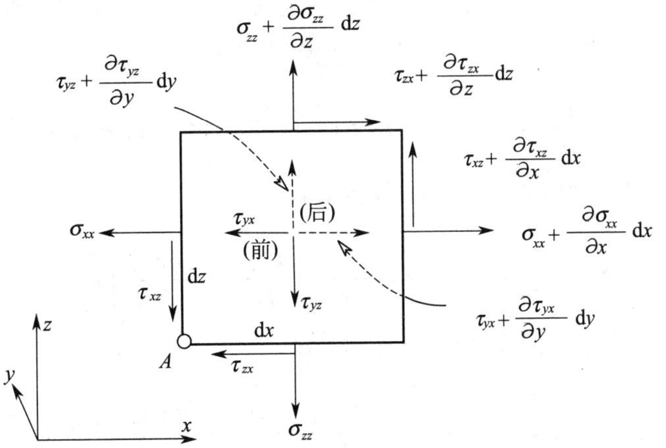

图 6-4 微元体上 x 和 z 方向的表面力

微元体某方向的总表面力等于各表面该方向应力与面积乘积之和。因此，将图 6-4 中各表面 x 方向应力与面积相乘，然后加和，可得微元体 x 方向的总表面力 $F_{s,x}$ 为

$$F_{s,x}=\left(\frac{\partial\sigma_{xx}}{\partial x}+\frac{\partial\tau_{yx}}{\partial y}+\frac{\partial\tau_{zx}}{\partial z}\right)\mathrm{d}x\mathrm{d}y\mathrm{d}z \tag{6-11a}$$

同理可得

$$F_{s,y}=\left(\frac{\partial\tau_{xy}}{\partial x}+\frac{\partial\sigma_{yy}}{\partial y}+\frac{\partial\tau_{zy}}{\partial z}\right)\mathrm{d}x\mathrm{d}y\mathrm{d}z \tag{6-11b}$$

$$F_{s,z}=\left(\frac{\partial\tau_{xz}}{\partial x}+\frac{\partial\tau_{yz}}{\partial y}+\frac{\partial\sigma_{zz}}{\partial z}\right)\mathrm{d}x\mathrm{d}y\mathrm{d}z \tag{6-11c}$$

6.2.2 动量流量及动量变化率

（1）输入 / 输出微元体的动量流量

首先考察输入微元体的 x 方向动量流量。因为“动量流量 = 动量通量 × 流通面积”，所以确定动量流量首先需确定各微元面上的动量通量。如图 6-5 所示，微元体 A 点邻接的三个微元面是流体输入面，其质量通量分别为 ρv_x、ρv_y、ρv_z，由于这三个面上实际都存在 x 方向的速度 v_x（其中 dzd$x$ 面和 dyd$x$ 面的 v_x 与表面平行，

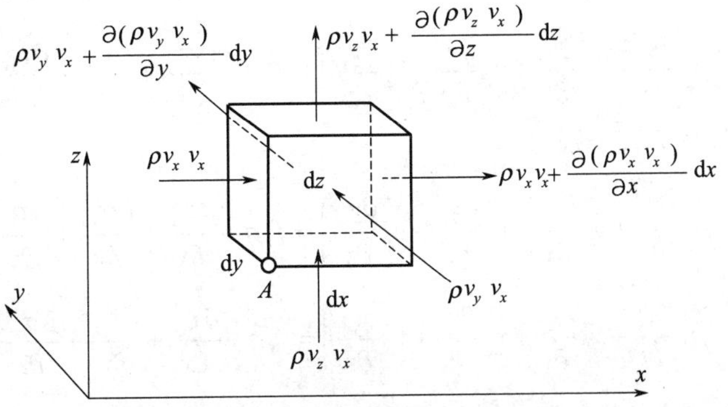

图 6-5 微元体表面 x 方向动量的输入与输出

通常未予标出），所以伴随这三个质量通量进入微元体的x方向的动量通量就分别为$\rho v_x v_x$、$\rho v_y v_x$、$\rho v_z v_x$。这三个通量与各自的面积相乘，然后加和，可得输入微元体的x方向动量流量为

$$\sum v_{1x} q_{\mathrm{m1}} = \rho v_x^2 \mathrm{d}y\mathrm{d}z + \rho v_y v_x \mathrm{d}x\mathrm{d}z + \rho v_z v_x \mathrm{d}x\mathrm{d}y \tag{6-12}$$

其次考察输出微元体的 x 方向动量流量。与微元输入面相对应的三个输出面的动量通量可分别按微分关系确定，如图 6-5 所示。由此可得输出微元体的 x 方向动量流量为

$$\sum v_{2x} q_{\mathrm{m2}} = \left(\rho v_x^2 + \frac{\partial \rho v_x^2}{\partial x}\mathrm{d}x\right)\mathrm{d}y\mathrm{d}z + \left(\rho v_y v_x + \frac{\partial \rho v_y v_x}{\partial y}\mathrm{d}y\right)\mathrm{d}x\mathrm{d}z + \left(\rho v_z v_x + \frac{\partial \rho v_z v_x}{\partial z}\mathrm{d}z\right)\mathrm{d}x\mathrm{d}y$$

输出减输入，可得微元体净输出的 x 方向动量流量为

$$\sum v_{2x} q_{\mathrm{m2}} - \sum v_{1x} q_{\mathrm{m1}} = \left(\frac{\partial \rho v_x^2}{\partial x} + \frac{\partial \rho v_y v_x}{\partial y} + \frac{\partial \rho v_z v_x}{\partial z}\right)\mathrm{d}x\mathrm{d}y\mathrm{d}z \tag{6-13a}$$

同理可得，微元体净输出的 y、z 方向动量流量分别为

$$\sum v_{2y} q_{\mathrm{m2}} - \sum v_{1y} q_{\mathrm{m1}} = \left(\frac{\partial \rho v_x v_y}{\partial x} + \frac{\partial \rho v_y^2}{\partial y} + \frac{\partial \rho v_z v_y}{\partial z}\right)\mathrm{d}x\mathrm{d}y\mathrm{d}z \tag{6-13b}$$

$$\sum v_{2z} q_{\mathrm{m2}} - \sum v_{1z} q_{\mathrm{m1}} = \left(\frac{\partial \rho v_x v_z}{\partial x} + \frac{\partial \rho v_y v_z}{\partial y} + \frac{\partial \rho v_z^2}{\partial z}\right)\mathrm{d}x\mathrm{d}y\mathrm{d}z \tag{6-13c}$$

（2）微元体内的动量变化率

在微元体内，流体的瞬时质量为$\rho\mathrm{d}x\mathrm{d}y\mathrm{d}z$，其 x、y、z 方向的瞬时动量分别为

$$(mv_x)_{\mathrm{cv}} = \rho v_x \mathrm{d}x\mathrm{d}y\mathrm{d}z,\quad (mv_y)_{\mathrm{cv}} = \rho v_y \mathrm{d}x\mathrm{d}y\mathrm{d}z,\quad (mv_z)_{\mathrm{cv}} = \rho v_z \mathrm{d}x\mathrm{d}y\mathrm{d}z$$

于是微元体 x、y、z 方向动量的变化率就分别为

$$\frac{\partial (mv_x)_{\mathrm{cv}}}{\partial t} = \frac{\partial \rho v_x}{\partial t}\mathrm{d}V,\quad \frac{\partial (mv_y)_{\mathrm{cv}}}{\partial t} = \frac{\partial \rho v_y}{\partial t}\mathrm{d}V,\quad \frac{\partial (mv_z)_{\mathrm{cv}}}{\partial t} = \frac{\partial \rho v_z}{\partial t}\mathrm{d}V \tag{6-14}$$

6.2.3　以应力表示的运动方程

首先将上述 x 方向的微元体质量力、表面力、微元体净输出的动量流量及动量变化率代入微元动量守恒方程（6-8），可得 x 方向运动方程的初步形式为

$$\left(\frac{\partial \rho v_x^2}{\partial x} + \frac{\partial \rho v_y v_x}{\partial y} + \frac{\partial \rho v_z v_x}{\partial z}\right) + \frac{\partial \rho v_x}{\partial t} = f_x \rho + \left(\frac{\partial \sigma_{xx}}{\partial x} + \frac{\partial \tau_{yx}}{\partial y} + \frac{\partial \tau_{zx}}{\partial z}\right) \tag{6-15}$$

读者可以验证，引用连续性方程，上式等号左边的展开结果为$\rho(\mathrm{D}v_x/\mathrm{D}t)$。由此可得 x 方向运动方程为

$$\rho\left(\frac{\partial v_x}{\partial t} + v_x\frac{\partial v_x}{\partial x} + v_y\frac{\partial v_x}{\partial y} + v_z\frac{\partial v_x}{\partial z}\right) = f_x\rho + \frac{\partial \sigma_{xx}}{\partial x} + \frac{\partial \tau_{yx}}{\partial y} + \frac{\partial \tau_{zx}}{\partial z} \tag{6-16a}$$

同理可得 y、z 方向的运动方程分别为

$$\rho\left(\frac{\partial v_y}{\partial t} + v_x\frac{\partial v_y}{\partial x} + v_y\frac{\partial v_y}{\partial y} + v_z\frac{\partial v_y}{\partial z}\right) = f_y\rho + \frac{\partial \tau_{xy}}{\partial x} + \frac{\partial \sigma_{yy}}{\partial y} + \frac{\partial \tau_{zy}}{\partial z} \tag{6-16b}$$

$$\rho\left(\frac{\partial v_z}{\partial t} + v_x\frac{\partial v_z}{\partial x} + v_y\frac{\partial v_z}{\partial y} + v_z\frac{\partial v_z}{\partial z}\right) = f_z\rho + \frac{\partial \tau_{xz}}{\partial x} + \frac{\partial \tau_{yz}}{\partial y} + \frac{\partial \sigma_{zz}}{\partial z} \tag{6-16c}$$

此即以应力表示的黏性流体运动方程，又称柯西动量方程。牛顿与非牛顿流体均适用。

运动方程的物理意义　以式（6-16a）为例，方程左边的ρ是单位体积的质量，括号项是速度 v_x 的质点导

数 Dv_x/Dt，即空间点 A 处流体质点的加速度 a_x；而方程右边则是作用于流体单位体积的质量力和表面力的 x 分量，不妨总的用 F_x 表示。因此式（6-16a）可简略表示为：$\rho a_x=F_x$。由此可知，以上方程就是以单位体积流体为基准的牛顿第二定律 $\rho\mathbf{a}=\mathbf{F}$ 在 x、y、z 方向的分量式。

考察以上方程可知，即使将密度 ρ 和体积力 f 看成是已知的，方程中仍然有 9 个未知量：3 个速度分量和 6 个独立应力分量，但以上方程加上连续性方程只有 4 个方程，所以方程组是不封闭的。因此，要使这组方程封闭，尚需要补充方程将未知量关联起来。

6.3 牛顿流体的本构方程

以应力表示的运动方程需要补充方程才能封闭的这一情况，与第 5 章一维流动问题分析中需要引入牛顿剪切定律作为补充方程相似。对于本章涉及的一般三维流动，所要引入的补充方程是广义的牛顿剪切定律，即斯托克斯（Stokes）提出的牛顿流体本构方程。

6.3.1 基本假设

建立运动方程的补充方程，需要分析流体的变形，从中寻求应力与变形速率（速度梯度）的内在联系，即本构方程。为寻求这种关系，斯托克斯（Stokes）做了三个基本假设：

① 应力与变形速率成线性关系。该假设得到牛顿剪切定律的启示，既然一维流动中 τ_{yx} 与变形速率 dv_x/dy 成线性关系，于是可设想一般情况下也有这样的关系。

② 应力与变形速率的关系各向同性。该假设认为，既然常见流体的物理性质都是各向同性的，可以设想应力与变形速率的关系也是各向同性的。

③ 静止流场中，切应力为零，各正应力均等于静压力。该假设的基础是，静止流体不能承受切应力，运动流体不能承受拉应力，且静压力大小与作用面取向无关。

6.3.2 牛顿流体本构方程

在上述假设条件下，即可推导出一般情况下流体应力与变形速率之间的关系。在此略去复杂的推导过程，直接给出这一关系——牛顿流体本构方程，即

$$\begin{cases}\sigma_{xx}=-p+2\mu\dfrac{\partial v_x}{\partial x}-\dfrac{2}{3}\mu\left(\dfrac{\partial v_x}{\partial x}+\dfrac{\partial v_y}{\partial y}+\dfrac{\partial v_z}{\partial z}\right), & \tau_{xy}=\tau_{yx}=\mu\left(\dfrac{\partial v_x}{\partial y}+\dfrac{\partial v_y}{\partial x}\right)\\ \sigma_{yy}=-p+2\mu\dfrac{\partial v_y}{\partial y}-\dfrac{2}{3}\mu\left(\dfrac{\partial v_x}{\partial x}+\dfrac{\partial v_y}{\partial y}+\dfrac{\partial v_z}{\partial z}\right), & \tau_{yz}=\tau_{zy}=\mu\left(\dfrac{\partial v_y}{\partial z}+\dfrac{\partial v_z}{\partial y}\right)\\ \sigma_{zz}=-p+2\mu\dfrac{\partial v_z}{\partial z}-\dfrac{2}{3}\mu\left(\dfrac{\partial v_x}{\partial x}+\dfrac{\partial v_y}{\partial y}+\dfrac{\partial v_z}{\partial z}\right), & \tau_{zx}=\tau_{xz}=\mu\left(\dfrac{\partial v_z}{\partial x}+\dfrac{\partial v_x}{\partial z}\right)\end{cases}\tag{6-17}$$

牛顿流体本构方程阐明了流体应力与流体变形速率之间的内在关系，具有沟通流体运动学与流体动力学的桥梁作用，是流体力学的重要方程。

6.3.3 本构方程的讨论

在将本构方程代入应力形式的运动方程之前，有必要首先对本构方程本身进行一些讨论，这不仅有助于增进对流动过程中流体变形速率、应力、压力等有关概念的理解，同时也对前面各章涉及的相关问题或概念作出回应。

正应力与静压力 因流体静止时速度为零，所以根据本构方程可知，对于静止流体有

$$\sigma_{xx}=\sigma_{yy}=\sigma_{zz}=-p \tag{6-18}$$

即静止流体各点三个方向的正应力大小相等且等于静压力p（负号表示压应力）。

对于运动流体，虽然三个方向的正应力互不相等且不等于p，但三者之和可得

$$(\sigma_{xx}+\sigma_{yy}+\sigma_{zz})/3=-p \tag{6-19}$$

即运动流体的三个正应力虽互不相等，但其平均值却总是与静压力大小相等。

切应力与剪切变形速率　第2章关于运动流体的变形分析已经给出，流体微元在x-y、y-z、z-x平面内的剪切变形速率分别为

$$\varepsilon_{xy}=\frac{1}{2}\left(\frac{\partial v_x}{\partial y}+\frac{\partial v_y}{\partial x}\right),\quad \varepsilon_{yz}=\frac{1}{2}\left(\frac{\partial v_y}{\partial z}+\frac{\partial v_z}{\partial y}\right),\quad \varepsilon_{zx}=\frac{1}{2}\left(\frac{\partial v_z}{\partial x}+\frac{\partial v_x}{\partial z}\right)$$

与本构方程中的切应力表达式比较可得

$$\tau_{xy}=\tau_{yx}=2\mu\varepsilon_{xy},\quad \tau_{yz}=\tau_{zy}=2\mu\varepsilon_{yz},\quad \tau_{zx}=\tau_{xz}=2\mu\varepsilon_{zx} \tag{6-20}$$

由此可见，切应力只与剪切变形速率相关，这类似于固体切应力仅与剪切应变相关。

特别地，对于x-y平面内的一维不可压缩流动，即$v_x=v_x(y)$，v_y=0、v_z=0，切应力只存在于x-y平面，且切应力关系式简化为牛顿剪切定律，即

$$\tau_{xy}=\tau_{yx}=2\mu\varepsilon_{xy}=\mu(\partial v_x/\partial y)=\mu(\mathrm{d}v_x/\mathrm{d}y) \tag{6-21}$$

附加正应力与线变形速率　由本构方程可见，流体正应力σ可分为两部分：一部分是流体静压力$-p$（压应力）；另一部分是黏性流体的线变形速率产生的附加正应力$\Delta\sigma$，即

$$\begin{cases}\sigma_{xx}=-p+\Delta\sigma_{xx},\quad \Delta\sigma_{xx}=2\mu\dfrac{\partial v_x}{\partial x}-\dfrac{2}{3}\mu(\nabla\cdot\mathbf{v})\\ \sigma_{yy}=-p+\Delta\sigma_{yy},\quad \Delta\sigma_{yy}=2\mu\dfrac{\partial v_y}{\partial y}-\dfrac{2}{3}\mu(\nabla\cdot\mathbf{v})\\ \sigma_{zz}=-p+\Delta\sigma_{zz},\quad \Delta\sigma_{zz}=2\mu\dfrac{\partial v_z}{\partial z}-\dfrac{2}{3}\mu(\nabla\cdot\mathbf{v})\end{cases} \tag{6-22}$$

或

$$\boldsymbol{\sigma}=\sigma_{xx}\mathbf{i}+\sigma_{yy}\mathbf{j}+\sigma_{zz}\mathbf{k}=(-p+\Delta\sigma_{xx})\mathbf{i}+(-p+\Delta\sigma_{yy})\mathbf{j}+(-p+\Delta\sigma_{zz})\mathbf{k} \tag{6-23}$$

由式（6-22）可见，附加正应力仅与线应变速率相关。以x方向的$\Delta\sigma_{xx}$为例，其中$2\mu(\partial v_x/\partial x)$是$x$方向线变形速率的贡献，$-(2/3)\mu(\nabla\cdot\mathbf{v})$则是其他方向线变形速率（即体积变形速率）的贡献。这与固体力学胡克定律中固体正应力仅与线应变相关是类似的。

第3章中，将$\mathbf{n}$方向表面的正应力表示为$\boldsymbol{\sigma}_{\mathrm{n}}=(-p+\Delta\sigma_n)\mathbf{n}$，正是基于式（6-23）。

第4章中，曾用到的一个结论是“等直径管段截面上的附加正应力为零”。也是因为这样的截面上，仅有轴向速度v_z且$\partial v_z/\partial z=0$，故截面上的附加正应力$\Delta\sigma_{zz}=0$。

第5章中，针对不可压缩一维层流［$v_x=v_x(y)$且v_y=0、v_z=0的流动］，其微元受力分析中表面正应力只标注了静压力p。因为流动条件下，$\sigma_{xx}=\sigma_{yy}=\sigma_{zz}=-p$，即流体微元各表面的正应力都只有静压力$p$。

不可压缩流体的附加正应力　对于不可压缩流体，$\nabla\cdot\mathbf{v}$=0，所以附加正应力简化为

$$\Delta\sigma_{xx}=\frac{2}{3}\mu\frac{\partial v_x}{\partial x},\quad \Delta\sigma_{yy}=\frac{2}{3}\mu\frac{\partial v_y}{\partial y},\quad \Delta\sigma_{zz}=\frac{2}{3}\mu\frac{\partial v_z}{\partial z} \tag{6-24}$$

即不可压缩流体某方向的附加正应力正比于该方向的线应变速率。因此，对于不可压缩流动，若流体沿x

方向减速运动，即 $\partial v_x/\partial x < 0$，则 $\Delta\sigma_{xx} < 0$ 为压应力，流体将受到挤压。反之若流体加速，即 $\partial v_x/\partial x > 0$，则 $\Delta\sigma_{xx} > 0$ 为拉应力，流体将受到拉伸；其中若 $\partial v_x/\partial x$ 不断增加，使得 $\Delta\sigma_{xx}=p$，则 $\sigma_{xx}=-p+\Delta\sigma_{xx}=0$，此时流体将发生断裂，失去连续性。

6.4 流体运动微分方程——N-S 方程

6.4.1 直角坐标系中的 N-S 方程

将牛顿流体本构方程代入应力形式的运动方程，即可得以速度分量和压力表示的黏性流体运动微分方程——纳维 - 斯托克斯方程（Navier-Stokes equations，简称 N-S 方程），即

$$\begin{cases} \rho\dfrac{\mathrm{D}v_x}{\mathrm{D}t}=\rho f_x-\dfrac{\partial p}{\partial x}-\dfrac{2}{3}\dfrac{\partial}{\partial x}(\mu\nabla\cdot\mathbf{v})+2\dfrac{\partial}{\partial x}\left(\mu\dfrac{\partial v_x}{\partial x}\right)+\dfrac{\partial}{\partial y}\left[\mu\left(\dfrac{\partial v_x}{\partial y}+\dfrac{\partial v_y}{\partial x}\right)\right]+\dfrac{\partial}{\partial z}\left[\mu\left(\dfrac{\partial v_x}{\partial z}+\dfrac{\partial v_z}{\partial x}\right)\right] \\ \rho\dfrac{\mathrm{D}v_y}{\mathrm{D}t}=\rho f_y-\dfrac{\partial p}{\partial y}-\dfrac{2}{3}\dfrac{\partial}{\partial y}(\mu\nabla\cdot\mathbf{v})+\dfrac{\partial}{\partial x}\left[\mu\left(\dfrac{\partial v_x}{\partial y}+\dfrac{\partial v_y}{\partial x}\right)\right]+2\dfrac{\partial}{\partial y}\left(\mu\dfrac{\partial v_y}{\partial y}\right)+\dfrac{\partial}{\partial z}\left[\mu\left(\dfrac{\partial v_y}{\partial z}+\dfrac{\partial v_z}{\partial y}\right)\right] \\ \rho\dfrac{\mathrm{D}v_z}{\mathrm{D}t}=\rho f_z-\dfrac{\partial p}{\partial z}-\dfrac{2}{3}\dfrac{\partial}{\partial z}(\mu\nabla\cdot\mathbf{v})+\dfrac{\partial}{\partial x}\left[\mu\left(\dfrac{\partial v_x}{\partial z}+\dfrac{\partial v_z}{\partial x}\right)\right]+\dfrac{\partial}{\partial y}\left[\mu\left(\dfrac{\partial v_y}{\partial z}+\dfrac{\partial v_z}{\partial y}\right)\right]+2\dfrac{\partial}{\partial z}\left(\mu\dfrac{\partial v_z}{\partial z}\right) \end{cases} \tag{6-25}$$

N-S 方程是现代流体力学的主干方程，是分析研究黏性流体流动问题最基本的工具。N-S 方程对流体的密度、黏度、可压缩性未作限制。但由于引入了牛顿流体的本构方程，故该方程只适用于牛顿流体。对于非牛顿流体，可采用以应力表示的运动方程。

为了应用上的方便，在此给出常见条件下 N-S 方程的简化表达形式。

常黏度条件下的 N-S 方程 对于等温或温度变化较小的流动，可将黏度视为常数，即 μ=const，N-S 方程相应简化为

$$\begin{cases} \dfrac{\mathrm{D}v_x}{\mathrm{D}t}=f_x-\dfrac{1}{\rho}\dfrac{\partial p}{\partial x}+\nu\left(\dfrac{\partial^2 v_x}{\partial x^2}+\dfrac{\partial^2 v_x}{\partial y^2}+\dfrac{\partial^2 v_x}{\partial z^2}\right)+\dfrac{1}{3}\nu\dfrac{\partial(\nabla\cdot\mathbf{v})}{\partial x} \\ \dfrac{\mathrm{D}v_y}{\mathrm{D}t}=f_y-\dfrac{1}{\rho}\dfrac{\partial p}{\partial y}+\nu\left(\dfrac{\partial^2 v_y}{\partial x^2}+\dfrac{\partial^2 v_y}{\partial y^2}+\dfrac{\partial^2 v_y}{\partial z^2}\right)+\dfrac{1}{3}\nu\dfrac{\partial(\nabla\cdot\mathbf{v})}{\partial y} \\ \dfrac{\mathrm{D}v_z}{\mathrm{D}t}=f_z-\dfrac{1}{\rho}\dfrac{\partial p}{\partial z}+\nu\left(\dfrac{\partial^2 v_z}{\partial x^2}+\dfrac{\partial^2 v_z}{\partial y^2}+\dfrac{\partial^2 v_z}{\partial z^2}\right)+\dfrac{1}{3}\nu\dfrac{\partial(\nabla\cdot\mathbf{v})}{\partial z} \end{cases} \tag{6-26}$$

或写成矢量形式为

$$\frac{\mathrm{D}\mathbf{v}}{\mathrm{D}t}=\mathbf{f}-\frac{1}{\rho}\nabla p+\nu\nabla^2\mathbf{v}+\frac{1}{3}\nu\nabla(\nabla\cdot\mathbf{v}) \tag{6-27}$$

其中，$\nu=\mu/\rho$ 为运动黏度；$\mathbf{v}=v_x\mathbf{i}+v_y\mathbf{j}+v_z\mathbf{k}$ 为速度矢量；$\mathbf{f}=f_x\mathbf{i}+f_y\mathbf{j}+f_z\mathbf{k}$ 为单位质量力矢量；∇ 是矢量微分算子，∇^2 是拉普拉斯算子，二者的定义及其对变量 ϕ 的运算为

$$\nabla=\frac{\partial}{\partial x}\mathbf{i}+\frac{\partial}{\partial y}\mathbf{j}+\frac{\partial}{\partial z}\mathbf{k},\quad \nabla\phi=\frac{\partial\phi}{\partial x}\mathbf{i}+\frac{\partial\phi}{\partial y}\mathbf{j}+\frac{\partial\phi}{\partial z}\mathbf{k}$$

$$\nabla^2=\frac{\partial^2}{\partial x^2}+\frac{\partial^2}{\partial y^2}+\frac{\partial^2}{\partial z^2},\quad \nabla^2\phi=\frac{\partial^2\phi}{\partial x^2}+\frac{\partial^2\phi}{\partial y^2}+\frac{\partial^2\phi}{\partial z^2}$$

不可压缩流体的 N-S 方程 对于不可压缩流体，ρ=const, 且 $\nabla\cdot\mathbf{v}=0$，如果将黏度也视为常数，则 N-S 方

程进一步简化为

$$\begin{cases}\dfrac{\partial v_x}{\partial t}+v_x\dfrac{\partial v_x}{\partial x}+v_y\dfrac{\partial v_x}{\partial y}+v_z\dfrac{\partial v_x}{\partial z}=f_x-\dfrac{1}{\rho}\dfrac{\partial p}{\partial x}+\nu\left(\dfrac{\partial^2 v_x}{\partial x^2}+\dfrac{\partial^2 v_x}{\partial y^2}+\dfrac{\partial^2 v_x}{\partial z^2}\right)\\ \dfrac{\partial v_y}{\partial t}+v_x\dfrac{\partial v_y}{\partial x}+v_y\dfrac{\partial v_y}{\partial y}+v_z\dfrac{\partial v_y}{\partial z}=f_y-\dfrac{1}{\rho}\dfrac{\partial p}{\partial y}+\nu\left(\dfrac{\partial^2 v_y}{\partial x^2}+\dfrac{\partial^2 v_y}{\partial y^2}+\dfrac{\partial^2 v_y}{\partial z^2}\right)\\ \dfrac{\partial v_z}{\partial t}+v_x\dfrac{\partial v_z}{\partial x}+v_y\dfrac{\partial v_z}{\partial y}+v_z\dfrac{\partial v_z}{\partial z}=f_z-\dfrac{1}{\rho}\dfrac{\partial p}{\partial z}+\nu\left(\dfrac{\partial^2 v_z}{\partial x^2}+\dfrac{\partial^2 v_z}{\partial y^2}+\dfrac{\partial^2 v_z}{\partial z^2}\right)\end{cases} \tag{6-28}$$

此即不可压缩流体的 N-S 方程，是 N-S 方程的常用形式（因为通常所遇到的流动问题大多可按不可压缩和常黏度问题处理）。其矢量表达式为

$$\frac{\mathrm{D}\mathbf{v}}{\mathrm{D}t}=\mathbf{f}-\frac{1}{\rho}\nabla p+\nu\nabla^2\mathbf{v} \tag{6-29}$$

该方程的另一矢量表达形式及其各项的常见称呼或意义如下

$$\frac{\partial\mathbf{v}}{\partial t}+(\mathbf{v}\cdot\nabla)\mathbf{v}=\mathbf{f}-\frac{1}{\rho}\nabla p+\nu\nabla^2\mathbf{v} \tag{6-30}$$

$\frac{\partial\mathbf{v}}{\partial t}$	$(\mathbf{v}\cdot\nabla)\mathbf{v}$	$\mathbf{f}$	$-\frac{1}{\rho}\nabla p$	$\nu\nabla^2\mathbf{v}$
非定常项 定常流动=0 静止流场=0	对流项 静止流场=0 蠕变流时≈0	源项 单位质量流体的体积力	源项 单位质量流体的压差力	扩散项（黏性力项） 对静止或理想流体=0 高速非边界层问题≈0

欧拉方程（Euler′s equation） 特别地，如果在 N-S 方程中令 μ=0，则得到理想流体的运动方程，称为欧拉方程，即

$$\begin{cases}\dfrac{\partial v_x}{\partial t}+v_x\dfrac{\partial v_x}{\partial x}+v_y\dfrac{\partial v_x}{\partial y}+v_z\dfrac{\partial v_x}{\partial z}=f_x-\dfrac{1}{\rho}\dfrac{\partial p}{\partial x}\\ \dfrac{\partial v_y}{\partial t}+v_x\dfrac{\partial v_y}{\partial x}+v_y\dfrac{\partial v_y}{\partial y}+v_z\dfrac{\partial v_y}{\partial z}=f_y-\dfrac{1}{\rho}\dfrac{\partial p}{\partial y}\\ \dfrac{\partial v_z}{\partial t}+v_x\dfrac{\partial v_z}{\partial x}+v_y\dfrac{\partial v_z}{\partial y}+v_z\dfrac{\partial v_z}{\partial z}=f_z-\dfrac{1}{\rho}\dfrac{\partial p}{\partial z}\end{cases} \tag{6-31}$$

流体静力学方程 如果在 N-S 方程中令所有速度项为零，则得到流体静力学方程，即

$$f_x=\frac{1}{\rho}\frac{\partial p}{\partial x},\quad f_y=\frac{1}{\rho}\frac{\partial p}{\partial y},\quad f_z=\frac{1}{\rho}\frac{\partial p}{\partial z} \tag{6-32}$$

6.4.2 柱坐标和球坐标系中的 N-S 方程

具体问题中，有时采用柱坐标或球坐标描述问题比采用直角坐标更为方便，比如，对于常见的圆管内的流动，最适宜的显然是柱坐标系统。以下将给出这两种坐标系下常密度和常黏度流体的运动微分方程和牛顿流体本构方程。

（1）柱坐标系中的 N-S 方程和牛顿流体本构方程

N-S 方程 对于以 r 为径向坐标、θ 为周向坐标、z 为轴向坐标的柱坐标系 [见图 6-2(a)]，其黏性流体运动微分方程在 r、θ、z 方向的分量式为（ρ=const，μ=const）：

$$\begin{cases} r\text{方向} & \rho\left(\dfrac{\partial v_r}{\partial t}+v_r\dfrac{\partial v_r}{\partial r}+\dfrac{v_\theta}{r}\dfrac{\partial v_r}{\partial \theta}-\dfrac{v_\theta^2}{r}+v_z\dfrac{\partial v_r}{\partial z}\right)=\rho f_r-\dfrac{\partial p}{\partial r} \\ & +\mu\left[\dfrac{\partial}{\partial r}\left(\dfrac{1}{r}\dfrac{\partial}{\partial r}(rv_r)\right)+\dfrac{1}{r^2}\dfrac{\partial^2 v_r}{\partial \theta^2}-\dfrac{2}{r^2}\dfrac{\partial v_\theta}{\partial \theta}+\dfrac{\partial^2 v_r}{\partial z^2}\right] \\ \theta\text{方向} & \rho\left(\dfrac{\partial v_\theta}{\partial t}+v_r\dfrac{\partial v_\theta}{\partial r}+\dfrac{v_\theta}{r}\dfrac{\partial v_\theta}{\partial \theta}+\dfrac{v_r v_\theta}{r}+v_z\dfrac{\partial v_\theta}{\partial z}\right)=\rho f_\theta-\dfrac{1}{r}\dfrac{\partial p}{\partial \theta} \\ & +\mu\left[\dfrac{\partial}{\partial r}\left(\dfrac{1}{r}\dfrac{\partial}{\partial r}(rv_\theta)\right)+\dfrac{1}{r^2}\dfrac{\partial^2 v_\theta}{\partial \theta^2}+\dfrac{2}{r^2}\dfrac{\partial v_r}{\partial \theta}+\dfrac{\partial^2 v_\theta}{\partial z^2}\right] \\ z\text{方向} & \rho\left(\dfrac{\partial v_z}{\partial t}+v_r\dfrac{\partial v_z}{\partial r}+\dfrac{v_\theta}{r}\dfrac{\partial v_z}{\partial \theta}+v_z\dfrac{\partial v_z}{\partial z}\right)=\rho f_z-\dfrac{\partial p}{\partial z} \\ & +\mu\left[\dfrac{1}{r}\dfrac{\partial}{\partial r}\left(r\dfrac{\partial v_z}{\partial r}\right)+\dfrac{1}{r^2}\dfrac{\partial^2 v_z}{\partial \theta^2}+\dfrac{\partial^2 v_z}{\partial z^2}\right] \end{cases} \tag{6-33}$$

其中，v_r、v_θ、v_z 分别为 r、θ、z 坐标方向的速度分量。r 方向分量式中的 $-v_\theta^2/r$ 和 θ 方向分量式中的 $v_r v_\theta/r$ 分别是单位质量流体受到的离心力和哥氏力（Coriolis force）。这两个力在直角坐标转换到柱坐标时自动生成，在分析流体体积力时不必人为地加上该力。

牛顿流体本构方程 本构方程用于流体应力的分析与计算

$$\begin{cases} \sigma_{rr}=-p-\dfrac{2}{3}\mu(\nabla\cdot\mathbf{v})+2\mu\dfrac{\partial v_r}{\partial r} & \tau_{r\theta}=\tau_{\theta r}=\mu\left[\dfrac{1}{r}\dfrac{\partial v_r}{\partial \theta}+r\dfrac{\partial}{\partial r}\left(\dfrac{v_\theta}{r}\right)\right] \\ \sigma_{\theta\theta}=-p-\dfrac{2}{3}\mu(\nabla\cdot\mathbf{v})+2\mu\left(\dfrac{1}{r}\dfrac{\partial v_\theta}{\partial \theta}+\dfrac{v_r}{r}\right) & \tau_{\theta z}=\tau_{z\theta}=\mu\left(\dfrac{\partial v_\theta}{\partial z}+\dfrac{1}{r}\dfrac{\partial v_z}{\partial \theta}\right) \\ \sigma_{zz}=-p-\dfrac{2}{3}\mu(\nabla\cdot\mathbf{v})+2\mu\dfrac{\partial v_z}{\partial z} & \tau_{zr}=\tau_{rz}=\mu\left(\dfrac{\partial v_z}{\partial r}+\dfrac{\partial v_r}{\partial z}\right) \end{cases} \tag{6-34}$$

其中

$$\nabla\cdot\mathbf{v}=\frac{1}{r}\frac{\partial}{\partial r}(rv_r)+\frac{1}{r}\frac{\partial v_\theta}{\partial \theta}+\frac{\partial v_z}{\partial z}$$

（2）球坐标系中的 N-S 方程和牛顿流体本构方程

N-S 方程 球坐标系中，r 为径向坐标、θ 为周向坐标、φ 为经向坐标 [见图 6-2(b)]，其运动微分方程在 r、θ、φ 方向的分量式为（ρ=const，μ=const）

$$\begin{cases} r\text{方向} & \rho\left(\dfrac{\partial v_r}{\partial t}+v_r\dfrac{\partial v_r}{\partial r}+\dfrac{v_\theta}{r}\dfrac{\partial v_r}{\partial \theta}+\dfrac{v_\varphi}{r\sin\theta}\dfrac{\partial v_r}{\partial \varphi}-\dfrac{v_\theta^2+v_\varphi^2}{2}\right)=\rho f_r \\ & -\dfrac{\partial p}{\partial r}+\mu\left[\nabla^2 v_r-\dfrac{2}{r^2}v_r-\dfrac{2}{r^2}\dfrac{\partial v_\theta}{\partial \theta}-\dfrac{2}{r^2}v_\theta\cot\theta-\dfrac{2}{r^2\sin\theta}\dfrac{\partial v_\varphi}{\partial \varphi}\right] \\ \theta\text{方向} & \rho\left(\dfrac{\partial v_\theta}{\partial t}+v_r\dfrac{\partial v_\theta}{\partial r}+\dfrac{v_\theta}{r}\dfrac{\partial v_\theta}{\partial \theta}+\dfrac{v_\varphi}{r\sin\theta}\dfrac{\partial v_\theta}{\partial \varphi}+\dfrac{v_r v_\theta}{r}-\dfrac{v_\varphi^2\cot\theta}{r}\right)=\rho f_\theta \\ & -\dfrac{1}{r}\dfrac{\partial p}{\partial \theta}+\mu\left[\nabla^2 v_\theta+\dfrac{2}{r^2}\dfrac{\partial v_r}{\partial \theta}-\dfrac{v_\theta}{r^2\sin^2\theta}-\dfrac{2\cos\theta}{r^2\sin^2\theta}\dfrac{\partial v_\varphi}{\partial \varphi}\right] \\ \varphi\text{方向} & \rho\left(\dfrac{\partial v_\varphi}{\partial t}+v_r\dfrac{\partial v_\varphi}{\partial r}+\dfrac{v_\theta}{r}\dfrac{\partial v_\varphi}{\partial \theta}+\dfrac{v_\varphi}{r\sin\theta}\dfrac{\partial v_\varphi}{\partial \varphi}+\dfrac{v_\varphi v_r}{r}+\dfrac{v_\varphi v_\theta}{r}\cot\theta\right)=\rho f_\varphi \\ & -\dfrac{1}{r\sin\theta}\dfrac{\partial p}{\partial \varphi}+\mu\left[\nabla^2 v_\varphi-\dfrac{v_\varphi}{r^2\sin^2\theta}+\dfrac{2}{r^2\sin\theta}\dfrac{\partial v_r}{\partial \varphi}+\dfrac{2\cos\theta}{r^2\sin^2\theta}\dfrac{\partial v_\varphi}{\partial \varphi}\right] \end{cases} \tag{6-35}$$

其中，v_r、v_θ、v_φ 分别为 r、θ、φ 坐标方向的速度分量；算子 ∇^2 为

$$\nabla^2 = \frac{1}{r^2}\frac{\partial}{\partial r}\left(r^2\frac{\partial}{\partial r}\right)+\frac{1}{r^2\sin\theta}\frac{\partial}{\partial\theta}\left(\sin\theta\frac{\partial}{\partial\theta}\right)+\frac{1}{r^2\sin^2\theta}\frac{\partial^2}{\partial\varphi^2}$$

牛顿流体本构方程 本构方程用于流体应力的分析与计算

$$\begin{cases}\sigma_{rr} = -p-\dfrac{2}{3}\mu(\nabla\cdot\mathbf{v})+2\mu\dfrac{\partial v_r}{\partial r}\\ \sigma_{\theta\theta} = -p-\dfrac{2}{3}\mu(\nabla\cdot\mathbf{v})+2\mu\left(\dfrac{1}{r}\dfrac{\partial v_\theta}{\partial\theta}+\dfrac{v_r}{r}\right)\\ \sigma_{\varphi\varphi} = -p-\dfrac{2}{3}\mu(\nabla\cdot\mathbf{v})+2\mu\left(\dfrac{1}{r\sin\theta}\dfrac{\partial v_\varphi}{\partial\varphi}+\dfrac{v_r}{r}+\dfrac{v_\theta\cot\theta}{r}\right)\\ \tau_{r\theta} = \tau_{\theta r} = \mu\left[\dfrac{1}{r}\dfrac{\partial v_r}{\partial\theta}+r\dfrac{\partial}{\partial r}\left(\dfrac{v_\theta}{r}\right)\right]\\ \tau_{\theta\varphi} = \tau_{\varphi\theta} = \mu\left[\dfrac{1}{r\sin\theta}\dfrac{\partial v_\theta}{\partial\varphi}+\dfrac{\sin\theta}{r}\dfrac{\partial}{\partial\theta}\left(\dfrac{v_\varphi}{\sin\theta}\right)\right]\\ \tau_{\varphi r} = \tau_{r\varphi} = \mu\left[r\dfrac{\partial}{\partial r}\left(\dfrac{v_\varphi}{r}\right)+\dfrac{1}{r\sin\theta}\dfrac{\partial v_r}{\partial\varphi}\right]\end{cases} \tag{6-36}$$

其中

$$\nabla\cdot\mathbf{v} = \frac{1}{r^2}\frac{\partial}{\partial r}(r^2 v_r)+\frac{1}{r\sin\theta}\frac{\partial}{\partial\theta}(v_\theta\sin\theta)+\frac{1}{r\sin\theta}\frac{\partial v_\varphi}{\partial\varphi}$$

6.5 N-S 方程应用概述及举例

6.5.1 N-S 方程应用概述

封闭性 N-S 方程与连续性方程构成的微分方程组共有 4 个方程，涉及 4 个变量，即速度分量 v_x、v_y、v_z 和压力 p，所以方程组是封闭的，或者说理论上是可以求解的。

应用条件 N-S 方程是黏性流体流动遵守动量守恒原理的数学表达，具有普遍的适应性。静力学方程和理想流体的运动方程仅是其特例。但需指出：由于其中引入了牛顿流体本构方程，故 N-S 方程只针对牛顿流体（对于非牛顿流体，应力形式的运动方程仍然适用）；又由于本构方程是以层流条件为背景的，所以 N-S 方程原则上只适用于层流流动。

方程的求解 虽然 N-S 方程与连续性方程构成的微分方程组是封闭的，但目前对一般形式的 N-S 方程还没有普遍解。不过，具体流动问题总有其特殊性，利用这种特殊性对 N-S 方程进行简化，就有可能获得具体问题的准确解或近似解。换句话说，N-S 方程应用于具体层流问题时，首先需要根据问题特点对一般形式的 N-S 方程进行简化（这需要一定的背景知识和实践经验），至于简化后所获得的微分方程能否求解，与简化方程本身的数学特性和问题的定解条件（初始条件和边界条件）有关，可能有解，也可能难以求解，也许只能在进一步的假设条件下获得其近似解。需要指出，随着计算方法和计算工具的进步，原本难以求得解析解的很多问题，都可通过数值计算方法获得其离散解（即流场数值模拟）。

对流换热条件下 N-S 方程的应用 有对流换热的条件下，N-S 方程中的流体密度 ρ 和黏度 μ 皆随温度而变，此时连续性方程和 N-S 方程的求解原则上必须与温度微分方程联立。为降低流场计算与温度的关联度，布辛涅斯克（Boussinesq）针对中等温差和非高速流动情况，提出了对流换热的布辛涅斯克运动方程（有兴趣的读者可查阅相关文献）。

N-S 方程湍流应用概述 虽然 N-S 方程的最初建立是以层流流动为背景的，但后来人们认为非稳态的 N-S

方程对湍流的瞬时运动仍然是适用的。以此观点，雷诺（Reynolds）针对湍流流动，将瞬时速度 v_x 等分解成湍流时均值 $\bar{v}_x$ 与随机脉动值 v_x'，即 $v_x = \bar{v}_x + v_x'$，并据此对 N-S 方程进行时均化处理，获得了适用于湍流的雷诺平均运动方程，简称 RANS 方程。RANS 方程是当今湍流数值模拟的基本方程，但由于其中引入了脉动量（新变量），故 RANS 方程与连续性方程构成的方程组又变得不封闭，为此人们又力图通过各种推理和假设寻求脉动量与时均量的关系，以建立补充方程使运动方程封闭，此即湍流模型问题。其中，最著名的有布辛涅斯克（Boussinesq）的涡黏性假设，该假设与 RANS 方程相结合形成的湍流模拟方法——涡黏性系数法，是目前湍流工程模拟的主流方法（RANS 方程及涡黏性系数法的进一步介绍见第 9 章 9.2 节）。

6.5.2 N-S 方程应用举例

以下将针对层流流动问题，举例说明流动微分方程的简化及求解过程。

【例 6-1】 圆管内的一维稳态层流流动分析

不可压缩流体在水平圆管内作一维稳态层流流动（圆管充分发展区流动）。试根据流动条件，简化连续性方程和 N-S 方程，并由此确定管道截面上的压力分布和速度分布。

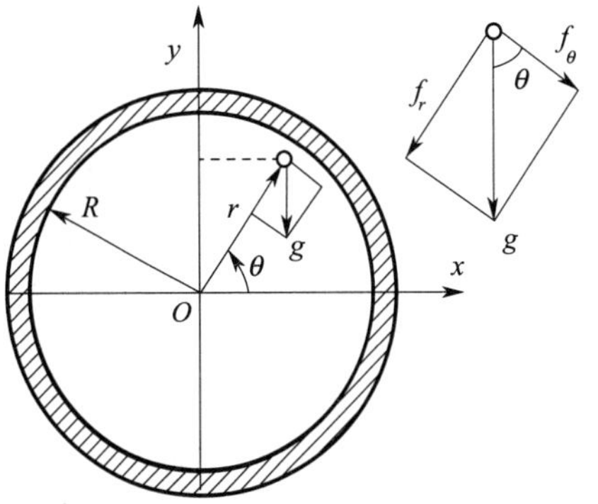

图 6-6 例 6-1 附图

解 本问题在第 5 章已有详细分析，在此从 N-S 方程应用的角度分析该问题。

流动微分方程的简化，一般从物性变化、速度特性、质量力表达式三个方面入手。

物性方面：除非专门说明，一般不可压缩流动按常物性处理。本问题中流体密度 ρ 和黏度 μ 均为常量。

速度特性：对于圆管内不可压缩流体的一维稳态层流，结合图 6-6 中的柱坐标设置，其流动速度的时空特性可表述如下

$$v_r = v_\theta = 0,\quad v_z = v_z(r) \text{ 且 } \frac{\partial v_z}{\partial t} = 0,\quad \frac{\partial v_z}{\partial \theta} = 0$$

质量力：如图 6-6 所示，由于仅有重力作用且管道处于水平方位，因此管道截面上任意点处 r、θ、z 方向的单位质量力分量分别为

$$f_r = -g\sin\theta,\quad f_\theta = -g\cos\theta,\quad f_z = 0$$

依据上述条件，柱坐标系不可压缩流体的连续性方程可简化如下

$$\underbrace{\frac{1}{r}\frac{\partial (r v_r)}{\partial r} + \frac{1}{r}\frac{\partial v_\theta}{\partial \theta}}_{0} + \frac{\partial v_z}{\partial z} = 0 \rightarrow \frac{\partial v_z}{\partial z} = 0$$

因为特征分析中已确定 v_z 与 t、θ 无关，故该结果意味着 $v_z = v_z(r)$（与假设一致）；也意味着圆管流动中假设了 $v_r = v_\theta = 0$，则流动必然是充分发展流动（$\partial v_z/\partial z = 0$）。

依据上述条件，并代入 $\partial v_z/\partial z$=0，又可对柱坐标下 r、θ、z 方向的一般运动方程式（6-33）进行简化（依据上述条件确定方程中为 0 的项），即

r 方向
$$\underbrace{\frac{\partial v_r}{\partial t} + v_r\frac{\partial v_r}{\partial r} + \frac{v_\theta}{r}\frac{\partial v_r}{\partial \theta} - \frac{v_\theta^2}{r} + v_z\frac{\partial v_r}{\partial z}}_{0} = f_r - \frac{1}{\rho}\frac{\partial p}{\partial r} + \frac{\mu}{\rho}\underbrace{\left(\frac{\partial}{\partial r}\left(\frac{1}{r}\frac{\partial r v_r}{\partial r}\right) + \frac{1}{r^2}\frac{\partial^2 v_r}{\partial \theta^2} - \frac{2}{r^2}\frac{\partial v_\theta}{\partial \theta} + \frac{\partial^2 v_r}{\partial z^2}\right)}_{0}$$

θ 方向
$$\underbrace{\frac{\partial v_\theta}{\partial t} + v_r\frac{\partial v_\theta}{\partial r} + \frac{v_\theta}{r}\frac{\partial v_\theta}{\partial \theta} + \frac{v_r v_\theta}{r} + v_z\frac{\partial v_\theta}{\partial z}}_{0} = f_\theta - \frac{1}{\rho r}\frac{\partial p}{\partial \theta} + \frac{\mu}{\rho}\underbrace{\left(\frac{\partial}{\partial r}\left(\frac{1}{r}\frac{\partial r v_\theta}{\partial r}\right) + \frac{1}{r^2}\frac{\partial^2 v_\theta}{\partial \theta^2} + \frac{2}{r^2}\frac{\partial v_r}{\partial \theta} + \frac{\partial^2 v_\theta}{\partial z^2}\right)}_{0}$$

z 方向 $$\underbrace{\frac{\partial v_z}{\partial t}+v_r\frac{\partial v_z}{\partial r}+\frac{v_\theta}{r}\frac{\partial v_z}{\partial \theta}+v_z\frac{\partial v_z}{\partial z}}_{0}=f_z-\frac{1}{\rho}\frac{\partial p}{\partial z}+\frac{\mu}{\rho}\left(\frac{1}{r}\frac{\partial}{\partial r}\left(r\frac{\partial v_z}{\partial r}\right)+\underbrace{\frac{1}{r^2}\frac{\partial^2 v_z}{\partial \theta^2}+\frac{\partial^2 v_z}{\partial z^2}}_{0}\right)$$

去除上述方程中为 0 的项，并将质量力代入，则三个方向的运动方程分别简化为

$$r\text{ 方向：}\frac{\partial p^0}{\partial r}=0\text{；}\theta\text{方向：}\frac{\partial p^0}{\partial \theta}=0\text{；}z\text{ 方向：}\frac{\partial p^0}{\partial z}=\frac{\mu}{r}\frac{\partial}{\partial r}\left(r\frac{\partial v_z}{\partial r}\right)$$

式中 $$p^0=p+\rho g r\sin\theta$$

压力分布：根据 r、θ 方向的运动方程可知，p^0 只能是 z 的函数，即

$$p+\rho g r\sin\theta=C(z)\text{ 或 }p=C(z)-\rho g r\sin\theta$$

因同一截面上 z 为定值，故同一截面上 $C(z)$ 必为恒定值。所以，若令管道截面中心 O 点（r=0）的压力为 $p_{O(z)}$，则 $C(z)=p_{O(z)}$。由此可将管道截面上的压力分布表示为

$$p=p_{O(z)}-\rho g(r\sin\theta)\text{ 或 }p=p_{O(z)}-\rho g y$$

式中 $y=r\sin\theta$ 是截面上（r,θ）点距离中心 O 的垂直高度（位能高差）。

由此可知，对于圆管充分发展区，流动截面的压力分布满足静力学分布规律，或者说流动截面各点的总位能 $(p+\rho g y)$ 为不变量，且该不变量等于 $p_{O(z)}$。

速度分布：考察 z 方向运动方程。方程左边仅是 z 的函数（因 p^0 仅是 z 的函数），方程右边仅是 r 的函数（因 v_z 仅为 r 的函数），所以根据微分方程理论，该方程两边必为同一常数。取 $\partial p^0/\partial z$ 为常数，又因为 $\partial p^0/\partial z=\partial p/\partial z$，所以 $\partial p^0/\partial z$ 可用单位管长的压力梯度 $-\Delta p/L$ 替代，其中 $\Delta p=(p_0-p_L)$ 是管长 L 对应的压力降。于是 z 方向运动方程可表示为

$$\frac{\mu}{r}\frac{\partial}{\partial r}\left(r\frac{\partial v_z}{\partial r}\right)=\frac{\partial p^0}{\partial z}\ \rightarrow\ \frac{\mu}{r}\frac{\mathrm{d}}{\mathrm{d}r}\left(r\frac{\mathrm{d}v_z}{\mathrm{d}r}\right)=-\frac{\Delta p}{L}$$

将上式积分，并应用定解条件 $v_z|_{r=R}=0$，$(\mathrm{d}v_z/\mathrm{d}r)|_{r=R}=0$，可得速度分布方程为

$$v_z=\frac{\Delta p}{L}\frac{R^2}{4\mu}\left(1-\frac{r^2}{R^2}\right)$$

【例 6-2】 两圆筒壁之间的剪切流动分析

两圆筒壁如图 6-7 所示，外筒半径为 R，以角速度 ω 转动；内筒固定，半径为 kR，$k<1$；筒壁之间的不可压缩流体在外筒带动下沿周向作剪切流动，这种流动形式常见于滑动轴承等结构。考虑筒壁间距较小，重力影响不计，且端部效应可以忽略，试确定筒壁间流体的速度分布、切应力分布和转动外筒所需的力矩。

解 本题将关注基于常规认识对流动所做假设的局限性，以表明理论分析结果接受实践检验的必要性。

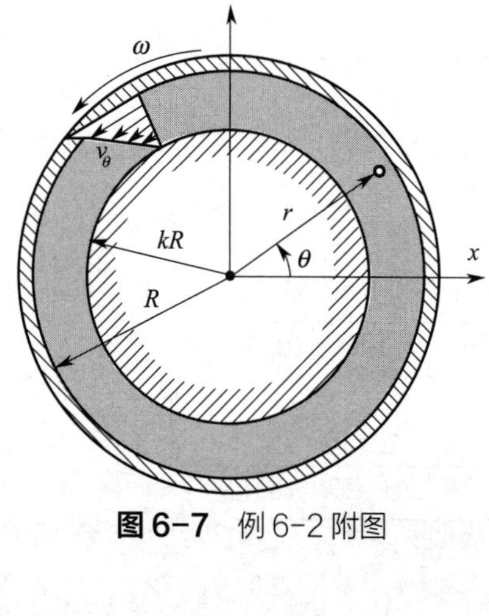

图6-7 例6-2附图

参照图中的柱坐标设置。对于本问题，忽略端部效应后所有参数沿 z 方向不变，属于 r-θ 平面问题；在此基础上，又认为只有切向速度 v_θ，且 v_θ 与 θ 无关；压力 p 也与 θ 无关（纯剪切流且忽略重力）。因此，本问题（r-θ 平面问题）的特征条件可表述如下

$$\rho=\text{const},\quad v_r=0,\quad v_\theta=v_\theta(r),\quad \frac{\partial v_\theta}{\partial t}=0,\quad \frac{\partial v_\theta}{\partial \theta}=0,\quad \frac{\partial p}{\partial \theta}=0,\quad f_r=f_\theta=0$$

对于 r-θ 平面的不可压缩流动一般问题，其连续性方程和运动微分方程可在三维的连续性方程和运动微分方程中去除所有与 z 相关的项得到，即

连续性方程 $$\underbrace{\frac{1}{r}\frac{\partial}{\partial r}(r v_r)}_{0}+\frac{1}{r}\frac{\partial v_\theta}{\partial \theta}=0$$

$$r\text{方向}\quad \underbrace{\frac{\partial v_r}{\partial t}+v_r\frac{\partial v_r}{\partial r}+\frac{v_\theta}{r}\frac{\partial v_r}{\partial \theta}}_{0}-\frac{v_\theta^2}{r}=\underbrace{f_r}_{0}-\frac{1}{\rho}\frac{\partial p}{\partial r}+\nu\underbrace{\left[\frac{\partial}{\partial r}\left(\frac{1}{r}\frac{\partial}{\partial r}(rv_r)\right)+\frac{1}{r^2}\frac{\partial^2 v_r}{\partial \theta^2}-\frac{2}{r^2}\frac{\partial v_\theta}{\partial \theta}\right]}_{0}$$

$$\theta\text{方向}\quad \underbrace{\frac{\partial v_\theta}{\partial t}+v_r\frac{\partial v_\theta}{\partial r}+\frac{v_\theta}{r}\frac{\partial v_\theta}{\partial \theta}+\frac{v_r v_\theta}{r}}_{0}=\underbrace{f_\theta}_{0}-\underbrace{\frac{1}{\rho}\frac{1}{r}\frac{\partial p}{\partial \theta}}_{0}+\nu\left[\frac{\partial}{\partial r}\left(\frac{1}{r}\frac{\partial}{\partial r}(rv_\theta)\right)+\underbrace{\frac{1}{r^2}\frac{\partial^2 v_\theta}{\partial \theta^2}+\frac{2}{r^2}\frac{\partial v_r}{\partial \theta}}_{0}\right]$$

方程中标注为0的项，是根据本问题的特征条件确定的。去除这些为0的项后，上述连续性方程及 r、θ 方向的运动微分方程将分别简化为

$$\frac{\partial v_\theta}{\partial \theta}=0\text{；}\ r\text{方向：}\ \rho\frac{v_\theta^2}{r}=\frac{\partial p}{\partial r}\text{；}\ \theta\text{方向：}\ 0=\frac{\partial}{\partial r}\left(\frac{1}{r}\frac{\partial}{\partial r}(rv_\theta)\right)$$

速度分布：简化后的连续性方程表明，v_θ 仅是 r 的函数（与假设一致），所以 θ 方向的运动方程是常微分方程，积分该方程并应用边界条件 $v_\theta|_{r=kR}=0$ 和 $v_\theta|_{r=R}=R\omega$，可得

$$v_\theta=\frac{k^2R\omega}{1-k^2}\left(\frac{1}{k^2}\frac{r}{R}-\frac{R}{r}\right)$$

切应力分布：将以上速度分布代入柱坐标下的牛顿流体本构方程式（6-34），可得

$$\tau_{r\theta}=\mu\left[r\frac{\partial}{\partial r}\left(\frac{v_\theta}{r}\right)\right]=2\mu\omega\frac{k^2}{(1-k^2)}\frac{R^2}{r^2}$$

转动外筒所需的力矩：外筒单位弧长表面切向力的力矩为 $RL\tau_{r\theta}|_{r=R}$，总力矩为

$$M=2\pi R(RL\tau_{r\theta}|_{r=R})=4\pi R^2L\frac{\mu\omega k^2}{(1-k^2)}=\left(2\pi R^2L\frac{\mu\omega}{1-k}\right)\frac{2k^2}{1+k}$$

注：该式最后的括号项即例1-3中转动摩擦模型给出的结果，仅适合于 k 较大的情况。

压力分布：根据速度方程可知，压力 p 也只是 r 的函数，且将 v_θ 代入积分可得

$$p=p_R-\frac{\rho R^2\omega^2k^4}{2(1-k^2)^2}\left[\frac{1}{k^4}\left(1-\frac{r^2}{R^2}\right)-\frac{2}{k^2}\ln\left(\frac{R}{r}\right)+\left(\frac{R^2}{r^2}-1\right)\right]\ \text{且}\ \frac{\mathrm{d}p}{\mathrm{d}r}>0$$

其中，p_R 是 $r=R$ 即外壁面的压力。

讨论1：内筒固定外筒转动系统

在这种系统中（本例系统），速度分布如图6-8（a）所示，流体单位体积的离心力 $\rho v_\theta^2/r$ 指向外壁，压差力 $-\mathrm{d}p/\mathrm{d}r(<0)$ 指向内壁，两者处处平衡，且均随 r 增加而增大。实验表明，本系统特征分析中纯剪切流假设适应性较强，流体能在很高的雷诺数 $Re(=\rho R^2\omega/\mu)$ 下保持纯剪切流，其中层流到湍流的过渡雷诺数 Re_{cr} 与 k 值有关，见图6-8（b）。

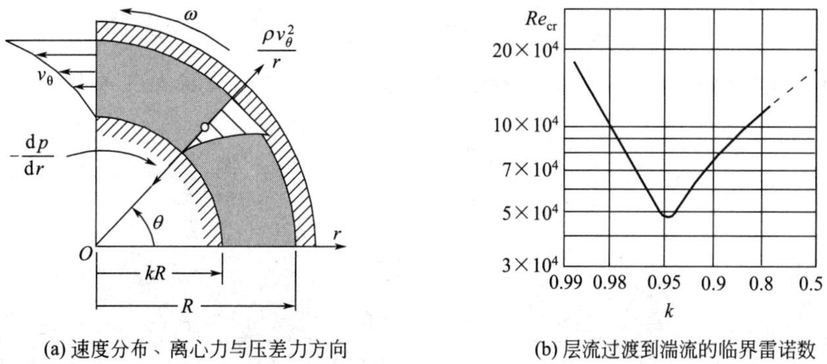

图6-8 内筒固定外筒转动系统

讨论2：内筒转动外筒固定系统

此条件下，简化的微分方程一样，但边界条件应改为：$v_\theta|_{r=kR}=kR\omega$，$v_\theta|_{r=R}=0$，其速度分布如图6-9（a）所示。此时流体的离心力与压差力仍然平衡，但两者均随r增加而减小。实验表明，此条件下纯切向流的假定有较大局限性，流体只能在Re较低范围才保持纯切向流，且保持纯切向流的临界雷诺数$Re_{cr}\approx 41.3(1-k)^{-1.5}$。当$Re>Re_{cr}$时，筒壁之间将形成图6-9（b）所示的泰勒涡，涡中心线环绕筒壁，流线为螺旋线；此时，$v_r\neq 0$，$v_z\neq 0$，流动不再是纯切向流，且Re进一步增加流动将转变为湍流。

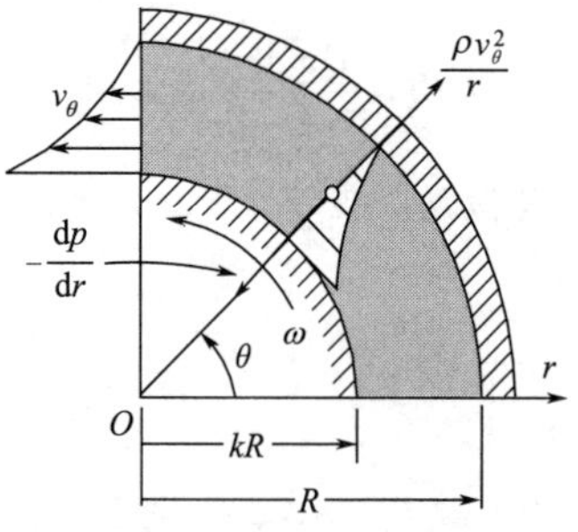

(a) 速度分布、离心力与压差力方向

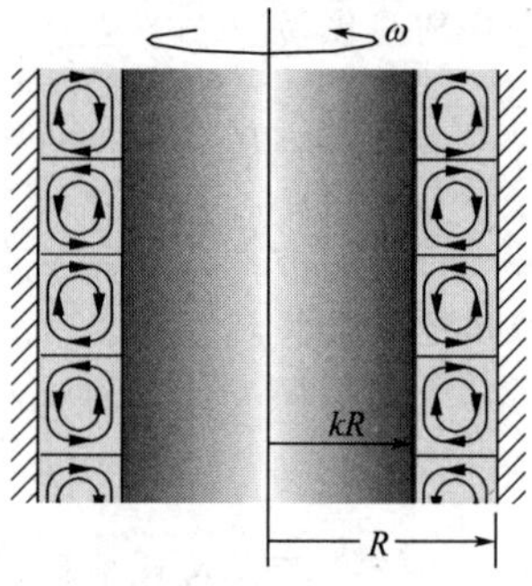

(b) 筒壁间的泰勒涡($Re>Re_{cr}$)

图6-9 内筒转动外筒固定系统

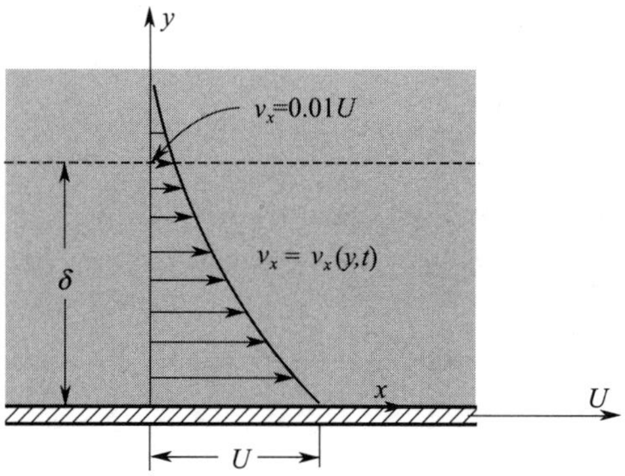

图6-10 例6-3附图

【例6-3】 突然启动平板引起的流动问题

一无限大平板沉浸在黏度为μ、密度为ρ的静止液体中，如图6-10所示。在$t=0$时刻，平板突然开始以恒定速度U沿x方向（水平方向）运动，从而带动各层流体沿x方向流动。显然，除壁面上流体速度$v_x=U$外，其余各层流体的速度v_x既随坐标y变化，又随时间t变化，因此是一维非稳态流动，即$v_x=v_x(y,t)$。设流动为层流，物性为常数，且流动仅限于x-y平面，与z无关，试确定流体速度v_x的表达式。

解 本问题主要关注的是非稳态问题的求解过程及其结果的应用。

根据题意及坐标设置（见图6-10），本问题属于x-y平面问题，特点是不可压缩流体沿x方向的非稳态纯剪切流动。这些特点可表述如下

$$\rho=\text{const},\quad v_y=0,\quad v_x=v_x(y,t),\quad \frac{\partial p}{\partial x}=0$$

根据坐标设置，流体的单位质量力为

$$f_x=0,\quad f_y=-g$$

对于x-y平面的不可压缩流动问题，其连续性方的程和N-S方程可直接在三维条件下的一般方程去除与z相关的项得到，即

连续性方程
$$\frac{\partial v_x}{\partial x}+\underbrace{\frac{\partial v_y}{\partial y}}_{0}=0$$

x方向运动方程
$$\frac{\partial v_x}{\partial t}+\underbrace{v_x\frac{\partial v_x}{\partial x}+v_y\frac{\partial v_x}{\partial y}}_{0}=\underbrace{f_x-\frac{1}{\rho}\frac{\partial p}{\partial x}}_{0}+\underbrace{\nu\frac{\partial^2 v_x}{\partial x^2}}_{0}+\nu\frac{\partial^2 v_x}{\partial y^2}$$

y 方向运动方程
$$\underbrace{\frac{\partial v_y}{\partial t}+v_x\frac{\partial v_y}{\partial x}+v_y\frac{\partial v_y}{\partial y}}_{0}=f_y-\frac{1}{\rho}\frac{\partial p}{\partial y}+\underbrace{\nu\frac{\partial^2 v_y}{\partial x^2}+\nu\frac{\partial^2 v_y}{\partial y^2}}_{0}$$

方程中标注为 0 的项，是根据本问题特征条件以及连续性方程简化结果 $\partial v_x/\partial x=0$ 确定的。去除这些为 0 的项并将质量力代入，上述方程将分别简化为

$$\frac{\partial v_x}{\partial x}=0\text{；}x\text{ 方向：}\frac{\partial v_x}{\partial t}=\nu\frac{\partial^2 v_x}{\partial y^2}\text{；}y\text{ 方向：}\frac{\partial p}{\partial y}=-\rho g$$

其中连续性方程的简化结果意味着 $v_x=v_x(y,t)$，与假设一致。

压力分布：因为 $\partial p/\partial x=0$（特征条件），所以 $\partial p/\partial y=\mathrm{d}p/\mathrm{d}y$，于是，积分 *y* 方向的运动方程，并设平板表面上的压力为 p_b，可得流体层的压力分布为

$$p=p_\mathrm{b}-\rho gy$$

速度分布：形如 *x* 方向运动方程的微分方程称为扩散方程，其定解条件不同有不同的解法与结果。本问题中，t=0 时所有流体是静止的，$t>0$ 时，平板表面流体速度恒等于平板速度 *U*，$y\to\infty$ 处的流体是静止的，所以 *x* 方向运动方程的定解条件可表达为

$$y\geqslant 0\text{：}\ v_x(y,t)\big|_{t=0}=0\text{；}\quad t>0\text{：}\ v_x(y,t)\big|_{y=0}=U\text{，}\ v_x(y,t)\big|_{y=\infty}=0$$

在上述初始条件和边界条件下，本问题运动方程可通过变量代换转化为常微分方程。用于代换 *t*、*y* 的新变量 η 及以新变量 η 表示的速度变化率如下

$$\eta=y/\sqrt{4\nu t}$$

$$\frac{\partial v_x}{\partial t}=\frac{\partial v_x}{\partial\eta}\frac{\partial\eta}{\partial t}=-\frac{1}{2}\frac{y}{t\sqrt{4\nu t}}\frac{\partial v_x}{\partial\eta}=-\frac{1}{2}\frac{\eta}{t}\frac{\partial v_x}{\partial\eta}$$

$$\frac{\partial v_x}{\partial y}=\frac{\partial v_x}{\partial\eta}\frac{\partial\eta}{\partial y}=\frac{1}{\sqrt{4\nu t}}\frac{\partial v_x}{\partial\eta}\text{，}\quad\frac{\partial^2 v_x}{\partial y^2}=\frac{1}{\sqrt{4\nu t}}\frac{\partial}{\partial\eta}\left(\frac{\partial v_x}{\partial\eta}\right)\frac{\partial\eta}{\partial y}=\frac{1}{4\nu t}\frac{\partial^2 v_x}{\partial\eta^2}$$

将其代入 *x* 方向运动方程后，原来的偏微分方程将转换为常微分方程，即

$$\frac{\partial^2 v_x}{\partial\eta^2}+2\eta\frac{\partial v_x}{\partial\eta}=0\quad\to\quad\frac{\mathrm{d}^2 v_x}{\mathrm{d}\eta^2}+2\eta\frac{\mathrm{d}v_x}{\mathrm{d}\eta}=0$$

且原来的三个定解条件也恰好合并为以上常微分方程需要的两个定解条件，即

$$\begin{cases}y\geqslant 0\text{：}\ v_x(y,t)\big|_{t=0}=0\\ t>0\text{：}\ v_x(y,t)\big|_{y=0}=U\text{，}\ v_x(y,t)\big|_{y=\infty}=0\end{cases}\quad\to\quad\begin{cases}v_x(\eta)\big|_{\eta=0}=U\\ v_x(\eta)\big|_{\eta=\infty}=0\end{cases}$$

在此定解条件下，以上常微分方程的解（速度分布方程）为

$$\frac{v_x}{U}=1-\frac{2}{\sqrt{\pi}}\int_0^\eta \mathrm{e}^{-\eta^2}\mathrm{d}\eta=1-\mathrm{erf}(\eta)=1-\mathrm{erf}\left(\frac{y}{\sqrt{4\nu t}}\right)$$

其中，erf(η) 是以 η 为变量的误差函数。误差函数在 Excel 表格中属于像三角函数一样的内部函数，可直接调用，输入 η 值，可直接得到 erf(η) 的值。

动量扩散深度：定义为 $v_x=U$（壁面）到 $v_x=0.01U$ 对应的流体层厚度 δ，见图 6-10。根据该定义，令 erf(η) =0.99，用 Excel 试差可得 $\eta\approx 2$，再根据 η 的定义可得

$$\eta=y/\sqrt{4\nu t}\quad\to\quad\eta\,|_{y=\delta}=\delta/\sqrt{4\nu t}=2\quad\to\quad\delta=4\sqrt{\nu t}$$

动量扩散深度 δ 表示 *t* 时刻平板运动影响区的深度。显然，对于间距为 *B* 的两平行板，其中上板固定、下

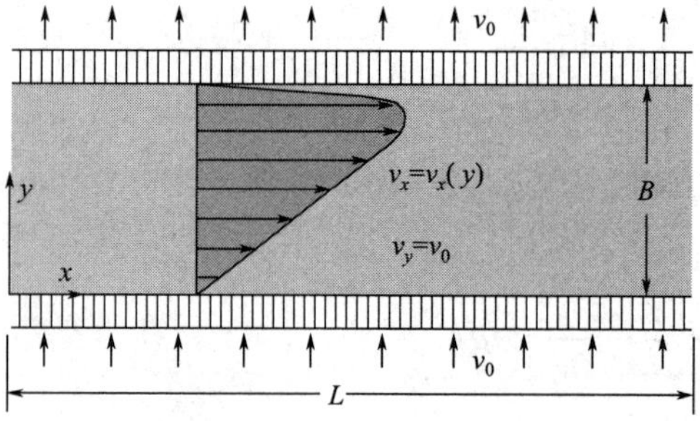

图6-11 例6-4附图

板以速度 U 平行运动，只要板间距 $B \geqslant \delta = 4\sqrt{\nu t}$，则板间速度分布就可用以上速度分布式描述。

【例6-4】 有均匀错流的狭缝流动

一水平狭缝，其间距 B 远小于板宽和板长，且上下壁面为多孔壁面。如图6-11所示，流体在压差作用下以速度 $v_x = v_x(y)$ 沿 x 方向稳定流动的同时，还有从多孔壁进出的 y 方向流动，且速度 v_y 均匀恒定，即 $v_y = v_0$。这种错流流动应用于借助扩散效应实现分离的过程，通过控制错流流动，可在上壁面附近浓缩所需组分，如分子、尘埃粒子等。试确定 v_x 的具体分布式及流动断面的质量流量 q_m。

解 本问题中，板宽和板长远大于板间距 B，且无 z 方向运动速度，因此属于 x-y 平面内沿 x 方向充分发展的流动问题。问题的另一特点是有两个速度分量，只不过 y 方向速度均匀恒定（视为常量）。由此可将速度的分布特性和流体的单位质量力表述如下

$$\rho = \text{const}, \quad v_x = v_x(y), \quad v_y = v_0, \quad \frac{\partial v_x}{\partial t} = 0, \quad f_x = 0, \quad f_y = -g$$

对于 x-y 平面问题，其连续性方程和N-S方程的一般形式（见例6-3）如下

连续性方程
$$\frac{\partial v_x}{\partial x} + \underbrace{\frac{\partial v_y}{\partial y}}_{0} = 0$$

x 方向运动方程
$$\underbrace{\frac{\partial v_x}{\partial t} + v_x \frac{\partial v_x}{\partial x}}_{0} + v_y \frac{\partial v_x}{\partial y} = f_x - \frac{1}{\rho}\frac{\partial p}{\partial x} + \underbrace{\nu \frac{\partial^2 v_x}{\partial x^2}}_{0} + \nu \frac{\partial^2 v_x}{\partial y^2}$$

y 方向运动方程
$$\underbrace{\frac{\partial v_y}{\partial t} + v_x \frac{\partial v_y}{\partial x} + v_y \frac{\partial v_y}{\partial y}}_{0} = f_y - \frac{1}{\rho}\frac{\partial p}{\partial y} + \underbrace{\nu \frac{\partial^2 v_y}{\partial x^2} + \nu \frac{\partial^2 v_y}{\partial y^2}}_{0}$$

方程中标注为0的项，是根据本问题特征以及连续性方程简化结果 $\partial v_x / \partial x = 0$ 确定的。去除这些为0的项并将质量力代入，上述方程将分别简化为

$$\frac{\partial v_x}{\partial x} = 0\text{；}x\text{ 方向：}\ \nu \frac{\partial^2 v_x}{\partial y^2} - v_0 \frac{\partial v_x}{\partial y} = \frac{1}{\rho}\frac{\partial p}{\partial x}\text{；}y\text{ 方向：}\ \frac{\partial p}{\partial y} = -\rho g$$

其中连续性方程的简化结果意味着 $v_x = v_x(y)$，与假设一致。

压力分布：积分 y 方向运动方程，可得 x 处流动截面上的压力分布式为

$$p = -\rho g y + c(x)$$

该式表明流动截面上压力按静力学规律分布，其中 $c(x)$ 是底板壁面压力。

速度分布：考察 x 方向运动方程。根据上式可知 $\partial p / \partial x$ 仅是 x 的函数，故该方程右边仅是 x 的函数；又因为 v_x 仅是 y 的函数，故该方程左边仅是 y 的函数；因此根据微分方程理论，该方程两边必为同一常数。取 $\partial p / \partial x$ 为常数并以流道长度 L 对应的总压力梯度 $-\Delta p / L$ 替代，则 x 方向运动方程可表示为

$$\nu \frac{\partial^2 v_x}{\partial y^2} - v_0 \frac{\partial v_x}{\partial y} = \frac{1}{\rho}\frac{\partial p}{\partial x} \quad \rightarrow \quad \frac{\mathrm{d}^2 v_x}{\mathrm{d}y^2} - \frac{\rho v_0}{\mu}\frac{\mathrm{d}v_x}{\mathrm{d}y} = -\frac{\Delta p}{\mu L}$$

该方程可按 $y' + qy = p$ 型微分方程求解，解的结果为

$$v_x = \frac{\Delta p}{L}\frac{1}{\rho v_0} y + c_1 \frac{\mu}{\rho v_0} \mathrm{e}^{\rho v_0 y / \mu} + c_2$$

其边界条件为 $v_x\big|_{y=0}=0,\ \ v_x\big|_{y=B}=0$

由此确定积分常数，可得 v_x 的分布式如下（v_x 的分布形态见图 6-11）：

$$v_x=\frac{\Delta p}{L}\frac{B}{\rho v_0}\left[\frac{y}{B}-\frac{(\mathrm{e}^{\rho v_0 y/\mu}-1)}{(\mathrm{e}^{\rho v_0 B/\mu}-1)}\right] \quad 且 \quad v_x\big|_{v_0\to 0}=\frac{\Delta p}{L}\frac{B^2}{2\mu}\left(\frac{y}{B}-\frac{y^2}{B^2}\right)$$

质量流量：依据 v_x 求得平均速度 v_m，进而可得单位宽度流道的质量流量 q_m，即

$$q_\mathrm{m}=\rho B v_\mathrm{m}=(\rho B)\frac{\Delta p}{L}\frac{B}{\rho v_0}\left[\frac{1}{2}-\frac{\mu}{\rho v_0 B}+\frac{1}{(e^{\rho v_0 B/\mu}-1)}\right]$$

习题

6-1 第 4 章中由控制体质量守恒得到一般形式的质量守恒积分方程为

$$\oiint_{\mathrm{cs}}\rho(\mathbf{v}\bullet\mathbf{n})\mathrm{d}A+\frac{\mathrm{d}}{\mathrm{d}t}\iiint_{\mathrm{cv}}\rho\mathrm{d}V=0$$

试应用附录 A 中的高斯公式，由该积分方程导出连续性方程式（6-2），即

$$\frac{\partial(\rho v_x)}{\partial x}+\frac{\partial(\rho v_y)}{\partial y}+\frac{\partial(\rho v_z)}{\partial z}+\frac{\partial\rho}{\partial t}=0$$

提示：应用如下积分求导公式，其中积分限 α、β 为常数，且该式也适用于多重积分。

$$\frac{\mathrm{d}}{\mathrm{d}t}\int_\alpha^\beta f(x,t)\mathrm{d}x=\int_\alpha^\beta\frac{\partial f(x,t)}{\partial t}\mathrm{d}x$$

6-2 已知某流体绕扁平柱体（类似于椭圆柱）流动时，其速度分布为

$$v_x=-(A+\frac{Cx}{x^2+y^2}),\quad v_y=-\frac{Cy}{x^2+y^2},\quad v_z=0$$

其中，A、C 为常数。试证明该流体为不可压缩流体。

6-3 试在柱坐标系 r-θ-z 下取微元体 $\mathrm{d}r$-$r\mathrm{d}\theta$-$\mathrm{d}z$，利用质量守恒方程式（6-1）直接推导出柱坐标下的连续性方程，即

$$\frac{\partial\rho v_r}{\partial r}+\frac{\rho v_r}{r}+\frac{\partial\rho v_\theta}{r\partial\theta}+\frac{\partial\rho v_z}{\partial z}+\frac{\partial\rho}{\partial t}=0$$

6-4 某流体在圆管内沿轴向 z 作非稳态流动，其速度分布为

$$v_r=0,\ \ v_\theta=0,\ \ v_z=z\left(1-\frac{r^2}{R^2}\right)\cos(\omega t)$$

其中 R、r、z 分别为圆管半径、径向坐标和轴向坐标，ω 为圆频率，t 为时间。由于受到管壁加热（沿管壁圆周均匀加热），管中流体的密度 ρ 沿径向 r 和随时间 t 发生变化，但与 z 无关，即 $\rho=(r,t)$。已知 $t=\pi/\omega$ 时，$\rho=\rho_0$。试利用连续性方程求密度 ρ 随时间 t 和位置 r 变化的表达式。

6-5 图 6-12 所示为两平行板间不可压缩流体的一维稳态层流流动，即 $v_x=v_x(y)$，$v_y=0$。其中所有参数沿 z 方向不变，流动为 x-y 平面问题。设流动方向与重力方向的夹角为 β，x、y 方向的单位质量力分别为

$$f_x=-g\cos\beta,\ \ f_y=-g\sin\beta$$

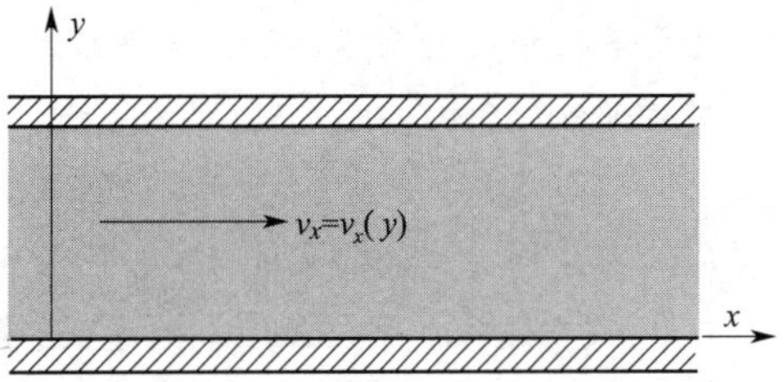

图 6-12 习题 6-5 附图

试对 x-y 平面流动问题的 N-S 方程进行简化，导出第 5 章所得的平壁层流速度分布的一般方程，即

$$v_x=\frac{1}{\mu}\frac{\partial p^*}{\partial x}\frac{y^2}{2}+\frac{c_1}{\mu}y+c_2\text{，其中 } p^*=p-\rho g x\cos\beta$$

6-6 两同心圆筒如图 6-13 所示，外筒内半径 R，以角速度 ω_0 逆时针转动；内筒外半径 kR，$k<1$，以角速度 ω_1 顺时针转动。两筒之间充满不可压缩流体，因间隙很小，其中的流动只有切向流且为层流。忽略重力和端部效应影响，并取逆时针切向速度为正，试确定两筒之间流体的速度分布和切应力分布。

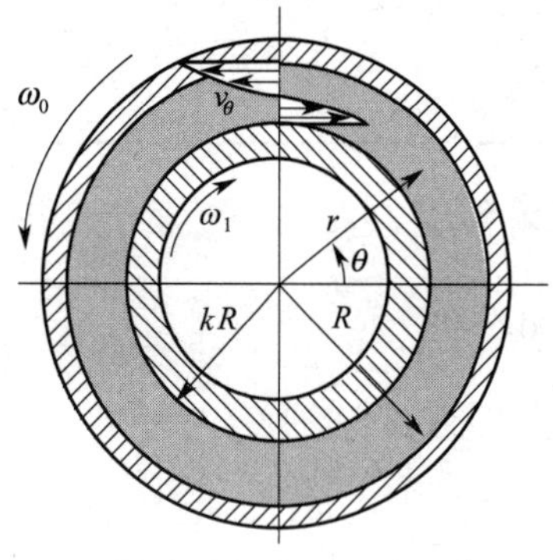

图 6-13 习题 6-6 附图

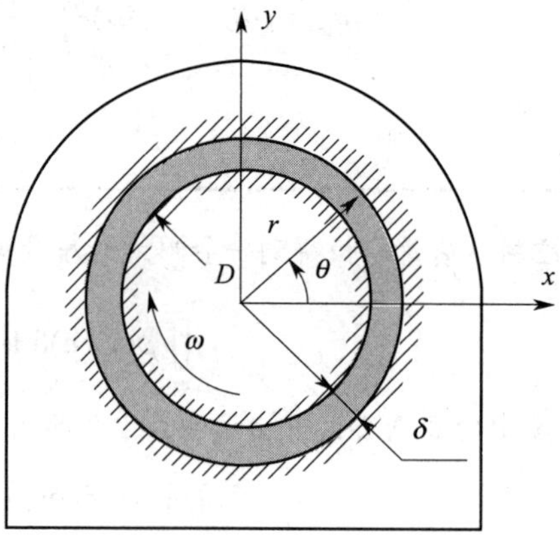

图 6-14 习题 6-7 附图

6-7 一摩擦轴承如图 6-14 所示。轴的直径 D=50.8mm，以 n=200r/min（ω=20.944rad/s）的转速顺时针旋转；润滑油油膜厚度 δ=0.0508mm，黏度为 0.2 Pa·s；与轴配合的轴承表面的长度（沿轴向）L=50.8mm；设重力影响和端部效应可忽略，且由于散热良好，油膜流动是等温层流流动。试求：①油膜切向速度的分布式；②转动轴所承受的扭矩 M 和消耗的功率 N_μ；③转动轴表面单位体积流体的离心力和压差力。

提示：从例6-2所得的简化方程入手；求切应力 $\tau_{r\theta}$ 时注意引用柱坐标下的牛顿本构方程；流体单位体积的压差力为 $-\mathrm{d}p/\mathrm{d}r$，其值为正则压差力指向r正方向，反之指向r负方向。

6-8 如图 6-15 所示，不可压缩流体在两同心多孔陶瓷膜管之间作径向流动，即小管中的流体通过多孔壁径向扩散进入环隙，再径向流动至外管多孔壁向外扩散。陶瓷膜管水平放置，轴向单位长度对应的体积流量为 q_V 且为定值。设流动是稳态的轴对称径向层流，端部效应可忽略，问题可视为 r- θ平面问题（与 z 无关）。

① 试针对环隙内的径向流动，由连续性方程证明

$$rv_r=q_V/2\pi=\text{const}$$

② 试对 r- θ平面问题的运动方程进行简化，证明环隙内 r、θ 方向的运动方程分别为

$$r\text{方向：}\ \frac{\partial p^0}{\partial r}=-\rho v_r\frac{\partial v_r}{\partial r}\text{；}\ \theta\text{方向：}\ \frac{\partial p^0}{\partial \theta}=0\text{；其中 } p^0=p+\rho g r\sin\theta$$

③ 由以上方程可见p^0只是r的函数，压力p是r和θ的函数。若$r=R_2$（外壁面）的p^0已知且记为p_2^0，试积分 r 方向的运动方程获得p^0的分布方程，并由此写出内外壁径向压差(p_1-p_2)的表达式。

6-9 对于多孔介质的流体流动，其连续性方程和运动微分方程可分别用以下平均化的连续性方程和达西（Darcy）方程替代

$$\varepsilon\frac{\partial\rho}{\partial t}+\nabla\cdot(\rho\mathbf{v})=0\text{，}\quad \mathbf{v}=-\frac{\kappa}{\mu}(\nabla p-\rho\mathbf{g})$$

其中 ε是介质孔隙率，无因次；κ是渗透率，单位 m^2（专业应用中常用达西 D 为单位，且 1D=$0.987\times10^{-12}m^2$）；$\mathbf{v}$ 是表观流速，即体积流量除以多孔介质表面的表面积得到的流速。

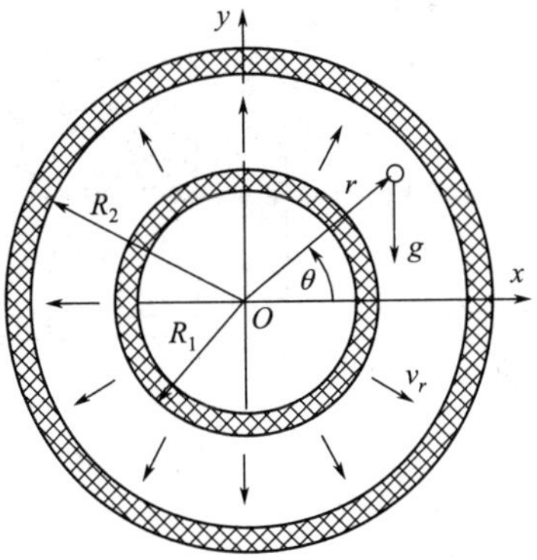

图 6-15 习题 6-8 附图

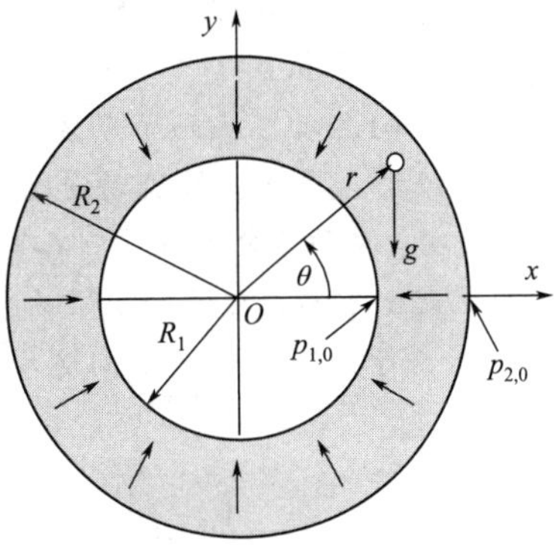

图 6-16 习题 6-9 附图

图 6-16 是不可压缩流体径向通过陶瓷膜管的定常流动，其中已知 $r=R_1$、$\theta=0$ 点的压力为 $p_{1,0}$，$r=R_2$、$\theta=0$ 点的压力为 $p_{2,0}$。设流动为 r- θ 平面问题，且速度 $v_\theta=0$，$v_r=v_r(r)$。

① 试根据图示系统的条件简化多孔介质内的流动微分方程；

② 由此确定陶瓷膜管内压力 p 及速度 v_r 的分布式；

③ 若陶瓷膜管长度为 L，证明其体积流量表达式（κ 的测量式）为

$$q_V = A_m \frac{\kappa}{\mu}\frac{(p_{2,0}-p_{1,0})}{(R_2-R_1)}，\text{其中 } A_m = 2\pi L\frac{(R_2-R_1)}{\ln(R_2/R_1)}$$

6-10 某润滑系统部件由两平行圆盘组成，如 6-17 图所示。润滑油从中心孔进入后在两圆盘之间沿径向作一维稳态层流流动。已知圆盘中心孔半径 R_1，外半径 R_2，板间距 $2b$，油的体积流量 q_V，物性参数已知。由于对称性，该流动可视为 r-z 平面问题，且 $v_r=v_r(r,z)$，$v_z=0$。

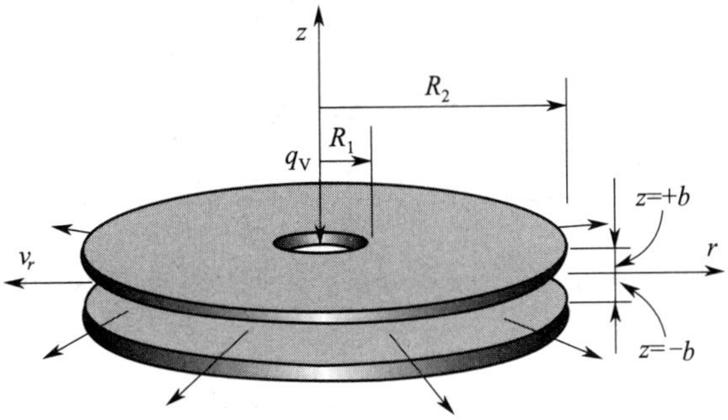

图 6-17 习题 6-10 附图

① 试根据上述条件，并令 $\phi=rv_r$，应用连续性方程证明

$$\phi = rv_r = f(z)$$

② 试根据上述条件简化 r-z 平面的 N-S 方程，证明本系统 r、z 方向的运动方程为

$$r\text{ 方向：} -\frac{\phi^2}{r^2} = -\frac{r}{\rho}\frac{\partial p}{\partial r} + \frac{\mu}{\rho}\frac{d^2\phi}{dz^2}；\ z\text{ 方向：}\frac{\partial p}{\partial z} = -\rho g$$

③ 针对蠕变流（creep flow）条件（即认为 $\phi^2/r^2 = v_r^2 \approx 0$），证明存在一常数 λ 使得

$$r\frac{\partial p}{\partial r} = \mu\frac{d^2\phi}{dz^2} = \lambda$$

④ 应用边界条件（$z=\pm b$，$v_r=0$）求解以上方程，确定常数 λ 的表达式、速度 v_r 和压力 p 的分布方程（流量、物性和几何参数为已知量）。

6-11 间距为 b 的两平行平板间充满黏度为 μ、密度为 ρ 的静止流体，如图 6-18 所示。上平板固定，下平板在 t=0 时刻突然开始以恒定速度 U 沿 x 方向运动，从而带动流体逐层沿 x 方向流动，并最终达到稳态流动。显然，该流动是 x-y 平面非稳态层流问题，其简化后的 x 方向运动微分方程见例 6-3。

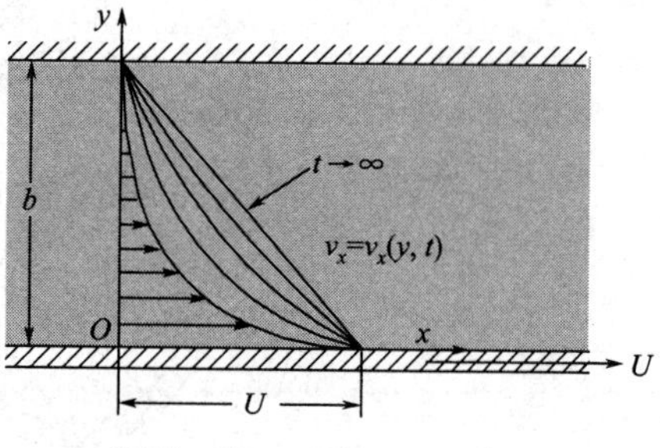

图 6-18 习题 6-11 附图

① 试确定该问题 x 方向运动微分方程的初始条件和边界条件；

② 根据定解条件求解该问题 x 方向运动微分方程，可得速度分布式为

$$\frac{v_x}{U}=\left(1-\frac{y}{b}\right)-\sum_{n=1}^{\infty}\frac{2}{n\pi}\sin\left(n\pi\frac{y}{b}\right)\exp\left(-\frac{\mu\pi^2}{\rho b^2}n^2t\right)$$

试确定什么时间范围内，该速度分布式可用例 6-3 所得速度分布式替代？其中例 6-3 所得速度分布式和动量渗透深度 δ 分别为

$$\frac{v_x}{U}=1-\mathrm{erf}\left(y\big/\sqrt{4\nu t}\right),\quad \delta=4\sqrt{\nu t}$$

③ 试写出根据以上二式所得的运动平板表面切应力的表达式，分别用 τ_{w} 和 τ'_{w} 表示；

④ 计算 t=12.5s 和 t=60s 时 τ'_{w} 与 τ_{w} 的值，其中计算 τ_{w} 时取级数前三项之和即可，且

$$\mu=0.01\mathrm{Pa\cdot s}、\rho=800\mathrm{kg/m^3}、U=0.1\mathrm{m/s}、b=0.05\mathrm{m}$$

6-12 已知 x-y 平面流场的流线方程为：$v_y\mathrm{d}x=v_x\mathrm{d}y$。试根据定常条件下理想不可压缩流体 x-y 平面运动的 N-S 方程（欧拉方程），证明重力场中流体的机械能沿流线守恒，即

$$v^2/2+gy+p/\rho=\mathrm{const}$$

提示：在定常的x-y平面流动的欧拉方程中，设y坐标垂直向上（确定质量力）；用dx、dy分别乘以两个方向的运动方程，并应用流线方程和变量的全微分概念。

6-13 已知定常条件下不可压缩流体的 N-S 方程可用矢量形式表示为

$$(\mathbf{v}\cdot\nabla)\mathbf{v}=\mathbf{f}-\frac{1}{\rho}\nabla p+\frac{\mu}{\rho}\nabla^2\mathbf{v}$$

试应用附录 A.3 的相关公式，并设质量力 $\mathbf{f}=-g\mathbf{k}$，证明：对于 $\nabla\times\mathbf{v}=0$ 的流动（无旋流动），整个流场的流体机械能守恒，即

$$v^2/2+gz+p/\rho=\mathrm{const}$$

提示：应用 $\nabla\cdot\mathbf{v}=0$、$\nabla\times\mathbf{v}=0$ 简化方程中 $\mathbf{v}$ 的相关项，并注意 $g\mathbf{k}=\nabla(gz)$。

6-14 图 6-19 所示为不可压缩流体在等截面直管内作充分发展的层流流动。其中 x、y 为截面坐标，z 为流动方向坐标，其速度特征及质量力如下：

$$v_x=v_y=0,\ v_z=v_z(x,y),\ g_x=0,\ g_y=-g\sin\beta,\ g_z=g\cos\beta$$

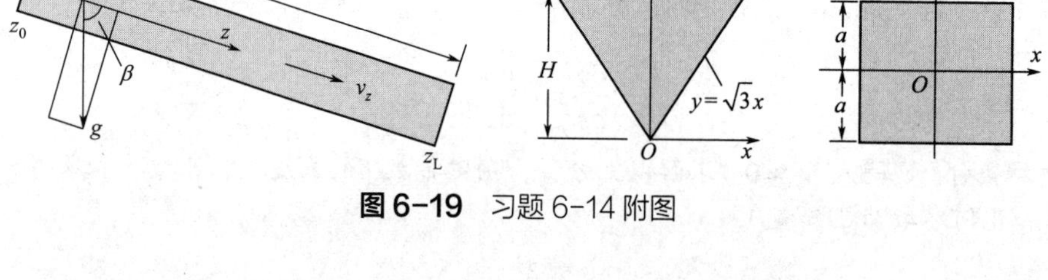

图 6-19 习题 6-14 附图

① 试对定常条件下不可压缩流体的N-S方程进行简化，证明关于v_z的微分方程为

$$\frac{\partial^2 v_z}{\partial x^2}+\frac{\partial^2 v_z}{\partial y^2}=-\frac{\Delta p^*}{\mu L}$$

其中
$$p^*=p-\rho(g\cos\beta)z$$

$$\Delta p^*=p_0^*-p_L^*=(p_0-p_L)+\rho(g\cos\beta)(z_L-z_0)=\Delta p-\rho(g\cos\beta)L$$

提示：证明$\partial p^*/\partial z$为常数，并用$-\Delta p^*/L$替代。

② 根据图中坐标，写出上述微分方程应用于正三角形、正方形管道时的定解条件；

③ 有人提出正三角形和正方形管道截面管内的速度分布式如下，试验证其正确与否？

正三角形
$$v_z=\frac{\Delta p^*}{L4\mu H}(H-y)(y^2-3x^2)$$

正方形
$$v_z=\frac{\Delta p^* a^2}{4\mu L}\left[1-\left(\frac{x}{a}\right)^2\right]\left[1-\left(\frac{y}{a}\right)^2\right]$$

④ 根据以上两式，导出两种管道的阻力系数表达式，并验证是否与下列已知公式一致？

$\lambda=53/Re$（正三角形），$\lambda=57/Re$（正方形）

其中雷诺数Re的定性尺寸为水力当量直径（$D_h=2H/3$或$D_h=2a$）。

6-15 图6-20是倾斜平板从液池中抽出并以速度V匀速运动时，黏附其表面的液膜流动。忽略板宽两侧的边缘效应，液膜流动是不可压缩流体x-y平面非稳态层流问题，其中

$$v_x=v_x(x,y,t),\quad v_y=v_y(x,y,t),$$

$$f_x=g_x=g\cos\beta,\quad f_y=g_y=-g\sin\beta$$

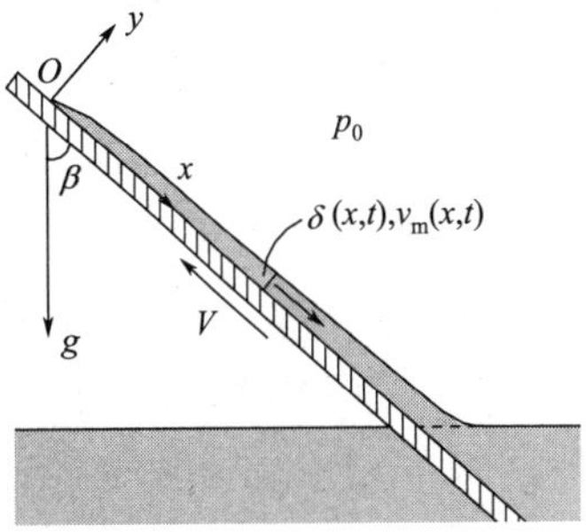

图6-20 习题6-15附图

① 代入以上质量力，写出x-y平面不可压缩流体的连续性方程及运动微分方程；

② 试从$0\to\delta$对连续性方程积分，证明平均速度v_m与液膜厚度δ的微分方程为

$$\frac{\partial v_m\delta}{\partial x}+\frac{\partial\delta}{\partial t}=0$$

③ 在y方向运动方程中假设$v_y=0$，证明

$$p=p_0+\rho g(\delta-y)\sin\beta$$

④ 假设$\partial p/\partial x\approx 0$、$v_x$的质点加速度$\ll g\cos\beta$，且$\partial^2 v_x/\partial x^2\ll\partial^2 v_x/\partial y^2$，证明

$$v_x=-\frac{\rho g\cos\beta}{\mu}\frac{y^2}{2}+c_1(x,t)y+c_2(x,t)$$

⑤ 根据以上结果证明：v_x的分布式、δ与v_m的关系式、δ的分布式如下

$$v_x=\frac{\rho g\delta^2\cos\beta}{2\mu}\left(2\frac{y}{\delta}-\frac{y^2}{\delta^2}\right),\quad v_m=\frac{\rho g\delta^2\cos\beta}{3\mu},\quad \delta=\sqrt{\frac{\mu}{\rho g\cos\beta}\frac{x}{t}}$$

第6章
习题答案

7 不可压缩理想流体的平面流动

本章导言

不可压缩理想流体的平面流动即限于二维平面的不可压缩、无黏流体的流动，其中若流动无旋（速度有势），则称为不可压缩平面势流。不可压缩平面势流的特点是：同时有流函数和势函数存在。

不可压缩平面势流问题是流体力学的经典问题，之所以经典，是因为这类问题可根据其同时有流函数和势函数的特点，用严格的数学方法获得解析解，展现了流体力学与数学的完美结合，且借助解析解绘制的流线图又可直观表现流场的运动状况。

本章主要讲述不可压缩理想流体的平面流动，重点是不可压缩平面势流（无旋流动）。内容包括：①流体平面运动的速度分解，以此阐明流体运动存在四种基本形式：平移、膨胀、剪切、旋转；②有旋流动与无旋流动，并由无旋流动引出速度势函数（无旋流动因此称为势流）；③不可压缩平面流动的流函数及其性质；④不可压缩平面势流（同时有流函数和势函数的流动）的基本方程与方法原理；⑤不可压缩平面势流典型问题分析。

不可压缩平面势流虽然针对的是理想流体，但其运动学规律对工程实际流动问题的流场分析具有重要指导意义；势流理论同时也是高雷诺数绕流问题、地下水或多孔介质渗流等问题的重要基础。

7.1 流体平面运动的速度分解

第 2 章中已经指出，流体运动由四种基本形式构成：平移、膨胀、剪切、旋转。这些运动导致了流体微元形状和大小的变化，图 7-1 即流体微元经过微小时间间隔 Δt 后的变化情况。以下将通过对平面运动的速度分解，证明这四种运动的存在。

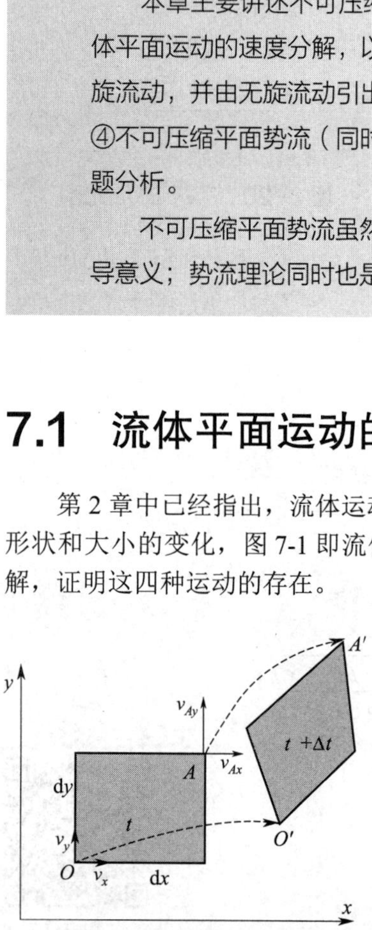

图 7-1 流体微团的平面运动

考察图 7-1 所示 x-y 平面流场中的流体微元。设微元 O 点的速度分量分别为 v_x 和 v_y，则 A 点的速度分量 v_{Ax}、v_{Ay} 可按一阶 Taylor 展开式用 O 点的速度表示如下

$$\begin{cases} v_{Ax} = v_x + \dfrac{\partial v_x}{\partial x}\mathrm{d}x + \dfrac{\partial v_x}{\partial y}\mathrm{d}y \\ v_{Ay} = v_y + \dfrac{\partial v_y}{\partial x}\mathrm{d}x + \dfrac{\partial v_y}{\partial y}\mathrm{d}y \end{cases} \tag{7-1}$$

对式（7-1）进行简单变换后可得

$$
\begin{aligned}
v_{Ax} &= \underbrace{v_x}_{\text{平移速度}v_x} + \underbrace{\frac{\partial v_x}{\partial x}\mathrm{d}x}_{\text{线膨胀速度}\varepsilon_{xx}\mathrm{d}x} + \underbrace{\frac{1}{2}\left(\frac{\partial v_y}{\partial x}+\frac{\partial v_x}{\partial y}\right)\mathrm{d}y}_{\text{剪切线速度}\varepsilon_{xy}\mathrm{d}y} + \underbrace{\frac{1}{2}\left(\frac{\partial v_x}{\partial y}-\frac{\partial v_y}{\partial x}\right)\mathrm{d}y}_{\text{旋转线速度}-\omega_z\mathrm{d}y} \\
v_{Ay} &= \underbrace{v_y}_{\text{平移速度}v_y} + \underbrace{\frac{\partial v_y}{\partial y}\mathrm{d}y}_{\text{线膨胀速度}\varepsilon_{yy}\mathrm{d}y} + \underbrace{\frac{1}{2}\left(\frac{\partial v_y}{\partial x}+\frac{\partial v_x}{\partial y}\right)\mathrm{d}x}_{\text{剪切线速度}\varepsilon_{xy}\mathrm{d}x} + \underbrace{\frac{1}{2}\left(\frac{\partial v_y}{\partial x}-\frac{\partial v_x}{\partial y}\right)\mathrm{d}x}_{\text{旋转线速度}\omega_z\mathrm{d}x}
\end{aligned}
\tag{7-2}
$$

该式表明，对应于流体微元 O 点运动到 O' 点，微元 A 点到达 A' 点一般要经历四种运动：平移运动、膨胀运动、剪切运动、旋转运动。其中

$$
\varepsilon_{xx}=\frac{\partial v_x}{\partial x},\quad \varepsilon_{yy}=\frac{\partial v_y}{\partial y},\quad \varepsilon_{xy}=\varepsilon_{yx}=\frac{1}{2}\left(\frac{\partial v_y}{\partial x}+\frac{\partial v_x}{\partial y}\right),\quad \omega_z=\frac{1}{2}\left(\frac{\partial v_y}{\partial x}-\frac{\partial v_x}{\partial y}\right) \tag{7-3}
$$

分别是第2章中已经导出的流体x、y方向的线变形速率（ε_{xx}、ε_{yy}，二者之和为体积膨胀速率），流体微元的剪切变形速率（$\varepsilon_{xy}=\varepsilon_{yx}$），流体微元的转动速率（$\omega_z$）。

这四种运动对应的微元变形及其对 A 点速度的贡献见图 7-2。

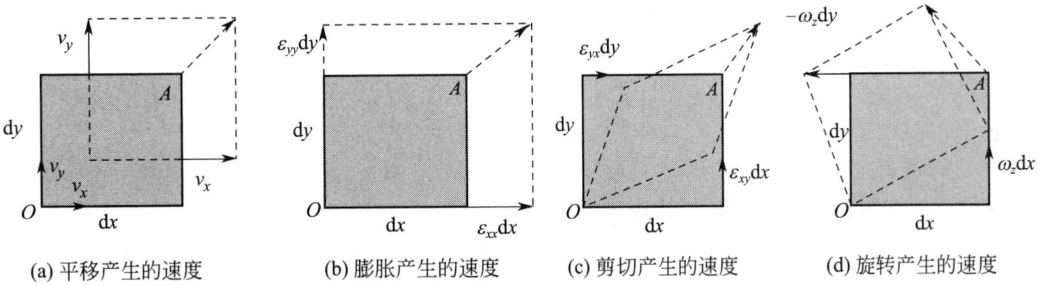

图 7-2 四种基本运动对应的微元变形及其对 A 点速度的贡献

速度分解式（7-2）又称为**海姆霍兹速度分解定律**。正是由于流体的变形运动，才导致了应力与变形速率关系的建立（牛顿流体本构方程）；正是由于流体的膨胀运动，才导致将流体流动分为可压缩流动（$\nabla\cdot\mathbf{v}\neq 0$）与不可压缩流动（$\nabla\cdot\mathbf{v}=0$）；正是由于流体的旋转运动，才导致将流体流动分为有旋流动（$\boldsymbol{\omega}\neq 0$）与无旋流动（$\boldsymbol{\omega}=0$）。

7.2 有旋流动与无旋流动

本节将针对流体运动中分解出来的旋转运动，单纯从运动学角度讨论有旋流动与无旋流动的基本属性。在此之前先介绍两个基本概念：速度环量及线流量。

7.2.1 速度环量与线流量

如图 7-3 所示，设平面曲线 $\widehat{AB}$ 是某封闭曲线 C 的一部分，曲线上任意点的速度为 $\mathbf{v}$，其切向分量为 v_τ，法向分量为 v_n，该点处微元线段为 dl（其矢量表达为 $\mathbf{d}\boldsymbol{l}$）。

速度环量 封闭曲线 C 上切向速度 v_τ 与线元 dl 乘积的总和称为 C 的速度环量，用符号 Γ 表示，即

$$
\Gamma=\oint_C v_\tau \mathrm{d}l=\oint_C \mathbf{v}\cdot\mathbf{d}\boldsymbol{l}=\oint_C (v_x\mathrm{d}x+v_y\mathrm{d}y) \tag{7-4}
$$

且规定：v_τ沿封闭曲线逆时针转动时 $\Gamma>0$，反之 $\Gamma<0$。

由定义可知，速度环量 Γ 表征的是流体沿平面区域边缘线的绕流特性。特别地，若周长为 l 的封闭曲线上

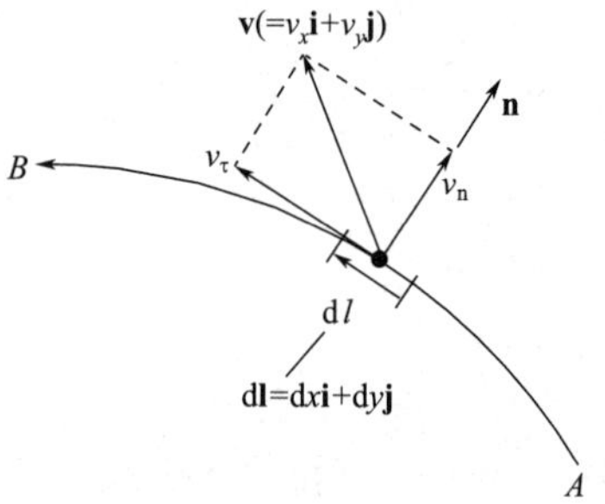

图 7-3　曲线上的切向和法向速度

切向速度 v_τ 处处相等，则 $\Gamma = v_\tau l$。

线流量　线流量即曲线上的法向速度与线段长度的乘积（类比于体积流量 = 法向速度 × 截面面积）。图 7-3 中，微元线段 dl 上的法向速度为 v_n，则通过 dl 的线流量为

$$dq = v_n dl = \mathbf{v}\cdot\mathbf{n}dl$$

其中 **n** 是线段 dl 的法向单位矢量，$\mathbf{v}\cdot\mathbf{n}$ 表示 **v** 在 **n** 方向的投影即法向速度 v_n。因此，通过平面曲线 $\overset{\frown}{AB}$ 的线流量就等于

$$q_{AB} = \int_A^B v_n dl = \int_A^B \mathbf{v}\cdot\mathbf{n}dl \tag{7-5}$$

特别地，若半径 r 的圆周线上径向速度 v_r 处处相等，则该圆周线的线流量 $q=2\pi r v_r$。

线流量的物理意义　垂直于 x-y 平面取单位厚度，则 dl 又可看成是宽度为 dl、厚度为单位厚度的流通面积，$\mathbf{v}\cdot\mathbf{n}\ dl$ 则是 dl 对应的单位厚度流通面积的体积流量；由此可知，曲线 $\overset{\frown}{AB}$ 的线流量等同于曲线 $\overset{\frown}{AB}$ 对应的单位厚度流通面积的体积流量。

7.2.2　有旋流动及其运动学特性

对于一般三维流场，第 2 章中已给出其流体微团转动角速度矢量 **ω** 的表达式，即

$$\boldsymbol{\omega} = \omega_x\mathbf{i} + \omega_y\mathbf{j} + \omega_z\mathbf{k} = \frac{1}{2}\left(\frac{\partial v_z}{\partial y} - \frac{\partial v_y}{\partial z}\right)\mathbf{i} + \frac{1}{2}\left(\frac{\partial v_x}{\partial z} - \frac{\partial v_z}{\partial x}\right)\mathbf{j} + \frac{1}{2}\left(\frac{\partial v_y}{\partial x} - \frac{\partial v_x}{\partial y}\right)\mathbf{k} \tag{7-6}$$

有旋流动　即 $\boldsymbol{\omega} \neq 0$ 的流动。或者说，只要角速度分量 ω_x、ω_y、ω_z 中有一个不为零，则可判定流动为有旋流动。直观地说，有旋流动就是流体质点有自转的流动。

涡量　流体速度 **v** 的旋度 $\nabla\times\mathbf{v}$ 称为涡量，用符号 **Ω** 表示，即

$$\boldsymbol{\Omega} = \nabla\times\mathbf{v} = \left(\frac{\partial v_z}{\partial y} - \frac{\partial v_y}{\partial z}\right)\mathbf{i} + \left(\frac{\partial v_x}{\partial z} - \frac{\partial v_z}{\partial x}\right)\mathbf{j} + \left(\frac{\partial v_y}{\partial x} - \frac{\partial v_x}{\partial y}\right)\mathbf{k} = \Omega_x\mathbf{i} + \Omega_y\mathbf{j} + \Omega_z\mathbf{k} \tag{7-7}$$

其中 ∇ 为矢量微分算子，称为 Hamilton 算子，其定义与运算规则见附录 A。

对比式（7-7）与式（7-6）可见

$$\boldsymbol{\Omega} = \nabla\times\mathbf{v} = 2\boldsymbol{\omega} \tag{7-8}$$

即，涡量 **Ω** 与角速度 **ω** 都是表征流体质点自转运动的物理量，两者方向一致，大小差一倍。因此，有旋流动也可表述为 $\boldsymbol{\Omega} \neq 0$ 的流动，有旋流场又称为涡量场。

涡线及涡线方程　涡线是这样的曲线，该曲线上任一点的涡量方向与该点切线方向一致。设涡线上某点的涡量为 **Ω**，该点位置矢径 **r** 沿涡线的增量为 d**r**，则根据涡线定义可知：**Ω** 与 d**r** 平行；因此，根据两平行矢量的叉积为零可得

$$\boldsymbol{\Omega}\times d\mathbf{r} = 0 \text{ 或 } (\Omega_y dz - \Omega_z dy)\mathbf{i} + (\Omega_z dx - \Omega_x dz)\mathbf{j} + (\Omega_x dy - \Omega_y dx)\mathbf{k} = 0 \tag{7-9}$$

令上式中的三个分量为零，得到的方程即涡线微分方程

$$\frac{dx}{\Omega_x} = \frac{dy}{\Omega_y} = \frac{dz}{\Omega_z} \tag{7-10}$$

因涡线是同一时刻的流体线（线上 $\boldsymbol{\Omega}\times d\mathbf{r} = 0$），所以上式积分时，时间 t 可视为常数。此外，根据定义可知，过空间一点有且只有一条涡线。

涡管　在涡量场空间中任意作一条不与涡线平行的封闭曲线，则该曲线上每一点都有一条涡线通过，这些涡线将构成一个管状曲面，该管状曲面就称为涡管。

涡通量　表面面积与表面法向涡量的乘积称为涡通量（类比于表面面积 × 法向速度 = 体积流量）。据此定

义，任意曲面 A 的涡通量 J 就表示为

$$J = \iint_A \Omega_n \mathrm{d}A = \iint_A \mathbf{\Omega} \cdot \mathbf{n} \mathrm{d}A \tag{7-11}$$

式中，$\mathbf{n}$ 为曲面 A 的外法线单位矢量，$\Omega_n = \mathbf{\Omega} \cdot \mathbf{n}$ 是微元面 $\mathrm{d}A$ 上 $\mathbf{\Omega}$ 的法向分量。

【例 7-1】 强制涡与自由涡的运动学特性

图 7-4 所示是位于 x-y 平面或 r-θ 平面的强制涡与自由涡运动。其中自由涡的特点是流场内各点具有相同的机械能，流体仅有切向速度 v_θ 且 $v_\theta = \kappa / r$，其中 κ 为常数；强制涡的特点是流场内各点具有相同的角速度 ω，流体仅有切向速度 v_θ 且 $v_\theta = \omega r$。试求这两种运动各自的涡量、涡线方程、半径为 r 的圆平面上的涡通量、半径为 r 的圆周线上的速度环量。

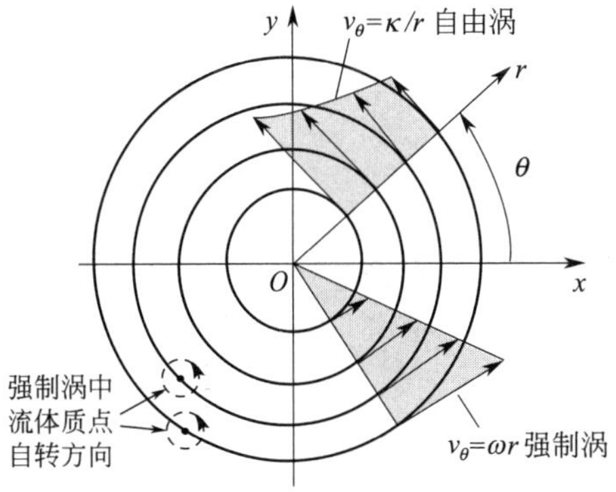

图 7-4 例 7-1 附图

解 先考虑自由涡。对于平面自由涡运动，其切向速度 $v_\theta = \kappa / r$，径向速度 $v_r = 0$，且 v_θ 在 x、y 方向的速度分量分别为

$$v_x = -v_\theta \sin\theta = -\frac{\kappa}{r}\sin\theta = -\frac{\kappa y}{(x^2+y^2)}$$

$$v_y = v_\theta \cos\theta = \frac{\kappa}{r}\cos\theta = \frac{\kappa x}{(x^2+y^2)}$$

因为流体运动仅限于 x-y 平面，故只有 z 方向涡量 Ω_z，且根据式（7-7）可知

$$\Omega_z = \frac{\partial v_y}{\partial x} - \frac{\partial v_x}{\partial y} = \frac{2(y^2-x^2)}{(x^2+y^2)^2} + \frac{2(x^2-y^2)}{(x^2+y^2)^2} = 0$$

由此可见，自由涡不属于有旋流动，因此没有涡量、涡线、涡通量。但有速度环量，且根据式（7-4）可知，半径为 r 的封闭圆周线的速度环量为

$$\Gamma = \oint_C v_\theta \mathrm{d}l = \int_0^{2\pi} \frac{\kappa}{r}(r\mathrm{d}\theta) = 2\pi\kappa \quad 或 \quad \Gamma = v_\theta(2\pi r) = 2\pi\kappa$$

对于平面强制涡，$v_\theta = \omega r$，$v_r = 0$，且 v_θ 在 x、y 方向的速度分量为

$$v_x = -v_\theta \sin\theta = -\omega r\sin\theta = -\omega y，\quad v_y = v_\theta\cos\theta = \omega r\cos\theta = \omega x$$

由于流体运动位于 x-y 平面，故仅有 z 方向涡量 Ω_z，且

$$\Omega_z = \frac{\partial v_y}{\partial x} - \frac{\partial v_x}{\partial y} = \omega + \omega = 2\omega$$

由此可见，强制涡属于有旋流动。因为 $\Omega_z > 0$，所以 Ω_z 指向 z 轴正方向（⊥纸面向外），或者说流体质点沿圆周轨迹运动时其自转方向为逆时针方向（见图 7-4）。

根据式（7-10），强制涡的涡线方程及其解为

$$\begin{cases}\Omega_z \mathrm{d}x = \Omega_x \mathrm{d}z \\ \Omega_z \mathrm{d}y = \Omega_y \mathrm{d}z\end{cases} \rightarrow \begin{cases}\mathrm{d}x = 0 \\ \mathrm{d}y = 0\end{cases} \rightarrow \begin{cases}x = c_1 \\ y = c_2\end{cases}$$

由此可见，强制涡流场中的涡线是平行于 z 轴的直线。

根据式（7-11），半径为 r 的圆平面上的涡通量 J 为

$$J = \iint_A \mathbf{\Omega} \cdot \mathbf{n}\mathrm{d}A = \iint_A (\Omega_z \mathbf{k}) \cdot (\mathbf{k}\mathrm{d}A) = \iint_A \Omega_z r\mathrm{d}\theta\mathrm{d}r = 2\pi\omega r^2 \quad 或 \quad J = \Omega_z \pi r^2 = 2\pi\omega r^2$$

根据式（7-4），半径为 r 的封闭圆周线上的速度环量 Γ 为

$$\Gamma = \oint_C v_\theta \mathrm{d}l = \int_0^{2\pi} \omega r(r\mathrm{d}\theta) = 2\pi\omega r^2 \text{ 或 } \Gamma = v_\theta(2\pi r) = 2\pi\omega r^2$$

由此可见，半径 r 的圆平面上的涡通量 J 等于该平面边缘封闭曲线的速度环量 Γ。

有旋流场（涡量场）的一些基本特性

① 涡量的散度为零（读者可以自证），即

$$\nabla \cdot \mathbf{\Omega} = 0 \text{ 或 } \frac{\partial \Omega_x}{\partial x} + \frac{\partial \Omega_y}{\partial y} + \frac{\partial \Omega_z}{\partial z} = 0 \tag{7-12}$$

② 任意曲面 A 上的涡通量 J 等于该曲面边缘封闭曲线 C 的速度环量 Γ，即

$$J = \iint_A \mathbf{\Omega} \cdot \mathbf{n} \mathrm{d}A = \oint_C \mathbf{v} \cdot \mathrm{d}\mathbf{l} = \Gamma \tag{7-13}$$

该性质在以上例 7-1 中已得到证实。

③ 同一涡管各横截面 A 上的涡通量相同——涡管强度守恒定理，即

$$J = \iint_{A_1} \mathbf{\Omega} \cdot \mathbf{n} \mathrm{d}A = \iint_{A_2} \mathbf{\Omega} \cdot \mathbf{n} \mathrm{d}A = \text{const} \tag{7-14}$$

根据涡量定义可知，过空间一点有且只有一条涡线，涡管壁面由涡线构成，因此涡管表面不能有涡线穿过，故同一涡管各截面上的涡通量相同（这与流线构成的流管其各截面上的流量相同是类似的）。根据涡管强度守恒定理可知：同一涡管，截面越小处涡通量越大，反之亦然；涡管在流场中不能中断；结合性质②又有，绕涡管壁面一周的任意封闭曲线 L 的速度环量 Γ_L 都相等，即 $\Gamma_L = \text{const}$。

7.2.3 无旋流动（势流）及其运动学特性

无旋流动 即涡量或角速度处处为零的流动，亦称势流。其判别条件是流场各处均有

$$\mathbf{\Omega} = \nabla \times \mathbf{v} = 2\boldsymbol{\omega} = 0 \tag{7-15}$$

或

$$\Omega_x = \left(\frac{\partial v_z}{\partial y} - \frac{\partial v_y}{\partial z}\right) = 0,\quad \Omega_y = \left(\frac{\partial v_x}{\partial z} - \frac{\partial v_z}{\partial x}\right) = 0,\quad \Omega_z = \left(\frac{\partial v_y}{\partial x} - \frac{\partial v_x}{\partial y}\right) = 0 \tag{7-16}$$

速度势函数 由场论知识可知，对于标量函数 ϕ，其梯度 $\nabla\phi$ 的旋度必然为零，即

$$\nabla \times (\nabla\phi) = 0$$

因无旋流场中 $\nabla \times \mathbf{v} = 0$，故对比可知，无旋流场中 $\mathbf{v}$ 必然是某标量函数 ϕ 的梯度，即

$$\mathbf{v} = -\nabla\phi \tag{7-17}$$

该标量函数 ϕ 称为速度势函数。上式中添加负号主要从物理意义上表明：速度方向总是与速度势 ϕ 减小的方向一致，犹如电流总是沿电势降低的方向流动一样。

势流 因为无旋流动中速度有势，故无旋流动又称为有势流动，简称势流。

对于 x-y 或 r-θ 平面的无旋流动，式（7-17）的展开形式为

$$\mathbf{v} = -\nabla\phi = -\left(\frac{\partial\phi}{\partial x}\mathbf{i} + \frac{\partial\phi}{\partial y}\mathbf{j}\right) \text{ 或 } \mathbf{v} = -\nabla\phi = -\left(\frac{\partial\phi}{\partial r}\mathbf{e}_r + \frac{\partial\phi}{r\partial\theta}\mathbf{e}_\theta\right) \tag{7-18}$$

该式与 $\mathbf{v}$ 的分量对比，可得速度势函数 ϕ 与速度分量的关系为

$$v_x = -\frac{\partial\phi}{\partial x},\quad v_y = -\frac{\partial\phi}{\partial y} \text{ 或 } v_r = -\frac{\partial\phi}{\partial r},\quad v_\theta = -\frac{1}{r}\frac{\partial\phi}{\partial\theta} \tag{7-19}$$

引入速度势函数 ϕ 的意义在于：对于平面无旋流动，求解两个速度分量的问题便可转化为求解一个标量函数 ϕ 的问题。求得 ϕ 后，则可按上式求导得到相应的速度分量。

速度势函数的全微分方程 对于x-y平面或r-θ平面的无旋流动（势流），速度势函数的全微分可一般表示为

$$\mathrm{d}\phi=\frac{\partial\phi}{\partial x}\mathrm{d}x+\frac{\partial\phi}{\partial y}\mathrm{d}y \quad 或 \quad \mathrm{d}\phi=\frac{\partial\phi}{\partial r}\mathrm{d}r+\frac{\partial\phi}{\partial\theta}\mathrm{d}\theta$$

将式（7-19）代入，则可得速度势函数的全微分 $\mathrm{d}\phi$ 与速度分量的关系为

$$\mathrm{d}\phi=-v_x\mathrm{d}x-v_y\mathrm{d}y \quad 或 \quad \mathrm{d}\phi=-v_r\mathrm{d}r-rv_\theta\mathrm{d}\theta \tag{7-20}$$

该式称为速度势函数的全微分方程。将已知速度分量代入该式，积分可得势函数。

等势线 即速度势函数的等值线。据此可知，令 $\phi=C$ 或 $\mathrm{d}\phi=0$，可得等势线方程。

加速度势函数 可以证明（见习题 7-1），若速度有势且势函数为 ϕ，则加速度 $\mathbf{a}$ 也必然有势，且加速度的势函数 ϕ_a 为

$$\phi_\mathrm{a}=\frac{\partial\phi}{\partial t}+\frac{v^2}{2} \quad 或 \quad \mathbf{a}=\nabla(\phi_\mathrm{a})=\nabla\left(\frac{\partial\phi}{\partial t}+\frac{v^2}{2}\right) \tag{7-21}$$

【例 7-2】 平面无旋流动（平面势流）的速度与加速度

已知定常平面流动的速度势函数为 $\phi=k(y^2-x^2)$，其中 k 为常数（1/s），试求：

① 流场的速度表达式及 $x=2$ m、$y=3$ m 处的速度值；

② 通过 $x=2$ m、$y=3$ m 处的等势线方程及势函数值；

③ 加速度的势函数及 $x=2$ m、$y=3$ m 处的加速度值。

解 ①已知速度势函数，则根据其定义式可得速度表达式为

$$v_x=-\frac{\partial\phi}{\partial x}=2kx,\quad v_y=-\frac{\partial\phi}{\partial y}=-2ky,\quad \mathbf{v}=2kx\mathbf{i}-2ky\mathbf{j}$$

据此可得 $x=2$ m、$y=3$ m 处的速度值为

$$v_x=2kx=4k,\quad v_y=-2ky=-6k,\quad v=2k\sqrt{13}$$

注：根据以上速度分量表达式，可以验证 $\Omega_z=0$，即流动无旋，速度有势，且

$$\mathrm{d}\phi=-v_x\mathrm{d}x-v_y\mathrm{d}y=-2kx\mathrm{d}x+2ky\mathrm{d}y=k\mathrm{d}(-x^2+y^2) \ \rightarrow\ \phi=k(y^2-x^2)$$

② 令 $\phi=C$ 得等势线一般方程为

$$k(y^2-x^2)=C \ \rightarrow\ y=\sqrt{x^2+C/k}$$

对于通过 $x=2$ m、$y=3$ m 处的等势线，$C=5k$，对应的等势线方程及势函数值为

$$y=\sqrt{x^2+5},\quad \phi=C=5k$$

③ 根据式（7-21），加速度的势函数及加速度表达式为

$$\phi_\mathrm{a}=\frac{\partial\phi}{\partial t}+\frac{v^2}{2}=0+\frac{v_x^2+v_y^2}{2}=\frac{(2kx)^2+(-2ky)^2}{2}=2k^2(x^2+y^2)$$

$$\mathbf{a}=\nabla(\phi_\mathrm{a})=\left(\frac{\partial}{\partial x}\mathbf{i}+\frac{\partial}{\partial y}\mathbf{j}\right)\left[2k^2(x^2+y^2)\right]=4k^2x\,\mathbf{i}+4k^2y\,\mathbf{j}$$

代入数据得

$$a_x=4k^2x=8k^2,\quad a_y=4k^2y=12k^2,\quad a=4k^2\sqrt{13}$$

特别说明： 有旋与无旋是从运动学的角度提出的（$\boldsymbol{\omega}\neq0$ 为有旋，$\boldsymbol{\omega}=0$ 为无旋），其中并未涉及流动是否定常、是否可压缩、是黏性还是理想流体。但以此划分流场类别时，无旋流动（势流）要求全流场处处无旋，而有旋流动并不要求流场处处有旋，因此可以说，黏性流体的流动必然属于有旋流动（流场内必有黏性摩擦产生的微元转动，不可能处处无旋）；至于理想流体的流动，理论上两者皆有可能；由此可知，全流场处处无旋的流动只能是理想流体的流动，或者说，作为流动类别时，无旋流动（势流）针对的必然是理想流体。

7.3 不可压缩平面流动的流函数

不可压缩流动广泛存在于工程实际，其中不可压缩平面流动尤其受到关注。一是因为这种流动有广泛的工程实际背景，二是因为这种流动可用称为流函数的运动学参数来描述，从而为不可压缩平面流动问题的求解带来方便。

7.3.1 流函数的定义及全微分方程

流函数的定义 对于 x-y 平面内的不可压缩流动，其连续性方程为

$$\frac{\partial v_x}{\partial x}+\frac{\partial v_y}{\partial y}=0 \tag{7-22}$$

由此可以断言，一定存在一个函数 $\psi(x,y)$，它与速度之间存在以下关系

$$v_x=\frac{\partial\psi}{\partial y},\quad v_y=-\frac{\partial\psi}{\partial x} \tag{7-23}$$

这样定义的函数 $\psi(x,y)$ 称为流函数。ψ 作为运动学参数自动满足连续性方程。

对于 r-θ（极坐标）平面的不可压缩流动，其连续性方程以及流函数的定义为

$$\frac{v_r}{r}+\frac{\partial v_r}{\partial r}+\frac{1}{r}\frac{\partial v_\theta}{\partial\theta}=0\,,\ v_r=\frac{1}{r}\frac{\partial\psi}{\partial\theta},\quad v_\theta=-\frac{\partial\psi}{\partial r} \tag{7-24}$$

引入流函数的意义在于：对于不可压缩平面流动，求解两个速度分量的问题便可转化为求解一个标量函数 ψ 的问题。求得 ψ 后，对其求导即可得到相应的速度分量。

流函数的全微分方程 对于 x-y 平面或 r-θ 平面的不可压缩流动，流函数的全微分可一般表示为

$$\mathrm{d}\psi=\frac{\partial\psi}{\partial x}\mathrm{d}x+\frac{\partial\psi}{\partial y}\mathrm{d}y \quad 或 \quad \mathrm{d}\psi=\frac{\partial\psi}{\partial r}\mathrm{d}r+\frac{\partial\psi}{\partial\theta}\mathrm{d}\theta$$

将流函数的定义式代入，则可得流函数的全微分 $\mathrm{d}\psi$ 与速度分量的关系为

$$\mathrm{d}\psi=-v_y\mathrm{d}x+v_x\mathrm{d}y \quad 或 \quad \mathrm{d}\psi=-v_\theta\mathrm{d}r+rv_r\mathrm{d}\theta \tag{7-25}$$

该式称为流函数的全微分方程。将已知速度分量代入该式，积分可得流函数。

7.3.2 流函数的性质——流线及流线间的流量

流函数的以下两个主要性质可体现其明确的实用价值。

（1）流函数等值线为流线

流函数等值线即 $\psi=$ 定值或 $\mathrm{d}\psi=0$ 的曲线，将此代入流函数全微分方程可得

$$-v_y\mathrm{d}x+v_x\mathrm{d}y=0 \quad 或 \quad \frac{\mathrm{d}x}{v_x}=\frac{\mathrm{d}y}{v_y} \tag{7-26}$$

此即第2章中导出的流线微分方程，故流函数等值线为流线。

（2）两流线的流函数值之差等于两流线间连线的线流量

图7-5所示为平面流场中的任意两条流线，其流函数的值分别为 ψ_A、ψ_B。在两流线之间作连线 AB，根据线流量的定义式，连线 AB 的线流量为

$$q_{AB}=\int_A^B \mathbf{v}\cdot\mathbf{n}\mathrm{d}l$$

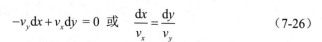

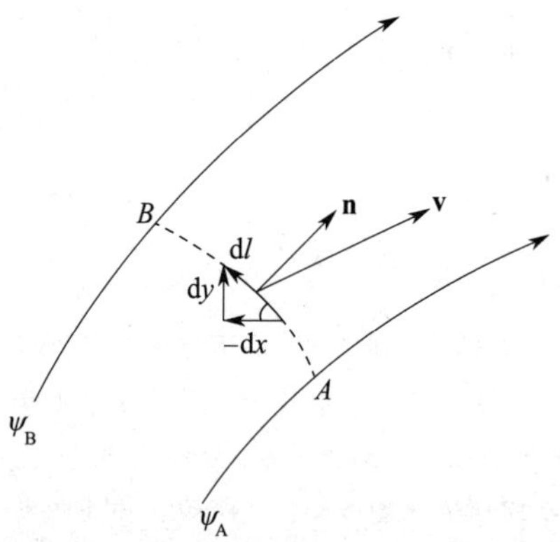

图7-5 两流线之间的线流量

见图 7-5，因为通过连线线元 dl 的流量又等于通过线元 -dx 和 dy 的流量之和（注：从 A 到 B，dl 对应的 dx ＜ 0，故 dx 的长度为 –dx），所以线流量 q_{AB} 可进一步表示为

$$q_{AB}=\int_A^B \mathbf{v}\cdot\mathbf{n}\mathrm{d}l=\int_A^B(-v_y\mathrm{d}x+v_x\mathrm{d}y) \tag{7-27}$$

于是，将流函数全微分方程代入上式可得

$$q_{AB}=\int_A^B(-v_y\mathrm{d}x+v_x\mathrm{d}y)=\int_A^B\mathrm{d}\psi=\psi_B-\psi_A \tag{7-28}$$

由此可见，两流线的流函数值之差等于两流线间任意连线的线流量。进一步，由于线流量又等于线段对应的单位厚度流通面的体积流量，所以两流线的流函数值之差也等于两流线构成的单位厚度平面通道的体积流量。此外，因两流线之间的流量一定，故两流线间距较宽处流速必然较低，较窄处流速必然较高，或者说，在按相同流函数差值绘制的流线图中，高流速区流线必然密集，低流速区流线必然稀疏。

【例 7-3】 圆管层流流动——柱坐标轴对称问题的流函数

流体在半径为 R 的圆管内作充分发展的层流流动，管内平均流速为 $v_{\rm m}$，速度分布为

$$v_z=2v_{\rm m}\left[1-(r/R)^2\right]$$

试求该流动的流函数，并用流函数值之差表示半径 r 对应的管截面的体积流量。

注：圆管流动为轴对称流动，以柱坐标（r-θ-z）描述时 $v_\theta=0$，可视为 r-z 平面流动问题，其不可压缩连续性方程及流函数 $\psi(r,z)$ 的定义式分别为

$$\frac{1}{r}\frac{\partial rv_r}{\partial r}+\frac{\partial v_z}{\partial z}=0,\quad v_r=-\frac{1}{r}\frac{\partial\psi}{\partial z},\quad v_z=\frac{1}{r}\frac{\partial\psi}{\partial r} \tag{7-29}$$

且此时两流线的流函数数值之差 $(\psi_2-\psi_1)$ 不再是垂直于 r-z 平面单位厚度的体积流量，而是 θ 方向单位弧度角对应的扇形流通面积（见图 7-6）的体积流量。

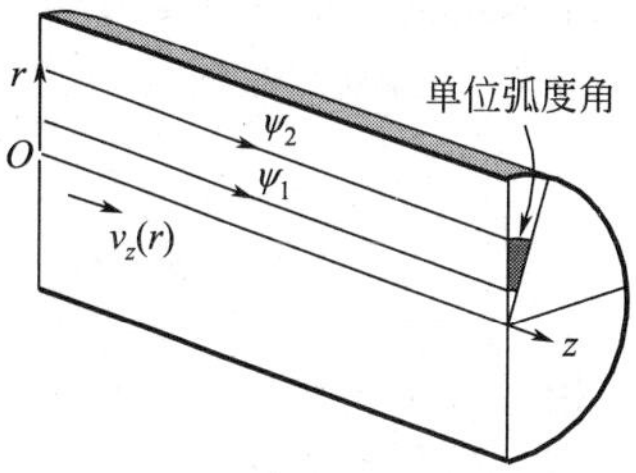

图 7-6　轴对称 r-z 平面问题

解　对于圆管内的充分发展流动，$v_r=0$，v_z 只是 r 的函数，故根据式（7-29）可知：流函数 ψ 与 z 无关，仅是 r 的函数，因此有

$$v_z=\frac{1}{r}\frac{\partial\psi}{\partial r}\ \rightarrow\ \frac{\mathrm{d}\psi}{\mathrm{d}r}=v_zr\ \rightarrow\ \mathrm{d}\psi=v_zr\mathrm{d}r$$

将 v_z 代入积分可得　$\psi=\dfrac{v_{\rm m}R^2}{2}\left(\dfrac{r}{R}\right)^2\left[2-\left(\dfrac{r}{R}\right)^2\right]+C$

式中，C 为积分常数。因 ψ = 定值的流体线为流线，故由上式可知流线方程为

$$r=C_1$$

即流线是平行于 z 轴的直线。其中，对应于 $r=0$ 和 $r=r$ 这两条流线，ψ 的值为

$$r=0:\ \psi=\psi_0=C;\ r=r:\ \psi=\psi_r=\frac{v_{\rm m}R^2}{2}\left(\frac{r}{R}\right)^2\left[2-\left(\frac{r}{R}\right)^2\right]+C$$

根据图 7-6，差值 $(\psi_r-\psi_0)$ 表示的是侧边为 r、圆心角为单位弧度的扇形面积的体积流量，而管中心至半径 r 对应的管截面为 2π 弧度，故其体积流量为

$$q_{\mathrm{V},0-r}=2\pi(\psi_r-\psi_0)=\pi r^2v_{\rm m}\left[2-\left(\frac{r}{R}\right)^2\right]=\pi r^2v_{\mathrm{m},r}$$

此处 $v_{\mathrm{m},r}$ 是面积 πr^2 内的平均速度。上式中取 $r=R$，则是整管的体积流量，即

$$q_{V,0-R}=2\pi(\psi_R-\psi_0)=v_m\pi R^2$$

7.4 不可压缩平面势流及基本方程

不可压缩平面势流 即不可压缩流体的平面无旋流动。这里的“势流”是流场的共同属性（全流场处处无旋），因此针对的必然是理想流体。其次，因不可压缩平面流动有流函数，势流有速度势函数，故不可压缩平面势流同时存在流函数和速度势函数。

本节将根据不可压缩平面势流的特点——同时有流函数和速度势函数，阐述其流场特性及相关方程（由此构成求解这类问题的方法基础）。

7.4.1 柯西－黎曼方程及流网

（1）流函数与速度势函数的关系——柯西-黎曼方程

对于 x-y 平面的不可压缩平面势流，流函数及势函数同时存在，故针对同一速度有

$$v_x=-\frac{\partial\phi}{\partial x}=\frac{\partial\psi}{\partial y}，\ v_y=-\frac{\partial\phi}{\partial y}=-\frac{\partial\psi}{\partial x} \tag{7-30}$$

类似地，对于 r-θ（极坐标）平面的不可压缩平面势流，有

$$v_r=-\frac{\partial\phi}{\partial r}=\frac{1}{r}\frac{\partial\psi}{\partial\theta}，\ v_\theta=-\frac{1}{r}\frac{\partial\phi}{\partial\theta}=-\frac{\partial\psi}{\partial r} \tag{7-31}$$

上式称为柯西-黎曼方程。该方程表明了不可压缩平面势流中 ϕ 与 ψ 的关系。

此外，因流函数与势函数同时存在，故针对同一速度其全微分方程也同时成立，即

$$\begin{cases}\mathrm{d}\phi=-v_x\mathrm{d}x-v_y\mathrm{d}y\\ \mathrm{d}\psi=-v_y\mathrm{d}x+v_x\mathrm{d}y\end{cases}\quad 或\quad \begin{cases}\mathrm{d}\phi=-v_r\mathrm{d}r-rv_\theta\mathrm{d}\theta\\ \mathrm{d}\psi=-v_\theta\mathrm{d}r+rv_r\mathrm{d}\theta\end{cases} \tag{7-32}$$

根据以上全微分方程，将已知速度分量代入，积分可得流场的 ϕ 与 ψ。

（2）流线与等势线正交，二者构成流网

对于 x-y 平面的不可压缩流动，流线上 ψ = 定值，或 $\mathrm{d}\psi=0$，由此得流线的斜率为

$$\mathrm{d}\psi=\frac{\partial\psi}{\partial x}\mathrm{d}x+\frac{\partial\psi}{\partial y}\mathrm{d}y=0\ \rightarrow\ \left(\frac{\mathrm{d}y}{\mathrm{d}x}\right)_\psi=-\frac{\partial\psi/\partial x}{\partial\psi/\partial y}=\frac{v_y}{v_x} \tag{7-33}$$

对于 x-y 平面的无旋流动，等势线上 ϕ = 定值，或 $\mathrm{d}\phi=0$，由此得等势线的斜率为

$$\mathrm{d}\phi=\frac{\partial\phi}{\partial x}\mathrm{d}x+\frac{\partial\phi}{\partial y}\mathrm{d}y=0\ \rightarrow\ \left(\frac{\mathrm{d}y}{\mathrm{d}x}\right)_\phi=-\frac{\partial\phi/\partial x}{\partial\phi/\partial y}=-\frac{v_x}{v_y} \tag{7-34}$$

对于 x-y 平面的不可压缩无旋流动，以上两式中的速度相同，因此有

$$\left(\frac{\mathrm{d}y}{\mathrm{d}x}\right)_\phi\left(\frac{\mathrm{d}y}{\mathrm{d}x}\right)_\psi=-1 \tag{7-35}$$

该式表明，不可压缩平面势流中流线与等势线是相互正交的。

基于这一特点，可用流线与等势线正交构成的网格线——流网来直观表达不可压缩平面势流的流场分布特性。图7-7即几种典型流场的流网，其中虚线是等势线，实线是流线，二者处处垂直。图（a）是容器内液体汇入管道的情况（底部为对称面）；图（b）是液体经过薄板溢流堰的流动；图（c）是液体经过闸门底部的流动。可见在流道收窄处，流线较为密集（流速较高），其他地方流线稀疏（流速较低）。

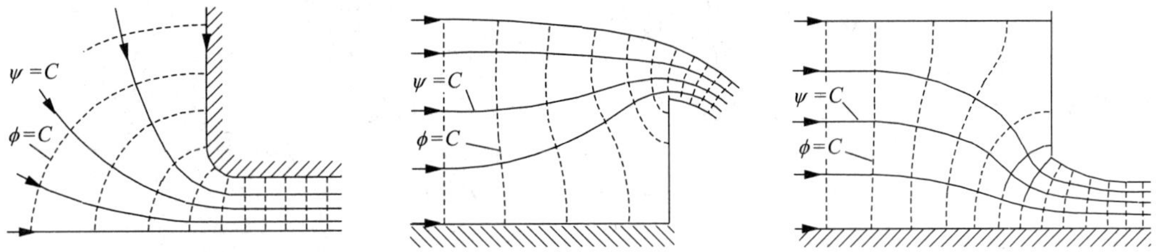

(a) 进入管道的流动　(b) 经过溢流堰的流动　(c) 闸门底部的流动

图 7-7 流线（实线）与等势线（虚线）构成的流网

【例 7-4】 已知流函数求速度势函数

已知不可压缩平面流场中流函数 $\psi = 2xy$，证明流动有势，并求速度势函数 ϕ。

解 已知流函数 ψ，可根据其定义式求导确定速度分量，即

$$v_x = \frac{\partial \psi}{\partial y} = 2x \text{，} \quad v_y = -\frac{\partial \psi}{\partial x} = -2y$$

根据 x-y 平面流动的涡量表达式，将以上速度分量代入有

$$\Omega_z = \frac{\partial v_y}{\partial x} - \frac{\partial v_x}{\partial y} = -(0+0) = 0$$

因 $\Omega_z = 0$，故流动无旋，即该不可压缩平面流动为势流，有速度势函数 ϕ 存在。

已知速度有势，且速度分量确定，有两种方法求解速度势函数。

一是根据势函数全微分方程求解势函数，即

$$\mathrm{d}\phi = -v_x\mathrm{d}x - v_y\mathrm{d}y = -2x\mathrm{d}x + 2y\mathrm{d}y = \mathrm{d}(-x^2 + y^2 + C)$$

故速度势函数为 $$\phi = y^2 - x^2 + C \quad （C\text{为常数}）$$

二是直接根据速度势函数定义求解势函数，即

$$v_x = -\frac{\partial \phi}{\partial x} = 2x, \quad v_y = -\frac{\partial \phi}{\partial y} = -2y$$

对以上第一式积分可得 $$\phi = \int -v_x \mathrm{d}x = \int -2x\mathrm{d}x = -x^2 + f(y)$$

再对该式求导并将以上 $\partial\phi/\partial y = 2y$ 代入可得

$$\frac{\partial \phi}{\partial y} = f'(y) \;\rightarrow\; 2y = f'(y) \;\rightarrow\; f(y) = \int 2y\mathrm{d}y = y^2 + C$$

由此可知 $$\phi = y^2 - x^2 + C$$

定义零等势线过坐标原点，则 C=0，此时 $\phi = C_1$ 的等势线方程为 $y = (x^2 + C_1)^{0.5}$，而流函数 $\psi = C_2$ 的流线方程为 $y = C_2/x$，且可验证二者正交。

7.4.2 拉普拉斯方程及叠加原理

将平面势流的势函数定义式代入不可压缩平面流动的连续性方程可得

$$\frac{\partial^2 \phi}{\partial x^2} + \frac{\partial^2 \phi}{\partial y^2} = 0 \quad \text{或} \quad \nabla^2 \phi = 0 \tag{7-36}$$

其中，∇^2 为拉普拉斯微分算子。x-y 平面或 r-θ 平面问题的拉普拉斯算子如下

$$\nabla^2=\frac{\partial^2}{\partial x^2}+\frac{\partial^2}{\partial y^2} \quad \text{或} \quad \nabla^2=\frac{1}{r}\frac{\partial}{\partial r}+\frac{\partial^2}{\partial r^2}+\frac{1}{r^2}\frac{\partial^2}{\partial\theta^2}$$

类似地，将不可压缩平面流动的流函数代入平面势流的无旋条件可得

$$\frac{\partial^2\psi}{\partial x^2}+\frac{\partial^2\psi}{\partial y^2}=0 \quad \text{或} \quad \nabla^2\psi=0 \tag{7-37}$$

以上表明，对于不可压缩平面势流，势函数 ϕ 与流函数 ψ 均满足拉普拉斯方程。这样一来，不可压缩平面势流问题就归结为求解 ϕ 或 ψ 的拉普拉斯方程问题。

数学上，满足拉普拉斯方程的函数称为调和函数，调和函数的解具有线性可叠加性。因不可压缩平面势流的 ϕ 和 ψ 均为满足拉普拉斯方程，所以若 ϕ_1、ϕ_2 满足拉普拉斯方程，则其线性组合 $c_1\phi_1+c_2\phi_2$（c_1、c_2 为常数）也满足拉普拉斯方程，即

$$\nabla^2\phi_1=0,\quad \nabla^2\phi_2=0 \quad\rightarrow\quad \nabla^2(c_1\phi_1+c_2\phi_2)=0 \tag{7-38}$$

同理有

$$\nabla^2\psi_1=0,\quad \nabla^2\psi_2=0 \quad\rightarrow\quad \nabla^2(c_1\psi_1+c_2\psi_2)=0 \tag{7-39}$$

这样一来，一个复杂流动的 ϕ 或 ψ 就可能由若干个简单流动的势函数或流函数叠加得到。获得新流场的 ϕ 或 ψ 后，对其求导又可获得新流场的速度。

7.4.3 定常不可压缩势流的伯努利方程

势流针对的是理想流体，因此满足理想流体的运动微分方程（见第 6 章），即

$$\frac{\partial\mathbf{v}}{\partial t}+(\mathbf{v}\cdot\nabla)\mathbf{v}=\mathbf{f}-\frac{1}{\rho}\nabla p$$

根据场论知识 [见附录 A 第 A.3 节式 (4)]，上式中的对流加速度 $(\mathbf{v}\cdot\nabla)\mathbf{v}$ 可展开为

$$(\mathbf{v}\cdot\nabla)\mathbf{v}=\nabla(v^2/2)-\mathbf{v}\times(\nabla\times\mathbf{v}),\quad v^2=v_x^2+v_y^2+v_z^2$$

因势流流场中 $\nabla\times\mathbf{v}=0$，不可压缩流体 $\rho=\text{const}$，且考虑重力场作用并取 $\mathbf{g}$ 与 z 坐标负方向一致即 $\mathbf{f}=-g\mathbf{k}$，则定常条件下（$\partial\mathbf{v}/\partial t=0$），以上运动微分方程可变换为

$$(\mathbf{v}\cdot\nabla)\mathbf{v}=\mathbf{f}-\frac{1}{\rho}\nabla p \quad\rightarrow\quad \nabla\frac{v^2}{2}=-\nabla gz-\nabla\frac{p}{\rho} \quad\rightarrow\quad \nabla\left(\frac{v^2}{2}+gz+\frac{p}{\rho}\right)=0$$

由此可得

$$\frac{v^2}{2}+gz+\frac{p}{\rho}=C \tag{7-40}$$

此即定常不可压缩势流的伯努利方程。其中 C 对全流场都相同，表示定常不可压缩势流全流场机械能守恒（若不是势流则机械能守恒仅限于流线）。该方程对三维及平面流场均适用；对于平面流场，若流场平面垂直于重力，则方程中 gz 项应予略去。

伯努利方程主要用于确定流场压力分布，由此可进一步分析流体对壁面的作用力。

7.5 不可压缩平面势流典型问题分析

不可压缩平面势流针对的是理想流体，其特点是同时存在流函数和速度势函数。

问题的意义 不可压缩平面势流问题是流体运动学的经典问题。之所以经典，其一是这类问题可用严格的数学方法获得其解析解，并借助解析解绘制流线图直观展现流场分布形态；其二是这类问题的运动学行为对了解工程实际流动问题的运动学特性有重要指导意义（因为实际流动的运动学行为，除黏性影响显著的边壁及尾

迹区外，具有显著的势流特征)；此外势流理论也是高雷诺数绕流、地下水或多孔介质渗流等问题的重要基础。

方法思路 对于简单的不可压缩平面势流，其速度分量易于直接表达，此时可采用黎曼 - 柯西方程或全微分方程求解 ψ 和 ϕ。以简单流动的解为基本解，将其线性组合，就可能获得符合给定边界条件的新流场的解。获得新流场的 ψ 或 ϕ 后，又可求导获得速度分量；对于定常流动，已知速度分布又可应用伯努利方程获得流场的压力分布。

壁面的边界条件 确定流场壁面边界的条件包括：壁面流体速度处处与壁面相切（理想流体无摩擦），壁面法向速度为零（流体不能穿越壁面），这也意味着壁面曲线必然是一条流线；若壁面有驻点（速度为零的点），则壁面流线必然通过驻点。

7.5.1 平行直线等速流动

平行直线等速流动是一种最简单的流动形式，其速度 v_0 为常数，与 x 轴夹角为 α，如图 7-8 所示。理想流体平行于固体壁面的流动就属于这种情况。因 v_0 为常数，可令

$$v_x=v_0\cos\alpha=a,\ v_y=v_0\sin\alpha=b \tag{7-41}$$

根据该速度式可知，流动不可压缩且有势。因此根据速度势 ϕ 的全微分方程有

$$\mathrm{d}\phi=-(v_x\mathrm{d}x+v_y\mathrm{d}y)=-(a\mathrm{d}x+b\mathrm{d}y)$$

积分得速度势函数为

$$\phi=-ax-by+C \tag{7-42}$$

取通过坐标原点的 ϕ=0，则常数 C=0。

令 C_1 为任意常数，则 $\phi=C_1$ 的等势线方程为

$$y=-(a/b)x-C_1/b \tag{7-43}$$

可见，等势线是斜率为 $-a/b$ 的直线，对应不同 C_1 的等势线见图 7-7。

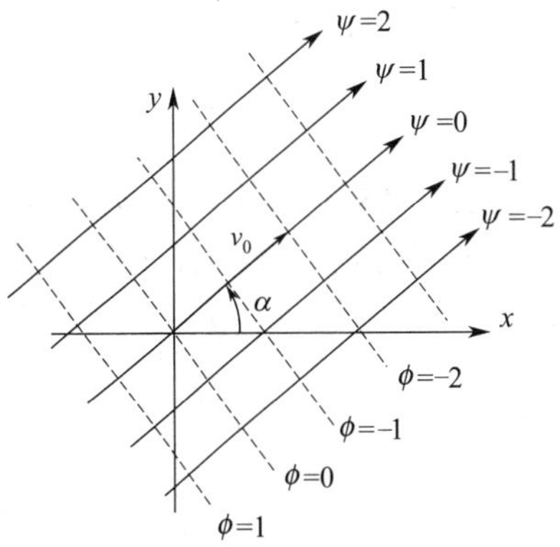

图 7-8 平行直线等速流动

同理，根据流函数全微分方程，可得流函数为

$$\psi=ay-bx+C \tag{7-44}$$

取通过原点的 ψ=0，则 $C=0$。由此可得 $\psi=C_2$ 的流函数等值线（流线）方程为

$$y=(b/a)x+C_2/a \tag{7-45}$$

可见，流线是斜率为 b/a 的一簇直线。流线⊥等势线，两者形成的流网见图 7-8。

7.5.2 点源与点汇流动

点源流动 即由无限大平面的中心泉眼（点源）均匀展开的纯径向流动（见图 7-9)，其中半径 r 的圆周线的线流量 q 恒定。因此，若半径 r 的圆周线上的径向速度为 v_r，则根据线流量定义有 $2\pi rv_r=q$ =const；由此可将点源流动的径向和周向速度表示为

$$v_r=q/2\pi r\,,\quad v_\theta=0 \tag{7-46}$$

根据线流量的意义可知，q 又等于 r 圆周线对应的单位厚度流通面的体积流量；该体积流量按连续性原理同时也等于泉眼的体积流量，故 q 称为源强，且 $q>0$。

根据以上速度式可以判定，流动不可压缩且有势。因此，根据极坐标下速度势函数的全微分方程有

$$\mathrm{d}\phi=\frac{\partial\phi}{\partial r}\mathrm{d}r+\frac{1}{r}\frac{\partial\phi}{\partial\theta}r\mathrm{d}\theta=-v_r\mathrm{d}r-v_\theta r\mathrm{d}\theta=-\frac{q}{2\pi r}\mathrm{d}r=\mathrm{d}\left(-\frac{q}{2\pi}\ln r+C\right)$$

即

$$\phi=-\frac{q}{2\pi}\ln r+C \tag{7-47}$$

上式中取 $C=0$（相当于规定 r=1 的圆周线为 ϕ=0 的等势线），则点源流动的势函数 ϕ 以及 $\phi=C_1$ 的等势线方程为

$$\phi=-\frac{q}{2\pi}\ln r,\quad r=\exp\left(-\frac{2\pi C_1}{q}\right) \tag{7-48}$$

类似地，可求得点源流动的流函数 ψ 以及 $\psi=C_2$ 的流线方程为

$$\psi=\frac{q}{2\pi}\theta,\quad \theta=C_2\frac{2\pi}{q} \tag{7-49}$$

可见，等势线为 r 不同的圆周线（取决于 C_1），流线为 θ 不同的径向线（取决于 C_2），两者正交，所构成的流网见图 7-9。其中点源处 $r\to 0$，$v_r\to\infty$，称为奇点。

直角坐标系中，点源的速度势函数与流函数可根据相应的极坐标式变换得到，即

$$\phi=-\frac{q}{4\pi}\ln\left(x^2+y^2\right),\quad \psi=\frac{q}{2\pi}\arctan\left(\frac{y}{x}\right) \tag{7-50}$$

点汇流动　是由平面四周径向汇入中心地漏的流动，其中地漏中心称为点汇，如图 7-10 所示。点汇流动是点源流动的反向流动，因此其速度势函数和流函数只需将点源流动公式中的源强 q 改为汇强 $-q$ 即可，即点汇流动的势函数及等势线、流函数及流线方程为

$$\phi=\frac{q}{2\pi}\ln r \text{ 或 } \phi=\frac{q}{4\pi}\ln(x^2+y^2),\quad r=\exp\left(\frac{2\pi C_1}{q}\right) \tag{7-51}$$

$$\psi=-\frac{q}{2\pi}\theta \text{ 或 } \psi=-\frac{q}{2\pi}\arctan\left(\frac{y}{x}\right),\quad \theta=-C_2\frac{2\pi}{q} \tag{7-52}$$

图 7-10 是点汇流动的流线和等势线。其中点汇所在的点也是一个奇点。

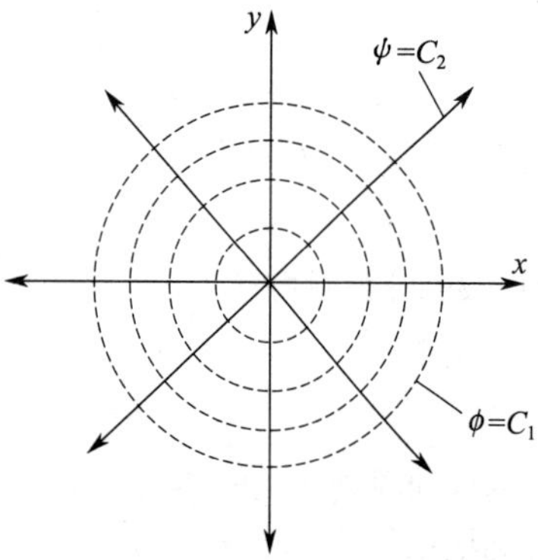

图 7-9　点源流动

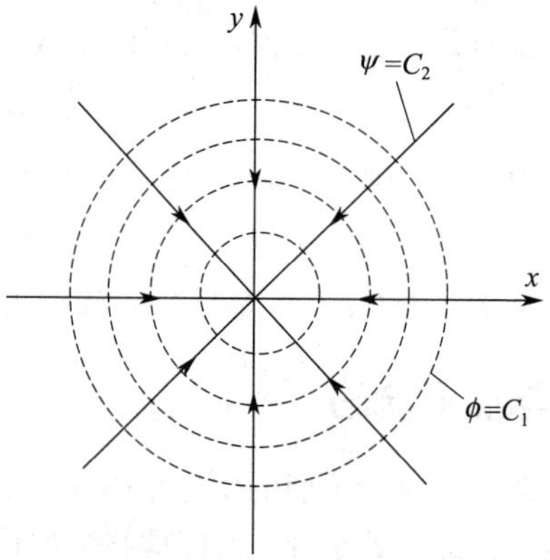

图 7-10　点汇流动

7.5.3　点涡流动

点涡流动是流体绕平面中心的纯环流运动（自由涡运动）见图 7-11。其特点是半径 r 的圆周线上只有切向速度 v_θ，径向速度 $v_r=0$，且各圆周线的速度环量 Γ 都相同，即 $2\pi r v_\theta=\Gamma=\text{const}$。其中环量 Γ 称为涡强，且约定逆时针点涡 $\Gamma>0$，顺时针时 $\Gamma<0$。

在极坐标系中，点涡的径向和周向的速度分别为

$$v_r=0,\quad v_\theta=\frac{\Gamma}{2\pi r} \tag{7-53}$$

根据该速度分布可以判定，$\Omega_z=0$ 且 $\nabla\cdot\mathbf{v}=0$，故流动有势且不可压缩。因此根据势函数全微分方程有

$$\mathrm{d}\phi=-v_r\mathrm{d}r-v_\theta r\mathrm{d}\theta=-\frac{\Gamma}{2\pi}\mathrm{d}\theta=\mathrm{d}\left(-\frac{\Gamma}{2\pi}\theta+C\right)\quad 或\quad \phi=-\frac{\Gamma}{2\pi}\theta+C$$

规定 $\theta=0$ 的水平线为零等势线，则 $C=0$，且 ϕ 及 $\phi=C_1$ 的等势线方程为

$$\phi=-\frac{\Gamma}{2\pi}\theta,\quad \theta=-\frac{2\pi}{\Gamma}C_1 \tag{7-54}$$

类似地，规定 $r=1$ 的圆周线为零流线，则流函数 ψ 及 $\psi=C_2$ 的流线方程为

$$\psi=-\frac{\Gamma}{2\pi}\ln r,\quad r=\exp\left(-\frac{2\pi C_2}{\Gamma}\right) \tag{7-55}$$

可见，点涡的等势线为 θ 不同的径向线（取决于 C_1），流线为 r 不同的圆周线（取决于 C_2），两者正交，所构成的流网见图 7-11。其中点涡处 $r\to 0$，$v_\theta\to\infty$，称为奇点。

需要说明，以上点源、点汇、点涡的奇点处于坐标原点。如果奇点位于坐标系的任意点，可将基于原点的相关公式按坐标平移进行变换。

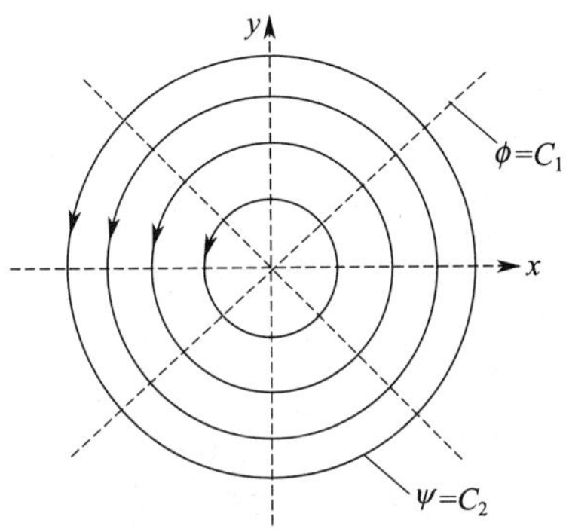

图 7-11 点涡流动

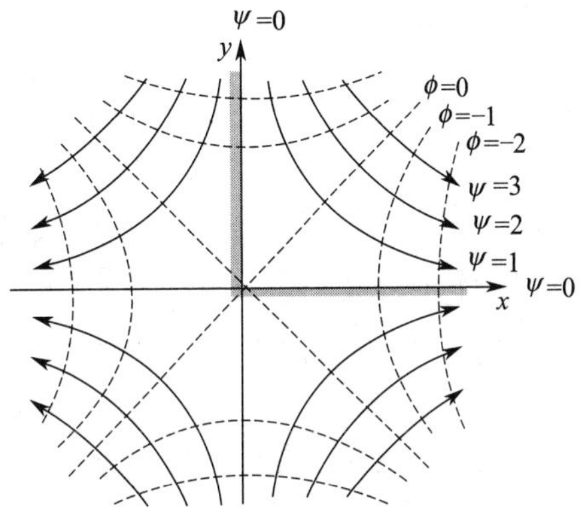

图 7-12 直角角形区的流动

7.5.4 角形区域内的流动

直角区流动 即流体质点在图 7-12 所示直角角形区中顺壁面的转向流动。因其流线形状为双曲线，故直角角形区流动的流函数可一般表示为

$$\psi=kxy+C \tag{7-56}$$

此处 k、C 为常数。若规定壁面为零流线（x=0, y=0, ψ=0），则 C=0；再规定 $x=y=2^{-0.5}$ 的点上 $\psi=A$，则 $k=2A$，由此可将直角区的流函数 ψ 及 $\psi=C_1$ 的流线方程表示为

$$\psi=2Axy,\quad y=C_1/2Ax \tag{7-57}$$

根据流线的意义可知，A 在数值上等于通过 $x=y=2^{-0.5}$ 点（角平分线上 r=1 的点）的流线与壁面零流线之间单位厚度流通面的体积流量，其中 $A>0$ 时流向如图，$A<0$ 流动反向。

进一步，根据 x-y 平面流函数的定义式，可得速度分量为

$$v_x=\frac{\partial\psi}{\partial y}=2Ax,\quad v_y=-\frac{\partial\psi}{\partial x}=-2Ay \tag{7-58}$$

可以验证，该速度分量满足无旋流动条件，故根据势函数全微分方程又有

$$\mathrm{d}\phi=-v_x\mathrm{d}x-v_y\mathrm{d}y=-2Ax\mathrm{d}x+2Ay\mathrm{d}y=\mathrm{d}(-Ax^2+Ay^2+C)$$

即

$$\phi = A(y^2 - x^2) + C \tag{7-59}$$

规定零等势线通过原点即 $C=0$，则势函数 ϕ 及 $\phi=C_2$ 的等势线方程分别为

$$\phi = A(y^2 - x^2),\quad y^2 = x^2 + C_2/A \tag{7-60}$$

直角区等势线见图 7-12 中的虚线。等势线与流线正交，且 $y=x$ 为零等势线。

直角区流场分析　根据速度 $v_x = 2Ax$、$v_y = -2Ay$ 可知：在直角区内（$x \geqslant 0$，$y \geqslant 0$），流体沿 y 轴向下作减速流动，沿 x 轴作加速流动。在直角区竖直壁面（$x=0$），$v_x=0$，$v_y \neq 0$，在水平壁面（$y=0$），$v_y=0$，$v_x \neq 0$；这表明速度分布满足理想流体流动的壁面边界条件，即壁面法向速度为零（无流体穿过壁面），但切向速度不为零（无黏性摩擦）。

任意角形区流动　在极坐标（r-θ）平面，以坐标原点（$r=0$）为角形区顶点，以 $\theta=0$ 的水平轴线为角形区的一个壁面，则不同 θ 对应的径向直线与水平壁面可构成不同的角形区。若规定零流线过坐标原点，则任意角形区的流函数和势函数分别为

$$\psi = Ar^n \sin(n\theta),\quad \phi = Ar^n \cos(n\theta) \tag{7-61}$$

式中，A 为流量常数；n 为角形区形状系数，且 $1/2 \leqslant n < \infty$。图 7-13 是不同的 n 对应的角形区及相应的流线形态（$A > 0$）。其中角形区范围为 $0 \leqslant \theta \leqslant \pi/n$，且 A 越大，则通过角平分线上 $r=1$ 的点的流线与壁面流线之间的流量越大。

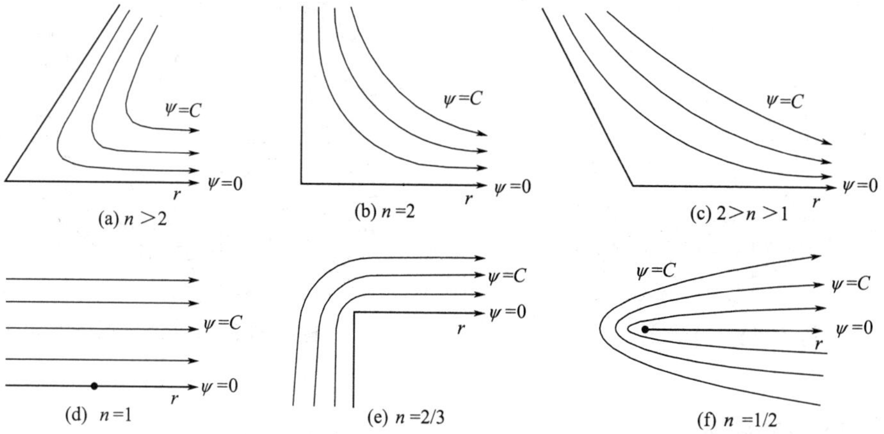

图 7-13　任意角形区的流动（$A>0$）

7.5.5　几种典型的复合流动

因为不可压缩平面势流的势函数 ϕ 及流函数 ψ 均满足拉普拉斯方程，其解具有线性叠加性，所以将多个简单势流的 ϕ 或 ψ 作线性叠加，可以合成一个新的势流。新势流的速度既可由叠加后的 ϕ 或 ψ 求导获得，也可由各简单势流的速度叠加获得。叠加的控制条件是满足新势流的壁面边界条件。比如，流体速度与壁面处处相切（法向速度为零），壁面曲线必然是一条流线，若壁面有驻点则壁面流线通过驻点。

（1）近壁处的点源

近壁处的点源是点源流动在一侧受半无限大平壁限制而形成的流动。根据理想流体在壁面上法向速度为零，而切向速度与壁面平行的特点，可以利用镜面法在壁面另一侧对称设置一个大小相同的虚象点源，二者叠加构成近壁处的点源流动，如图 7-14 所示。

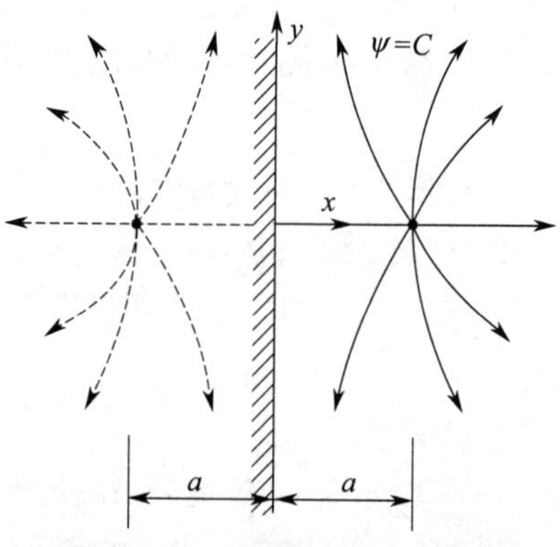

图 7-14　近壁处的点源流动

设强度为 q 的点源对称置于 x 轴（$-a, 0$）点和（$a, 0$）点处，对点源势函数公式（7-50）进行平移变换，然后叠加可得近壁点源流场的速度势函数与流函数分别为

$$\phi = \frac{-q}{4\pi}\left\{\ln[(x-a)^2+y^2]+\ln[(x+a)^2+y^2]\right\} \tag{7-62}$$

$$\psi = \frac{q}{2\pi}\left[\arctan\left(\frac{y}{x-a}\right)+\arctan\left(\frac{y}{x+a}\right)\right] \tag{7-63}$$

对势函数求导可得流场中的速度分量为

$$v_x = -\frac{\partial\phi}{\partial x} = \frac{q}{2\pi}\left[\frac{x-a}{(x-a)^2+y^2}+\frac{x+a}{(x+a)^2+y^2}\right] \tag{7-64a}$$

$$v_y = -\frac{\partial\phi}{\partial y} = \frac{q}{2\pi}\left[\frac{y}{(x-a)^2+y^2}+\frac{y}{(x+a)^2+y^2}\right] \tag{7-64b}$$

流场分析 根据流函数方程可知，$\psi=0$ 的流线方程为：$y=0$ 和 $x=0$；其中 $y=0$ 表示 x 轴为零流线，$x=0$ 表示 y 轴（壁面）为零流线，二者交点处速度为零（驻点）。

此外，根据速度分布式可知，在半无限大平壁上流体法向速度为零，即 $x=0$ 时，

$$v_x = 0\text{，}\quad v_y = \frac{q}{\pi}\frac{y}{(a^2+y^2)} \tag{7-65}$$

压力分布 因速度与时间无关（定常流动），故全流场机械能守恒。设无穷远处流体的压力为 p_∞，流体速度为 v_∞，流动位于水平面，则由伯努利方程可得压力分布为

$$\frac{v^2}{2}+\frac{p}{\rho}=\frac{v_\infty^2}{2}+\frac{p_\infty}{\rho} \quad \rightarrow \quad p = p_\infty + \frac{\rho}{2}(v_\infty^2 - v^2) \tag{7-66}$$

将壁面速度分布式（7-65）代入上式，可得半无限大平壁壁面压力 p_0 为

$$p_0 = p_\infty + \rho\frac{v_\infty^2}{2} - \frac{\rho}{2}\left(\frac{q}{\pi}\frac{y}{a^2+y^2}\right)^2 \tag{7-67}$$

（2）偶极流

偶极流是由相距 $2a$ 的点源与点汇叠加后，令 a 以特定方式趋近零得到的平面流动。

图 7-15 是 x 轴上（$-a, 0$）处强度为 q 的点源与 x 轴上（$a, 0$）处强度为 $-q$ 的点汇所形成的复合流动，该点源与点汇叠加后的速度势函数为

$$\phi = -\frac{q}{4\pi}\ln\left[(x+a)^2+y^2\right]+\frac{q}{4\pi}\ln\left[(x-a)^2+y^2\right] = -\frac{q}{4\pi}\ln\frac{(x+a)^2+y^2}{(x-a)^2+y^2}$$

在上式中令 $2a\to0$，$q\to\infty$，且注意：$2aq\to m$（m 为一有限值），则有

$$\phi = -\lim_{\substack{2a\to0\\ q\to\infty}}\frac{2aq}{4\pi}\frac{1}{2a}\ln\frac{(x+a)^2+y^2}{(x-a)^2+y^2} = -\frac{m}{2\pi}\frac{x}{x^2+y^2} \tag{7-68}$$

此即点源与点汇叠合后形成的偶极流（见图 7-16）的速度势函数。利用柯西 - 黎曼方程又可推得

$$\psi = -\frac{m}{2\pi}\frac{y}{x^2+y^2} \tag{7-69}$$

在极坐标系中，偶极流的速度势函数与流函数分别为

$$\phi = -\frac{m}{2\pi}\frac{\cos\theta}{r}\text{，}\quad \psi = -\frac{m}{2\pi}\frac{\sin\theta}{r} \tag{7-70}$$

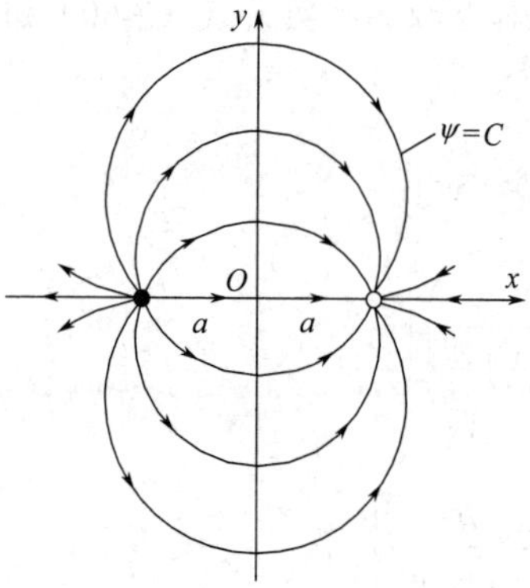

图 7-15 点源与点汇的复合流动

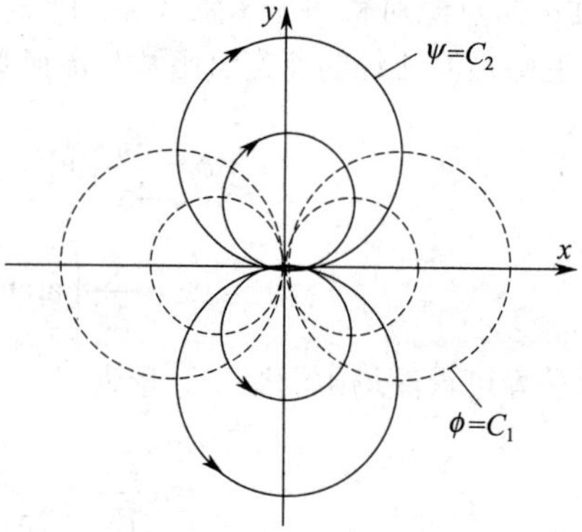

图 7-16 偶极子流动

偶极流对应的速度分量分别为

$$v_r = -\frac{m}{2\pi}\frac{\cos\theta}{r^2}, \quad v_\theta = -\frac{m}{2\pi}\frac{\sin\theta}{r^2} \tag{7-71}$$

偶极流又称偶极子，其中 m 称为偶极矩。偶极子的流线与等势线如图 7-16 所示。其中流线是圆心在 y 轴且与 x 轴相切于原点的圆族，等势线则是圆心在 x 轴上且与 y 轴相切于原点的圆族，二者处处正交。

需要指出，偶极子的发生点（图中为坐标原点）也是奇点。偶极子除了有强度 m 外还有方向。一般规定，偶极子的方向是由点汇指向点源的方向（发生点处流体的流出方向）。图 7-16 所示偶极子是发生点位于原点、强度为 m、方向为 $-x$ 方向的偶极子。

（3）源环流动

源环流动是点源与点涡叠加形成的流动，如图 7-17 所示（图中点涡逆时针转动 $\Gamma > 0$）。这种流动对分析流体机械（如无叶扩压器、离心泵蜗壳等）中的流动很有帮助。

源环流动的流函数与 $\psi = C_2$ 的流线方程、势函数与 $\phi = C_1$ 的等势线方程分别为

$$\psi = \frac{1}{2\pi}\left(q\theta - \Gamma\ln r\right), \quad r = \exp\left(-\frac{2\pi C_2 - q\theta}{\Gamma}\right) \tag{7-72}$$

$$\phi = -\frac{1}{2\pi}\left(q\ln r + \Gamma\theta\right), \quad r = \exp\left(-\frac{2\pi C_1 + \Gamma\theta}{q}\right) \tag{7-73}$$

源环流动的流线和等势线如图 7-17 所示，其流线为一组对数螺旋线（实线），等势线也是一组与流线正交的对数螺旋线（虚线）。

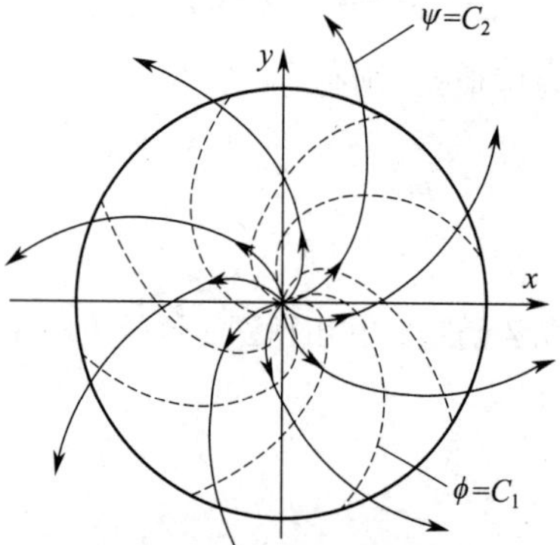

图 7-17 源环流动

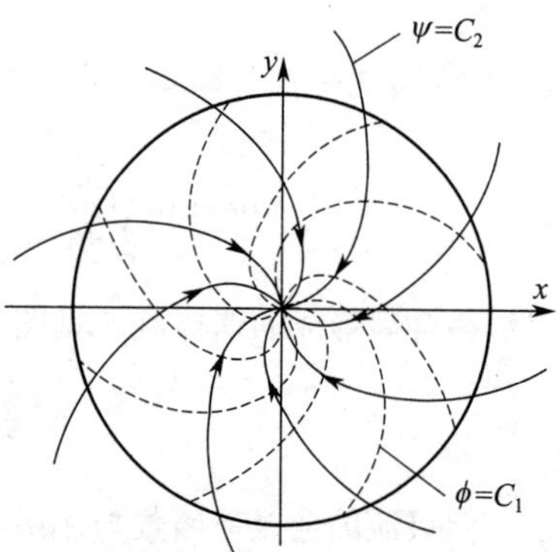

图 7-18 汇环流动

（4）汇环流动

汇环流动是点汇与点涡的叠加，如图 7-18 所示（图中点涡顺时针转动 $\Gamma < 0$）。汇环流动的流函数与流线方程（$\psi = C_2$）、速度势函数与等势线方程（$\phi = C_1$）分别为

$$\psi = -\frac{1}{2\pi}(q\theta + \Gamma \ln r), \quad r = \exp\left(-\frac{2\pi C_2 + q\theta}{\Gamma}\right) \tag{7-74}$$

$$\phi = \frac{1}{2\pi}(q \ln r - \Gamma\theta), \quad r = \exp\left(\frac{2\pi C_1 + \Gamma\theta}{q}\right) \tag{7-75}$$

汇环流动的流线和等势线如图 7-18 所示，其流线为一组对数螺旋线（实线），等势线也是一组与流线正交的对数螺旋线（虚线）。

源环或汇环流场径向两点的压力差：已知点涡、点源或点汇的速度分别为：

点涡 $v_\theta = \Gamma / 2\pi r$，$v_r = 0$

点源或点汇 $v_\theta = 0$，$v_r = \pm q / 2\pi r$

故对于源环流动或汇环流动，其任意半径 r 处的合速度为

$$v = \sqrt{v_r^2 + v_\theta^2} = \frac{1}{2\pi r}\sqrt{\Gamma^2 + q^2} \quad 或 \quad rv = \frac{1}{2\pi}\sqrt{\Gamma^2 + q^2} = C \tag{7-76}$$

进一步应用伯努利方程且忽略重力，可得源环或汇环流场径向两点的压力差为

$$p_2 - p_1 = \frac{\rho}{2}(v_1^2 - v_2^2) = \frac{1}{2}\rho \frac{(\Gamma^2 + q^2)}{(2\pi)^2}\left(\frac{1}{r_1^2} - \frac{1}{r_2^2}\right) = \frac{1}{2}\rho C^2\left(\frac{1}{r_1^2} - \frac{1}{r_2^2}\right) \tag{7-77}$$

7.5.6 理想流体绕固定圆柱体的流动

图 7-19 所示是理想不可压缩流体以均匀来流速度 v_∞ 垂直绕流无限长固定圆柱的流动。该流动可视为 r-θ 平面流动，又称为绕圆柱体的无环量流动（为什么无环量见后）。

这一流动可由 x 方向的平行直线等速流与 $-x$ 方向的偶极流叠加而成。设圆柱体半径为 r_0，则叠加结果在 $r \geqslant r_0$ 区域的流动就反映的是理想不可压缩流体绕流圆柱的流场。

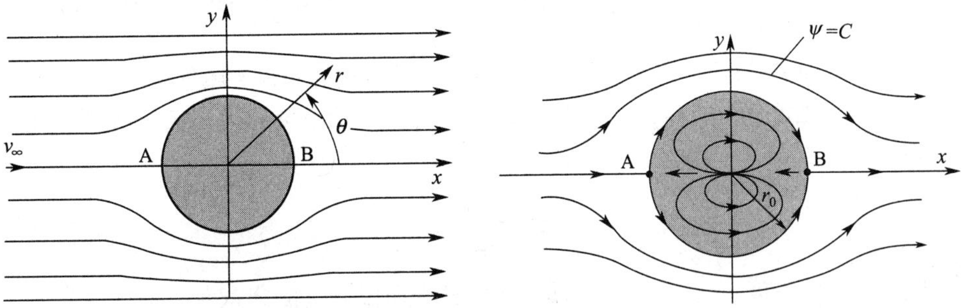

图 7-19 绕圆柱体的无环量流动（$r \geqslant r_0$）

边界条件分析 在极坐标平面，平行直线流与偶极流叠加得到的新流场的速度势函数、流函数和流场速度分量分别为

$$\phi = -v_\infty r\cos\theta - \frac{m}{2\pi}\frac{\cos\theta}{r} = -v_\infty \cos\theta\left(r + \frac{m}{2\pi v_\infty r}\right) \tag{7-78}$$

$$\psi = v_\infty r\sin\theta - \frac{m}{2\pi}\frac{\sin\theta}{r} = v_\infty \sin\theta\left(r - \frac{m}{2\pi v_\infty r}\right) \tag{7-79}$$

$$v_r = -\frac{\partial \phi}{\partial r} = v_\infty \cos\theta\left(1-\frac{m}{2\pi v_\infty r^2}\right), \quad v_\theta = -\frac{1}{r}\frac{\partial \phi}{\partial \theta} = -v_\infty \sin\theta\left(1+\frac{m}{2\pi v_\infty r^2}\right) \tag{7-80}$$

对于圆柱绕流，半径为 r_0 的圆柱表面上径向速度为零（流体不能穿过壁面），其次是无穷远处流场未受干扰，流体速度等于来流速度 v_∞，即

$$r = r_0: v_r = 0; \quad r = \infty: v = \sqrt{v_r^2 + v_\theta^2} = v_\infty \tag{7-81}$$

考察速度分布式可知，以上第二个边界条件自动满足，而第一个边界条件要求

$$m = 2\pi v_\infty r_0^2 \tag{7-82}$$

这就是来流速度 v_∞ 绕流半径 r_0 的圆柱对偶极子流动强度（偶极矩）大小的要求。

流场的势函数、流函数及速度分量 将以上 m 代入式（7-78）～式（7-80）可得满足圆柱绕流流场边界条件的 ϕ、ψ、v_r、v_θ 分别为

$$\phi = -v_\infty r\cos\theta\left(1+\frac{r_0^2}{r^2}\right) \text{ 或 } \phi = -v_\infty x\left(1+\frac{r_0^2}{x^2+y^2}\right) \tag{7-83}$$

$$\psi = v_\infty r\sin\theta\left(1-\frac{r_0^2}{r^2}\right) \text{ 或 } \psi = v_\infty y\left(1-\frac{r_0^2}{x^2+y^2}\right) \tag{7-84}$$

$$v_r = v_\infty \cos\theta\left(1-\frac{r_0^2}{r^2}\right), \quad v_\theta = -v_\infty \sin\theta\left(1+\frac{r_0^2}{r^2}\right) \tag{7-85}$$

流场分析 令 ψ=0，可得 $\theta=0$、$\theta=\pi$、$r=r_0$，即圆柱体 B 点以右和 A 点以左的水平中心线，以及柱体表面是 ψ=0 的流线（零流线）。

在圆柱体表面上 r=r_0，径向速度 v_r=0，切向速度 $v_\theta = -2v_\infty \sin\theta$，其中 A 点和 B 点 v_r= 0，v_θ= 0，这两点分别称为前驻点和后驻点（也称前、后滞止点）。

圆柱表面的速度环量 根据速度环量公式，并将柱体表面速度代入可得

$$\Gamma = \oint_C v_\theta|_{r=r_0} \mathrm{d}l = -\int_0^{2\pi} 2v_\infty \sin\theta(r_0\mathrm{d}\theta) = -2r_0 v_\infty(\cos 2\pi - \cos 0) = 0$$

由此可见，因圆柱表面 $\Gamma=0$，故理想流体绕固定圆柱体的流动又称为无环量流动。

压力分布 设无穷远处流体压力为 p_∞，对应流体速度为 v_∞，且忽略重力影响，则根据全流场的伯努利方程可得压力分布为

$$p = p_\infty + \frac{\rho}{2}(v_\infty^2 - v^2) \tag{7-86}$$

特别地，因圆柱表面的速度 $v = v_\theta = -2v_\infty \sin\theta$，故圆柱表面压力 p_0 的分布为

$$p_0 = p_\infty + \frac{\rho v_\infty^2}{2}(1-4\sin^2\theta) \text{ 或 } P = \frac{p_0 - p_\infty}{\rho v_\infty^2/2} = 1-4\sin^2\theta \tag{7-87}$$

式中，P 是无因次压力。根据上式作出的无因次压力 P 的分布如图 7-20 所示，可见在前后驻点处压力为正压 P=1，在 θ=30° 处 P=0，在上下顶点处压力为负压 P=−3。

圆柱受力分析 从压力分布以及速度分布可知，这种复合流动关于 x 轴和 y 轴对称，因此圆柱体所受表面压力的合力为零。这表明圆柱体对流体没有阻力，或流体对圆柱体没有曳力，显然与实际情况不相符，这主要是没有考虑流体黏性的缘故。

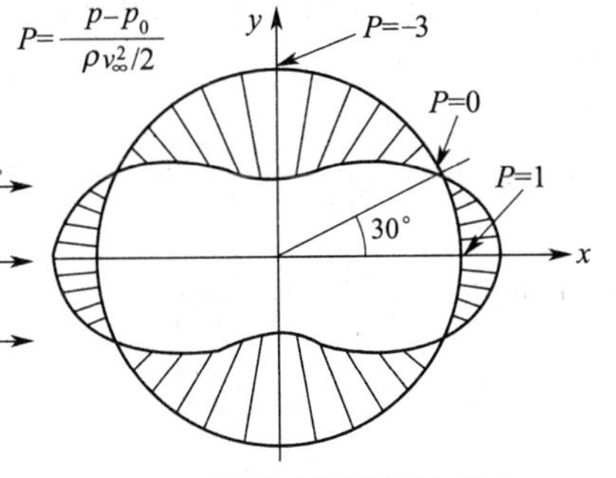

图 7-20 圆柱表面的压力分布

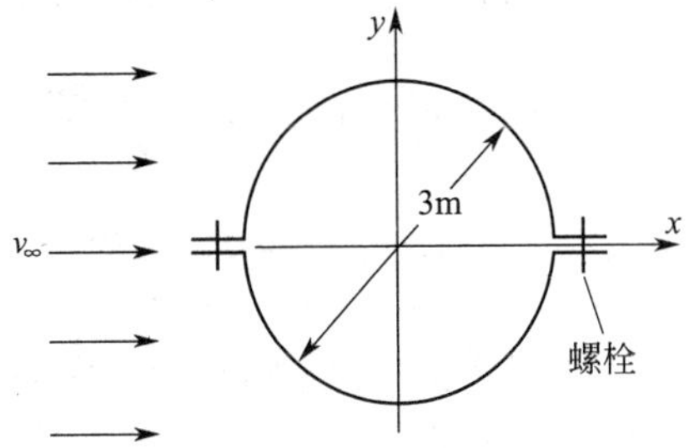

图 7-21 例 7-5 附图

【例 7-5】 容器连接螺栓的拉应力

两个半圆筒由螺栓连接组成圆筒密闭容器，如图 7-21 所示。圆筒外径 D=3m，长度 H=10m，各边有 10 个螺栓相联。风沿 x 方向垂直于圆筒吹过，风速 v_∞ =10m/s。若容器内气体压力 p_w= 50kPa（表压），每个螺栓的横截面积 A=75mm^2，并设圆筒外表为理想流体绕流流动，试计算螺栓所受到的拉应力。取空气的密度为 1.225kg/m^3。

解 按理想流体绕流，圆筒外表的压力分布由式（7-87）给出，即

$$p=p_0+\frac{\rho v_\infty^2}{2}(1-4\sin^2\theta)$$

螺栓总拉力 = 上部半圆筒内表面压力的 y 方向合力 − 外表面压力的 y 方向合力，即

$$F_y=p_wHD-\int_0^\pi(p-p_0)\sin\theta\left(H\frac{D}{2}\mathrm{d}\theta\right)=p_wHD-\frac{\rho v_\infty^2}{4}HD\int_0^\pi(1-4\sin^2\theta)\sin\theta\mathrm{d}\theta$$

$$=\left(p_w+\frac{5}{6}\rho v_\infty^2\right)HD=\left(200+\frac{5}{6}\times1.225\times10^2\right)\times10\times3=9062.5(\mathrm{N})$$

每个螺栓承受的拉应力等于螺栓总拉力 / 总面积，即

$$\sigma=\frac{F_y}{20A}=\frac{9062.5}{20\times75\times10^{-6}}=6.04\times10^6(\mathrm{Pa})$$

7.5.7 理想流体绕转动圆柱体的流动

考察不可压缩理想流体以均匀来流速度 v_∞ 垂直于无限长圆柱的绕流流动，此时圆柱同时绕自身中心轴转动，其转动角速度 ω（顺时针），如图 7-22(a) 所示。这种流动又称为绕圆柱体的有环量流动。有环量，是指圆柱自身顺时针转动时，其圆周表面切向速度处处为 $v_\theta=r_0\omega$，自身有速度环量 $\Gamma_0=-2\pi r_0v_\theta=-2\pi r_0^2\omega$（$\Gamma_0<0$ 表示顺时针环量）。

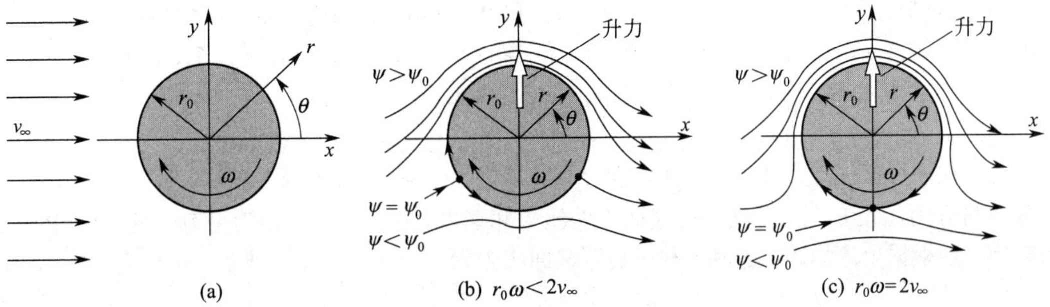

图 7-22 绕圆柱体的有环量流动

势函数与流函数　该流动可视为由 x 方向的平行直线等速流、$-x$ 方向的偶极流和顺时针点涡合成。因此，采用极坐标，三者叠加的新流场的速度势函数和流函数分别为

$$\phi=-v_\infty r\cos\theta-\frac{m}{2\pi}\frac{\cos\theta}{r}-\frac{\Gamma}{2\pi}\theta=-v_\infty\cos\theta\left(r+\frac{m}{2\pi v_\infty r}\right)-\frac{\Gamma}{2\pi}\theta \tag{7-88}$$

$$\psi=v_\infty r\sin\theta-\frac{m}{2\pi}\frac{\sin\theta}{r}-\frac{\Gamma}{2\pi}\ln r=v_\infty\sin\theta\left(r-\frac{m}{2\pi v_\infty r}\right)-\frac{\Gamma}{2\pi}\ln r \tag{7-89}$$

显然，为了与圆柱表面自身速度环量 Γ_0 相符合，点涡半径为 r_0 的周线上的速度环量 Γ 应与 Γ_0 相同，即 ϕ 与 ψ 表达式中的点涡环量 Γ 应等于

$$\Gamma=\Gamma_0=-2\pi r_0^2\omega \tag{7-90}$$

然后利用圆柱面上法向速度 $v_r=0$ 的条件确定满足边界条件的偶极矩 m。因为

$$v_r\big|_{r=r_0}=-\frac{\partial\phi}{\partial r}\bigg|_{r=r_0}=-v_\infty\cos\theta\left(1-\frac{m}{2\pi v_\infty r_0^2}\right)=0$$

所以

$$m=2\pi v_\infty r_0^2 \tag{7-91}$$

将以上 Γ 和 m 代入，则满足新流场边界条件的 ϕ 与 ψ 可具体表示为

$$\phi=-v_\infty r\cos\theta\left(1+\frac{r_0^2}{r^2}\right)+r_0^2\omega\theta \tag{7-92}$$

$$\psi=v_\infty r\sin\theta\left(1-\frac{r_0^2}{r^2}\right)+r_0^2\omega\ln r \tag{7-93}$$

速度分布　利用势函数定义式可求得新流场中流体的运动速度为

$$v_r=v_\infty\cos\theta\left(1-\frac{r_0^2}{r^2}\right),\quad v_\theta=-v_\infty\sin\theta\left(1+\frac{r_0^2}{r^2}\right)-\frac{r_0^2\omega}{r} \tag{7-94}$$

流场分析　根据流函数方程可知，流线关于 y 轴对称，关于 x 轴不对称。根据速度分布可知，速度大小关于 y 轴对称，关于 x 轴不对称，比如：

圆柱表面（$r=r_0$）上 $\theta=45°$、$135°$ 处，均有 $v_\theta=-\sqrt{2}v_\infty-r_0\omega$，对称于 y 轴；

圆柱表面（$r=r_0$）上 $\theta=\pm90°$ 处，$v_\theta=\mp2v_\infty-r_0\omega$，关于 x 轴不对称。

在切向速度 v_θ 的方程中令 $r=r_0$，$v_\theta=0$，可得圆柱表面驻点的角度位置 θ_0；在流函数 ψ 的方程中令 $r=r_0$，可得圆柱表面流线的流函数值 ψ_0，其结果为

$$\theta_0=\arcsin\left(-\frac{r_0\omega}{2v_\infty}\right),\quad \psi_0=r_0^2\omega\ln r_0 \tag{7-95}$$

由此可见，圆柱表面驻点的角度位置 θ_0 与 $r_0\omega$ 有关，其中：

若 $r_0\omega=0$，则圆柱面有两个驻点，分别为 $\theta_0=0°$ 和 $\theta_0=180°$，与无环量绕流相同；

若 $r_0\omega<2v_\infty$，则两个驻点分别在 $-90°<\theta<0°$ 和 $180°<\theta<270°$ 之间，见图 7-22（b）；

若 $r_0\omega=2v_\infty$，则两个驻点收缩为一点，且 $\theta_0=-90°$，见图 7-22（c）；

若 $r_0\omega>2v_\infty$，则驻点已离开壁面，其位置可在速度分布式中令 $v_r=v_\theta=0$ 得到。

$\psi=\psi_0$ 的流线通过前驻点，然后沿柱体表面会合于后驻点，见图 7-22（b）、（c）。

压力分布与升力　设 p_0、v_0 分别为圆柱面上的压力和速度，p_∞、v_∞ 分别为无穷远处的流体压力与速度，忽略重力影响，则根据全流场的伯努利方程可得圆柱面压力为

$$\frac{p_0}{\rho}+\frac{v_0^2}{2}=\frac{p_\infty}{\rho}+\frac{v_\infty^2}{2}\quad 或\quad p_0=p_\infty+\frac{\rho}{2}(v_\infty^2-v_0^2)$$

根据速度分布式可知，圆柱面上仅有切向速度，故

$$v_0 = v_\theta = -2v_\infty \sin\theta - r_0\omega \tag{7-96}$$

将此代入可得圆柱面上的压力分布为

$$p_0 - p_\infty = \frac{\rho v_\infty^2}{2}\left[1-\left(2\sin\theta + \frac{r_0\omega}{v_\infty}\right)^2\right] = \frac{\rho v_\infty^2}{2}\left[1-\left(2\sin\theta - \frac{\Gamma}{2\pi r_0 v_\infty}\right)^2\right] \tag{7-97}$$

将上式代入表面力公式（3-14），可得单位长度圆柱表面上 p_0 的合力 **F** 为

$$\mathbf{F} = -\iint_A \mathbf{n} p_0 \mathrm{d}A = -\int_0^{2\pi}(\cos\theta\,\mathbf{i} + \sin\theta\,\mathbf{j})p_0 r_0 \mathrm{d}\theta = \rho v_\infty 2\pi r_0^2 \omega\,\mathbf{j} = -\rho v_\infty \Gamma\,\mathbf{j} \tag{7-98}$$

即

$$F_x = 0, \quad F_y = \rho v_\infty 2\pi r_0^2 \omega = -\rho\, v_\infty \Gamma \tag{7-99}$$

可见，有环量圆柱绕流中，压力分布对称于 y 轴，故圆柱 x 方向受力 $F_x=0$；而压力关于 x 轴不对称，因此圆柱在 y 方向受到一合力 F_y，F_y 沿 y 轴向上（$\Gamma < 0$），称之为升力，见图 7-22。升力的大小与环量 Γ、来流速度 v_∞ 及流体密度 ρ 成正比。

马格努斯（Magnus）效应 转动圆柱体在平行流中要受到垂直于流动方向的作用力，类似条件下的球体或其他物体也会受到这样的力，这种现象称为马格努斯效应。机翼、涡轮叶片等物体的升力理论均以此为依据；流体中悬浮颗粒的运动、足球运动员所踢出的香蕉球等也常用这一效应解释。

思考题

7-1 有旋流动或无旋流动与流体质点运动轨迹的形状、流动的维数、稳定性、流体的可压缩性有关吗？速度势函数满足 Laplace 方程需要附加什么条件？

7-2 定义流函数的条件是什么？流函数满足 Laplace 方程需要附加什么条件？是否可以说：因为流函数等值线为流线，所以流线就是流函数等值线？

7-3 已知不可压缩三维势流的速度势函数为 $\phi=\phi(x,y,z,t)$，试问：ϕ 是否满足 Laplace 方程？该流场是否满足全流场机械能守恒？试给出根据该势函数求解流线方程的步骤。

7-4 “流函数满足 Laplace 方程的流场必然有速度势函数，反之速度势函数满足 Laplace 方程的流场也必然有流函数”，这一说法对吗？

7-5 “理想流体的流动可能有旋也可能无旋”，试根据理想流体的运动微分方程（欧拉方程）说明理想流体有旋流动与无旋流动的区别所在。

7-6 “不可压缩势流针对的必然是理想流体”意思是“不可压缩流体的无旋流动等同于不可压缩理想流体的无旋流动”。试根据不可压缩流体的 N-S 方程论证这一说法。

7-7 针对下表中不同类别的定常流动，在对应空白处用 √ 标注其必有的相关属性（表中 $e_M=C$ 表示机械能守恒，其中 $e_M=v^2/2+gy+p/\rho$ 是单位质量流体的机械能）。

流动类别（定常流动）	必然有流函数ψ	必然有速度势函数ϕ	全流场$e_M=C$	沿流线$e_M=C$
不可压缩流体的三维流动				
不可压缩理想流体的三维流动				
不可压缩流体的平面流动				
不可压缩理想流体的平面流动				
不可压缩流体的三维势流				
不可压缩理想流体的三维势流				
不可压缩流体的平面势流				
不可压缩理想流体的平面势流				

习题

7-1 试证明：如果无旋场中流体的速度势函数为 ϕ，即 $\mathbf{v}=\nabla\phi$，则加速度 $\mathbf{a}$ 的势函数为 $\phi_a=(\partial\phi/\partial t+v^2/2)$，即 $\mathbf{a}=\nabla\phi_a$。（提示：从流体质点加速度 $\mathbf{a}=\partial\mathbf{v}/\partial t+(\mathbf{v}\cdot\nabla)\mathbf{v}$ 开始，并应用附录A第A.3节第（4）式，最后注意 $\partial(\partial\phi/\partial x)/\partial t=\partial(\partial\phi/\partial t)/\partial x$。）

7-2 已知下列平面流动的速度势函数，求流函数。

① $\phi=xy$；　② $\phi=x^3-3xy^2$

③ $\phi=y+2x^2$；　④ $\phi=x/(x^2+y^2)$

⑤ $\phi=(x^2-y^2)/(x^2+y^2)^2$

7-3 已知下列不可压缩平面流动的流函数，求速度势函数。

① $\psi=10x-7y$；② $\psi=3xy+2x$

③ $\psi=3xy+2x^2$；④ $\psi=6xy$

⑤ $\psi=x\sin y$

7-4 已知流场速度分布如下，试判断流场是否不可压缩、是否无旋，并根据判断结果，求流场的流函数或/和速度势函数。

① $v_x=-2xy+2x^2$，$v_y=4xy-y^2$

② $v_x=4xy+x^2$，$v_y=-2xy-2y^2$

③ $v_x=-2xy-2x^2+2y^2$，$v_y=4xy-x^2+y^2$

7-5 已知不可压缩平面流场中，x 方向的速度分量为 $v_x=xy/(x^2+y^2)^{3/2}$，且 x 轴上速度为零。试确定 y 方向的速度分量 v_y、流场流函数，并判断此流场是否有旋。

7-6 已知某流场速度分布为：$v_x=kx^2$，$v_y=-2kxy$，其中 k 为常数。

① 试判断该速度场是否为不可压缩流场？速度是否有势函数？

② 根据判断结果，求流场的流函数或/和速度势函数；

③ 已知零流线过坐标原点，且通过点（1, 2）和点（2, 3）两点连线的线流量为40m²/s，试确定通过这两点的流线方程，并确定 k。

7-7 一西南风（由西南指向东北方向）的风速为12m/s，试求其流函数和速度势函数。（提示：以 x 轴指向东方，y 轴指向北方。）

7-8 已知 x-y 平面非稳态流场的速度分布如下，其中 U_0、V_0、k、β 为常数：

① $\mathbf{v}=(x+t)\mathbf{i}+(y+t)\mathbf{j}$；② $\mathbf{v}=U_0\mathbf{i}+V_0\cos(kx-\beta t)\mathbf{j}$

判断流场是否不可压缩、是否无旋，并根据判断结果，求流场的速度势函数和等势线方程，或流场的流函数和流线方程。其中规定，任何 t 时刻通过坐标原点（x=0、y=0）的等势线的势函数值 ϕ=0，任何 t 时刻通过坐标原点的流线的流函数值 ψ=0。

7-9 黏性流体在距离为 B 的两平行平板间作剪切流动，其中底板静止，上板以速度 V 沿 x 方向水平滑动。设 y 坐标垂直于底板朝上，则板间流速 $v_x=Vy/B$，v_y=0。试求该流动的流函数以及 y=0 与 y=b（$b\leqslant B$）之间液层的体积流量（设垂直于 x-y 平面的板宽为 W）。

7-10 已知倾斜平壁上充分发展的黏性流体降膜流动速度分布如下（参见第5章）

$$v_x=\frac{\rho g\delta^2\cos\beta}{2\mu}\left[2\frac{y}{\delta}-\left(\frac{y}{\delta}\right)^2\right],\quad v_y=0$$

其中，δ 为液膜厚度，其表面与大气接触；β 为流动方向（x 方向）与重力加速度 g 方向之间的夹角；y 坐标垂直于壁面朝上。试求该流动的流函数，以及液膜中间面上下各1/2液膜对应的体积流量（设垂直于 x-y 平面的板宽为 W）。

7-11 图7-23是自由涡流场，其中流场任意点径向速度 v_r 及轴向速度 v_z 均为零，仅有绕 z 轴的切向速度 v_θ，且

v_θ随坐标 r 增大而减小，即流场速度分布可表示为

$$v_r = v_z = 0\text{，} \quad v_\theta = k / r$$

式中 k 为大于零的常数。

① 证明自由涡流场是不可压缩势流流场（由此可知自由涡流场各点机械能相等）；

② 若自由涡表面通过 r=0.02m、z=0m 的点，试确定该表面的曲线方程。设自由涡表面压力为 p_0。

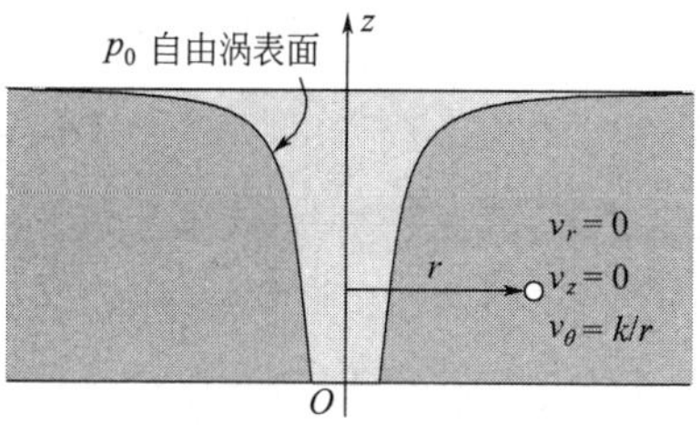

图 7-23 习题 7-11 附图

7-12 已知平面流场速度势函数为 $\phi = A(x^2 - y^2)$。

① 证明 ϕ是调和函数，并求该流场的速度及流函数；

② 验证该流场是 $x=0$ 的竖直壁面与 $y=0$ 的水平壁面构成的直角角形区流场，且角形区壁面是同一流线（壁面流函数的值为同一常数），并确定流线上驻点的位置；

③ 若 A=−1 且令零流线通过坐标原点，试判断该流场在 $x \geqslant 0$、$y \geqslant 0$ 范围的总体流向；若该流场在垂直于 x-y 平面方向的厚度为 δ，则通过（5,5）点的流线与壁面间的体积流量为多少？

④ 若 A= −1 且令零流线通过坐标原点，在 x=0 ~ 5、y=0 ~ 5 的流场区绘制 ψ =0、1、5、10、15、20 的流线图和 ϕ =0、±2、±6、±12 的等势线图。

7-13 密度 1.2kg/m³ 的空气沿地面自右向左吹过 10m 高的挡墙，已知距离挡墙 10m 处的地面风速为 10m/s，压力为 p_0。试忽略重力影响，并以挡墙与地面的交点为坐标原点设置 x、y 坐标，然后按直角区不可压缩平面势流计算通过 $x= y=2^{-0.5}$ 点的流线与挡墙 - 地面零流线之间的流量，以及壁面有效压力 $(p_b - p_0)$ 对挡墙的推力。p_b 为挡墙壁面绝对压力。

7-14 如图 7-24 所示，强度 q=20 m²/s 的点汇和点源与流速 v_0=10 m/s 的横向均匀流构成复合流场，其中点汇和点源各自与坐标原点的距离 a=10m，且已知流体密度 ρ=1000 kg/m³。试求 x=15m、y=15m 处的速度，该点相对于来流的压力差，以及流场驻点的位置。

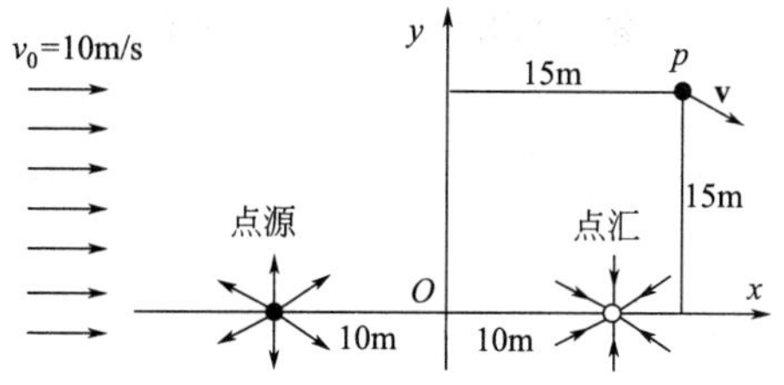

图 7-24 习题 7-14 附图

7-15 来流速度 v_0 =10m/s 的理想流体绕半径 a =50mm 的固定圆柱体的流动，求流体质点沿 x 轴从（−100a，0）点到达（−1.1a，0）点所需的时间。

7-16 已知桥墩宽度 2 r_0 =2m，桥墩头部（迎流面）为半圆形，河水流速 v_∞ = 2m/s，水深 H=3m。①试按平面势流问题考虑，计算桥墩头部所受到的水流冲击力；②若计入水深静压的影响，桥墩头部受到的水流冲击力又为多少？取水的密度 ρ=1000 kg/m³。

7-17 直径为 200mm 的长圆柱体在水深 5m 处横向平行移动，试按理想流体绕流圆柱情况计算柱体表面出现空泡现象（水汽化现象）的移动速度。已知：水的密度 1000kg/m³，水温 20℃，水的饱和蒸气压 2338Pa。

7-18 参见图 7-22，理想流体绕转动圆柱体流动，流体密度 ρ=1.2 kg/m³，来流速度 v_∞ = 10m/s，圆柱半径 r_0 =50mm。试求：①两个驻点聚集在圆柱面下方同一点上时，圆柱体的角速度和单位长度圆柱受到的升力；②流函数值 $\psi = r_0^2\omega \ln r_0$ 对应的流线方程，并说明该流线通过圆柱面上的驻点并绕过圆柱面；③当 $r_0\omega = 2.5v_\infty$ 时流场驻点的位置及单位长度圆柱受到的升力。

7-19 图 7-25 是理想流体绕某种流线型钝头体（half body）的流场，该流场由速度为 v_0 且指向 x 轴正方向的均匀来流与位于坐标原点且源强为 q 的点源叠加构成。

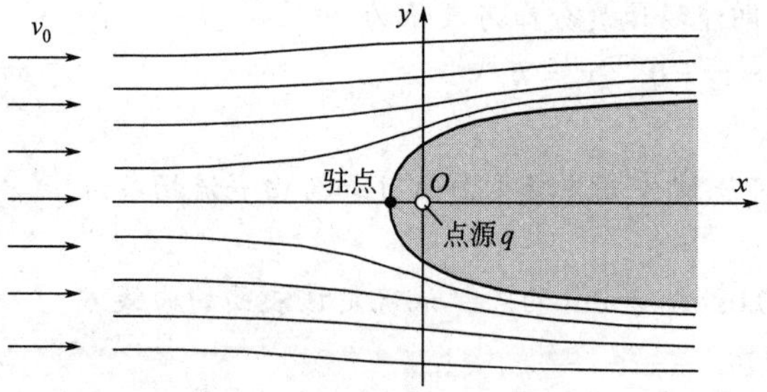

图 7-25　习题 7-19 附图

① 求该流场的流函数、速度分布和驻点的位置（钝头体前端点的 x 坐标）；

② 确定该钝体表面的曲线方程，并求点源处（x=0）对应的钝体表面的 y 坐标；

③ 求 $x\to\infty$ 时钝体表面的 y 坐标（由此可得钝头体尾部的最终宽度 $b=2|y|$）。

7-20　图 7-26 所示是强度为 q 的点源和点汇与流速为 v_0 的横向均匀流构成的复合流动，其中点源和点汇各自与坐标原点的水平距离均为 a。这种流动是不可压缩理想流体绕兰金体（Rankine body，类似于椭圆体）的流动。试求该复合流场的流函数、速度表达式及兰金体的形状曲线；若 q=100 m²/s，$v_0=10$ m/s，$a=2$ m，求此兰金体前、后端点（驻点）和上、下顶点的坐标位置。

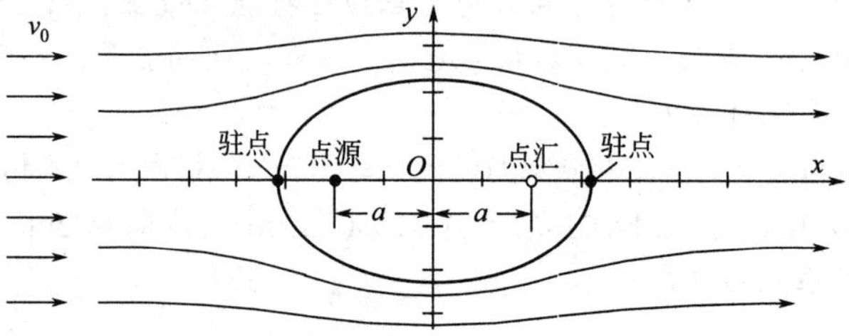

图 7-26　习题 7-20 附图

第7章
习题答案

8 流动相似与模型实验

○○ —— ○○ ○ ○○ ——

本章导言

实验是研究流体流动及相关问题的基本手段，在新现象的认识与探索、过程设备结构的创新开发、工程设计数据的获取、流动问题建模和数值模拟结果的验证等方面具有不可替代的地位。

流体流动问题的实验有原型实验、比拟实验和模型实验三大类，其中模型实验是最常用的手段。模型实验即参照原型系统按一定要求制作缩小或放大的模型进行实验。模型实验的主要问题是如何确定模型尺寸、实验介质和操作条件，以实现模型流动工况与原型的相似，进而保证模型实验结果可用于原型系统相关行为参数的预测。流动相似理论则为解决模型实验面临的这些问题提供了基本准则。

本章围绕模型实验讲述三个方面的问题：①流动相似及相似准则，包括几何形似、运动相似及时间准则、动力相似及动力相似准则、典型的相似准则数（相似数）及其意义；②相似准则的分析方法，包括微分方程法和因次分析法，以及因次分析对模型实验的指导意义；③模型实验的设计及应用举例。

通过本章的模型实验设计示例可以看到，由于相似准则与实验条件的相互制约，模型实验设计常常不能满足全部的相似准则，为此本章扼要总结了处理这种制约的原则方法。但从中也得到启示：因为计算机模拟理论上不存在相似准则与模拟条件的制约问题，所以在大尺寸设备的流场数值模拟中，采用以相似准则为指导的模型模拟不失为新的思路。此外，如何将相似理论拓展到有重要需求的气－液、液－液两相流过程，并建立相应的相似准则，也是值得探索的重要课题。

8.1 流动相似及相似准则

流动相似是几何相似的推广，流动相似同时包括：几何相似、运动相似和动力相似。

流动相似是针对两个同类流动系统而言的。在流动问题模型实验中，两系统指原型系统（prototype）与模型系统（model），并以下标 p 和 m 加以区分。

8.1.1 几何相似

几何相似指原型与模型系统形状相同且每一对应边的长度之比都为同一比值，即

$$L_p/L_m = C_L \tag{8-1}$$

此处 L_p、L_m 是原型与模型任一对对应边的边长，比值 C_L 称为长度比尺或模型比尺，其中 C_L=1 表示模型与原型的大小和形状完全相同。

由此可知，若两相似系统长度比尺为 C_L，则其面积比尺为 C_L^2，体积比尺为 C_L^3。

需要指出，几何相似这一简单要求在模型实验中也并非总能满足。例如，对天然河道的流动进行模型实验时，如果按同一比尺缩制模型，可能会造成水层太浅，以至于改变模型的水流特性；又比如，在研究粗糙表面摩擦阻力时，要求模型与原型的表面粗糙度相似，但人工制作完全相似的粗糙表面又很困难，此时只有降低要求，使平均粗糙度相似即可。

8.1.2　运动相似及时间准则

运动相似　指几何相似的两个系统中，对应空间点同向速度之比都为同一比值，即

$$v_p/v_m = C_V \tag{8-2}$$

此处 v_p、v_m 是原型与模型对应空间点处同方向的速度，比值 C_V 称为速度比尺。

时间准则　指运动相似对时间比尺 C_t 的约束关系。时间比尺 C_t 是相似系统对应点同一流动行为变化（如位移）所需时间 t_p 与 t_m 之比，即

$$C_t = t_p/t_m \tag{8-3}$$

对于 a、b 两运动相似系统，对应点的流速 v 与位移 s、时间 t 总有如下关系

$$v_a = \frac{ds_a}{dt_a},\quad v_b = \frac{ds_b}{dt_b} \quad \rightarrow \quad \frac{(ds_a/ds_b)}{(v_a/v_b)(dt_a/dt_b)} = 1$$

因两系统运动相似时 $v_a/v_b = C_V$、$ds_a/ds_b = C_L$ 且 C_V、C_L 均为确定值，故运动相似时其时间之比 $dt_a/dt_b = C_t$ 也必为定值，且与 C_L、C_V 构成确定的约束关系，即

$$\frac{C_L}{C_V C_t} = 1 \quad 或 \quad \frac{L_p}{v_p t_p} = \frac{L_m}{v_m t_m} \quad（或\ St_p = St_m） \tag{8-4}$$

此即运动相似对时间比尺的约束关系，是流动相似的时间准则，又称斯特哈尔（Strouhal）准则，简称 St 准则。上式中前者是该准则的比尺关系，后者为该准则的相似数等式关系。相似数即表征相似准则的无因次数，相似数 St 称为斯特哈尔数，简称 St 数，其定义如下

$$St = L/vt \tag{8-5}$$

8.1.3　动力相似及动力相似准则

动力相似　指几何、运动相似的两个系统中（或几何与运动相似的前提条件下），对应空间点同名作用力的方向一致、大小之比都为同一比值，即

$$F_p/F_m = C_F \tag{8-6}$$

此处 F_p、F_m 是原型与模型对应空间点的同名作用力，C_F 称为作用力比尺。

动力相似准则　即动力相似的充要条件，或保证式（8-6）成立的条件。两系统的动力相似准则一般有多个，取决于流动系统涉及的作用力类别。

例如，对于定常不可压缩流动，若考虑流体受力主要有黏性力 F_μ、重力 F_g、压差力 $F_{\Delta p}$，则根据牛顿运动定律可知，这三个力的合力等于流体动量变化率。在此用惯性力 F_I 替代动量变化率（二者大小相等方向相反），则动力相似时两系统对应点诸力之比为定值，即

$$\frac{F_{I,p}}{F_{I,m}} = \frac{F_{\mu,p}}{F_{\mu,m}} = \frac{F_{g,p}}{F_{g,m}} = \frac{F_{\Delta p,p}}{F_{\Delta p,m}} = C_F \tag{8-7}$$

由此可见：所谓动力相似即两系统对应点的惯性力与其他诸力构成的封闭多边形相似，如图 8-1 所示。

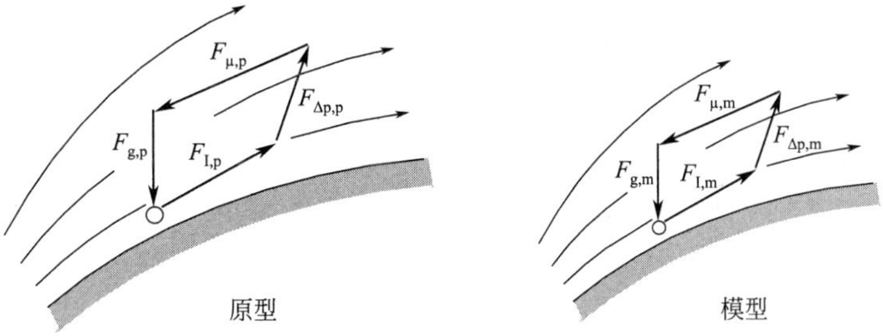

图 8-1 两流动系统的动力相似

作为相对比较，以上作用力可用定性速度 v、定性尺度 L 及相关物理量表征如下（参见 N-S 方程各项的意义）

$$F_{\rm I} \sim \rho v^2 L^2,\quad F_\mu \sim \mu v L,\quad F_{\rm g} \sim \rho g L^3,\quad F_{\Delta p} \sim (\Delta p)L^2$$

将此代入式（8-7）可得

$$\frac{(\rho v^2 L^2)_{\rm p}}{(\rho v^2 L^2)_{\rm m}} = \frac{(\mu v L)_{\rm p}}{(\mu v L)_{\rm m}} = \frac{(\rho g L^3)_{\rm p}}{(\rho g L^3)_{\rm m}} = \frac{(L^2 \Delta p)_{\rm p}}{(L^2 \Delta p)_{\rm m}}$$

或用相应比尺表示为

$$C_\rho C_{\rm V}^2 C_{\rm L}^2 = C_\mu C_{\rm V} C_{\rm L} = C_\rho C_{\rm g} C_{\rm L}^3 = C_{\Delta p} C_{\rm L}^2 \tag{8-8}$$

其中

$$C_{\rm L} = \frac{L_{\rm p}}{L_{\rm m}},\quad C_{\rm V} = \frac{v_{\rm p}}{v_{\rm m}},\quad C_\rho = \frac{\rho_{\rm p}}{\rho_{\rm m}},\quad C_\mu = \frac{\mu_{\rm p}}{\mu_{\rm m}},\quad C_{\rm g} = \frac{g_{\rm p}}{g_{\rm m}},\quad C_{\Delta p} = \frac{\Delta p_{\rm p}}{\Delta p_{\rm m}} \tag{8-9}$$

用 $C_\mu C_{\rm V}^2 C_{\rm L}^2$ 遍除式（8-8），可得三个独立方程，即三个动力相似准则，分别是：

Re 准则

$$\frac{C_\rho C_{\rm V} C_{\rm L}}{C_\mu} = 1 \quad 或 \quad \frac{\rho_{\rm p} v_{\rm p} L_{\rm p}}{\mu_{\rm p}} = \frac{\rho_{\rm m} v_{\rm m} L_{\rm m}}{\mu_{\rm m}} \quad （或\ Re_{\rm p} = Re_{\rm m}） \tag{8-10}$$

Fr 准则

$$\frac{C_{\rm V}^2}{C_{\rm g} C_{\rm L}} = 1 \quad 或 \quad \frac{v_{\rm p}^2}{g_{\rm p} L_{\rm p}} = \frac{v_{\rm m}^2}{g_{\rm m} L_{\rm m}} \quad （或\ Fr_{\rm p} = Fr_{\rm m}） \tag{8-11}$$

Eu 准则

$$\frac{C_{\Delta p}}{C_\rho C_{\rm V}^2} = 1 \quad 或 \quad \frac{\Delta p_{\rm p}}{\rho_{\rm p} v_{\rm p}^2} = \frac{\Delta p_{\rm m}}{\rho_{\rm m} v_{\rm m}^2} \quad （或\ Eu_{\rm p} = Eu_{\rm m}） \tag{8-12}$$

其中 *Re* 准则即雷诺准则，*Fr* 准则即佛鲁德准则，*Eu* 准则即欧拉准则。各准则既可用比尺关系式表示，也可用相似数的等式关系表示。相似数即相似准则数，以上相似数 *Re*、*Fr*、*Eu* 分别称为雷诺数、佛鲁德数、欧拉数，其定义如下

$$Re = \rho v L/\mu,\quad Fr = v^2/gL,\quad Eu = \Delta p/\rho v^2 \tag{8-13}$$

相似准则的比尺关系表明：动力相似是在运动相似（$C_{\rm L}$、$C_{\rm V}$ 为定值）的基础上，进一步要求相关物理量的比尺如 C_ρ、C_μ 等也为定值，并由相应准则约束其与 $C_{\rm L}$、$C_{\rm V}$ 的关系。

相似准则的相似数等式关系表明：两系统动力相似则两系统对应的同名相似数相等。

最后需要指出：相似系统在满足几何、运动和动力相似的同时，边界条件也应相同。

8.1.4 典型相似数及其意义

理解相似数的意义对流动系统的相似分析有重要帮助。常见相似数及其意义如下。

（1）常见相似数 *Re*、*Fr*、*Eu*、*St* 的意义

这几个常见相似数是针对不可压缩流动的相似提出的，其意义可对照 N-S 方程加以说明。为此列出不可压缩流体在 x-y 平面运动的 N-S 方程分量式（x 方向）如下

$$\underset{\substack{\text{局部惯性力}\\ \sim\rho v/t}}{\underline{\rho\frac{\partial v_x}{\partial t}}}+\underset{\substack{\text{对流惯性力}\\ \sim\rho v^2/L}}{\underline{\rho\left(v_x\frac{\partial v_x}{\partial x}+v_y\frac{\partial v_x}{\partial y}\right)}}=\underset{\substack{\text{重力}\\ \sim\rho g}}{\underline{\rho g_x}}-\underset{\substack{\text{压差力}\\ \sim\Delta p/L}}{\underline{\frac{\partial p}{\partial x}}}+\underset{\substack{\text{黏性力}\\ \sim\mu v/L^2}}{\underline{\mu\left(\frac{\partial^2 v_x}{\partial x^2}+\frac{\partial^2 v_x}{\partial y^2}\right)}}$$

该方程各项都是单位体积流体受到的力：方程左边依次是局部惯性力、对流惯性力，可分别用 $\rho v/t$ 和 $\rho v^2/L$ 表征；右边依次是重力、压差力和黏性力，可分别用 ρg、$\Delta p/L$、$\mu v/L^2$ 表征。相似数 *Re*、*Eu*、*Fr*、*St* 则是以上诸力之比，其意义及对应准则汇总如下。

雷诺数 *Re*（Reynolds number）是表征流动系统中黏性力相对影响的相似数（相对于对流惯性力）。*Re* 数的定义与意义、*Re* 准则的相似数关系或比尺关系为

$$Re=\frac{\rho vL}{\mu}=\frac{\rho v^2/L}{\mu v/L^2}=\frac{\text{惯性力}}{\text{黏性力}},\quad Re_\mathrm{p}=Re_\mathrm{m}\ \text{或}\ \frac{C_\rho C_\mathrm{V}C_\mathrm{L}}{C_\mu}=1$$

Re 准则又称黏性力相似准则。凡黏性摩擦力显著的流动过程，两系统动力相似必须满足该准则。例如，管道、装置内或沿固体表面的黏性摩擦阻力问题，应考虑满足该准则。

但需特别指出，对于某些黏性流体流动问题，当 *Re* 数超过一定范围后流动将达到充分湍流，其流动行为（比如压降等）将不再与 *Re* 数有关，此时两系统动力相似就不需要考虑 *Re* 准则（不要求 $Re_\mathrm{p}=Re_\mathrm{m}$），这种问题称为 *Re* 数的自模化问题（参见 8.3.1 节）。

佛鲁德数 *Fr*（Froude number）是表征流动系统中重力相对影响的动力相似数。*Fr* 数的定义与意义、*Fr* 准则的相似数关系或比尺关系为

$$Fr=\frac{v^2}{gL}=\frac{\rho v^2/L}{\rho g}=\frac{\text{惯性力}}{\text{重力}},\quad Fr_\mathrm{p}=Fr_\mathrm{m}\ \text{或}\ \frac{C_\mathrm{V}^2}{C_\mathrm{g}C_\mathrm{L}}=1$$

Fr 准则又称重力相似准则。凡重力作用显著的过程（特征是有自由液面运动），两系统动力相似应考虑满足该准则。如搅拌槽液面波动、潮汐、江河流动、堰流、孔口泄流、运动物体波浪阻力等问题，应考虑满足该准则；又如，对于有自由表面的水流，有急流和缓流之分，其性质很不相同；缓流 $Fr<1$，其中干扰波可往上游传播；急流 $Fr>1$，干扰波不能往上传播。但对于管道、装置内的强制流动问题，则可不考虑此准则。

欧拉数 *Eu*（Euler number）是表征流动系统中压差力 (表面力) 相对影响的动力相似数。欧拉数 *Eu* 的定义与意义、*Eu* 准则的相似数关系或比尺关系为

$$Eu=\frac{\Delta p}{\rho v^2}=\frac{\Delta p/L}{\rho v^2/L}=\frac{\text{压差力}}{\text{惯性力}},\quad Eu_\mathrm{p}=Eu_\mathrm{m}\ \text{或}\ \frac{C_{\Delta\mathrm{p}}}{C_\rho C_\mathrm{V}^2}=1$$

Eu 准则又称压力相似准则。凡涉及表面压力或压差力的流动过程，两系统动力相似应考虑满足该准则。比如压差流动阻力问题、形状阻力问题、桨叶推力问题、水流对物体表面的冲击力问题、空泡现象问题等，应考虑满足该准则。

斯特哈尔数 *St*（Strouhal number）是表征流动系统中时间变化行为相似的相似数。斯特哈尔数 *St* 的定义与意义、*St* 准则的相似数关系或比尺关系为

$$St=\frac{L}{vt}=\frac{v/t}{v^2/L}=\frac{\text{局部加速度}}{\text{对流加速度}},\quad St_\mathrm{p}=St_\mathrm{m}\ \text{或}\ \frac{C_\mathrm{L}}{C_\mathrm{V}C_\mathrm{t}}=1$$

前已叙及，*St* 准则是出自运动相似的时间比尺约束关系，而运动相似是动力相似的前提，所以动力相似过程都自然满足 *St* 准则。*St* 准则通常只在非定常问题中表现出来（从以上 N-S 方程中非定常项的存在与否可明确这一点），但这并不妨碍该准则在定常问题中的应用，其中最常见的是用 *St* 准则确定位移时间，比如桨叶转动一周的时间比（即转速比）。

（2）其他常见相似准数

对于其他作用力也较显著的流动系统，相应会出现其他的动力相似数，诸如以下。

马赫数 *Ma*（Mach number）是可压缩流动问题中表征气体可压缩性相对影响的相似数。针对理想气体，马赫数 Ma 的定义与意义、Ma 准则的相似数关系或比尺关系为

$$Ma=\frac{v}{a}=\frac{\sqrt{\rho v^2/L}}{\sqrt{\rho a^2/L}}=\frac{\text{惯性力}}{\text{弹性力}}=\frac{\text{流速}}{\text{声速}}，Ma_{\mathrm{p}}=Ma_{\mathrm{m}} \text{ 或 } \frac{C_{\mathrm{V}}}{C_{\mathrm{a}}}=1$$

其中 v 是气流特征流速，a 是声速(声波在气体中的传播速度)。$Ma<1$ 为亚声速流动，$Ma>1$ 为超声速流动。通常，当 $Ma>0.3$ 以后，气体密度随压力变化逐渐明显，可压缩性影响将变得显著，这种情况下马赫数相等是两系统相似的重要准则。

韦伯数 *We*（Weber number）是表征表面张力相对影响的动力相似数。韦伯数 We 的定义与意义、We 准则的相似数等式关系或比尺关系为

$$We=\frac{\rho v^2 L}{\sigma}=\frac{\rho v^2/L}{\sigma/L^2}=\frac{\text{惯性力}}{\text{表面张力}}，\quad We_{\mathrm{p}}=We_{\mathrm{m}} \text{ 或 } \frac{C_{\rho}C_{\mathrm{V}}^2 C_{\mathrm{L}}}{C_{\sigma}}=1$$

We 准则又称表面张力相似准则。凡表面张力显著的过程（如毛细管流动、微液滴或气泡运动、液滴微流控等小尺度问题），We 数是重要相似数，且 We 数愈小表面张力作用愈重要。但对于一般大尺度流动问题，通常 $We \gg 1$，故表面张力作用不予考虑。

毛细管数 *Ca*（Capillary number）是泰勒（Taylor）最先提出的表征两相流中界面张力与黏性力相对影响的相似数。Ca 数的定义与意义、Ca 准则的相似数及比尺关系为

$$Ca=\frac{\mu v}{\sigma}=\frac{\mu v/L^2}{\sigma/L^2}=\frac{\text{黏性力}}{\text{表面张力}}，\quad Ca_{\mathrm{p}}=Ca_{\mathrm{m}} \text{ 或 } \frac{C_{\mu}C_{\mathrm{V}}}{C_{\sigma}}=1$$

毛细管数 Ca 是一个导出准数，$Ca=We/Re$。经验表明，对于分散相液滴在缓慢连续相中的运动与变形，微流控装置中液滴的生长、变形与断裂，油滴在聚结板面的变形与聚并等，采用毛细管数 Ca 能更好描述过程行为。

此外，在以角速度 ω 旋转的系统内，流体将受到柯氏力和离心（惯性）力，由此又可引出罗斯比数 Ro（Rossby number）和埃克曼数 Eo（Ekman number）。其中，罗斯比数 $Ro=V/\omega L$ 表示：柯氏力 / 离心力，而埃克曼准数 $Eo=m/r\omega L^2$ 则表示：黏性力 / 离心力。

附录 B 表 B-2 列出了流体流动及相关传热传质过程常见的相似数及其意义。

8.1.5 相似数在模型实验中的应用

模型实验只有在与原型流动相似的条件下进行，其结果才能用于预测原型系统。

两系统流动相似包括几何、运动及动力相似。几何形似即按同一比尺 C_{L} 制作与原型几何结构相似的模型，运动相似即两系统 St 数相等（主要针对非定常问题，定常问题自然满足），动力相似即要求两系统涉及的同名动力相似数对应相等。以下通过例题说明 Re、Eu、Fr、St 这几个常见相似数在模型实验中的应用，从中总结其应用中的问题。

【例 8-1】 风管喷嘴最佳形状模型实验

某大型通风系统设计中，需设置一出口直径为 d_{p}、出口风速为 v_{p} 的喷嘴。根据该通风管工作条件，可将气流视为不可压缩流体，故拟定在水力实验室缩制通风管模型，通过模型实验确定喷嘴最佳形状（如阻力最小）。通风管空气温度和模型实验水温均为 25℃，且实验中要求保持模型出口水速 v_{m} 与原型出口风速 v_{p} 相等，试确定模型比尺。

解 该问题属于压差推动下的不可压缩黏性流体强制流动问题，压差力、摩擦阻力是主要力学因素，故两系统流动相似应满足 Re 准则和 Eu 准则，Fr 准则显然不重要（强制流动问题重力影响不计）；定常流动 St 准则自动满足，需要时可用。

满足 Re 准则意味着两系统 Re 数对应相等，即

8

$$Re_{\rm p}=Re_{\rm m} \quad\rightarrow\quad \frac{v_{\rm p}d_{\rm p}}{\nu_{\rm p}}=\frac{v_{\rm m}d_{\rm m}}{\nu_{\rm m}} \quad\rightarrow\quad \frac{C_{\rm V}C_{\rm L}}{C_{\nu}}=1$$

因为两系统出口速度相等，即 $C_{\rm V}=v_{\rm p}/v_{\rm m}=1$；且25℃时，空气运动黏度 $\nu_{\rm p}=1.551\times10^{-5}{\rm m^2/s}$，水的运动黏度 $\nu_{\rm m}=0.906\times10^{-6}{\rm m^2/s}$，所以由比尺方程可得

$$C_{\rm L}=\frac{C_{\nu}}{C_{\rm V}}=C_{\nu} \quad\rightarrow\quad C_{\rm L}=\frac{\nu_{\rm p}}{\nu_{\rm m}}=\frac{1.551\times10^{-5}}{0.906\times10^{-6}}=17.12\approx17 \quad\rightarrow\quad d_{\rm m}=\frac{d_{\rm p}}{C_{\rm L}}=\frac{d_{\rm p}}{17}$$

即模型尺寸按比尺 $C_{\rm L}=17$ 缩制，其中模型喷嘴出口直径 $d_{\rm m}=d_{\rm p}/17$。

满足 Eu 准则意味着两系统 Eu 数对应相等，即

$$Eu_{\rm p}=Eu_{\rm m} \quad\rightarrow\quad \frac{\Delta p_{\rm p}}{\rho_{\rm p}v_{\rm p}^2}=\frac{\Delta p_{\rm m}}{\rho_{\rm m}v_{\rm m}^2} \quad\rightarrow\quad \frac{C_{\Delta p}}{C_{\rho}C_{\rm V}^2}=1$$

因为 $C_{\rm V}=1$，且25℃时空气密度 $\rho_{\rm p}=1.185\,{\rm kg/m^3}$，水密的度 $\rho_{\rm m}=997.0\,{\rm kg/m^3}$，所以

$$C_{\Delta p}=C_{\rho}C_{\rm V}^2=C_{\rho} \quad\rightarrow\quad \frac{\Delta p_{\rm p}}{\Delta p_{\rm m}}=\frac{\rho_{\rm p}}{\rho_{\rm m}}=\frac{1.185}{997.0}=1.189\times10^{-3}$$

于是得两系统压差关系为 $\Delta p_{\rm p}=1.189\times10^{-3}\Delta p_{\rm m}$

根据以上结果，模型实验及放大过程如下：

① 按 $C_{\rm L}=17$ 确定模型喷管进口直径 $D_{\rm m}=D_{\rm p}/17$ 和出口直径 $d_{\rm m}=d_{\rm p}/17$，并根据 $v_{\rm m}=v_{\rm p}$ 确定实验的水流量；

② 在 $D_{\rm m}$、$d_{\rm m}$ 确定的条件下，设计不同曲线形状的过渡段模型，并进行水力实验。若以压力降为优化目标量，则测试不同形状过渡段对应的压降 $\Delta p_{\rm m}$，以获得最小压降 $\Delta p_{\rm m,min}$ 对应的喷嘴形状；

③ 根据 $\Delta p_{\rm m,min}$ 对应的模型喷管形状，按1∶17放大设计原型喷嘴，该大型喷嘴出口速度为 $v_{\rm p}$ 时的压降 $\Delta p_{\rm p}$ 用 $v_{\rm m}=v_{\rm p}$ 对应的压降 $\Delta p_{\rm m,min}$ 预测，即 $\Delta p_{\rm p}=1.189\times10^{-3}\Delta p_{\rm m,min}$。

讨论 假如本问题还要满足 Fr 准则，即要求 $(C_{\rm V}^2/C_{\rm L}C_{\rm g})=1$，但因为 $C_{\rm g}=1$（原型和模型都处于相同重力场），就会导致 $C_{\rm L}=C_{\rm V}^2=1$，这显然与 Re 准则要求的 $C_{\rm L}=17$ 相矛盾。故本问题不能再满足 Fr 准则，且根据本问题非重力流动的特点，不考虑 Fr 准则也是合理的。

假如本问题直接采用空气进行实验，则根据 Re 准则有 $C_{\rm V}C_{\rm L}=1$；其中若取 $C_{\rm V}=1$，则只能做原尺度模型实验，若取 $C_{\rm L}=17$，则实验风速为原型的17倍，压缩性影响不可忽略。

此外，具体问题的相似准则中，有的准则用于确定模型尺寸或实验条件，这样的准则称为**定性准则**，如本例中的 Re 准则；有的准则本身包含需要预测的目标量，用于预测原型系统参数，这样的准则称为**非定性准则**，如本例中的 Eu 准则。

【例8-2】 桥墩水流冲击力模型实验

有一宽度 $b=1$m 的矩形桥墩，筑于水深 H=4m 的河流中，水流速度 v=1.5m/s。现按长度比尺 $C_{\rm L}=10$ 缩制模型进行水力实验，研究桥墩受到的水流冲击力。

① 试确定模型实验水流速度 $v_{\rm m}$；

② 若实验测得模型桥墩的水流冲击力为 $F_{\rm m}$，水流绕过桥墩的时间为 $t_{\rm m}$，试估计实际桥墩的水流冲击力 F 和绕流时间 t。

解 河流流动属自由表面重力流问题（不可压缩），水流冲击力主要是桥墩表面的压差力而非摩擦力，故应首先保证满足 Fr 准则和 Eu 准则，Re 准则可不予考虑。

因 $C_{\rm L}=10$，故由几何相似可得模型桥墩宽度 $b_{\rm m}=0.1$m，水深 $H_{\rm m}=0.4$m。

① 根据 Fr 准则的比尺方程，并考虑 $C_{\rm g}=1$（重力通常不可改变）可得实验水速，即

$$\frac{C_{\rm V}^2}{C_{\rm L}C_{\rm g}}=1 \quad\rightarrow\quad C_{\rm V}=\sqrt{C_{\rm L}C_{\rm g}}=\sqrt{C_{\rm L}} \quad\rightarrow\quad v_{\rm m}=\frac{v_{\rm p}}{C_{\rm V}}=\frac{v_{\rm p}}{\sqrt{C_{\rm L}}}=\frac{1.5}{\sqrt{10}}=0.474({\rm m/s})$$

② 因为压力是单位面积力即 $p=F/L^2$，所以欧拉数 Eu 可等价表示为

$$Eu=\frac{\Delta p}{\rho v^2}=\frac{F/L^2}{\rho v^2}=\frac{F}{\rho v^2 L^2}\quad（注：\frac{F}{\rho v^2 L^2}\text{又称为牛顿数}）$$

由两系统 Eu 准数相等，并考虑由 Fr 准则得到的结果 $C_V=\sqrt{C_L}$，可得

$$\frac{F_p}{\rho v_p^2 L_p^2}=\frac{F_m}{\rho v_m^2 L_m^2}\ \rightarrow\ F_p=F_m\frac{v_p^2 L_p^2}{v_m^2 L_m^2}=F_m C_V^2 C_L^2=F_m C_L^3=10^3 F_m$$

若实验测得模型桥墩水流冲击力为 F_m，则实际桥墩的冲击力 $F=10^3F_m$。

本例虽属稳态问题，但因涉及绕流时间问题，故需要采用 St 准则。根据 St 准则的比尺关系，并将 Fr 准则给出的 $C_V=\sqrt{C_L}$ 代入，可得两系统绕流时间关系，即

$$\frac{C_L}{C_t C_V}=1\ \rightarrow\ C_t=\frac{C_L}{C_V}=\sqrt{C_L}\ \rightarrow\ t_p=t_m C_t=t_m\sqrt{C_L}=t_m\sqrt{10}$$

若实验测得模型桥墩的绕流时间为 t_m，则实际桥墩的绕流时间是 t_m 的 3.162 倍。

讨论 从动力学特点看，本问题的是重力作用下的压差阻力问题，黏性摩擦影响较小，故未考虑雷诺准则。若再要考虑满足 Re 准则，则因实验流体相同（即 $C_\rho=C_\mu=1$），会导致 $C_V=1/C_L$ 的结果，这显然与 Fr 准则的结果相矛盾（注：可以验证，本例中模型与原型的绕流雷诺数 Re 分别为 4.7×10^4 和 1.5×10^6，这种高雷诺数绕流已进入 Re 数自模区，此时 F 正比于 ρv^2，与 Re 数大小无关。题中规定 $C_L=10$ 就是要保证 Re 数在自模区）。

注：本例中需要满足 Fr 准则并用 St 准则得到 $C_t=C_L^{0.5}$，但也可将重力加速度比尺表示为 $C_g=C_L/C_t^2$，并直接令 $C_g=1$ 得到同样结果，原因为何读者可自行思考。

【例 8-3】 飞机螺旋桨气动性能模型实验

为研究某飞机螺旋桨的气动性能，拟按长度比尺 $C_L=10$ 缩制模型在风洞中进行空气动力学实验，且实验中要求迎面风速 v_m 为原型风速 v_p 的 1/2。若原型螺旋桨转速 n_p=3500r/min，试确定模型实验中螺旋桨的转速 n_m 及原型飞机螺旋桨推力 F_p 的预测关系式。

解 该问题属转动桨叶动力学问题（不同迎面风速下桨叶转速与推力的关系）。螺旋桨推力主要由转动桨叶前后的压差提供，桨叶摩擦及空气重力影响较小，因此模型实验主要满足 Eu 准则，不考虑 Re 准则和 Fr 准则。其次，因桨叶转动一周所需时间 $t=1/n$，所以原型与模型桨叶转速比即时间比，故可用 St 准则确定。

① 本问题中速度比尺和长度比尺已经给定（与风洞条件等有关），即 $C_V=2$，$C_L=10$，故根据 St 准则，时间比尺 C_t 也就确定，即

$$St=\frac{L}{vt}\ \rightarrow\ \frac{C_L}{C_V C_t}=1\ \rightarrow\ C_t=\frac{C_L}{C_V}=\frac{10}{2}=5$$

因相似系统中 C_t 为定值，故两系统桨叶转动一周所需时间比也等于 C_t，由此可得

$$C_t=\frac{t_p}{t_m}=\frac{1/n_p}{1/n_m}=\frac{n_m}{n_p}\ \rightarrow\ n_m=C_t n_p=5n_p=5\times3500=17500(\text{r/min})$$

或因 C_V、C_L 为定值，故两系统桨叶半径之比、线速度之比也分别为 C_L、C_V，即

$$C_V=\frac{(R\omega)_p}{(R\omega)_m}=C_L\frac{n_p}{n_m}\ \rightarrow\ n_m=\frac{C_L}{C_V}n_p=5n_p$$

② 根据变形的 Eu 数（牛顿数）及 Eu 准则比尺方程，可得两系统的推力关系为

$$Eu=\frac{F}{\rho v^2 L^2}\ \rightarrow\ \frac{C_F}{C_\rho C_V^2 C_L^2}=1\ \rightarrow\ F_p=C_F F_m=C_\rho C_V^2 C_L^2 F_m=400F_m$$

此即原型螺旋桨在迎面风速 $v_p = 2v_m$ 时，其推力 F_p 与模型测试推力 F_m 的换算关系。

讨论 此例中用 St 准则确定转速比，是因为动力相似时该准则自动满足。用螺旋桨“边缘线速度之比＝速度比尺”也可确定转速比，是因为该等式等价于 St 准则。

假如本例中要考虑满足 Re 或 Fr 准则，则相应有 $C_V = C_L^{-1}$ 或 $C_V = C_L^{0.5}$，显然与前提条件（C_L=10、C_V=2）矛盾，且相互矛盾。本例排除 Fr 准则是因为空气动力学问题重力影响很小，排除 Re 准则是因为高雷诺数下螺旋桨前后的压差远大于摩擦阻力。读者可从模型尺度、实验风速、实验转速三方面分析论证本例给定 C_L=10、C_V=2 的理由。

相似数应用总结

① 模型实验往往难以同时满足问题涉及的全部相似准则，通常都只能根据问题的特征选择满足其主要准则，这也是模型实验结果的放大或多或少存在误差的原因。

② 一个具体问题的相似准则中，用于确定模型尺寸及实验条件的准则称为定性准则；本身包含预测目标量、用于预测原型系统参数的准则称为非定性准则。

③ 根据应用场合不同，相似准数的形式可能有所改变，尤其是欧拉数。比如以上例题中，Eu 数就变形为牛顿数；在桨叶机械动力学问题中，Eu 数还会变形为功率准数 N_p。

8.2 相似准则的分析方法

相似原理说明两个系统流动相似必须在几何、运动和动力三个方面都要相似，相似准则则是保证流动相似的条件。那么，特定流动问题的相似具体需要满足哪些相似准则呢？这显然与该问题涉及的力学因素有关，具体问题需具体分析。

本节将介绍确定具体流动问题相似准则的一般方法：微分方程法和因次分析法。微分方程法适用于已有流动微分方程描述的问题；因次分析法则适用于更多的、非微分方程所能描述的工程实际问题。

8.2.1 微分方程法

在此首先以不可压缩流体的N-S方程为例，说明微分方程法导出相似准则的实施过程，然后再总结微分方程法的要点和注意事项。

【例 8-4】 N-S 方程的相似分析

对于不可压缩流体的流动，N-S 方程是其共同遵守的动力学方程，由此导出的相似准则即这类问题流动相似的基本准则。为简明起见，在此以 x-y 二维平面流动的 N-S 方程为例导出其相似准则。由于 x-y 平面流动 N-S 方程的 x 分量式和 y 分量式形式一样，故仅对 x 分量式进行分析即可。在此分别以下标 p、m 标志原型参数和模型参数，针对原型与模型列出其 N-S 方程如下（一般 N-S 方程仅考虑了重力、压差力、黏性力）：

原型
$$\frac{\partial v_{x,p}}{\partial t_p} + v_{x,p}\frac{\partial v_{x,p}}{\partial x_p} + v_{y,p}\frac{\partial v_{x,p}}{\partial y_p} = -g_{x,p} - \frac{1}{\rho_p}\frac{\partial p_p}{\partial x_p} + \frac{\mu_p}{\rho_p}\left(\frac{\partial^2 v_{x,p}}{\partial x_p^2} + \frac{\partial^2 v_{x,p}}{\partial y_p^2}\right)$$

模型
$$\frac{\partial v_{x,m}}{\partial t_m} + v_{x,m}\frac{\partial v_{x,m}}{\partial x_m} + v_{y,m}\frac{\partial v_{x,m}}{\partial y_m} = -g_{x,m} - \frac{1}{\rho_m}\frac{\partial p_m}{\partial x_m} + \frac{\mu_m}{\rho_m}\left(\frac{\partial^2 v_{x,m}}{\partial x_m^2} + \frac{\partial^2 v_{x,m}}{\partial y_m^2}\right)$$

该方程的意义是：单位质量流体的“动量变化率＝重力＋压差力＋黏性力”。

若模型与原型几何相似、运动相似，且两系统长度、速度、时间比尺分别为 C_L、C_V、C_t，则原型与模型对应点的空间坐标关系、时间坐标关系和速度关系分别为

$$x_p = C_L x_m,\quad y_p = C_L y_m;\quad t_p = C_t t_m;\quad v_{x,p} = C_V v_{x,m},\quad v_{y,p} = C_V v_{y.m}$$

若模型与原型动力相似，且压力比尺为 C_p，重力加速度比尺为 C_g，密度比尺为 C_ρ，黏度比尺为 C_μ，则两系统对应空间点的压力、重力加速度、密度和黏度的关系分别为

$$p_{\mathrm{p}} = C_{\mathrm{p}} p_{\mathrm{m}},\quad g_{x,\mathrm{p}} = C_{\mathrm{g}} g_{x,\mathrm{m}},\quad \rho_{\mathrm{p}} = C_{\rho}\rho_{\mathrm{m}},\quad \mu_{\mathrm{p}} = C_{\mu}\mu_{\mathrm{m}}$$

将以上比例关系代入原型方程，可得关于模型变量($v_{x,m}$，$v_{y,m}$，p_m)的新方程，即

$$\frac{C_{\mathrm{V}}}{C_{\mathrm{t}}}\frac{\partial v_{x,\mathrm{m}}}{\partial t_{\mathrm{m}}} + \frac{C_{\mathrm{V}}^2}{C_{\mathrm{L}}}\left(v_{x,\mathrm{m}}\frac{\partial v_{x,\mathrm{m}}}{\partial x_{\mathrm{m}}} + v_{y,\mathrm{m}}\frac{\partial v_{x,\mathrm{m}}}{\partial y_{\mathrm{m}}}\right) = C_{\mathrm{g}} g_{x,\mathrm{m}} - \frac{C_{\mathrm{p}}}{C_{\rho}C_{\mathrm{L}}}\frac{1}{\rho_{\mathrm{m}}}\frac{\partial p_{\mathrm{m}}}{\partial x_{\mathrm{m}}} + \frac{C_{\mu}C_{\mathrm{V}}}{C_{\rho}C_{\mathrm{L}}^2}\frac{\mu_{\mathrm{m}}}{\rho_{\mathrm{m}}}\left(\frac{\partial^2 v_{x,\mathrm{m}}}{\partial x_{\mathrm{m}}^2} + \frac{\partial^2 v_{x,\mathrm{m}}}{\partial y_{\mathrm{m}}^2}\right)$$

因为模型变量($v_{x,\mathrm{m}}$，$v_{y,\mathrm{m}}$，p_{m})的解是唯一的，所以关于模型变量的原方程与新方程必须相同。对比可见，若要两方程相同，则新方程中各比尺组合项必须相等，即

$$\frac{C_{\mathrm{V}}}{C_{\mathrm{t}}} = \frac{C_{\mathrm{V}}^2}{C_{\mathrm{L}}} = C_{\mathrm{g}} = \frac{C_{\mathrm{p}}}{C_{\rho}C_{\mathrm{L}}} = \frac{C_{\mu}C_{\mathrm{V}}}{C_{\rho}C_{\mathrm{L}}^2}$$

该等式表明，N-S 方程问题流动相似，则两系统单位质量流体的“局部惯性力之比 = 对流惯性力之比 = 重力之比 = 压差力之比 = 黏性力之比”，正好与动力相似的定义一致。

在此选择 $C_{\mathrm{V}}^2 / C_{\mathrm{L}}$ 遍除其他各项，可导出 4 个独立方程，即

$$\frac{C_{\mathrm{L}}}{C_{\mathrm{V}}C_{\mathrm{t}}} = 1,\quad \frac{C_{\mathrm{g}}C_{\mathrm{L}}}{C_{\mathrm{V}}^2} = 1,\quad \frac{C_{\mathrm{p}}}{C_{\rho}C_{\mathrm{V}}^2} = 1,\quad \frac{C_{\mu}}{C_{\rho}C_{\mathrm{V}}C_{\mathrm{L}}} = 1$$

此即 N-S 方程问题 4 个相似准则的比尺方程。进一步将各比尺用参数比代替，并以 v 为定性速度，L 为定性尺寸，则可得各准则对应的相似数关系，即

$$\frac{L_{\mathrm{p}}}{v_{\mathrm{p}}t_{\mathrm{p}}} = \frac{L_{\mathrm{m}}}{v_{\mathrm{m}}t_{\mathrm{m}}} \rightarrow St_{\mathrm{p}} = St_{\mathrm{m}};\quad \frac{v_{\mathrm{p}}^2}{g_{\mathrm{p}}L_{\mathrm{p}}} = \frac{v_{\mathrm{m}}^2}{g_{\mathrm{m}}L_{\mathrm{m}}} \rightarrow Fr_{\mathrm{p}} = Fr_{\mathrm{m}}$$

$$\frac{\Delta p_{\mathrm{p}}}{\rho_{\mathrm{p}}v_{\mathrm{p}}^2} = \frac{\Delta p_{\mathrm{m}}}{\rho_{\mathrm{m}}v_{\mathrm{m}}^2} \rightarrow Eu_{\mathrm{p}} = Eu_{\mathrm{m}};\quad \frac{\rho_{\mathrm{p}}v_{\mathrm{p}}L_{\mathrm{p}}}{\mu_{\mathrm{p}}} = \frac{\rho_{\mathrm{m}}v_{\mathrm{m}}L_{\mathrm{m}}}{\mu_{\mathrm{m}}} \rightarrow Re_{\mathrm{p}} = Re_{\mathrm{m}}$$

其中，St 准则是因为有非定常项（$\partial v/\partial t$）而表现出来的时间准则，Fr、Eu、Re 准则是与 N-S 方程中的重力、压差力、黏性力一一对应的动力相似准则。

由微分方程导出相似准则的几点说明

① 由微分方程导出的相似数数目 $n = m-1$，其中 m 是微分方程中非同类项的数目。比如，在以上 N-S 方程中，非同类项有 5 项（局部加速度、对流加速度、质量力、压差力、黏性力），即 m=5，因此相似数数目 n = 5−1=4，即 St，Fr，Eu，Re。由此同时可知，用三维 N-S 方程进行分析，并不增加非同类项数目，得到的仍是以上 4 个相似数。

② 由以上过程不难发现，微分方程的各项与比尺等式的各项有一一对应关系，即

$$\frac{\partial v_x}{\partial t} + \left(v_x\frac{\partial v_x}{\partial x} + v_y\frac{\partial v_{x,p}}{\partial y_p}\right) = g_x - \frac{1}{\rho}\frac{\partial p}{\partial x} + \frac{\mu}{\rho}\left(\frac{\partial^2 v_x}{\partial x^2} + \frac{\partial^2 v_x}{\partial y^2}\right)$$

$$\frac{C_{\mathrm{V}}}{C_{\mathrm{t}}} = \frac{C_{\mathrm{V}}^2}{C_{\mathrm{L}}} = C_{\mathrm{g}} = \frac{C_{\mathrm{p}}}{C_{\rho}C_{\mathrm{L}}} = \frac{C_{\mu}C_{\mathrm{V}}}{C_{\rho}C_{\mathrm{L}}^2}$$

换言之，由微分方程导出相似准则时，可直接将方程中每一非同类项的变量用相应比尺代替，如 $\partial v_x/\partial t \sim C_{\mathrm{V}}/C_{\mathrm{t}}$ 等，即可写出相似比尺等式方程（由此可得相似准则）。

③ 由微分方程得到的相似数数目不变，但形式可以不同。实践中，相似数形式的选择最好能使其独立反映各动力因素的影响。例如，本问题中的 St、Fr、Eu、Re 就是独立反映时间、重力、压力、黏性力影响的相似数，不仅意义明确，且便于单独忽略某一相似数（如重力不重要时忽略 Fr），而不影响剩余相似数。反之，若本问题中以 C_{g} 遍除其他各项，则相似数仍为 4 个，但其中 3 个将不再具有独立表征某一作用力影响的特点。

④ 因为微分方程是表征某一类流动的共性方程，而具体问题的不同则是由边界条件确定的，所以具体问题的相似除满足相似准则外，边界条件也必须相同。

8.2.2 因次分析法

工程实际流动问题多种多样，多数不能用微分方程描述。对于这类问题，若已知其涉及的主要因素（物理量），则可借助因次分析导出其相似准则。

因次分析有两种方法：白金汉（Buckingham）法和瑞利（Rayleigh）法，两种方法实质一样，但白金汉法更具一般性。以下首先讨论量纲性质，然后介绍因次分析的白金汉方法，最后总结白金汉法应用要点。

（1）量纲及其性质

物理量的量纲与单位 量纲是物理量的量度属性，单位是物理量的计量标准。一个物理量的量纲不变，但可有多种单位。比如位移，其量纲为长度L，单位可以是m、cm等。

流体力学中最基本的物理量及其量纲符号为

长度——L，质量——M，时间——T，热力学温度——Θ

其他物理量的量纲则是这些基本量纲的组合。通常用[A]表示物理量A的量纲，比如，面积S、密度ρ、黏度μ、速度v的量纲分别为

$$[S]=[L^2],\ [\rho]=[ML^{-3}],\ [\mu]=[ML^{-1}T^{-1}],\ [v]=[LT^{-1}]$$

常见物理量的量纲、单位及其换算见附录表B-1。

量纲和谐原理 即物理公式各加和项的量纲必相同，等式两边量纲必相同。

量纲和谐原理可用于物理量单位的换算与推导，也可用于物理公式的检验（通过检验其量纲是否和谐判断其是否有误）。一般物理公式都是量纲和谐的，称为量纲齐次式，不因单位制的不同影响计算结果；但也有些纯经验公式是量纲不和谐的，称为量纲非齐次式，这种公式中物理量的单位是指定的，应用时必须注意。

（2）因次分析方法——白金汉方法（Buckingham method）

白金汉法的基本原理是：若某一流动问题涉及n个因素（变量），且这些因素涉及r个基本量纲，则该问题可用$n-r$个无因次数（也称无量纲数）来描述，其中每个无因次数称为一个π项，故该原理也称为π定律。其实施步骤如下。

① 分析特定问题的相关因素及其涉及到的基本量纲，确定无因次数的数量。

比如，某问题相关因素数量为n，涉及到r个基本量纲，则该问题的无因次数为$n-r$个。白金汉法将每一个无因次数称为一个π项，故该问题可用$n-r$个π项来描述，即

$$f\left(\pi_1,\ \pi_2,\ldots,\ \pi_{n-r}\right)=0$$

② 确定每个π项的构成（将物理量分配到各π项）。其构成方法与原则如下

• 从n个物理量中选择r个独立变量作为核心组参数；

• 这r个核心组参数的量纲必须涵盖r个基本量纲，且核心组参数本身不能构成无因次数；通常建议分别从物性、运动、几何参数中选择核心组参数，且一般不取因变量（目标预测量）为核心组参数；

• 每一π项由核心组参数和$n-r$个剩余参数中的一个构成，共$n-r$个π项。

③ 确定各π项的具体形式（各π项的物理量及其方次）。根据量纲和谐原理，列出各π项的量纲指数方程组，求解该方程组确定各指数，从而获得各π项的具体形式。

【例8-5】 管内不可压缩流动的摩擦压降问题

已知黏性流体在圆管内定常流动的摩擦压降Δp与管径D、管长L、管壁粗糙度e、流体密度ρ、黏度μ及平均流速v相关。试确定表征摩擦压降Δp的相似数关系式。

解 根据题意，摩擦压降及影响因素的一般关系可表示为

$$f_1\left(\Delta p, D, L, e, \rho, \mu, v\right)=0$$

其中变量数$n=7$，涉及的基本量纲有L、M、T，即$r=3$，故有$n-r=4$个π项，即

$$f_2(\pi_1,\ \pi_2,\ \pi_3,\ \pi_4)=0$$

核心组参数选择：因为$r=3$，所以核心组有三个参数。按要求，在此分别从物性、运动、几何三方面，选取ρ、v、D作为核心组参数，其量纲分别为

$$[\rho]=[\mathrm{ML^{-3}}],\quad [v]=[\mathrm{LT^{-1}}],\quad [D]=[\mathrm{L}]$$

可见核心组参数不构成无因次数，且涉及的量纲涵盖了本问题基本量纲L、M、T。

每个π项的构成：每个π项由核心组参数与剩余4个参数中的一个构成，即

$$\pi_1=\Delta p(\rho^{a_1}v^{b_1}D^{c_1}),\quad \pi_2=L(\rho^{a_2}v^{b_2}D^{c_2}),\quad \pi_3=e(\rho^{a_3}v^{b_3}D^{c_3}),\quad \pi_4=\mu(\rho^{a_4}v^{b_4}D^{c_4})$$

确定各π项的具体形式：首先将相关变量的量纲代入，可得各π项的量纲方程为

$$[\pi_1]=[\mathrm{M^1L^{-1}T^{-2}}][\mathrm{M}^{a_1}\mathrm{L}^{-3a_1}][\mathrm{L}^{b_1}\mathrm{T}^{-b_1}][\mathrm{L}^{c_1}]$$
$$[\pi_2]=[\mathrm{L^1}][\mathrm{M}^{a_2}\mathrm{L}^{-3a_2}][\mathrm{L}^{b_2}\mathrm{T}^{-b_2}][\mathrm{L}^{c_2}]$$
$$[\pi_3]=[\mathrm{L^1}][\mathrm{M}^{a_3}\mathrm{L}^{-3a_3}][\mathrm{L}^{b_3}\mathrm{T}^{-b_3}][\mathrm{L}^{c_3}]$$
$$[\pi_4]=[\mathrm{M^1L^{-1}T^{-1}}][\mathrm{M}^{a_4}\mathrm{L}^{-3a_4}][\mathrm{L}^{b_4}\mathrm{T}^{-b_4}][\mathrm{L}^{c_4}]$$

其次，因π项为无因次数，故每一π项中L、M、T的指数之和必须为零，由此可得各π项量纲L、M、T的幂指数方程及其解分别为

$$\pi_1:\begin{cases}0=-1-3a_1+b_1+c_1\\0=1+a_1\\0=-2-b_1\end{cases}\rightarrow\begin{cases}a_1=-1\\b_1=-2;\\c_1=0\end{cases}\qquad \pi_2:\begin{cases}0=1-3a_2+b_2+c_2\\0=a_2\\0=-b_2\end{cases}\rightarrow\begin{cases}a_2=0\\b_2=0\\c_2=-1\end{cases}$$

$$\pi_3:\begin{cases}0=1-3a_3+b_3+c_3\\0=a_3\\0=-b_3\end{cases}\rightarrow\begin{cases}a_3=0\\b_3=0;\\c_3=-1\end{cases}\qquad \pi_4:\begin{cases}0=-1-3a_4+b_4+c_4\\0=1+a_4\\0=-1-b_4\end{cases}\rightarrow\begin{cases}a_4=-1\\b_4=-1\\c_4=-1\end{cases}$$

将此代入各π项的量纲方程，可得各π项的具体形式为

$$\pi_1=\frac{\Delta p}{\rho v^2},\quad \pi_2=\frac{L}{D},\quad \pi_3=\frac{e}{D},\quad \pi_4=\frac{\mu}{\rho vD}$$

将π_4用$1/\pi_4$替代（见以下应用要点②），可得Δp与其影响因素的无因次数关系为

$$f_2\left(\frac{\Delta p}{\rho v^2},\frac{\rho vD}{\mu},\frac{e}{D},\frac{L}{D}\right)=0\ \text{或}\ \frac{\Delta p}{\rho v^2}=f\left(\frac{\rho vD}{\mu},\frac{e}{D},\frac{L}{D}\right)$$

引入欧拉数Eu和雷诺数Re的定义，这一关系可进一步表示为

$$Eu=f\left(Re,\frac{e}{D},\frac{L}{D}\right)\tag{a}$$

即表征摩擦压降的Eu数取决于Re数、管道长径比L/D及相对粗糙度e/D。

扩展分析——流动充分发展时单位管长的摩擦压降 此时单位管长的压降$\Delta p/L$与管长L无关，故以$\Delta p/L$替代Δp，并去掉因素L，按以上步骤可得三个相似数，即

$$\frac{\Delta p}{\rho v^2}\frac{D}{L}=f(Re,e/D)\ \text{或}\ \Delta p=\lambda\frac{L}{D}\frac{\rho v^2}{2}，\text{其中}\ \lambda=2f(Re,e/D)$$

此即管内充分发展流动摩擦压降的达西公式，其中λ是摩擦阻力系数。可见λ实际就是相似数EuD/L的另一表达形式，即$\lambda=2EuD/L$，因此只要Re、e/D相同则λ相同。

在此基础上，若进一步考虑的是水力粗糙管流动（$Re\geqslant 3400D/e$的情况），则$\Delta p/L$又与Re无关（相当于

又去掉因素 μ），结果将只有两个相似数，此时 $\lambda = 2f(e/D)$，即水力粗糙管的 λ 仅是 e/D 的函数。

此外，本问题与时间 t 与重力 g 无关，但可以验证，假若将 t、g 作为影响因素列入，得到的另外两个 π 项（无因次数）就是 St 数和 Fr 准数。

讨论　关系式（a）中无因次数对应相同的系统必然是相似系统。

首先从流动特性看，本问题属于稳态、强制流动（非重力流动），不涉及时间与重力，故本问题流动相似的要求是：几何相似，满足 Re 准则和 Eu 准则，且边界条件相同。

其次由关系式（a）可知，对于A、B两种不同的粗糙管，只要两者的 L/D、e/D 和 Re 数分别相同，则两者的 Eu 数就相同。由两者 L/D 和 e/D 分别相同可得

$$\frac{L_A}{D_A} = \frac{L_B}{D_B},\quad \frac{e_A}{D_A} = \frac{e_B}{D_B} \quad \rightarrow \quad \frac{L_A}{L_B} = \frac{D_A}{D_B} = \frac{e_A}{e_B} = C_L$$

这表明两者对应几何尺寸有相同比尺 C_L，满足几何相似；两者 Re 数和 Eu 数分别相同则意味着两者动力相似；此外因两者壁面速度均为0，故边界条件也相同。这显然与本问题要求的相似条件一致，因此A、B两系统必然是相似系统。

由此得出结论：因次分析法就是确定相似因素的方法，这些因素对应相等则两系统相似。这也是以相似因素拟合模型实验数据所得关联式可用于放大设计的原因。

（3）因次分析法应用要点

① 在分析过程影响因素时，既不能遗漏有重要影响的物理量，也要注意剔除次要量或无关量。否则导出的 π 项集合要么是不完整的，要么其中有些是不必要的。

② 在确定的影响因素下，π 项的数目是确定的，但各 π 项的形式不是唯一的。各 π 项的形式与核心参数的选择有关，且每一 π 项都可由其自身与其他 π 项组合的新 π 项替代（以便组合成有明确意义或已有应用经验的 π 项）。

③ 白金汉法只能给出 π 项的数目与形式，各 π 项之间的具体函数关系（关联式）则只能根据数据拟合或借鉴已有经验确定。

注：瑞利法与白金汉法的不同就在于瑞利法直接假设各 π 项之间为幂函数关系，其中形如 $\lambda = cRe^m$ 的阻力系数关联式、$Nu = cRe^m Pr^n$ 的换热系数关联式等就是这样得到的，这种幂函数关系显然仅适用于一些简单问题。

④ 可借鉴已有经验写出核心组参数与相关变量构成的 π 项。比如，例8-5提供的经验是：$\rho^a v^b D^c$ 与 Δp、μ、L、e 构成的 π 项分别为 Eu、Re、L/D、e/D，类似情况可直接借鉴。

⑤ 可以验证，若影响因素本身无因次，如效率 η，则该无因次数自身构成一个 π 项。

8.2.3　用因次分析指导模型实验的意义

综上可见，用因次分析指导模型实验有以下三个方面的意义。

① 因次分析可将过程影响因素组合成数目较少的无因次数，从而大大减少实验测试工作量。以例8-5中的扩展分析为例（管内充分发展流动的摩擦压降问题），其摩擦阻力系数 λ 与直接影响因素的关系和经因次分析到的 λ 与无因次数的关系分别为

$$\lambda = f(\rho, \mu, v, D, e) \quad 或 \quad \lambda = f(Re, e/D)$$

若直接以 ρ、μ、v、D、e 为变量进行实验，且每个变量在其变化范围内各取 i、j、k、m、n 个不同值，则确定 λ 与各影响因素关系的实验次数为 $N = ijkmn$ 次。

但按因次分析结果，影响 λ 的因素可减少为两个，即 Re 和 e/D，故确定 λ 的实验次数将显然减少。不仅如此，以 Re 为变量进行实验时，理论上只需改变 ρ、μ、v、D 中的任意一个即可改变 Re，这就便于在实验中可选择最容易改变的因素（如流体速度）来达到改变 Re 数的目的，因此实验工作难度也相对降低（改变管径或物性要更换管道或流体）。

② 因次分析在实验前就将各因素的关联影响归并于相似数中，从而使后期根据实验数据寻求各因素影响

规律的分析工作得到极大简化。比如，以上问题中由因次分析得到 $\lambda=f(Re, e/D)$，就可根据实验数据将 λ 随 Re、e/D 的变化关系绘制于二维坐标图中（见图 8-2），从而明确展现其变化规律，也便于关联式的建立。相反，若事先分别以 D、v、ρ、μ、e 作为变量进行实验，然后再从中进行关联分析得到图 8-2 所表现的规律，其难度可想而知。

③ 以因次分析法为指导的模型实验结果可用于放大设计。如前所说，因次分析就是确定相关问题的相似因素（包括几何相似），这些因素对应相等则两系统相似，因此以相似因素拟合模型实验数据所得关联式可用于工程放大设计。

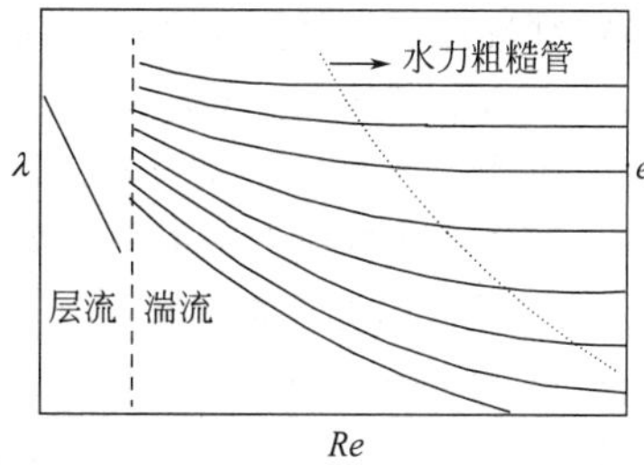

图 8-2 圆管充分发展流动的阻力系数

8.3 模型实验设计及应用举例

模型实验根据其意图不同可分为两类：

第一类是针对特定原型系统相关性能参数预测的模型实验。这类实验的模型参数要受到原型系统的限定（通过相似准则与原型参数相联系）。这类实验主要针对引进技术消化、新设备研发等，目的是获得工程设计关键数据，又称工程模型实验。

第二类是探索某一流动问题基本行为规律的模型实验。这类实验的模型参数没有具体的原型系统限定，但实验结果的放大及应用范围要受到相似准则及相似数实验范围的限定。

以下将首先概述模型实验设计的基本要点，然后以具体问题示范模型实验设计的基本过程，最后说明模型实验结果应用中应注意的问题。

8.3.1 模型实验设计的基本要点

模型实验设计首先是分析原型问题特征、确定相似准则。相似准则可采用因次分析法或借鉴已有经验获得，其中，相似数形式的选择应尽量能使其独立反映各动力因素的影响。

其次是根据现场实验条件和确定的相似准则设计模型实验参数（模型尺寸、实验介质、流速流量等），包括应用非定性准则建立实验结果与原型参数的换算关系。

以下是确定相似准则以及根据相似准则确定模型实验参数的一些基本要点或经验。

（1）常见流动问题的相似准则

① 对于不可压缩强制流动问题，其动力相似一般应考虑满足 Re 和 Eu 准则；

② 对于有自由液面的流动问题，其动力相似一般应考虑 Fr、Re 和 Eu 准则；

③ 对于高速气体的绕流等问题，其动力相似一般应考虑 Ma、Re 和 Eu 准则；

④ 对于非稳态问题或转动桨叶的动力学问题，应同时考虑满足或应用 St 准则。

流动问题中阻力或功率预测是常见问题，故 Eu 准则多数情况下是非定性准则。

（2）Re 数的自模化问题

Re 数的自模化问题即高雷诺数下流场已充分湍流、其动力学特性不再随 Re 数变化的问题。例如，高 Re 数下粗糙管（水力粗糙管）的摩擦压降、节流元件的局部压降、棱状物绕流阻力、常规工况下离心泵内的流动等，多属于 Re 自模化问题；这类问题中，流体压降 Δp、总阻力 F 或功率 P 等参数主要取决于流场湍流特性，不再与 Re 数本身大小相关。

对于原型已处于 Re 数自模化工况的问题，只要模型实验的 Re 数也在自模化区，则模型实验参数的设计不再受 Re 准则的限定，实验可在不同于原型的 Re 数下进行。这就使得某些原本因 Re 准则而难以实现的实验成为可能。

（3）相似准则对模型实验的制约及处理方法

① 由于相似准则之间的相互制约，模型实验往往难以同时满足问题涉及的全部相似准则，通常都只能根

据问题特征选择满足其主要准则（忽略不重要的准则），这也是模型实验结果的放大或多或少存在误差的原因。

解决相似准则的制约问题，很重要的是分析原型流动是否在 Re 自模区，以排除 Re 准则；其次是采取措施排除某一准则，比如，将实验气速限制在 $Ma < 0.3$ 范围，以排除 Ma 准则；或如后面【例一】的搅拌桨功率问题中，通过增加挡板限制重力影响，以排除 Fr 准则；等等。

② 即便是仅满足主要相似准则，仍可能出现模型实验参数超过现场设施能力的问题，比如实验介质受限、实验流速过高 / 过低、模型尺度过大 / 过小、要求超重力场等问题。

一般说，仅需满足一个定性准则的模型实验，实验介质可与原型不同；当需要同时满足两个定性准则时，实验介质将受到限定。同时满足三个定性准则的模型实验几乎不可能（例如，筛板或填料塔实验中，涉及气液两相流体，定性准则在三个以上，此时只能针对其并流特点采用近似复制实验，即模型塔除直径较小外，其塔高、筛板 / 填料结构、单位面积的气液流速等参数均与原塔相同）。

对于原型为不可压缩流动，而模型实验采用气体介质时，可能会因气速太高产生显著的可压缩效应，此时可考虑采用压力风洞（增加气体密度）或低温风洞（增加密度同时降低黏度），以降低实验风速。

模型尺度过小主要出现在大尺度原型（如河流）的模型实验中，此时 C_L 很大，模型很小，从而导致模型的某一特定尺寸（如水深）过小，使模型流动行为改变（如原型为充分湍流，而模型变为非充分湍流甚至层流），为此不得不打破几何相似限制，在该尺寸方向单独采用较小的几何比尺，这种模型称为变异模型（见参考文献 [5] 中的 P8-45）。

除此之外，一定条件下，也可采用模型实验与计算相结合解决相似准则的制约问题，典型的如水面舰船波浪阻力与总阻力模型实验问题（见参考文献 [5] 中的 P8-42）。

8.3.2　模型实验设计应用举例

【例一】搅拌功率问题

图 8-3 所示为有挡板的直叶开启式涡轮搅拌槽（安装挡板后可抑制自由液面中心的强制涡运动，使图中虚线所示液面下凹现象消失）。现有初步设计数据是：搅拌槽直径 D=2m，搅拌桨桨叶直径 d=0.5m、距槽底的安装高度 h=0.5m，槽内液体深度 H=1.5m，槽内溶液性质近似于水，其运动黏度 $\nu=1.0\times10^{-6}\text{m}^2/\text{s}$(水)。为预测搅拌桨功率 P 与转速 ω 关系（功率曲线），拟采用小搅拌槽进行模型实验。试设计该模型实验。

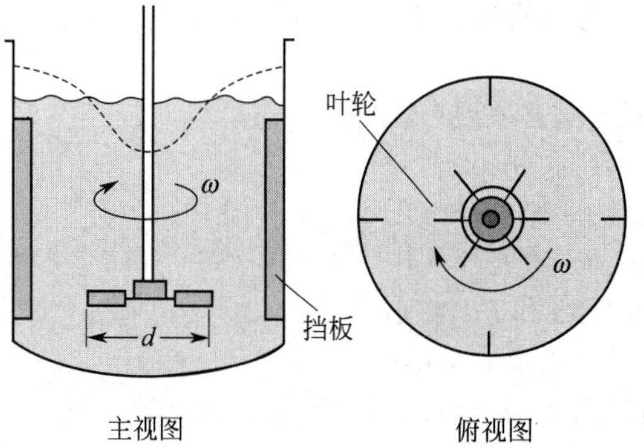

图 8-3　开启式涡轮搅拌槽

影响因素及相似准则　搅拌混合问题与搅拌槽内溶液的宏观运动特性和溶液组分的微观扩散过程有关。对于稀溶液混合，既定转速下宏观动力学特性很快稳定，可视为稳定流场；而溶液组分的微观扩散相对缓慢，达到要求的混合效果与时间有关，是非稳态过程。此处关心的是搅拌功率 P 与转速 ω 的关系，属于稳态工况的宏观动力学问题。

搅拌功率 P 等于搅拌桨转速 ω 与其受到的力矩 M 的乘积。既定转速下，搅拌桨力矩 M 的影响因素包括：流体性质（密度 ρ、黏度 μ）、重力加速度 g、搅拌桨几何参数（如桨叶直径 d）及桨叶安装高度 h、搅拌槽直径 D、槽内液体深度 H 等，因此

$$P = M\omega = f(\omega, \rho, \mu, g, d, h, D, H, \cdots)$$

其中“…”表示其他相关几何参数，比如挡板尺寸等。

以 d、ω、ρ 为核心组变量，应用 π 定理进行因次分析，可得

$$\frac{P}{\rho\omega^3 d^5} = f\left(\frac{d^2\omega\rho}{\mu}, \frac{d\omega^2}{g}, \frac{h}{d}, \frac{D}{d}, \frac{H}{d}, \cdots\right) \text{ 或 } N_{\text{P}} = f\left(Re, Fr, \frac{h}{d}, \frac{D}{d}, \frac{H}{d}, \cdots\right)$$

此处，“…”表示其他几何参数与d的比值，这些几何参数比值是本问题几何相似的具体条件，这些比值对应

相等，则两系统几何相似。N_P 称为功率数（Eu数的变形），其中的定性速度为$d\omega$为、定性尺寸为d。

模型尺寸 原型搅拌槽直径 D=2m，若选择模型搅拌槽直径 D_m=0.4m，则长度比尺 $C_L=D/D_m=5$；由此可确定模型搅拌槽尺寸、搅拌桨安装高度、液位深度等，如

$$d_m=d/C_L=100\text{mm},\ h_m=h/C_L=0.1\text{m},\ H_m=H/C_L=0.3\text{m},\ \cdots\cdots$$

实验介质与操作条件 假如要同时满足定性准则 Re、Fr，则有以下结果

① 取 $C_L=5$，优先保证 Fr 准则，且 $C_g=1$，再满足 Re 准则

Fr 准则
$$Fr=\frac{d\omega^2}{g} \rightarrow \frac{C_L}{C_t^2 C_g}=1 \rightarrow C_t=C_L^{0.5}$$

Re 准则
$$Re=\frac{d^2\omega}{\nu} \rightarrow \frac{C_L^2}{C_t C_\nu}=1 \rightarrow C_\nu=C_L^{1.5} \rightarrow \nu_m=\frac{\nu}{C_L^{1.5}}=8.94\times10^{-8}\text{m}^2/\text{s}$$

结果表明：该方案要求的实验介质运动黏度极低，选择这样的低黏度液体显然有困难。

② 取 $C_L=5$，先保证 Re 准则，且以水为介质（$C_\nu=1$），再考虑满足 Fr 准则

Re 准则
$$\frac{C_L^2}{C_t C_\nu}=1 \rightarrow C_t=\frac{C_L^2}{C_\nu}=C_L^2 \text{ 或 } \frac{\omega_m}{\omega}=C_L^2=25$$

Fr 准则
$$\frac{C_L}{C_t^2 C_g}=1 \rightarrow C_g=\frac{C_L}{C_t^2}=C_L^{-3} \rightarrow g_m=gC_L^3=125g$$

结果表明：该方案中 Fr 准则要求模型实验的重力加速度 g_m=125g，这显然也不现实。

以上说明本问题要同时满足 Re 和 Fr 两个定性准则，要么实验介质受限（要求很低的运动黏度极低），要么实验条件受限（要求很高的重力加速度）。

实际上，搅拌槽安装挡板，目的就是降低重力影响，消除其产生的强制涡运动（液面下凹现象显著减弱），以增强内部混合。因此，对有挡板的搅拌槽，可排除 Fr 准则，只保证 Re 准则即可。相关手册中给出挡板搅拌槽功率曲线为 $N_P=f(Re)$ 也是基于这点。

综上，对于安装有挡板的搅拌槽，定性准则仅考虑 Re 准则。此时，取模型比尺 $C_L=5$，实验介质为水，由 Re 准则可得模型与原型搅拌桨的转速关系为 $\omega_m/\omega=25$。

实验测试及结果放大 按 $C_L=5$ 制作模型搅拌槽，以水为实验介质进行实验，测试不同转速 ω_m 对应的搅拌功率 P_m，获得 ω_m-P_m 曲线。然后根据 N_P 数相等可得原型搅拌槽功率 P 与模型搅拌槽功率 P_m 的放大换算关系，即

$$\frac{P}{\rho\omega^3 d^5}=\frac{P_m}{\rho_m\omega_m^3 d_m^5} \rightarrow P=P_m\frac{\omega^3}{\omega_m^3}C_\rho C_L^5=\frac{P_m}{5}\text{，其中 }\omega=\frac{\omega_m}{25}$$

根据以上关系，由 ω_m 计算 ω，由 ω_m 对应的 P_m 计算 P，可得原型搅拌槽的 ω-P 曲线。也可进一步根据 ω-P 数据计算 Re 数及对应的 N_P 数，绘制 N_P-Re 关系图。

【例二】糖浆贮槽排放问题

糖浆贮槽如图 8-4 所示。从经验可知，排放糖浆时槽内会产生旋涡，且随着液面的下降，该旋涡最终会达到排放口，并将空气吸入糖浆，这是不希望发生的现象。为此，拟采用模型实验预测贮槽排放流量 q_V =180m³/h 时不出现空气夹带的最小液位高度 H。已知糖浆密度 ρ=1286kg/m³，黏度 μ=5.67×10⁻²Pa·s。模型实验拟采用水为介质，其密度 ρ_m=1000kg/m³，黏度 μ_m=1.0×10⁻³Pa·s。试确定模型实验槽的尺寸和实验条件。

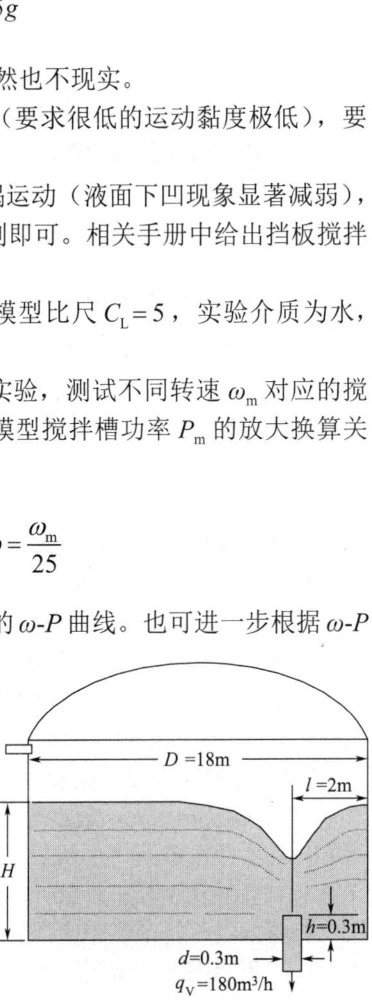

图 8-4 糖浆贮槽的排放

相似准则 该问题属黏性不可压缩流体的非稳态流动问题，借鉴已有经验可知（如 N-S 方程分析），这类问题的相似准则一般有：Re 准则、Fr

准则、*Eu* 准则和 *St* 准则，且从问题的特点看，糖浆排放过程属于重力作用下的黏性流体摩擦流动，其中液位（压力）也在变化，故各准则都应得到满足。

模型尺寸及操作条件　该问题已确定采用水为实验介质，因此物性比尺

$$C_{\mu}=\frac{\mu}{\mu_{m}}=\frac{5.67\times10^{-2}}{1.0\times10^{-3}}=56.7\ ,\quad C_{\rho}=\frac{\rho}{\rho_{m}}=\frac{1286}{1000}=1.286$$

根据 *Re* 准则、*Fr* 准则分别有

$$Re=\frac{\rho vL}{\mu}\ \rightarrow\ \frac{C_{\rho}C_{V}C_{L}}{C_{\mu}}=1\ \rightarrow\ C_{V}=\frac{C_{\mu}}{C_{\rho}}\frac{1}{C_{L}}$$

$$Fr=\frac{v^{2}}{gL}\ \rightarrow\ \frac{C_{V}^{2}}{C_{g}C_{L}}=1\ \rightarrow\ C_{L}=\frac{C_{V}^{2}}{C_{g}}$$

两式联立，取 $C_{g}=1$，并将 C_{μ}、C_{ρ} 代入可得

$$C_{L}=\left(\frac{C_{\mu}}{C_{\rho}}\right)^{2/3}=\left(\frac{56.7}{1.286}\right)^{2/3}=12.48,\quad C_{V}=\left(\frac{C_{\mu}}{C_{\rho}}\right)^{1/3}=\left(\frac{56.7}{1.286}\right)^{1/3}=3.53$$

根据 $C_{L}=12.48\approx12.5$，可得到模型实验槽几何尺寸，比如

$$D_{m}=D/C_{L}=18/12.5=1.44\,\text{m},\quad l_{m}=l/C_{L}=2/12.5=0.16\,\text{m}$$

$$d_{m}=d/C_{L}=0.3/12.5=0.024\,\text{m},\quad h_{m}=h/C_{L}=0.3/12.5=0.024\,\text{m}$$

根据两相似系统的流量比，并考虑 $C_{V}=3.53$、$C_{L}=12.5$，可得到模型实验槽流量为

$$\frac{q_{V}}{q_{Vm}}=\frac{v(\pi d^{2}/4)}{v_{m}(\pi d_{m}^{2}/4)}=C_{V}C_{L}^{2}\ \rightarrow\ q_{Vm}=\frac{q_{V}}{C_{V}C_{L}^{2}}=\frac{180}{3.53\times12.5^{2}}=0.326(\text{m}^{3}/\text{h})$$

根据 *Eu* 准则和 *St* 准则确定液位关系和时间关系。其中考虑贮槽内的液位高度 H 对应的压差 $\Delta p=\rho gH$，且将 $C_{V}^{2}=C_{L}C_{g}$、$C_{L}=12.5$，$C_{g}=1$ 代入，可得

$$Eu=\frac{\Delta p}{\rho v^{2}}=\frac{gH}{v^{2}}\ \rightarrow\ C_{H}=\frac{C_{V}^{2}}{C_{g}}\ \rightarrow\ C_{H}=C_{L}\ \rightarrow\ H=C_{L}H_{m}=12.5H_{m}$$

$$St=L/vt\ \rightarrow\ C_{t}=C_{L}/C_{V}\ \rightarrow\ C_{t}=C_{L}^{0.5}C_{g}^{-0.5}\ \rightarrow\ t=C_{L}^{0.5}C_{g}^{-0.5}t_{m}=3.54t_{m}$$

实验结果放大　按以上参数制作模型、设置初始液面并按流量 q_{Vm} 进行实验，若测得不发生气体夹带的最小液位为 H_{m}，相应时间为 t_{m}，则原型槽在排放流量 q_{V}=180m³/h 时不出现空气夹带的最小液位 H 和相应时间 t 可分别由以上 H-H_{m} 和 t-t_{m} 关系预测。

讨论　①同时满足 *Re* 和 *Fr* 准则且 g 不可改变时，采用缩制模型就要求实验流体黏度小于原型。本例可行是因为实验介质水的黏度仅为糖浆的 1/56.7，但【例一】中却不可行。②由本例可见，同时满足 *Fr*、*Eu* 准则时 $C_{H}=C_{L}$，即液位高度 H 是几何尺度。

【例三】轿车风阻系数模型实验

某轿车高 h=1.5m，最高行驶速度 40m/s，为确定其风阻系数（总阻力系数 C_{D}），拟用风洞进行模型实验。已知风洞实验段截面尺寸 0.5m×0.7m，最大风速 80m/s，且压缩性影响可以忽略。试确定模型轿车尺寸及实验风速，以获得轿车车速 v=20～40m/s 时的风阻系数。

相似准则　轿车风阻包括压差阻力（形状阻力）和表面摩擦阻力。本问题中，轿车速度稳定、重力影响可忽略，且不考虑可压缩性，故模型实验仅需考虑 *Re* 准则和 *Eu* 准则。

模型尺寸及实验条件　实验在风洞中进行，可认为 C_{μ}=1、C_{ρ}=1，故根据 *Re* 准则有

$$\frac{C_\rho C_V C_L}{C_\mu}=1 \rightarrow C_V=\frac{C_\mu}{C_\rho}\frac{1}{C_L} \rightarrow C_L C_V=1$$

取风洞最大风速 80m/s（相当于模型轿车行驶速度）计算，原型轿车行驶速度 v=20 ～ 40m/s 对应的最小与最大速度比尺 C_V 分别为

$$C_{V,\min}=20/80=0.25,\quad C_{V,\max}=40/80=0.5$$

因 $C_L C_V=1$，故模型轿车高度 $h_m=h/C_L=hC_V$。取 h=1.5m 并代入以上 C_V 对应可得

$$h_{m,\min}=0.375\,\text{m},\quad h_{m,\max}=0.750\,\text{m}$$

由此可见，即使最小尺寸的模型轿车，也不适宜在该尺度的风洞中进行实验（风洞实验要求模型对风洞实验段截面流场的干扰只能是局部的，不能波及整个截面）。

实际上，对于轿车之类三维物体的绕流阻力问题，一般在绕流雷诺数 $Re>10^4$ 以后其阻力就正比于 ρv^2，不再与 Re 数有关，即属于 Re 数自模化问题。为此计算原型轿车在最低车速下的雷诺数：取 20℃空气物性参数，轿车高度为定性尺寸，速度 20m/s，则

$$Re=\frac{\rho vh}{\mu}=\frac{1.205\times20\times1.5}{1.81\times10^{-5}}\approx2\times10^6$$

可见原型轿车行驶工况早已进入 Re 数自模区，因此只要模型轿车风速也在自模区，则不需采用 Re 准则确定模型尺寸。在此取 $C_L=30$，则模型轿车高度为

$$h_m=h/C_L=1.5/30=0.05(\text{m})=50(\text{mm})$$

取 $Re=10^5$ 为进入自模区的雷诺数，以 h_m 为定性尺寸，20℃空气为实验介质，则

$$v_m=Re_m\frac{\mu}{\rho h_m}=10^5\times\frac{1.81\times10^{-5}}{1.205\times0.05}=30.0(\text{m/s})$$

因此，若认为 $h_m=50$mm 模型轿车对风洞的干扰只是局部的，则实验可在该风洞中进行；若实验风速在 30m/s 以上（自模区），则原型与模型的相似就可排除 Re 准则。

实验结果放大 实验结果放大由 Eu 准则确定（非定性准则），由此可得

$$Eu_p=Eu_m \rightarrow \frac{F_p}{\rho v_p^2 A_p}=\frac{F_m}{\rho v_m^2 A_m} \rightarrow F_p=\frac{F_m}{(\rho v_m^2/2)A_m}\frac{\rho v_p^2}{2}A_p$$

此处 A_p、A_m 为原型与模型轿车的迎风面积。将上式以总阻力系数 C_D 表达则有

$$F_p=C_D\frac{\rho v_p^2}{2}A_p,\quad C_D=\frac{F_m}{(\rho v_m^2/2)A_m}$$

该阻力系数 C_D 由模型实验测试数据计算得到，也是原型轿车的风阻系数。

讨论 根据定义可知，绕流总阻力系数 C_D 实际等价于 Eu 数，即 $C_D=2Eu$，因此两系统 Eu 数相等，则 C_D 相等，或者说相似条件下模型轿车的 C_D 就是原型轿车的 C_D。

本问题排除 Re 准则后，就只有一个相似数 Eu，且模型几何参数是定值（本实验不研究几何参数对 C_D 的影响），故根据因次分析原理可知，此时 Eu 数或 C_D 必为定值，这意味着理论上只需在一个大于 30m/s 的实验风速 v_m 下测得模型总阻力 F_m，即可确定 C_D，且该 C_D 也是原型轿车在不同行驶速度 v_p 下的 C_D，条件是 v_p 对应的 Re 数也在自模区。

最后需要指出，即使 C_D 与 Re 相关（未进入自模区），以上总阻力 F_p 的计算式仍然成立，只不过其中的 C_D 随 v_m 而变，且计算 F_p 时对应的速度为 $v_p=v_m/C_L$。

【例四】水轮机相似工况参数的预测问题

用一台转子直径 D_m=42cm 的模型水轮机在工作压头 H_m=5.64m、转速 n_m=374r/min 条件下进行实验，测得

8

其功率输出 P_m=16.52kW，机械效率 89.3%。试根据这些数据，估计转子直径 D=409cm 且几何相似的原型水轮机在相似工况下的工作压头 H、流量 q_V、转速 n 和输出功率 P。设原型机的机械效率与模型机效率相同。

相似准则　水轮机是依靠重力（有压头的）水流冲击叶轮而输出功率。实用工况下水轮机内一般处于充分湍流（黏性摩擦仅限于极薄的壁面流体层，对水轮机内部的能量转换过程影响相对较小），流动工况在 Re 自模区，此时流动过程相似只需满足 Fr 和 Eu 准则。

参数预测　根据问题给出的叶轮直径可知，原型机与实验机相似的长度比尺为

$$C_L = D / D_m = 409 / 42 = 9.74$$

根据 Fr 准则和 Eu 准则，并考虑水的压力 p 与工作压头 H 的关系为 $p = \rho g H$，有

$$Fr = \frac{v^2}{gL} \quad \rightarrow \quad \frac{C_V^2}{C_g C_L} = 1 \quad \rightarrow \quad C_V^2 = C_L C_g$$

$$Eu = \frac{p}{\rho v^2} = \frac{\rho g H}{\rho v^2} = \frac{gH}{v^2} \quad \rightarrow \quad \frac{C_g C_H}{C_V^2} = 1 \quad \rightarrow \quad C_V^2 = C_H C_g$$

由此可见，同时满足 Fr、Eu 准则时，$C_H = C_L$，即静压头高度 H 是几何尺度。

根据以上确定的比尺关系，并考虑 $C_g = 1$，可得原型机转速和工作压头分别为

$$C_V = C_L^{0.5} \quad \rightarrow \quad \frac{nD}{n_m D_m} = C_L^{0.5} \quad \rightarrow \quad n = n_m C_L^{-0.5} = 374 \times 9.74^{-0.5} \approx 120 \text{ (r/min)}$$

$$C_H = C_L \rightarrow H = C_L H_m = 9.74 \times 5.64 = 54.9 \approx 55.0 \text{ (m)}$$

根据以上相似准则确定的比尺关系，相似工况下的流量之比可表示为

$$\frac{q_V}{q_{Vm}} = \frac{v d^2}{v_m d_m^2} = C_V C_L^2 = C_L^{2.5} \quad \rightarrow \quad q_V = q_{Vm} C_L^{2.5}$$

模型机的体积流量 q_{Vm} 可根据其与 P、ρ、H、η 的关系，由已知数据计算，即

$$q_{Vm} = \frac{P_m}{\rho_m g H_m \eta_m} = \frac{16.52 \times 10^3}{1000 \times 9.81 \times 5.64 \times 0.893} = 0.334 \text{ (m}^3\text{/s)}$$

故原型机的流量为

$$q_V = q_{Vm} C_L^{2.5} = 0.334 \times 9.74^{2.5} = 98.90 \text{ (m}^3\text{/s)}$$

根据以上得到的原型机相关参数，原型机功率可直接用公式计算，即

$$P = q_V \rho g H \eta = 98.9 \times 1000 \times 9.81 \times 55 \times 0.893 \div 1000 = 47651.8\text{(kW)}$$

对于相似系统，也可将有关的相似比尺代入两系统功率之比，得到原型机功率，即

$$\frac{P}{P_m} = \frac{q_V H}{q_{Vm} H_m} = C_L^{3.5} \quad \rightarrow \quad P = P_m C_L^{3.5} = 16.52 \times 9.74^{3.5} = 47639.4 \text{ (kW)}$$

注：以上将速度比尺表示为 $C_V = nD/n_m D_m$ 等价于应用 St 准则，即 $C_V = C_L/C_t$。

【例五】塔设备风载荷模型实验

某蒸馏塔塔高 H=30m，直径 D=800mm。为预测温度 T=20℃的空气以均匀风速 v=20 m/s 绕流该塔时塔设备的受力（风载荷），决定采用水为实验流体在水槽中进行模型实验，其中水的温度 T_m=20℃，流速 v_m=16m/s。试确定模型塔的尺寸。

相似准则　塔设备的风载荷来自于气流的黏性摩擦力和压差力（形状阻力），流动稳定且重力影响不计，因此模型实验主要应保证满足 Re 准则和 Eu 准则。

根据气流温度及实验介质温度可知

20℃时，空气密度 $\rho=1.205\ \text{kg/m}^3$，运动黏度 $\nu=15.02\times10^{-6}\ \text{m}^2/\text{s}$

20℃时，水的密度 $\rho_\text{m}=998.2\ \text{kg/m}^3$，运动黏度 $\nu_\text{m}=1.006\times10^{-6}\ \text{m}^2/\text{s}$

注：根据空气物性参数可知塔的绕流雷诺数 $Re\approx10^6$，此时的阻力特性与 Re 有关。

模型尺寸 因为 $C_\nu=\nu/\nu_\text{m}=14.93$，$C_\text{V}=v/v_\text{m}=1.25$，所以根据 Re 相似准则有

$$Re=\frac{vL}{\nu}\ \rightarrow\ \frac{C_\text{V}C_\text{L}}{C_\nu}=1\ \rightarrow\ C_\text{L}=\frac{C_\nu}{C_\text{V}}=\frac{14.93}{1.25}=11.94\approx12$$

由此得模型塔的直径和高度分别为

$$D_\text{m}=\frac{D}{C_\text{L}}=\frac{800}{12}=66.7(\text{mm}),\quad H_\text{m}=\frac{H}{C_\text{L}}=\frac{30}{12}=2.5(\text{m})$$

实验结果放大 根据 Eu 准则，并将其中的压力表示为单位面积的作用力即 $p=F/L^2$，可得原型塔受力 F（风载荷）与模型塔受力 F_m 的关系为

$$Eu=\frac{F}{\rho v^2L^2}\ \rightarrow\ \frac{C_\text{F}}{C_\rho C_\text{V}^2C_\text{L}^2}=1\ \rightarrow\ C_\text{F}=C_\rho C_\text{V}^2C_\text{L}^2\ \rightarrow\ F=\frac{\rho}{\rho_\text{m}}C_\text{V}^2C_\text{L}^2F_\text{m}$$

代入数据得

$$F=\frac{1.205}{998.2}\times1.25^2\times12^2F_\text{m}=0.272F_\text{m}$$

讨论 为什么选取水而不直接采用空气为实验介质，且水速定为 v_m=16m/s？

① 若直接用相同空气为实验介质，则 $C_\nu=C_\rho=1$，满足 Re 准则的结果是

$$C_\text{V}C_\text{L}/C_\nu=1\ \rightarrow\ C_\text{L}C_\text{V}=1$$

如果减小实验气速，即 $v_\text{m}\leqslant20$m/s，则 $C_\text{V}\geqslant1$，即要求 $C_\text{L}\leqslant1$ 或 $H_\text{m}\geqslant30$m，这意味着模型塔尺寸将大于等于原塔，这显然失去了本问题模型实验的意义。

如果增大实验气速，即 $v_\text{m}>20$m/s，虽然可减小模型尺寸，但即使在 v_m=100m/s 的条件下，也要求 H_m=6m，这意味着需要超大尺度的风洞；若再提高气速大于 100m/s，虽然 H_m 可进一步减小，但气体压缩性影响将增加（成为可压缩流动），这与原塔流动类型不同。

② 以水为介质时，若减小实验水速，即 $v_\text{m}<16$m/s，则 $C_\text{V}>1.25$。按 Re 准则，长度比尺 $C_\text{L}<12$ 或 $H_\text{m}>2.5$m，此时必须考虑实验水槽尺度是否足够；若增大实验水速，即 $v_\text{m}>16$m/s，虽然模型尺寸可减小，但又需考虑实验水槽功率是否足够。由此可见，实验水速的选取是综合考虑水槽尺度和功率的结果。

【例六】流体横掠圆管的阻力系数实验

某实验室拟用空气和水为介质，研究其横掠（绕流）特定换热管的阻力系数 C_D。通过因次分析可知，忽略端部效应时圆管绕流阻力系数 C_D 仅与绕流雷诺数 Re 有关，即

$$C_\text{D}=f(Re)，\text{其中 } C_\text{D}=\frac{F/DL}{\rho v^2/2},\quad Re=\frac{\rho vD}{\mu}$$

式中，F 为圆管横向受力；D 和 L 为圆管直径和长度；DL 为迎风面积；v 为来流平均风速；ρ 和 μ 分别为流体密度和动力黏度。

实验条件 实验在常温下进行，实验室具备的条件如下：

实验圆管直径 D=10mm，长度 L=200mm；

实验室能实现的实验风速为 v=1 ～ 50 m/s，水速为 v=0.1 ～ 5 m/s；

测力仪器最小分辨率 0.5N，维持圆管刚度的最大线载荷 f=500N/m。

实验目的与问题 本实验目的是获得 C_D-Re 的关系式（属于第二类模型实验），试分析实验可在什么样的 Re 数范围获得阻力系数 C_D 的数据。

实验 Re 数范围分析 常温下，空气的密度 ρ=1.2kg/m³，运动黏度 $\nu=1.5\times10^{-5}\ \text{m}^2/\text{s}$；因此，在既定空气流速范围内可实现的雷诺数 Re 的范围是

$$Re = \frac{vD}{\nu} = \frac{(1 \sim 50)\times 0.01}{1.5\times 10^{-5}} \rightarrow 667 \leqslant Re \leqslant 33333$$

常温下，水的密度 ρ=1000kg/m³，运动黏度 $\nu=1.0\times10^{-6}$ m²/s；因此，在既定的水速范围内可实现的雷诺数 Re 的范围是

$$Re = \frac{\rho v D}{\mu} = \frac{(0.1 \sim 5)\times 0.01}{1.0\times 10^{-6}} \rightarrow 10000 \leqslant Re \leqslant 50000$$

另一方面，测力仪器的性能也要限定雷诺数 Re 的范围。设测力仪能测试到的最小和最大横向力分别为 F_1 和 F_2，则根据 C_D 定义式，测力仪限定的 Re 数范围为

$$v=\sqrt{\frac{2F}{C_D \rho D L}} \rightarrow \frac{\rho v D}{\mu} = \sqrt{\frac{2F\rho D}{C_D L \mu^2}} \rightarrow \sqrt{\frac{2F_1 D}{C_{D1} L \rho \nu^2}} \leqslant Re \leqslant \sqrt{\frac{2F_2 D}{C_{D2} L \rho \nu^2}}$$

代入已知数据，测力仪限定的 Re 数范围为可表示为：

以空气为介质　$1.92\times10^4\sqrt{F_1/C_{D1}} \leqslant Re \leqslant 1.92\times10^4\sqrt{F_2/C_{D2}}$

以水为介质　$1.0\times10^4\sqrt{F_1/C_{D1}} \leqslant Re \leqslant 1.0\times10^4\sqrt{F_2/C_{D2}}$

因最小横向力由测力仪最小分辨率确定，即 F_1=0.5N，最大横向力由最大线载荷 f 确定，即 F_2=500×0.2=100(N)，所以测力仪限定的 Re 数范围可进一步表示为：

以空气为介质　$1.36\times10^4 C_{D1}^{-0.5} \leqslant Re \leqslant 1.92\times10^5 C_{D2}^{-0.5}$

以水为介质　$7.07\times10^3 C_{D1}^{-0.5} \leqslant Re \leqslant 1.0\times10^5 C_{D2}^{-0.5}$

要进一步确定测力仪限定的 Re 数范围，需要知道实际的 C_D-Re 关系。这一关系本身就是该实验要解决的问题。在此利用光滑圆柱绕流的 C_D-Re 关系近似计算的 Re 数范围，且已知相关范围内光滑圆柱绕流的 C_D-Re 关系如下：

$$6.0\times10^3 < Re < 1.0\times10^4\text{：} C_D \approx 1.1\text{；}\quad 1.0\times10^4 \leqslant Re < 2.0\times10^5\text{：} C_D \approx 1.2$$

以空气为实验介质时，取 C_D=1.2 计算得到 Re 数的上、下限为

$$1.24\times10^4 \leqslant Re \leqslant 1.75\times10^5$$

可见，取 C_D=1.2得到的 Re 数范围与其取值范围一致，故以上 Re 数范围合理。

以水为实验介质时，取 C_D=1.1 计算 Re 数下限，取 C_D=1.2 计算 Re 数上限，有

$$6.45\times10^3 \leqslant Re \leqslant 9.13\times10^4$$

可见，C_D 取值的 Re 数范围与所得 Re 数范围相符，因此以上 Re 数范围合理。

综合以上由介质流速和测力仪限定的 Re 数范围，结果如图 8-5 所示。

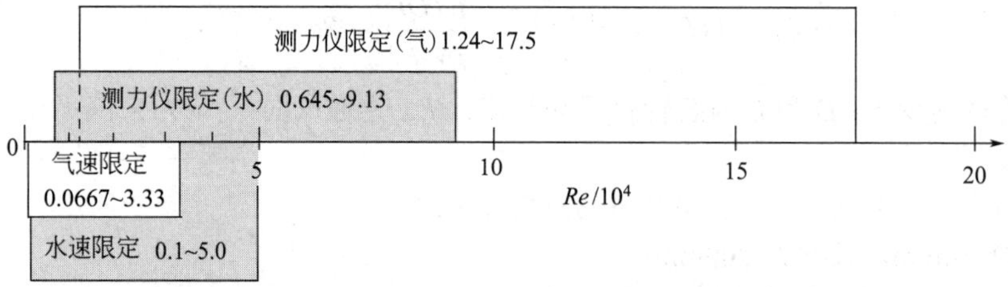

图 8-5　实验条件对实验中可实现的 Re 数变化范围的限制

由图可知，综合流速及测力仪的限定，实验操作的 Re 数范围为：

以空气为介质时　$1.24\times10^4 \leqslant Re \leqslant 3.33\times10^4$

以水为介质时　$6.45\times10^3 \leqslant Re \leqslant 5.0\times10^4$

结论 由于水为实验介质时的 Re 数范围涵盖了空气介质的 Re 数范围，因此既定实验条件下，仅以水为介质进行实验即可，且实验中水的流速范围为

$$0.645\text{m/s} \leqslant v \leqslant 5\text{m/s}$$

综上可知，对于第二类实验，实验参数变化范围通常总是有限的，因此其结果的应用也是有限的。比如，应用本例实验结果去预测直径 800mm 的相似柱体的 C_D，则根据本实验最大雷诺数 Re =50000 可知，至多只能预测该柱体在 0.94m/s 风速下的 C_D。

8.3.3 实验数据的整理及应用说明

实验结果通常可整理为表格、线图或实验关联式。其中根据实验数据拟合关联式时，选择无因次数之间的函数形式是很重要的，合理的函数形式可减小拟合误差。这需要分析把握相关因素的影响规律，熟悉常见曲线的函数方程，同时要善于借鉴已有经验。

实践表明，对于流动阻力及对流传热传质问题，假设其无因次数之间具有幂函数乘积形式的函数关系是较为可行的方法之一。在一个如实反映过程规律的幂函数关联式中，影响较大的无因次数其幂指数数值相应较大。

需要特别指出的是：由于实验条件的限制，作为实验变量的无因次数的变化范围总是有限的，其关联式通常也只在无因次数变化范围内才是有效的。没有确切的论证，不能随意外推，否则有可能导致错误的计算结果。

比如，某实验在雷诺数为 $Re_1 \sim Re_2$ 范围得到如图 8-6 所示的阻力系数数据，其值相也在实际值的合理误差范围，并由此拟合得到的关联式为 $C_D=cRe^n$。但因实验中 Re 数的变化范围有限，而关联式又是基于该小范围数据的分布趋势由最小二乘法确定，所以该关联式的延伸规律（虚线）完全可能与实际变化规律（实线）不同。该关联式若只在 $Re_1 \sim Re_2$ 范围内用于预测阻力系数，其预测结果仍然在实际值的合理误差范围，但若将其外推至 $Re_1 \sim Re_2$ 以外的范围，其预测结果则可能与实际相去甚远。文献报道中也常常有这样的情况：对于同样范围内的实验，不同作者得到的实验关联式形式明显不同，这些关联式在各自的实验范围内其预测结果可能差别不大，但超过其实验范围的预测结果却有显著差别，其原因就在于此。

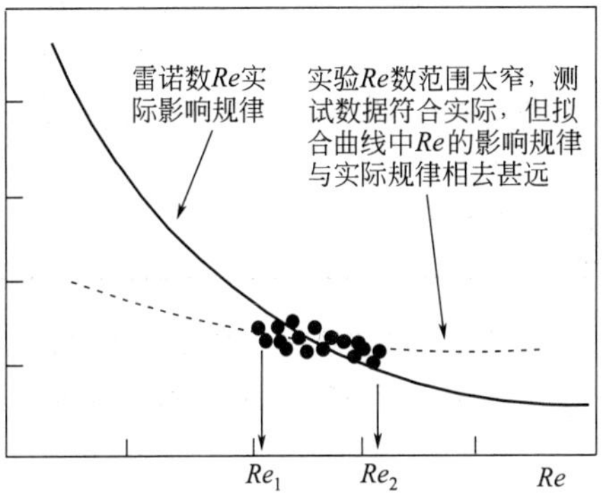

图 8-6 阻力系数 C_D 随 Re 数的变化

由此可见，为便于他人应用，通过模型实验给出相应关联式时，必须注明关联式中有关参数的实验变化范围；同样，在引用文献中的关联式时，也必须明确其适用范围。

最后需要指出的是由于相似准则与实验条件的相互制约，模型实验设计常常只能满足主要的相似准则，从而可能导致实验结果的放大出现不同程度的误差。但从中也得到启示：因为计算机模拟理论上不存在相似准则与模拟条件的制约问题，所以在大尺寸设备的流场数值模拟中，采用以相似准则为指导的模型模拟不失为新的思路。此外如何将相似理论拓展到有重要需求的气-液、液-液两相流过程，并建立相应的相似准则，也是值得探索的重要课题。

思考题

8-1 因相似系统具有确定的速度比尺 C_V 和长度比尺 C_L，所以相似系统体积流量比尺可表示为 $C_{qV}= C_V C_L^2$，这意味着涉及体积流量 q_V 时，St 数可表示为 $St=q_V/vL^2$ 或以 $t=L^3/q_V$ 作为 St 数的定性时间，为什么？

8-2 参见【例 8-2】，该例中模型实验需要满足 Fr 准则，并用 St 准则得到 $C_t=C_L^{0.5}$，但有人将重力加速度比尺

表示为 $C_g=C_L/C_t^2$，并直接令 $C_g=1$ 得到同样结果，其原因为何？对于仅需要满足 Re 准则且在重力场进行的模型实验，关系式 $C_t=C_L^{0.5}$ 也成立吗？

8-3　在【例 8-4】的比尺等式关系中，选择 C_V^2/C_L 遍除各项得到的 4 个相似是 St、Fr、Eu、Re。若选择 C_g 遍除各项，则所得的 4 个相似数具体组成为何？并由此说明为什么不选择后一种方案。如何应用因次分析的 π 项替代原则将其转化为 St、Fr、Eu、Re？

8-4　在涉及压差 Δp 的不可压缩流动问题中，概括 Δp 及其影响因素的因次分析结果为

$$f(\Delta p, \mu, \rho, v, L, t, g) \rightarrow Eu = f(Re, St, Fr)$$

其中
$$Eu=\Delta p/\rho v^2,\ Re=\rho vL/\mu,\ St=L/vt,\ Fr=v^2/gL$$

因压差 Δp 与压头高度 H 的关系为 $H=\Delta p/\rho g$、与输送功率 P 的关系为 $P=\Delta p\, q_V$，故因次分析中也可用 H 或 P 替代 Δp 作为变量，对应分析结果分别为

$$H/L=f(Re, St, Fr),\quad N_P=f(Re, St, Fr)\ [\text{其中}\ N_P=P/(\rho v^3L^2)\ ]$$

① 试根据因次分析的 π 项构成原则，直接将 Eu 数转化为 H/L 或功率数 N_P；

② 根据转化过程，分析用相似数 H/L 替代 Eu 数有什么限定条件。

8-5　试证明，满足 Re、Fr 准则时，运动黏度比尺 C_v 和重力加速度比尺 C_g 可对应表示为

$$C_v=C_L^2/C_t,\quad C_g=C_L/C_t^2$$

进一步，令 $C_g=1$ 解出 C_t 并代入 C_v 可得 $C_v=C_L^{1.5}$，试说明该式的应用条件，并根据该式阐述模型实验中实验流体运动黏度与模型大小的关系。

8-6　参见模型设计应用举例【例四】。Eu 准则中的压差或压力常用 $p=\rho gH$ 代替，其中 H 是静压头高度。对于同时满足 Fr、Eu 准则的问题，该静压头高度 H 可视为几何尺度，即 $C_H=C_L$，为什么？对于仅同时满足 Re、Eu 准则的问题，亦有相同结论吗？

习题

8-1　在小温差 ΔT 产生的自然对流中，流体流动相对缓慢，重力与静压力近似平衡，因此小温差 ΔT 下 x-y 平面自然对流定常问题 y 方向的 N-S 方程可表述为

$$\rho\left(v_x\frac{\partial v_y}{\partial x}+v_y\frac{\partial v_y}{\partial x}\right)=\mu\left(\frac{\partial^2 v_y}{\partial x^2}+\frac{\partial^2 v_y}{\partial y^2}\right)+\rho\beta g\Delta T$$

其中:ρ、μ、β 是流体平均温度下的流体密度、黏度和热膨胀系数，$\rho\beta g\Delta T$ 是单位体积流体 y 方向（$-g$ 方向）的温差浮力。试证明由该方程导出的动力相似数可表示为

$$Re=\rho vL/\mu,\ Gr=L^3\rho^2 g\beta\Delta T/\mu^2$$

并解释其中格拉晓夫数 Gr 的物理意义。相似数中的 L 是定性尺度，v 是定性速度。

8-2　充分发展的层流流动条件下，圆管内流体与管壁对流换热过程的温度微分方程为

$$v_z\frac{\partial T}{\partial z}=\alpha\left(\frac{\partial^2 T}{\partial r^2}+\frac{1}{r}\frac{\partial T}{\partial r}\right)$$

试证明由该方程导出的相似数是组合相似数 $RePr$。其中，v_z 是流体轴向速度，T 是流体温度，α 是热扩散系数；Re 是雷诺数，$Pr=\nu/\alpha$ 称为普朗特数（ν 是运动黏度）。

8-3　在例 8-5（管内不可压缩流动压降问题）基础上，若再增加重力 g 和时间 t 为影响因素，则对应会增加多少个 π 项？试写出新增加的 π 项的具体组成。

8-4　圆管内一维可压缩流动的压力降 Δp 是气体密度 ρ、黏度 μ、气速 v、声速 c、管道直径 D 和长度 L 的函数。试用因次分析并借用例 8-5 的已有经验，确定压力降 Δp 与其影响因素的无因次数关系。

8-5　桥墩受到水流的作用力 F 与桥墩宽度 b、水层深度 h、水流速度 v、水的密度 ρ 和黏度 μ 以及重力 g 有关。

试用因次分析并借鉴例 8-5 的已有经验，证明水流对桥墩作用力的无因次数可表达为

$$\frac{F}{\rho v^2 b^2}=f\left(\frac{\rho v b}{\mu},\frac{v^2}{gb},\frac{h}{d}\right) \quad 或 \quad Eu=f\left(Re, Fr, h/d\right)$$

8-6 舰船在海面上航行时受到的总阻力 F（包括液面波浪阻力）与航行速度 v、海水密度 ρ、海水黏度 μ、舰船长度 L、特征宽度 b、吃水深度 h 以及重力 g 有关。试用因次分析或借鉴习题 8-5 的结果，给出舰船航行总阻力 F 与其影响因素的无因次数关系。

8-7 球形颗粒在液体中的自由沉降速度 v（颗粒受力平衡时的终端速度）与液体的密度 ρ、黏度 μ、颗粒的粒径 d、颗粒与液体的密度差 $\Delta\rho=(\rho_s-\rho)$ 及重力加速度 g 相关。

① 试用因次分析并以 (ρ,μ,d) 为核心组参数，证明表征沉降速度的无因次数关系为

$$\frac{\rho v d}{\mu}=f\left(\frac{g\rho^2 d^3}{\mu^2}, \frac{\Delta\rho}{\rho}\right) \quad 或 \quad Re=f\left(Ga, \frac{\Delta\rho}{\rho}\right)$$

此处 Ga 称为伽利略数，表征浮力 / 黏性力（与格拉晓夫数 Gr 有些类似，见习题 8-1）。

② 颗粒匀速沉降又可视为流体以速度 v 绕固定球体的定常流动，问题又可表述为：颗粒绕流阻力 F 与流体速度 v（相当于颗粒终端速度）、流体密度 ρ、黏度 μ 及颗粒的粒径 d 相关。因此，借助习题 8-5 的结果，可将 F 与其影响因素的无因次数关系表示为

$$\frac{F}{\rho v^2 d^2}=f\left(\frac{\rho v d}{\mu}\right) \quad 或 \quad Eu=f\left(Re\right)，此处\ Eu=\frac{F}{\rho v^2 d^2}$$

试根据该结果，并结合匀速沉降时颗粒所受合力为零的特点，证明表征颗粒沉降速度的雷诺数 Re 又可表示为阿基米德数 Ar 的函数，即

$$\frac{\rho v d}{\mu}=f\left(\frac{\rho\Delta\rho g d^3}{\mu^2}\right) \quad 或 \quad Re=f(Ar)=f\left(Ga\frac{\Delta\rho}{\rho}\right)$$

注：阿基米德数 Ar 是颗粒学中常用的相似数，表征颗粒有效重力与黏性力之比。

③ 比较可见，对于颗粒沉降速度这一问题，第①问中 Re 与两个无因次数 Ga、$\Delta\rho/\rho$ 相关，第②问中 Re 仅与一个无因次数 Ar 相关，试解释原因。

8-8 水轮机靠水流冲击叶轮而输出动力（流体对机械做功）。其输出功率 P 的影响因素包括：水轮机叶轮直径 D、转速 n、水流流量 q_V、密度 ρ、黏度 μ、重力加速度 g 和水轮机效率 η（水轮机获得的机械能 / 水流实际消耗的机械能）。

① 试用因次分析并选择 (D,n,ρ) 作为核心组参数，证明

$$\frac{P}{\rho n^3 D^5}=f\left(\frac{\rho n D^2}{\mu}, \frac{n^2 D}{g}, \frac{q_V}{nD^3}, \eta\right) \quad 或 \quad N_P=f\left(Re, Fr, St, \eta\right)$$

式中，相似数中的定性速度 $v=nD$，定性尺寸 $L=D$，定性时间 $t=D^3/q_V$。

② 根据核心组参数选择原则说明：若影响因素本身无因次，则该因素即为一个 π 项；

③ 水流连续稳定进入水轮机，但相似准则中却出现了反映时间特性的 St 数，为什么？

8-9 经验表明，气体通过涡轮机（压气机）的压头增量 H（单位重量流体的机械能增量）主要取决于转子直径 D、转速 n、气体体积流量 q_V、气体的运动黏度 ν 和重力加速度 g。该过程变量数为 6，只涉及 L 和 T 两个量纲，因此有 4 个 π 项（无因次数），若选择核心组参数为 (D,n)，得到的 4 个 π 项为

$$\frac{H}{D}=f\left(\frac{q_V}{nD^3}, \frac{nD^2}{\nu}, \frac{n^2 D}{g}\right) \quad 或 \quad \frac{H}{D}=f\left(St, Re, Fr\right) \tag{a}$$

其中相似数 St、Re、Fr 的定性速度 $v=nD$，定性尺寸 $L=D$，定性时间 $t=D^3/q_V$。

进一步，若考虑压头 H 与压差 Δp 的关系为 $\Delta p=\rho gH$，则上式又可表示为

$$\frac{\Delta p}{\rho n^2 D^2}=f\left(\frac{q_V}{nD^3},\ \frac{nD^2}{\nu},\ \frac{n^2 D}{g}\right) \text{ 或 } Eu=f(St,\ Re,\ Fr) \tag{b}$$

① 说明式（a）中 H 是几何尺度，并陈述将式（a）转换为式（b）的原理与过程；

② 对于可以且需要忽略 Fr 准则的问题（如气体流动或液体强制流动问题），若直接在式（a）中去掉 Fr 数，其结果 $H/D=f(St, Re)$ 将与忽略 Fr 准则相矛盾，为什么？由此可以明确：忽略 Fr 准则时，H/D 不能作为相似数，应采用与重力无关的 Eu 数。

③ 本题中，若将运动黏度 ν 换成流体密度 ρ 与动力黏度 μ，则影响因素增加一个，此时以 (D, n, ρ) 为核心组参数，其因次分析结果仍然与式（A）完全相同，试解释原因？

④ 按理，压头 H 或压差 Δp 还与压气机的其他几何结构参数有关，此处没有一一列出，这对模型实验相似准则的完整性有影响吗，为什么？

8-10 离心泵等流体输送机械（包括风机、涡轮压气机等）的作用是提升流体压头 H（即单位重量流体的机械能增量，也称泵的扬程）。其中离心泵功率 P 与流体压头增量 H 的关系是 $P=\rho gHq_V/\eta=\Delta pq_V/\eta$，此处 Δp 是压头 H 对应的压差，η 是离心泵效率（流体实际获得的功率 $P_e=\rho gHq_V$ 与 P 之比）。

① 考虑离心泵与涡轮压气机功能类似、影响因素相同，试借助习题 8-9 中的式（b）并对 Eu 数重新组合，给出离心泵功率 P 与其影响因素的无因次数一般关系，即

$$\frac{P}{\rho n^3 D^5}=f\left(\frac{\rho nD^2}{\mu},\ \frac{n^2 D}{g},\ \frac{q_V}{nD^3},\ \eta\right) \text{ 或 } N_p=f(Re,\ Fr,\ St,\ \eta)$$

② 考虑离心泵内为强制流动而忽略 Fr 准则，且常规工况下离心泵内部为充分湍流（均在 Re 自模区工作），并假设 η、g 不变，证明：此条件下两几何相似离心泵的体积流量比、扬程比、功率比的关系（即：离心泵相似定律）为

$$\frac{q_{V,p}}{q_{V,m}}=\frac{n_p}{n_m}\frac{D_p^3}{D_m^3},\quad \frac{H_p}{H_m}=\frac{n_p^2}{n_m^2}\frac{D_p^2}{D_m^2},\quad \frac{P_p}{P_m}=\frac{\rho_p}{\rho_m}\frac{n_p^3}{n_m^3}\frac{D_p^5}{D_m^5}$$

③ 在以上条件下进一步证明：离心泵仅因自身转速由 n_1 降低或升高至 n_2 时，其体积流量比、扬程比、功率比的关系（即：离心泵比例定律）为

$$\frac{q_{V,1}}{q_{V,2}}=\frac{n_1}{n_2},\quad \frac{H_1}{H_2}=\frac{n_1^2}{n_2^2},\quad \frac{P_1}{P_2}=\frac{n_1^3}{n_2^3}$$

8-11 轴流泵输送流体所需功率 P 取决于叶轮的转速 n、直径 D、流体的密度 ρ、黏度 μ、体积流量 q_V 及泵的效率 η 等参数。为了解某轴流泵的操作性能，现采用 $C_L=3$ 的缩制模型进行实验，实验流体与原型泵相同，得到的一组数据为

$$n_m=900\ \text{r/min},\ D_m=0.127\ \text{m},\ q_{Vm}=0.085\ \text{m}^3/\text{s},\ H_m=3.05\ \text{m},\ P_m=1510\ \text{W}$$

其中 H_m 是模型泵的扬程（单位重量流体的机械能增量）。如果两泵动力相似、效率相同，且原型泵转速为 300 r/min，并不计重力影响，求原型泵的流量、扬程及驱动功率。

8-12 已知某风机在 0℃、1atm 的环境下，以 480r/min 的转速运行时的送风量为 2.66 m³/s，出口风压增量为 418Pa，风机效率为 70%。现将其安装于温度 60℃、压力 0.95atm 的新环境下工作。设气体密度变化服从理想气体状态方程。若新老环境下风机转速和效率不变，且运行工况在 Re 数自模区，试确定新环境下该风机的送风量、出口风压增量以及输入功率。

8-13 某反应堆冷却系统拟采用离心泵来驱动冷却介质液态钠的循环流动。液态钠的温度为 400℃，密度为 0.85g/cm³，动力黏度为 0.269cP，泵的流量是 30L/s，扬程是 2m，转速是 1760r/min。为了解该泵的运行问题，决定采用 4 倍大的几何相似模型水泵用 20℃的水进行模拟实验。试按相似准则确定模型泵的转速 n_m、流量 q_{Vm} 与扬程 H_m。

8-14 为测定某水管阀门的局部阻力系数，拟在同一管道上用空气进行实验。已知原水管内水温 20℃，流速 2.5m/s，实验用空气温度 20℃。①试确定实验风速 v_m 和阀门水流压差与模型实验测定压差的比值 $C_{\Delta p}$；

②若管流雷诺数 $Re > 10^5$ 后该阀门阻力特性进入 Re 数自模区，且管道直径为 100mm，试确定：实验风速、模型阀门局部阻力系数 ζ 的计算式、ζ 所适用的最低水速，以及水管阀门局部阻力压降的计算式。

8-15 图 8-7 所示为文丘里流量计，水平安装于直径 D=60mm 管道，流体为 20℃的水，密度 ρ = 998.2kg/m³、运动黏度 10^{-6}m²/s，且已知管内平均流速 v=5m/s 时，流量计 U 形管中水银指示剂高差为 h=200mmHg，其中水银指示剂密度 ρ_h 为水的 13.6 倍。现另有一支 5 倍大的几何相似流量计，其中流体密度相同但运动黏度是小流量计的 1.25 倍。

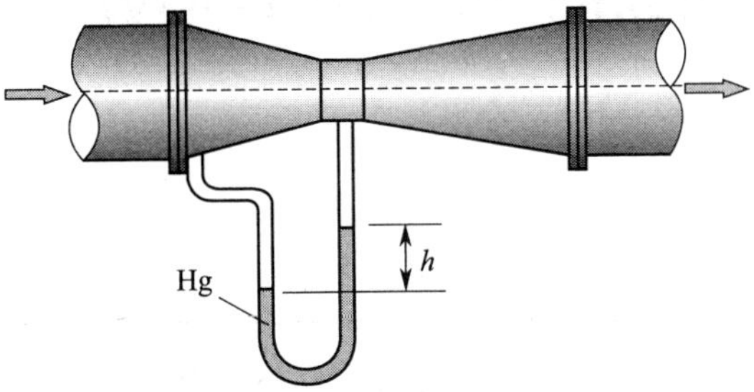

图 8-7 习题 8-15 附图

① 试确定相似工况下大流量计中的体积流量 $q_{V,p}$ 及其对应的指示剂高差 h_p。

② 若小流量计实验表明管流雷诺数 $Re > 10^5$ 时其流动进入 Re 自模区（压差与速度平方成正比，即 Eu 数为定值），试确定大流量计进入 Re 自模区的管内平均流速及自模区内的以速度为变量的压差计算式。

8-16 为预测一钢制球形颗粒在密度为 900kg/m³ 的油中的自由沉降（颗粒受力平衡时的均速沉降速度），拟采用铝制球形颗粒在该油中进行模型实验。已知钢球密度为 7800kg/m³，铝球密度为 2700kg/m³。①试根据 Re 准则和 Eu 准则，确定铝球粒径 d_m 与钢球粒径 d_p 的比值、铝球沉降速度测试值 v_m 与钢球沉降速度 v_p 的比值。②试根据 Re 准则和 Ar 准则确定同样问题，其中，阿基米德数 Ar 的定义见习题 8-7。

8-17 已知某潜艇航行速度 9.26km /h，海水的运动黏度 1.30×10^{-6}m² / s，密度 1010kg /m³。为研究其阻力特性等问题，拟采用长度为原型十二分之一的模型潜艇在水槽液面下进行实验，水槽中的水温为 50℃。①试按动力相似确定拖拽模型潜艇的速度；②试确定原型潜艇所受阻力与模型潜艇测试阻力的关系；③该问题的时间比尺为多少且代表什么意义；④若实验在 20℃的压力风洞中进行，且要求实验风速小于 60m/s，试确定风洞的压力？设空气动力黏度仅与温度相关，且水下航行无波浪阻力。

8-18 用尺度为原型十分之一的飞机模型作实验。原型飞机在降落过程中速度为 v_p=150km/h，空气温度 T=30℃。由于黏性效应起显著作用，模型实验在水洞中进行，其中水温为 T_m =50℃，压力 p_m 为一个大气压，试确定水洞的水流速度 v_m，以及原型机所受升力 F_p 与模型机升力 F_m 的比值。如果飞机机头的抬升角度较大，实验中必须考虑什么因素？如果在风洞中实验有什么问题？

8-19 气力输送管道中，空气流速 v=10m/s，悬沙粒径 d=0.03mm，密度 ρ =2500kg/m³。现拟用相同空气在 1 ∶ 3（即 C_L =3）的管道中进行动力学实验。实验要求管道雷诺数相等，沙粒悬浮状况相似且相似条件是：两系统的无因次数 $N_F = F_g / F_D$ 相等，其中 F_g 为减去浮力后的颗粒有效重力，F_D 为气流对颗粒的横向曳力，且曳力系数 $C_D = C/Re_d$，C 为常数，Re_d 是以气流速度和颗粒粒径定义的颗粒雷诺数。试确定实验气速和沙粒粒径。

8-20 一喷嘴直径 d=18mm，以出口速度 v=22.0m/s 垂直向上喷水，因环境空气阻力其喷射高度 h=20m。①试确定重力减小至 1/6 时（其余环境条件不变），相似工况对应的喷嘴直径 d_p、喷射速度 v_p 和喷射高度 h_p。②若水流视为与环境空气无摩擦理想水流，则水流速度 v 与其高度 h 的关系是单纯的动能与位能转换关系，试确定该转换过程的相似数。

第8章
习题答案

9 管内不可压缩流体的湍流流动

本章导言

管内流动具有广泛的应用背景。城市生活的水 / 气输送、石油 / 天然气的管道传输都属于管内流动。现代过程工业的流程系统不仅靠众多的管道连接实现高效连续化生产，而且生产工艺中大量的加热冷却过程亦是通过管流方式实现的。管道流动问题中，流体的速度分布和流动阻力，尤其管内湍流流动的速度分布与阻力计算是工程实际关心的基本问题。

湍流的研究起源较早，最初称为“不规则”流动，其中最先直观展现这种“不规则”流动现象的是雷诺（Reynolds）的圆管流动染色示踪实验（湍流一词 turbulence 的提出及雷诺数 *Re* 的命名都在此之后）。而圆管湍流速度分布问题的解决则得益于普朗特（Prandtl）的湍流混合长度理论，该理论首次建立了有实用价值的湍流模型（也称涡黏性系数的零方程模型），并由此获得了壁面充分发展湍流的通用速度分布式——壁面律。冯 · 卡门（von Kármán）及尼古拉兹（Nikuladse）等针对圆管流动由实验确定壁面律中的待定常数，获得了圆管湍流的速度分布式，圆管湍流阻力计算问题亦随之解决。

本章内容围绕上述背景展开，主要包括：①圆管流动概述（层流与湍流——雷诺实验，圆管进口区流动与充分发展区流动）；②湍流的基本特性及雷诺平均运动方程；③湍流的半经验理论（普朗特混合长度理论及通用速度分布）；④圆管充分发展区的湍流速度分布；⑤圆管湍流的阻力损失与阻力系数；⑥非圆形管及弯曲管内的流动；⑦管流问题的基本类型与解析要领。

普朗特的混合长度理论虽不完善，但意义直观，该理论不仅在圆管湍流速度分布和平壁湍流边界层速度分布的预测方面均获得了成功，同时也对后来相关湍流问题的研究产生了广泛的影响。本章所给出的圆管湍流速度分布式、阻力系数的半经验式及实验关联式，是圆管湍流问题工程应用分析和阻力计算的基本公式。

9.1 圆管流动概述

圆管（圆形截面管）是工程实际中最常用的管道。圆管流动的特点是，流速分布在管截面上具有轴对称性，沿管长方向可分为进口区流动和充分发展区流动，且随着流速的增加会呈现出两种不同的流动形态：层流与湍流。

9.1.1 层流与湍流——雷诺实验

雷诺实验 1883 年英国物理学家奥斯本 · 雷诺（Osborne Reynolds）通过圆管流动实验发现，随着流速的增加，流体的内部行为会发生根本性变化，从而表现出两种不同的流动形态：层流（laminar flow）与湍流

（turbulent flow）。雷诺实验装置如图 9-1，其中管内流速较低时表现为层流，此时流体层间犹如平行滑动，其横向只有分子热运动，但热运动尺度远小于流体质点尺度，故质点运动轨迹平滑，此时引出的示踪剂将在管中形成一条明晰的有色直线（直至下游较远距离后因分子扩散而消失）；管内流速较高时表现为湍流，此时流体内部充满不同尺度的旋涡，导致流体以微团形式随机脉动且脉动尺度远大于质点尺度，故质点运动紊乱无规则，此时引出的示踪剂很快弥散，不能在管中形成清晰的有色直线。

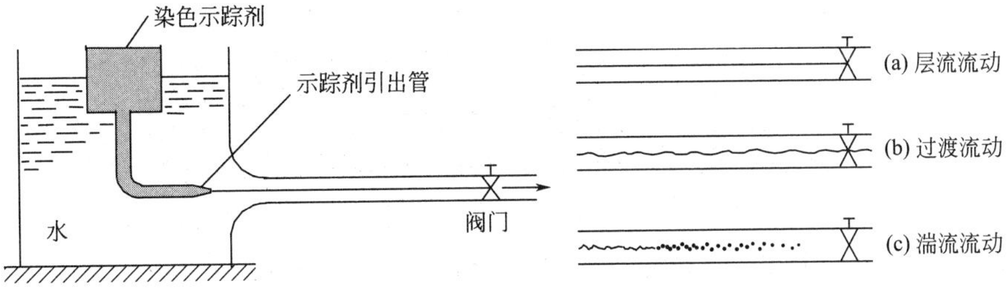

图 9-1 雷诺实验

层流与湍流的判别 层流到湍流的转变是剪切摩擦导致层状结构失稳的过程，如图 9-2 所示，或黏性流体速度量变导致其动力学行为质变的过程。雷诺实验之后的进一步研究发现，层流到湍流的转变不仅与流速 u 有关，还与流体密度 ρ、黏度 μ 和管径 D 有关，其综合影响可用称为雷诺数的无因次数 $Re=\rho uD/\mu$ 表征。其中，对于常规环境下光滑圆管内的流动，雷诺数 $Re<2300$ 时为层流；$Re>4000$ 时为湍流；$2300<Re<4000$ 时为过渡流。

需要指出，层流到湍流的过渡还与管道进口形状、管壁粗糙度及环境扰动等因素有关。实验表明，在入口有圆弧过渡且扰动较小的光滑管内，维持层流流动的雷诺数会更高。

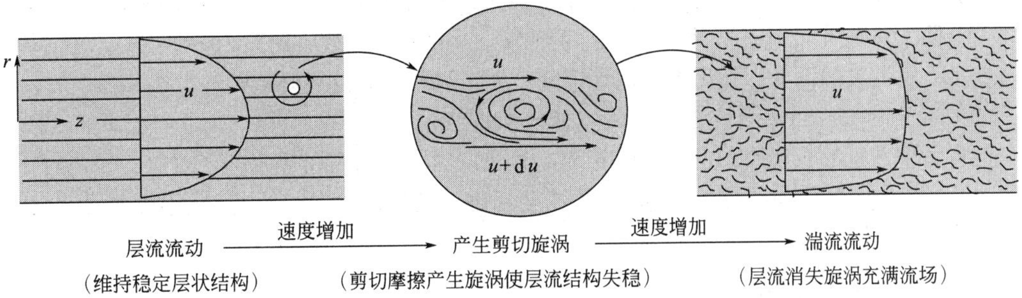

图 9-2 圆管中层流到湍流的过渡

9.1.2 圆管进口区的流动

进口区与充分发展区 圆管内流动的发展如图 9-3 所示。流体进入管口后，管壁表面的流体速度会因黏性作用滞止为零，导致近壁区流体减速，中心区流体因连续性势必加速。近壁区因黏性减速的流体层称为**管壁边界层**（图中阴影所示）。随着流动向前发展，管壁边界层逐渐增厚，直至遍及整个管道截面，此后速度分布形态不再改变；其中管壁边界层达到管中心之前的流动区称为**进口区**，此后的区域称为**充分发展区**。进口区轴向速度 u 与 r、z 相关，即 $u=u(r,z)$；充分发展区轴向速度 u 仅与 r 相关，即 $u=u(r)$。

从表观形态上看，圆管层流与湍流时的进口区主要有以下三个方面的不同。

进口区长度： 即形成充分发展的速度分布所需要的管长 L_e。实验表明，层流流动时，入口条件对进口区流动影响较小，进口区长度 $L_e=0.0575DRe$，其中 $Re=\rho u_m D/\mu$ 是管流雷诺数，D 是管径。湍流流动时，进口区边界层增长较快、长度相对较短，但具体长短受入口条件的影响较大，无确切规律，通常按经验取 $L_e=50D$。

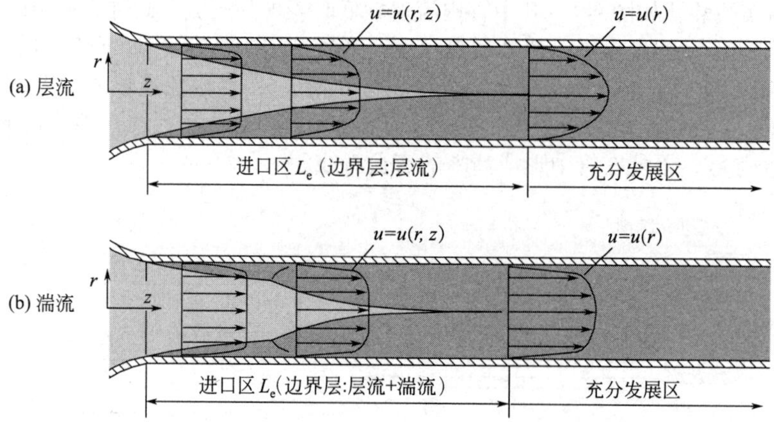

图 9-3 圆管层流与湍流的进口区及充分发展区

注：在进口区流体动力学分析中，有时还定义另一种进口段长度，即管壁切应力充分发展（即壁面切应力趋于恒定）所需的管长。流体刚进入管道时，壁面速度梯度较大，切应力也较大，但随后壁面速度梯度会很快减小并在短距离内趋于恒定，管壁切应力也随之趋于恒定，故以管壁切应力充分发展定义的进口区通常远小于以速度定义的进口区。

进口区的边界层形态：层流时，整个进口区边界层内的流动是层流，称为层流边界层。湍流时，边界层开始一段是层流边界层，然后会过渡为湍流边界层（边界层内为湍流），见图 9-3。但需指出，湍流时入口条件对进口区的影响较大，如果入口形状是突变的、不平滑的，则进口区边界层可能一开始就属于湍流边界层。

进口区阻力系数的变化：进口区流动阻力由两部分构成，一部分是边界层内的切应力产生的阻力损失，另一部分是管道中心区（边界层外）流体加速导致的阻力损失。因此，进口区单位管长的阻力损失大于充分发展区。从阻力系数的变化来看，层流时进口处阻力系数最大，然后逐渐减小并在充分发展区达到确定值；湍流时则有所不同，其阻力系数先是从进口处的最大值逐渐减小（对应层流边界层），但随后又会在层流边界层与湍流边界层的过渡点附近突然回升，然后再次逐渐下降，并在流动充分发展后达到确定值。

注：圆管进口区管壁对流换热系数的变化也因此呈现出相似规律。

对于工程实际中常见的长径比 L/D 较大的管道，其进口区阻力通常予以忽略，或以管长修正系数考虑进口区阻力；但对于 L/D 较小，特别是 $L \leqslant L_e$ 的短管流动问题，则必须用专门的进口区阻力系数公式或借助边界层理论（见第 10 章）计算其阻力。

9.1.3 圆管充分发展区的流动

圆管层流的充分发展区流动 对于圆管内不可压缩流体充分发展的层流流动，第 5 章已作详细分析，其轴向速度分布、流体层间的切应力分布、摩擦阻力系数分别为

$$u = 2u_m\left(1-\frac{r^2}{R^2}\right)=\frac{R^2}{4\mu}\frac{\Delta p^*}{L}\left(1-\frac{r^2}{R^2}\right),\quad \tau_{rz}=\frac{\Delta p^*}{L}\frac{r}{2},\quad \lambda=\frac{64}{Re} \tag{9-1}$$

其中 $$\Delta p^* = p_1 - p_2 + \rho g L\cos\beta,\quad Re=\rho u_m D/\mu$$

式中，u_m 是管流平均速度；$R=D/2$ 是管道半径；r 是径向坐标；μ 是流体动力黏度；Re 是管流雷诺数；Δp^* 称为修正压力降（针对倾斜管道），其中对于压差流动 Δp^* 等于管道摩擦压降 Δp_f；β 是流动方向与重力方向的夹角，对于在垂直管道内向下或向上的流动 $\beta=0$ 或 π，对于水平管道内的流动 $\beta=\pi/2$（此时 $\Delta p^*=\Delta p=\Delta p_f$）。

圆管湍流的充分发展区流动 虽然层流和湍流充分发展区的速度 u 都只沿 r 变化，即 $u=u(r)$，但规律显著不同，且湍流时的 $u=u(r)$ 及其阻力系数并不像层流那样有简单的解析表达式，原因是湍流时的切应力 τ 与应变速率 du/dr 之间的关系是非线性的，不像层流时那样可用简单的牛顿剪切定律来描述。故圆管充分发展区湍流问题（即使其仅与 r 相关）必须结合湍流模型和实验来确定，详见本章第 9.3 至 9.4 节。

【例 9-1】 圆管内流动的压力降问题

流量为 20L/s 的甘油在直径 100mm、与水平面成 10° 倾角的圆管内向上流动。已知甘油动力黏度 μ= 0.9Pa·s，密度 ρ=1260kg/m³，进口压力 590kPa。试忽略进口效应，计算管道下游 60m 处的压力。

解 忽略进口效应意味着整个管长的流动都可视为充分发展流动。流体的平均流速为

$$u_{\mathrm{m}}=\frac{4q_{\mathrm{V}}}{\pi D^2}=\frac{4\times 20\times 10^{-3}}{\pi\times 0.1^2}=2.55(\mathrm{m/s})$$

因为雷诺数

$$Re=\frac{\rho u_{\mathrm{m}}D}{\mu}=\frac{1260\times 2.55\times 0.1}{0.9}=357<2300$$

所以流动为层流。因此根据式（9-1），管道进口至下游 60m 处的修正压降为

$$\Delta p^*=u_{\mathrm{m}}\frac{8\mu L}{R^2}=2.55\times\frac{8\times 0.9\times 60}{0.05^2}=441\times 10^3(\mathrm{Pa})$$

同时，将 $\lambda=64/Re=0.1793$ 代入摩擦压降达西公式可得

$$\Delta p_{\mathrm{f}}=\lambda\frac{L}{D}\frac{\rho u_{\mathrm{m}}^2}{2}=0.1793\times\frac{60}{0.1}\times\frac{1260\times 2.55^2}{2}=441\times 10^3(\mathrm{Pa})$$

可见，流动为压差流动时 $\Delta p^*=\Delta p_{\mathrm{f}}$。

其次，因 β =90°+10°，$\cos\beta=-\sin 10°$，故管道下游 60m 处的压力为

$$p_2=p_1+\rho gL\cos\beta-\Delta p^*=p_1-\rho gL\sin 10°-\Delta p^*$$

代入数据得

$$p_2=590\times 10^3-126.85\times 10^3-441\times 10^3=20.35\times 10^3\ (\mathrm{Pa})$$

可见，总压降 $\Delta p=p_1-p_2$=569.65kPa，而实际摩擦压降 Δp^*=441 kPa，多出部分为 $\Delta p-\Delta p^*=\rho gL\sin 10°$= 128.65kPa 是重力场中流体静压随高度的减少量，非摩擦压降。

9.2 湍流的基本特性及雷诺方程

9.2.1 湍流的基本特性

湍流 也称紊流，是一种充满不同尺度旋涡的流动形态。旋涡不断产生和消失导致流体微团随机脉动，使流体在总体向前流动的同时内部出现强烈的横向掺混，因而其动量、热量、质量传递速率比仅有分子扩散的层流流动大为增强。

湍流中流体微团的随机脉动使得流场参数（速度、压力、温度等）都产生随机脉动。对湍流流动的基本认识是，湍流运动可以分解成时均运动（时间平均运动）与脉动两个部分，时均运动是有规则的，脉动是无规则的随机运动。工程上感兴趣的主要是湍流时均运动。

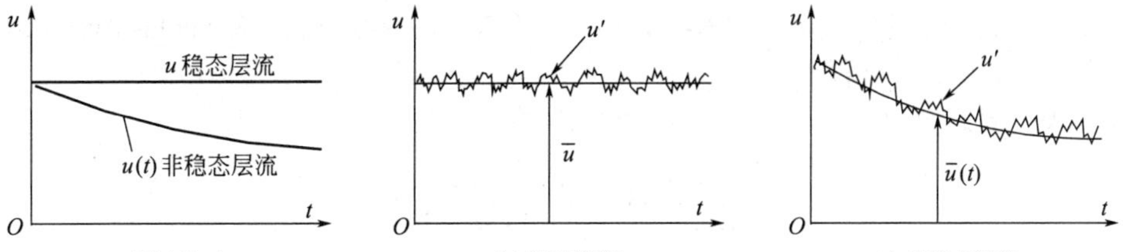

图 9-4 流场中固定空间点的流速随时间的变化

湍流的时均速度和脉动速度 图 9-4 是流场中固定点处的流速随时间变化的测试结果。其中，图 9-4（a）是层流流动的情况，稳态时速度 u 是恒定的确定值，非稳态时速度 u 是随时间变化的确定值，二者皆没有脉动。图 9-4（b）是稳态湍流情况，速度 u 随时间呈现出随机脉动，但速度 u 的时均速度 $\bar{u}$ 是恒定的确定值，而围绕

$\bar{u}$ 的脉动速度 u' 是随机值；图 9-4（c）是非稳态湍流情况，其中时均速度 $\bar{u}(t)$ 是随时间变化的确定值，而围绕 $\bar{u}(t)$ 的脉动速度 u' 是随机值。由此可见，湍流瞬时速度 u 可视为是时均速度 $\bar{u}$ 与脉动速度 u' 叠加的结果，即

$$u = \bar{u} + u' \tag{9-2}$$

其中，湍流的时均速度 $\bar{u}$ 是时均化周期 Δt 内的平均速度，即

$$\bar{u} = \frac{1}{\Delta t}\int_t^{t+\Delta t} u\mathrm{d}t \tag{9-3}$$

注：时均化周期 Δt 是基于脉动的微观时间尺度而言的，其中 Δt 远大于脉动周期（一次脉动的时间），但又远小于宏观时间周期（分辨时均值变化的时间间隔）。

将式（9-2）代入式（9-3）可知，脉动速度 u' 的时均值 $\overline{u'}$ 为零，即

$$\overline{u'} = \frac{1}{\Delta t}\int_t^{t+\Delta t} u'\mathrm{d}t = 0 \tag{9-4}$$

需要说明，对于湍流流动，所谓稳态或非稳态都是针对时均速度 $\bar{u}$ 而言的。

湍流强度　湍流流动中，脉动量显然是标志流体湍流脉动程度的重要参数。例如，风洞流场性能优劣的评价指标之一就是脉动量。通常认为脉动是各向同性的，因此脉动量的平均值为零，因此常常用 u' 的均方根值 I 来反映湍流脉动的强烈程度，称为湍流强度，或用 u' 的均方根值 I 与时均速度 $\bar{u}$ 之比表示相对湍流强度，用 I_r 表示，即

$$I = \sqrt{\overline{u'^2}} \quad 或 \quad I_\mathrm{r} = \sqrt{\overline{u'^2}}\Big/\bar{u} \tag{9-5}$$

湍流尺度　湍流场中充满旋涡运动，湍流过程就是大尺度旋涡不断分裂成小尺度旋涡并最后在黏性作用下弥散消失的过程（此即湍流的能级串理论：大涡由外界获得能量→逐级传递给小涡→小涡最终将能量耗散为热能）。湍流尺度是对旋涡大小的度量，通常以相邻两点脉动速度的相关性为基础来定义。设流场中 y 方向上相近两点在方向 x 的脉动速度分别为 u'_{x1} 和 u'_{x2}，当两点处于同一旋涡之中时，则 u'_{x1} 和 u'_{x2} 必然存在相关联系；反之，当两点相距甚远，则 u'_{x1} 和 u'_{x2} 各自独立。u'_{x1} 和 u'_{x2} 的相关程度可表述为

$$R = \overline{u'_{x1}u'_{x2}}\Big/\sqrt{\overline{u'^2_{x1}}\,\overline{u'^2_{x2}}} \tag{9-6}$$

式中，R 称为相关系数，其值介于 0 ～ 1 之间，数值越大，两脉动速度之间的相关性就越显著。而湍流尺度则定义为

$$l = \int_0^\infty R\mathrm{d}y \tag{9-7}$$

大旋涡属于低频脉动，可认为是大尺度运动，其旋涡具有方向性且各向异性；小旋涡属于高频脉动，是小尺度运动且脉动各向同性。当 Re 增大时，湍流的尺度会减小。

9.2.2　雷诺方程

基于非定常的 N-S 方程可以描述湍流流动，而工程上又特别关心湍流时均值的观点，雷诺对非定常的 N-S 方程进行时均化处理，得到描述湍流流动的 N-S 方程——雷诺平均 N-S 方程（Reynolds Averaged Navier-Stokes 方程），简称雷诺方程或 RANS 方程。

时均化运算法则　设瞬时速度 $u = \bar{u} + u'$，$\bar{u}$ 为时均速度，u' 为脉动速度，其中

$$\bar{u} = \frac{1}{\Delta t}\int_t^{t+\Delta t} u\mathrm{d}t,\quad \overline{u'} = \frac{1}{\Delta t}\int_t^{t+\Delta t} u'\mathrm{d}t = 0$$

由此可得时间平均（时均化）运算的基本法则为

① 瞬时值之和的平均值等于其平均值之和，即 $\overline{u_1 + u_2} = \bar{u}_1 + \bar{u}_2$

② 平均值的平均等于其本身，即 $\overline{\bar{u}} = \overline{u - u'} = \bar{u} - \overline{u'} = \bar{u}$

③ 平均值与瞬时值乘积的平均值，等于两平均值之积，即 $\overline{\bar{u}_1 u_2} = \bar{u}_1 \cdot \bar{u}_2$

④ 两脉动值乘积的平均值一般不等于零，即 $\overline{u'_1 u'_2} \neq 0$

⑤ 瞬时值导数的平均值等于平均值的导数，即

$$\overline{\frac{\partial u}{\partial x}}=\frac{1}{\Delta t}\int_{t}^{t+\Delta t}\frac{\partial u}{\partial x}\mathrm{d}t=\frac{\partial}{\partial x}\left(\frac{1}{\Delta t}\int_{t}^{t+\Delta t}u\mathrm{d}t\right)=\frac{\partial\overline{u}}{\partial x}\text{，类似有}\ \overline{\frac{\partial^2 u}{\partial x^2}}=\frac{\partial^2\overline{u}}{\partial x^2}\text{，}\quad\overline{\frac{\partial u}{\partial t}}=\frac{\partial\overline{u}}{\partial t}$$

注：时间导数时均化中，积分针对脉动微观时间尺度，求导针对宏观时间尺度。

雷诺方程 将连续性方程和 N-S 方程中的速度和压力变量表示为

$$v_x=\overline{v}_x+v'_x,\quad v_y=\overline{v}_y+v'_y,\quad v_z=\overline{v}_z+v'_z,\quad p=\overline{p}+p'$$

然后按照上述法则，对连续性方程和 N-S 方程进行时均化处理（读者可验证）可得

$$\begin{cases}\dfrac{\partial\overline{v}_x}{\partial x}+\dfrac{\partial\overline{v}_y}{\partial y}+\dfrac{\partial\overline{v}_z}{\partial z}=0\\ \rho\dfrac{D\overline{v}_x}{Dt}=\rho f_x-\dfrac{\partial\overline{p}}{\partial x}+\mu\nabla^2\overline{v}_x\quad+\dfrac{\partial(-\rho\overline{v'^2_x})}{\partial x}+\dfrac{\partial(-\rho\overline{v'_xv'_y})}{\partial y}+\dfrac{\partial(-\rho\overline{v'_xv'_z})}{\partial z}\\ \rho\dfrac{D\overline{v}_y}{Dt}=\rho f_y-\dfrac{\partial\overline{p}}{\partial y}+\mu\nabla^2\overline{v}_y\quad+\dfrac{\partial(-\rho\overline{v'_xv'_y})}{\partial x}+\dfrac{\partial(-\rho\overline{v'^2_y})}{\partial y}+\dfrac{\partial(-\rho\overline{v'_yv'_z})}{\partial z}\\ \rho\dfrac{D\overline{v}_z}{Dt}=\rho f_z-\dfrac{\partial\overline{p}}{\partial z}+\mu\nabla^2\overline{v}_z\quad+\dfrac{\partial(-\rho\overline{v'_xv'_z})}{\partial x}+\dfrac{\partial(-\rho\overline{v'_yv'_z})}{\partial y}+\dfrac{\partial(-\rho\overline{v'^2_z})}{\partial z}\end{cases}\tag{9-8}$$

此即湍流运动的时间平均方程——雷诺方程。与原 N-S 方程（虚线框所示）比较可见，雷诺方程比原 N-S 方程多出 6 个独立附加量，即

$$-\rho\overline{v'^2_x},\quad-\rho\overline{v'^2_y},\quad-\rho\overline{v'^2_z},\quad-\rho\overline{v'_xv'_y},\quad-\rho\overline{v'_xv'_z},\quad-\rho\overline{v'_yv'_z}\tag{9-9}$$

与以应力表示的运动方程式（6-16）相比较，可推断这些附加量具有应力的性质，故称为雷诺应力（其中前三项为正应力，后三项是切应力）。

雷诺应力反映了湍流脉动对平均运动附加的影响。由于雷诺应力的引入，原封闭的 N-S 方程不再封闭（此时的 4 个方程中有 10 个变量，即压力、三个时均速度分量和六个雷诺应力分量）。为了使方程组封闭，必须建立补充关系式，即根据假设和实验建立雷诺应力与时均速度之间的关系，此即湍流模型问题。9.3 节介绍的普朗特混合长度理论就是其中之一。

9.2.3 湍流理论简介

湍流流动具有高度的复杂性，为揭示其流动规律，人们从不同的角度对其进行研究，形成了不同的理论。下面对其中一些理论作扼要的介绍。

直接数值模拟（Direct Numerical Simulation，简称 DNS） 其基本观点是包括脉动在内的湍流瞬时运动也服从 N-S 方程，直接求解 N-S 方程可以得到湍流的解。由此希望在不引入任何湍流模型的条件下，用计算机数值求解完整的三维非定常 N-S 方程，对湍流的瞬时运动进行直接的数值模拟。湍流运动包含不同尺度的旋涡运动，为了模拟湍流，一方面需要计算区域的尺寸应大到足以包含最大尺度的旋涡，另一方面要求计算网格的尺度和时间步长应小到足以分辨最小旋涡的运动，这对计算机的内存和运算速度提出了非常高的要求，目前的计算机能力还不能满足这样的要求，只能计算简单边界条件下低雷诺数的湍流流动。

湍流模型理论 即以雷诺平均 N-S 方程（RANS 方程）为基础，引进一系列模型假设，使 N-S 方程封闭的一种湍流模拟方法，又称 RANS 模拟。其中基于布辛涅斯克（Boussinesq）涡黏性假设的 RANS 模拟——涡黏性系数法，是目前湍流工程计算的主流方法。该方法中，依据确定涡黏性系数 μ_T 所需的附加微分方程的数目，又有零方程模型、一方程模型和两方程模型，比如普朗特混合长模型、湍动能 k 方程模型、k-ε（湍动能 - 耗散率）两方程模型等。湍流模型理论在解决工程实际问题中已经发挥了很大的作用，但存在两个显著的缺陷：ⅰ. 该理论通过平均运算将脉动的全部行为细节一律抹平，丢失了包含在脉动运动中的有重要意义的信息；ⅱ. 该理论下的各种湍流模型都有一定的局限性，比如对经验数据依赖性强、预报精度有限等。

大涡模拟（Large Eddy Simulation，简称 LES） 针对湍流模型理论缺少普适性、时均化会丢失脉动细节、计算精度受限等不足，以及直接数值模拟（DNS）还仅限于低雷诺数的现实，大涡模拟采取了一种折中的办法，即把包括脉动运动在内的湍流瞬时运动通过某种滤波方法分解成大涡运动和小涡运动两部分。大涡运动采用直接数值模拟，小涡运动对大涡运动的影响将在运动方程中表现为类似于雷诺应力一样的应力项，称之为亚格子雷诺应力，并通过建立模型来模拟。所以在一定的意义上，大涡模拟是介于直接数值模拟与湍流模型理论之间的折中物。大涡模拟是求解有大涡运动的湍流流动（如大气与环境科学领域的流动）最有前景的理论，亦可能在工程湍流模拟中对湍流模型的检验、改进和构造有所贡献。

湍流统计理论 该理论基于湍流的剧烈随机运动，像统计物理学中研究气体分子运动那样，将经典的流体力学与统计方法结合起来研究湍流。所提出的基本概念一个是关联函数，以表征不同时间 - 空间点的脉动量之间的相关程度；另一个基本概念是湍谱分析，认为湍流运动可描述为由许许多多不同尺度的旋涡运动叠加而成，因此可分解成由许许多多具有不同波长或频率的简谐波叠加而成。关联函数和湍谱分析是互相平行和完全等价的两种处理方法，用以揭示湍流的规律。尽管湍流统计理论的实际应用可能性非常有限，但其所建立起来的基本概念与方法，至今在湍流的探索中仍然被广泛使用。

湍流的混沌理论 大量的研究表明，在非线性动力学系统中，运动状态可以通过各种分叉现象发生质的变化。所谓分叉就是指系统原有的某种稳定状态在控制参数变化到某个临界值时发生失稳而产生其他的稳定状态，又称混沌现象，是非线性系统的一种固有特性。混沌理论的任务就是对湍流这种非线性系统中出现的各种混沌现象进行研究，发现其运动规律。该理论用于湍流目前还处于发展初期，其研究也只能部分解释层流到湍流的过渡现象。

9.3 湍流的半经验理论

湍流的半经验理论属于湍流模型理论的范畴，包括普朗特（Prandtl）混合长度理论，以及泰勒（Taylor）的涡量转移理论，冯·卡门（Von Kármán）的相似性理论等。其中应用上较为成功且影响广泛的是普朗特混合长度理论。

9.3.1 普朗特混合长度理论

湍流切应力 层流流动时，流体层之间仅有分子扩散引起的黏性切应力（可用牛顿切应力定律描述），而湍流流动时，流体层之间除了存在着这种黏性切应力之外，占主导的是湍流脉动引起的附加切应力，即雷诺应力。因此，湍流时流体内部的切应力可表示为

$$(\tau_{yx})_{\mathrm{e}} = \bar{\tau}_{yx} + (\tau_{yx})_{\mathrm{T}} \tag{9-10}$$

式中，$(\tau_{yx})_{\mathrm{e}}$ 表示总的湍流切应力，称为有效切应力；$\bar{\tau}_{yx}$ 是基于时均速度的牛顿切应力；$(\tau_{yx})_{\mathrm{T}}$ 是湍流脉动产生的附加切应力，即雷诺切应力。按通常约定，切应力 τ_{yx} 的下标 y 表示切应力作用面的法向方向，x 表示应力指向。

布辛聂斯克（Boussinesq）**涡黏性假设** 布辛聂斯克认为，流体微团横向脉动产生附加切应力与黏性切应力有类似之处，既然黏性切应力可用牛顿剪切定理来表示，那么针对一维稳态湍流流动，即 $\bar{u} = \bar{u}(y)$ 的湍流流动，其雷诺切应力亦可类似表示为

$$(\tau_{yx})_{\mathrm{T}} = \mu_{\mathrm{T}} \frac{\mathrm{d}\bar{u}}{\mathrm{d}y} \quad 或 \quad (\tau_{yx})_{\mathrm{T}} = \rho\varepsilon \frac{\mathrm{d}\bar{u}}{\mathrm{d}y} \tag{9-11}$$

式中，系数 μ_{T} 与动力黏度 μ 相对应，称为涡黏性系数或湍流黏性系数；$\varepsilon = \mu_{\mathrm{T}}/\rho$，称为运动涡黏性系数。但不同的是，动力黏度 μ 是物性参数，而涡黏性系数 μ_{T} 则是随空间和时间变化的函数。涡黏性假设的实质是把湍流问题归结为寻求 μ_{T} 的问题，即湍流模型问题。以下的普朗特湍流混合长度理论就是其中最简单但有实用价值的涡黏性模型。

普朗特（Prandtl）**混合长度理论** 混合长度理论是普朗特于 1925 年提出的。其基本思想是：湍流中流体

微团的不规则运动与气体分子的热运动相似，因此可借用分子运动论中建立黏性应力与速度梯度关系的方法，来寻求湍流中雷诺应力与时均速度之间的关系。为此，普朗特引进了一个与气体分子平均自由程相对应的概念——湍流混合长度 l，由此建立了一种有实用价值的湍流模型。

普朗特混合长度理论针对的是 x-y 平面充分发展的湍流流动，即时均速度 $\bar{v}_x=\bar{v}_x(y)$ 的情况，此时雷诺切应力仅有 $-\rho\overline{v_x'v_y'}$。为书写方便，以下分别用 $u=\bar{u}+u'$、$v=\bar{v}+v'$ 表示 x、y 方向的瞬时速度，则雷诺切应力与脉动速度的关系可表示为

$$(\tau_{yx})_{\mathrm{T}}=-\rho\overline{u'v'} \tag{9-12}$$

其中，u'、v' 分别表示 x、y 方向的脉动速度。其中层流时 $u'=v'=0$，故 $(\tau_{yx})_{\mathrm{T}}=0$。

对应于分子平均自由程，湍流混合长度 l 则是湍流脉动尺度。由此可以想象，图 9-5 所示流场中 $y+l$ 点处或 $y-l$ 点处的流体微团就会因脉动到达 y 点。假定流体微团到达 y 点时仍保持原有位置的时均速度 $\bar{u}(y+l)$ 或 $\bar{u}(y-l)$，则当流体微团从 $y+l$ 处脉动到 y 点时，其时均速度与 y 点处流体的时均速度差为

$$\Delta u_1=\bar{u}(y+l)-\bar{u}(y)$$

相应地，当流体微团从 $y-l$ 点脉动到 y 点时，其时均速度与 y 点处流体的时均速度差为

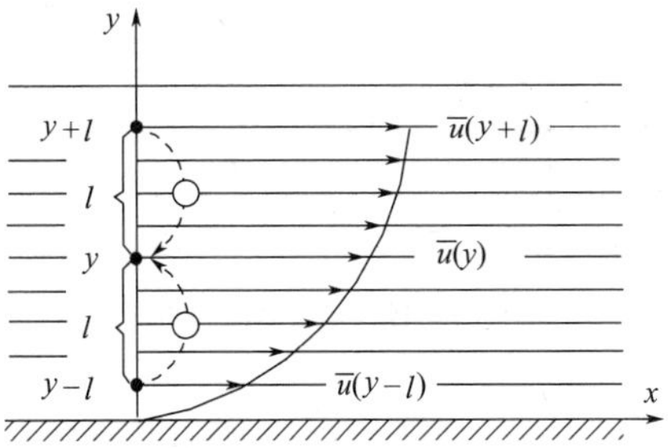

图 9-5 y 点处的混合长度

$$\Delta u_2=\bar{u}(y-l)-\bar{u}(y)$$

将 $\bar{u}(y+l)$ 和 $\bar{u}(y-l)$ 在 y 点处按泰勒级数展开，并略去高阶小量（注意：l 为 y 方向微元尺度），可得

$$\Delta u_1=\left[\bar{u}(y)+\frac{\mathrm{d}\bar{u}}{\mathrm{d}y}l\right]-\bar{u}(y)=l\frac{\mathrm{d}\bar{u}}{\mathrm{d}y},\quad \Delta u_2=\left[\bar{u}(y)-\frac{\mathrm{d}\bar{u}}{\mathrm{d}y}l\right]-\bar{u}(y)=-l\frac{\mathrm{d}\bar{u}}{\mathrm{d}y}$$

普朗特认为，正是流体微团横向（y 方向）脉动引起的速度差导致了 y 点处 x 方向的脉动速度 u'，且 $u'=\Delta u_1$（正方向脉动）或 $u'=\Delta u_2$（负方向脉动），因此有

$$u'=\pm l\frac{\mathrm{d}\bar{u}}{\mathrm{d}y} \tag{9-13a}$$

另一方面，根据运动连续性，u' 必将导致 y 方向上也产生脉动速度 v'，而且 u' 与 v' 具有相同的数量级，但符号相反，即

$$v'=-k_1u'=\mp k_1 l\frac{\mathrm{d}\bar{u}}{\mathrm{d}y} \tag{9-13b}$$

式中，k_1 为比例常数。将以上两式相乘，并取时间平均，其中将常数 k_1 归并到尚未确定的混合长度 l 中去，可得以混合长度 l 和时均速度梯度表示的雷诺切应力，即

$$(\tau_{yx})_{\mathrm{T}}=-\rho\overline{u'v'}=\rho l^2\left(\frac{\mathrm{d}\bar{u}}{\mathrm{d}y}\right)^2 \tag{9-14a}$$

不过，该式只表达了 $(\tau_{yx})_{\mathrm{T}}$ 的大小，若要表示出 $(\tau_{yx})_{\mathrm{T}}$ 的方向性，可将上式写成

$$(\tau_{yx})_{\mathrm{T}}=\rho l^2\left|\frac{\mathrm{d}\bar{u}}{\mathrm{d}y}\right|\frac{\mathrm{d}\bar{u}}{\mathrm{d}y}\quad 或\quad \mu_{\mathrm{T}}=\rho l^2\left|\frac{\mathrm{d}\bar{u}}{\mathrm{d}y}\right| \tag{9-14b}$$

此即普朗特根据混合长度假说导出的涡黏性湍流模型。该模型将 μ_{T} 直接表达为混合长度与时均速度梯度的函数，不需要另外的微分方程，故称为涡黏性系数的零方程模型。

9.3.2 通用速度分布——壁面律

针对式（9-14）的应用，普兰特通过考察沿平壁表面充分发展的一维稳态湍流流动，又提出了两点假设。

其一是：壁面附近的湍流混合长度 l 与壁面距离 y 成正比，即

$$l = ky$$

由此可将雷诺切应力式（9-14）进一步表示为

$$(\tau_{yx})_{\mathrm{T}} = \rho(ky)^2\left(\frac{\mathrm{d}\bar{u}}{\mathrm{d}y}\right)^2 \tag{9-15}$$

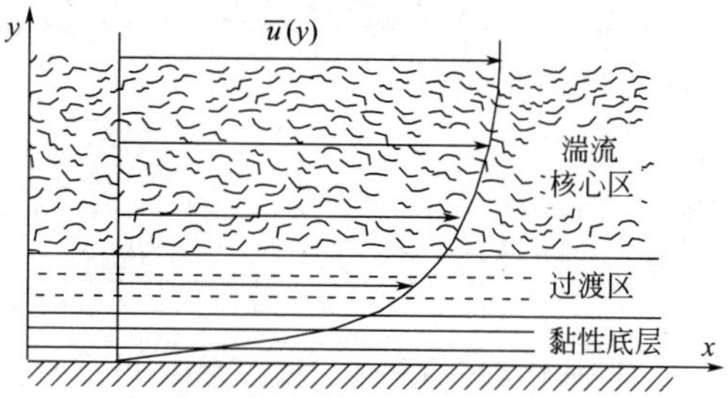

图 9-6 壁面附近的湍流区

式中，k 为卡门（Kármán）常数。经实验测定，对于光滑管壁 k=0.40，光滑平壁 k=0.417。

其二是：将壁面附近的湍流分为黏性底层、过渡区（层）、湍流核心区三个区域，如图 9-6 所示，且结合各区的速度分布特点，普兰特进一步假设，从黏性底层到湍流核心区，基于时均速度的切应力 $\bar{\tau}_{yx}$ 逐渐减小，而雷诺切应力 $(\tau_{yx})_{\mathrm{T}}$ 逐渐增加，以至于两者之和即总应力 $(\tau_{yx})_{\mathrm{e}}$ 近似为常量。因此若壁面上切应力为 τ_0（可测参数），则该常量或总应力可由 τ_0 确定，即

$$(\tau_{yx})_{\mathrm{e}} = \bar{\tau}_{yx} + (\tau_{yx})_{\mathrm{T}} = \tau_0 \tag{9-16}$$

并由此建立了黏性底层、过渡区、湍流核心区的速度分布。

黏性底层的速度分布 在黏性底层区，壁面上 $u'=0$，$v'=0$，在紧靠壁面处 v' 也总是小量，故黏性底层区雷诺应力 $(\tau_{yx})_{\mathrm{T}} = \rho\overline{v'u'}$ 为零或很小，流动类似于层流。其切应力主要是基于时均速度的牛顿切应力 $\bar{\tau}_{yx}$。由此并根据式（9-16）可得底层区速度分布，即

$$\bar{\tau}_{yx} \gg (\tau_{yx})_{\mathrm{T}} \ \rightarrow\ \bar{\tau}_{yx} = \tau_0 \ \rightarrow\ \mu\frac{\mathrm{d}\bar{u}}{\mathrm{d}y} = \tau_0 \ \rightarrow\ \bar{u} = \frac{\tau_0}{\mu}y \tag{9-17}$$

在此引入两个特征参数：摩擦速度 u^* 和摩擦长度 y^*，则黏性底层速度又可表示为

$$u^* = \sqrt{\frac{\tau_0}{\rho}},\quad y^* = \frac{\mu}{\rho u^*} = \frac{\mu}{\sqrt{\tau_0\rho}} \ \rightarrow\ \frac{\bar{u}}{u^*} = \frac{y}{y^*} \tag{9-18}$$

湍流核心区速度分布 在黏性底层以外，牛顿切应力 $\bar{\tau}_{yx}$ 逐渐减小（速度梯度减小），雷诺应力 $(\tau_{yx})_{\mathrm{T}}$ 逐渐增大（湍流增强），以至于在湍流核心区有 $(\tau_{yx})_{\mathrm{T}} >> \bar{\tau}_{yx}$，由此并根据式（9-16）和式（9-15），可得湍流核心区速度分布，即

$$(\tau_{yx})_{\mathrm{T}} = \tau_0 \rightarrow \rho(ky)^2\left(\frac{\mathrm{d}\bar{u}}{\mathrm{d}y}\right)^2 = \tau_0 \ \rightarrow\ \frac{\bar{u}}{u^*} = \frac{1}{k}\ln\frac{y}{y^*} + C \tag{9-19}$$

式中，k 和 C 均为常数，由实验确定。

过渡区 在过渡区中，黏性应力与雷诺应力有相同的量级，因此难以作理论分析，但实验发现，过渡区与充分发展区的速度分布式形式相同，只是系数 k 和 C 有所不同。

通用速度分布——壁面律 式（9-18）与式（9-19）中的速度分布式即适合于充分发展一维湍流流动的通用速度分布式，又称壁面律。同时，普朗特等还通过实验测量，以 y/y^* 为参数给出了黏性底层、过渡层和湍流核心区的范围。现将各区范围及其速度分布汇总如下：

黏性底层（$0 < y/y^* < 5$）
$$\frac{\bar{u}}{u^*} = \frac{y}{y^*} \tag{9-20a}$$

过渡层（$5 \leqslant y/y^* \leqslant 30$）
$$\frac{\bar{u}}{u^*} = \frac{1}{k'}\ln\frac{y}{y^*} + C' \tag{9-20b}$$

湍流核心区（$y/y^* > 30$）
$$\frac{\bar{u}}{u^*} = \frac{1}{k}\ln\frac{y}{y^*} + C \tag{9-20c}$$

实验表明，该式对平壁或圆管湍流皆适合。其中对于圆管（$y=R-r$），尼古拉兹（Nikuladse）的实验表

明：$k'=0.2$, $C'=-3.05$; $k=0.4$, $C=5.5$。

以上通用速度分布与实际相符是混合长度理论成功的一面，因而在工程计算中被广泛应用，并成为相关经验方法的基础。但混合长度的概念本身有一定的模糊性，理论上亦存在显著的缺陷。比如，根据式（9-15），在 $\mathrm{d}\bar{u}/\mathrm{d}y=0$ 处（如圆管中心），应有 $(\tau_{yx})_\mathrm{T}=0$，但实验表明圆管中心 $(\tau_{yx})_\mathrm{T}\neq 0$；在边界层分离点附近，混合长度理论与实验相差甚远。因此，该理论作为经验性的理论，在描述湍流特性方面是有缺陷的，其应用是有局限性的。

9.4 圆管充分发展区的湍流速度分布

9.4.1 光滑管内的湍流速度分布

光滑管湍流的通用速度分布 即壁面律分布式（9-20）确定的速度分布式，将尼古拉兹实验确定的相关常数代入其中，则光滑管内的湍流速度分布可具体表示为：

黏性底层（$0\leqslant y/y^*<5$）
$$\frac{\bar{u}}{u^*}=\frac{y}{y^*} \tag{9-21a}$$

过渡层（$5\leqslant y/y^*\leqslant 30$）
$$\frac{\bar{u}}{u^*}=5\ln\frac{y}{y^*}-3.05 \tag{9-21b}$$

湍流核心区（$y/y^*>30$）
$$\frac{\bar{u}}{u^*}=2.5\ln\frac{y}{y^*}+5.5 \tag{9-21c}$$

光滑管湍流的速度分布经验式 在以上通用速度分布式基础上，有人提出了纯经验的光滑圆管湍流的速度分布式，有代表性的是幂函数分布式，即

$$\frac{\bar{u}}{\bar{u}_\mathrm{max}}=\left(1-\frac{r}{R}\right)^{1/n},\quad \bar{u}_\mathrm{m}=\bar{u}_\mathrm{max}\frac{2n^2}{(2n+1)(n+1)} \tag{9-22}$$

式中，$\bar{u}_\mathrm{m}$、$\bar{u}_\mathrm{max}$ 是管截面平均速度和最大速度；n 的取值与雷诺数 Re 有关，见表 9-1。从中可见，圆管湍流时 $u_\mathrm{m}/u_\mathrm{max}=0.791\sim0.865$（层流时 $u_\mathrm{m}/u_\mathrm{max}=0.5$），表明湍流时管中心区速度分布较平缓，这同时也意味着管壁速度梯度显著增大。

表 9-1 不同雷诺数 Re 下圆管湍流核心区速度分布经验式中的 n 及 $u_\mathrm{m}/u_\mathrm{max}$

Re	4×10^3	2.3×10^4	1.1×10^5	1.1×10^6	$\geqslant3.2\times10^6$
n	6.0	6.6	7.0	8.8	10.0
$u_\mathrm{m}/u_\mathrm{max}$	0.791	0.807	0.817	0.850	0.865

在幂函数分布式中，应用较广的是布拉修斯（Blasius）1/7 次方经验式，即在 n=7 的幂函数分布式基础上，取 $u_\mathrm{m}=0.8u_\mathrm{max}$ 并引入 τ_0 与 u_m 的实验关联式得到的 $\bar{u}/u^*$ 表达式

$$\frac{\bar{u}}{u_\mathrm{max}}=\left(\frac{R-r}{R}\right)^{1/7}\ \rightarrow\ \frac{\bar{u}}{u^*}=8.74\left(\frac{R-r}{y^*}\right)^{1/7} \tag{9-23}$$

图 9-7 是通用速度分布式与 Blasuis1/7 次方经验式（图中虚线）的对比。从中可见，1/7 次方经验式在湍流核心区与通用式吻合很好，但在黏性底层和过渡区，1/7 次方经验式显著偏离通用式。所以包括 1/7 次方经验式在内的幂函数分布式只适合于湍流核心区。

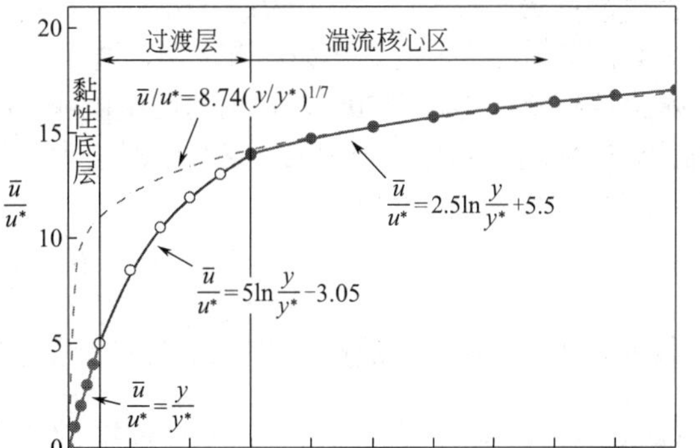

图 9-7 光滑管充分发展段的湍流速度分布（其中 $y=R-r$）

需要指出，因为黏性底层及过渡层仅限于贴近管壁很薄的流体层内，管截面绝大部分为湍流核心区，所以对于平均流速、流量、平均动量等参数的计算，采用以

上 1/7 次方经验式或通用式中的核心区分布式（9-21c）都是可行的。

光滑管湍流的平均速度 因黏性底层及过渡层很薄，故管内平均流速 $\bar{u}_m$ 可近似用湍流核心区速度分布式积分得到。其中采用核心区速度分布式（9-21c）积分有

$$\bar{u}_m = \frac{q_V}{\pi R^2} = \frac{1}{\pi R^2}\int_0^R \bar{u}2\pi r\mathrm{d}r \approx \frac{2u^*}{R^2}\int_0^R \left(2.5\ln\frac{R-r}{y^*}+5.5\right)r\mathrm{d}r$$

由此可得平均速度 $\bar{u}_m$ 与摩擦速度 u^* 和摩擦长度 y^* 之间的关系为

$$\frac{\bar{u}_m}{u^*} = 2.5\ln\frac{R}{y^*}+1.75 \tag{9-24}$$

进一步将 u^*、y^* 的定义式代入上式，可得 $\bar{u}_m$ 与壁面切应力 τ_0 的隐式关系为

$$\frac{\bar{u}_m}{\sqrt{\tau_0/\rho}} = 2.5\ln\frac{R}{\mu/\sqrt{\tau_0\rho}}+1.75 \tag{9-25}$$

注：根据该式可进一步得到光滑圆管湍流摩擦阻力系数 λ 的表达式，见 9.5.2 节。

直接在 Blasius 1/7 次方分布式中令 r=0 并取 $\bar{u}_{max}=1.25\bar{u}_m$，则可得

$$\frac{\bar{u}_m}{u^*} = 6.992\left(\frac{R}{y^*}\right)^{1/7} \tag{9-26}$$

进一步将 u^*、y^* 的定义式代入上式，则可得壁面切应力 τ_0 与 $\bar{u}_m$ 的显式关系为

$$\tau_0 = \frac{0.3164}{(\rho\bar{u}_m 2R/\mu)^{1/4}}\frac{\rho\bar{u}_m^2}{8} = \frac{0.3164}{Re^{1/4}}\frac{\rho\bar{u}_m^2}{8} \tag{9-27}$$

注：该式即导出以上 $\bar{u}/u*$ 的 Blasius1/7 次方分布式时所引入的实验关联式。

9.4.2 粗糙管内的湍流速度分布

对于管壁粗糙不平的圆形管道，通常采用 e 表示管内表面粗糙峰的平均高度，称为绝对粗糙度，e/D 称为相对粗糙度，其中 D 为管内直径。尼古拉兹（Nikuladse）对用沙粒贴在圆管内表面做成的粗糙管进行了大量实验。实验表明：

① 对于层流状态，粗糙管与光滑管的阻力系数相同，与相对粗糙度无关；

② 从层流向湍流的过渡及相应的临界雷诺数也与相对粗糙度无关；

③ 对于湍流流动，粗糙度对流动速度和阻力有显著影响，并且可将粗糙管湍流分为三种不同的情况，即水力光滑管、过渡型圆管和水力粗糙管。

水力光滑管 在 $e < 5y^*$ 的条件下，管内壁上所有粗糙峰都被埋在黏性底层内，壁面粗糙度对湍流核心区的速度分布没有影响，这种情况称为水力光滑管。其核心区速度分布与光滑管核心区速度分布式（9-21c）相同。

过渡型圆管 在 $5y^* < e < 70y^*$ 的条件下，只有部分粗糙峰被埋在黏性底层内，因此雷诺数 Re 和壁面粗糙度 e 对湍流核心区速度分布的都有影响，这种情况称为过渡型圆管。

水力粗糙管 当 $e > 70y^*$ 时，所有的粗糙峰都高出黏性底层，突出在湍流核心区，形成许多小的旋涡，对湍流核心区速度分布有显著影响，这种情况称为水力粗糙管。水力粗糙管湍流核心区的速度分布只与粗糙度 e 有关，实验表明其具体分布式为

$$\frac{\bar{u}}{u^*} = 2.5\ln\frac{R-r}{e}+8.5 \tag{9-28}$$

由于黏性底层和过渡层都很薄，故可近似用上式积分求得平均速度，即

$$\frac{\bar{u}_m}{u^*} = 2.5\ln\frac{R}{e}+4.75 \tag{9-29}$$

将以上两式相减可得以平均速度表示的速度分布（粗糙度 e 被隐去），即

$$\frac{\bar{u}}{u^*} = \frac{\bar{u}_m}{u^*}+2.5\ln\left(1-\frac{r}{R}\right)+3.75 \tag{9-30}$$

注：读者可以验证，该式亦适用于光滑圆管的湍流核心区。

显然，在 $r=0$ 处时均速度最大，因此有

$$\frac{\bar{u}_{\max}}{u^*}=\frac{\bar{u}_{\mathrm{m}}}{u^*}+3.75 \tag{9-31}$$

式（9-30）和式（9-31）中不再出现粗糙度 e，而平均速度 $\bar{u}_{\mathrm{m}}$ 可用流量计算，因此通过测定 r 处的速度 $\bar{u}$，或管中心最大速度 $\bar{u}_{\max}$，即可用以上二式确定 u^*，进而确定 τ_0。

9.5　圆管的阻力损失与阻力系数

9.5.1　阻力损失与阻力系数定义

沿程阻力损失与局部阻力损失　由于黏性的原因，流体在管内流动时总有阻力存在，由此导致的机械能损耗（转化为热能）称为阻力损失，其表现是流体流动过程中压力不断降低。其中因管道壁面黏性摩擦产生的阻力损失称为沿程阻力损失，其机理主要是摩擦耗散；因流动方向突然改变（如管道弯头、三通处的流动）或流动截面突然扩大或缩小（如阀门、管道进出口的流动）产生的阻力损失称为局部阻力损失，其机理主要为涡流耗散。

摩擦阻力系数　沿程阻力体现于管壁切应力 τ_0，可用系数 λ 和平均流速 u_{m} 表示为

$$\tau_0=\frac{\lambda}{4}\frac{\rho u_{\mathrm{m}}^2}{2} \tag{9-32}$$

由此定义的系数 λ 即摩擦阻力系数，又称达西摩擦阻力系数（或简称阻力系数）。

沿程阻力导致的机械能损失（即沿程阻力损失）可用摩擦压降 Δp_{f} 或与此相应的压头损失 $h_{\mathrm{f}}=\Delta p_{\mathrm{f}}/\rho g$ 来表征。对于圆形直管内充分发展的流动，压降 Δp_{f} 对流体的推动力与管壁摩擦力相平衡，即

$$\Delta p_{\mathrm{f}}(\pi D^2/4)=\pi DL\tau_0 \quad 或 \quad \Delta p_{\mathrm{f}}=4(L/D)\tau_0 \tag{9-33}$$

所以表征沿程阻力损失的摩擦压降或压头损失为

$$\Delta p_{\mathrm{f}}=\lambda\frac{L}{D}\frac{\rho u_{\mathrm{m}}^2}{2} \quad 或 \quad h_{\mathrm{f}}=\lambda\frac{L}{D}\frac{u_{\mathrm{m}}^2}{2g} \tag{9-34}$$

此即摩擦压降或压头损失的达西 - 威斯巴赫公式（简称达西公式）。该式适合于管内层流或湍流、圆形或非圆形管道，其中对于非圆形截面的管道，D 为水力当量直径。应用上，若已知 λ 则可用其计算 Δp_{f} 或 h_{f}；对于未知 λ 的特定管道，可通过实验测定不同 Re 对应的 Δp_{f}，并由上式计算出 λ，即可建立 λ 与 Re 的关联式（用于设计计算）。

局部阻力系数　对于管件 / 阀门等产生的局部阻力损失，因其与管道长度无关，故通常定义局部阻力系数 ζ 来表征其导致的局部压降 $\Delta p_{\mathrm{f}}'$ 或压头损失 h_{f}'，即

$$\Delta p_{\mathrm{f}}'=\zeta\frac{\rho u_{\mathrm{m}}^2}{2} \quad 或 \quad h_{\mathrm{f}}'=\zeta\frac{u_{\mathrm{m}}^2}{2g} \tag{9-35}$$

局部阻力系数 ζ 可由理论或实验确定（见以下 9.5.4 节）。

局部阻力件的当量长度　对于管件的局部阻力，另一种方法是定义其当量长度 L_{e}，然后按沿程摩擦压降或压头损失的达西公式计算其局部压降或压头损失，即

$$\Delta p_{\mathrm{f}}'=\lambda\frac{L_{\mathrm{e}}}{D}\frac{\rho u_{\mathrm{m}}^2}{2} \quad 或 \quad h_{\mathrm{f}}'=\lambda\frac{L_{\mathrm{e}}}{D}\frac{u_{\mathrm{m}}^2}{2g} \tag{9-36}$$

常见管件 / 阀门的当量长度 L_{e} 有图表可查，感兴趣的读者可以查阅有关资料。

引入阻力系数后，阻力压降或压头损失的计算重点就是阻力系数的计算。以下讨论不同情况下阻力系数的计算公式或经验式。

9.5.2　光滑圆管的摩擦阻力系数

圆管层流阻力系数　对于圆管层流的充分发展段，其 λ 已由理论分析得到，即

$$\lambda = 64/Re \qquad (Re < 2300) \tag{9-37}$$

圆管湍流阻力系数 对于圆管湍流的充分发展段，λ的关联式较多，有代表性的如下。

卡门-普朗特公式：即直接将阻力系数定义式（9-32）表达的τ_0代入光滑圆管湍流的平均流速u_m与壁面切应力τ_0关系式（9-25）所得到的光滑圆管湍流的λ隐式公式

$$\frac{1}{\sqrt{\lambda}} = 0.884\ln\left(Re\sqrt{\lambda}\right) - 0.91$$

因关系式（9-25）中的平均流速u_m仅由湍流核心区速度分布式积分得到，故卡门-普朗特对上式略加修正，得到与实验吻合更好的阻力系数公式，即

$$\frac{1}{\sqrt{\lambda}} = 0.873\ln\left(Re\sqrt{\lambda}\right) - 0.8 \qquad (4000 < Re < 3\times10^6) \tag{9-38}$$

尼古拉兹（Nikuladse）经验式：即尼古拉兹根据实验结果得到的关联式

$$\lambda = 0.0032 + \frac{0.221}{Re^{0.237}} \qquad (10^5 < Re < 3\times10^6) \tag{9-39}$$

布拉修斯（Blasius）经验式：即一般分析中常用的布拉修斯实验关联式

$$\lambda = \frac{0.3164}{Re^{1/4}} \qquad (4000 < Re < 10^5) \tag{9-40}$$

注：引入该λ关联式并取$u_m = 0.8u_{max}$即可导出u/u^*的布拉修斯1/7次方分布式（9-23）。

尼古拉兹经验式与Blasius经验式的统一拟合式（最大偏差< 1.6%），即

$$\lambda = 0.0056 + \frac{0.49}{Re^{0.32}} \qquad (Re > 4000) \tag{9-41}$$

【例9-2】 光滑圆管阻力系数计算及公式对比

某油液在直径为100mm、长度为200m的光滑管中流动，平均流速分别为0.50m/s和3.0m/s。试求各速度对应的摩擦压降。已知油的动力黏度为0.050Pa·s，密度为900kg/m³。

解 速度为0.50m/s时，雷诺数为

$$Re = \frac{\rho u_m D}{\mu} = \frac{900\times0.50\times0.100}{0.050} = 900 < 2300$$

流动为层流状态，故

$$\lambda = \frac{64}{Re} = \frac{64}{900} = 0.0711$$

$$\Delta p_f = \lambda\frac{L}{D}\frac{\rho u_m^2}{2} = 0.0711\times\frac{200}{0.100}\times\frac{900\times0.50^2}{2} = 16.0\times10^3\ \text{(Pa)}$$

速度为3.0m/s时

$$Re = 900\times3/0.5 = 5400 > 4000$$

流动为湍流动且$Re < 10^5$，故阻力系数可采用布拉修斯式（9-40）计算，相应结果为

$$\lambda = 0.3164Re^{-1/4} = 0.3164\times5400^{-1/4} = 0.03691$$

$$\Delta p_f = \lambda\frac{L}{D}\frac{\rho u_m^2}{2} = 0.03691\times\frac{200}{0.100}\times\frac{900\times3.0^2}{2} = 299.0\times10^3\ \text{(Pa)}$$

若采用卡门-普朗特公式、尼古拉兹经验式、统一拟合式计算，则阻力系数分别为

λ=0.03622，λ=0.03203，λ=0.03692

可见尼古拉兹式计算结果偏低，原因是雷诺数Re已显著低于该式应用范围。

9.5.3 粗糙圆管的摩擦阻力系数

粗糙管湍流阻力系数分为水力光滑管、过渡型圆管和水力粗糙管三种情况。

水力光滑管 其壁面粗糙度$e < 5y^*$。该条件下粗糙峰在黏性底层之内，对湍流核心无影响，其湍流阻力系数λ可用光滑圆管公式计算。其中式（9-38）和式（9-39）用于水力光滑管的有效范围是$4000 < Re < 26.98\,(D/e)^{8/7}$。

过渡型圆管 其壁面粗糙度$5y^* < e < 70y^*$。该条件下部分粗糙峰被埋在黏性底层内，雷诺数Re和壁面粗

糙度 e 对湍流核心区速度分布的都有影响，其阻力系数的代表性公式是科尔布鲁克（Colebrook）经验式，即

$$\frac{1}{\sqrt{\lambda}}=1.136-0.869\ln\left(\frac{e}{D}+\frac{9.287}{Re\sqrt{\lambda}}\right) \tag{9-42}$$

上式的范围大致为：$26.98(D/e)^{8/7} < Re < 2308(D/e)^{0.85}$。

水力粗糙管 其壁面粗糙度 $e > 70y^*$，此时所有粗糙峰都高出黏性底层，突出于湍流核心区，形成许多小的旋涡，对湍流核心区速度分布有显著影响。此条件下可将摩擦速度 u^* 中的 τ_0 以 $\lambda\rho u_m^2/8$ 表示，并代入水力粗糙管的平均速度式（9-29），得到阻力系数 λ 为

$$\frac{1}{\sqrt{\lambda}}=1.067-0.884\ln\frac{e}{D}$$

该式稍加修正，可得与实验吻合更好的冯·卡门经验式，即

$$\frac{1}{\sqrt{\lambda}}=1.136-0.869\ln\frac{e}{D} \quad 或 \quad \frac{1}{\sqrt{\lambda}}=0.869\ln\left(\frac{3.696}{e/D}\right) \tag{9-43}$$

该式适用的雷诺数范围是 $Re > 2308(D/e)^{0.85}$，或更严格的要求是 $Re > 3500(D/e)$。该条件实际是以雷诺数判定水力粗糙管的条件。

圆管湍流阻力系数通用经验式 对比式（9-42）与式（9-43）可见，后者只是前者在 Re 很大情况下的特例；其次，当粗糙度 $e=0$ 时，式（9-42）还近似等于卡门 - 普朗特的光滑圆管阻力系数式（9-38）。因此 Colebrook 式（9-42）实际上是适用于光滑管和粗糙管（包括过渡型管和水力粗糙管）的湍流阻力系数通用式，该式与实验数据的误差在 10% ～ 15% 以内。

鉴于 Colebrook 式（9-42）中 λ 为隐函数的不足，Haaland[19] 提出了一个显式的圆管湍流阻力系数通用经验式，即

$$\frac{1}{\sqrt{\lambda}}=1.135-0.782\ln\left[\left(\frac{e}{D}\right)^{1.11}+\frac{29.482}{Re}\right] \tag{9-44}$$

该式在 $4000 \leqslant Re \leqslant 10^8$ 范围内，与式（9-42）的相对偏差在 1.5% 以内。

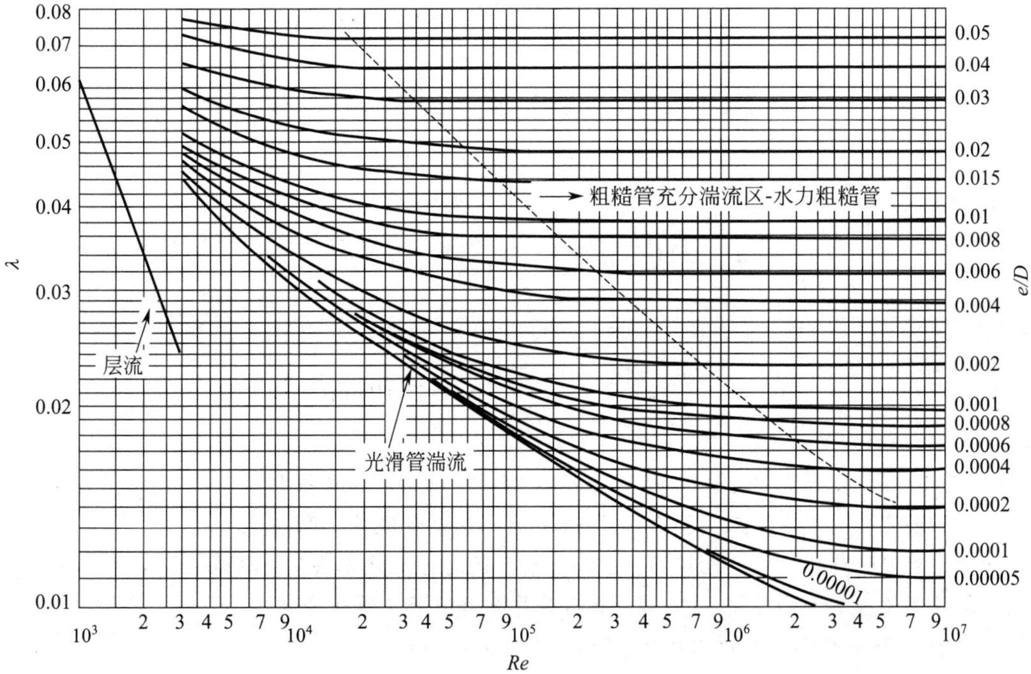

图 9-8 圆管流动的阻力系数（Moody 图）

莫迪图 对于圆管的阻力系数计算，早期常用的是莫迪图，即莫迪（Moody）整理实验数据绘成的阻力系数图，见图9-8。莫迪图很直观地表现了阻力系数 λ 随雷诺数 Re 和相对粗糙度 e/D 的变化关系，其中水平线区域即水力粗糙管区域。

为阻力系数 λ 的计算或查图所需，表9-2给出了不同材料管道的粗糙度参考值。

表9-2 常见管道的表面粗糙度参考值

材料名称	e/mm	材料名称	e/mm
拉拔管（黄铜、铅等）	0.01～0.05	橡皮软管	0.01～0.03
无缝钢管及镀锌管（新）	0.1～0.2	浇注沥青的铸铁管	0.12
轻度腐蚀无缝钢管	0.2～0.3	木管道	0.25～1.25
铸铁管（新）	0.3	混凝土管道	0.3～3.0
铸铁管（旧）	≥0.85	铆接钢管	0.9～9.0
玻璃管	0.0015	聚氯乙烯塑料管	0.0015

【例9-3】 输油管内的速度分布与流动阻力

用内径为152mm的新铸铁管输送汽油，流量为170L/s。忽略进口效应，试求管内的速度分布及单位管长的压降。已知汽油的运动黏度 ν=0.37×10⁻⁶m²/s，密度 ρ=670kg/m³。

解 忽略进口效应即按充分发展流动考虑。其中管内流体的平均速度和雷诺数分别为

$$u_{\mathrm{m}}=\frac{4\times170\times10^{-3}}{\pi\times0.152^2}=9.37\ (\mathrm{m/s}),\quad Re=\frac{u_{\mathrm{m}}D}{\nu}=\frac{9.37\times0.152}{0.37\times10^{-6}}=3.85\times10^6$$

因 $Re>4000$，湍流为流动。查表9-2得新铸铁管 e=0.3mm，故 e/D=0.0020。根据雷诺数 Re 与 e/D 查莫迪图得阻力系数 λ=0.023，或由Haaland通用式（9-44）得

$$\frac{1}{\sqrt{\lambda}}=1.135-0.782\ln\left[\left(\frac{e}{D}\right)^{1.11}+\frac{29.482}{Re}\right]\rightarrow\lambda=0.0235$$

取 λ=0.0235，由（9-32）式得壁面切应力为

$$\tau_0=\frac{\lambda}{4}\frac{\rho u_{\mathrm{m}}^2}{2}=\frac{0.0235}{4}\times\frac{670\times9.37^2}{2}=172.8(\mathrm{Pa})$$

由于
$$\frac{e}{y^*}=\frac{e\sqrt{\tau_0/\rho}}{\nu}=\frac{0.3\times10^{-3}\sqrt{172.8/670}}{0.37\times10^{-6}}=412>70$$

故该湍流属于水力粗糙管（实际上由 Re 和 e/D 查莫迪图时已经明确这点）。因此该水力粗糙管湍流核心区速度分布可用式（9-28）描述，即

$$u=u^*\left[2.5\ln\frac{(R-r)}{e}+8.5\right]=\sqrt{\frac{\tau_0}{\rho}}\left[2.5\ln\frac{(R-r)}{e}+8.5\right]$$

代入数据后得
$$u=1.27\ln(R-r)+14.62$$

单位管长压降为
$$\frac{\Delta p_{\mathrm{f}}}{L}=\frac{4\tau_0}{D}=\frac{4\times172.8}{0.152}=4547\ (\mathrm{Pa/m})$$

【例9-4】 求管道的输水量

用直径为250mm、长度为300m的铸铁管道输送水。已知管道粗糙度 e=0.3mm，水的运动黏度为1.14×10⁻⁶m²/s。试确定阻力损失（压头损失）为5.0m时水的体积流量。取 g=9.8m/s²。

解 该问题为确定流量的问题：已知 D、L、e、h_{f}，此时可用试差法和直接法。

试差法：假设流量 q_{V}，计算 Re、e/D、λ，然后计算 h_{f} 并直至其等于给定值。

已知铸铁管 e= 0.3mm，则其相对粗糙度 e/D = 0.3/250 = 0.0012。

首先设：$q_{\mathrm{V}}=0.1\,\mathrm{m^3/s}$，则 u_{m}、Re、λ（查莫迪图或用Haaland通用式计算）分别为

$$u_m=\frac{4q_V}{\pi D^2}=2.037\ \text{m/s},\quad Re=\frac{u_m D}{\nu}=446751,\quad \lambda=0.02108$$

因此阻力损失为

$$h_f=\lambda\frac{L}{D}\frac{u_m^2}{2g}=5.356\text{m}\neq 5\text{m}$$

再次设：$q_V=0.0966\ \text{m}^3/\text{s}$，重复上述计算可得

$$u_m=1.968\ \text{m/s},\quad Re=431561,\quad \lambda=0.02110,\quad h_f=5.002\ \text{m}\approx 5\ \text{m}$$

即该管道阻力损失为 5.0m 时水的体积流量 $q_V=0.0966\ \text{m}^3/\text{s}$。

直接法：首先由 Re 数定义式及达西公式解出并计算 $Re\sqrt{\lambda}$，即

$$Re=\frac{u_m D}{\nu},\quad h_f=\lambda\frac{L}{D}\frac{u_m^2}{2g}\ \rightarrow\ Re\sqrt{\lambda}=\frac{D}{\nu}\sqrt{\frac{2gh_f}{L/D}}=62669.7$$

然后用 Colebrook 经验式（9-42）计算 λ，再根据达西公式计算 u_m 或 q_V，结果为

$$\frac{1}{\sqrt{\lambda}}=1.136-0.869\ln\left(\frac{e}{D}+\frac{9.287}{Re\sqrt{\lambda}}\right)\ \rightarrow\ \lambda=0.02113$$

$$u_m=\sqrt{\frac{h_f}{L/D}\frac{2g}{\lambda}}=1.966\text{m/s},\quad q_V=u_m\frac{\pi D^2}{4}=0.0965\text{m}^3/\text{s}$$

由此可见，虽然 Colebrook 经验式是隐式关系，但在计算流量问题有其优势。

【例 9-5】 求管道的直径

用长度为 500m、粗糙度为 0.15mm 的无缝钢管输送水，水的流量为 91 L/s，运动黏度为 $1.0\times10^{-6}\text{m}^2/\text{s}$，密度为 1000kg/m^3。若规定压力损失不能超过 825kPa，试求钢管的最小直径。

解　该问题为确定管径的问题：已知 L、e、q_V、Δp_f，此时通常需要试差。步骤是：假设 D，计算 Re、e/D、λ，然后计算 Δp_f 并直至其等于给定值。

设 D=100mm，则 e/D=0.0015，且 u_m、Re、λ（由 Haaland 通用式计算）分别为

$$u_m=\frac{4q_V}{\pi D^2}=11.586\ \text{m/s},\quad Re=\frac{u_m D}{\nu}=1158600,\quad \lambda=0.02193$$

管道压力降为

$$\Delta p_f=\lambda\frac{L}{D}\frac{\rho u_m^2}{2}=7361\text{kPa}>825\text{kPa}$$

显然管径太小，重设 D=152mm，则 e/D=0.00099，其余计算结果分别为

$$u_m=5.015\ \text{m/s},\quad Re=762280,\quad \lambda=0.01997,\quad \Delta p_f=825.9\ \text{kPa}\approx 825\ \text{kPa}$$

即满足压力降的最小管道直径为 152mm。最后取值可根据管材规格向上圆整。

9.5.4　局部阻力系数

局部阻力系数可通过理论分析或实验确定，但多数情况由实验确定。

（1）理论计算方法

借助流动过程的机械能守恒方程（引申的伯努利方程）和动量守恒方程，可以推导出某些管件的局部阻力系数的理论计算公式。

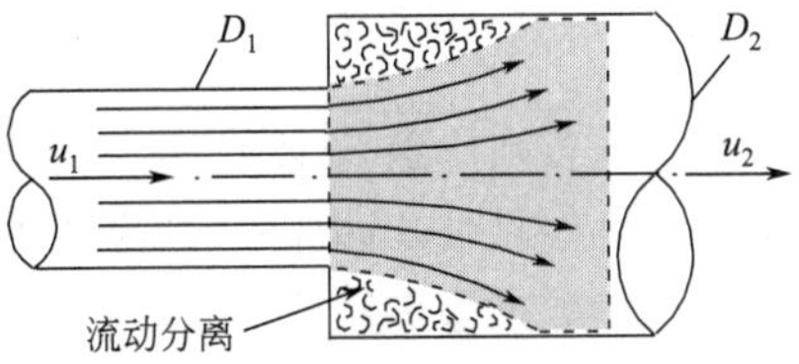

图 9-9　突然扩大管

例如，对于图 9-9 所示的突然扩大管，流体因为流动分离在大管边角区产生涡流区，从而产生局部阻力损失（机械能耗散为热能）。第 4 章就用理论分析方法导出了突扩管的局部压头损失，即

$$h_f'=\zeta\frac{u_1^2}{2g}=\left(1-A_1/A_2\right)^2\frac{u_1^2}{2g}=\left[1-\left(D_1/D_2\right)^2\right]^2\frac{u_1^2}{2g}$$

由此可知突然扩大管的局部阻力系数为

$$\zeta=\left(1-A_1/A_2\right)^2=\left[1-\left(D_1/D_2\right)^2\right]^2 \tag{9-45}$$

并根据该式可知，当 $A_2 >> A_1$ 时，即由管道进入大容器或由管口排入大气时，$\zeta=1$。

（2）实验测试方法

对于绝大多数局部阻力件（如管件、阀件等），通常只能用实验确定局部阻力系数。

例如，对于图 9-10 所示的由 D_1 到 D_2 的锥形扩大管，可在两端分别接上足够长的相同直径管道，以保证压力测口截面 1 和 2 上的流动为充分发展流动，然后用 U 形测压管测量两截面的压差 $\Delta p=(p_1-p_2)$，再根据引申的伯努利方程获得局部压头损失 h_f'。过程如下。

根据图 9-9，测口截面 1 到截面 2 的引申伯努利方程为

$$\frac{u_1^2}{2g}+\frac{p_1}{\rho g}=\frac{u_2^2}{2g}+\frac{p_2}{\rho g}+h_{f,1-2}$$

式中，$h_{f,1-2}$ 为截面 1 到截面 2 的总压头损失，包括小管 1 的沿程阻力压头损失 h_{f1}、圆管 2 的沿程压头损失 h_{f2} 和锥形扩大管的局部阻力损失 h_f'，即

$$h_{f,1-2}=h_{f1}+h_{f2}+h_f'$$

或

$$h_f'=\frac{p_1-p_2}{\rho g}+\frac{u_1^2-u_2^2}{2g}-h_{f1}-h_{f2}$$

上式右边第一项的 (p_1-p_2) 为测定值，第二项由实验流量计算，第三、四项可以根据沿程阻力达西公式计算。由此得到 h_f' 后，可由局部阻力定义式确定局部阻力系数 ζ。

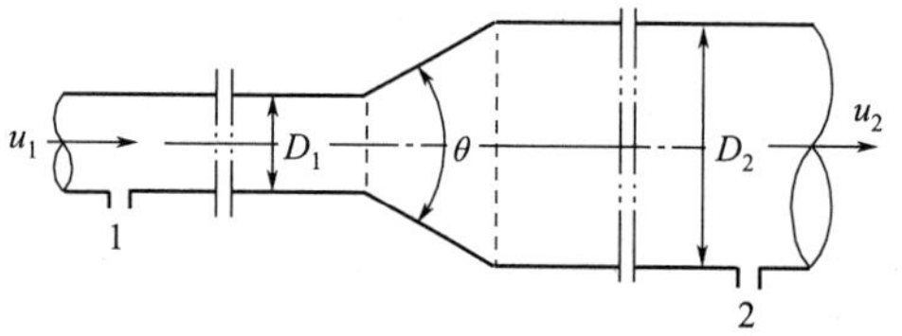

图 9-10　锥形扩大管局部阻力系数的测定

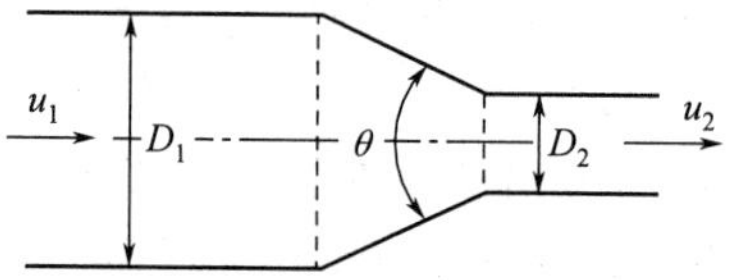

图 9-11　锥形缩小管

对于图 9-10 所示的锥形扩大管，以速度 u_1 为计算速度，实测数据整理结果如下

$\theta \leqslant 45^\circ$ 时
$$\zeta=2.6\left[1-\left(D_1/D_2\right)^2\right]^2\sin(\theta/2) \tag{9-46}$$

$45^\circ<\theta\leqslant 180^\circ$ 时，ζ 可用理论计算式（9-45）计算。

同理可得图 9-11 所示锥形缩小管的局部阻力系数（以 u_2 为计算速度），即

$\theta \leqslant 45^\circ$ 时
$$\zeta=0.8\left[1-\left(D_2/D_1\right)^2\right]\sin(\theta/2) \tag{9-47a}$$

$45^\circ<\theta\leqslant 180^\circ$ 时
$$\zeta=0.5\left[1-\left(D_2/D_1\right)^2\right]\sqrt{\sin(\theta/2)} \tag{9-47b}$$

由上式可知，当 θ=180° 且 $D_1>>D_2$ 时，即由大容器进入管道时，$\zeta=0.5$。

对于其他管件和阀件，可用同样的方法测得其局部阻力系数。表 9-3 列出了常见局部阻力件的阻力系数参考值。其中数据仅供参考，因为工程实际中，管件和阀件的规格、结构形式很多，制造水平、加工精度往往差别很大，所以局部阻力系数的变动范围也较大。

表 9-3　管件和阀件的局部阻力系数 ζ 参考值

标准圆管弯头	角度45°/90°/180°：ζ=0.35/0.75/1.5			90°方管弯头		ζ= 1.3	活管接	ζ= 0.4
弯管 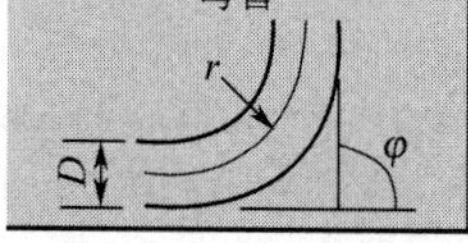	φ	30°	45°	60°	75°	90°	105°	120°
	r/D=1.5，ζ	0.08	0.11	0.14	0.16	0.175	0.19	0.20
	r/D=2.0，ζ	0.07	0.10	0.12	0.14	0.15	0.16	0.17

续表

圆管进口（容器→管）	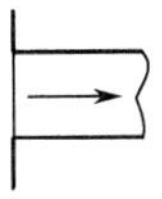 ζ=0.5	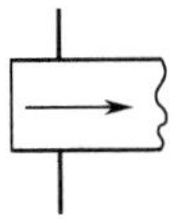 ζ=0.56	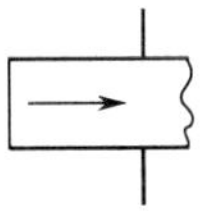 ζ=3~1.3	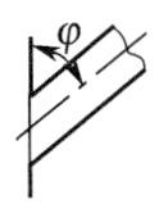 $\zeta=0.5+0.5\cos\varphi+0.2\cos^2\varphi$						
有圆角的圆管管口（容器→管）	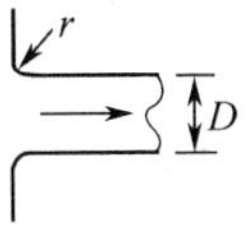	r/D	0.00	0.02	0.04	0.06	0.10	≥0.15		
		ζ	0.50	0.28	0.24	0.15	0.09	0.04		
标准三通	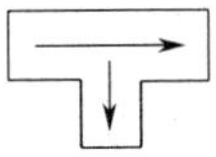 ζ=0.4	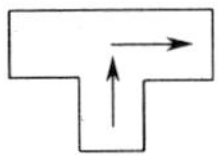 ζ=1.5 用作弯头	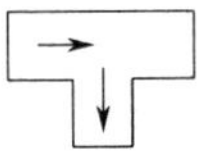 ζ=1.3 用作弯头	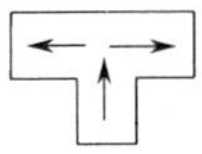 ζ=1						
水泵进口 无底阀：ζ=2~3	有底阀	D/mm	40	50	75	100	150	200	250	300
		ζ	12	10	8.5	7.4	6.0	5.2	4.4	3.7
闸阀	全开	3/4开	1/2开	1/4开						
	ζ=0.17	ζ=0.9	ζ=4.5	ζ=24						
标准截止阀（球心阀）	全开：ζ=6.4；1/2开：ζ=9.5	单向阀（止逆阀）	摇板式：ζ=2；球形单向阀：ζ=70							
蝶阀	φ	5°	10°	20°	30°	40°	45°	50°	60°	70°
	ζ	0.24	0.52	1.54	3.91	10.8	18.7	30.6	118	751
旋塞	φ	5°	10°	20°	40°	60°				
	ζ	0.05	0.29	1.56	19.3	206				
90° 角阀	ζ=5	滤水器(滤水网)	ζ=2	盘形水表	ζ=7					

【例 9-6】 水的输送问题

用水泵将大水池中的水送入容器，如图 9-12 所示。已知水的密度 ρ =1000kg/m^3，运动黏度 ν =1.0×10^{-6}m^2/s；管道直径 D=200mm、相对粗糙度 e/D=0.0003，长度如图所示；水池管道入口 A 的过渡圆弧半径 r/D=0.1，B、C 两处为 90° 弯头，弯曲比 r/D=2；水泵有效输出功率 N=20kW。问水的输送流量 q_V =150L/s 时，容器进口 D 处的压力 p_D 为多少？

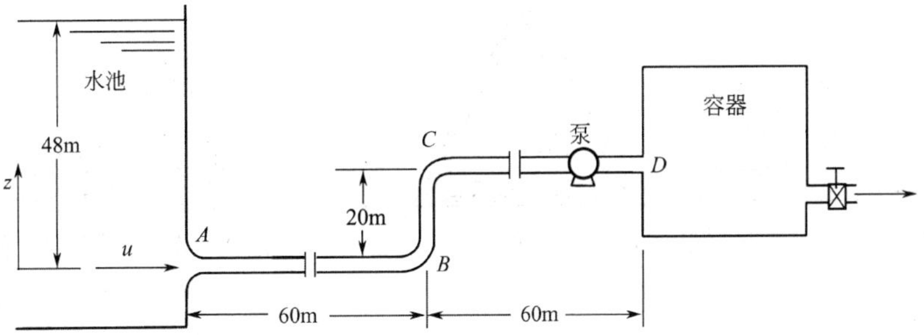

图 9-12 例 9-6 图

解 首先由体积流量计算管流平均速度和雷诺数

$$u=\frac{4q_V}{\pi D^2}=\frac{4\times150\times10^{-3}}{\pi\times0.2^2}=4.775(\mathrm{m/s}),\quad Re=\frac{uD}{\nu}=\frac{4.775\times0.2}{1.0\times10^{-6}}=9.55\times10^5$$

由 e/D=0.0003，Re= 9.55×10^5，查莫迪图或由 Haaland 通用式计算可得

$$\frac{1}{\sqrt{\lambda}}=1.135-0.782\ln\left[\left(\frac{e}{D}\right)^{1.11}+\frac{29.482}{Re}\right] \rightarrow \lambda=0.0156$$

因此管道总长度上的沿程阻力压头损失为

$$h_{\mathrm{f,L}}=\lambda\frac{L}{D}\frac{u^2}{2g}=0.016\times\frac{140}{0.2}\times\frac{4.775^2}{2\times9.8}=13.70(\mathrm{m})$$

由题中条件，查表（9-3）并根据式（9-45）可得局部阻力系数分别为

$$\zeta_A=0.09，\ \zeta_B=\zeta_C=0.15，\ \zeta_D=1$$

局部压头损失为

$$h_{\mathrm{f}}'=\zeta\frac{u^2}{2g}=(0.09+0.15+0.15+1)\times\frac{4.775^2}{2\times9.8}=1.62(\mathrm{m})$$

总压头损失为

$$h_{\mathrm{f}}=h_{\mathrm{f,L}}+h_{\mathrm{f}}'=13.70+1.62=15.32(\mathrm{m})$$

在水池表面（下标0）与D点之间应用机械能守恒方程并取动能修正系数α=1有

$$\frac{N}{q_{\mathrm{m}}g}=\frac{u_D^2-u_0^2}{2g}+(z_D-z_0)+\frac{p_D-p_0}{\rho g}+h_{\mathrm{f}}$$

即

$$p_D-p_0=\frac{N}{q_{\mathrm{V}}}-\rho g\left[\frac{u_D^2-u_0^2}{2g}+(z_D-z_0)+h_{\mathrm{f}}\right]$$

或

$$p_D-p_0=\frac{20000}{150\times10^{-3}}-1000\times9.8\times\left(\frac{4.775^2}{2\times9.8}-28+15.32\right)=2.46\times10^5(\mathrm{Pa})$$

9.6 非圆形管及弯曲管内的流动

9.6.1 非圆形管内的流动与阻力损失

非圆形管道指截面形状为矩形、三角形、梯形、椭圆形等形状的管道。

（1）非圆形管内湍流流动的二次流

尼古拉兹的实验测量结果表明，湍流条件下，非圆形管内的流体除了沿管道轴向流动外，在垂直于主流的截面上还会产生二次流（secondary flow）。湍流轴向速度等值线如图9-13所示，二次流流线如图9-14所示。湍流时主流与二次流的叠加，使非圆形管截面边角处流体仍有较高速度，其壁面切应力沿周边分布的不均匀性（比层流时）也显著改进。

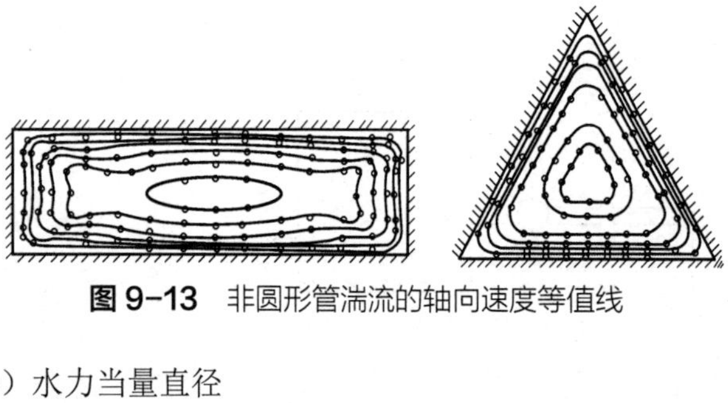

图9-13 非圆形管湍流的轴向速度等值线

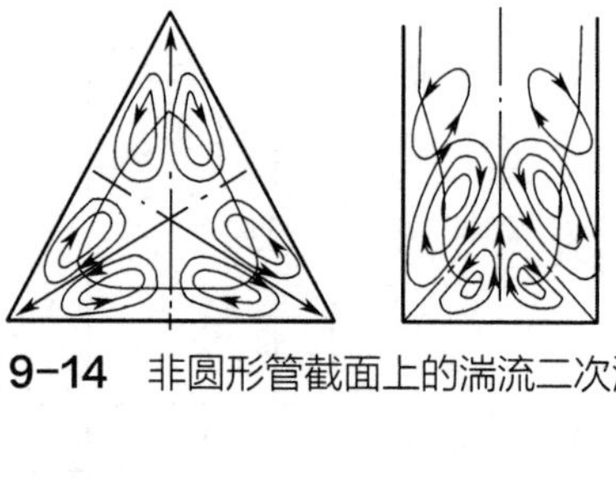

图9-14 非圆形管截面上的湍流二次流

（2）水力当量直径

水力当量直径（D_{h}）是非圆形管的截面特征尺寸。定义为：与非圆形管管壁平均切应力τ_0相等的当量圆管的直径。根据该定义，若非圆形管管长L对应的摩擦压降为Δp_{f}，则管壁平均切应力τ_0既可用非圆形管的横截面积A和截面周边长度P来表达，也可用其当量圆管的直径D_{h}来表达，由此可得水力当量直径D_{h}的定义式，即

$$\tau_0=\frac{\Delta p_{\mathrm{f}}A}{LP}，\ \tau_0=\frac{\Delta p_{\mathrm{f}}(\pi D_{\mathrm{h}}^2/4)}{L(\pi D_{\mathrm{h}})} \rightarrow D_{\mathrm{h}}=4\frac{A}{P} \tag{9-48}$$

特别需要指出，因 D_h 是基于管壁平均切应力相等定义的，而壁面切应力只存在于与流体接触的壁面，故对于流体只占据部分管截面的情况，A 则是流动流体的横截面积，P 则是与流体接触的管壁周边长度，P 因此称为浸润周边长度（wetted perimeter）（见习题 9-15）。

可以证明，引入 D_h 后，非圆形管压降的达西公式与圆形管具有相同形式，即

$$\Delta p_f = \lambda \frac{L}{(4A/P)} \frac{\rho u_m^2}{2} = \lambda \frac{L}{D_h} \frac{\rho u_m^2}{2} \tag{9-49}$$

注：与非圆形管管壁平均换热系数相等的当量圆管直径也等于 D_h。

（3）非圆形管的阻力损失

引入水力当量 D_h 后人们自然会问：能否用 D_h 替代圆管直径 D，直接用有关圆管的阻力系数、换热系数等关联式来计算非圆形管的阻力系数或换热系数呢？实践表明：

① 对于湍流流动，用 D_h 代入圆管公式计算是较为可行的，其误差可能在百分之几以内。这种情况是因为湍流时非圆形管管壁切应力沿壁面周边的分布较为均匀，且与直径 $D=D_h$ 的圆管的壁面切应力较接近。但并非所有非圆形管都如此，比如对于截面长宽比大于 3 的矩形管，其湍流时的替代计算仍有很显著的误差。

② 对于层流流动，非圆形管的壁面切应力沿周边变化较大，此时用 D_h 替代圆管公式中 D 的计算结果误差较大，甚至非常大，故一般不能作这样的替代计算。

好在某些规则形状的非圆形管的层流流动阻力系数可由解析方法的得到。

对于截面高度为 a、宽度为 b 的矩形管，有

$$\begin{cases} b/a=1: & D_h = a, \quad \lambda = 57/Re \\ b/a=2: & D_h = 4a/3, \quad \lambda = 62/Re \\ b/a=4: & D_h = 8a/5, \quad \lambda = 73/Re \\ b>>a: & D_h = 2a, \quad \lambda = 96/Re \end{cases} \tag{9-50}$$

边长为 a 的等边三角形管

$$D_h = a/\sqrt{3}, \quad \lambda = 53/Re \tag{9-51}$$

内径 d_1、外径 d_2 且 $d_1/d_2 > 0.5$ 的圆环形截面管

$$D_h = d_2 - d_1, \quad \lambda = 96/Re \tag{9-52}$$

以上结果与圆管公式 $\lambda = 64/Re$ 对比可见：层流条件下，用圆管阻力系数公式计算非圆管的阻力系数，除 $b/a=2$ 的矩形管较为可行外（误差 3.2%），其余都有较大的误差。

9.6.2 弯曲管道内的流动及阻力损失

工程实际中，因结构需要不可避免地要采用弯曲管道。管道弯头、加热 / 冷却用的螺旋管、U 形管等都属于弯曲管道。

（1）弯曲管道内的二次流

弯曲管道中的二次流是因离心力作用在管道截面形成的流动。如图 9-15 所示，流体流过弯曲管道时，同时会受到单位质量离心力 u^2/r 的作用（u 为流体轴向速度，r 是弯管曲率半径），且该离心力指向弯曲管道外侧。由于管道中心流体的轴向速度较大，受到的离心力也大，因而中心流体将向弯曲管外侧流动，同时迫使管截面下壁面附近的流体向弯曲管内侧流动，从而在管道截面上形成图 9-15 所示的二次流。圆形弯曲管的二次流一般为双涡形式；矩形截面弯曲管在较高流速下的二次流会呈现对称的四涡形式。

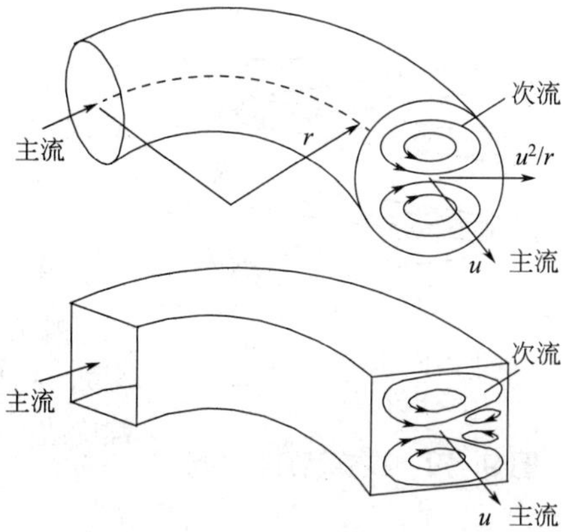

图 9-15 弯曲管道流体的次流

弯曲管道中的二次流会使轴向速度主峰偏向外侧。二次流速度与主流速度的叠加，使流体质点呈螺旋状运动。二次流增强了流体的横向混合、强化了管内的对流传热传质（且弯管外侧局部换热系

数高于内侧），但流体阻力损失也相应增加。相对而言，层流流动时二次流的影响（比湍流时）更为显著。

（2）90° 弯管内的流动及总阻力系数

90° 弯管的总阻力系数 90° 弯管是工程实际中最常见的弯曲管道，见图9-16，其管径为D，管中心线弯曲半径为r，弯管长度$L=\pi r/2$。流体流经90° 弯管时，不仅会在流动截面上产生二次流，同时还会因流动分离在弯管下游内侧形成涡流区（见图）。90° 弯管的总阻力系数ζ与比值r/D和相对粗糙度e/D有关，其定量关系如图9-17所示。注：图中的ζ已包含了弯管长度L范围内的沿程摩擦阻力。

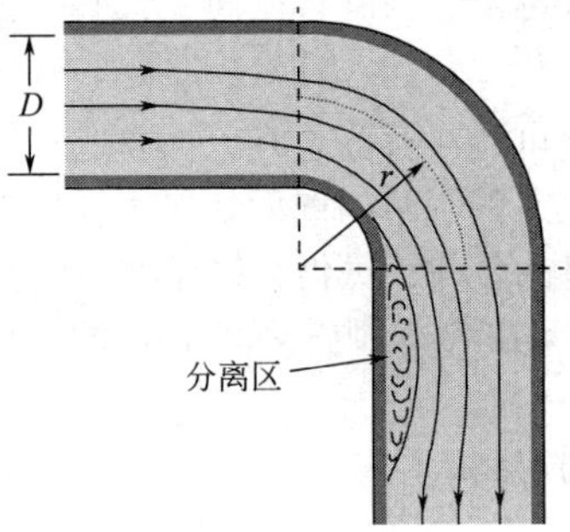

图9-16 90° 弯管中的分离现象

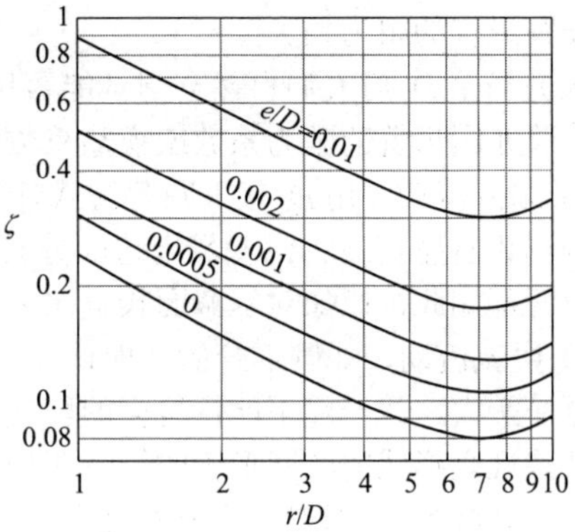

图9-17 90° 弯管的总阻力系数

需要指出，弯管中的流动分离和二次流同时还会对下游直管的流动产生延伸影响，使弯管后的直管产生附加的阻力损失。正是这一原因，流量计、测压计的安装一般都要求在弯管下游一定直管距离（流场稳定）之后，以避免上游的干扰影响测试准确性。

（3）平面弯曲管的阻力损失

平面弯曲管指在同一平面上弯曲且弯管曲率半径r（管中心线曲率半径）恒定的连续弯曲管，如U形管的弯头部分，轮胎状的封闭弯曲管（内部流动靠电磁力驱动），可忽略螺距影响的螺旋管等。弯曲管的阻力损失属于沿程阻力损失，且相同工况下大于直管。

平面弯曲管的摩擦阻力系数λ_c与雷诺数$Re=\rho uD/\mu$和弯曲比D/r有关（D为管径，r为弯管曲率半径r），其湍流摩擦阻力系数λ_c可采用Schmidt关联式计算，其中

$$Re_c < Re < 2.2\times10^4 \qquad \lambda_c=\lambda_s+\frac{9112.32}{Re^{1.25}}\left(\frac{D}{2r}\right)^{0.62} \tag{9-53a}$$

$$2.2\times10^4 \leqslant Re < 1.5\times10^5 \qquad \lambda_c=\lambda_s+0.02604\left(1-\frac{D}{2r}\right)\left(\frac{D}{2r}\right)^{0.53} \tag{9-53b}$$

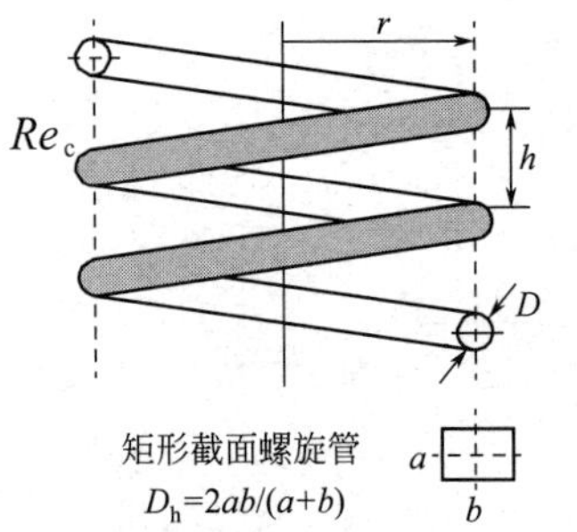

图9-18 螺旋管几何参数

式中，λ_s是按Blasius公式$\lambda_s=0.3164/Re^{0.25}$计算的直管摩擦阻力系数；$Re_c$是弯曲管道中层流与湍流的过渡雷诺数，其关联式为

$$Re_c=2300\left[1+8.6(D/2r)^{0.45}\right] \tag{9-54}$$

（4）螺旋管的阻力损失

螺旋管几何参数见图9-18，其中D为管道直径，h是螺旋管节距（简称螺距），r是螺旋管的平面弯曲半径（管中心螺旋线包络的圆柱面半径），管中心螺旋线实际曲率半径r_c为

$$r_c=r\left[1+(h/2\pi r)^2\right] \tag{9-55}$$

可见，当弯曲半径r较大且螺距h较小时，$r_c\approx r$（此时的阻力系数也可用以上Schmidt关联式计算）。

螺旋管的摩擦阻力系数：Mishra & Gupta（参考文献 [20]）通过对较多实验数据的拟合，提出了螺旋管层流与湍流的摩擦阻力系数关联式：

层流（$1 < De_{\rm m} < 3000$）
$$\frac{\lambda_{\rm c}}{\lambda_{\rm s}} = 1 + 0.033(\lg De_{\rm m})^{4.0} \tag{9-56}$$

湍流（$4500 < Re < 10^5$）
$$\lambda_{\rm c} = \lambda_{\rm s} + 0.03(D/2r_{\rm c})^{0.5} \tag{9-57}$$

式中，$\lambda_{\rm s}$是直管层流或湍流的摩擦阻力系数（用 Blasius 公式计算），即

$$\lambda_{\rm s} = 64/Re, \quad \lambda_{\rm s} = 0.3164/Re^{0.25}$$

$De_{\rm m}$称为修正迪恩数。一般迪恩数 De 是在雷诺数 Re 基础上考虑弯曲比 D/r 影响的无因次数，$De_{\rm m}$则是针对螺旋管用 $r_{\rm c}$ 替代 r 后的迪恩数，即

$$De = Re\sqrt{D/2r}, \quad De_{\rm m} = Re\sqrt{D/2r_{\rm c}} \tag{9-58}$$

Mishra & Gupta 通过实验获得的螺旋管层流与湍流的过渡雷诺数$Re_{\rm c}$为

$$Re_{\rm c} = 20000(D/2r_{\rm c})^{0.32} \tag{9-59}$$

Mishra & Gupta 关联式适用的参数范围是$D/2r = 0.003 \sim 0.15$，$h/2r = 0 \sim 25.4$。

对比分析： 计算表明，在 h=0 的条件下（r=$r_{\rm c}$），对应$D/2r = 0.003 \sim 0.15$，式（9-57）比 Schmidt 关联式（9-53）的计算结果大 1.5%~9.5% 左右，且较大的$D/2r$对应较大的误差，原因是 Schmidt 关联式仅适用于$D/2r$较小的情况；但由式（9-54）和式（9-59）计算的过渡雷诺数$Re_{\rm c}$吻合较好。

（5）矩形截面螺旋管的阻力损失

矩形截面螺旋管几何参数见图 9-18。其湍流摩擦阻力系数$\lambda_{\rm c}$未见有专门的关联式，可借用式（9-57）计算，但应以水力直径$D_{\rm h} = 2ab/(a+b)$替代圆管直径D。

矩形截面螺旋管层流摩擦阻力系数$\lambda_{\rm c}$可用以下关联式计算

$$\frac{\lambda_{\rm c}}{\lambda_{\rm s}} = 1 + 0.00583\left(3 + \frac{D_{\rm h}}{r_{\rm c}}\right)^{1.1}\left(\frac{b}{a}\right)^{-0.2}(\lg De_{\rm m})^{4.5} \tag{9-60}$$

式中，$\lambda_{\rm s}$为矩形截面直管层流的摩擦阻力系数，见式（9-50）；上式用数值模拟的数据拟合得到并经实验验证（见参考文献 [21]），其适用范围如下（注意其中$De_{\rm m}$的定义稍有不同）：

$$b/a = 1 \sim 2, \ h/r = 0 \sim 5, \ D_{\rm h}/r = 0.01 \sim 0.8$$

$$Re = \rho u D_{\rm h}/\mu = 16 \sim 3057, \ De_{\rm m} = Re\sqrt{D_{\rm h}/r_{\rm c}} = 3.5 \sim 2754$$

9.7 管流问题的基本类型与解析要领

管流问题多种多样，但解析问题的基本出发点是质量守恒，机械能守恒，达西公式。

单一管路流动问题 常见单一管路问题有三种基本类型，包括：

① 确定阻力损失的问题：这类问题一般已知管道参数 D、L、e 和流量 $q_{\rm V}$，此时可依次计算 Re、λ，然后由达西公式计算摩擦压降$\Delta p_{\rm f}$或压头损失$h_{\rm f}$，见例 9-3。

② 确定流量的问题：这类问题一般已知 D、L、e、$\Delta p_{\rm f}$或$h_{\rm f}$，此时可用两种方法。

试差法：假设流量$q_{\rm V}$，计算 Re、e/D、λ，然后根据达西公式计算$\Delta p_{\rm f}$或$h_{\rm f}$并直至其等于给定值。

直接法：首先计算$Re\sqrt{\lambda}$（由 Re 数定义式及达西公式解出），即

$$Re = \frac{u_{\rm m}D}{\nu}, \quad h_{\rm f} = \lambda\frac{L}{D}\frac{u_{\rm m}^2}{2g} \quad \rightarrow \quad Re\sqrt{\lambda} = \frac{D}{\nu}\sqrt{\frac{2gh_{\rm f}}{L/D}} \tag{9-61}$$

然后用 Colebrook 经验式（9-42）计算 λ，再根据达西公式计算 $u_{\rm m}$ 或 $q_{\rm V}$，见例 9-4。

③ 确定管径的问题：这类问题一般已知 L、e、q_V、Δp_f 或 h_f，此时一般需试差计算。即：假设 D，计算 Re、e/D、λ，然后计算 Δp_f 或 h_f 并直至其等于给定值，见例 9-5。

串联管路问题　其特点是各管段流量相等，总压降等于各管段压降之和，即

$$q_V = q_{V_1} = q_{V_2} = \cdots = q_{V_n};\quad \Delta p = \Delta p_1 + \Delta p_2 + \cdots + \Delta p_n \tag{9-62}$$

利用该特点并结合达西公式和机械能守恒方程，可建立流量方程并求解问题。

并联管路问题　其特点是并联的各管路压降相等，总流量等于各管路流量之和，即

$$\Delta p = \Delta p_1 = \Delta p_2 = \cdots = \Delta p_n;\quad q_V = q_{V_1} + q_{V_2} + \cdots + q_{Vn} \tag{9-63}$$

利用该特点并结合达西公式和机械能守恒方程，可建立流量方程并求解问题。

分支管路问题　其特点是管道交汇点质量守恒（进入交汇点的流量等于离开交汇点的流量），且分支管在交汇点有相同的总压头。利用该特点并结合达西公式和机械能守恒方程，可建立流量方程并求解问题。见例 9-7，或参考文献 [5] 之问题 P9-26 ～ P9-28。

管网流量计算问题　管网即有众多网格和交汇点的管路网络。其特点之一是各交汇点质量守恒，即输入 = 输出，由此可得关于管段流量 q_{Vi} 的方程组（管网有 n 个交汇点则可列出 n–1 个独立方程）；特点之二是绕每一网格回路的压降为零，由此可得关于管段流量 q_{Vi} 的另一方程组（管网有 m 个独立网格则有 m 个独立方程）。由此可得关于管路流量 q_{Vi} 的方程组，然后用解析法、迭代法等方法求解。详见参考文献 [5] 之问题 P9-31 ～ P9-35。

【例 9-7】　水槽之间分支管路的流量问题（给定各管 λ）

分支管路连接的水槽 A、B、C 如图 9-19 所示，各水槽液面标高、各管道直径、长度、阻力系数见图（给定 λ 意味着在涉及的流量范围内管道为水力粗糙管）。设局部阻力忽略不计，试确定各管的体积流量。

解　求解该问题的基本思路是：首先确定交汇点 J 至高度居中的水槽 B（管 2）的流向，然后再求解各管路流量。具体方法可有不同，其中之一是交汇点总压头 H_J 试差法。

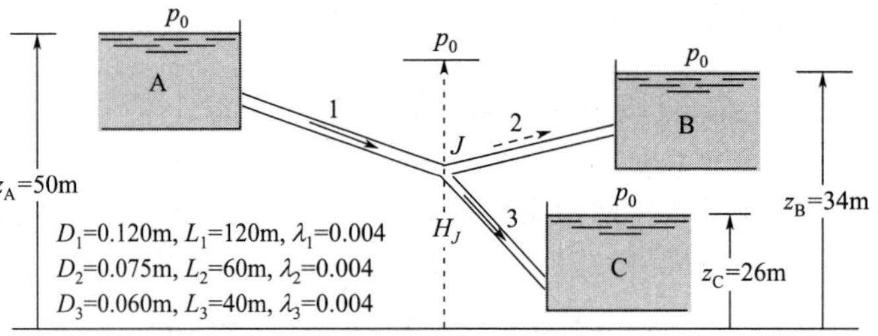

图 9-19　例 9-7 附图

交汇点总压头 H_J 即 J 点流体静压头、速度头和位头的总和，可表示为

$$H_J = (p_J - p_0)/\rho g + u_J^2/2g + z_J$$

交汇点总压头 H_J 试差法步骤如下：

① 管道 2 的流向判定：假设 J 点总压头 $H_J = z_B$，则根据机械能守恒方程可知，管道 2 的摩擦压降必然为零，即管道 2 流量 $q_2 = 0$，此时管 1 和管 3 的压头损失可根据水槽 A→J 之间和 J→水槽 C 之间的机械能守恒方程（不计局部阻力）直接得到，即

$$h_{f1} = z_A - H_J,\quad h_{f3} = H_J - z_C$$

已知 h_f，且各管的 λ 给定，则可根据由达西公式反算管 1、管 3 的流量，即

$$h_f = \lambda\frac{L}{D}\frac{u^2}{2g} = \frac{8\lambda L q^2}{g\pi^2 D^5} \quad\rightarrow\quad q = \frac{\pi D^2}{4}\sqrt{\frac{2gh_f}{\lambda L/D}}$$

若 $q_1 > q_3$，则管 2 流向为 J→水槽 B，反之则水槽 B→J；若 $q_1 = q_3$，则管 2 流量 $q_2 = 0$。

计算结果：假设 J 点总压头 $H_J = z_B = 152$m 并代入已知数据，可得

$$h_{f1} = 16\text{m},\ h_{f3} = 8\text{m};\ q_1 = 0.0317\text{m}^3/\text{s},\ q_3 = 0.0069\text{m}^3/\text{s}$$

因为 $q_1 > q_3$，故可判断管 2 的流向为 J→水槽 B。

②管 2 流向确定后各管的流量计算：因管 2 流向为 J→水槽 B，所以 H_J 必然位于 z_A 与 z_B 之间，由此假设 H_J，并根据机械能守恒方程得到管道 1、2、3 的压头损失为

$$h_{f1} = z_A - H_J, \quad h_{f2} = H_J - z_B, \quad h_{f3} = H_J - z_C$$

然后按达西公式反算各管道的流量 q，并直至各流量满足质量守恒，即

$$q_1 = q_2 + q_3$$

根据以上步骤，首先假设 $H_J = (z_A + z_B)/2 = 41\text{m}$，计算结果为

$$h_{f1} = 9\text{m}, \ h_{f2} = 7\text{m}, \ h_{f3} = 15\text{m}$$

$$q_1 = 0.0238\text{m}^3/\text{s}, \ q_2 = 0.0092\text{m}^3/\text{s}, \ q_3 = 0.0094\text{m}^3/\text{s}$$

因为 $q_1 > q_2+q_3$，故增加 H_J 再次计算（此时相关公式已在 Excel 计算表中输入完毕，再次计算只需键入 H_J 即可直接得到流量）。由此得到满足质量守恒的最终结果为

$$H_J = 43.244\text{m}, \ h_{f1} = 6.756\text{m}, \ h_{f2} = 9.244\text{m}, \ h_{f3} = 17.244\text{m}$$

$$q_1 = 0.0206\text{m}^3/\text{s}, \ q_2 = 0.0105\text{m}^3/\text{s}, \ q_3 = 0.0101\text{m}^3/\text{s}$$

可以验算，以上流量对应的雷诺数 $Re > 2308(D/e)^{0.85} = 101076$，即上述流量下各管均为水力粗糙管。其中 $e/D = 0.01172$（系根据 λ 用冯·卡门经验式计算得到）。

此外，从以上过程可见，H_J 试差法实质是将分支管拆分为单一管路的计算方法。

思考题

9-1 普朗特混合长度理论解决的主要问题（或其主要结果）是什么？在进一步由混合长度理论结果导出通用速度分布（壁面律）的过程中，普朗特又作了哪两点关键假设？

9-2 通用速度分布式（壁面律）与 Blasius 的 1/7 次方速度分布经验式有何本质不同？

9-3 莫迪图和 Haaland 阻力系数公式都可直接由 Re 和 e/D 得到 λ，两者各有什么优势？

9-4 对于圆管内的充分发展流动，摩擦阻力系数 λ 随雷诺数 Re 增加而减小说明什么问题？其中对于水力粗糙管，其 λ 与 Re 无关，又说明什么？

9-5 水力当量直径 D_h 是表征非圆形管截面形状与大小的特征尺寸，通常用作相关准数的定性尺寸。D_h 是根据什么原则定义的？有什么意义？能否按 $u_m \pi D_h^2 / 4$ 计算流量？

习题

9-1 运动黏度为 4.5×10^{-6} m²/s 的原油在内径为 25 mm 的管道作充分发展的流动。试求

① 流动为层流时的最大平均速度；

② 在该流速下 50 m 管长的压头损失；

③ 在该流速下的壁面切应力（表示为密度 ρ 的函数）。

9-2 油从大的敞口容器底部沿内径 D=1mm、长度 L=45cm 的竖直光滑圆管向下流动，流量为 14.8cm³/min，如图 9-20 所示。容器液面至圆管出口的距离 h=60cm，并保持恒定。① 假定管道内的流动是充分发展层流，并忽略管道进口局部阻力损失，试求油的运动黏度，并验证层流和充分发展流动的假定有效；② 若管道进口（位置 1）处局部阻力系数 ζ=0.5，则油的运动黏度又为多少？

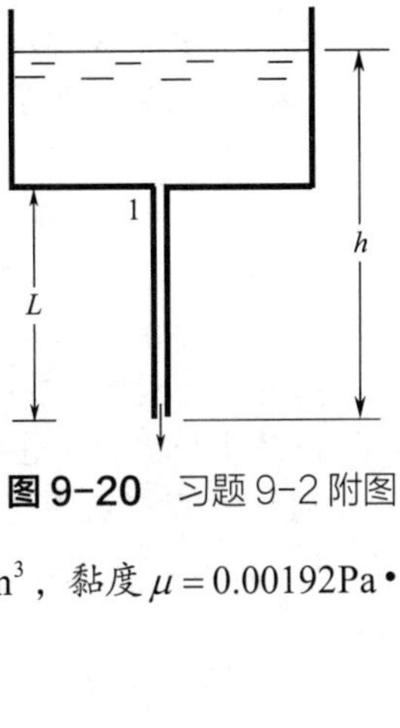

图 9-20 习题 9-2 附图

9-3 流体在直径为 150mm 的光滑玻璃管内以 0.006 m³/s 的流量流动。管中的流体为水，温度为 20℃。试求黏性底层及过渡层的厚度。

9-4 用直径 D=100mm 的光滑圆管输送流量 q=0.012m³/s 的煤油，煤油密度 $\rho = 808\text{kg/m}^3$，黏度 $\mu = 0.00192\text{Pa·s}$。

① 试根据平均速度式（9-25）确定其壁面切应力 τ_0；

② 由该 τ_0 确定黏性底层、过渡层、湍流核心区边界范围（用壁面距离 y 表示）

③ 进一步采用通用速度分布式（壁面律）和Blasius的1/7次方速度分布式表达速度分布（用壁面距离 y 为自变量），并在 y=0~50mm范围作图对比速度分布式（y 为横坐标且分别采用等距坐标和对数坐标）。

9-5 光滑圆管湍流，其中圆管直径为 $D=2R$，黏性底层厚度为 δ_1，过渡层厚度为 δ_2，管流雷诺数为 Re，摩擦阻力系数为 λ，摩擦速度和摩擦长度分别为 u^*、y^*。

① 试证明摩擦阻力系数、摩擦长度、黏性底层和过渡层相对厚度可分别表示为

$$\lambda=8\left(\frac{u^*}{u_{\rm m}}\right)^2,\quad y^*=\frac{D}{Re}\sqrt{\frac{8}{\lambda}},\quad \frac{\delta_1}{R}=\frac{20\sqrt{2}}{Re\sqrt{\lambda}},\quad \frac{\delta_2}{R}=\frac{100\sqrt{2}}{Re\sqrt{\lambda}}$$

② 若阻力系数 λ 采用拟合式（9-41）计算，试根据以上表达式计算习题9-3、9-4中的摩擦长度、黏性底层厚度、过渡层厚度和湍流核心区厚度。

9-6 某流体在粗糙圆管中湍流流动，其速度测量表明，流体在 $r=R/2$ 位置的速度是管中心速度（最大速度）的0.9倍。已知该粗糙管为水力粗糙管，其湍流核心区速度可表示为

$$\frac{u}{u^*}=2.5\ln\frac{R-r}{e}+8.5 \quad 且 \quad Re\geqslant\frac{2308}{(e/D)^{0.85}}$$

① 试确定管道的相对粗糙度，以及达到水力粗糙管所需的最小雷诺数；

② 试确定管道截面最大速度与平均速度的比值。

9-7 流体在光滑圆管中作充分发展的流动，且已知流体运动黏度 $\nu=10^{-6}\,\mathrm{m^2/s}$。

① 若流量为0.5L/s时测得其阻力系数为0.06，试确定流量增加到3 L/s时的阻力系数；

② 若流量为0.5L/s时测得其阻力系数为0.03，试确定圆管的直径，以及流量增加到3L/s时的阻力系数。

注：湍流阻力系数 λ 用Blasius公式计算。

9-8 用旧铸铁管输送15℃的水，其中管道内径25cm，管长300m，表面粗糙度1.50mm。若测得整个管长的摩擦阻力压头损失为5m，试判断该粗糙管的类型，并计算阻力系数 λ 及水的流量 q_V。

9-9 离心泵进口管内径为50mm，进口管路包括：内径为50mm、长为2m的光滑无缝钢管，一个底阀，一个90°标准弯头。如果用来泵送20℃的水，流量为3m³/h，试求进口装置（即离心泵进口前的管路、弯头、底阀）的总阻力损失。

9-10 用内径为30cm、管壁粗糙度 e= 0.3mm的新铸铁管输送20℃的水。为了确定管道接头处的泄漏量，在管道接头点与上游600m处各装一只压力表，测得摩擦压降为140kPa；在接头点下游600m处又装一只压力表，测得下游管段摩擦压降为133kPa。试据此判断上、下游管道的粗糙管类型，并计算泄漏流量的大小。

9-11 两水槽液面高差驱动的串联管路流量计算。两水槽液面高差12m，之间有30m的管道，其中前10m管道的直径 d_1=40mm，后20m管道的直径 d_2=60mm，两管道由阀门连接且视为光滑管道。①若阀门全开时其局部阻力系数为 ζ=0，则管路流量为多少；②若阀门半开时其局部阻力系数为 ζ=5.4，则流量又为多少。已知管道进、出口的局部阻力系数和流体的密度与黏度分别为：ζ_1=0.5、ζ_2=1.0，ρ =1000kg/m³，μ =0.001 Pa·s。注：阀门局部阻力用上游管道（小管）流速定义，沿程阻力系数用拟合式（9-41）计算。

9-12 两粗糙管道A、B，其中管道A在输送流量为2m³/s的水时其摩擦压降为300kPa，管道B在输送流量为1.4m³/s的水时其摩擦压降为250kPa，且两管道阻力系数恒定（水力粗糙管）。①若将其串联用于输送流量为1.5m³/s的水，则摩擦压降为多少；②若将其并联用于输送流量为1.5m³/s的水，则摩擦压降和各管的流量为多少。其中，连接点局部阻力忽略不计。

9-13 已知流量按压降要求确定管道直径。用5000m长的镀锌管输送乙醇，输送量为8.5L/s，要求摩擦阻力压头损失等于但不大于65m，试确定输送管直径。已知乙醇运动黏度为 $1.6\times10^{-6}\,\mathrm{m^2/s}$，镀锌管粗糙度为0.2mm。

9-14 渗透率恒定的管道内流体平均速度及压力的变化。图9-21所示为渗透性管道，其直径为 D、管长为 L，进出口速度及压力分别为 u_1、p_1、u_2、p_2，且

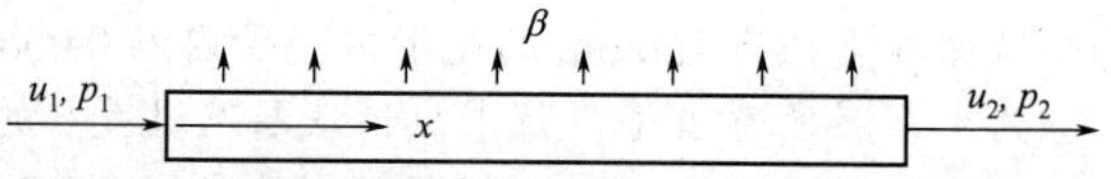

图9-21 习题9-14附图

渗透率β恒定。注：渗透率β指单位管长渗透流体的体积流量，单位为 $m^3/(s\cdot m)$ 或 m^2/s。

① 试确定管内平均速度 u 及压力 p 随 x 的变化；

② 若压力 p_1=2.8bar 的水进入该管流动，水的密度 ρ=1000kg/m^3，管径 D=0.15m，管长 L=1300m，管道摩擦阻力系数 λ=0.032（定值），管的末端压力 p_2=0.25bar，速度 u_2=0（末端封闭），试确定进口流速 u_1 和管道的表面渗透率 β。

提示：因渗透率较低，渗透性管内的压力变化可视为仅由摩擦阻力产生，此时 dx 微分管段的压力变化 dp 可用达西公式描述。

9-15 换热器内管束按正方形及等边三角形排列，如图 9-22 所示，其中 d 为换热管外径，b 为管间距。若流体在管间平行于管束流动（顺流），试导出其流通截面（图中阴影截面）的水力直径计算式。

9-16 已知充满流体的非圆形管截面积为 A，浸润周边长度为 P。若该管与直径等于其水力当量直径 D_h 的圆形管在相同流量时具有相同平均速度，试求：

① A 与 P 之间应满足什么条件？满足该条件的含义是什么？

② 对于周边总长 $3a$ 的等边三角形管，或截面高度为 a、底边宽度为 b 的矩形管，能否满足这样的条件？

9-17 用光滑铝板制成的矩形管输送给定流量的空气，矩形管截面的底边宽度 b=100cm，高度 a=50cm。设流动为湍流且阻力系数可用 Blasius 公式计算（定性尺寸用水力直径 D_h）。现拟用同样材料的圆管输送这些空气（流量 q_V 不变）。

① 为保持与矩形管有相同的压降梯度 $\Delta p_f/L$，圆管的直径 D 应为多少？

② 若保持与矩形管有相同的平均流速 u_m，则圆管的直径 D 应为多少？此时圆管的压降梯度 $\Delta p_f/L$ 比第①问情况增加或减少多少？

③ 若取圆管直径等于矩形管水力直径，则圆管的 $\Delta p_f/L$ 比第①问情况增加或减少多少？

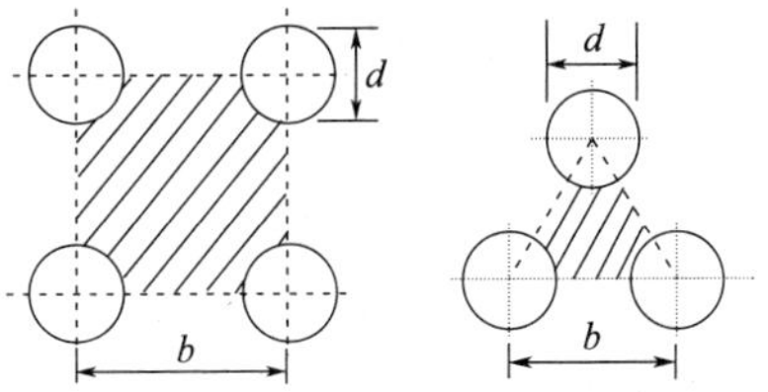

图 9-22 习题 9-15 附图

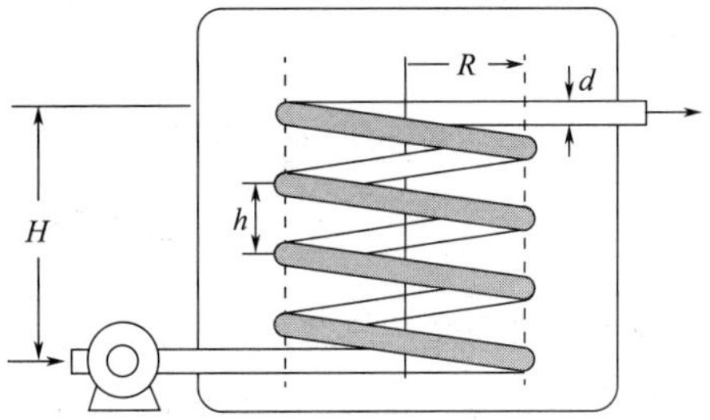

图 9-23 习题 9-18 附图

9-18 用水泵将水送入螺旋换热管，如图 9-23 所示。已知泵的进口及螺旋管出口均为常压，两者间垂直高度 H=1.5m，螺旋管直径 d=25mm，弯曲半径 R=400mm，节距 h=35mm，总长度 L=30m（进出口直管段相对较短，仍然按螺旋管考虑，其长度已计入 L），水温按平均温度 40℃考虑，不计局部阻力。试计算水流量 $q_V=1.35$L/s 时水泵的有效输入功率，该功率比相同长度直管所需功率大多少？

9-19 光滑铝板制成的等边三角形管与圆形管并联输送氧气，氧气的总流量 q_V =1.0L/s，密度 $\rho=1.33\,\text{kg/m}^3$，黏度 $\mu=2.0\times10^{-5}$ Pa·s。氧气由总管分配给两管，然后在下游汇合至另一总管，且三角形管浸润周边总长 P =90mm。设管路分支处和汇合处局部阻力不计，两并联管长度 L 相同，且流动视为充分发展。

① 取圆管直径为三角形管水力直径，计算联管路单位管长的摩擦压降；

② 按两管平均流速相等确定圆管直径，并计算并联管路单位管长的摩擦压降；

③ 按两管体积流量相等确定圆管直径，并计算并联管路单位管长的摩擦压降；

④ 按两管流动面积相等确定圆管直径，并计算并联管路单位管长的摩擦压降；

⑤ 从摩擦压降和圆管材料消耗两个方面评价以上四种方案。

9-20 图 9-24 为水泵旁路系统，其中水泵提供给水的压头 H(m) 与其流量 q (m^3/s) 的关系为 $H=15(1-q)$，且水泵前后管路的摩擦阻力可忽略不计；旁路管径 D=10cm，其阻力损失主要是阀门局部阻力损失，且已知阀门局部阻力系数 ζ=10；若已知离开系统的流量 q_2 =0.035m^3/s，试确定通过水泵和旁路的流量。

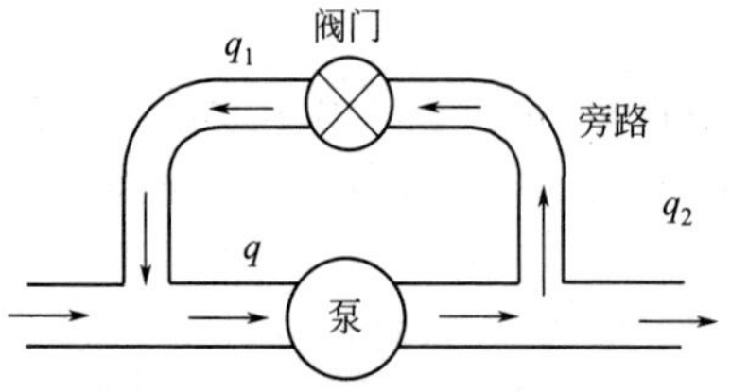

图 9-24 习题 9-20 附图

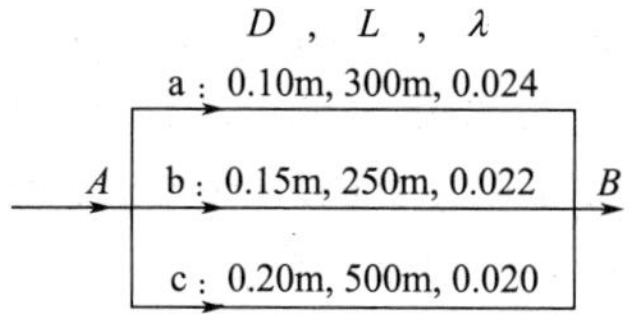

图 9-25 习题 9-21 附图

9-21 并联管路的压差与流量计算。图 9-25 是管道 a、b、c 构成的并联管路，各管直径 D、长度 L、摩擦阻力系数 λ 如图所注（在涉及的流量范围内均为水力粗糙管）。其中 A 点之前的总管路管径为 0.3m，流体速度 3m/s，且 A 点位置高度比下游交汇点 B 高出 70m。

① 试确定管道 a、b、c 的流量及摩擦压降；

② 试确定 A、B 两点的压力差。其中，局部阻力忽略不计，流体密度 1000kg/m^3，且上下游总管管径相同。

9-22 串并联分支管路的压差与水泵功率计算。某水处理系统管路如图 9-26 所示，其中各管路的管径 d、管长 L 和摩擦阻力参数 λ 如图所示。已知进水口 A_1、A_2 的平均流速都为 2.5m/s，两进水口为同一水平面，其标高比出水口 D、E、F 低 100m（出水口位于同一水平面），且进水口与出水口均为大气压力状态。试确定水泵进出口的压差 Δp 和水泵消耗的功率 N。其中流体密度 ρ=1000kg/m^3，水泵效率为 η=76%，局部阻力忽略不计，摩擦阻力按充分发展湍流计算，体积流量直接用 q 简洁表示。

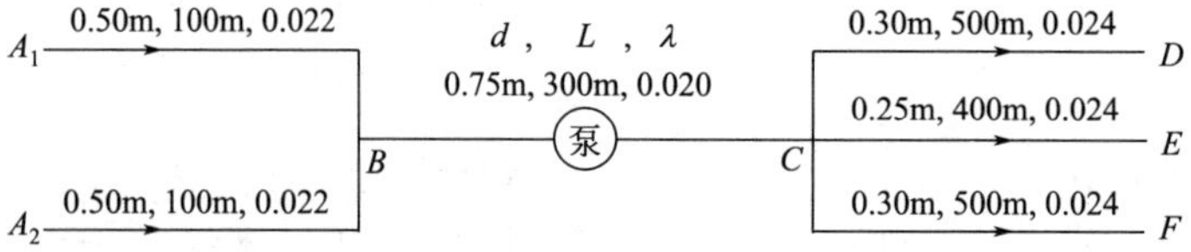

图 9-26 习题 9-22 附图

9-23 水槽之间分支管路的流量问题（λ 随流量变化）。已知分支管路连接的水槽 A、B、C 如图 9-27 所示，各水槽液面标高、管径、长度、相对粗糙度见图。已知流体运动黏度 ν =1.13×10^{-6}m^2/s，管 1 和管 3 流向如图。试确定各管的体积流量。设局部阻力忽略不计。

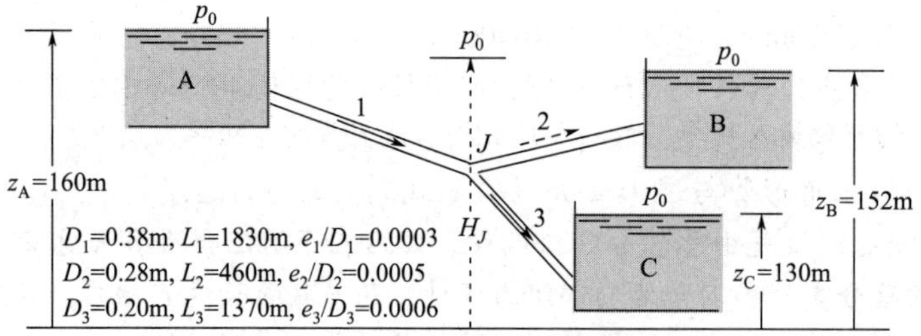

图 9-27 习题 9-23 附图

9-24 水槽间分支管路的流动方向问题（λ 随流量变化）。已知分支管路连接的水槽 A、B、C 如图 9-28 所示，各管道直径、长度、相对粗糙度以及水槽 A、C 液面标高见图。其中交汇点 J 至低位水槽 C 的流向（管路 3 流向）是确定的，但 q_1、q_2 的流向随水槽 B 的液位 z_B 由高至低有五种情况，如图。试确定图中情况②（q_1 发生转向）和情况④（q_2 发生转向）对应的液位 z_B。其中 $z_B > z_C$，流体运动黏度 ν =1.13×10^{-6}m^2/s。

设局部阻力忽略不计，摩擦阻力按充分发展湍流计算，体积流量直接用 q 简洁表示。

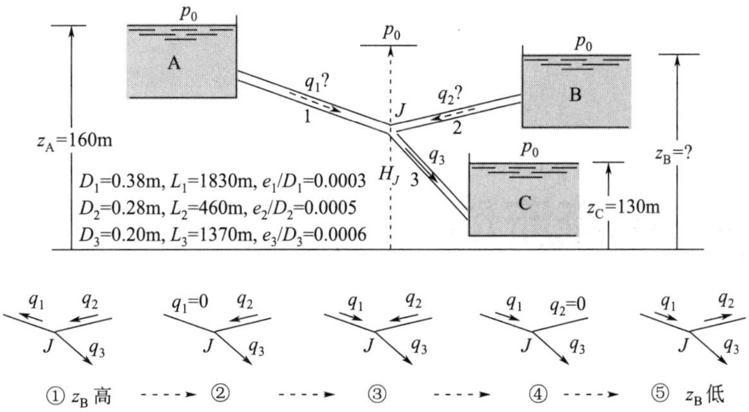

图 9-28 问题 9-24 附图（液位 z_B 由高至低过程中管 1 和管 2 中流动方向的五种情况）

9-25 图 9-29 为某对称供油管路，管路位于同一水平面，且管道摩擦阻力的压头损失可表示为 $h_f = Kq^2$，q 是体积流量，K 为阻力特性系数（s^2/m^5）。已知管路 OC 的管径为 0.01m，管长为 2m，阻力系数 λ=0.04，试确定 4 个喷嘴同时以 5L/min 的流量供油时，管路 OC 的流量和压降。设油的密度为 850kg/m^3，局部阻力不计，且

$$K_{OA} = K_{OB} = K_{CE} = K_{CF} = K,\ K_{AE} = K_{BF} = 2K,\ K_{OC} = 3K$$

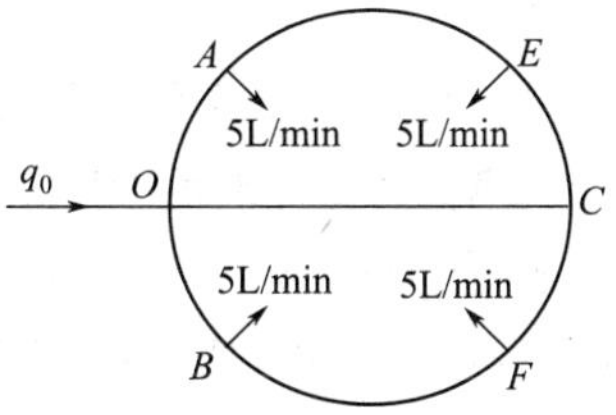

图 9-29 习题 9-25 附图

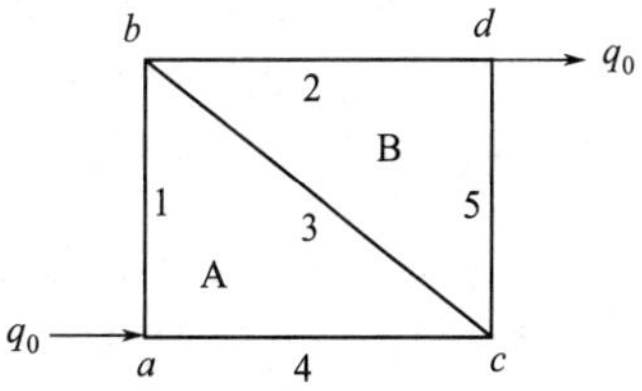

图 9-30 习题 9-26 附图

9-26 单一进出口简单管网的流量与压降计算。某水平管网系统如图 9-30，管路总流量 q_0 =0.5m^3/s，管道摩擦阻力的压头损失可表示为 $h_f = Kq^2$，其中 q 是相应管路的体积流量，K 是阻力特性系数（单位:s^2/m^5），且已知

$$K_1 = 200,\ K_2 = 800,\ K_3 = 2500,\ K_4 = 500,\ K_5 = 300$$

试确定各管路的流向、流量和摩擦压降。设流体密度为 1000kg/m^3，局部阻力不计。

第9章
习题答案

10 边界层及绕流流动

本章导言

绕流即流体绕过固体表面的流动，亦称外部流动。有工程实际意义的绕流多数为高雷诺数绕流，而高雷诺数意味着流体的惯性力远大于黏性力。这自然使人想到，高雷诺数绕流可否忽略黏性影响，将问题简化为理想流体流动来处理（以回避解析 N-S 方程的困难），结果发现，这样做会导致绕流摩擦阻力等问题的分析结果与实际情况远不相符。

1904 年，普朗特（Prandtl）根据实验观察提出，高雷诺数绕流可分成两个区域：一个是壁面附近很薄的流体层区域，称为边界层，边界层内流体黏性的作用不可忽略；另一个是边界层以外的区域，称为外流区，该区域内的流动可看成是理想流体的流动（可采用业已建立的理想流体力学方法进行分析）。根据这一思想，普朗特针对边界层流动对二维 N-S 方程进行数量级分析，得到了著名的普朗特边界层方程。随后，其学生布拉修斯（Blasius）求解该方程获得了平壁层流边界层的解析解，冯 · 卡门（von Kármán）则根据边界层思想又建立了边界层动量守恒积分方程，并由此获得了平壁湍流边界层的解析解。由此形成的边界层理论，不仅解决了很多重要的工程实际问题，同时对后来黏性流体力学的发展起到了极大的推动作用，因此被公认为现代流体力学的时代标志。

本章内容将根据以上线索展开，主要包括：①边界层基本概念；②平壁边界层流动（包括普朗特边界方程的建立，平壁层流边界层的布拉修斯解，冯 · 卡门边界层动量积分方程，平壁湍流边界层的近似解，平壁湍流边界层的速度分布）；③边界层分离现象及绕流总阻力；④圆柱体及球体的绕流流动及流动阻力。

边界层理论不仅解决了平壁绕流的阻力计算等重要工程实际问题，其思想和方法还被推广应用于边界层对流传热传质问题，类似建立了热边界层和浓度边界层概念，并由此解决了边界层对流传热传质的工程计算问题，又被誉为整个传递过程体系中最重要的基石之一。

绕流即流体绕过固体的流动，亦称外部流动。工程实际中最常见的是空气和水的绕流，因为空气和水的运动黏度数量级分别为 10^{-5} 和 10^{-6}（m^2/s），故工程实际常规流速下的绕流都属于高雷诺数绕流。本章将讲述平壁绕流（流体平行于平壁表面流动）、圆柱体绕流及球体绕流的基本行为及其阻力计算问题。

10.1 边界层的基本概念

10.1.1 边界层及边界层理论

因为工程实际中的绕流多为高雷诺数绕流，而高雷诺数意味着流体的惯性力远大于黏性力，故人们自然想到，高雷诺数绕流可否忽略黏性影响，将问题简化为理想流体流动来处理？结果发现，这样做会导致绕流摩擦阻力等问题的分析结果与实际情况远不相符。但另一方面，若考虑黏性影响直接采用 N-S 方程来分析问题，方程的解析又面临极大的困难。

基于这一背景，普朗特（Prandtl）根据其实验观察于 1904 年提出了著名的边界层理论。该理论将高雷诺数绕流分成边界层和外流区：边界层即壁面附近很薄的流体层，其中流体黏性作用极为重要，不可忽略；外流区即边界层以外的区域，外流区的流动可看成是理想流体流动。因外流区流动可用业已建立的理想流体力学方法进行分析，故普朗特将重点集中于黏性力起主导作用的边界层，并根据其流动特点对二维 N-S 方程进行数量级分析，得到了著名的普朗特边界层方程。随后，其学生布拉修斯（Blasius）求解该方程获得了平壁层流边界层的解析解，冯·卡门（von Kármán）则根据边界层思想又建立了边界层动量守恒积分方程，并由此获得了平壁湍流边界层的解析解。边界层理论的建立，不仅解决了很多重要的工程实际问题，同时对后来黏性流体力学的发展起到了极大的推动作用，因此成为现代流体力学的时代标志。

10.1.2 边界层的厚度与流态

（1）边界层及其厚度

将绕流流场划分为边界层和外流区两个部分，首先涉及到的问题是如何确定两者之间的分界面。图 10-1 是流体在平壁上的流动，由于黏性作用，流体速度在壁面滞止为零，然后沿壁面法线方向 y 不断增加并最终渐近达到来流速度 u_0。按普朗特的边界层概念，边界层是黏性作用显著的区域，从速度分布看，就是速度变化显著或速度梯度 du/dy 不为零的区域。

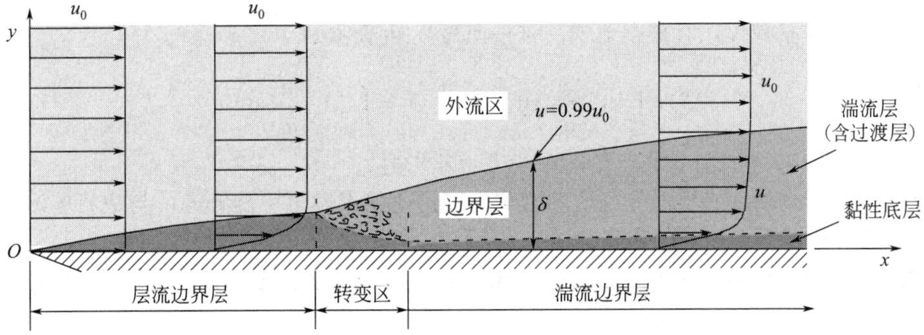

图 10-1 平壁边界层流动（u_0 是来流速度，u 为边界层内 x 方向速度）

根据这一概念并考虑到从 u=0 到 $u \to u_0$ 是一个渐近过程，因此定义：将流体速度从 u=0 到 u=0.99u_0 对应的流体层厚度为边界层厚度，用 δ 表示；其中，u=0 处（即壁面）为边界层内边界，u=0.99u_0 处就是边界层的外边界（需要指出，外边界是人为划定的黏性作用主要影响区的界线，而不是流线）。显然，边界层厚度沿流动方向是变化的，即 $\delta=\delta(x)$。管内流动中，管壁边界层厚度发展到管中心后将形成充分发展的流动；而绕物流动中，因外流区很广，故其边界层厚度 δ 将沿流动方向一直不断增加（但相比于外流区，δ 仍然是有限区域）。

（2）层流边界层与湍流边界层

边界层内的流动也分为层流与湍流两种形态。在图 10-1 所示的平壁边界层流动中，平壁前沿段的边界层内流动是层流，称为层流边界层；随着流动向前发展，边界层内的流动将转变为湍流，称为湍流边界层；其间没有截然的界线，是一个转变区。当平壁比较短时，整个壁面上的边界层可能都是层流边界层；对于湍流边界层，沿厚度方向又可分为三层：黏性底层（紧贴壁面）、过渡层和湍流核心区（统称湍流层）。

实验表明，平壁边界层流动中，层流边界层向湍流边界层的转变（亦称转捩）可用局部雷诺数 $Re_x=u_0x/\nu$ 来判定，其基本标准如下：

① $Re_x < 3\times10^5$，边界层内是层流，为层流边界层；

② $Re_x > 3\times10^6$，边界层内是湍流，为湍流边界层（黏性底层＋湍流层）；

③ $3\times10^5 < Re_x < 3\times10^6$，属于边界层过渡区。

需要指出，层流边界层向湍流边界层的转变，还取决于来流是否存在扰动、平壁前缘的形状、壁面的粗糙度等因素。如果来流均匀稳定，平壁前缘光滑平整，壁面光滑，则边界层内的流动将推迟向湍流转变，反之，向湍流的转变将提前。

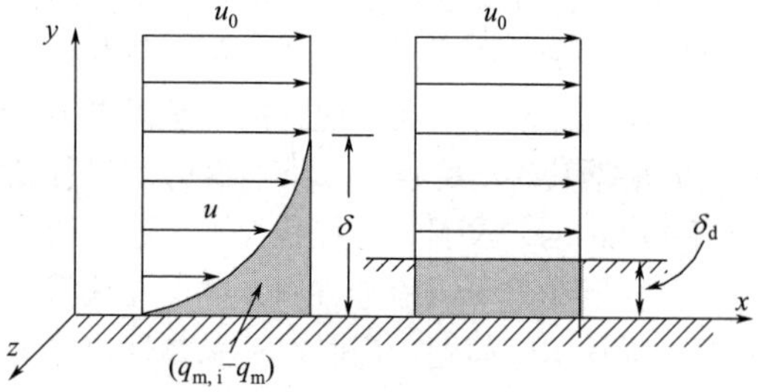

图 10-2 排挤厚度的概念

（3）排挤厚度与动量损失厚度

在绕流问题的理论分析研究中，还常常用到排挤厚度和动量损失厚度这两个概念。

排挤厚度 如图 10-2 所示，取垂直书面方向为单位宽度，则边界层内的质量流量为

$$q_m = \int_0^\delta \rho u \mathrm{d}y$$

若不存在黏性作用（理想流动），则在 δ 范围内流体的速度均为 u_0，该范围的流量就应该为

$$q_{m,i} = \rho u_0 \delta = \int_0^\delta \rho u_0 \mathrm{d}y$$

上述两流量之差 $(q_{m,i}-q_m)$ 即黏性作用所减少的流量（见图中阴影）。因此有边界层的情况下，若要按理想流动（速度 u_0）计算边界层内的实际流量 q_m，则需将平壁向上推移一个距离 δ_d（见图），且 δ_d 对应的流量（矩形阴影）应等于黏性作用减少的流量，即

$$\rho u_0 \delta_d = q_{m,i} - q_m \quad 或 \quad \rho u_0 \delta_d = \int_0^\delta \rho u_0 \mathrm{d}y - \int_0^\delta \rho u \mathrm{d}y$$

该推移距离 δ_d 称为排挤厚度。且根据上式，排挤厚度 δ_d 可表示为

$$\delta_d = \int_0^\delta \left(1-\frac{u}{u_0}\right)\mathrm{d}y \quad 或 \quad \delta_d = \int_0^\infty \left(1-\frac{u}{u_0}\right)\mathrm{d}y \tag{10-1}$$

注：由于边界层以外 $y \geqslant \delta$，$u/u_0 \approx 1$，故上式中积分上限 δ 可改写为 ∞。

由排挤厚度的大小可判断边界层对外流区的影响程度；排挤厚度也可理解为：与边界层流场质量流量相同时，理想流体流场边界应该向上推移的距离。

动量损失厚度 设边界层内流体的实际动量为 M，并定义以边界层实际流量 q_m 与理想速度 u_0 计算的动量为 M_i，即

$$M = \int_0^\delta \rho u^2 \mathrm{d}y，\quad M_i = q_m u_0 = \int_0^\delta \rho u u_0 \mathrm{d}y$$

则动量差 $M_i - M$ 是黏性作用所减少的动量。因此有边界层的情况下，若要按速度 u_0 计算边界层内的实际动量 M，则需将平壁向上推移一个距离 δ_m，且 δ_m 对应的流体动量应等于黏性作用减少的动量，即

$$\rho u_0^2 \delta_m = M_i - M = \int_0^\delta \rho u u_0 \mathrm{d}y - \int_0^\delta \rho u^2 \mathrm{d}y$$

该推移距离 δ_m 称为动量损失厚度，且根据上式，动量损失厚度 δ_m 可表示为

$$\delta_m = \int_0^\delta \frac{u}{u_0}\left(1-\frac{u}{u_0}\right)\mathrm{d}y = \int_0^\infty \frac{u}{u_0}\left(1-\frac{u}{u_0}\right)\mathrm{d}y \tag{10-2}$$

可以证明，若完全按理想流动计算 δ 范围内的动量，即定义 $M_i = (\rho u_0 \delta) u_0$，则与动量差 $M_i - M$ 等效的边界推移距离为 $\delta_d + \delta_m$（见习题 10-1）。

除排挤厚度 δ_d 和动量损失厚度 δ_m 外，还有能量损失厚度等概念（此处不再赘述）。

10.1.3 平壁绕流的摩擦阻力与阻力系数

第 2 章中曾经指出，绕流流动中，流体沿来流方向作用于物体上的力称为曳力，反过来，物体沿来流反方

向对流体的作用力称为阻力，二者大小相等、方向相反。流动阻力用 F_D 表示，通常由两部分构成：一部分是壁面切应力所产生的阻力 F_f，称为摩擦阻力；另一部分是壁面压力（正应力）分布不均所产生的阻力 F_p，称为形状阻力或压差阻力。

对于来流平行于平壁表面的绕流问题，因为壁面上的压力垂直于来流方向，故没有形状阻力；整个流动阻力都来自于壁面摩擦阻力，即 $F_D = F_f$。

局部摩擦阻力系数 在平壁绕流问题中，平壁表面单位面积的摩擦阻力称为壁面切应力。其中距离平壁前缘 x 处的切应力 τ_0 称为局部切应力，局部切应力与流体单位体积的动能 $\rho u_0^2/2$ 之比定义为局部摩擦阻力系数，用 C_{fx} 表示，即

$$C_{fx} = \frac{\tau_0}{\rho u_0^2/2} \quad 或 \quad \tau_0 = C_{fx}\frac{\rho u_0^2}{2} \tag{10-3}$$

已知平壁表面的局部切应力或摩擦阻力系数，则可求得壁面总摩擦阻力 F_f，即

$$F_f = \iint_A \tau_0 \mathrm{d}A = \frac{\rho u_0^2}{2}\iint_A C_{fx}\mathrm{d}A \tag{10-4}$$

总摩擦阻力系数（或平均摩擦阻力系数） 即根据壁面平均切应力 τ_{0m} 定义的摩擦阻力系数，用 C_f 表示。根据定义有

$$C_f = \frac{\tau_{0m}}{\rho u_0^2/2} = \frac{F_f/A}{\rho u_0^2/2} \quad 或 \quad \tau_{0m} = \frac{F_f}{A} = C_f\frac{\rho u_0^2}{2} \tag{10-5}$$

其中，A 是平壁表面积。于是，壁面总摩擦阻力又可表示为

$$F_f = \tau_{0m}A = C_f\frac{\rho u_0^2}{2}A \tag{10-6}$$

对比总摩擦阻力计算式（10-4）与式（10-6）可知

$$C_f = \frac{1}{A}\iint_A C_{fx}\mathrm{d}A \tag{10-7}$$

即总阻力系数 C_f 等于局部阻力系数 C_{fx} 的平均值，故又称为平均摩擦阻力系数。

10.2 平壁边界层流动

10.2.1 普朗特边界层方程

边界层 N-S 方程 平壁边界层流动为 x-y 平面流动。因此根据 x-y 平面的 N-S 方程，其中以 u、v 分别表示 x、y 方向的速度，并忽略体积力（边界层很薄又非重力流动），则可得平壁边界层流动的一般运动方程为

$$\begin{cases} \dfrac{\partial u}{\partial x} + \dfrac{\partial v}{\partial y} = 0 \\ u\dfrac{\partial u}{\partial x} + v\dfrac{\partial u}{\partial y} = -\dfrac{1}{\rho}\dfrac{\partial p}{\partial x} + \nu\left(\dfrac{\partial^2 u}{\partial x^2} + \dfrac{\partial^2 u}{\partial y^2}\right) \\ u\dfrac{\partial v}{\partial x} + v\dfrac{\partial v}{\partial y} = -\dfrac{1}{\rho}\dfrac{\partial p}{\partial y} + \nu\left(\dfrac{\partial^2 v}{\partial x^2} + \dfrac{\partial^2 v}{\partial y^2}\right) \end{cases} \tag{10-8}$$

普朗特边界层方程 普朗特根据边界层流动的特点，对以上方程中各项的数量级大小作详细分析，获得了可分析求解的普朗特边界层方程。

数量级分析中，首先选择来流速度 u_0 作为速度比较基准，x 作为长度比较基准，并取 u_0 和 x 的数量级为 1，用符号 0 (1) 表示；因边界层很薄，即 $\delta/x \ll 1$，故边界层厚度 δ 的数量级 $0(\delta) \ll 0(1)$。由此可对方程（10-8）中各

10

项的数量级分析如下。

定义 $u_0 \sim 0(1)$，$x \sim 0(1)$；因为 $0 < y < \delta$，$0 < u < u_0$，所以 y 和 u 的数量级为

$$y \sim 0(\delta),\quad u \sim 0(1)$$

在此基础上，可得速度 u 的各阶导数的数量级为

$$\frac{\partial u}{\partial x} \sim 0(1),\quad \frac{\partial^2 u}{\partial x^2} \sim 0(1),\quad \frac{\partial u}{\partial y} \sim 0\left(\frac{1}{\delta}\right),\quad \frac{\partial^2 u}{\partial y^2} \sim 0\left(\frac{1}{\delta^2}\right)$$

再根据连续性方程可得：$\partial v/\partial y = -\partial u/\partial x \sim 0(1)$，而 $y \sim 0(\delta)$，所以必然有 $v \sim 0(\delta)$，于是又可得速度 v 的各阶导数的数量级为

$$\frac{\partial v}{\partial y} \sim 0(1),\quad \frac{\partial^2 v}{\partial y^2} \sim 0\left(\frac{1}{\delta}\right),\quad \frac{\partial v}{\partial x} \sim 0(\delta),\quad \frac{\partial^2 v}{\partial x^2} \sim 0(\delta)$$

将有关项的数量级代入式（10-8）中的 x 方向动量方程，可得

$$[0(1)][0(1)] + [0(\delta)]\left[0\left(\frac{1}{\delta}\right)\right] = -\frac{1}{\rho}\frac{\partial p}{\partial x} + \nu\left[0(1)^* + 0\left(\frac{1}{\delta^2}\right)\right] \tag{10-9}$$

由该数量级方程可有如下推论：

① 因为 $0(1/\delta^2) \gg 0(1)$，所以上式中有"*"的项肯定可以忽略；

② 边界层黏性作用强，所以黏性项 $\nu[0(1/\delta^2)]$ 不能忽略，而且通过与方程左边比较可知，$\nu[0(1/\delta^2)]$ 的数量级必然为 $0(1)$，这意味着运动黏度数量级为 $\nu \sim 0(\delta^2)$。

将有关的各数量级项代入 y 方向动量方程，并注意到 $\nu \sim 0(\delta^2)$ 可得

$$[0(1)][0(\delta)] + [0(\delta)][0(1)] = -\frac{1}{\rho}\frac{\partial p}{\partial y} + 0(\delta^2)\left[0(\delta) + 0\left(\frac{1}{\delta}\right)\right] \tag{10-10}$$

该方程中各项的数量级都小于或等于 $0(\delta)$，因而可认为 $\partial p/\partial y \approx 0$，这意味着：

① 经过数量级分析，y 方向运动方程简化为 $\partial p/\partial y \approx 0$；

② 因 $\partial p/\partial y \approx 0$，故可近似认为边界层内压力 p 仅与 x 有关，即 $\partial p/\partial x = \mathrm{d}p/\mathrm{d}x$；

③ 既然边界层内 p 与 y 无关，故 p 可取为边界层外边界处的压力；而外边界处的流动可视为理想流体流动，满足伯努利方程，由此可得 $\mathrm{d}p/\mathrm{d}x$ 的表达式，即

$$\frac{p}{\rho} + \frac{u_0^2}{2} + gy = \text{const} \rightarrow \frac{\mathrm{d}p}{\mathrm{d}x} = -\rho u_0 \frac{\mathrm{d}u_0}{\mathrm{d}x}$$

根据上述数量级分析结果，方程（10-8）可简化为

$$\frac{\partial u}{\partial x} + \frac{\partial v}{\partial y} = 0,\quad u\frac{\partial u}{\partial x} + v\frac{\partial u}{\partial y} = u_0\frac{\mathrm{d}u_0}{\mathrm{d}x} + \nu\frac{\partial^2 u}{\partial y^2} \tag{10-11}$$

这就是普朗特边界层方程，其相应的边界条件为

$$y = 0:\ u = 0,\ v = 0,\quad y = \infty:\ u = u_0 \tag{10-12}$$

10.2.2 平壁层流边界层的布拉修斯解

针对普朗特边界层方程，普朗特的学生布拉修斯（Blasius）于1908年发表了半无穷长平壁层流边界层的精确解，成为边界层理论实际应用的一个成功范例。如图10-3所示，平行直线等速来流以速度 u_0 绕薄平板流过，在薄板上下壁面形成边界层。由于外流为平行直线等速流动，即 $\mathrm{d}u_0/\mathrm{d}x=0$，所以该问题的普朗特边界层方程可表示为

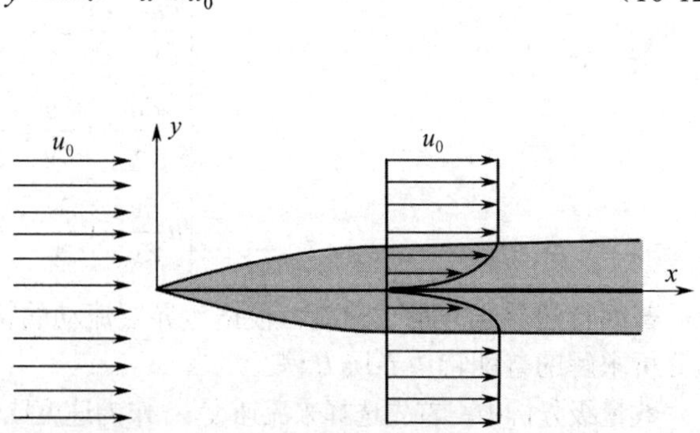

图10-3 平行直线等速来流绕平板的流动

$$\frac{\partial u}{\partial x}+\frac{\partial v}{\partial y}=0\text{，}\quad u\frac{\partial u}{\partial x}+v\frac{\partial u}{\partial y}=\nu\frac{\partial^2 u}{\partial y^2} \tag{10-13}$$

相应边界条件为　　$y=0$：$u=0$，$v=0$；$y=\infty$：$u=u_0$

边界层方程的变换　以上偏微分方程有 u、v 两个变量，且为 x、y 的函数。为求解该方程，Blasius 通过以下变换，将其转化为了新变量的常微分方程，并获得了方程的解。

因为流动是不可压缩平面流动，故引入流函数 $\psi(x,y)$ 将速度分量表示为

$$u=\frac{\partial\psi}{\partial y},\quad v=-\frac{\partial\psi}{\partial x} \tag{10-14}$$

这样 u、v 两个变量为流函数变量 ψ 所替代，且自动满足连续性方程。

进一步，对自变量 x、y 加以组合，以新的自变量 η 替代。并引入新函数 $f(\eta)$ 关联流函数 ψ，或者说以 $f(\eta)$ 替代 ψ，即

$$\eta=y\Big/\sqrt{\nu x/u_0}\text{，}\quad f(\eta)=\psi\Big/\sqrt{\nu u_0 x} \tag{10-15}$$

于是根据以上引入的新变量，原自变量 y 和流函数 ψ 可表示为

$$y=\eta\sqrt{\nu x/u_0}=x\eta(u_0x/\nu)^{-1/2}=x\eta Re_x^{-1/2} \tag{10-16}$$

$$\psi(x,y)=f(\eta)\sqrt{\nu u_0 x} \tag{10-17}$$

据此，按微分法则可将 u、v 及其导数用新的自变量 η 和新函数 $f(\eta)$ 表示，即

$$u=\frac{\partial\psi}{\partial y}=\sqrt{\nu u_0 x}\frac{\partial f}{\partial\eta}\frac{\partial\eta}{\partial y}=\sqrt{\nu u_0 x}f'(\eta)\sqrt{\frac{u_0}{\nu x}}=u_0f'(\eta) \tag{10-18}$$

$$v=-\frac{\partial\psi}{\partial x}=-\sqrt{\nu u_0 x}\frac{\partial f}{\partial\eta}\frac{\partial\eta}{\partial x}-f\frac{1}{2}\sqrt{\frac{\nu u_0}{x}}=-\frac{1}{2}\sqrt{\frac{\nu u_0}{x}}\left[f(\eta)-\eta f'(\eta)\right] \tag{10-19}$$

$$\frac{\partial u}{\partial y}=\frac{\partial^2\psi}{\partial y^2}=u_0\frac{\partial f'}{\partial\eta}\frac{\partial\eta}{\partial y}=u_0\sqrt{\frac{u_0}{\nu x}}f''(\eta) \tag{10-20}$$

$$\frac{\partial^2 u}{\partial y^2}=\frac{\partial^3\psi}{\partial y^3}=u_0\sqrt{\frac{u_0}{\nu x}}\frac{\partial f''}{\partial\eta}\frac{\partial\eta}{\partial y}=\frac{u_0^2}{\nu x}f'''(\eta)$$

$$\frac{\partial u}{\partial x}=\frac{\partial}{\partial x}\left(\frac{\partial\psi}{\partial y}\right)=u_0\frac{\partial f'}{\partial\eta}\frac{\partial\eta}{\partial x}=-\frac{u_0\eta}{2x}f''(\eta)$$

将上述各项代入边界层方程式（10-13）可知，该方程可成功转化为如下常微分方程

$$2f'''(\eta)+f(\eta)f''(\eta)=0 \tag{10-21}$$

边界条件转换　由式（10-16）可知，$y=0$ 时 $\eta=0$；$y=\infty$ 时 $\eta=\infty$。于是根据边界层方程的边界条件和 u、v 的变换式（10-18）和式（10-19）有

$$u|_{y=0}=0\ \rightarrow\ u|_{y=0}=u_0f'(\eta)|_{\eta=0}=0$$

$$u|_{y=\infty}=u_0\ \rightarrow\ u|_{y=\infty}=u_0f'(\eta)|_{\eta=\infty}=u_0$$

$$v|_{y=0}=0\ \rightarrow\ v|_{y=0}=-0.5\sqrt{\nu u_0/x}\left[f(\eta)-\eta f'(\eta)\right]_{\eta=0}=0$$

由此可得常微分方程（10-21）的边界条件为

$$f'(\eta)\big|_{\eta=0}=0,\quad f'(\eta)\big|_{\eta=\infty}=1,\quad f(\eta)\big|_{\eta=0}=0 \tag{10-22}$$

层流边界层的解析解　针对变换后的常微分方程及其边界条件，Blasius 首先采用级数衔接法求出了该方程的数值解析解，其中 $\eta=4.96$ 时 $u/u_0\approx 0.99$；随后 Howarth 对于同一问题得到了更精确的数值解析解，结果见表 10-1。

10

表10-1　方程式（10-21）的Howarth解（括号数据是Blasius解）

$\eta = y/\sqrt{\nu x/u_0}$	$f(\eta)$	$f' = u/u_0$	$f''(\eta)$
0	0	0	0.33206（0.332）
0.2	0.00664	0.06641	0.33199
…	…	…	…
5（4.96）	3.28329（3.23）	0.99115	0.01591
…	…	…	…

层流边界层的厚度　根据表10-1中的Blasius解可知，η =4.96时 $u/u_0 \cong 0.99$。按定义，此时 $y=\delta$，于是在 $\eta = y/\sqrt{\nu x/u_0}$ 中令 $\eta = 4.96$，$y=\delta$，得到边界层厚度表达式为

$$\frac{\delta}{x} = \frac{4.96}{\sqrt{xu_0/\nu}} = \frac{4.96}{\sqrt{Re_x}} \tag{10-23}$$

排挤厚度与动量损失厚度　根据表10-1中Blasius解的数据可知

$$y=0：\ \eta=0,\ f(\eta)=0；\ y=\delta：\ \eta=4.96,\ f(\eta)=3.23$$

同时考虑到 $u/u_0=f'(\eta)$，则排挤厚度 δ_d 可根据新函数的解表示如下

$$\delta_d = \int_0^\delta (1-u/u_0)\mathrm{d}y = \int_0^\delta [1-f'(\eta)]\mathrm{d}y = \frac{x}{\sqrt{Re_x}}\int_0^{4.96}[1-f'(\eta)]\mathrm{d}\eta$$

$$= \frac{x}{\sqrt{Re_x}}[\eta - f(\eta)]_0^{4.96} = \frac{x}{\sqrt{Re_x}}[4.96-3.23]=1.73\frac{x}{\sqrt{Re_x}}$$

即排挤厚度为

$$\delta_d/x = 1.73\big/\sqrt{Re_x} \tag{10-24}$$

类似可得动量损失厚度

$$\delta_m/x = 0.664\big/\sqrt{Re_x} \tag{10-25}$$

摩擦阻力系数及总摩擦阻力　Blasius解给出 $f''(\eta)|_{\eta=0}$ =0.332，故根据式（10-20）有

$$\left.\frac{\partial u}{\partial y}\right|_{y=0} = u_0\sqrt{\frac{u_0}{\nu x}}f''(\eta)|_{\eta=0} = 0.332u_0\sqrt{\frac{u_0}{\nu x}}$$

由此可得壁面局部切应力和局部阻力系数分别为

$$\tau_0 = \mu\left.\frac{\partial u}{\partial y}\right|_{y=0} = 0.332\mu u_0\sqrt{\frac{u_0}{\nu x}} = \frac{0.664}{\sqrt{Re_x}}\frac{\rho u_0^2}{2} \tag{10-26}$$

$$C_{fx} = \frac{\tau_0}{\rho u_0^2/2} = \frac{0.664}{\sqrt{Re_x}} \tag{10-27}$$

注：该式与式（10-25）比较可知，$\delta_m/x = C_{fx}$。

设平壁为矩形平面，纵向长度为 L，则壁面平均摩擦阻力系数为

$$C_f = \frac{1}{A}\iint_A C_{fx}\mathrm{d}A = \frac{1}{L}\int_0^L C_{fx}\mathrm{d}x = \frac{1.328}{\sqrt{Re_L}} \tag{10-28}$$

其中 $Re_L = u_0L/\nu$ 称为板长雷诺数。进一步根据式（10-6）可得平壁总摩擦阻力为

$$F_f = C_f\frac{\rho u_0^2}{2}A = \frac{1.328}{\sqrt{Re_L}}\frac{\rho u_0^2}{2}A \tag{10-29}$$

速度分布　因为 δ 与 $\sqrt{\nu x/u_0}$ 成正比，由式（10-18）和式（10-16）可以推知

$$\frac{u}{u_0} = f'(\eta),\ \eta = \frac{y}{\sqrt{\nu x/u_0}} \ \rightarrow\ \frac{u}{u_0} = \varphi\left(\frac{y}{\delta}\right) \tag{10-30}$$

即速度比 u/u_0 仅是无因次距离 y/δ 的函数，这为边界层速度分布的假定提供了依据。

【例 10-1】 三角形薄板尾翼的摩擦力

20℃的水流过三角形薄板（见图 10-4），试计算该薄板的摩擦阻力。设边界层转变为湍流的临界雷诺数为 10^6。

解 20℃水的密度为 998.2 kg/m³，运动黏度为 1.006×10^{-6} m²/s，故最大板长雷诺数为

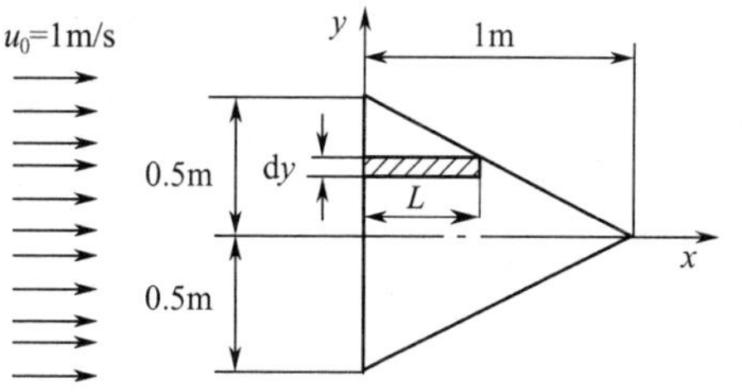

图 10-4 例 10-1 附图

$$Re_{\mathrm{L\,max}}=\frac{u_0L_{\max}}{\nu}=\frac{1\times1}{1.006\times10^{-6}}=9.940\times10^5$$

由此可知，即使距离最大处，边界层也为层流边界层。如图 10-4 所示，dy 对应的壁面长度 L=1–2y，面积为 dy(1–2y)，其平均摩擦阻力系数可由 Blasius 解得到，即

$$C_{\mathrm{f,L}}=\frac{1.328}{Re_{\mathrm{L}}^{1/2}}=\frac{1.328}{(u_0L/\nu)^{1/2}}=\frac{1.328\times(1-2y)^{-1/2}}{\sqrt{1/(1.006\times10^{-6})}}=1.332\times10^{-3}(1-2y)^{-1/2}$$

因此，三角形板所受到的总摩擦阻力为

$$F_{\mathrm{f}}=4\int_0^{0.5}C_{\mathrm{f,L}}\frac{\rho u_0^2}{2}(1-2y)\mathrm{d}y=2.664\times10^{-3}\rho u_0^2\int_0^{0.5}(1-2y)^{1/2}\mathrm{d}y$$

$$=2.664\times10^{-3}\times998.2\times1^2\int_0^{0.5}(1-2y)^{1/2}\mathrm{d}y=2.659\times\frac{1}{3}=0.886(\mathrm{N})$$

10.2.3 冯 · 卡门边界层动量积分方程

布拉修斯解针对的是平壁层流边界层，但工程中遇到的问题更多的是湍流边界层，其中不仅有平壁，还有弯曲壁面。为此，冯 · 卡门（von Kármán）基于边界层思想，应用动量守恒定律建立了边界层动量守恒积分方程，并由此解决了湍流边界层阻力计算问题（这一方法随后又被推广应用于边界层对流换热，建立了边界层能量守恒积分方程，并由此解决了湍流边界层对流换热的计算问题）。以下是边界层动量守恒积分方程的建立过程。

在此仍以稳态不可压缩平壁绕流为例。如图 10-5 所示，在边界层中取长度为 dx、高度为边界层厚度 δ、垂直书面（z 方向）为单位厚度的控制体，考察其质量守恒与动量守恒。

质量守恒 对图 10-5 所示的控制体，若表面 1 进入控制体的质量流量为 q_{m}，则表面 2 的质量流量为 $q_{\mathrm{m}}+\mathrm{d}q_{\mathrm{m}}$，设上表面的质量流量为 q_{mb} 且为输入量，则据质量守恒有

$$q_{\mathrm{m}}+q_{\mathrm{mb}}=q_{\mathrm{m}}+\mathrm{d}q_{\mathrm{m}}\ \rightarrow\ q_{\mathrm{mb}}=\mathrm{d}q_{\mathrm{m}}$$

因为
$$q_{\mathrm{m}}=\int_0^{\delta}\rho u\mathrm{d}y,\ \mathrm{d}q_{\mathrm{m}}=\frac{\mathrm{d}q_{\mathrm{m}}}{\mathrm{d}x}\mathrm{d}x=\frac{\mathrm{d}}{\mathrm{d}x}\left(\int_0^{\delta}\rho u\mathrm{d}y\right)\mathrm{d}x$$

所以上表面的质量流量为
$$q_{\mathrm{mb}}=\frac{\mathrm{d}}{\mathrm{d}x}\left(\int_0^{\delta}\rho u\mathrm{d}y\right)\mathrm{d}x \tag{10-31}$$

动量守恒 作用于控制体表面上 x 方向的力如图 10-6 所示，其中上表面为边界层的外边界，即速度梯度

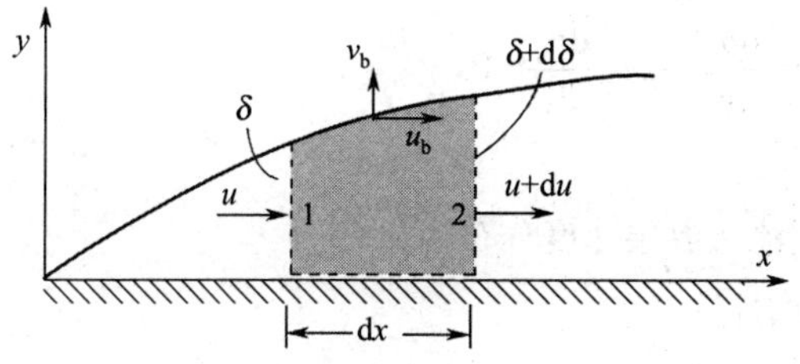

图 10-5 边界层控制体

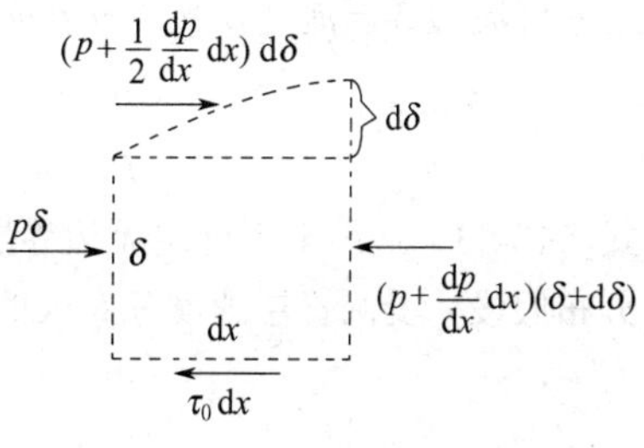

图 10-6 控制体表面 x 方向作用力

$(\partial u/\partial y)_{y=\delta}\approx 0$，故切应力可以忽略不计。其次，由于边界层较薄，故可忽略流体静压的影响，近似认为流体压力 p 沿 y 方向不变（此即前面边界层方程数量级分析的结论 $\partial p/\partial y\approx 0$），且等于外边界上的压力；这样控制体底边以外的表面上 x 方向的力就可直接由压力 p 乘以其作用面面积得到。于是，根据图中所示情况可知

① 控制体在 x 方向所受到的合力为

$$\mathrm{d}F_x=p\delta-\left(p+\frac{\mathrm{d}p}{\mathrm{d}x}\mathrm{d}x\right)(\delta+\mathrm{d}\delta)+\left(p+\frac{1}{2}\frac{\mathrm{d}p}{\mathrm{d}x}\mathrm{d}x\right)\mathrm{d}\delta-\tau_0\mathrm{d}x\approx-\left(\delta\frac{\mathrm{d}p}{\mathrm{d}x}+\tau_0\right)\mathrm{d}x$$

② 单位时间输入控制体的 x 方向的动量（包括1截面和上表面输入的动量）为

$$\int_0^\delta \rho u^2\mathrm{d}y+q_{\mathrm{mb}}u_{\mathrm{b}}$$

式中，u_{b} 是外边界上 x 方向的流体速度（这里没有用 u_0，是考虑到弯曲壁面绕流时，x 方向为平行于壁面的方向，其外边界上平行于壁面的速度不一定等于来流速度 u_0）。

③ 单位时间内从2截面输出控制体的 x 方向的动量为

$$\int_0^\delta \rho u^2\mathrm{d}y+\frac{\mathrm{d}}{\mathrm{d}x}\left(\int_0^\delta \rho u^2\mathrm{d}y\right)\mathrm{d}x$$

将上述三项代入稳态条件下控制体 x 方向的动量守恒方程（控制体所受合力 = 输出动量流量 − 输入动量流量），并将 q_{mb} 用式（10-31）表达可得

$$-\delta\frac{\mathrm{d}p}{\mathrm{d}x}-\tau_0=\frac{\mathrm{d}}{\mathrm{d}x}\left(\int_0^\delta \rho u^2\mathrm{d}y\right)-u_{\mathrm{b}}\frac{\mathrm{d}}{\mathrm{d}x}\left(\int_0^\delta \rho u\mathrm{d}y\right) \tag{10-32}$$

此即 von Kármán 于1921年推导出的边界层动量积分方程的一般形式。该方程对层流或湍流边界层均适用；也适合弯曲壁面（此时 y 为壁面法向坐标，x 为切向坐标）。

应用 von Kármán 边界层动量积分方程时需注意以下几点：

① 压力梯度 $\mathrm{d}p/\mathrm{d}x$ 中的 p 指边界层外边界上的压力；

② 对于平壁绕流，边界层外边界上的速度 u_{b} 等于来流速度 u_0；

③ 需要假定一个合理的速度分布，根据前面的知识，通常认为 u 是 y/δ 的函数；

④ 壁面局部剪应力 τ_0 可根据速度 u（若已知）用牛顿剪切定律确定。

特别地，如果 $\mathrm{d}p/\mathrm{d}x=0$，且 u_{b} =const，则边界层动量积分方程简化为

$$\tau_0=\frac{\mathrm{d}}{\mathrm{d}x}\int_0^\delta \rho(uu_{\mathrm{b}}-u^2)\mathrm{d}y=\rho u_{\mathrm{b}}^2\frac{\mathrm{d}}{\mathrm{d}x}\int_0^\delta \frac{u}{u_{\mathrm{b}}}(1-\frac{u}{u_{\mathrm{b}}})\mathrm{d}y \tag{10-33}$$

此时，将动量损失厚度 δ_{m} 定义式（10-2）代入可知

$$\mathrm{d}\delta_{\mathrm{m}}/\mathrm{d}x=\tau_0/\rho u_{\mathrm{b}}^2 \tag{10-34}$$

10.2.4 平壁层流边界层的近似解

对于平壁层流边界层流动，$u_{\mathrm{b}}=u_0=\mathrm{const}$，且根据外边界处的伯努利方程有

$$\frac{p}{\rho}+\frac{u_0^2}{2}+gy=\mathrm{const}\quad\rightarrow\frac{\mathrm{d}p}{\mathrm{d}x}=-\rho u_0\frac{\mathrm{d}u_0}{\mathrm{d}x}=0$$

所以式（10-33）适用于平壁层流边界层。

速度分布假设 受圆管层速度分布式的启示，可设层流边界层速度分布为

$$u=\alpha y+\beta y^2$$

其边界条件为 $y=\delta$，$u=u_0$；$y=\delta$，$\partial u/\partial y=0$

由此可确定 $$\alpha = 2\frac{u_0}{\delta},\quad \beta = -\frac{u_0}{\delta^2}$$

即速度分布为 $$\frac{u}{u_0} = 2\frac{y}{\delta} - \left(\frac{y}{\delta}\right)^2 \tag{10-35}$$

注：该分布式可在圆管层流速度分布式中令 $u_{max} = u_0$、$r = R - y$、$R = \delta$ 得到。

由速度分布可得 $$\tau_0 = \mu\frac{\partial u}{\partial y}\bigg|_{y=0} = \mu\frac{2u_0}{\delta} \tag{10-36}$$

边界层厚度 将 u、τ_0 代入动量守恒积分方程式（10-33），积分可得

$$-2\frac{\mu u_0}{\delta} = -\frac{2}{15}u_0^2\rho\frac{d\delta}{dx}$$

用运动黏度 ν 替代 μ/ρ，并再次积分后得

$$\frac{\delta^2}{2} = \frac{15\nu}{u_0}x + C_1$$

因平壁前缘边界层厚度为零，即 x=0，δ=0，故 C_1=0，于是得层流边界层厚度为

$$\delta = \sqrt{30\frac{\nu x}{u_0}} \quad 或 \quad \frac{\delta}{x} = 5.48\sqrt{\frac{\nu}{u_0 x}} = 5.48Re_x^{-1/2} \tag{10-37}$$

根据排挤厚度 δ_d 的定义式（10-1）并引用速度分布式（10-35）可得

$$\frac{\delta_d}{\delta} = \int_0^1\left(1 - \frac{u}{u_0}\right)d\frac{y}{\delta} = \frac{1}{3} \quad 或 \quad \frac{\delta_d}{x} = 1.827Re_x^{-1/2} \tag{10-38}$$

同理，根据动量损失厚度 δ_m 的定义式（10-2）并引用速度分布式（10-35）可得

$$\frac{\delta_m}{\delta} = \int_0^1\frac{u}{u_0}\left(1 - \frac{u}{u_0}\right)d\frac{y}{\delta} = \frac{2}{15} \quad 或 \quad \frac{\delta_m}{x} = 0.730Re_x^{-1/2} \tag{10-39}$$

摩擦阻力系数 将 δ 表达式代入式（10-36），可得局部切应力为

$$\tau_0 = \mu\frac{2u_0}{\delta} = \frac{0.730}{\sqrt{Re_x}}\frac{\rho u_0^2}{2} \tag{10-40}$$

由此可得局部阻力系数和平均阻力系数如下

$$C_{fx} = \frac{0.730}{\sqrt{Re_x}},\quad C_f = \frac{1}{bL}\int_0^L C_{fx}(b\,dx) = \frac{1.460}{\sqrt{Re_L}} \tag{10-41}$$

式中，b 为平壁宽度；L 为平壁长度；$Re_L = u_0L/\nu$ 为板长雷诺数。

此外，将式（10-39）与 C_{fx} 的表达式比较可知，$\delta_m/x = C_{fx}$。

与 10.2.2 节的布拉修斯解相比，在以上假设速度分布下，动量积分方程得到的 δ 的相对偏差为 10.5%，δ_d 的相对偏差为 5.6%，δ_m 和 C_{fx} 的相对偏差为 9.9%。这一偏差是由假定的速度分布与真实速度分布的差异所致；改进速度分布，则可得到更精确的结果，表 10-2 是几种典型的速度分布下对应的层流边界层的近似解。

表10-2 几种典型的速度分布下层流边界层的近似解

u/u_0	$\delta Re_x^{0.5}/x$	$\delta_d Re_x^{0.5}/x$	$\delta_m Re_x^{0.5}/x$	$C_{fx}Re_x^{0.5}$	$C_f Re_L^{0.5}$
$2(y/\delta)-(y/\delta)^2$	5.48	1.827	0.730	0.730	1.460
$\sin[0.5\pi(y/\delta)]$	4.80	1.744	0.654	0.654	1.308
$1.5(y/\delta)-0.5(y/\delta)^3$	4.64	1.740	0.646	0.646	1.292
Blasius解	4.96	1.73	0.664	0.664	1.328

10.2.5 平壁湍流边界层的近似解

（1）求解思路

借助 von Kármán 的动量积分方程可求解平壁湍流边界层的厚度及阻力系数。但事先需解决两个问题：一是找到一个合适的速度分布，二是确定壁面局部切应力 τ_0 的计算问题。

速度分布可采用简洁的 1/7 次方表达式，即

$$u = u_0 (y/\delta)^{1/7}$$

第 9 章中曾经指出，1/7 次方表达式适用于湍流核心区，用其积分计算整个边界层的平均速度、动量等是可行的，但不适用于黏性底层，也不能对其求导获得 τ_0。因此 τ_0 的计算又借助了 Blasius 的圆管湍流阻力系数实验关联式，即

$$\lambda = \frac{0.3164}{Re^{1/4}}, \quad \tau_0 = \lambda \frac{\rho u_{\mathrm{m}}^2}{8} = \frac{0.3164}{(u_{\mathrm{m}} 2R/\nu)^{1/4}} \frac{\rho u_{\mathrm{m}}^2}{8} = 0.0333 \rho u_{\mathrm{m}}^2 \left(\frac{\nu}{u_{\mathrm{m}} R}\right)$$

在其中令 $R=\delta$，$u_{\mathrm{m}} = 0.816 u_{\max} = 0.816 u_0$，可得平壁湍流边界层的 τ_0 表达式，即

$$\tau_0 = 0.0233 \rho u_0^2 \left(\frac{\nu}{u_0 \delta}\right)^{1/4} \tag{10-42}$$

（2）平壁湍流边界层的厚度

将上述 u 和 τ_0 的表达式代入 von Kármán 动量积分方程（10-33）有

$$0.0233 \rho u_0^2 \left(\frac{\nu}{u_0 \delta}\right)^{1/4} = \frac{\mathrm{d}}{\mathrm{d}x} \int_0^{\delta} \rho u_0^2 \left[\left(\frac{y}{\delta}\right)^{1/7} - \left(\frac{y}{\delta}\right)^{2/7}\right] \mathrm{d}y$$

积分后整理可得
$$0.0233 \left(\frac{\nu}{u_0 \delta}\right)^{1/4} = \frac{\mathrm{d}}{\mathrm{d}x}\left(\frac{7}{8}\delta - \frac{7}{9}\delta\right) = \frac{7}{72} \frac{\mathrm{d}\delta}{\mathrm{d}x}$$

再次积分上式得到
$$(\nu/u_0)^{1/4} x = 3.338 \delta^{5/4} + C_1 \tag{10-43}$$

因湍流边界层在层流边界层之后，其起点及对应厚度并不明确，所以为确定上式中的积分常数 C_1，特假设湍流起点始于平壁前缘，即 $\delta|_{x=0} = 0$，由此可得 $C_1 = 0$，进而得到起点始于平壁前缘的湍流边界层厚度为

$$\frac{\delta}{x} = 0.381 Re_{\mathrm{x}}^{-1/5} \tag{10-44}$$

（3）湍流边界层的摩擦阻力系数

平壁湍流边界层的阻力也有光滑壁面与粗糙壁面之分。对于光滑壁面，将以上平壁湍流边界层的 τ_0 表达式（10-42）代入局部摩擦阻力系数的定义式可得

$$C_{\mathrm{fx}} = \frac{\tau_0}{\rho u_0^2/2} = \frac{0.0233 \rho u_0^2 (\nu/u_0\delta)^{1/4}}{\rho u_0^2/2} = 0.0466 \left(\frac{\nu}{u_0 \delta}\right)^{1/4}$$

再将 δ 表达式代入可得
$$C_{\mathrm{fx}} = 0.0593 Re_{\mathrm{x}}^{-1/5} \tag{10-45}$$

设平壁长度为 L，且板长雷诺数 $Re_{\mathrm{L}} = u_0 L/\nu$，则平均摩擦阻力系数为

$$C_{\mathrm{f}} = \frac{1}{L}\int_0^L C_{\mathrm{fx}} \mathrm{d}x = \frac{1}{L}\int_0^L \frac{0.0593}{(u_0 x/\nu)^{1/5}} \mathrm{d}x = \frac{0.0593}{(u_0/\nu)^{1/5}} \left(\frac{5}{4} L^{4/5}\right)$$

即
$$C_{\mathrm{f}} = \frac{0.074}{Re_{\mathrm{L}}^{1/5}} \quad (5\times 10^5 < Re_{\mathrm{L}} < 10^7) \tag{10-46}$$

或壁面总摩擦阻力为
$$F_{\mathrm{f}} = C_{\mathrm{f}} \frac{\rho u_0^2}{2} A = \frac{0.074}{Re_{\mathrm{L}}^{1/5}} \frac{\rho u_0^2}{2} A \tag{10-47}$$

（4）壁面摩擦系数的修正

上述公式假定湍流边界层起始于平壁前缘，而实际上平壁前缘一段距离内存在着层流边界层，因此以上公

式计算的阻力系数偏大。考虑这一原因，阻力系数应做修正（具体方法见习题 10-8）。修正后的阻力系数计算式如下

$$C_f = \frac{0.074}{Re_L^{1/5}} - \frac{B}{Re_L} \quad (5\times10^5 < Re_L < 10^7) \tag{10-48}$$

其中系数 B 可根据从层流转变为湍流的临界雷诺数 Re_{cr} 由 10-3 查取。但需指出，Re_{cr} 往往事先并不确定，只能凭经验选取。一般计算中通常取 $Re_{cr}=5\times10^5$。

表10-3 修正式(10-48) 中的系数B

Re_{cr}	3×10^5	5×10^5	10^6	3×10^6
B	1050	1700	3300	8700

当雷诺数 $Re_L > 10^7$ 后，施里希廷（Schlichting）采用对数律速度分布和动量积分方程得到的阻力系数式与实验符合较好。考虑前缘层流边界层影响的修正项后，该式形式为

$$C_f = \frac{0.455}{(\lg Re_L)^{2.58}} - \frac{B}{Re_L} \quad (10^7 < Re_L < 10^9) \tag{10-49}$$

该式称为普朗特 - 施里西廷公式。式中的系数 B 仍按表 10-3 选取。

【例 10-2】 飞艇的表面摩擦阻力及推动功率

美国的 Akron 号飞艇长 240m，最大直径为 40m，最大速度为 135km/h。假定将飞艇表面视为圆柱面，且表面光滑，并取临界雷诺数 $Re_{cr}=5\times10^5$，试求飞艇以最大速度航行时克服表面摩擦阻力所需要的推动功率，并验算层流边界层长度。已知在飞行高度空气的密度为 0.9934kg/m³，黏度为 1.772×10^{-5}Pa · s。

解 因飞艇直径较大，可将表面展开视为平直表面，表面宽度为 πD，板长雷诺数为

$$Re_L = \frac{\rho u_0 L}{\mu} = \frac{0.9934\times(135/3.6)\times240}{1.772\times10^{-5}} = 5.045\times10^8$$

可见其边界层为湍流边界层，且 $Re_L > 10^7$，故采用普朗特 - 施里西廷公式计算阻力系数。根据 $Re_{cr}=5\times10^5$ 查表 10-3 可得 B=1700，故有

$$C_f = \frac{0.455}{\left[\lg\left(5.045\times10^8\right)\right]^{2.58}} - \frac{1700}{5.045\times10^8} = 1.709\times10^{-3}$$

飞艇表面积 $A = \pi DL = 30159\text{m}^2$，最大速度 $u_0 = 37.5\text{m/s}$，总摩擦阻力为

$$F_f = C_f \frac{\rho u_0^2}{2} A = (1.709\times10^{-3})\times\frac{0.9934\times37.5^2}{2}\times30159 = 36000(\text{N})$$

所需功率为

$$P = F_f u_0 = 36000\times37.5 = 1.350\times10^6(\text{W})$$

此外，根据 $Re_{cr}=5\times10^5$ 可得层流边界层长度为

$$L_{cr} = \frac{\mu}{\rho u_0} Re_{cr} = \frac{1.772\times10^{-5}\times5\times10^5}{0.9934\times37.5} = 0.238(\text{m})$$

计算结果表明，相对于飞艇长度，层流边界层很短，以至可以忽略不计。

【例 10-3】 平行板通道进口区流动

0℃的空气进入平板通道如图 10-7 所示，其中板间距 h=0.3m，入口速度 U=25m/s，且该速度下可认为壁面前缘一开始就是湍流边界层。不同的是此情况下边界层外的流速 u_0 随 x 而增加，但因 u_0 的增加较为缓慢，故可认为任一截面上湍流边界层的厚度和速度分布仍可用式（10-44）和 1/7 次方式表示，即

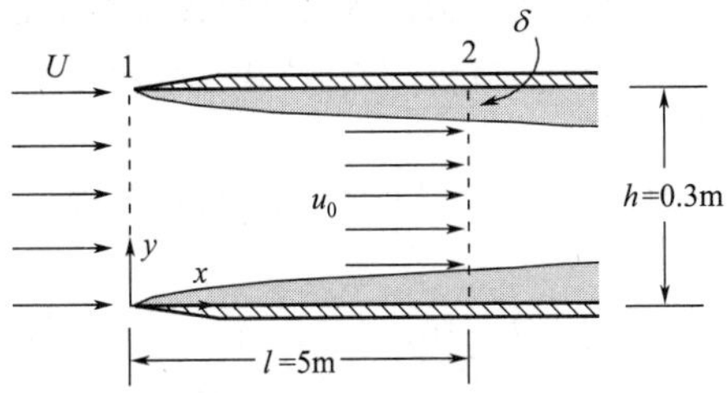

图10-7 例 10-3 附图

$$\frac{\delta}{x} = 0.381\left(\frac{u_0 x}{\nu}\right)^{-1/5}, \quad \frac{u}{u_0} = \left(\frac{y}{\delta}\right)^{1/7}$$

10

① 试求入口至下游 l=5m 处的压力降 Δp；

② 求 Δp 中因摩擦阻力损失的压降 $\Delta p_{\rm f}$。

解：查附录表 C-6，0℃的空气密度为 1.293kg/m³，运动黏度为 1.328×10^{-5}Pa · s。

因 u_0 随 x 而增加，故首先根据进口截面质量流量与下游截面质量流量相等，建立 u_0 与 δ 的补充方程，即

$$\rho Uh=\rho u_0(h-2\delta)+2\int_0^{\delta}\rho u\mathrm{d}y \quad \rightarrow \quad u_0=U/(1-\delta/4h)$$

由此可得 δ 随 x 变化的隐函表达式，并试差可得下游 5m 处的边界层厚度 δ_2 和边界层外的流速 u_{02}，即

$$\delta(1-\delta/4h)^{-0.2}=0.381(\nu/U)^{0.2}x^{0.8},\quad \delta_2=0.0758\ \text{m},\quad u_{02}=1.0674U$$

① 为计算压力降，取进口截面 1 与下游截面 2 构成控制体，见图 10-7，其中垂直书面方向为单位宽度。设控制体内单个平壁的总摩擦力为 $F_{\rm f}$，则控制体动量守恒方程为

$$\Delta ph-2F_{\rm f}=\rho u_{02}^2(h-2\delta_2)+2\int_0^{\delta_2}\rho u^2\mathrm{d}y-\rho U^2h$$

将 u 的分布式和 u_0 的表达式代入上式积分，整理可得

$$\Delta p=\rho U^2\left[\frac{1-4\delta_2/9h}{(1-\delta_2/4h)^2}-1\right]+\frac{2F_{\rm f}}{h}=9.25+\frac{2F_{\rm f}}{h}$$

因本问题中 u_0 是变化的，故上式中摩擦力 $F_{\rm f}$ 理应采用积分方法计算。为避免积分的不便，且因 $Re_{\rm L}<10^7$，此处采用总摩擦力公式（10-47）估计 $F_{\rm f}$，即

$$F_{\rm f}=\frac{0.074}{Re_{\rm L}^{1/5}}\frac{\rho u_0^2}{2}A=\frac{0.074}{(u_0l/\nu)^{0.2}}\frac{\rho u_0^2}{2}l$$

在该式中分别代入 $u_0=U$ 和 $u_0=1.0674U$ 可得

$$F_{\rm f\,min}=6.024\text{N},\quad F_{\rm f\,max}=6.775\text{N}$$

取其平均值 $F_{\rm f}$=6.40N 计算，可得入口至下游 5m 处的压力降为

$$\Delta p=9.25+2F_{\rm f}/h=9.25+2\times6.4/0.3=51.9(\text{Pa})$$

② 针对控制体应用引申的伯努利方程有

$$\Delta p=\rho(\alpha U^2-U^2)/2+\Delta p_{\rm f} \quad 或 \quad \Delta p_{\rm f}=\Delta p-\rho U^2(\alpha-1)/2$$

其中 α 为截面 2 的动能修正系数。根据其定义及已知速度分布可得

$$\alpha=\frac{1}{Av_{\rm m}^3}\iint_A v^3\mathrm{d}A=\frac{1}{hU^3}\left(2\int_0^{\delta_2}u^3\mathrm{d}y+\int_{\delta_2}^{h-\delta_2}u_{02}^3\mathrm{d}y\right)=\frac{u_{02}^3}{U^3}\left(1-\frac{3}{5}\frac{\delta_2}{h}\right)=1.032$$

代入数据可得

$$\Delta p_{\rm f}=\Delta p-\rho U^2(\alpha-1)/2=51.9-12.9=39.0(\text{Pa})$$

其中差值 $\Delta p-\Delta p_{\rm f}$ 是截面 2 处流体的动能增量（由压力能转换而来）。

10.2.6 平壁湍流边界层的速度分布

实践表明，根据普朗特混合长度理论得到的充分发展平壁湍流的速度分布式——壁面律（见第 9 章 9.3 节）亦适用于平壁湍流边界层的每一截面。经实验确定壁面律中的待定常数后，充分发展平壁湍流的速度分布式可具体表示如下。

在 $y=0\sim5y^*$ 范围（黏性底层范围），其速度随壁面距离 y 线性分布，即

$$u/u^*=y/y^* \tag{10-50}$$

在 $y=5y^*\sim30y^*$ 范围（黏性底层与湍流层之间的缓冲区），其速度分布可近似表示为

$$u/u^*=5.06\ln(y/y^*)-3.14 \tag{10-51}$$

在 $y=30y^*\sim500y^*$ 的湍流层，其速度分布可用以下对数律分布式描述，即

$$u/u^*=2.5\ln(y/y^*)+5.56 \tag{10-52}$$

其中 u^*、y^* 是第 9 章中曾经定义的摩擦速度和摩擦长度，即

$$u^* = \sqrt{\tau_0/\rho}\text{，}\quad y^* = \mu/\rho u^* = \mu/\sqrt{\tau_0\rho} \tag{10-53}$$

除此之外，在$y = 0.1\delta \sim \delta$范围的速度分布亦可用 Blasius 的 1/7 次方式描述，即

$$u = u_0\left(y/\delta\right)^{1/7} \tag{10-54}$$

需要指出，以上速度分布式原本针对的是充分发展的平壁湍流（与 x 无关），将其应用于平壁湍流边界层（边界层厚度 δ 和局部切应力 τ_0 均随 x 变化），意味着平壁湍流边界层每一截面的速度分布是相似的，即 $u/u_0 = f(y/\delta)$。其中任一 x 截面的 δ 和 τ_0 可根据式（10-44）和式（10-42）计算。

10.3 边界层分离及绕流总阻力

前面讨论的平壁边界层问题中，通常认为边界层内的压力沿流动方向是不变的，绕流阻力也仅有摩擦阻力。但在流体沿弯曲壁面的绕流中，边界层内会伴随产生压差，即 $\partial p/\partial x \neq 0$，从而导致边界层脱离物体表面，产生边界层分离现象；其次，由于弯曲壁面不再平行于来流，其壁面压力在来流方向也将产生合力，因而弯曲壁面总阻力不仅有摩擦阻力，同时还有压差阻力（形状阻力）。

10.3.1 边界层分离现象

弯曲壁面边界层的分离 以图 10-8 所示的机翼表面绕流为例，B 点是驻点，C 点是表面最高点。实验表明：

沿 B 点向 C 点的流动中，流通面收窄，外流加速，壁面压力减小，即 $\partial p/\partial x<0$，压力能转化为动能，至 C 点压力最低；故 BC 段称为顺压区，该区域边界层流动加速；

C 点之后，流通面放宽，外流减速，压力升高，$\partial p/\partial x>0$，称为逆压区；动能转化为压力能；外流的减速和逆压差共同促使边界层流动减速，且减速效应逐渐增强；

达到 D 点处，逆压差增大使边界底层流体动能消耗殆尽而滞止；D 点之后，逆压差促使流体回流，使边界层脱离壁面，壁面出现旋涡区，称为分离区，D 点称为分离点。

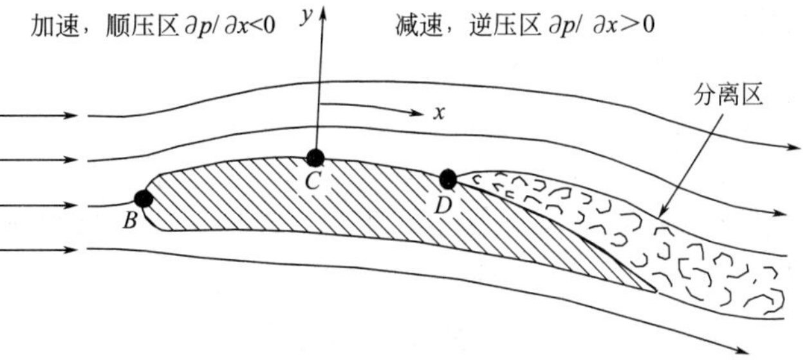

图 10-8 机翼表面的边界层分离现象

分离点前后的速度分布及壁面速度梯度的变化 如图 10-9 所示，由图可见：

① 分离点 D 以前，壁面（y=0 处）速度梯度 $\partial u/\partial y > 0$，分离点之后 $\partial u/\partial y<0$，分离点 D 处 $\partial u/\partial y = 0$；图中白点为壁面附近速度分布拐点；

② 最高点 C 以前 $\partial p/\partial x<0$，为顺压区；C 点以后 $\partial p/\partial x>0$，为逆压区；C 点处壁面压力最小，$p = p_{\min}$。其次，根据边界层 x 方向运动方程可知，壁面处 y=0，u=0，v=0，所以 $\partial p/\partial x = \mu(\partial^2 u/\partial y^2)$，故顺压区壁面处 $\partial^2 u/\partial y^2<0$；逆压区壁面处 $\partial^2 u/\partial y^2>0$。

边界层分离对流动的影响

① 边界层分离所形成的分离区，将严重扰乱壁面区流场，边界层理论不再适用；

② 分离区内的涡流耗散可显著增加流动阻力损失；

③ 分离区内流动的不稳定及压力波动，可使得绕流物体产生振动或减小机翼升力。

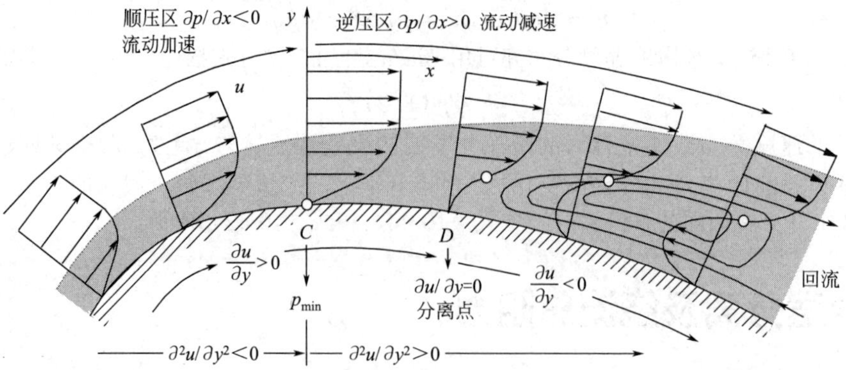

图 10-9　边界层分离前后壁面附近的速度分布及壁面（y=0）速度梯度的变化

边界层分离的控制方法

① 在回流区抽气，防止减速流体堆积，减小局部压力，消除边界层分离条件。以此改善层流边界层稳定性，减薄边界层，维持顺压力梯度；或使机翼表面在大雷诺数下维持层流边界层，且减少摩擦阻力。

② 利用外来流体补充边界层动量，克服逆压力梯度。如飞机起飞时前缘活动机翼张开，使气流从缝隙进入固定机翼表面，增强机翼后缘边界层能量，以减小边界层分离倾向；

③ 安装导流叶片，削弱边界层压力升高倾向，防止逆压产生的边界层分离。

10.3.2　弯曲壁面的绕流总阻力

弯曲壁面的绕流流动中，固体对流体的作用总力 **F** 一般分为两个部分：平行于流动方向的作用力即绕流总阻力 $\mathbf{F}_\mathrm{D}$（摩擦阻力与形状阻力），垂直于流动方向的作用力 $\mathbf{F}_\mathrm{L}$（非对称绕流，如机翼升力），因此 $\mathbf{F}=\mathbf{F}_\mathrm{D}+\mathbf{F}_\mathrm{L}$。在此仅讨论绕流总阻力 F_D。

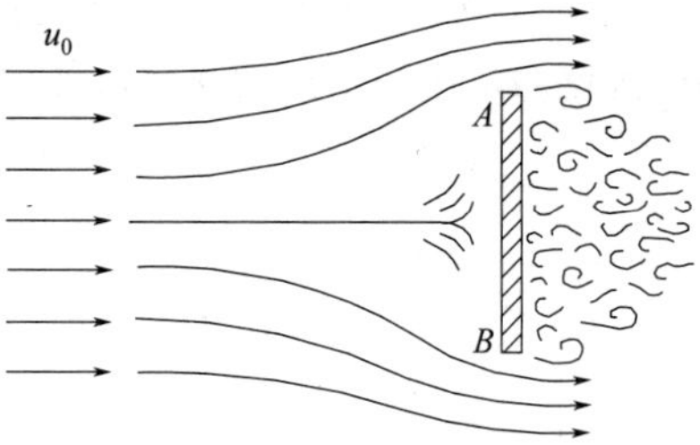

图 10-10　垂直于平板的绕流流动

绕流总阻力 F_D 包括流体的摩擦阻力 F_f 和压差阻力（形状阻力）F_p 两个部分，前者等于物体壁面切应力在来流方向的合力，后者等于物体壁面上压力在来流方向上的合力（例如，图 10-10 所示的流体垂直于平板的绕流流动中，流体所受到的平板阻力就主要是压差阻力）。因摩擦阻力 F_f 和压差阻力 F_p 是同方向的力，所以

$$F_\mathrm{D}=F_\mathrm{f}+F_\mathrm{p} \tag{10-55}$$

为计算和研究方便，通常引入总阻力系数 C_D、摩擦阻力系数 C_f 和形状阻力系数 C_p，将绕流总阻力 F_D、摩擦阻力 F_f 和压差阻力 F_p 分别表示为

$$F_\mathrm{D}=C_\mathrm{D}\frac{\rho u_0^2}{2}A_\mathrm{D},\quad F_\mathrm{f}=C_\mathrm{f}\frac{\rho u_0^2}{2}A_\mathrm{f},\quad F_\mathrm{p}=C_\mathrm{p}\frac{\rho u_0^2}{2}A_\mathrm{D} \tag{10-56}$$

式中，A_D 为物体垂直于流动方向的投影面积；A_f 是物体的表面积。

通过理论或实验确定 C_D、C_p、C_f 与来流雷诺数 $Re=\rho u_0 L/\mu$（L 为定性尺寸）的关系是绕流问题研究的主要目标之一。比如，通过在不同 Re 数下测定物体的总力 F_D，然后用式（10-56）计算出 C_D，即可建立 C_D 与 Re 之间的关系。因总阻力系数 C_D 的测试相对容易，且工程实际中通常更关心的也是总阻力 F_D，所以绕流问题中一般不是通过分别计算 F_p 和 F_f 来确定 F_D，而是直接采用总阻力系数 C_D 的经验式或经验值计算流动阻力 F_D。

表 10-4 给出了部分典型物体的总阻力系数参考值（阻力位于速度平方区，C_D 与 Re 无关），更多的数据可在相关文献或手册中找到。其中球体阻力系数另见 10.5.2 节。

表10-4 典型物体的总阻力系数C_D（$Re>10^4$）

形状		C_D	形状		C_D
长圆柱	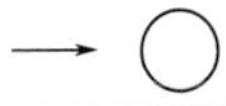	查图10-15	无限长椭圆柱 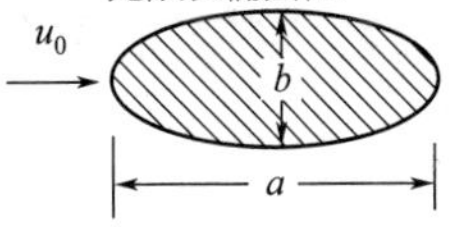	a/b=2	0.2
半圆形长柱体	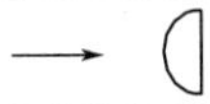	1.20		a/b=4	0.1
	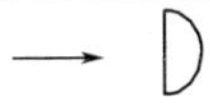	1.70		a/b=8	0.1
无限长半管壳		1.20	旋转椭球体(橄榄球体) 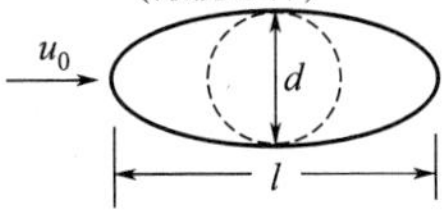	l/d=2	0.06
		2.30		l/d=4	0.06
正方形长柱体	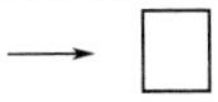	2.00		l/d=8	0.13
	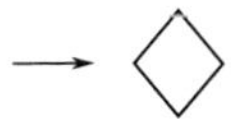	1.50	矩形薄板 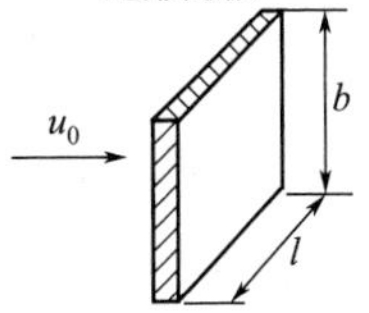	l/b=1	1.18
正三角长柱体	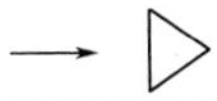	2.00		l/b=5	1.20
	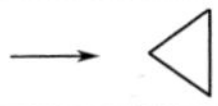	1.39		l/b=10	1.30
立方体	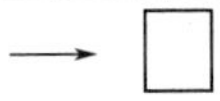	1.10		l/b=20	1.50
	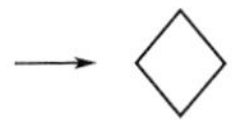	0.81		$l/b=\infty$	1.98
60°圆锥	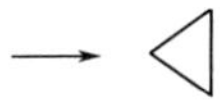	0.49	流体平行圆柱体($l/d\to0$为圆碟片) 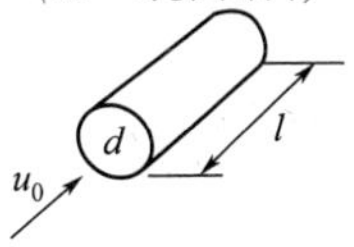	$l/d\to0$	1.17
半球体	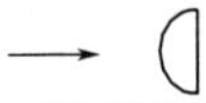	0.38		l/d=0.5	1.15
	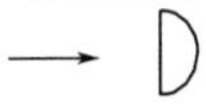	1.17		l/d=1	0.90
半球形壳罩	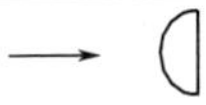	0.39		l/d=2	0.85
	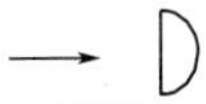	1.40		l/d=4	0.87
降落伞	$Re=3\times10^7$	1.20		l/d=8	0.99

【**例 10-4**】 飞艇的压差阻力与推动功率

将例 10-2 中的飞艇视为旋转椭球体，其他条件不变，试求其压差阻力和推动功率。

解 根据例 10-2，空气密度为 0.9934kg/m^3，黏度为 1.772×10^{-5}Pa·s，将飞艇视为长度 240m、直径 40m 的椭球体，其飞行速度 135km/h（37.5m/s）时的绕流雷诺数为

$$Re=\frac{\rho u_0 d}{\mu}=\frac{0.9934\times37.5\times40}{1.772\times10^{-5}}=8.41\times10^7>10^4$$

飞艇的长径比为 240/40=6:1，根据表 10-4 数据插值可得其总阻力系数为

$$C_D=0.06+\frac{6-4}{4}\times(0.13-0.06)=0.095$$

飞艇迎风面积 $A_D=\pi d^2/4=1256.6\text{m}^2$。因此其总阻力为

$$F_D=C_D\frac{\rho u_0^2}{2}A_D=0.095\times\frac{0.9934\times37.5^2}{2}\times1256.6=83383(\text{N})$$

例 10-2 中已求得其摩擦阻力 F_f=36000N，故其压差阻力和总推动功率分别为

$$F_p=F_D-F_f=83383-36000=47383(\text{N})$$

$$P = F_D u_0 = 83383 \times 37.5 = 3.127 \times 10^6 (\mathrm{W}) = 3127(\mathrm{kW})$$

可见总推动功率是仅克服摩擦阻力所需功率（1350kW）的 2.32 倍。

【例 10-5】 神舟返回舱降落伞的终端速度计算。

已知神舟返回舱降落伞及返回舱总质量 m=3000kg，降落伞迎风面积 A_D=1200m²。降落伞在高空 10km 处打开，该高度的空气密度为 0.411kg/m³，动力黏度为 1.46×10^{-5} Pa・s；地面附近空气密度为 1.247kg/m³，动力黏度为 1.77×10^{-5}Pa・s；空气浮力作用不计。试分别按降落伞阻力系数或半球罩阻力系数估计该降落伞的终端速度。

解　设降落伞终端速度为 u_t。达到终端速度时，不计浮力则重力 G 等于阻力 F_D，因此

$$G = F_D,\ \ F_D = C_D \frac{\rho u_t^2}{2} A_D \ \ \rightarrow \ \ u_t = \sqrt{\frac{2G}{\rho C_D A_D}}$$

按降落伞阻力系数计算：查表 10-4，C_D=1.2，分别取高空 10km 处和地面的空气密度和黏度计算，降落伞终端速度估计值分别为

$$u_{t,1} = \sqrt{\frac{2 \times 3000 \times 9.81}{0.411 \times 1.2 \times 1200}} = 9.973(\mathrm{m/s}),\ \ u_{t,2} = 9.973 \times \sqrt{\frac{0.411}{1.247}} = 5.726(\mathrm{m/s})$$

可以验算，二者对应的终端雷诺数 Re 均小于 C_D=1.2 对应的 Re（3×10^7）。二者平均值为 $u_{t,m} = 7.850\mathrm{m/s}$。因 C_D 一般随 Re 增大而减小，并在阻力进入速度平方区后趋于定值，故实际 $C_D > 1.2$，或 $u_{t,m}$ 偏大。

若按半球罩考虑：查表 10-4 得 C_D =1.4，相应的终端速度及其平均值为

$$u_{t,1} = 9.233\mathrm{m/s},\ \ u_{t,2} = 5.301\mathrm{m/s},\ \ u_{t,m} = 7.267\mathrm{m/s}$$

可以验算，以上速度对应的终端雷诺数 Re 均大于 10^4。

注：神舟返回舱临近地面前的实际速度在 6 ～ 8m/s 之间，并在距离地面 1m 左右时开启反推发动机，使返回舱以大约 3m/s 的速度软着陆。

10.4　绕圆柱体的流动分析

圆柱绕流问题有重要的工程应用背景。例如风对圆柱形建筑和塔设备的作用，流体绕流换热管的流动，洋流对钻井平台支柱、河水对圆柱桥墩的冲击等都属于圆柱绕流问题。虽然第 7 章曾讨论过圆柱绕流问题，但仅限于理想流体，与实际黏性流体的绕流有显著不同。

10.4.1　绕圆柱体的流动

图 10-11 是流体以均匀来流速度 u_0 垂直绕流长圆柱的流动。由于黏性的作用，流体在圆柱表面附近的流动较为复杂，至今尚不能用分析方法求解。实验观察表明，圆柱绕流的基本形态可根据绕流雷诺数 $Re=u_0D/\nu$ 的大小来描述。

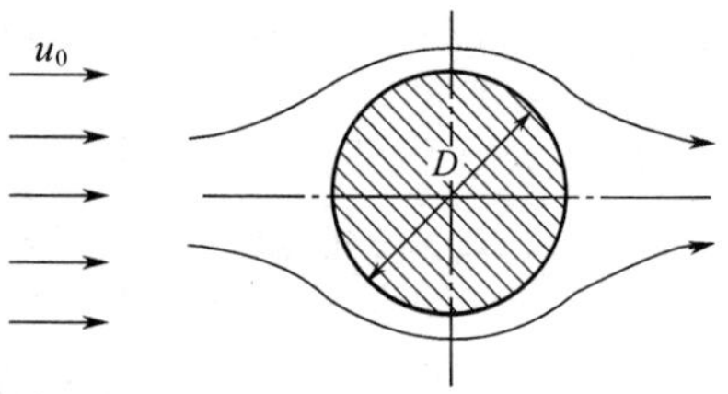

图 10-11　低雷诺数下绕圆柱体的流动

低雷诺数下的绕流　当 $Re < 1$ 时，整个流场呈稳定层流状态，且上下游流场对称。低雷诺数下，圆柱体对流场的影响区域较大，在距离圆柱体表面数倍柱体直径的地方，流体的速度仍与来流速度 u_0 不同。低雷诺数下，圆柱绕流的总阻力以摩擦阻力为主。

中等雷诺数下的绕流　随着雷诺数的增大，上下游对称性逐渐消失，背风面出现边界层分离，产生尾迹流。其中在 3 ～ 5 < Re < 30 ～ 40 的范围内，尾迹区有较弱的对称旋涡，如图 10-12(a) 所示；在 30 ～ 40 < Re

< 80 ～ 90 的范围内，尾迹区出现摆动，如 10-12（b）所示。以上情况下，流动仍呈层流状态，绕流总阻力中摩擦阻力和压差阻力相当。

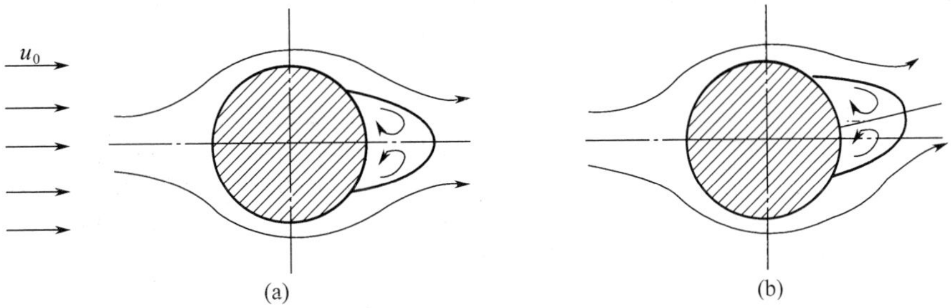

图 10-12 中等雷诺数下的圆柱体绕流

当 80 ～ 90 < Re < 150 ～ 300 时，流动状况如图 10-13 所示。此时边界层分离点仍在圆柱体的背风面，且在上下分离点壁面处会交替产生旋转方向相反的旋涡，旋涡交替脱落形成的旋涡阵列称为**卡门涡街**。伴随旋涡的交替产生，圆柱面上下分离点还会交替产生横向力 F（见图），迫使柱体振动，称为**诱导振动**。当诱导振动频率与柱体的固有频率一致时将会引起具有破坏性的共振，因而引起人们的关注。其中涡街阵列在 Re > 150 时不再稳定，而当 Re > 300 时，整个尾迹区变成图 10-14 所示的湍流状态。这一阶段的绕流阻力已过渡到以压差阻力为主。

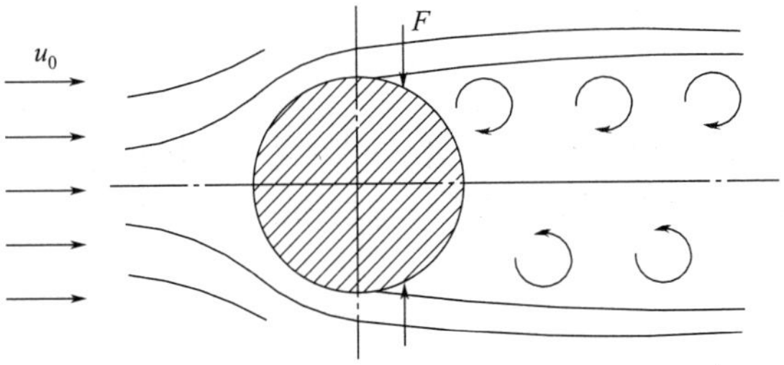

图 10-13 卡门涡街

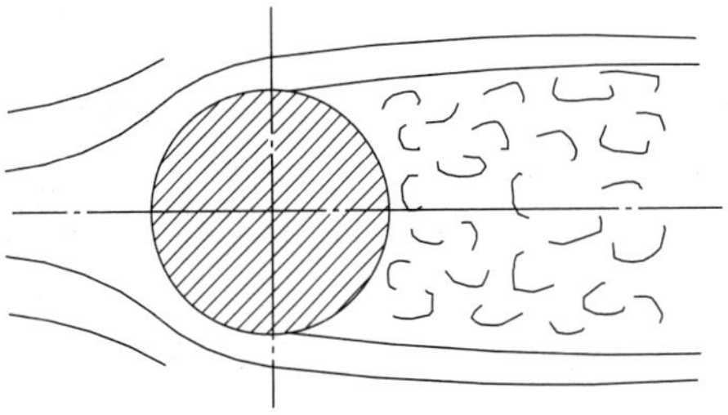

图 10-14 尾迹区湍流

高雷诺数下的绕流 当 150 ～ 300 < Re < 1.9×10^5 时，柱体迎风面边界层为层流，但边界层分离点后移至迎风面（与驻点的夹角约 85° 左右），这种情况称为亚临界状态。在 Re > 1.9×10^5 的条件下，边界层流动逐渐向湍流转变，阻力系数急剧降低。当 Re > 6.7×10^5 时，边界层在分离前已由层流转变为湍流，且分离点又后移至背风面（与驻点的夹角约 135° 左右），这种状态称为超临界状态。高雷诺数下的绕流总阻力主要是压差阻力。

诱导振动频率 实验表明，虽然较高雷诺数下可视化实验难以观察到卡门涡街，但仍有旋涡交替脱落导致的诱导振动，且在 Re=250 ～ 2×10^5 范围，斯特哈尔（Strouhal）给出了诱导振动频率 f（圆柱单边的旋涡脱落频率，Hz）的经验式，即

$$f=0.198\left(1-\frac{19.7}{Re}\right)\frac{u_0}{D} \tag{10-57}$$

10.4.2 圆柱绕流总阻力

流体垂直于圆柱流动时，柱体单位长度的总阻力可按下式计算

$$F_{\mathrm{D}}=C_{\mathrm{D}}\frac{\rho u_0^2}{2}D \tag{10-58}$$

其中，阻力系数 C_D 是绕流雷诺数 Re 的函数。通过大量实验得到的圆柱体绕流阻力系数如图 10-15 所示。由图可见，对于光滑壁面圆柱，在 $Re=1.9\times10^5$ 处，阻力系数 C_D 发生骤然下降，而在 $Re=6.7\times10^5$ 处阻力系数又开始逐渐回升。阻力系数骤然下降点称为临界点，临界点以前的状态称为亚临界状态，临界点后的状态称为超临界状态。

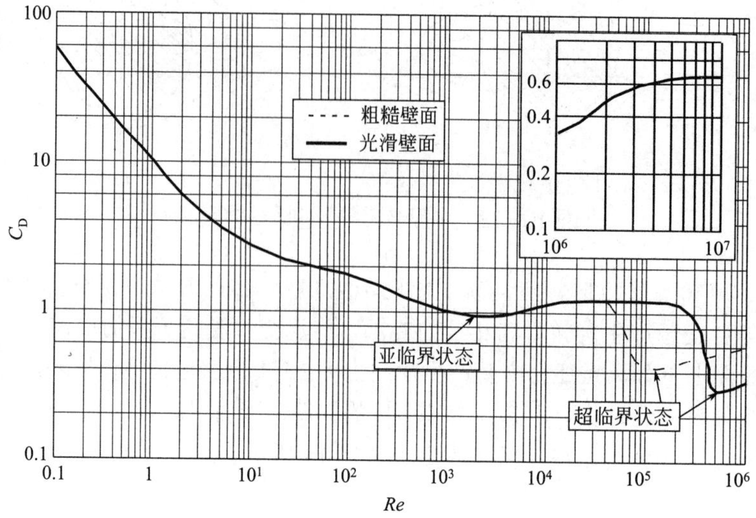

图 10-15 圆柱体绕流阻力系数 C_D 与雷诺数 Re 的关系

【**例 10-6**】 塔设备的风载荷及诱导振动频率

风以 u_0=10m/s 的速度吹过直径为 D=1.25m，高 H=30m 的圆柱形塔设备，试确定：①塔设备所承受的风力和倾倒力矩；②在 Re=250 ~ 10^5 范围的诱导振动频率。取空气的运动黏度 $\nu=1.4\times10^{-5}\text{m}^2/\text{s}$，密度 $\rho=1.25\text{kg/m}^3$，并假定沿塔高风速一致。

解 由已知条件计算绕流雷诺数

$$Re=\frac{u_0D}{\nu}=\frac{10\times1.25}{1.4\times10^{-5}}=8.929\times10^5$$

塔表面按粗糙面考虑，由图 10-15 查得 C_D =0.6。塔体单位长度所受风力为

$$F_D'=C_D\frac{\rho u_0^2}{2}D=0.6\times\frac{1.25\times10^2}{2}\times1.25=46.88(\text{N/m})$$

塔设备受到的空气横向作用总力和倾倒力矩分别为

$$F_D=F_D'H=46.88\times30=1406(\text{N})$$

$$M=F_D(H/2)=1406\times15=2.109\times10^4(\text{N}\cdot\text{m})$$

塔体在 Re=250~10^5 范围出现诱导振动，则对应风速和诱导振动频率为

$$u_0=Re(\nu/D)=0.0028\sim1.12\text{ m/s}$$

$$f=0.198(1-19.7/Re)(u_0/D)=0.4\times10^{-3}\sim0.177\text{ Hz}$$

10.5 绕球体的流动分析

10.5.1 绕球体的流动

流体绕球体或球形颗粒的绕流雷诺数定义为 $Re=u_0d/\nu$，其中 d 为球体或颗粒直径。球体绕流的流动形态与

圆柱绕流情况有些类似，与 Re 密切相关。

当 $Re<2$ 时，流动有对称性，该流动区域称为斯托克斯（Stokes）区。该区域内绕流总阻力 $F_D=3\pi\mu u_0 D$，其中，$F_f=2F_D/3$，$F_p=F_D/3$。

在 $2<Re<20$ 的条件下，边界层处于层流状态，无分离现象，绕流阻力仍主要为摩擦阻力。当 $Re\approx20$ 时，背风面出现边界层分离，产生有旋涡的尾迹流。

当 $20<Re<130$ 时，边界层仍保持层流状态，尾迹流中旋涡较稳定。绕流阻力中摩擦阻力和压差阻力大小相当。

当 $130<Re<400$ 时，尾迹区的旋涡从球面脱落，尾迹区的流动呈稳定状态。其中 $Re>270$ 后尾迹区转变为湍流状态。总阻力中以压差阻力为主。

当 $400<Re<3\times10^5$ 时，流动呈现高雷诺数绕流特征，与圆柱绕流有些类似。在 $Re=400\sim2\times10^5$ 范围为亚临界区，在 $Re>3\times10^5$ 后进入超临界区。总阻力约等于压差阻力。

10.5.2 球体绕流总阻力

球体或球形颗粒绕流的总阻力可表达为

$$F_D=C_D\frac{\rho u_0^2}{2}A_D=C_D\frac{\rho u_0^2}{2}\frac{\pi d^2}{4} \tag{10-59}$$

其中，阻力系数 C_D 随雷诺数 Re 变化的实验曲线如图 10-16 所示。

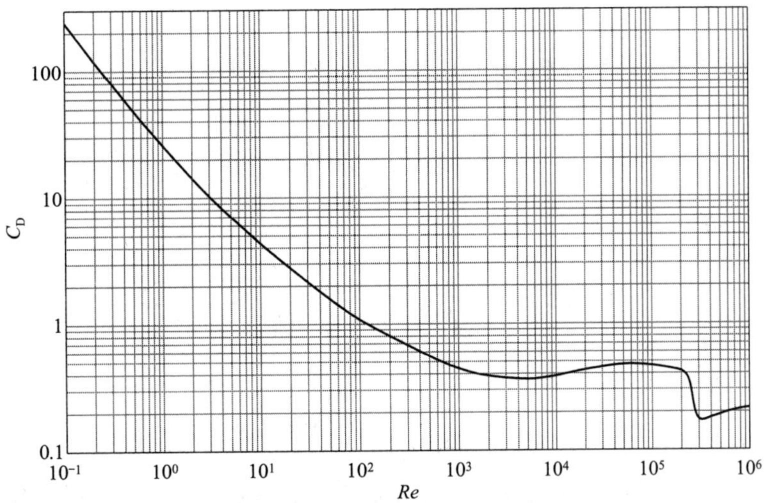

图 10-16 圆球绕流阻力系数 C_D 与雷诺数 Re 的关系

对应该图，不同 Re 数范围内球形颗粒的阻力系数 C_D 也可按如下公式计算或取值。

斯托克斯区（$Re<2$） $C_D=24/Re$ （10-60）

阿仑区（$2<Re<500$） $C_D=18.5/Re^{0.6}$ （10-61）

牛顿区（$500<Re<2\times10^5$） $C_D\approx0.44$ （10-62）

超临界区（$Re>3\times10^5$） $C_D\approx0.2$ （10-63）

为计算方便，在 $Re<2\times10^5$ 范围，球形颗粒阻力系数也可统一按以下关联式计算

$$C_D=\frac{24}{Re}+\frac{3.73}{Re^{0.5}}-\frac{4.83\times10^{-3}Re^{0.5}}{1+3\times10^{-6}Re^{1.5}}+0.49 \tag{10-64}$$

10.5.3 球形颗粒的沉降速度

沉降速度即颗粒在静止流体中匀速沉降时的速度，亦称终端速度。无特别说明时，一般指单个颗粒的自由沉降速度（没有来自于其他颗粒和器壁效应影响的沉降速度）。

颗粒运动微分方程 质量为m、密度为ρ_p的颗粒在静止流体中沉降时的受力包括：重力F_g、浮力F_b和阻力F_D，可分别表示如下

$$F_g = mg, \quad F_b = \frac{m}{\rho_p}\rho g, \quad F_D = C_D\frac{\rho u^2}{2}A_D$$

其中u是颗粒相对于流体的运动速度。根据牛顿第二定律，可得颗粒运动微分方程为

$$F_g - F_b - F_D = m\frac{du}{dt} \quad 或 \quad \frac{du}{dt} = \left(\frac{\rho_p - \rho}{\rho_p}\right)g - \frac{C_D A_D}{2m}\rho u^2 \tag{10-65}$$

对于直径为d球形颗粒，$A_D = \pi d^2/4$，$m = \rho_p \pi d^3/6$，其运动微分方程可写为

$$\frac{du}{dt} = \left(\frac{\rho_p - \rho}{\rho_p}\right)g - \frac{3C_D}{4d}\frac{\rho}{\rho_p}u^2 \tag{10-66}$$

颗粒自由沉降速度 颗粒沉降过程中，重力与浮力是恒定的，阻力随速度减小而减小，当其减小至与重力和浮力平衡时，颗粒速度恒定，即$du/dt=0$。由此可得沉降速度为

$$u_t = \sqrt{\frac{4(\rho_p - \rho)gd}{3\rho C_D}} \tag{10-67}$$

将Re与C_D的对应关系代入，可得不同区域的沉降速度公式，其中：

斯托克斯区（$Re < 2$）的沉降速度为

$$u_t = \frac{(\rho_p - \rho)gd^2}{18\mu} \tag{10-68}$$

阿仑区（$2 < Re < 500$）的沉降速度为

$$u_t = 0.1528\left[\frac{(\rho_p - \rho)gd^{1.6}}{\rho^{0.4}\mu^{0.6}}\right]^{1/1.4} = 0.27\sqrt{\frac{(\rho_p - \rho)gd\,Re^{0.6}}{\rho}} \tag{10-69}$$

牛顿区（$500 < Re < 2\times10^5$）的沉降速度为

$$u_t = 1.74\sqrt{\frac{(\rho_p - \rho)gd}{\rho}} \tag{10-70}$$

当流体有水平流动时，一般认为颗粒沉降速度不受影响。此时颗粒一方面跟随流体作水平运动，同时以速度u下降，并在达到u_t后保持恒定。由此可确定颗粒运动轨迹。

对于流体垂直向上流动的稳定系统，颗粒的绝对速度u_p等于颗粒沉降速度u_t（相对速度）与流体速度u_f（牵连速度）之差，即

$$u_p = u_f - u_t \tag{10-71}$$

所以，如果$u_f > u_t$，则$u_p > 0$，颗粒随流体向上运动；如果$u_f < u_t$，则$u_p < 0$，即颗粒向下运动；当$u_f = u_t$时，颗粒将静悬于流体中。转子流量计中的转子就处于这种状况。

关于颗粒沉降速度的几点说明 以上讨论的是单个刚性球形颗粒的自由沉降速度，也可应用于颗粒体积浓度较低（比如< 0.2%）的悬浮物系。实际问题中的颗粒或颗粒群的沉降与此或有较大差别，兹简要说明如下。

① 实际气-固、液-固两相物系中，颗粒的数量很多，颗粒间的相互干扰将降低其自由沉降速度；当沉降容器直径D与颗粒直径d的比值不是太大时，器壁效应也会降低其自由沉降速度；此外，对于非球形颗粒，因

阻力行为不同，其实际沉降速度也与同体积球形颗粒不同。这些情况下沉降速度的修正或相关经验式可见相关文献。

② 对于分散相液滴、气泡在液体中的浮升运动，其规律与固体颗粒沉降有所不同。比如油滴在水中的浮升，当油滴粒径为 μm 级别时，其终端速度（稳定浮升速度）可用以上球形颗粒自由沉降速度公式计算；但当粒径增大到 mm 级别时，油滴内部的环流会导致其表面摩擦阻力减小，其终端速度将大于等体积刚性球形颗粒；当粒径进一步增大时，油滴变得扁平，形状阻力变得显著，其终端速度又将显著低于等体积球形颗粒。对于 μm 级油滴群的浮升，因后继油滴所受阻力减小，整个油滴群的浮升速度将大于单个油滴的速度。

③ 对于气 - 固流态化，悬浮单个颗粒的气体速度就是其自由沉降速度 u_t，但气 - 固流态化实际操作气速 u_f 通常远高于 u_t；原因是气 - 固流态化体系中，颗粒群的阻力小于按单颗粒计算的阻力，而且颗粒群会根据 u_f 的大小自动调节颗粒群的聚集及分布形态（形成乳化相或絮状体）以减小阻力，从而使得颗粒群（床层）在较宽气速范围都能保持流态化。

【例 10-7】 球形颗粒的阻力系数与阻力计算

直径为 5mm 的球形颗粒在下列情况下沉降，试求其阻力系数与阻力。

① 以 u_t=2cm/s 的终端速度在密度为 925kg/m³、黏度为 0.12Pa · s 的油中沉降；

② 以 u_t=2cm/s 的终端速度在 5℃的水中沉降；

③ 以 u_t=2m/s 的终端速度在 5℃的水中沉降。

解 颗粒的投影面积为

$$A_D = \pi d^2/4 = \pi \times 0.005^2/4 = 1.963\times10^{-5}(\mathrm{m}^2)$$

① 因为雷诺数

$$Re = \frac{\rho u_t d}{\mu} = \frac{925\times0.02\times0.005}{0.12} = 0.771$$

故沉降在斯托克斯区，其阻力系数及阻力如下 [方括号内数值为式（10-64）计算值]

$$C_D = \frac{24}{Re} = \frac{24}{0.771} = 31.1\ [34.5]$$

$$F_D = C_D\frac{\rho u_t^2}{2}A_D = 31.1\times\frac{925\times0.02^2}{2}\times(1.963\times10^{-5}) = 1.13\ [1.25]\times10^{-4}(\mathrm{N})$$

② 水在 5℃时的密度为 999.8kg/m³，黏度为 1.547 × 10⁻³Pa · s，此时雷诺数为

$$Re = \frac{\rho u_t d}{\mu} = \frac{999.8\times0.02\times0.005}{1.547\times10^{-3}} = 64.6$$

故属于阿仑区，其阻力系数及阻力分别为

$$C_D = \frac{18.5}{Re^{0.6}} = \frac{18.5}{64.6^{0.6}} = 1.52\ [1.30]$$

$$F_D = 1.52\times\frac{999.8\times0.02^2}{2}\times(1.963\times10^{-5}) = 5.97\ [5.09]\times10^{-6}(\mathrm{N})$$

③ 终端速度 u_t=2m/s 时的雷诺数、阻力系数和阻力如下

$$Re = 64.6\times100 = 6460\ \text{（牛顿区）},\quad C_D \approx 0.44[0.38]$$

$$F_D = 0.44\times0.5\times999.8\times2^2\times(1.963\times10^{-5}) = 0.0173\ [0.0149]\ (\mathrm{N})$$

思考题

10-1 由二维 N-S 方程得到普朗特边界层方程的关键步骤或方法创新是什么？

10-2 布拉修斯根据普朗特边界层方程获得平壁层流边界层解析解（精确解）的关键步骤是什么？何处体现了该解析解限定于层流？该解析解能否用于圆柱绕流，为什么？

10-3 为什么湍流边界层问题不能像层流那样，仅通过假设的速度分布（比如1/7次方速度分布）并应用冯·卡门动量积分方程获得边界层厚度的解？

10-4 湍流边界层的1/7次方速度分布式并不适合湍流黏性底层，但却被用于冯·卡门动量积分方程（获得边界层厚度的解），为什么？

10-5 高雷诺数的圆柱或球体绕流阻力中，摩擦阻力和形状阻力谁占主导地位？

习题

10-1 参考10.1.2节关于边界层排挤厚度 δ_d 和动量损失厚度 δ_m 的定义，试证明：对于平壁边界层流动，若完全按理想流动计算 δ 范围内的动量，即 $M_i=(\rho u_0\delta)u_0$，则与动量差 M_i-M 等效的边界推移距离为 $\delta_d+\delta_m$。

10-2 假定平壁层流边界层的速度分布分别为：① $u=\alpha y$，② $u=\alpha\sin(\beta y)$，其中 α、β 为常数。试求这两种速度分布下该边界层的边界层厚度、排挤厚度、局部阻力系数及平均阻力系数的表达式，并比较所得表达式与Blasius解析式的相对误差。

10-3 定平壁层流边界层的速度分布函数为

$$u=\alpha y+\beta y^2+\gamma y^3$$

① 试求该平壁绕流的边界层厚度和排挤厚度表达式；

② 若平壁的长度为 L，宽度为 B，试求其平均摩擦阻力系数表达式；

③ 比较所得表达式与Blasius解析式的相对误差。

10-4 帆船的稳定板浸没在海水中，如图10-17所示。其高度 h=965.2mm，下部边长 L_1=381mm，上部边长 L_2=863.6mm。若帆船以1.544 m/s的速度航行，试求稳定板的总摩擦阻力。已知海水运动黏度为 $1.546\times10^{-6}\text{m}^2/\text{s}$，密度为 1010kg/m^3，边界层过渡雷诺数为 10^6。

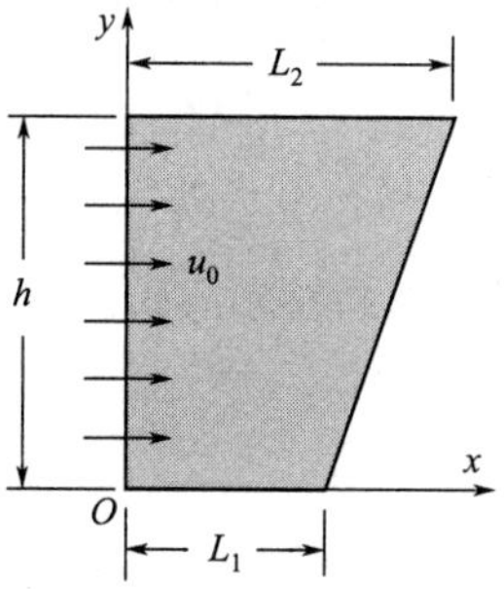

图10-17 习题10-4附图

10-5 考虑湍流边界层之前总存在一段层流边界层，试从湍流边界层动量积分方程的中间结果表达式（10-43）入手，即 $(\nu/u_0)^{1/4}x=3.338\delta^{5/4}+C_1$，利用边界条件：$x=x_{cr}$，$\delta=\delta_{cr}$，证明前缘有层流边界层时湍流边界层厚度的修正计算式为

$$\delta'=C_\delta\delta=C_\delta\frac{0.381}{Re_x^{\ 0.2}}x,\quad C_\delta=\left(1-\frac{Re_{cr}}{Re_x}+24.708\frac{Re_{cr}^{5/8}}{Re_x}\right)^{4/5}$$

其中，δ' 为修正厚度；δ 是起始于平壁前缘的湍流边界层厚度；C_δ 为修正系数；x_{cr} 是层流边界层结束点的坐标，即 $x_{cr}=Re_{cr}(\nu/u_0)$；δ_{cr} 是层流边界层结束点的厚度（按布拉修斯解计算），即 $\delta_{cr}=4.96x_{cr}Re_{cr}^{-0.5}$。

10-6 在风洞中进行某机车车头的摩擦阻力模型实验。模型车头置于平板表面，表面前缘到车头的距离为2.5m，已知空气运动黏度为 $1.55\times10^{-5}\text{m}^2/\text{s}$，边界层过渡雷诺数 $Re_c=10^6$。

① 若风洞风速为6m/s，试求当气流到达车头时平板表面的边界层厚度；

② 若风洞风速为18m/s，试按两种方法计算气流到达车头时平板表面的边界层厚度：方法一，假设平板前缘一开始就是湍流边界层；方法二，考虑平板前沿一段存在层流边界层的情况（应用习题10-5的修正公式计算）。

③ 计算边界层厚度对该模型实验有什么意义？

10-7 风力发电桩安装在距海岸1000m处的宽阔地带，其中叶片长为30m，由海岸吹来的风速为30km/h。若要使叶片尖端距离地面空气边界层3m以上，则发电桩上方叶轮轴线的最低安装高度为多少？注：首先按湍流边界层计算，然后按临界雷诺数 $Re_{cr}=5\times10^5$ 分析层流边界层的存在对计算结果的影响。已知气温10℃。

10-8 湍流边界层平均摩擦阻力系数的修正计算式。湍流边界层阻力系数 C_f 的计算式（10-46）是在湍流边界层起始于平壁前缘的假设下得到的，但实际上前缘 $0 \to x_c$ 距离内为层流边界层（x_c 是层流与湍流边界层过渡点的坐标），故其计算结果偏大。为此提出的修正方法之一是：从 $0 \to L$ 段的湍流摩擦力 F_f 中减去 $0 \to x_c$ 段的湍流摩擦力 F_{f1}，并代之以 $0 \to x_c$ 段的层流摩擦力 F_{f2}，即修正后的摩擦阻力 $F_f' = F_f - F_{f1} + F_{f2}$。

① 试由此证明，湍流边界层平均摩擦阻力系数的修正计算式为

$$C_f' = \frac{0.074}{Re_L^{1/5}} - \frac{B}{Re_L}, \quad B = 0.074Re_{cr}^{0.8} - 1.328Re_{cr}^{0.5}$$

其中 $Re_{cr} = x_c u_0 / \nu$ 是层流边界层与湍流边界层的过渡雷诺数。

② 由此计算 $Re_{cr}=3\times10^5$、5×10^5、10^6、3×10^6 对应的 B 值，并表 10-3 中的 B 相比较。

10-9 已知某鱼雷直径 0.533m，长度 7.2m，外形是良好的流线型。试确定鱼雷在 20℃的海水中以 80km/h 的速度行进时，克服表面摩擦阻力所需的功率。设鱼雷表面摩擦可近似按圆柱展开面考虑，并已知海水密度为 1010 kg/m^3，运动黏度为 1.01×10^{-6} m^2/s，且过渡雷诺数为 $Re_c=5\times10^5$。

10-10 湍流边界层内的速度分布计算。已知水流以 5m/s 的来流速度沿平壁流动，试计算平壁前缘下游 x=1.8m 处的边界层内，壁面距离 y=0.02mm、0.1mm、1mm、10mm 处的流速。水的运动黏度取为 10^{-6} m^2/s。

10-11 一轿车高 1.5m，长 4.5m，宽 1.8m，汽车底盘离地 0.16m，其平均摩擦阻力系数 C_f =0.08，压差阻力系数 C_p =0.25，近似将轿车看成长方体，求轿车以 60km/h 的速度行驶时克服空气阻力所需功率。空气密度 1.2kg/m^3。

10-12 已知降落伞与跳伞者的总质量 m=85 kg，降落伞迎风面积 A_D=25 m^2（直径 5.64m）。设气温为 0℃，空气密度为 1.293kg/m^3，动力黏度为 1.72×10^{-5}Pa·s，空气浮力作用不计。试按降落伞阻力系数或半球罩阻力系数求该降落伞的终端速度；该终端速度相当于多少高度的自由落体速度？

10-13 某潜艇其形状可视为长径比 l/D=8 的椭球体，试计算该潜艇在水下以 10m/s 的速度航行时所需功率。已知潜艇迎流面积 A=12m^2，水的密度 ρ=1025kg/m^3，黏度 $\mu=1.07\times10^{-3}$Pa·s。

10-14 直径 D=3m、高 H=80m 的光滑圆柱形烟囱受横向风作用，其下部 20m 风速 u_1=10m/s，中间 20m 风速 u_2=20m/s，上部 40 m 风速 u_3=30m/s。试确定其所承受的横向风力及其倾覆力矩；若该烟囱在 $Re=10^4$ 时产生诱导振动，试确定其振动频率。已知空气运动黏度 $\nu=1.4\times10^{-5}$m^2/s，密度 ρ=1.25kg/m^3。

10-15 实验测得密度为 1630kg/m^3 的球形塑料珠在 20℃的四氯化碳（CCl_4）液体中的沉降速度为 1.7mm/s。已知 20℃时 CCl_4 的密度为 1590kg/m^3，动力黏度为 1.03×10^{-3}Pa·s。试采用阻力系数分区公式和统一关联式分别计算此塑料珠的直径。

10-16 通过测量光滑小球在液体中的自由沉降速度可确定液体的黏度。现将密度 8010kg/m^3，直径 0.16mm 的钢球置于密度 980kg/m^3 的某一液体中，测得其沉降速度为 1.7mm/s，试验温度为 20℃，试求此液体的黏度。

10-17 用氦气气球测量风速，如图 10-18 所示，可根据牵绳与地面的夹角 α 判断风速。设气球可视为圆球，半径 R=430mm，材料质量 m=0.1kg。现已知 $\alpha = 60^\circ$，空气密度 ρ=1.2kg/m^3，空气黏度 $\mu=1.81\times10^{-5}$Pa·s，氦气密度 $\rho_h = 0.166$kg/m^3，试确定风速大小。

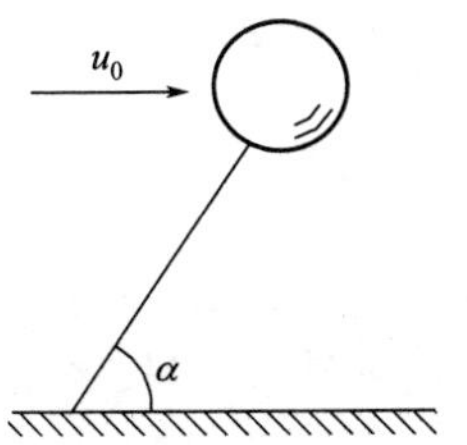

图 10-18 习题 10-17 附图

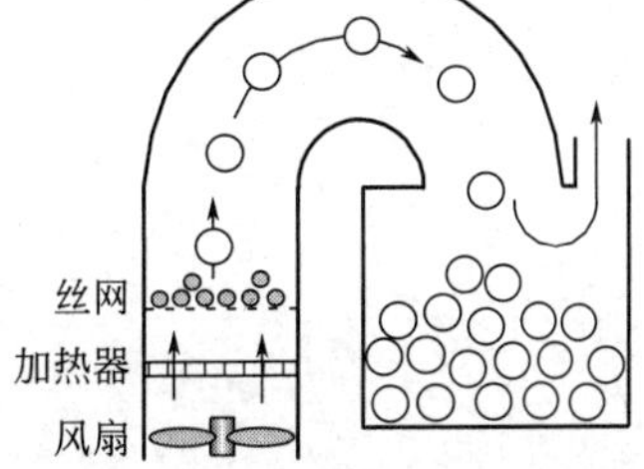

图 10-19 习题 10-18 附图

10

10-18 爆米花机如图 10-19 所示。玉米放置在金属丝网上，冷空气经过加热器加热后再加热玉米。当丝网上的玉米爆裂成玉米花后体积膨胀，所受空气曳力增大，因此被空气带入爆米花储存箱。设玉米及玉米花可视为球形颗粒，其中玉米粒径 6mm，质量 0.15g，玉米花直径 18mm，热空气温度 150℃(保持不变)，机内压力为常压，试从单颗玉米绕流阻力的角度（不考虑颗粒间的相互影响）确定合适的操作风速范围（以 20℃空气计）。

10-19 棒球直径 D=7.5cm、质量 m=0.150kg，投掷手掷球速度 u_0=36m/s。设棒球水平运动，求棒球飞向 18.4m 外击球手时的速度。已知空气密度 ρ=1.205kg/m^3，黏度 μ=1.81×10^{-5}Pa·s。

10-20 用喷枪为工件上漆时需要了解油漆液滴速度 u 与运动距离 x 的关系。设液滴粒径 d=50μm，离开喷嘴时的速度 u_0=50m/s，试确定：①油漆液滴在多远的距离其速度降低到 0.2m/s；②液滴运动的最远距离。设液滴水平运动，周围空气静止，且已知液滴密度 ρ_s=800kg/m^3，空气密度 ρ=1.205kg/m^3，黏度 μ=1.81×10^{-5}Pa·s。

第10章
习题答案

11　可压缩流动基础与管内流动

本章导言

实践表明，不可压缩假设对液体流动是适合的，对气体的低速流动也近似适用。但对于气体的高速流动，气体密度的变化不可忽略，必须按可压缩流动考虑。与不可压缩流动相比，可压缩流动表现出若干的不同特性，其分析方法也与不可压缩流动有显著区别。

本章讲述可压缩流动基础和管内可压缩流动问题，主要内容包括：①可压缩流动的基本假设与基本方程（状态方程、热力过程方程、质量和能量守恒方程）；②可压缩流动基础（声波传播速度及马赫数，滞止状态及滞止参数，激波的形成及正激波参数计算）；③变截面管（喷管 / 扩压管）内可压缩流体的等熵流动；④等截面管内可压缩流体的绝热和等温摩擦流动；⑤可压缩流体的速度与流量测试。

本章针对变截面管讨论等熵流动，针对等截面管讨论绝热和等温摩擦流动。其背景是：变截面管常见于喷管 / 扩压管之类的结构，特点是管道短、过程快，因此摩擦效应小、来不及充分换热，故其中的流动可假设为无摩擦绝热流动，即等熵流动；可压缩流体在等截面管中流动时，摩擦（生热）将导致流体状态不断变化，其变化行为又取决于管道与外界的热交换，鉴于热交换的情形多种多样，所以通常考虑绝热和等温两种极端情况。这种处理的意义是：既便于问题的数学解析，也不失对工程实际的指导价值。

11.1　可压缩流动的基本假设与方程

11.1.1　基本假设与热力学过程

理想气体假设　若不专门说明，气体流动问题中通常将气体视为理想气体。

一元流动假设　流动参数在管道截面上分布均匀且只沿流动方向变化（相当于只考虑截面平均参数沿流动方向的变化）。

三种热力学过程　密度变化是可压缩流动的特点。流动过程的热力特性不同，密度 ρ 的变化规律不同。为突出问题特点，通常从热力学角度将气体流动简化或近似为三种过程。

等温过程：流体流动或状态变化过程中温度保持不变的过程。

绝热过程：流体与外界不发生热交换的过程。对于气体流动，当过程进行较快来不及热交换时，可忽略热交换影响将过程近似为绝热过程。

等熵过程：即可逆的绝热过程（可逆绝热过程熵增为零，故称等熵过程）。对于气体流动，若无热交换且摩擦可以忽略，即可近似为等熵过程。

11.1.2 热力学基本方程

气体状态方程 即理想气体状态参数（密度 ρ、压力 p、温度 T）之间的一般关系为

$$p/\rho = RT \tag{11-1}$$

式中，R 为气体常数。空气的 R=287J/(kg·K)，其他常见气体的 R 见附录 C 表 C-2。

热力过程方程 即理想气体运动过程的热力学特征关系，可一般表达为

$$p/\rho^n = \text{const} \tag{11-2}$$

其中：n 称为多变过程指数。典型热力过程对应的 n 值如下：

等压过程：n=0，$p = \text{const}$；

等温过程：n=1，$p/\rho = \text{const}$ 或 $T = \text{const}$；

等熵过程：n=k，$p/\rho^k = \text{const}$；其中 k 称为等熵指数或绝热指数，对于空气 k=1.4，其他常见气体的 k 值见附录 C 表 C-2。

等密度过程：$n = \infty$，$\rho = \text{const}$（此时可将过程方程表示为 $p^{1/n}/\rho = \text{const}$，由 $n = \infty$ 可得 $\rho = \text{const}$ 或比容 $1/\rho = \text{const}$，所以 $n = \infty$ 的过程又称等容过程）。

需要指出的是，对于工程实际中的某些复杂流动过程，往往需要多个 n 值来描述。

理想气体热力学参数的基本关系 理想气体的比定压比热 c_p、比定容比热 c_v、气体常数 R 及等熵指数 k 之间有如下关系：

$$c_\text{p} - c_\text{v} = R,\quad \frac{c_\text{p}}{c_\text{v}} = k,\quad c_\text{p} = \frac{k}{k-1}R \tag{11-3}$$

理想气体热焓 i 与内能 u 的关系及其与绝对温度 T 的关系如下

$$i = u + p/\rho,\quad i = c_\text{p}T,\quad u = c_\text{v}T \tag{11-4}$$

11.1.3 质量守恒及能量守恒方程

流体流动无论是否可压缩，都将遵循质量、动量和能量守恒原理。对于可压缩流动，其质量守恒方程与能量守恒方程可直接根据第 4 章给出的相关守恒方程简化得到。

（1）可压缩定常管流的质量守恒方程

对于可压缩流体在管道内的一元定常流动，常采用如下形式的质量守恒方程

$$q_\text{m} = \rho vA = \text{const} \quad 或 \quad \frac{\mathrm{d}\rho}{\rho} + \frac{\mathrm{d}v}{v} + \frac{\mathrm{d}A}{A} = 0 \tag{11-5}$$

式中，q_m 为质量流量；A 为管道截面积；ρ 为管截面流体平均密度；v 为管截面流体平均速度。其中微分式主要用于变截面管流动分析。

（2）定常流动系统的能量守恒方程

对于有热功传递的一般定常流动系统，其能量守恒方程已由式（4-48）给出。在此考虑密度变化，特别将内能 u 与压力能 p/ρ 合并用热焓 i=u+p/ρ 替代，将方程表示为

$$\frac{Q+N}{q_\text{m}} = (i_2 - i_1) + \frac{v_2^2 - v_1^2}{2} + g(z_2 - z_1) \tag{11-6}$$

式中，Q 为流体吸热速率（J/s）；N 为流体获得的轴功功率（J/s）；v、z 分别为管流截面的平均流速及重力位头；下标 1、2 分别表示控制体的进、出口参数。

（3）绝热条件下气体定常管流的能量守恒方程

绝热 Q=0，管流 N=0，且气体流动通常忽略重力位能，则式（11-6）简化为

$$i_2 + \frac{v_2^2}{2} = i_1 + \frac{v_1^2}{2} \quad 或 \quad i_0 = i + \frac{v^2}{2} = \text{const} \tag{11-7}$$

其中 i_0 称为总焓。该式表明：绝热条件下定常气流的总焓守恒（由此可知，若流体在驻点处速度滞止为零的过程为绝热过程，则驻点热焓等于总焓。总焓亦称滞止焓，见后）。

（4）一维欧拉方程（无黏流体一元定常流动的机械能方程）

一维欧拉方程是针对无黏（即无摩擦）流体定常流动，沿流线应用动量守恒定律导出的流体动能、位能、压力能之间的微分关系（亦称微分形式的伯努利方程），即

$$\frac{dv^2}{2}+gdz+\frac{dp}{\rho}=0 \tag{11-8}$$

该方程适用于无摩擦的可压缩和不可压缩定常流动。其中，忽略重力，将 $p/\rho^k=\text{const}$ 代入并积分，则可得理想气体等熵流动（无摩擦绝热流动）的机械能守恒方程，即

$$\frac{v^2}{2}+\frac{k}{k-1}\frac{p}{\rho}=\text{const} \tag{11-9}$$

【例 11-1】 可压缩性对皮托管测压的影响

温度 T=20℃的空气在管内流动，如图 11-1 所示，其中气体流速 v=250m/s。管道上安装有两支压力表，压力表 A 测得流体静压 P_A=150kPa（绝压），压力表 B 与皮托管接通，测量流体的驻点压力 P_B。已知气体速度在驻点滞止为零的过程为等熵过程，试确定将流体视为可压缩和不可压缩情况下，压力表 B 的读数 P_B。

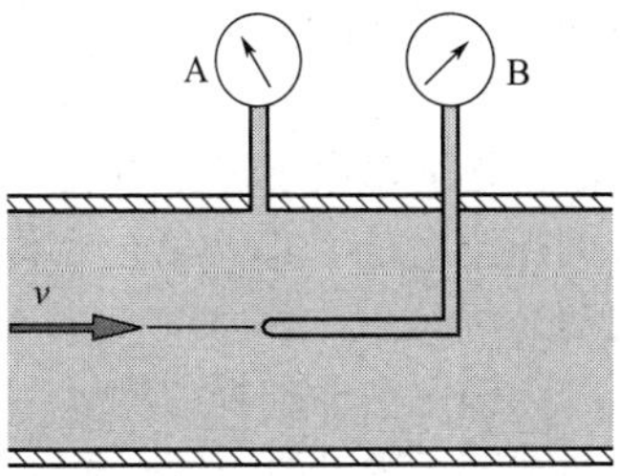

图 11-1 例 11-1 附图

解 根据理想气体状态方程，可知气体密度为

$$\rho_A=\frac{p_A}{RT}=\frac{150000}{287\times293}=1.784(\text{kg/m}^3)$$

因为气体在驻点滞止为零的过程为等熵过程，所以根据机械能守恒式（11-9），有

$$\frac{v_A^2}{2}+\frac{k}{k-1}\frac{p_A}{\rho_A}=\frac{k}{k-1}\frac{p_B}{\rho_B}$$

再根据等熵过程方程将气体的驻点密度用压力表示，并代入上式可得

$$\rho_B=\rho_A\left(\frac{p_B}{p_A}\right)^{1/k} \quad \rightarrow \quad p_B=p_A\left[1+\frac{\rho_A}{p_A}\frac{k-1}{k}\frac{v^2}{2}\right]^{k/(k-1)}$$

代入数据并取 k=1.4 可 $p_B=213539\text{Pa}=213.5\text{kPa}$

对于不可压缩流动，可在 P_B 式中令 $k=\infty$ 或直接由不可压缩流动伯努利方程得到

$$p_B=p_A+\frac{\rho_A v^2}{2}=150\times10^3+\frac{1.7838\times250^2}{2}=205743(\text{Pa})=205.7(\text{kPa})$$

以上结果相对偏差为 4%，说明气速较高时必须考虑可压缩性的影响。

11.2 声波传播速度及马赫数

人们都有这样的经验：远处发出的声音总要经历一段时间才能为人们所听到，这说明声音有传播速度。声音实际是一种压力波，即声波，其传播速度简称声速。通常，液体的流动速度远小于液体中的声速，而气体的流动速度则可能大于气体中的声速。这使得声速成为可压缩流动的重要参数。本节将研究声波传播速度及其对可压缩流体流动的影响。

11.2.1 小扰动压力波（声波）的传播速度

扰动总会导致流体的局部压力变化（增大或减小），且这种变化会以压力波的形式向周围传播。理论与实践表明，仅小扰动（理论上无限小的扰动）产生的压力波的传播速度才代表声速，或者说，压力波得以传播的最小速度才是声速。为此，考察图 11-2 所示系统中无限小扰动产生的压力波的传播。

设图 11-2 所示系统中管内流体最初处于静止，压力与密度分别为 p 和 ρ。当活塞突然以微小速度 dv 向右

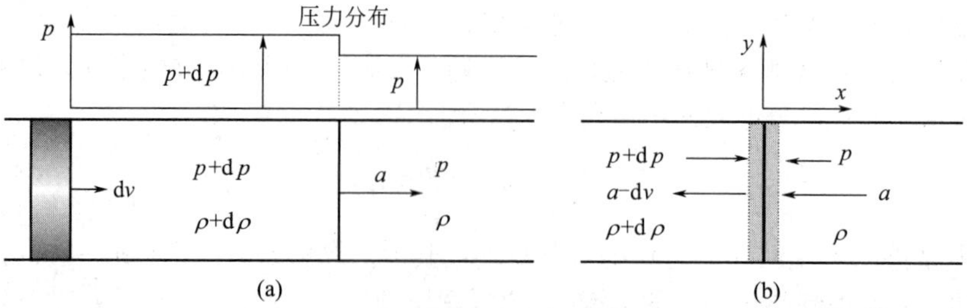

图 11-2 小扰动压力波的传播

运动时，活塞面附近流体因受到压缩其压力与密度将分别产生增量 dp 和 dρ，于是受扰动的流体与未受扰动的流体之间将存在压力突变面，即压力波波面。波面左侧压力为 p+dp，右侧压力为 p，并以速度 a 向下游传播。若活塞连续以微小速度 dv 运动，则连续产生的压力波将密集排列于第一个波面之后，从而形成图 11-2（a）所示的压力分布，即：第一个波面之后压力均为 p+dp，相应流体密度为 ρ+dρ，波面之前压力仍然为 p（未受扰动）。

为确定波面传播速度 a，取波面前后表面构成控制体，并将坐标固定于波面，如图 11-2（b）所示。跟随波面观察，通过控制体的流动是定常流动，其中进入控制体的速度为 a，而离开控制体的流体速度则为 a-dv[注意：活塞连续以速度 dv 运动时，波面左侧流体都有活塞挤压速度 dv（相对速度，方向向右），正是 dv 的挤压，才使波面左侧维持压力增量 dp]。因此，设管道截面积为 A，则根据稳态流动质量守恒方程并略去二阶微量有

$$(\rho+\mathrm{d}\rho)(a-\mathrm{d}v)A=\rho aA \quad \to a\mathrm{d}\rho=\rho\mathrm{d}v$$

其次，根据稳态流动的动量守恒方程（注意图中坐标方向）有

$$(p+\mathrm{d}p)A-pA=\rho aA[-(a-\mathrm{d}v)]-\rho aA(-a) \quad \to \mathrm{d}p=\rho a\mathrm{d}v$$

结合以上质量与动量守恒结果，可得小扰动压力波（声波）的传播速度为

$$a^2=\left.\frac{\mathrm{d}p}{\mathrm{d}\rho}\right|_{\mathrm{s}} \tag{11-10}$$

式中，特别加注下标 s 表示等熵过程，这是因为实验表明，按等熵过程确定的声速与实际相符，即声波传播过程为等熵过程（扰动无限小且传热可忽略）。由于推导过程中未对介质本身作任何假设，故式（11-10）对气、液、固连续介质皆适用。

理想气体中的声波传播速度 对于理想气体，将等熵过程方程 $p/\rho^k=\mathrm{const}$ 代入，并应用气体状态方程可得

$$a^2=\left.\frac{\mathrm{d}p}{\mathrm{d}\rho}\right|_{\mathrm{s}}=k\rho^{k-1}\mathrm{const}=k\rho^{k-1}\frac{p}{\rho^k}=k\frac{p}{\rho}=kRT$$

即

$$a=\sqrt{kRT} \tag{11-11}$$

此即理想气体中声波传播速度的表达式。

固体或液体中的声波传播速度 由第 1 章可知，表征物质可压缩性的体积弹性模数 E_{V} 为

$$E_{\mathrm{V}}=\rho\frac{\partial p}{\partial\rho} \tag{11-12}$$

故声波传播速度又可表示为

$$a=\sqrt{E_{\mathrm{V}}/\rho} \tag{11-13}$$

因液体和固体的 E_{V} 在较宽压力范围内变化很小，故上式更适用于液体或固体。

【例 11-2】 理想气体及水中的声波传播速度

试求在 1atm 压力下，声波在 20℃的空气和 20℃的水中的传播速度。

解 查附录表 C-2，空气等熵指数 k=1.4，R=287J/(kg·K)，因此 20℃空气中的声速为

$$a=\sqrt{kRT}=\sqrt{1.4\times287\times293.15}=343.2(\mathrm{m/s})$$

查附录 C 表 C-1 可知，1atm 压力下，20℃水的密度为 ρ=998.2kg/m^3，体积弹性模数 $E_{\mathrm{V}}=2.171\times10^9$Pa，因此该条件下水中的声速为

$$a=\sqrt{E_V/\rho}=\sqrt{2.171\times10^9/998.2}=1474.8(\text{m/s})$$

对比可见，不可压缩流体中声波传播速度远高于可压缩气体中的传播速度。

11.2.2 声速与马赫数

为进一步了解声速在可压缩流动中扮演的作用，考察图 11-3 所示的声源发出的声波在空气中的传播。图中黑点为声源，左侧星号为观察者，两者位置相对固定，声源发射声波的时间间隔为 Δt，频率为 $f=1/\Delta t$。

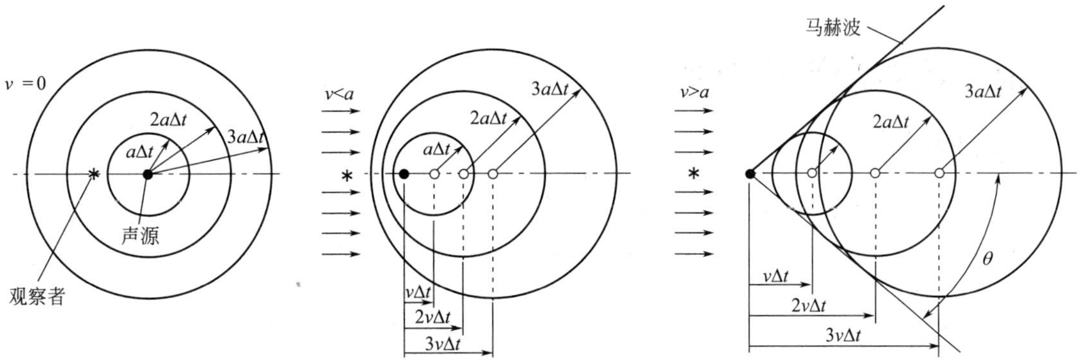

(a) 空气速度v=0　　(b) 空气速度$v<a$　　(c) 空气速度$v>a$

图 11-3 声源产生的声波波面运动

周围空气静止时，声源发出的声波以声速 a 向周围传播，波面为等距（$a\Delta t$）同心圆，观察者感受到声音的时间间隔为 Δt，如图 11-3（a）所示。

当周围空气以速度 v（$<a$）向右匀速流动时，波面在径向传播的同时，也整体以速度 v 向下游运动，因此波面形状不变，但不再是同心圆，不同时刻波面的传播图像如图 11-3（b）所示，此时观察者感受到声音的时间间隔 Δt_1 或频率 $f_1=1/\Delta t_1$ 为

$$\Delta t_1=\Delta t/(1-v/a)\quad 或\quad f_1=f(1-v/a) \tag{11-14}$$

可以预见，当周围空气速度 $v>a$ 时，声源发出的声波波面将全部位于声源下游，上游观察者再也感受不到声音的到来，见图 11-3（c）。此时下游各时刻波面的公切线将构成一个锥面，此锥面由不同时刻声波波面叠加形成，称为马赫波或马赫锥，锥面半锥角 θ 称为马赫角。此时只有在马赫锥以内才能感受到声音。显然，v 越大马赫角 θ 越小，且由图中关系可知

$$\sin\theta=a/v\qquad(v>a) \tag{11-15}$$

进一步，再考察图 11-4 中机翼运动对周围空气的影响，其中机翼水平速度为 v。

当 $v<a$ 时，机翼运动发出的声波波面向机翼前方传播，所以机翼前方空气质点可以通过声波感受到机翼迫近，从而有“时间”提前准备好以流线型轨迹分流越过机翼。

但当 $v>a$ 时，机翼前端附近将形成冲击波（机翼表面扰动产生的压力波的叠加，一般称激波）；冲击波

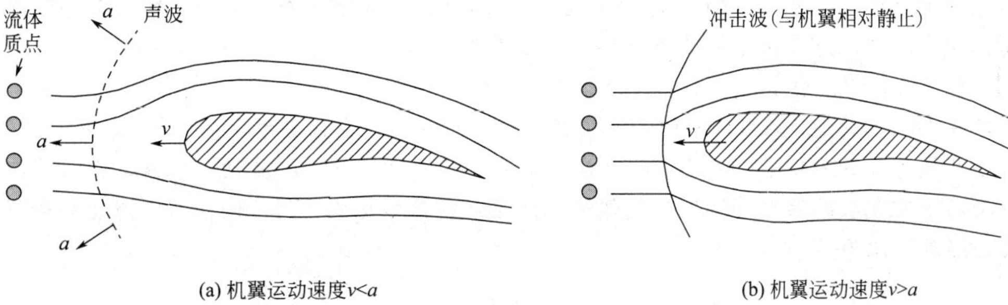

(a) 机翼运动速度$v<a$　　(b) 机翼运动速度$v>a$

图 11-4 空气绕过机翼的流动

前流体质点是感受不到声波的（因为$v > a$），只有到穿越冲击波时才突然感受到机翼迫近，此时，为绕过机翼，流体质点只能在冲击波波面突然转向分流，故冲击波波面前后的流线不是光滑曲线，而是转折曲线。

以上两例说明，声速在可压缩流动中扮演着重要作用，且这种作用取决于流体速度与声速的比值v/a，该比值称为马赫数，用M表示，即

$$M = v/a \tag{11-16}$$

可压缩流动也因此分为：亚声速流$M < 1$（subsonic flow）；声速流M=1（sonic flow），超声速流$M > 1$（supersonic flow），且$M > 5$时通常称为高超声速流（hypersonic flow）。

11.3 滞止状态及滞止参数

11.3.1 滞止状态

“滞止状态”指运动流体经可逆绝热过程（等熵过程）速度滞止为零时的状态。实际流动中，比如在障碍物驻点处，速度滞止为零的过程一般是不可逆且有热量损失的，但若将这一过程理想化为可逆绝热过程，则驻点处的状态即为滞止状态。

滞止状态下的参数对应称为滞止参数。以下将针对理想气体，建立滞止参数与其对应的状态参数和马赫数M的关系，以为后续的可压缩流动分析提供方便。

11.3.2 滞止焓与滞止温度

滞止焓即流体经可逆绝热（等熵）过程其速度滞止为零时的热焓。根据式（11-7）可知，绝热条件下定常气流的总焓i_0是不变的，故气流经可逆或不可逆绝热过程其速度滞止为零时的总焓都等于气流总焓i_0，即气流的滞止焓等于其总焓。滞止焓仍然用i_0表示，即

$$i_0 = i + v^2/2 \tag{11-17}$$

滞止温度T_0即滞止状态的流体温度。对于理想气体：$i = c_{\mathrm{p}}T$，所以根据上式可得

$$c_{\mathrm{p}}T_0 = c_{\mathrm{p}}T + v^2/2 \quad \rightarrow \quad T_0 = T\left[1 + v^2/(2c_{\mathrm{p}}T)\right]$$

再根据理想气体c_{p}关系式、马赫数M的定义式和声速a的表达式，有

$$c_{\mathrm{p}} = kR/(k-1), \quad v = Ma = M\sqrt{kRT}$$

将此代入，可得温度为T、马赫数为M的理想气流的滞止温度计算式，即

$$T_0 = T\left[1 + \frac{k-1}{2}M^2\right] \tag{11-18}$$

式中流体温度T也称静温，是温度计随流体运动测到的温度。由上式可见，对于静止气体（M=0），其滞止温度就是其静温；对于速度较低的气体（$M \ll 1$），其滞止温度近似等于静温。

注：将温度计固定于气流中测温，测得的只是驻点温度；其中若气流在温度计表面滞止为零的过程为绝热过程，则该驻点温度为滞止温度T_0；低速情况下$T_0 \approx T$，意味着固定温度计测温只在低速下可行。

推论：因绝热定常流动中$i_0 = \mathrm{const}$，而理想气体的$i_0 = c_{\mathrm{p}}T_0$，故定常条件下，理想气体绝热流动中其滞止温度T_0必保持恒定（注意，这一推论只要求绝热，不要求等熵）。

【例 11-3】 机翼表面温度估算

飞机以马赫数M=1.5的速度在−50℃的高空飞行，试估计机翼的表面温度。

解 该问题可视为静温为−50℃的空气以马赫数M=1.5的速度绕过飞机流动，机翼表面温度即表面静止空气层的温度，而静止空气层的温度可近似为气体滞止温度。因此根据式（11-18），并考虑空气等熵指数k=1.4，可得机翼表面的温度近似为

$$T_0 = T\left[1 + \frac{(k-1)}{2}M^2\right] = 223 \times \left(1 + \frac{1.4-1}{2} \times 1.5^2\right) = 323.4(\mathrm{K}) = 50.4(℃)$$

11.3.3 滞止压力与滞止密度

因为滞止状态的状态参数亦满足气体状态方程，且滞止状态经历的是等熵过程，故利用状态方程及等熵过程方程，又可将气流的状态参数 p、ρ、T 与其滞止压力 p_0、密度 ρ_0、温度 T_0 相联系，即

$$\frac{p}{\rho}=RT,\quad \frac{p}{\rho^k}=\frac{p_0}{\rho_0^k}\quad\rightarrow\quad \frac{p_0}{p}=\left(\frac{T_0}{T}\right)^{k/(k-1)},\quad \frac{\rho_0}{\rho}=\left(\frac{T_0}{T}\right)^{1/(k-1)}$$

进一步将 T_0 表达式代入，则分别可得气流滞止压力 p_0 及滞止密度 ρ_0 的计算式为

$$p_0=p\left(\frac{T_0}{T}\right)^{k/(k-1)}=p\left[1+\frac{k-1}{2}M^2\right]^{k/(k-1)} \tag{11-19}$$

$$\rho_0=\rho\left(\frac{T_0}{T}\right)^{1/(k-1)}=\rho\left[1+\frac{k-1}{2}M^2\right]^{1/(k-1)} \tag{11-20}$$

由此可见，对于静止气体（M=0），其静压 $p=p_0$，密度 $\rho=\rho_0$；对于 $M\ll 1$ 的运动气体，其静压 $p\approx p_0$，密度 $\rho\approx\rho_0$。读者可以验证，例 11-1 中的 p_B 表达式等价于式（11-19），表明等熵过程的驻点压力即滞止压力。

此外，还可根据 T_0 得到理想气体的滞止声速 $a_0=\sqrt{kRT_0}$。

推论：因定常条件下理想气体绝热流动中 T_0 恒定，而等熵过程中 $p_0/T_0^{k/(k-1)}$、$\rho_0/T_0^{1/(k-1)}$ 皆为定值，故可推知，定常条件下理想气体等熵流动中 p_0 和 ρ_0 均保持恒定。

【例 11-4】 运动气流的滞止参数计算

空气比热比 k=1.4，气体常数 R=287J/kg・K。试确定 27℃、1atm 状态下，速度分别为 50m/s 和声速的运动气流的滞止温度 T_0、压力 p_0、密度 ρ_0、声速 a_0 及滞止焓 i_0。

解 根据气体状态方程，气体密度为

$$\rho=p/(RT)=101325/(287\times300)=1.177(\text{kg/m}^3)$$

给定状态下气体中的声速及 v=50m/s 对应的马赫数 M 为

$$a=\sqrt{kRT}=(1.4\times287\times300)^{0.5}=347.2(\text{m/s}),\quad M=\frac{v}{a}=\frac{50}{347.2}=0.144$$

于是，速度 v=50m/s（M=0.144）和 v=a（M=1）的气流对应的滞止参数分别为

$$\begin{aligned}
&T_0=T[1+0.5(k-1)M^2] &&\rightarrow\ T_0|_{M=0.144}=301.2\text{K},\quad T_0|_{M=1}=360.0\text{K}\\
&p_0=p(T_0/T)^{k/(k-1)} &&\rightarrow\ p_0|_{M=0.144}=102.8\text{kPa},\quad p_0|_{M=1}=191.8\text{kPa}\\
&\rho_0=\rho(T_0/T)^{1/(k-1)} &&\rightarrow\ \rho_0|_{M=0.144}=1.189\text{kg/m}^3,\quad \rho_0|_{M=1}=1.857\text{kg/m}^3\\
&a_0=\sqrt{kRT_0} &&\rightarrow\ a_0|_{M=0.144}=347.9\text{m/s},\quad a_0|_{M=1}=380.3\text{m/s}\\
&i_0=kRT_0/(k-1) &&\rightarrow\ i_0|_{M=0.144}=302555\ \text{J/kg},\quad i_0|_{M=1}=361620\ \text{J/kg}
\end{aligned}$$

从以上结果可见：低速情况下（M=0.144），气流滞止参数都非常接近其静态参数，但高速情况下（M=1），气流滞止参数与其静态参数差别增大。

11.4 激波的形成及正激波参数计算

11.4.1 激波的形成及基本行为

高速流动的气体，在一定条件下会出现一类现象——激波。简单地说，激波就是压力有突变的一个波面。激波与声波不同的是，声波波面前后压力变化极小，仅有 dp（无限小，即小扰动波），而激波前后的压力变化是有限量 Δp。

为说明有限扰动波（激波）的形成过程，可继续以图 11-2 中活塞产生的压缩波来说明。如图 11-5 所示，对于有限扰动，可以想象将 0~ t_1 时段内活塞发出的有限扰动分为先后三个扰动：dp、2dp、3dp，因为后面的扰

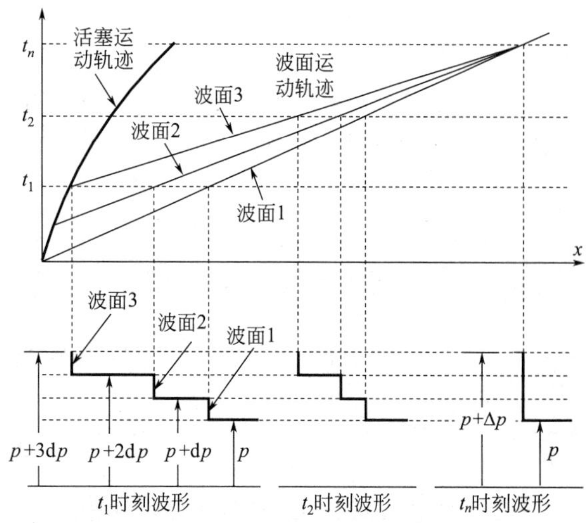

图 11-5　激波形成过程示意

动是在前波已经扰动的条件下发出的，所以先后扰动波的传播速度是不一样的，其波面运动轨迹如图 11-5 所示。对比 t_1 ~ t_2 时刻的波形可见，后面的波随时间不断靠近第一个波，并最终将在某时刻 t_n "追赶上" 前面的波，从而叠加形成有限扰动波，即激波。从中也可预见，若活塞发出的总是无限小扰动，即先后的扰动均为 dp，则形成的波形图将是图 11-2 所示的声波波形图。

正激波与斜激波　激波仅存在于超声速气流中（论证见后），或仅有超声速运动物体才会产生激波。其中，与气流流动方向垂直的激波称为正激波，不垂直则称为斜激波。

以图 11-6 为例，对于以超声速运动的钝头体（如飞行的弹头）或超声速气流中的钝头体（如皮托管头部），其前方会形成激波面（也称冲击波），其中正前方的激波为正激波，然后激波面向下游弯曲成为斜激波，再往后则是马赫波。

激波面前后气流参数的变化　见图 11-6，正激波后，气流速度降低为亚声速（$M_2 < 1$），压力 p 和密度 ρ 都将升高。在斜激波区域，波面后 p 和 ρ 的升高幅度、速度的降低幅度都逐渐减小；当气流穿越波面的法向速度马赫数 M=1 时，斜激波衰减为马赫波。马赫波波面前后的流动参数变化接近无限小，因此马赫波后的区域仍为超声速（$M_2 > 1$）。超声速飞机一般不允许以超声速近地飞行，就是为了防止其产生的激波对地面人员或物体造成损害。

激波阻力　超声速物体前端表面与激波面之间存在的亚声速区（压力高、密度大），使飞行物体会感受到前方有一密实的空气挡墙，并因此受到额外的阻力，称为激波阻力。此时，物体受到的总阻力包括激波阻力、摩擦阻力和形状阻力，三者之中激波阻力占主要地位。超声速条件下，将物体头部做成流线型以减小摩擦阻力或形状阻力已无实际意义，相反应做成尖锐形状以减小激波后的亚声速区，从而减小激波阻力。这就是为什么超声速飞机前端都是小角度尖锐形状的原因。

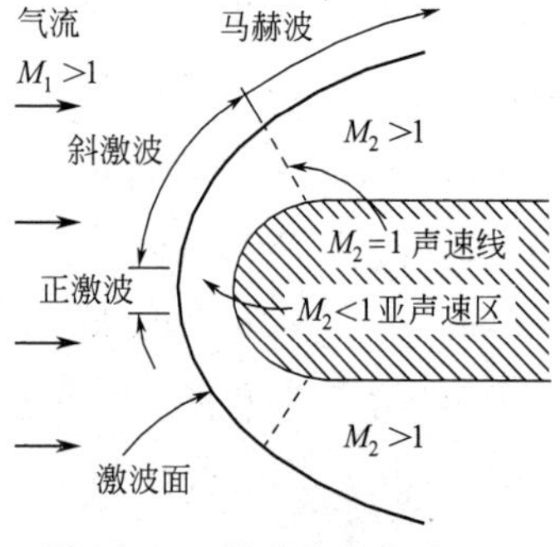

图 11-6　钝头体前方的激波

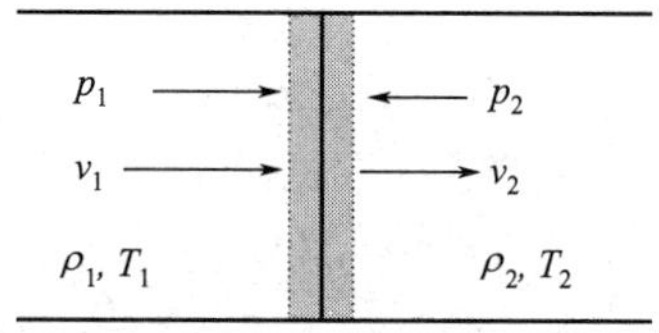

图 11-7　激波面控制体

11.4.2　正激波前后参数的变化

为寻求正激波波面前后流动参数的变化关系，可取波面前后表面构成控制体，如图 11-7 所示，其中以下标 1、2 分别表示波面前、后参数。将波面固定，气流穿越波面的运动是稳态过程。因此根据质量守恒方程有

$$\rho_1 v_1 = \rho_2 v_2 \tag{11-21}$$

根据动量守恒方程有

$$p_1 - p_2 = \rho_2 v_2^2 - \rho_1 v_1^2 \tag{11-22}$$

实践表明，气流穿过激波的过程是不可逆绝热过程。因此根据前面的推论，气流穿越激波过程中其滞止温度保持不变，即 $T_0=\text{const}$，因此有

$$T_{10}=T_{20} \tag{11-23}$$

于是根据滞止温度表达式，首先得到正激波前后温度与马赫数 M 的关系为

$$\frac{T_2}{T_1}=\frac{2+(k-1)M_1^2}{2+(k-1)M_2^2} \tag{11-24}$$

引入理想气体声速公式和状态方程，动量守恒方程可表示为

$$p_1-p_2=\frac{p_2}{RT_2}\left(\sqrt{kRT_2}M_2\right)^2-\frac{p_1}{RT_1}\left(\sqrt{kRT_1}M_1\right)^2$$

整理该式可得正激波前后压力与马赫数 M 的关系为

$$\frac{p_2}{p_1}=\frac{1+kM_1^2}{1+kM_2^2} \tag{11-25}$$

引入理想气体声速公式和状态方程，质量守恒方程可表示为

$$\frac{p_1}{RT_1}M_1\sqrt{kRT_1}=\frac{p_2}{RT_2}M_2\sqrt{kRT_2}$$

将式（11-24）和式（11-25）代入上式，可解得正激波前后马赫数 M 的变化关系为

$$M_2^2=\frac{2+(k-1)M_1^2}{2kM_1^2-(k-1)}\quad (M_1\geqslant 1) \tag{11-26}$$

以上关系式（11-24）~式（11-26）即正激波基本关系式。给定波前 M_1，根据式（11-26）确定 M_2 后即可确定 T_2、p_2。特别需要指出，式（11-26）中马赫数的下标是可以互换的。

结合状态方程、质量守恒方程，还可得到正激波前后的密度和速度变化关系为

$$\frac{\rho_2}{\rho_1}=\frac{p_2/p_1}{T_2/T_1}=\frac{v_1}{v_2}=\frac{(k+1)M_1^2}{2+(k-1)M_1^2} \tag{11-27}$$

根据状态方程和过程方程，并引入式（11-24）和式（11-25），又可得正激波前后滞止压力的变化关系为

$$\frac{p_{02}}{p_{01}}=\frac{p_2}{p_1}\left(\frac{T_1}{T_2}\right)^{k/(k-1)}=\frac{1+kM_1^2}{1+kM_2^2}\left[\frac{2+(k-1)M_2^2}{2+(k-1)M_1^2}\right]^{k/(k-1)} \tag{11-28}$$

对于 k=1.4 的理想气体（比如空气），以上关系式所反映的正激波前后马赫数、压力、温度、密度、滞止压力随 M_1 的变化规律如图 11-8 所示。

正激波前后参数变化的讨论

① 由图 11-8 可见，超声速气流（$M_1>1$）通过正激波后将变为亚声速气流（$M_2<1$），气流压力、温度、密度增加。通常用压力的相对变化作为激波强度 ξ 的衡量指标，即

$$\xi=\frac{p_2-p_1}{p_1}=\frac{2k}{k+1}(M_1^2-1) \tag{11-29}$$

② 气流经过正激波的过程是不可逆绝热过程，故气流滞止焓 i_0 和滞止温度 T_0 保持不变，但滞止压力 p_0 总是减小的（过程绝热但不等熵），即 $p_{02}\leqslant p_{01}$，见图。

③ 因气流通过正激波的流动是不可逆过程，故熵增必然大于零，即

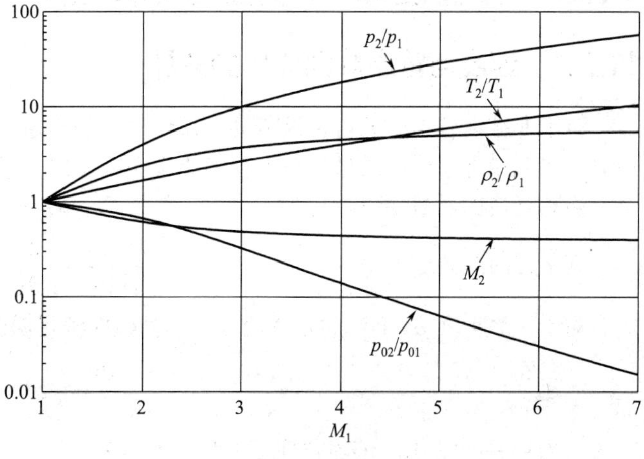

图 11-8 正激波前后的参数变化（k=1.4）

11

$$\Delta s_{1\to2}=c_{\mathrm{p}}\ln\frac{T_2}{T_1}-R\ln\frac{p_2}{p_1}>0 \tag{11-30a}$$

引入关系式 $c_{\mathrm{p}}=kR/(k-1)$ 及式（11-28），该条件又可表述为：

$$\Delta s_{1\to2}=R\ln\left[\frac{p_1}{p_2}\left(\frac{T_2}{T_1}\right)^{k/(k-1)}\right]=R\ln\frac{p_{01}}{p_{02}}>0 \tag{11-30b}$$

论证： 若在式（11-26）中取 $M_1<1$，则有 $M_2>1$，据此计算将有 $(p_{01}/p_{02})<1$，从而得到 $\Delta s_{1\to2}<0$ 的结果，这与热力学第二定律矛盾（穿越激波的过程为不可逆绝热过程，熵增应＞0）。由此得到结论：激波仅存在于超声速气流中，以上诸式中 M_1 的取值必须是 $M_1\geqslant1$。其中 $M_1=1$ 对应声波情况。

【例 11-5】 正激波前后参数变化的计算

马赫数为 1.5 的超声速空气气流中发生正激波，已知波前气流的静压和温度分别为 100kPa 和 15℃。空气的比热比 k=1.4，气体常数 R=287J/(kg・K)。试确定：

① 激波后气流的马赫数、压力、温度和激波强度；

② 激波前、后气流的滞止压力及经过正激波后的熵增。

解： ① 根据以上正激波基本关系式，激波后的马赫数、压力、温度及激波强度分别为

$$M_2^2=\frac{(k-1)M_1^2+2}{2kM_1^2-(k-1)}=\frac{0.4\times1.5^2+2}{2.8\times1.5^2-0.4}=0.49\ \rightarrow\ M_2=0.7$$

$$p_2=p_1\frac{1+kM_1^2}{1+kM_2^2}=100\times\frac{1+1.4\times1.5^2}{1+1.4\times0.7^2}=246(\mathrm{kPa})$$

$$T_2=T_1\frac{1+[(k-1)/2]M_1^2}{1+[(k-1)/2]M_2^2}=288\times\frac{1+0.2\times1.5^2}{1+0.2\times0.7^2}=380(\mathrm{K})=107(℃)$$

$$\xi=\frac{p_2-p_1}{p_1}=\frac{2k}{k+1}(M_1^2-1)=\frac{2.8}{2.4}\times(1.5^2-1)=1.46$$

② 根据滞止压力关系式及激波前后的熵增公式分别有

$$p_{01}=p_1[1+0.5(k-1)M_1^2]^{k/(k-1)}=100\times(1+0.2\times1.5^2)^{(1.4/0.4)}=367(\mathrm{kPa})$$

$$p_{02}=p_2[1+0.5(k-1)M_2^2]^{k/(k-1)}=246\times(1+0.2\times0.7^2)^{(1.4/0.4)}=341(\mathrm{kPa})$$

$$\Delta s_{1\to2}=R\ln\frac{p_{01}}{p_{02}}=287\times\ln\frac{367}{341}=21[\mathrm{J/(kg\cdot K)}]$$

11.5 变截面管内可压缩流体的等熵流动

11.5.1 速度与管道截面变化的关系

对于变截面管道中的可压缩流动，流体速度随管道截面的变化规律是人们关注的主要问题。为寻求这样的规律，可从稳态管流的质量守恒方程和能量守恒方程入手。

稳态管流的质量守恒方程为 $\rho vA=\mathrm{const}$

其 x 方向的微分式为

$$\frac{1}{\rho}\frac{\mathrm{d}\rho}{\mathrm{d}x}+\frac{1}{v}\frac{\mathrm{d}v}{\mathrm{d}x}+\frac{1}{A}\frac{\mathrm{d}A}{\mathrm{d}x}=0 \tag{11-31}$$

对于无摩擦（$\mu=0$）的定常流动，其机械能满足微分关系式（11-8），即

$$\frac{\mathrm{d}v^2}{2}+g\mathrm{d}z+\frac{\mathrm{d}p}{\rho}=0$$

略去重力项并除以 $\mathrm{d}x$，该能量守恒方程可表示为

$$v\frac{\mathrm{d}v}{\mathrm{d}x}+\frac{1}{\rho}\frac{\mathrm{d}p}{\mathrm{d}x}=0 \tag{11-32}$$

将上式中的 $\mathrm{d}p/\mathrm{d}x$ 项变形，并引用声速定义式和质量守恒式（11-31）有

$$\frac{1}{\rho}\frac{\mathrm{d}p}{\mathrm{d}x}=\frac{1}{\rho}\frac{\mathrm{d}p}{\mathrm{d}\rho}\frac{\mathrm{d}\rho}{\mathrm{d}x}=-a^2\left(\frac{1}{A}\frac{\mathrm{d}A}{\mathrm{d}x}+\frac{1}{v}\frac{\mathrm{d}v}{\mathrm{d}x}\right)$$

将此代入能量守恒方程式（11-32）并引入马赫数 $M=v/a$，可得

$$\frac{1}{v}\frac{\mathrm{d}v}{\mathrm{d}x}=\frac{1}{M^2-1}\frac{1}{A}\frac{\mathrm{d}A}{\mathrm{d}x} \tag{11-33}$$

该式即流速相对于截面变化的控制方程。从方程可见，流速 v 随截面 A 的变化与气流的马赫数 M 密切相关。针对亚声速（$M<1$）或超声速（$M>1$）情况，渐缩管、等截面管、渐扩管中的速度变化趋势如表 11-1 所示。

表11-1 变截面管道中无摩擦绝热（等熵）流动的速度变化趋势

来流状况	来流马赫数M	渐缩管道($\mathrm{d}A<0$) 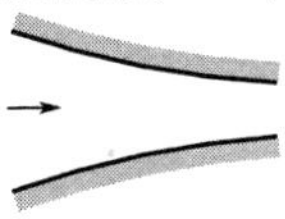	等截面管($\mathrm{d}A=0$) 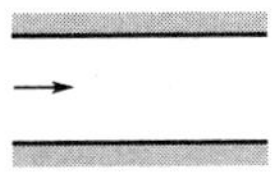	渐扩管道($\mathrm{d}A>0$) 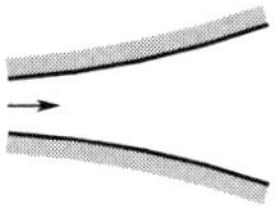
亚声速流	$M<1$	加速流动（$\mathrm{d}v>0$）	等速流动（$\mathrm{d}v=0$）	减速流动（$\mathrm{d}v<0$）
超声速流	$M>1$	减速流动（$\mathrm{d}v<0$）	等速流动（$\mathrm{d}v=0$）	加速流动（$\mathrm{d}v>0$）

由表 11-1 可以看出：来流为亚声速时（$M<1$）的速度变化与人们日常的经验一致（面积缩小流动加速，面积增大流动减速）；而来流为超声速时（$M>1$）的速度变化与人们的日常经验有所不同（面积缩小流动减速，面积增大流动加速），这种不同典型地反映了马赫数 M 对可压缩流动行为影响的不同。

当 $M=1$ 时，根据式（11-33）可知，如 $\mathrm{d}A/\mathrm{d}x\neq0$，则 $\mathrm{d}v/\mathrm{d}x\to\infty$，对于真实物理过程这是不可能的；真实物理过程中速度变化总是有限值，因此 $M=1$ 时，必有 $\mathrm{d}A/\mathrm{d}x=0$。而 $\mathrm{d}A/\mathrm{d}x=0$ 意味着流通面积达到最小 A_{min} 或最大 A_{max}，这两种情况如图 11-9 所示。

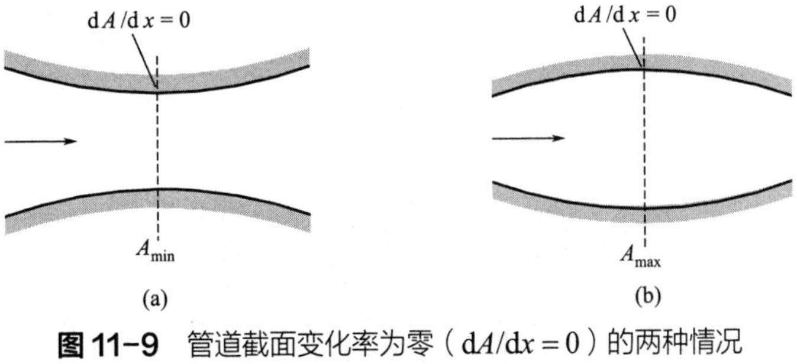

图 11-9 管道截面变化率为零（$\mathrm{d}A/\mathrm{d}x=0$）的两种情况

对于图 11-9（a）所示的情况，若来流 $M<1$，则在管道最小截面 A_{min} 之前的收缩段，都有 $\mathrm{d}v>0$（流速一直增加），至多只能在 A_{min} 处达到声速；若来流 $M>1$，则在 A_{min} 之前的收缩段，都有 $\mathrm{d}v<0$(流速一直减小)，至多只能在 A_{min} 处降低到声速。即：管道收缩段（$\mathrm{d}A/\mathrm{d}x<0$）流体速度是不可能达到声速的，声速至多只能出现在 A_{min} 处。

对于图 11-9（b）所示的情况，若来流 $M<1$，则在管道最大截面 A_{max} 之前的扩大段，都有 $\mathrm{d}v<0$（流速一直减小），故在 A_{max} 处不可能出现声速；若来流 $M>1$，则在 A_{max} 之前的扩大段，都有 $\mathrm{d}v>0$（流速继续增加），故 A_{max} 处也不可能出现声速。即：管道扩大段（$\mathrm{d}A/\mathrm{d}x>0$）流体速度是不可能达到声速的。

综合结论：在管道收缩段（$\mathrm{d}A/\mathrm{d}x<0$）或扩大段（$\mathrm{d}A/\mathrm{d}x>0$），流体速度可以大于或小于声速，但不可能等于声速，声速只可能出现在管道最小截面 A_{min} 处（但这并不代表最小截面 A_{min} 处一定会到达声速）。

拉伐尔喷管：以上结论表明，为实现从亚声速到超声速的转变，只有采用图 11-9（a）所示的缩放管，这种实现亚声速到超声速转变的缩放管由瑞典工程师拉伐尔发明，称为拉伐尔喷管（Laval nozzle）。

在进一步讨论拉伐尔喷管之前，先定义以拉伐尔喷管流动为物理基础的临界状态。

11.5.2　临界状态及临界参数

临界状态　即马赫数为 M 的气流经等熵过程达到马赫数 $M=1$ 时的状态。与定义滞止状态相类似，临界状态也是人为设想的一种特殊状态，该状态下的参数称为临界参数，并用下标“*”区别，如临界温度 T_*、临界压力 p_*、临界密度 ρ_* 等。任一给定状态的气流，都有对应的临界状态。特别地，对于拉伐尔喷管中的等熵流动，若气流在喉口处达到 M=1，则此时喉口处的状态即为真实临界状态。

临界参数与马赫数的关系　对于马赫数为 M，温度、压力、密度分别为 T、p、ρ 的气流，其对应的临界状态参数可按以下方程确定。

对于稳态管流，拉伐尔喷管任意截面的流量与其对应的临界状态截面的流量相等，即

$$\rho vA=\rho_* v_* A_*$$

由此并引入理想气体声速公式，可将临界状态的管流面积 A_*（此处 $M_*=1$）表示为

$$\frac{A}{A_*}=\frac{\rho_* v_*}{\rho v}=\frac{\rho_*}{\rho}\frac{M_*\sqrt{kRT_*}}{M\sqrt{kRT}}=\frac{\rho_*}{\rho}\left(\frac{T_*}{T}\right)^{1/2}\frac{1}{M} \tag{11-34}$$

其次，根据前面的滞止参数关系式可知，若已知气流参数为 M、T、p、ρ，则该气流对应的滞止参数可分别表示为

$$\frac{T_0}{T}=1+\frac{k-1}{2}M^2,\quad \frac{p_0}{p}=\left(\frac{T_0}{T}\right)^{k/(k-1)},\quad \frac{\rho_0}{\rho}=\left(\frac{T_0}{T}\right)^{1/(k-1)} \tag{11-35a}$$

因该气流达到临界状态经历的是等熵过程，其中 T_0、p_0、ρ_0 保持不变，所以 T_0、p_0、ρ_0 又可用该气流的临界状态参数 M_*、T_*、p_*、ρ_* 分别表示为

$$\frac{T_0}{T_*}=1+\frac{(k-1)}{2}M_*^2,\quad \frac{p_0}{p_*}=\left(\frac{T_0}{T_*}\right)^{k/(k-1)},\quad \frac{\rho_0}{\rho_*}=\left(\frac{T_0}{T_*}\right)^{1/(k-1)} \tag{11-35}$$

以上两类关系对应相除，并注意 $M_*=1$，即可得参数为 M、T、p、ρ 的气流对应的临界温度、压力和密度的表达式，即

$$\frac{T_*}{T}=\frac{2+(k-1)M^2}{k+1} \tag{11-36}$$

$$\frac{p_*}{p}=\left(\frac{T_*}{T}\right)^{k/(k-1)}=\left[\frac{2+(k-1)M^2}{k+1}\right]^{k/(k-1)} \tag{11-37}$$

$$\frac{\rho_*}{\rho}=\left(\frac{T_*}{T}\right)^{1/(k-1)}=\left[\frac{2+(k-1)M^2}{k+1}\right]^{1/(k-1)} \tag{11-38}$$

在此基础上，将 T_* 和 ρ_* 的表达式代入式（11-34），可得拉伐尔喷管中马赫数为 M 的管流截面 A 与其临界截面 A_* 的面积比关系——临界面积公式，即

$$\frac{A}{A_*}=\frac{1}{M}\left[\frac{2+(k-1)M^2}{k+1}\right]^{(k+1)/2(k-1)} \tag{11-39}$$

根据以上四个公式，即可由任一截面 A 的马赫数 M 和状态参数确定气流的临界参数。

特别地，对于喉口处达到声速的情况（设计拉伐尔喷管的本意），以上各式中的 T_*、p_*、ρ_* 即喉口截面实际状态参数，A_* 即喉口截面面积。

临界参数与滞止参数的关系　根据式（11-35a）和式（11-36）~式（11-38）可知，理想气体等熵流动中，

气流的临界参数与滞止参数有确切的关系，即

$$\frac{T_*}{T_0}=\frac{2}{k+1},\quad \frac{p_*}{p_0}=\left(\frac{2}{k+1}\right)^{k/(k-1)},\quad \frac{\rho_*}{\rho_0}=\left(\frac{2}{k+1}\right)^{1/(k-1)} \tag{11-40}$$

推论：因绝热或等熵流动过程 T_0 均保持恒定，等熵流动过程 p_0、ρ_0 保持恒定，故由该式可推知，绝热或等熵流动过程 T_* 均保持恒定，等熵流动过程 p_*、ρ_* 保持恒定。

11.5.3 拉伐尔喷管

前面提到，为实现从亚声速到超声速的转变，瑞典工程师拉伐尔提出了一种具有喉部的缩放管，即拉伐尔喷管，如图 11-10 所示。以下将讨论拉伐尔喷管中的流动问题。

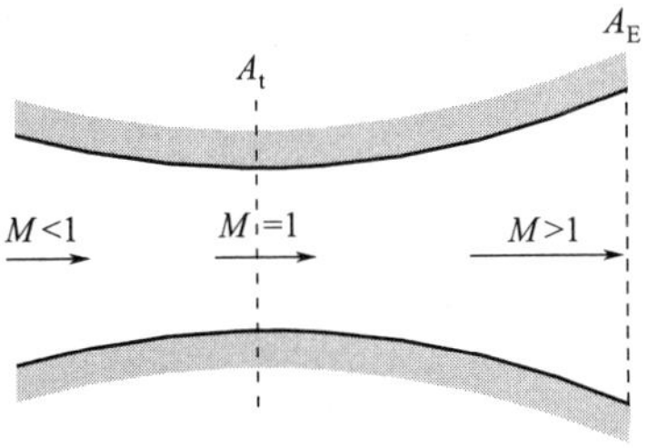

图 11-10 拉伐尔喷管

（1）拉伐尔喷管的质量流量

拉伐尔喷管的质量流量可用临界截面参数（临界截面处 $M=M_*=1$，$v_*=a_*$）表示为

$$q_m=\rho_* A_* v_*=\rho_* A_* \sqrt{kRT_*} \tag{11-41}$$

为计算方便，通常将式（11-40）代入并引入状态方程，将流量公式用滞止参数 p_0 和 T_0 表示为

$$q_m=\frac{p_0 A_*}{\sqrt{RT_0}}k^{1/2}\left(\frac{2}{k+1}\right)^{(k+1)/2(k-1)} \quad 或 \quad q_m|_{k=1.4}=0.685\frac{p_0 A_*}{\sqrt{RT_0}} \tag{11-42}$$

其中后一式是 k=1.4 气体的简化式。以上流量公式的方便之处在于，等熵流动条件下 T_0 和 p_0 是恒定不变的，并可用喷管中任一已知状态的截面参数计算。

实际应用中，若喉口处为声速，则流量公式中 $A_*=A_t$（喉口面积）。

若喉口为亚声速，则 A_* 需根据临界面积公式（11-39）计算。为免去 A_* 的计算过程，通常以出口面积 A_E 和压力 p_E 为已知参数，计算 A_* 并代入上式，从而将流量公式表示为

$$q_m=\frac{p_0 A_E}{\sqrt{RT_0}}\sqrt{\frac{2k}{k-1}}\sqrt{(p_E/p_0)^{2/k}-(p_E/p_0)^{(k+1)/k}} \tag{11-43}$$

【例 11-6】 超声速风洞参数计算

某超声速风洞如图 11-11 所示，由高压气源、拉法尔喷管、试验段构成，其中高压气源包括压气系统和较大的储压容器，目的是提供连续、稳定的高压气流。现已知喷管出口（试验段）马赫数 M=3.0，截面积 $A=225\text{cm}^2$，温度为 −20℃，压力为 50kPa。设喷管内为等熵流动，气体为空气，试确定：

① 喷管的质量流量和气源的温度与压力；

② 喷管喉口截面的温度、压力、密度和速度；

③ 压气机功率 N。

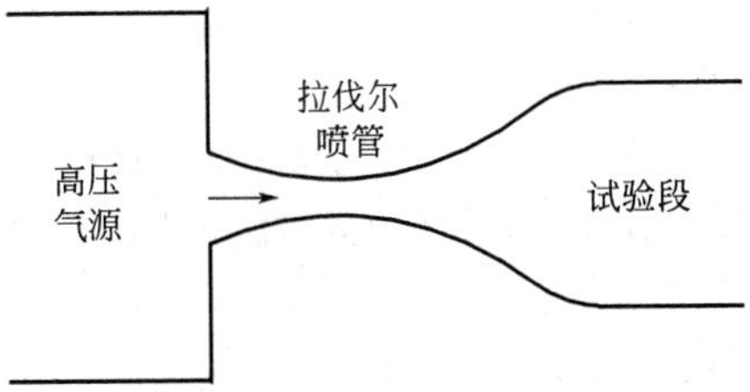

图 11-11 例 11-6 附图

解 因出口马赫数 M=3.0，所以喉口处必然达到临界状态，此时 A_* = 喉口面积 A_t。于是将临界面积公式（11-39）应用于出口截面（用下标 E 表示），则喉口面积为

$$A_*=A_E M_E\left[\frac{2+(k-1)M_E^2}{k+1}\right]^{-\frac{(k+1)}{2(k-1)}}=225\times3\times\left(\frac{2+0.4\times3^2}{2.4}\right)^{-3}=53.13(\text{cm}^2)$$

将滞止温度公式和压力公式应用于出口，可得气流对应的 T_0 和 p_0，即

$$\frac{T_0}{T_E}=1+\frac{k-1}{2}M_E^2=1+\frac{0.4}{2}\times3^2=2.8 \quad 或 \quad T_0=2.8\times253=708.4(\text{K})$$

$$p_0 = p_E (T_0/T_E)^{k/(k-1)} = 50 \times 2.8^{1.4/0.4} = 1836.6\text{kPa}$$

① 因喉口为临界状态，$A_* = A_t$，且等熵过程 T_0 和 p_0 不变，且故喷管质量流量为

$$q_m = 0.685 \frac{p_0 A_*}{\sqrt{RT_0}} = 0.685 \times \frac{(1836.6 \times 1000) \times (53.13 \times 10^{-4})}{\sqrt{287 \times 708.4}} = 14.82(\text{kg/s})$$

同样因为等熵过程的缘故，高压气源容器内的 T_0 和 p_0 与以上计算出的 T_0、p_0 分别相同；又因大容器内流速可忽略不计，故容器内温度 $T \approx T_0$，压力 $p \approx p_0$，即

$$T \approx T_0 = 708.4\text{K}, \quad p \approx p_0 = 1836.6\text{kPa}$$

② 因喷管喉口处于真实临界状态，所以临界参数即喉部参数。因此，根据式（11-40）及状态方程和声速公式，喷管喉口截面的温度、压力、密度和速度分别为

$$T_* = T_0 [2/(k+1)] = 708.4 \times (2/2.4) = 590.3(\text{K})$$

$$p_* = p_0 [2/(k+1)]^{k/(k-1)} = 1836.6 \times (2/2.4)^{1.4/0.4} = 970.2(\text{kPa})$$

$$\rho_* = p_*/(RT_*) = (970.2 \times 1000)/(287 \times 590.3) = 5.727(\text{kg/m}^3)$$

$$v_* = a_* = \sqrt{kRT_*} = \sqrt{1.4 \times 287 \times 590.3} = 487.0(\text{m/s})$$

③ 压气机功率 N 是将出口状态气体重新压缩到气源容器内状态所需功率。按绝热压缩考虑且忽略压气机进 / 出口动能，由能量守恒方程（11-6）有

$$N = q_m (i_0 - i_E) = q_m c_p (T_0 - T_E) = q_m [kR/(k-1)](T_0 - T_E)$$

即

$$N = 14.82 \times (1.4 \times 287/0.4) \times (708.4 - 253) = 6780 \times 10^3 (\text{J/s}) = 6780(\text{kJ/s})$$

由此可见，维持该超声速风洞运行需要相当大的动力消耗。

（2）拉伐尔喷管中马赫数与静压的变化

拉伐尔喷管进口通常接高压气源（大容器），因容积大、速度低，故气源静压 $p = p_0$ 或 $p/p_0 = 1$。又因等熵流动中 $p_0 = \text{const}$，所以喷管内 p/p_0 的变化可表征静压 p 的变化。

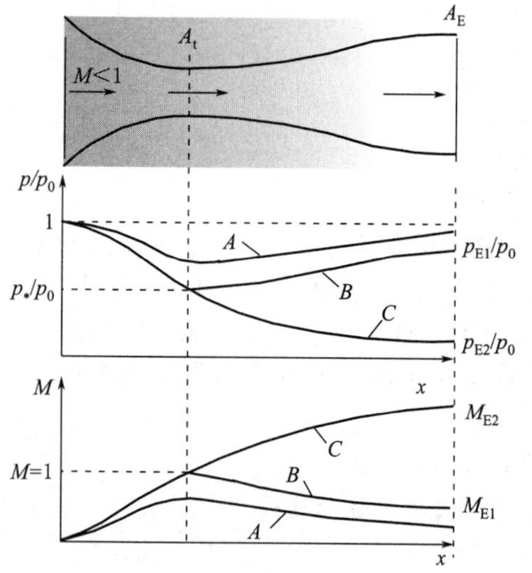

图 11-12　Laval 喷管内 M 和静压 p 的变化

气流以亚声速进入喷管后，其 M 与 p 的变化如图 11-12 所示，一般可分为三种情况。

情况 A： 喉口处未达到声速。此时 M 与 p 的变化见图中曲线 A，其中下游扩大段 M 逐渐减小，p 逐渐增大，整个管内均为亚声速。

情况 B： 喉口处达到声速，但在扩大段又返回亚声速。此时 M 与 p 的变化见图中曲线 B，其中下游扩大段 M 减小，p 增大，整个管内流动为亚声速→声速→亚声速。

情况 C： 喉口处达到声速，并在扩大段转变为超声速。此时 M 与 p 的变化见图中曲线 C，其中下游扩大段 M 增大，p 减小，整个管内流动为亚声速→声速→超声速。

（3）B、C 情况的名义出口马赫数及压力

为以示区别，用下标“E”标注出口参数。如图，设 B、C 情况的名义出口马赫数为 M_{E1}、M_{E2}，名义出口压力为 p_{E1}、p_{E2}，其计算过程如下。

设出口面积为 A_E，将临界面积公式（11-39）应用于出口有

$$\frac{A_E}{A_*} = \frac{1}{M_E} \left[\frac{2 + (k-1) M_E^2}{k+1} \right]^{(k+1)/2(k-1)} \tag{11-44}$$

因 B、C 情况喉口皆为声速，故 $A_* = A_t$；给定 A_E/A_*，由该式（用 Excel 表试差）可得两个马赫数，其中小于 1 者即情况 B 的名义出口马赫数 M_{E1}，大于 1 者即情况 C 的名义出口马赫数 M_{E2}。进一步将 M_{E1}、M_{E2} 代入滞止压力公式，则可得 B、C 情况对应的名义出口压力 p_{E1}、p_{E2}，即

$$p_{\mathrm{E}i}=p_0\left[1+0.5(k-1)M_{\mathrm{E}i}^2\right]^{-k/(k-1)}\quad(i=1,2)\tag{11-45}$$

（4）拉法尔管中流动状态的判断与流量计算

拉法尔管中的实际流动状态取决于出口环境压力p_b（即背压）与名义出口压力p_{E1}、p_{E2}的相对大小。其中，背压p_b由高到低出现的三种情况（对应A、B、C）如下。

① 背压$p_\mathrm{b}>p_{\mathrm{E1}}$：此时整个管内为亚声速流动（情况A）；实际出口压力$p_\mathrm{E}=p_\mathrm{b}$，出口马赫数$M_\mathrm{E}$可根据式（11-45）反算；流量$q_\mathrm{m}$可由式（11-43）计算。

② 背压$p_\mathrm{b}=p_{\mathrm{E1}}$：此时管内流动为亚声速→声速→亚声速（情况B）；实际出口压力$p_\mathrm{E}=p_\mathrm{b}=p_{\mathrm{E1}}$，$M_\mathrm{E}=M_{\mathrm{E1}}$，$A_*=A_\mathrm{t}$，流量$q_\mathrm{m}$直接由式（11-42）计算。

③ 背压$p_\mathrm{b}<p_{\mathrm{E1}}$：此时管内流动为亚声速→声速→超声速（情况C）。其中：

若$p_{\mathrm{E1}}>p_\mathrm{b}>p_{\mathrm{E2}}$，则出口之前气流压力已低于$p_\mathrm{b}$，此时扩大段将产生激波以将压力升高，见图11-13（a）、（b）。其中，压差$\Delta p=p_\mathrm{b}-p_{\mathrm{E2}}$较大时，激波为正激波（正激波后压力增量较大以匹配较大的Δp）；Δp较小时，激波为斜激波。因此，该条件下管内流动实际为：亚声速→声速→超声速→激波→亚声速，其中：激波前为等熵过程，穿越激波为绝热过程，激波后是新的等熵过程。该情况的喷管称为过膨胀喷管，激波后气流的出口压力$p_\mathrm{E}=p_\mathrm{b}$，$M_\mathrm{E}$按激波后等熵流动计算，流量$q_\mathrm{m}$由式（11-42）计算（用激波前参数且$A_*=A_\mathrm{t}$）。

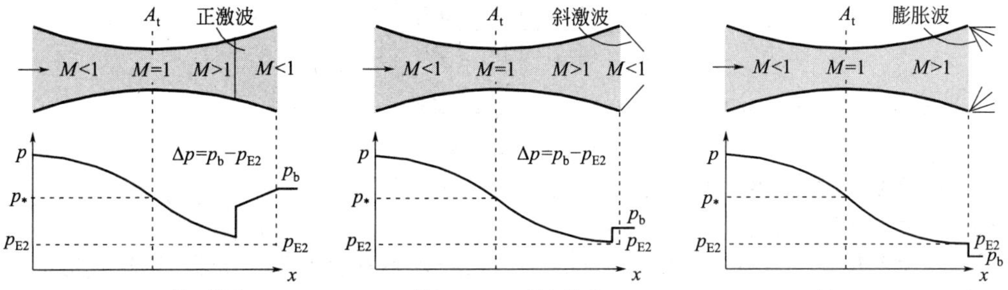

(a) $p_{\mathrm{E1}}>p_\mathrm{b}>p_{\mathrm{E2}}$且$\Delta p$较大　(b) $p_{\mathrm{E1}}>p_\mathrm{b}>p_{\mathrm{E2}}$且$\Delta p$较小　(c) $p_\mathrm{b}\leqslant p_{\mathrm{E2}}$

图11-13 亚声速→声速→超声速喷管（情况C）的出口状态与压力条件

若$p_\mathrm{b}\leqslant p_{\mathrm{E2}}$，则管内无激波，出口情况见图11-13（c）。此条件下出口压力$p_\mathrm{E}=p_{\mathrm{E2}}$，$M_\mathrm{E}=M_{\mathrm{E2}}$，$A_*=A_\mathrm{t}$，流量$q_\mathrm{m}$由式（11-42）计算。其中若$p_\mathrm{b}<p_{\mathrm{E2}}$，则气流在出口后将继续膨胀减压，出口有膨胀波（亚膨胀）；若$p_\mathrm{b}=p_{\mathrm{E2}}$，则出口无膨胀波（理想膨胀）。

以上表明，分析拉伐尔喷管中的流动，一般需首先确定p_{E1}、p_{E2}，并比较其与背压p_b的相对大小，由此判断流动状态，然后进行相关计算。见以下例题。

【例11-7】 亚声速操作时的拉伐尔喷管

参考例11-6的超声速风洞（见图11-11），其中给定喷管出口面积$A_\mathrm{E}=225\mathrm{cm}^2$，喉口面积$A_\mathrm{t}=53.134\mathrm{cm}^2$。现由于工况波动，容器内气源温度降低到500K，压力降低到800kPa，并导致试验段压力上升到790kPa。设流动仍为稳态等熵过程，试确定此时喷管内的流动状态、质量流量q_m、出口马赫数M_E和喉口马赫数M_t。

解 为判断流动情况，首先设喉口截面达到声速，确定名义出口马赫数和出口压力。

因已知A_E且$A_*=A_\mathrm{t}$，故名义出口马赫数可用临界面积公式（11-44）计算，即

$$\frac{A_\mathrm{E}}{A_*}=\frac{1}{M_\mathrm{E}}\left[\frac{2+(k-1)M_\mathrm{E}^2}{k+1}\right]^{(k+1)/2(k-1)}$$

将$A_\mathrm{E}/A_*=225/53.134=4.2346$代入，用Excel表试差可得

$$M_{\mathrm{E1}}=0.1382,\quad M_{\mathrm{E2}}=3$$

M_{E1}、M_{E2}对应的名义出口压力可根据滞止压力公式计算，其中$p_0=800\mathrm{kPa}$，即

$$p_\mathrm{E}=p_0\left[1+\frac{(k-1)}{2}M_\mathrm{E}^2\right]^{-k/(k-1)}\ \rightarrow\ p_{\mathrm{E1}}=789.4\mathrm{kPa},\quad p_{\mathrm{E2}}=21.8\mathrm{kPa}$$

因为 p_b=790MPa ＞ p_{E1}，故喷管内均为亚声速（情况 A），其中 $p_E = p_b$ =790MPa。

亚声速流动时，流量可直接按式（11-43）计算（其中 $p_E = p_b$），即

$$q_m = \frac{(8\times10^5)\times0.0225}{\sqrt{287\times500}}\times\sqrt{\frac{2.8}{0.4}}\times\sqrt{\left(\frac{790}{800}\right)^{2/1.4}-\left(\frac{790}{800}\right)^{2.4/1.4}} = 7.463(\text{kg/s})$$

其次，根据已知的出口压力 p_E，应用滞止压力公式又可得实际出口马赫数，即

$$\frac{p_0}{p_E}=\left[1+\frac{(k-1)}{2}M_E^2\right]^{k/(k-1)} \rightarrow M_E=\sqrt{\frac{2}{(k-1)}\left[\left(p_0/p_E\right)^{(k-1)/k}-1\right]}$$

代入数据有　$M_E=\sqrt{\frac{2}{0.4}\times\left[\left(800/790\right)^{0.4/1.4}-1\right]}=0.1342$

为确定喉口马赫数 M_t，可将临界面积公式同时应用于出口和喉口，即

$$\frac{A_E}{A_*}=\frac{1}{M_E}\left[\frac{2+(k-1)M_E^2}{k+1}\right]^{\frac{(k+1)}{2(k-1)}}, \quad \frac{A_t}{A_*}=\frac{1}{M_t}\left[\frac{2+(k-1)M_t^2}{k+1}\right]^{\frac{(k+1)}{2(k-1)}}$$

两式相除可得　$\frac{A_t}{A_E}=\frac{M_E}{M_t}\left[\frac{2+(k-1)M_t^2}{2+(k-1)M_E^2}\right]^{\frac{(k+1)}{2(k-1)}}$

代入 $A_t/A_E=53.134/225=0.2361$，$M_E=0.1342$，试差可得

$$M_t=0.8230 \quad 或 \quad M_t=1.1964$$

因为喉口处流动为亚声速，故喉口处马赫数为：$M_t=0.8230$

【例 11-8】 喷管出口状态与背压范围

总压（滞止压力）$p_0=1.3\text{MPa}$、温度 $T_0=300\text{K}$ 的空气进入缩放管中等熵流动。已知缩放管出口面积与临界面积之比 $A_E/A_*=4$，试确定出口产生激波和膨胀波的背压范围。

解　根据 $A_E/A_*=4$，由临界面积公式（11-44）并利用 Excel 计算表试差可得

$$M_{E1}=0.1465,\quad M_{E2}=2.9405$$

根据滞止压力公式，并取 $p_0=1.3$ MPa，可得 M_{E1}、M_{E2} 对应的名义出口压力，即

$$p_E=p_0\left[1+\frac{(k-1)}{2}M_E^2\right]^{-k/(k-1)} \rightarrow p_{E1}=1.28\text{MPa},\quad p_{E2}=0.039\text{MPa}$$

由此可知，出口产生激波和膨胀波的背压范围如下

产生激波　$p_{E1}>p_b>p_{E2}$　或　1.28 MPa$>p_b>$0.039 MPa

产生膨胀波　$p_b<p_{E2}=0.039$ MPa

其中 $p_b>p_{E1}$ =1.28MPa 为情况 A(喷管内都为亚声速)，$p_b=p_{E1}$ 为情况 B(管内为亚声速→声速→亚声速)，$p_b=p_{E2}$ =0.039MPa 则喷管出口为理想膨胀。

【例 11-9】 喷管扩大段产生正激波时的参数计算

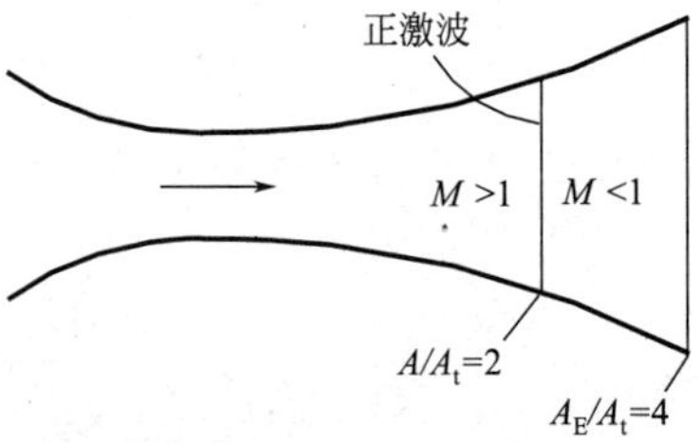

图 11-14　例 11-9 附图

某拉伐尔喷管如图 11-14 所示，出口截面与喉口截面比值 $A_E/A_t=4$。已知气体为空气，出现正激波的截面 A 与喉口截面比值为 $A/A_t=2$，正激波上游总压 $p_0=1\text{MPa}$，试确定出口静压 p_E。

解　既然出现了激波，则喉口处达到临界状态，因此 $A_t=A_*$。于是，针对激波前的等熵过程，将临界面积公式应用于激波截面 A，可得波前马赫数 M_1，即

$$\frac{A}{A_*}=\frac{1}{M_1}\left[\frac{2+(k-1)M_1^2}{k+1}\right]^{(k+1)/2(k-1)}$$

将 $A/A_* = 2$ 代入，并考虑 $M_1 > 1$，试差可得 $M_1 = 2.20$。

已知 M_1，进一步应用正激波前后的马赫数关系式，可得激波后的马赫数 M_2，即

$$M_2^2 = \frac{2+(k-1)M_1^2}{2kM_1^2-(k-1)} \ \rightarrow \ M_2 = 0.547$$

已知正激波前滞止压力 $p_{01} = p_0 = 1\text{MPa}$，根据正激波前后滞止压力的变化关系式（11-28），可得激波后的滞止压力 p_{02}，即

$$\frac{p_{02}}{p_{01}} = \left[\frac{2+(k-1)M_2^2}{2+(k-1)M_1^2}\right]^{k/(k-1)} \frac{1+kM_1^2}{1+kM_2^2} \ \rightarrow p_{02} = 0.6281\text{MPa}$$

因为正激波后到喷管出口又是一新的等熵流动过程（其临界面积用 A_{*2} 表示），所以根据临界面积公式，并代入激波后的 M_2，又可得激波截面 A 与 A_{*2} 的面积比，即

$$\frac{A}{A_{*2}} = \frac{1}{M_2}\left[\frac{2+(k-1)M_2}{k+1}\right]^{\frac{(k+1)}{2(k-1)}} \rightarrow \frac{A}{A_{*2}} = 1.2595$$

由此可得出口截面积 A_{E} 与 A_{*2} 的比值为

$$\frac{A_{\text{E}}}{A_{*2}} = \frac{A}{A_{*2}}\frac{A_{\text{E}}}{A} = \frac{A}{A_{*2}}\frac{A_{\text{E}}/A_{\text{t}}}{A/A_{\text{t}}} = 1.2595\times\frac{4}{2} = 2.519$$

于是，进一步将临界面积公式应用于出口，可得喷管出口马赫数 $M_{\text{E}}(<1)$，即

$$\frac{A_{\text{E}}}{A_{*2}} = \frac{1}{M_{\text{E}}}\left[\frac{2+(k-1)M_{\text{E}}^2}{k+1}\right]^{\frac{(k+1)}{2(k-1)}} \rightarrow \ \frac{A_{\text{E}}}{A_{*2}} = 2.519, \quad M_{\text{E}} = 0.2376$$

再根据滞止压力关系式，可得 p_{02}、M_{E} 对应的静压即出口压力 p_{E}，即

$$p_{\text{E}} = p_{02}\left[1+0.5(k-1)M_{\text{E}}^2\right]^{-k/(k-1)} \ \rightarrow p_{\text{E}} = 0.6039\text{MPa}$$

11.5.4 渐缩管内的等熵流动

渐缩管 即管流截面沿流动方向逐渐缩小且出口处 $\mathrm{d}A/\mathrm{d}x=0$ 的管道，如图 11-15 所示，也相当于在拉伐尔管喉口截面处切断得到的收缩管。

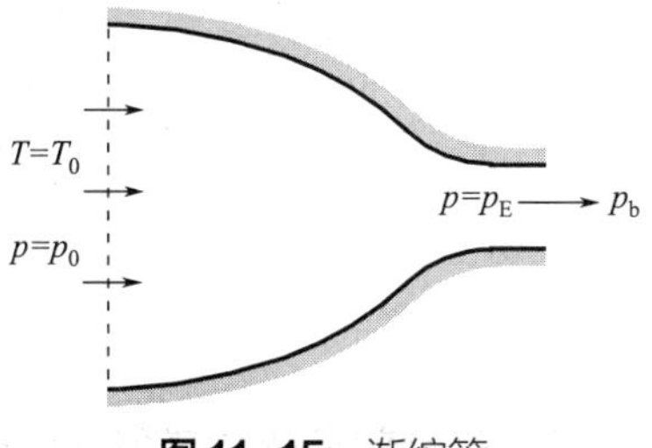

图 11-15 渐缩管

常用假设 渐缩管进口通常与大容器连接，容器内流速较低，故可认为容器内气体的静态参数 T、p、ρ 即渐缩管气流的滞止参数 T_0、p_0、ρ_0。

出口流速变化与噎塞现象 上游亚声速气流的状态（T_0，p_0，ρ_0）一定时，出口流速随背压 p_{b} 减小而增加；当 p_{b} 降低至临界压力即 $p_{\text{b}} = p_*$ 时，出口达到临界状态，流速达到声速；此后进一步降低背压，即 $p_{\text{b}} < p_*$ 时，出口将维持临界状态，流速维持声速。这种出口流速达到声速后不再随背压减小而增加的现象称为**噎塞**（choking）。

临界压力的计算 由上可知，渐缩管等熵流动分析，首先需要确定临界压力 p_*，以判断出口状态。临界压力 p_* 可根据滞止压力 p_0 由关系式（11-40）确定，即

$$p_* = p_0\left(\frac{2}{k+1}\right)^{k/(k-1)} \quad 或 \quad p_*\big|_{k=1.4} = 0.5283p_0 \tag{11-46}$$

流动工况判断及流量计算 根据 p_* 与背压 p_{b} 的相对大小，渐缩管流动有两种工况。

① 若 $p_{\text{b}} > p_*$，则整个管内直至出口都为亚声速。此时出口压力 $p_{\text{E}} = p_{\text{b}}$，且流量随 p_{b} 减小而增加。其流量公式可用 p_{b} 代替式（11-43）中的 p_{E} 得到，即

$$q_{\text{m}} = \frac{p_0A_{\text{E}}}{\sqrt{RT_0}}\sqrt{\frac{2k}{k-1}}\sqrt{\left(p_{\text{b}}/p_0\right)^{2/k} - \left(p_{\text{b}}/p_0\right)^{(k+1)/k}} \tag{11-47}$$

因为此情况下 $p_E = p_b$，所以其出口马赫数 M_E 可用滞止压力公式反算，进而用滞止温度公式计算出口温度 T_E；由此又可进一步确定出口状态的声速、流速、密度等。

② 若 $p_b \leqslant p_*$，则管上游为亚声速，出口为声速。此时出口为临界状态，$p_E = p_*$，$M_E=1$，$T_E = T_*$，$A_E = A_*$，q_m 不再随 p_b 降低而增加，且直接由式（11-42）计算。

注：此情况下 $p_E = p_* \geqslant p_b$，故气流在出口后将继续膨胀，直至压力降低到背压 p_b。

【例 11-10】 不同背压下渐缩管的质量流量及出口温度

出口直径 3cm 的渐缩管将空气排放到某空间中。上游气源压力 160kPa，温度 350K。若出口背压分别为 0、80、150kPa，流动等熵，试确定空气的质量流量和出口温度。

解 等熵管流 T_0、p_0 保持不变，且由给定气源温度和压力有 T_0 =350K、p_0 =160kPa。

首先计算临界压力 p_* 以判断流动工况。根据式（11-46）且考虑空气 k=1.4，有

$$p_* = p_0\left[2/(k+1)\right]^{k/(k-1)} = 160\times 0.5283 = 84.5(\text{kPa})$$

① 在 $p_b = 0$ 和 80kPa 两种情况下，$p_b < p_*$，故出口均为临界状态，此时 $p_E = p_*$，其流量 q_m 相同（管流噎塞，流量与 p_b 无关）且按式（11-42）计算，其中 $A_* = A_E$，即

$$q_m = 0.685\frac{p_0 A_*}{\sqrt{RT_0}} = 0.685\times\frac{160000\times(\pi\times 0.03^2/4)}{\sqrt{287\times 350}} = 0.244(\text{kg/s})$$

此时出口马赫数 $M_E = 1$，出口温度按滞止温度公式计算，即

$$T_E = \frac{2T_0}{2+(k-1)M_E^2} = \frac{2T_0}{k+1} = T_* = \frac{2\times 350}{2.4} = 291.7\text{K}$$

② 在 p_b =150kPa 情况下，$p_b > p_*$，故出口为亚声速流动，此时 $p_E = p_b$。其流量根据式（11-47）计算，出口马赫数按滞止压力公式反算，出口温度滞止温度公式计算，即

$$q_m = \frac{p_0 A_E}{\sqrt{RT_0}}\sqrt{\frac{2k}{k-1}}\sqrt{\left(p_b/p_0\right)^{2/k} - \left(p_b/p_0\right)^{(k+1)/k}}$$

即

$$q_m = \frac{160000\times(\pi\times 0.015^2)}{\sqrt{287\times 350}}\times\sqrt{\frac{2.8}{0.4}}\times\sqrt{(150/160)^{2/1.4} - (150/160)^{2.4/1.4}} = 0.122(\text{kg/s})$$

$$M_E = \sqrt{\frac{2}{k-1}\left[\left(p_0/p_b\right)^{(k-1)/k} - 1\right]} = \sqrt{\frac{2}{0.4}\times\left[(160/150)^{0.4/1.4} - 1\right]} = 0.305$$

$$T_E = \frac{2T_0}{2+(k-1)M_E^2} = \frac{2\times 350}{2+(1.4-1)\times 0.305^2} = 343.6(\text{K})$$

11.5.5 喷管及扩压管设计要点

可压缩流体的压力与速度关系 综上可知，无论是亚声速还是超声速流动，等熵气流的压力与速度变化总是相反的，即：压力升高则速度降低，压力降低则速度升高。

喷管 用于提高流体速度（压力降低）的变截面管称为喷管。因此，来流为亚声速时应采用渐缩管；来流为超声速时应采用渐扩管。若要求将亚声速气流提高到超声速，应采用缩放管即拉法尔喷管。

渐缩型喷管是由进口面积 A 经光滑过渡缩小至出口面积 A_E 的短管。一般可取 A 为 A_E 的数倍，A_E 则可根据已知流量 q_m 由流量公式（11-42）或式（11-47）反算。

拉法尔喷管的喉口面积 A_t、出口面积 A_E 可根据已知工况参数和流量 q_m，由流量公式（11-42）或式（11-43）反算。其中渐缩段可按渐缩管设计，渐扩段长度 L 可参考圆锥形扩大管所需长度取值。设圆锥形扩大管半锥角为 φ，则扩大管长度 L 为

$$L = (d_E - d_t)/(2\tan\varphi) \tag{11-48}$$

式中，d_t 为喉口直径；d_E 为出口直径。φ 的经验取值为 $\varphi = 5° \sim 6°$。其中 L 过短，则气流扩张过快，易引

起扰动使内部摩擦损耗增加，过长则气流与管壁间的摩擦损耗增加。

扩压管 用于提高流体压力（速度降低）的变截面管称为扩压管。因此，来流为亚声速时应采用渐扩管；来流为超声速时应采用渐缩管，此时出口压力最大可达到临界压力 p_*，若要求出口压力超过临界压力 p_*，则应采用缩放管（使气流在喉口后转变为亚声速）。

11.6 等截面管道内可压缩流体的摩擦流动

比之于不可压缩情况，可压缩流体在等截面管内的摩擦流动要复杂一些。原因在于：可压缩管流中流体的状态是变化的（不存在充分发展那样的简单情况），且这种变化与摩擦的大小与传热的快慢两者均有关系。不可压缩流动中，摩擦产生的热能可用总的阻力损失计算，而不必关注这部分热能中有多少被传递给外界（4.5.4节对此有专门讨论）；但可压缩流动中则必须考虑，因为管内流体状态的变化与此有关。又由于一般情况下摩擦热的传递难以确定，所以管道内可压缩流体的摩擦流动通常考虑两类极端情况：有摩擦的绝热流动（与外界无热交换），有摩擦的等温流动（气流温度恒定）。工程实际中，流体停留时间较短或保温良好管道流动可近似为有摩擦绝热流动，长输管道流动可近似为有摩擦等温流动。

11.6.1 有摩擦的绝热流动

（1）守恒方程

等截面管内可压缩稳态流动的质量守恒方程可在式（11-5）中取 $\mathrm{d}A=0$ 得到，即

$$\frac{\mathrm{d}v}{v}+\frac{\mathrm{d}\rho}{\rho}=0 \tag{11-49}$$

其绝热流动能量方程由式（11-7）给出，即

$$i+v^2/2=\mathrm{const}$$

对于理想气体：$i=c_\mathrm{p}T$，$c_\mathrm{p}=kR/(k-1)$；将其代入以上能量方程并微分可得

$$\frac{kR\mathrm{d}T}{k-1}+v\mathrm{d}v=0 \tag{11-50}$$

对长度 dx 的微元管段流体作动量守恒（见图 11-16）可得

$$A\left[p-(p+\mathrm{d}p)\right]-\tau_0\pi D\mathrm{d}x=\rho vA\left[(v+\mathrm{d}v)-v\right]$$

式中，D 为管道直径；A 为管道横截面积；τ_0 为壁面摩擦应力。引入摩擦阻力系数 λ，将 τ_0 表示为 $\tau_0=\lambda\rho v^2/8$，则动量守恒方程简化结果为

$$\rho v\mathrm{d}v+\mathrm{d}p+\lambda\frac{\rho v^2}{2D}\mathrm{d}x=0 \tag{11-51}$$

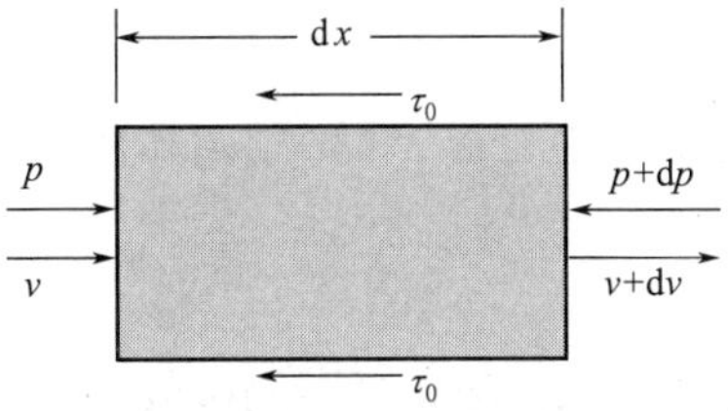

图 11-16 微元管段流体的动量守恒

（2）马赫数沿管道的变化

有摩擦的管道流动中，气流速度和温度都是变化的，温度变化导致当地声速变化，用马赫数可将速度与声速两者的变化合并，从而减少过程变量。

根据理想气体状态方程、声速公式和马赫数定义，有如下关系

$$p=\rho RT=\frac{\rho a^2}{k} \quad 或 \quad \frac{\rho}{p}=\frac{k}{a^2}=\frac{kM^2}{v^2}$$

用 p 除以动量守恒式（11-51），并引用以上关系可得

$$kM^2\frac{\mathrm{d}v}{v}+\frac{\mathrm{d}p}{p}+\lambda\frac{kM^2}{2D}\mathrm{d}x=0 \tag{11-52}$$

对气体状态方程 $p=\rho RT$ 微分有

$$\frac{\mathrm{d}p}{p}=\frac{\mathrm{d}\rho}{\rho}+\frac{\mathrm{d}T}{T}$$

由质量守恒式（11-49）解出 $\mathrm{d}\rho$、能量守恒式（11-50）解出 $\mathrm{d}T$ 代入上式可得

$$\frac{\mathrm{d}p}{p}=-\frac{\mathrm{d}v}{v}-(k-1)M^2\frac{\mathrm{d}v}{v} \tag{11-53}$$

将该式代入式（11-52）可得

$$(M^2-1)\frac{\mathrm{d}v}{v}+\lambda\frac{kM^2}{2D}\mathrm{d}x=0 \tag{11-54}$$

进一步，对马赫数 $M=v/\sqrt{kRT}$ 微分可得

$$\frac{\mathrm{d}M}{M}=\frac{\mathrm{d}v}{v}-\frac{1}{2}\frac{\mathrm{d}T}{T}$$

再由能量方程（11-50）解出 $\mathrm{d}T$ 代入上式可得

$$\frac{\mathrm{d}M}{M}=\left[1+\frac{(k-1)M^2}{2}\right]\frac{\mathrm{d}v}{v} \tag{11-55}$$

该式与式（11-54）联立消去 $\mathrm{d}v$，可得马赫数 M 与距离 x 的微分关系式为

$$\frac{1-M^2}{M^3\left\{1+[(k-1)/2]M^2\right\}}\mathrm{d}M=\frac{\lambda k}{2D}\mathrm{d}x \tag{11-56}$$

该式表明：对于等截面管绝热摩擦流动，若进口为亚声速（$M<1$），则 $\mathrm{d}M/\mathrm{d}x>0$，即 M 将沿管道持续增加，且至多只能在管道出口达到声速；反之，若进口为超声速（$M>1$），则 $\mathrm{d}M/\mathrm{d}x<0$，即 M 将沿管道持续减小，且至多只能在管道出口降到声速（若要实现超声速到亚声速的转变，只有出现激波的情况）；换言之，一般情况下，绝热管道流动中壁面摩擦的影响总是使马赫数 M 趋近于 1。

此外，根据第 9 章管道流动可知，阻力系数 λ 是雷诺数 Re 和粗糙度 e/D 的函数。对于等截面稳态管流，$\rho v=\text{const}$，即计算 Re 时用任何截面的 ρv 均可；此时 Re 仅随黏度 μ 变化，而亚声速流动中温度变化通常不大于 20%，对应 μ 的变化也即 Re 在管道内的变化则为 10% 左右。湍流情况下，Re 发生 10% 的变化导致的 λ 变化将远小于 10%（比如 Blasius 公式，Re 增加 10%，λ 仅减小 2.4%）。因此对式（11-56）积分时，λ 可近似用平均阻力系数 $\bar{\lambda}$ 替代并将其视为常数。由此对式（11-56）积分可得

$$\frac{-1}{2M^2}-\frac{k+1}{2}\ln M+\frac{k+1}{4}\ln\left(1+\frac{k-1}{2}M^2\right)=\frac{\bar{\lambda}k}{2D}x+C$$

其中积分常数 C 可定义马赫数 M=1 所需管长 x_*（或称绝热流动临界长度）来确定，即

$$C=-\frac{\bar{\lambda}k}{2D}x_*-\frac{1}{2}+\frac{k+1}{4}\ln\left(\frac{k+1}{2}\right)$$

将 C 返回方程，可得马赫数 M 随 x（距离管口的坐标）的变化关系如下

$$\frac{1-M^2}{kM^2}+\frac{k+1}{2k}\ln\left[\frac{(k+1)M^2}{2+(k-1)M^2}\right]=\bar{\lambda}\frac{x_*-x}{D} \tag{11-57}$$

该式中：$x=x_*$ 则 M=1；x=0 则 M 为进口马赫数（或代入进口马赫数 M 并令 x=0，则可求得 x_*，且在进口马赫数 $M\leqslant 1$ 范围，M 越大，x_* 越小）。

式中的平均阻力系数 $\bar{\lambda}$ 可根据雷诺数 Re 和相对粗糙度 e/D 查莫迪图 9-7 得到，或由 Haaland 阻力系数通用式（9-52）计算（见以下例题）。

说明：从上式可见，已知 M 计算 x 不存在难度，但已知 x 计算 M 则必须试差。故以往的教材或手册中通常是将上式做成曲线图，以根据 x 直接读取 M。现在应用 Excel 等计算工具，试差计算已较方便且更精确。

（3）管道两截面状态参数的比值关系

根据式（11-53）和式（11-55）可得管内气体压力与马赫数的关系为

$$\frac{\mathrm{d}p}{p}=-\left\{\frac{1+(k-1)M^2}{1+[(k-1)/2]M^2}\right\}\frac{\mathrm{d}M}{M}$$

积分该式得
$$\ln p = -\ln M - \frac{1}{2}\ln\left(1+\frac{k-1}{2}M^2\right)+C$$

其中 C 可定义马赫数 M=1 时的压力 p_*（即 x_* 处的压力，或称绝热流动临界压力）来确定，即 $C=\ln p_* + 0.5\ln[(k+1)/2]$。由此可得管截面的压力 p 与马赫数 M 的关系为

$$\frac{p}{p_*}=\frac{1}{M}\left[\frac{k+1}{2+(k-1)M^2}\right]^{1/2} \tag{11-58}$$

根据该式可知，任意两截面的压力之比 p_1/p_2 与两截面马赫数 M_1、M_2 的关系为

$$\frac{p_1}{p_2}=\frac{M_2}{M_1}\left[\frac{2+(k-1)M_2^2}{2+(k-1)M_1^2}\right]^{1/2} \tag{11-59}$$

根据绝热管流中滞止温度 T_0 守恒的特点，又可由滞止温度公式得到两截面的温度比公式，并由此将两截面的压力比和密度比与温度比相关联，即

$$\frac{T_1}{T_2}=\frac{2+(k-1)M_2^2}{2+(k-1)M_1^2},\quad \frac{p_1}{p_2}=\frac{M_2}{M_1}\left(\frac{T_1}{T_2}\right)^{1/2},\quad \frac{\rho_1}{\rho_2}=\frac{M_2}{M_1}\left(\frac{T_2}{T_1}\right)^{1/2} \tag{11-60}$$

根据该式并结合 M 的变化特点可知，等截面管绝热摩擦流动中气流参数变化的特点是：进口为亚声速时，M 持续增加，T、p、ρ 都持续降低；进口为超声速时则恰好相反。

（4）进口为亚声速时出口马赫数及压力的三种情况

进口为亚声速且出口背压 p_b 一定时，绝热管内 M 和 p 的变化见图 11-17，规律如下。

流体静止时，见图中虚线，M=0，p= p_b；

流动情况下，总体趋势是气流 p 逐渐降低，M 逐渐增加；其中随进口压力由低到高，出口马赫数 M_E 和出口压力 p_E 有三种情况。

情况 A： 进口压力相对较低，出口为亚声速即 $M_E < 1$，出口压力 $p_E = p_b$，见曲线 A。

情况 B： 进口压力增加，出口达到声速即 M_E=1，出口压力 $p_E = p_* = p_b$，见曲线 B。

情况 C： 进口压力进一步增加，出口维持声速即 M_E=1，但出口压力 $p_E = p_* > p_b$，见曲线 C。此情况下气流在出口后将继续膨胀，直至压力降低至 p_b。

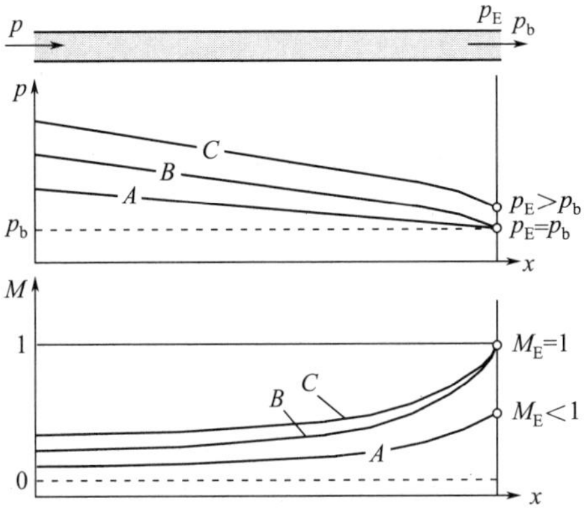

图 11-17 绝热管道中 M 和 p 的变化

以上情况中，情况 B 的出口状态是确定的，即 M_E=1，$p_E = p_b$。因此，由进口压力判断出口状态时，可先确定情况 B 对应的进口压力，并以此区分 A、C 情况。见以下例题。

等截面管绝热摩擦流动的流量通常直接按 $q_m = \rho v A$ 计算。

【例 11-11】 等截面管绝热摩擦流动的计算

① 空气以马赫数 M=0.2 进入直径为 D 的管道绝热流动。若管道平均阻力系数 $\bar{\lambda}=0.015$，试确定马赫数达到 M=0.8 和 M=1.0 的截面距离进口的位置 $x_{0.8}/D$ 和 $x_{1.0}/D$；

② 压力 1MPa、温度 100℃的空气，以速度 60m/s 进入直径 D=5cm、相对粗糙度 $e/D=0.001$ 的管道内绝热流动，试确定距离进口 50m 处的马赫数 M、温度 T 及压力 p。

解 ① 有摩擦绝热管流的马赫数分布式（11-57）为

$$\frac{1-M^2}{kM^2}+\frac{k+1}{2k}\ln\left[\frac{(k+1)M^2}{2+(k-1)M^2}\right]=\bar{\lambda}\frac{x_*-x}{D}$$

首先将进口条件 x=0、M=0.2 和 k=1.4、$\bar{\lambda}$ =0.015 代入可得

$$14.533=0.015\frac{x_*-0}{D} \quad\rightarrow\quad \frac{x_*}{D}=\frac{14.533}{0.015}=968.88$$

因为临界长度 x_* 即 M=1 时的管长 $x_{1.0}$，所以 $x_{1.0}/D = x_*/D = 968.88$。

进一步将 M=0.8 和 k=1.4 代入式（11-57），可得 $x_{0.8}/D$，即

$$0.0723 = 0.015\frac{x_* - x_{0.8}}{D} \quad \rightarrow \frac{x_{0.8}}{D} = \frac{x_*}{D} - \frac{0.0723}{0.015} = 964.06$$

由此可见，流动接近声速时 M 变化非常快，从 M=0.8 到 M=1.0 仅有 4.82D 的距离。

② 气体黏度受压力影响很小，可按附录查得常压下 100℃空气的黏度 μ=2.19×10⁻⁵Pa·s。由此可得进口空气的密度及管流雷诺数分别为

$$\rho_1 = p_1/RT_1 = 10^6/(287\times 373) = 9.34(\text{kg/m}^3)$$
$$Re = \rho_1 v_1 D/\mu_1 = 9.34\times 60\times 0.05/(2.19\times 10^{-5}) = 1.28\times 10^6$$

根据进口雷诺数 Re 与 e/D，由 Haaland 通用式（9-52）计算可得阻力系数，即

$$\frac{1}{\sqrt{\lambda}} = 1.135 - 0.782\ln\left[\left(\frac{e}{D}\right)^{1.11} + \frac{29.482}{Re}\right] \quad \rightarrow \quad \lambda = 0.0199$$

进口马赫数为 $$M_1 = v_1\big/\sqrt{kRT_1} = 60\big/\sqrt{1.4\times 287\times 373} = 0.155$$

根据式（11-57），将进口条件 x=0、M_1=0.155 代入并取 k=1.4、$\bar{\lambda} \approx \lambda$=0.0199，有

$$25.973 = 0.0199\frac{x_* - 0}{D} \quad \rightarrow \quad x_* = 1305.2D = 1305.2\times 0.05 = 65.26(\text{m})$$

确定 x_* 后，可知距离进口 50m 处有

$$\bar{\lambda}\frac{x_* - x}{D} = 0.0199\times\frac{65.26 - 50}{0.05} = 6.0735$$

据此，用式（11-57）试差计算可得 x=50m 处的马赫数 M=0.285。

根据进口马赫数 M_1=0.155 和 50m 处的马赫数 M=0.285，由两截面温度比公式、压力比公式，可得 x=50m 处的温度与压力分别为

$$T = T_1\frac{2+(k-1)M_1^2}{2+(k-1)M^2} = 373\times\frac{2+0.4\times 0.155^2}{2+0.4\times 0.285^2} = 368.8(\text{K})$$
$$p = p_1\frac{M_1}{M}\left(\frac{T}{T_1}\right)^{1/2} = 1000\times\frac{0.155}{0.285}\times\left(\frac{368.8}{373}\right)^{0.5} = 541.0(\text{kPa})$$

$\bar{\lambda}$ 的验证：根据计算结果可知，对应 50m 管长的平均温度为 371K，因此由进口温度 373K 的黏度计算的 Re 可近似为平均雷诺数，由此计算的 λ 可视为平均阻力系数 $\bar{\lambda}$。

此外，读者可用 p、M 或 p_1、M_1 验算，临界长度 x_* 处的压力 p_* =141.8kPa。

其次，若按常规的不可压缩流动处理，则 x=50m 处的压力 p 按压降公式确定，即

$$p = p_1 - \bar{\lambda}\frac{L}{D}\frac{\rho_1 v_1^2}{2} = p_1\left(1 - \bar{\lambda}\frac{L}{D}\frac{v_1^2}{2RT_1}\right)$$

代入数据可得：$p = 655.4\text{kPa}$。该结果表明可压缩影响不可忽略。

【例 11-12】 等截面管绝热流动的质量流量计算

总温（滞止温度）T_0 =300K 的空气，进入直径 D=3cm、长度 L=8m 的管道作绝热流动。若管道相对粗糙度 $e/D = 5\times 10^{-5}$，出口环境压力 p_b =100kPa。试确定进口压力 p=120kPa 和 p=400kPa 时的质量流量。

解 查教材附录表 C-2，空气 k=1.4，R=287J/(kg·K)；查附录表 C-3，空气在 0℃的黏度 μ_0 =1.71×10⁻⁵Pa·s，C=111，因此其黏度随温度的变化可表示为

$$\mu = \mu_0\frac{273+C}{T+C}\left(\frac{T}{273}\right)^{1.5} = (1.71\times 10^{-5})\frac{384}{T+111}\left(\frac{T}{273}\right)^{1.5}$$

确定流量需明确出口状态，为此首先确定图 11-17 中情况 B 的进口压力 p_B。情况 B 的出口条件是：$M_E = 1$，$p_E = p_b$，并已知 T_0（绝热流动 T_0 不变）。由此并根据滞止温度公式，可得出口温度 T_E、流速 v_E，即

$$T_E = T_0\left[1+(k-1)M_E^2/2\right]^{-1} = 300\times(1+0.4\times1^2/2)^{-1} = 250.0(\mathrm{K})$$
$$v_E = M_E a_E = M_E\sqrt{kRT_E} = 1\times\sqrt{1.4\times287\times250} = 316.9(\mathrm{m/s})$$

考虑到进口温度高于 T_E，可暂假设平均温度为 271K，该温度下 μ 和 Re 为

$$\mu = (1.71\times10^{-5})\times\frac{384}{271+111}\times\left(\frac{271}{273}\right)^{1.5} = 1.700\times10^{-5}(\mathrm{Pa\cdot s})$$
$$Re = \frac{1.394\times316.9\times0.03}{1.700\times10^{-5}} = 779574$$

根据 Re 与 e/D，由 Haaland 公式（9-52）（见上例）可得阻力系数为

$$\bar{\lambda} = 0.0129$$

进一步，因情况 B 的出口处 $M_E=1$，故 $x_*=L$=8m，而进口处 x=0，所以

$$\bar{\lambda}\frac{x_*-x}{D} = 0.0129\times\frac{8-0}{0.03} = 3.440$$

据此并用马赫数分布式（11-57）试差可得进口马赫数 M=0.3504。将该 M 代入滞止温度公式可得进口温度 T=292.8K。据此可知平均温度为 271.4K，与计算 μ 时的假设一致。

已知情况 B 出口 $M_E=1$、T_E=250K、p_E=100kPa=p_*，进口 M=0.3504、T=292.8K，则其进口压力 p_B 可用两截面压力比公式（11-60）或压力分布式（11-58）确定，即

$$\frac{p_B}{p_E} = \frac{M_E}{M}\left(\frac{T}{T_E}\right)^{1/2} \quad 或 \quad \frac{p_B}{p_*} = \frac{1}{M}\left[\frac{k+1}{2+(k-1)M^2}\right]^{1/2}$$

代入数据得

$$p_B = 309\mathrm{kPa}$$

① 进口压力 p=120kPa 时，$p<p_B$，故出口为亚声速，属于图 11-17 中情况 A。此情况下，$p_E=p_b$=100kPa。为计算 q_m (=ρvA)，除已知的进口压力 p 外，尚需确定进口马赫数 M 和温度 T（以确定 ρ 和 v）。但确定 M 所需的 x_*、$\bar{\lambda}$ 又依赖于 M 和 T，所以计算过程需要试差迭代。具体步骤如下：

假设进口 M，计算马赫数分布式（11-57）的左边函数值 $f(M)$，即

$$f(M) = \frac{1-M^2}{kM^2} + \frac{k+1}{2k}\ln\left[\frac{(k+1)M^2}{2+(k-1)M^2}\right]$$

同时由进口 M 计算进口温度 T，继而计算进口密度 ρ 和速度 v，即

$$T = T_0\left[1+0.5(k-1)M^2\right]^{-1}, \quad \rho = p/RT, \quad v = M\sqrt{kRT}$$

其次，根据进出口压力比公式解出并计算 M_E，即

$$M_E^2 = \frac{1}{(k-1)}\left\{\sqrt{1+\frac{(k-1)}{(p_E/p)^2}M^2\left[2+(k-1)M^2\right]}-1\right\}$$

进而可计算出口温度 T_E、平均温度 T_m、黏度 μ、雷诺数 Re、阻力系数 $\bar{\lambda}$，即

$$T_E = T_0\Big/\left[1+(k-1)M_E^2/2\right], \quad T_m = (T+T_E)/2$$
$$\mu = \mu_0(273+C)(T_m/273)^{1.5}/(T_m+C), \quad Re = \rho vD/\mu$$
$$1\Big/\sqrt{\bar{\lambda}} = 1.135-0.782\ln\left[(e/D)^{1.11}+29.482/Re\right]$$

根据以上获得的 $f(M)$ 和 $\bar{\lambda}$，并取 x=0，可计算临界长度 x_*，即

$$x_* = (D/\bar{\lambda})f(M)$$

已知 x_*，则可针对出口（M_E 已知，且 $x=L$），分别计算马赫数分布式（11-57）的左边项和右边项，并直至二者相等为止，即

$$f(M_E), \quad \bar{\lambda}(x_*-L)/D \quad \rightarrow \quad f(M_E)\cong\bar{\lambda}(x_*-L)/D$$

试差迭代结果以及根据试差结果计算的质量流量为

$$M=0.2160，T=297.2\text{K}、\rho=1.407\text{kg/m}^3、v=74.645\text{m/s}, M_\text{E}=0.2587，$$

$$T_\text{E}=296.0\text{K}，\mu=1.824\times10^{-5}\text{Pa·s}，Re=172661，\bar{\lambda}=0.0162，x_*=22.375\text{m}$$

$$q_\text{m}=\rho vA=1.407\times74.645\times(\pi\times0.03^2/4)=0.0742(\text{kg/s})$$

此外，将进口或出口的压力与马赫数代入式（11-58），可得 x_* 处的压力 $p_*=23.8\text{kPa}$。

② 进口压力 p=400kPa 时，$p>p_\text{B}$，属于图 11-17 中的情况 C。此时出口达到声速，$M_\text{E}=1$，$p_\text{E}=p_*>p_\text{b}$，$x_*=L$=8m，且因 T_0 不变，出口温度与情况 B 相同，即 T_E=250K。

此时计算 q_m 同样需要试差迭代。但因 M_E、x_*、T_E 已定，故过程较为简单，即假设进口 M→ 计算进口 T、ρ、v→ 计算 T_m 及 μ、Re、$\bar{\lambda}$ → 计算 $\bar{\lambda}x_*/D$ 及 $f(M)$，并直至二者相等。

试差迭代结果以及根据试差结果得到的质量流量为

$$M=0.3544，T=292.7\text{K}、\rho=4.763\text{kg/m}^3、v=121.527\text{m/s}$$

$$\mu=1.702\times10^{-5}\text{Pa·s}，Re=1020329，\bar{\lambda}=0.0125$$

$$q_\text{m}=\rho vA=4.763\times121.527\times(\pi\times0.03^2/4)=0.409(\text{kg/s})$$

根据进口的 M、p 和出口 $M_\text{E}=1$，应用两截面压力比公式可得出口压力，结果为

$$p_\text{E}=p_*=131.0\text{kPa}，p_\text{E}/p_\text{b}=1.310$$

11.6.2　有摩擦的等温流动

（1）管道内马赫数的分布

等温流动意味着沿整个管道气流温度恒定，即 $T=\text{const}$。

于是，按照有摩擦绝热流动相同步骤并考虑 dT=0，可得 M 与距离 x 的微分关系为

$$\frac{\text{d}M}{\text{d}x}=\frac{\lambda}{2D}\frac{kM^3}{1-kM^2} \tag{11-61}$$

该式表明：等截面管等温摩擦流动中，若进口马赫数 $M<1/\sqrt{k}$，则 dM/dx>0，即管内 M 将持续增加；反之，若进口 $M>1/\sqrt{k}$，则 dM/dx<0，即管内 M 将持续减小。且二者都至多只能在管道出口趋于 $M=1/\sqrt{k}$，即壁面摩擦总是使等温气流的 M 趋近于 $1/\sqrt{k}$。

若考虑黏度 μ 仅是 T 的函数，则等温流动时 $\mu=\text{const}$；又因等截面管稳态流动中 $\rho v=\text{const}$，所以管道内 Re 不变，阻力系数 λ 处处相等。因此式（11-61）积分可得

$$-\frac{1}{2kM^2}-\ln M=\lambda\frac{x}{2D}+C$$

其中 C 可定义马赫数 $M=1/\sqrt{k}$ 时的管长 x_T（或称等温流动临界长度）来确定，即

$$C=-\frac{1}{2}-\ln\frac{1}{\sqrt{k}}-\lambda\frac{x_\text{T}}{2D}$$

由此可得

$$\ln(kM^2)+\frac{(1-kM^2)}{kM^2}=\lambda\frac{(x_\text{T}-x)}{D} \tag{11-62}$$

此即等温流动的马赫数分布式。其中 $x=x_\text{T}$ 则 $kM^2=1$，x=0 则 M 为进口马赫数（或代入进口 M 并令 x=0，则可求得 x_T，且在进口马赫数 $M\leqslant1/\sqrt{k}$ 范围，M 越大 x_T 越小）。

根据该分布式可知，若任意两截面 x_1、x_2 对应马赫数为 M_1、M_2，则

$$\ln\frac{M_1^2}{M_2^2}+\frac{1}{kM_1^2}-\frac{1}{kM_2^2}=\lambda\frac{x_2-x_1}{D} \tag{11-63}$$

（2）压力沿管道的变化

对于等截面管内理想气体的等温稳态流动，$\rho v=\text{const}$，$T=\text{const}$，$a=\sqrt{kRT}=\text{const}$，因此，分别对状态方程和质量守恒方程微分，并引入马赫数 M，有

$$\frac{dp}{p}=\frac{d\rho}{\rho},\quad \frac{d\rho}{\rho}=-\frac{dv}{v}=-\frac{dM}{M}\quad \rightarrow \frac{dp}{p}=-\frac{dM}{M}$$

积分该式得
$$\ln p=-\ln M+C$$

其中常数 C 可定义马赫数 $M=1/\sqrt{k}$ 处的压力为 p_T（即 x_T 处的压力，或称等温流动临界压力）来确定。由此可得管截面的压力 p 与该截面马赫数 M 的关系为

$$p_T/p=\sqrt{k}M \tag{11-64}$$

根据该式并引用状态方程，可得任意两截面的压力和密度与对应马赫数的关系如下

$$p_1M_1=p_2M_2,\quad \rho_1M_1=\rho_2M_2 \tag{11-65}$$

由此可知，对于等截面管的等温摩擦流动，若进口 $M<1/\sqrt{k}$（此时 $M_2>M_1$），则气流压力 p 和密度 ρ 将持续降低；进口 $M>1/\sqrt{k}$ 时则恰好相反。

【例 11-13】 等截面管有摩擦等温流动的出口压力及吸热速率

空气在直径 D=0.1m、阻力系数 λ =0.016 的管道内等温流动，进口压力 p_1 =200kPa、温度 T_1 =15℃。如果流量 q_m =1.3kg/s，管长 L=60m，试计算：管道出口压力，该长度管道允许的最大流量，该流量（1.3kg/s）允许的最大管长，进口至出口的吸热速率。

解 根据已知条件可知，进口流速及对应的进口马赫数分别为

$$v_1=\frac{q_m}{\rho_1 A}=\frac{4RT_1q_m}{p_1\pi D^2}=\frac{4\times 287\times 288\times 1.3}{(2\times 10^5)\times\pi\times 0.1^2}=68.407(\text{m/s})$$

$$M_1=\frac{v_1}{a_1}=\frac{v_1}{\sqrt{kRT_1}}=\frac{68.407}{\sqrt{1.4\times 287\times 288}}=0.2011,\quad kM_1^2=0.05662$$

① 管道出口压力。已知 kM_1^2，可将马赫数分布式用于进口（x=0）得到 x_T，即

$$\ln(kM_1^2)+\frac{(1-kM_1^2)}{kM_1^2}=\lambda\frac{(x_T-0)}{D}\ \rightarrow\ x_T=86.189\text{m}$$

已知 x_T，且出口处 x=60m，则针对出口的马赫数分布式的右边项为

$$\lambda\frac{x_T-x}{D}=0.016\times\frac{87.720-60}{0.1}=4.1902$$

将此代入马赫数分布式，试差可得出口马赫数 M_2，结果为 M_2 =0.3159。

于是，根据等温流动两截面压力关系式（11-65）可得出口压力为

$$p_2=p_1M_1/M_2=200\times 0.2011/0.3159=127.319(\text{kPa})$$

另一方法：因定常流动时 $q_m/A=\rho_1v_1=\rho_2v_2$，故引用状态方程和马赫数定义可得

$$\frac{q_m}{A}=\frac{p_1v_1}{RT}=\sqrt{\frac{p_1^2kM_1^2}{RT}}\ \rightarrow p_1^2=\left(\frac{q_m}{A}\right)^2\frac{RT}{kM_1^2},\quad p_2^2=\left(\frac{q_m}{A}\right)^2\frac{RT}{kM_2^2}$$

以上两式相减，并引用两截面的马赫数关系（其中 $x_2-x_1=L$）和两截面的压力关系，可得等温摩擦流动进出口压力 p_1、p_2 与质量流量 q_m 的关系为

$$p_1^2-p_2^2=\left(\lambda\frac{L}{D}+2\ln\frac{p_1}{p_2}\right)\left(\frac{q_m}{A}\right)^2RT \tag{11-66}$$

代入已知数据，由该式试差可得 p_2，进而可得 M_2，结果为

$$p_2=127.341\text{kPa},\quad M_2=p_1M_1/p_2=0.3158$$

②该长度管道允许的最大流量。从式（11-66）可知，给定其余参数，出口压力 p_2 越小，流量 q_m 越大。对于进口马赫数 $M_1<k^{-0.5}$ 的等温流动，出口为临界状态时 p_2 最低，对应流量最大，而出口为临界状态时 $x_T=L$。因此对于长度为 L 的管道，令 x_T =L 计算得到的流量就是其允许的最大流量。对于 L=60m 的管道，令 x_T = 60m，由马赫数分布式试差可得其对应的 M_1=0.23281，据此计算的流量就是其允许的最大流量（记为 $q_{m,T}$），即

$$q_{m,T}=\rho_1 v_1 A=(p_1/RT)M_1 a_1 A=p_1 M_1 A\sqrt{k/RT}=1.505\text{kg/s}$$

此时 $p_2=p_T=p_1M_1/k^{0.5}$ =55.093kPa。由此并根据式（11-66）也可计算 $q_{m,T}$。本例条件下，若要进一步增加最大流量 $q_{m,T}$，则只有减小管长。

③流量 q_m =1.3kg/s 允许的最大管长。因等温流动的管长 L 不可能大于临界管长 x_T，故等温流动允许的管长范围是 $L\leqslant x_T$，其中 $L=x_T$ 则是等温流动允许的最大管长。根据①的计算可知，q_m =1.3kg/s 时 x_T =86.189m，故其允许的最大管长 $L=x_T$ =86.189m。本例条件下，若要将管道延长至 $L>86.189$m，则只有减小流量 q_m，使 x_T 延长至 $x_T\geqslant L$。

④传热速率计算。根据稳态流动能量方程式（11-6），忽略重力位能，且等温流动 $\Delta i=0$，管道流动 $N=0$，可得等温流动时 M_1、M_2 对应管段的总传热速率为

$$Q=q_m(v_2^2-v_1^2)/2=q_m kRT(M_2^2-M_1^2)/2$$

代入已知数据和以上计算结果，有

$$Q=1.3\times1.4\times287\times288\times(0.3159^2-0.2011^2)/2=4464.2(\text{J/s})$$

讨论：等温摩擦流动中，管内气流与外界（管外）必然存在热量交换。其中，若进口马赫数 $M<1/\sqrt{k}$（此时 $M_2>M_1$），则等温流动必然是吸热过程即 $Q>0$（其中局部吸热速率沿流动方向不断增大，且与马赫数的增长规律相适应）；若进口马赫数 $M>1/\sqrt{k}$，则传热行为相反。总传热速率不足或局部传热速率不按要求变化，都将偏离等温流动。

11.7 可压缩流体的速度与流量测试

皮托管常用于不可压缩流体或低速气流的速度测量，只要确定流体的静压和驻点压力，就可确定流动速度。但在高速气流中，皮托管前端驻点的密度将显著高于气流密度；若来流为超声速气流，则皮托管前端还将有激波形成。本节首先讨论皮托管用于亚声速和超声速气流的速度测量问题，然后介绍文丘里管用于可压缩流体的流量测量问题。

11.7.1 亚声速气流中的皮托管

测速公式 亚声速气流中的皮托管如图11-18所示。设皮托管前端驻点处气流滞止为零的过程为绝热过程，则由绝热过程能量方程（11-7），气流速度可表示为

$$v^2/2=i_0-i=c_pT_0(1-T/T_0)$$

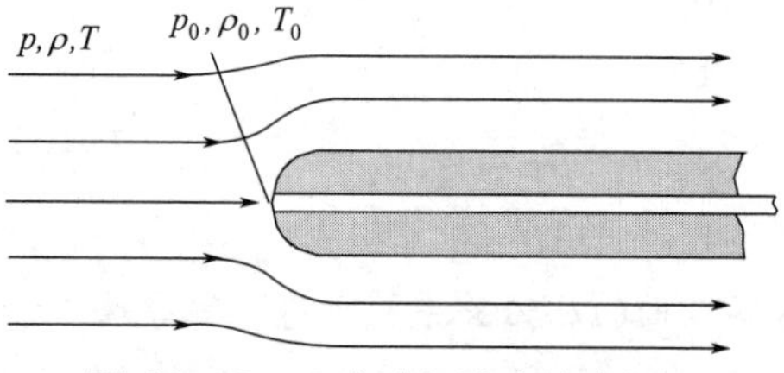

图11-18 亚声速气流中的皮托管

进一步假设气流滞止为零的过程为等熵过程，则引用等熵过程方程又可将上式表示为

$$\frac{v^2}{2}=c_pT_0\left[1-\left(\frac{p}{p_0}\right)^{(k-1)/k}\right] \tag{11-67}$$

将 v 转换为 M，并根据 c_p 关系式和滞止温度与滞止压力公式，上式又可改写为

$$M^2=\frac{2}{k-1}\left[\left(\frac{p_0}{p}\right)^{(k-1)/k}-1\right] \tag{11-68}$$

此即亚声速气流中的皮托管测速公式：测定气流静压 p 和驻点压力 p_0，即可确定气流马赫数 M；若要进一步确定气流速度 v，还需测定驻点温度 T_0［见式（11-67）］。

压力系数及可压缩性对测速的影响 根据滞止压力公式可知

$$\frac{p_0}{p}=\left(1+\frac{k-1}{2}M^2\right)^{k/(k-1)} \quad 或 \quad p_0-p=p\left[\left(1+\frac{k-1}{2}M^2\right)^{k/(k-1)}-1\right]$$

又因为
$$\frac{\rho v^2}{2}=\frac{pk}{kRT}\frac{v^2}{2}=p\frac{kM^2}{2}$$

于是可得
$$\zeta_p=\frac{p_0-p}{\rho v^2/2}=\frac{2}{kM^2}\left[\left(1+\frac{k-1}{2}M^2\right)^{k/(k-1)}-1\right] \tag{11-69}$$

式中 ζ_p 称为压力系数，即压差 (p_0-p) 与动压 $\rho v^2/2$ 之比。对于不可压缩流体，根据伯努利方程可知 $\zeta_p=1$。但对于可压缩流体，如空气（k=1.4），由该式计算得到

$$M=0:\ \zeta_p=1;\ M=0.2:\ \zeta_p=1.010;\ M=0.3:\ \zeta_p=1.023;\ M=1:\ \zeta_p=1.276$$

由此可见，只要 $M<0.2$，用皮托管测压并按不可压缩流动换算流速的误差将小于 1%。因此考虑实际滞止过程存在耗散，基于不可压缩流体的皮托管测速公式应用于可压缩流体时，要求的条件是 $M\leqslant 0.1$（见第 4 章 4.6.3 节）。对于过程设备内的气体流动，一般规定 $M<0.3$ 且压力变化幅度较小时可按不可压缩流动处理，其基本依据也在于此。

11.7.2 超声速气流中的皮托管

超声速气流中的皮托管如图 11-19 所示。超声速情况下，皮托管前端将出现脱体激波，皮托管驻点是经历了正激波后的驻点，因此超声速气流中皮托管测试的驻点压力是正激波后的驻点压力 p_{02}。要由此确定波前马赫数 M_1，必须建立 p_{02} 与 M_1 的关系。这一关系可应用滞止压力公式（11-19）、波前 / 波后的马赫数关系式（11-26）和波前 / 波后的滞止压力关系式（11-28）三者联立得到，即

$$\frac{p_{02}}{p_1}=\left[\frac{(k+1)^{(k+1)}}{2kM_1^2-(k-1)}\left(\frac{M_1^2}{2}\right)^k\right]^{1/(k-1)} \tag{11-70}$$

根据该式，测得 p_{02}，即可确定波前马赫数 M_1，其中 p_1 为波前流体静压，可通过管壁静压测口或皮托管静压测口测试（见习题 11-44）。确定 M_1 后，再测试出波前滞止温度 T_{01}，即可确定来流静温 T_1，由此计算声速 a_1，从而得到来流速度 $v_1=M_1a_1$。

为避免求取 M_1 时的试差过程，有的教材中已将上式制成数据表格以供查取。

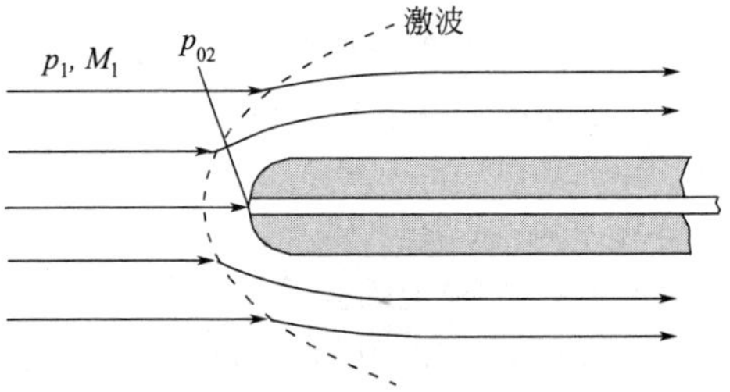

图 11-19 超声速气流中的皮托管

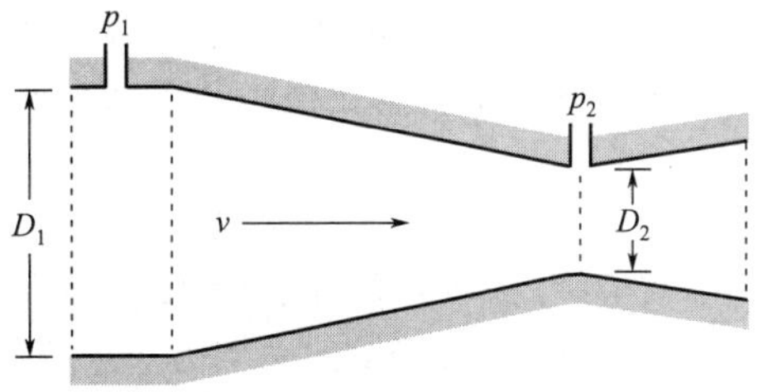

图 11-20 文丘里管

11.7.3 可压缩流动流量测量

可压缩流体质量流量常采用如图 11-20 所示的渐缩管测量，即文丘里管，其中下游测压管位于喉口位置。文丘里管的流动可视为绝热过程，因此针对截面 1 和截面 2 应用绝热过程能量方程式（11-7）和质量守恒方程分别有

$$\frac{kRT_1}{k-1}+\frac{v_1^2}{2}=\frac{kRT_2}{k-1}+\frac{v_2^2}{2},\quad v_1=\frac{\rho_2v_2A_2}{\rho_1A_1}=\frac{\rho_2v_2}{\rho_1}\left(\frac{D_2}{D_1}\right)^2$$

将 v_1 代入能量方程，并应用气体状态方程将 RT 用 p/ρ 表示，再假设流动为等熵过程，用过程方程将密度比表示为压力比，可解出

$$v_2^2=\frac{[2k/(k-1)](p_1/\rho_1)\left[1-(p_2/p_1)^{(k-1)/k}\right]}{1-(p_2/p_1)^{2/k}(D_2/D_1)^4} \tag{11-71}$$

考虑到该式是基于理想气体一元流动的结果，故由 v_2 计算流量时应乘以流量系数 C_d，以修正理想与实际的偏差，因此实际流量计算公式为

$$q_m=C_d\rho_2 v_2 A_2=C_d\rho_1(p_2/p_1)^{1/k}v_2A_2 \tag{11-72}$$

或

$$q_m=C_dA_2\left(\frac{p_2}{p_1}\right)^{1/k}\sqrt{\frac{[2k/(k-1)](p_1\rho_1)\left[1-(p_2/p_1)^{(k-1)/k}\right]}{1-(p_2/p_1)^{2/k}(D_2/D_1)^4}} \tag{11-73}$$

该式对亚声速和超声速气流均适用，条件是截面1与截面2之间没有激波产生。为避免激波形成和激波阻力损失，实践中文丘里管的设计通常避免出现超声速流动。此外，当文丘里管内流速较高（*Re* 较大）时，只要无激波产生，通常可取流量系数 C_d =1。

思考题

11-1　流体的总焓定义为 $i_0=i+v^2/2$。气体定常流动可认为 $i_0=\text{const}$，该结论对液体也成立吗？

11-2　气流的总焓 $i_0=u+p/\rho+v^2/2$，且气流经可逆绝热过程和不可逆绝热过程其速度滞止为零时的总焓都相同，都等于 i_0。这是否意味着这两种过程的终点状态完全相同？

11-3　气流的全压 P 是气流静压与动压之和，即 $P=p+\rho v^2/2$。滞止压力 p_0 是气流经等熵过程速度滞止为零时的压力（此时密度为 ρ_0，内能为 u_0）。试证明：

$$P\leqslant p_0,\quad P/\rho\geqslant p_0/\rho_0,\quad u_0\geqslant u$$

即气流的全压小于滞止压力（或单位体积气体的全压能小于其滞止压力能）；但单位质量气体的全压能大于其滞止压力能；且滞止过程中内能 u 是增加的。

11-4　进口 p、T、v 确定且 $M<k^{-0.5}$ 的气流进入同一等截面管内作定常绝热流动或等温流动，且两种流动的 λ 不变（水力粗糙管），试问哪种流动的压力降低更快？或速度上升更快？哪种流动率先在出口达到其临界状态？

11-5　进口状态参数 p、T 确定的亚声速气流在等截面管内绝热流动，若出口马赫数 M_2=1（压力为 p_*），则此时出口的背压 p_b 在什么范围？若在此基础上再降低或提高背压 p_b，则管中的流量将如何变化，并陈述理由。

11-6　等温流动的三个要点是：等温流动的管长不得大于其临界管长即 $L\leqslant x_T$；在 $M_1<k^{-0.5}$ 范围 x_T 越小则 M_1 越大；进口 p、T 确定时 M_1 越大则 q_m 越大。试针对管道进口 p、T 确定且 $M<k^{-0.5}$ 的等温流动，论证如下结论：给定管长 L 下出口达到临界状态时的流量是该管道实现等温流动的最大流量；给定流量 q_m 下出口达到临界状态时的管长是该流量下实现等温流动的最大管长。

习题

11-1　压力为101kPa的空气以马赫数 M=0.7绕过直径为10mm的球体流动。已知球体的阻力系数 C_D =0.95，试确定球体对空气的阻力。

11-2　超声速战斗机头部具有尖锐前端。试估计当其以马赫数 M=2在温度为273K的空气中飞行时其前端端部的温度。

11-3　飞机在15℃的海平面飞行的速度为800km/h，试确定其以相同马赫数在–40℃的高空飞行时的速度。

11-4　压力200kPa、温度20℃的空气以250m/s的速度横向绕流圆柱体，试按等熵过程估计圆柱体表面驻点处的压力与温度。

11-5 氢气储罐向工艺设备供气，罐内温度 $T_0=293\text{K}$，压力 $p_0=500\text{kPa}$。已知供气管道直径为 2cm 处的流速为 300m/s。设氢气流动可视为等熵流动，试确定该截面处氢气的温度、压力、马赫数和质量流量。

11-6 某气体在管内定常流动，进口状态为 $p_1=245\text{kPa}$，$T_1=300\text{K}$，$M_1=1.4$。已知出口马赫数 $M_2=2.5$，气体 k=1.3，R=469J/(kg·K)，并设气体流动过程绝热，试计算气流的滞止温度、进口截面单位面积的质量流量、气流的出口温度及速度。

11-7 速度 500m/s、静压 70kPa、静温 −40℃的氮气气流跨越正激波。试确定激波后气流的马赫数、压力、温度、速度及熵增。若波前气流速度无穷大，则波后马赫数为多少？

11-8 氮气气流在正激波后的马赫数为 0.8，静温为 100℃。试确定其激波前的马赫数、静温和流速。

11-9 设计图 11-21 所示的超声速风洞。要求工作段马赫数 $M_E=3.0$，压力 p_E=5kPa，温度 $T_E=298\text{K}$。试按等熵流动确定：①喷管面积比 A_E/A_t；②前室（上游气源容器）的压力 p_0 与温度 T_0；③ A_E=0.2m² 时所需的压气机功率。气体为空气。

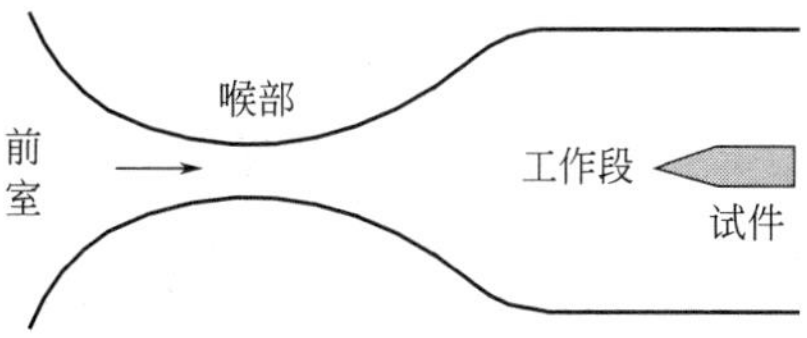

图 11-21 习题 11-9 附图

11-10 喉部直径 75mm、出口直径 100mm 的缩放管与容器连接，将其中压力 290kPa、温度 65℃的空气排放于压力为 p_b 的空间，设流动过程等熵且容器内压力温度保持恒定。试求：

① 使喷管产生堵塞现象的最大出口背压。注：拉伐尔喷管内发生堵塞现象是指喉部达到声速的状态，因为此后再降低背，流量不再增加，除非改变上游条件。

② 背压 p_b 分别为 280、270、250、200kPa 时的质量流量。

③ 使喷管气体由亚声速膨胀到超声速且出口仍为超声速所对应的背压。

11-11 出口面积与喉部面积之比为 1.6 的缩放管与容器连接，将其中压力 500kPa、温度 50℃的空气排放于压力为 p_b 的空间，排放过程等熵且容器内压力与温度保持恒定。试确定使喷管中出现激波的背压范围。

11-12 空气在拉伐尔喷管中等熵流动。已知喉口上游截面 A_1=1000cm² 处的马赫数 M_1=0.3，要求在下游 A_2 截面处的马赫数 M_2=3.0。试确定：喉口面积 A_t，面积 A_2，以及截面 A_2 与 A_1 的压力比 p_2/p_1 和温度比 T_2/T_1。

11-13 空气通过缩放管由大容器排放于背压 p_b =100kPa 的环境中。已知缩放管喉部直径 25mm，容器内空气压力和温度分别为 800kPa 和 313K，且维持恒定。

① 试确定缩放管出口直径，以使其出口压力 p_E 刚好等于背压 p_b（不是通过激波使出口压力与 p_b 平衡），以及此时对应的出口速度和马赫数；

② 在以上确定的出口直径下，若缩放管出口要产生激波，其背压 p_b 应为多少？

11-14 图 11-22 为喷气发动机前段扩压器，扩压比 3∶1（即扩压器出口与进口的面积比 A_E / A_1）。飞机在高空飞行，压力 p_1 =30kPa，温度 T_1 =−40℃，马赫数 M_1=1.8；扩压器进口有正激波。设扩压器内为等熵流动，气流 k=1.4，试确定：① 进口截面正激波后的马赫数 M_2，静压 p_2 与滞止压力 p_{02}，静温 T_2 与滞止温度 T_{02}；② 出口处的马赫数 M_E、温度 T_E、压力 p_E。

11-15 空气在如图 11-23 所示的变截面管内流动。已知上游截面 A =200cm² 处的马赫数 M =0.1、静压 p = 400kPa，出口截面面积 A_E =160cm²。若该喷管在喉部下游截面 A_s =120cm² 处产生正激波，试确定喷管喉口面积 A_t、激波截面前的马赫数 M_1 及出口的背压 p_b。设除激波外，流动过程均等熵。

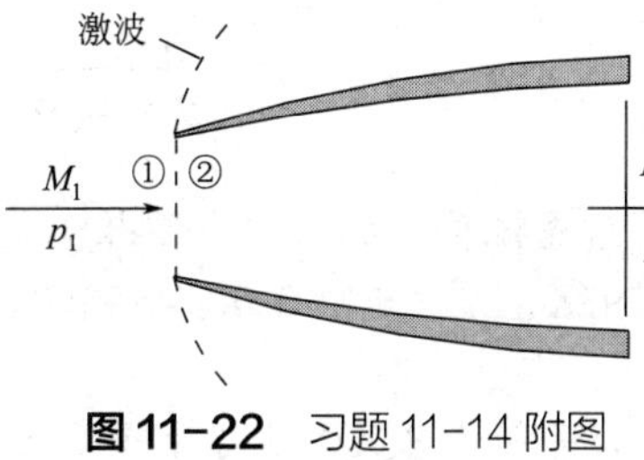

图 11-22 习题 11-14 附图

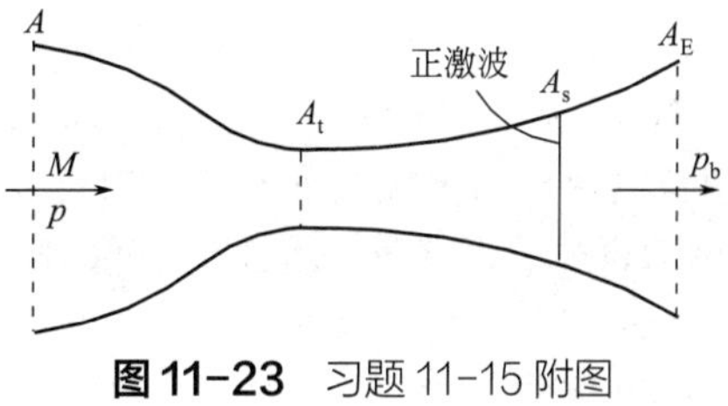

图 11-23 习题 11-15 附图

11-16　某拉伐尔喷管如图 11-24 所示，其出口截面与喉口截面之比 $A_E/A_t=3$。已知出口背压与来流总压之比 $p_b/p_0=0.4$，气流 k=1.4，流动过程等熵。试问喷管中是否出现激波，并按正激波考虑确定：① 正激波前后的马赫数 M_1、M_2 及出口马赫数 M_E；② 正激波前的压力与来流总压之比 p_1/p_0，激波所在截面的面积比 A/A_t。

提示：应用临界面积公式和滞止压力公式建立关系式 $A_E/A_t=f_1(M_1,M_2,M_E)$、$p_b/p_0=f_2(M_1,M_2,M_E)$，并结合正激波前后马赫数关系式 $M_2=f(M_1)$，三者联立试差求解 M_1、M_2、M_E。

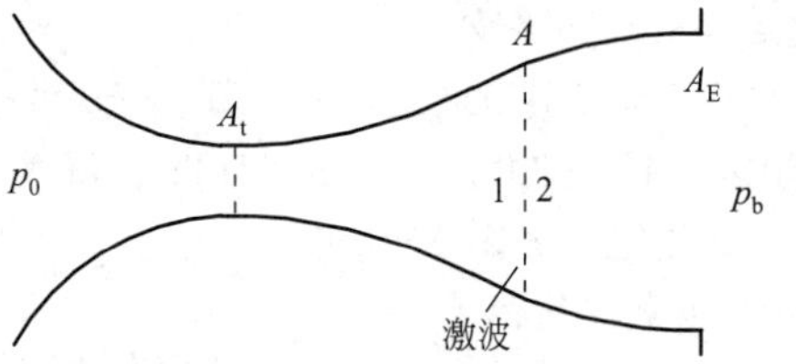

图 11-24　习题 11-16 附图

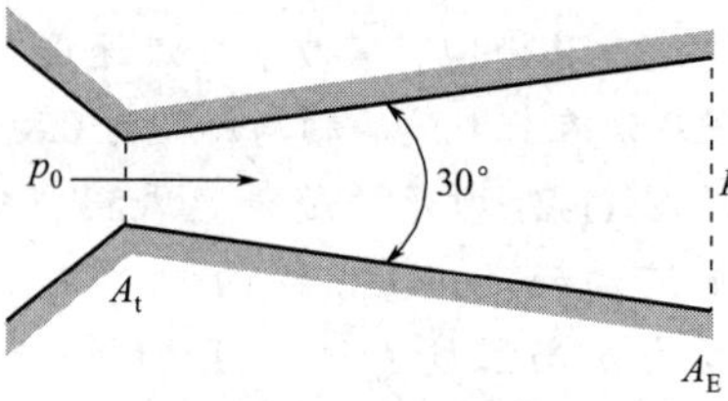

图 11-25　习题 11-17 附图

11-17　某火箭喷管如图 11-25 所示，其喉口截面直径 D_t=4cm，出口截面直径 D_E=8cm，进口总压 p_0=250kPa，出口背压 p_b=100kPa。已知气体 k=1.2。试问喷管下游是否会有激波出现，并按正激波考虑确定：①正激波前后的马赫数 M_1、M_2 及出口马赫数 M_E；②波后气流的临界面积；③分别用波前、波后的临界面积计算正激波所在截面的面积 A 及其与喉口截面的距离。提示：见习题 11-16 的提示。

11-18　图 11-26 为火箭发动机示意图（火箭竖直发射）。已知火箭发动机燃烧室中燃气压力 p_0=1.8MPa，温度 T_0=3300K，渐缩管喉口面积 A_t=10cm^2，出口空间压力为 p_b=100kPa。燃气可视为理想气体，其 k=1.2，R=400J/(kg·K)，且流动可视为等熵过程。

① 若要求燃气出口为理想膨胀，试计算喷管膨胀比（即 A_E/A_t）和火箭发动机的推力 F'；

② 若将喷管膨胀比减小为 A_E/A_t=3.0（其中 A_t 保持不变）以实现亚膨胀（出口压力 $p_E>p_b$），则火箭的推力 F' 又为多少。注：图中 F 是火箭所受总力（包括阻力、重力、加速度惯性力），而火箭发动机推力 $F'=-F$（其中 F 可取火箭为控制体应用动量守恒方程得到）。

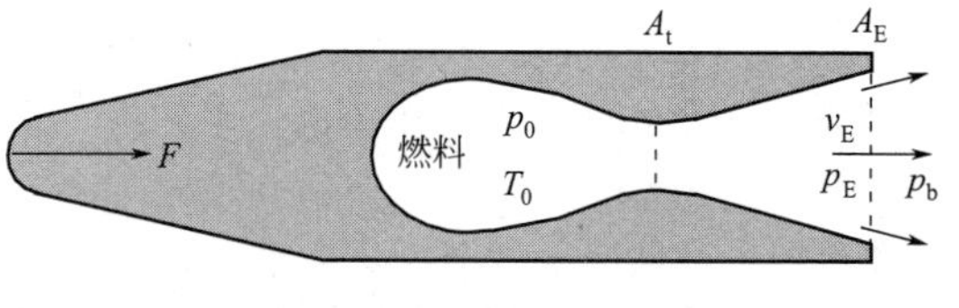

图 11-26　习题 11-18 附图

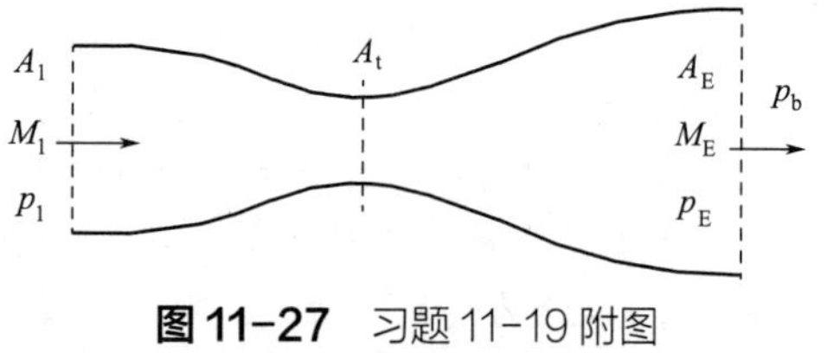

图 11-27　习题 11-19 附图

11-19　超声速空气气流的进入变截面管内流动，如图 11-27 所示。已知上游截面面积 A_1=100cm^2 处马赫数 M_1=2.1、静压 p_1=100kPa，喉口截面面积 A_t=70cm^2，出口截面面积 A_E=125cm^2，出口背压 p_b=30kPa。试确定出口截面的马赫数 M_E、静压 p_E 及驻点压力 p_{0E}。设除激波外，流动过程等熵。

11-20　温度 65℃、压力 600kPa 的空气由大容器壁面上直径为 40mm 的孔口（视为渐缩管）排放到压力为 p_b 的空间，如图 11-28 所示。设流动可视为等熵过程，且流动过程中容器内压力温度保持不变。试确定 p_b = 50、200、350、500kPa 时的质量流量及出口温度。

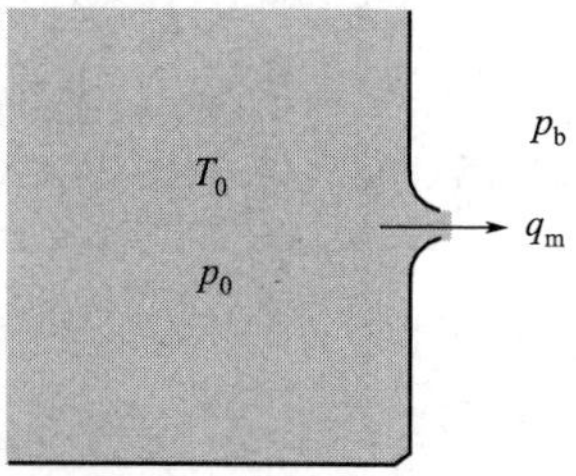

图 11-28　习题 11-20 附图

11-21　图 11-29 所示的渐缩喷管可用来测定管道中空气气流的质量流量。现已知喷管出口截面面积为 3cm^2，实验测得喷管上游滞止压力 p_0=300kPa、滞止温度 T_0=293K，喷管出口背压 p_b=90kPa。设流动为等熵过程，试计算质量流量及出口的压力、温度、密度和流速。

11-22　图 11-30 所示是等动量取样管。等动量取样要求取样管的进气状态及速度与管外气流状态及速度相等

（或管内流量＝取样管进口面积 × 来流质量通量），为此在取样管内设置渐缩管控制流量。已知取样管内径4mm，管内渐缩管出口直径2mm；管外气流速度50m/s、温度600℃、压力100kPa。设气体为空气，且流动等熵，试确定实现等动量取样的背压（即渐缩管下游的压力）。

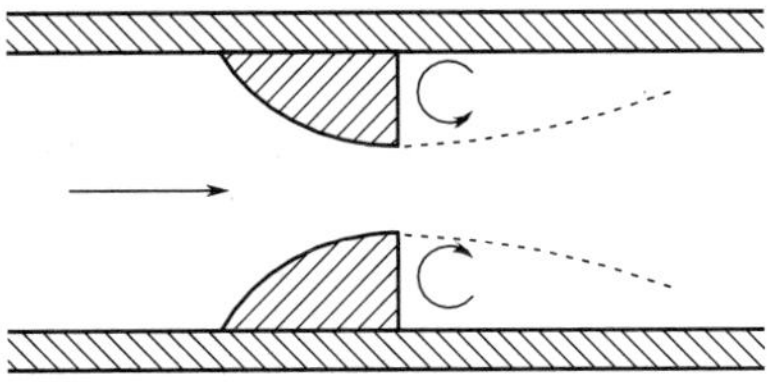

图 11-29 习题 11-21 附图

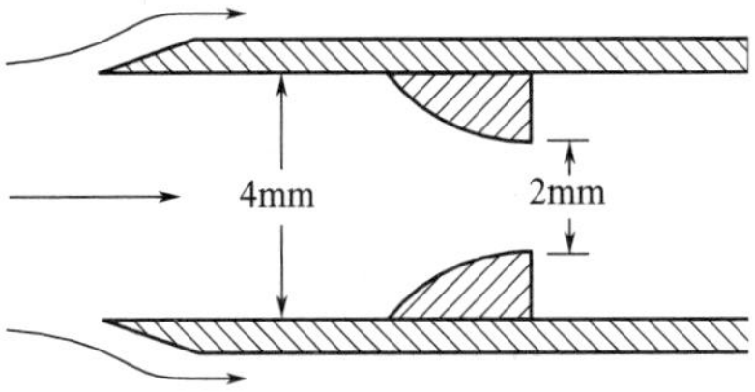

图 11-30 习题 11-22 附图

11-23 图 11-31 为喷气火箭示意图。火箭渐缩喷管出口面积 A_E=120cm²，燃烧室中燃气压力 p_0 =1MPa，温度 T_0=1500K，出口空间压力为 p_b =100kPa。燃气可视为理想气体，k=1.3，R=415.7J/(kg·K)，燃气流动为等熵过程。试计算喷气火箭的推力 F'。注：图中 F 是火箭所受总力（包括阻力、重力、惯性力），火箭推力 $F'=-F$。

11-24 某天然气输送管道，压力350kPa，温度300K，气速15m/s。现因管道局部腐蚀突然出现直径5mm的小孔而发生泄漏。若环境压力为100kPa，孔口泄漏可视为渐缩管等熵流动，天然气的 k 和 R 可按甲烷气取值，并假定泄漏过程不影响管流参数，试问小孔泄漏量（质量流量）为多少？若泄漏不影响管流参数假设的前提条件是泄漏量不大于天然气输送量的0.1%，试确定管道直径。

11-25 高压等温容器通过壁面渐缩口将空气排放于大气环境，见图 11-32。已知容器体积5m³，储存有压力30bar、温度25℃的空气，渐缩口出口面积15mm²，环境压力1bar。设放气过程中容器内气体温度恒定，且渐缩口流动可视为拟稳态等熵过程（即放气过程每一时刻渐缩口的流量可按稳态等熵流动计算）。试确定：①容器内压力降低到5bar所需的时间；②容器内压力降低到1.5bar所需的时间；③容器内压力降低到1.5bar时，容器与外界交换的总热量。

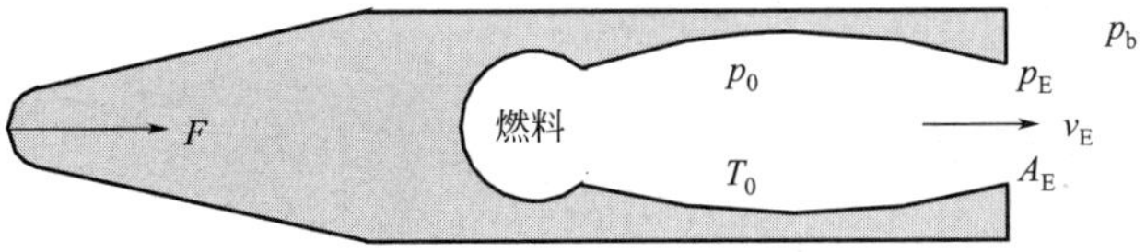

图 11-31 习题 11-23 附图

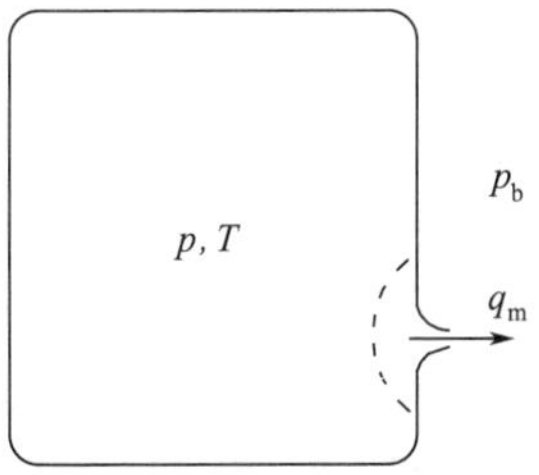

图 11-32 习题 11-25 附图

11-26 高压绝热容器通过壁面渐缩口将空气排放于大气环境，见图 11-32。已知容器体积5m³，储存有压力30bar、温度25℃的空气，渐缩口出口面积15mm²，环境压力1bar。设放气过程容器绝热，且渐缩口流动可视为拟稳态等熵过程（即放气过程每一时刻的渐缩口流量可按稳态等熵流动计算）。试确定：①放气过程中容器内压力与温度的关系；②容器内压力降低到5bar及1.5bar时各自所需的时间。

11-27 空气（k=1.4）在直径5cm的管内绝热流动，其进口马赫数为0.2。若管道平均阻力系数为0.015，试确定马赫数达到0.6和1.0的截面至进口截面的距离。

11-28 空气在直径3cm、相对粗糙度 e/D=0.00005 的黄铜管内绝热流动。已知其出口马赫数为0.8，出口环境压力100kPa，空气总温（滞止温度）373K。试确定上游马赫数为0.2截面处的气流温度以及该截面到出口的距离。

11-29 某粒状农产品输送系统由风机和管路组成，管道为直径20cm的钢管，管长150m，设计出口流速50m/s。已知出口环境压力100kPa，温度15℃，试确定管道进口端（风机出口）空气的温度、压力和速度。

设载有颗粒的气流的 k=1.4，R=287J/(kg·K)，管路平均阻力系数为 0.015。

11-30 总温（滞止温度）T_0 =300K 的空气，进入直径 D=3cm、长度 L=8m 的管道作绝热流动。已知出口环境压力 p_b =100kPa。

①若出口马赫数 $M_E=1$，出口压力 $p_E=p_b$，且取平均阻力系数 λ=0.0129，试确定出口温度 T_E，以及进口压力 p、温度 T 和马赫数 M；

②若进口压力 p=160kPa，且取平均阻力系数 λ=0.0160，试确定进口温度 T 和马赫数 M，以及出口的压力 p_E、温度 T_E 和马赫数 M_E；

③若进口压力 p=600kPa，且取平均阻力系数 λ=0.0110，试确定进口温度 T 和马赫数 M，以及出口的压力 p_E、温度 T_E 和马赫数 M_E；

④ 绘制上述三种情况下管内的马赫数 M、压力 p 和温度 T 分布图。

11-31 氢气气瓶外接调节阀，通过 3m 长的软管将氢气排放于压力 p_b =50kPa 的环境中，要求调节阀压力为 310kPa（软管进口压力）时的流量为 q_m =0.026kg/s。已知气流总温 T_0 =313K，软管相对粗糙度 e/D=0.0015。试按绝热流动确定软管直径（需试差计算）。

11-32 氧气在直径 2.5cm、长 10m、相对粗糙度 e/D=0.0018 的铸铁管内绝热流动，其出口环境压力 p_b =100kPa。已知进口处氧气总温 T_0 =293K。试确定进口静压分别为 300kPa 和 500kPa 时的质量流量。提示：流量需试差计算，见【例 11-12】。

11-33 氧气在直径 2.5cm、长 10m、相对粗糙度 e/D=0.0018 的铸铁管内绝热流动，其出口环境压力 p_b =100kPa。已知进口处氧气温度 T =320K 且不变。试确定进口静压分别为 300kPa 和 500kPa 时的质量流量。提示：流量需试差计算。

11-34 空气以 45kg/s 的流量在截面尺寸 250mm×350mm 的矩形管内绝热流动。已知管道进口截面压力 550kPa，温度 310K。试求流体密度 $\rho_2=0.75\rho_1$（ρ_1 为进口密度）的截面至进口截面的距离。管道阻力系数 λ =0.01，管道直径可用水力当量直径。

11-35 等温流动进 / 出口压力关系的证明。气体在等截面管内等温流动，其中气流温度为 T，管道长度为 L，直径为 D（对应截面积为 A），阻力系数为 λ。试推导证明：

① 进出口压力 p_1、p_2 与质量流量 q_m、进口马赫数 M_1、出口马赫数 M_2 有如下关系

$$p_1^2-p_2^2=\left(\lambda\frac{L}{D}+2\ln\frac{p_1}{p_2}\right)\left(\frac{q_m}{A}\right)^2RT$$

$$1-\frac{p_2^2}{p_1^2}=\left(\lambda\frac{L}{D}+2\ln\frac{p_1}{p_2}\right)kM_1^2,\quad \frac{p_1^2}{p_2^2}-1=\left(\lambda\frac{L}{D}+2\ln\frac{p_1}{p_2}\right)kM_2^2$$

② 若 (p_1-p_2) 用不可压缩流动的达西公式表达，其中流体密度取进出口平均密度，则

$$p_1^2-p_2^2=\lambda\frac{L}{D}\left(\frac{q_m}{A}\right)^2RT,\quad 1-\frac{p_2^2}{p_1^2}=\lambda\frac{L}{D}kM_1^2,\quad \frac{p_1^2}{p_2^2}-1=\lambda\frac{L}{D}kM_2^2$$

注：这意味着用平均密度法计算可压缩等温流动的压力，其偏差与 $2\ln(p_1/p_2)$ 的大小有关，若 $2\ln(p_1/p_2)$ 相对于 $\lambda(L/D)$ 较小，则偏差较小，反之不然。

11-36 温度 310K 的空气以 45kg/s 的流量在截面尺寸 250mm×350mm 的矩形管内等温流动。已知管道某截面处的压力为 550kPa，试确定该截面下游 150m 处的压力。管道阻力系数为 0.01，管道直径可用水力当量直径。若采用常规平均密度法（见习题 11-35），则 150m 处的压力又为多少？

11-37 用直径 15cm、相对粗糙度 e/D=0.0003 的钢管输送甲烷气。进口压力 1MPa，温度 320K，流速 20m/s。已知甲烷气的比热比 k=1.31，R=518J/(kg·K)，320K 温度下的动力黏度 $\mu=1.5\times10^{-5}$Pa·s。试分别按等温流动、绝热流动、不可压缩流动（平均密度法）计算管道下游 3km 处的压力 p_2。提示：等温和不可压缩流动计算可应用习题 11-35 给出的公式。

11-38 用直径 50cm、长度 1000m、相对粗糙度 e/D=0.0001 的钢管输送 15℃甲烷气。已知 15℃甲烷气的运动黏度 $\nu=1.59\times10^{-5}\mathrm{m^2/s}$），$k$=1.31，$R$=518J/(kg·K)。若钢管出口压力 100kPa，试按等温流动确定最大质

量流量及进口压力。

11-39 氦气在直径 5cm、长 100m、相对粗糙度 e/D=0.00003 的黄铜管内流动，进口压力 120kPa，出口压力 100kPa，温度维持 288K。已知 288K 时氦气的黏度 $\mu=1.95\times10^{-5}$Pa·s，试确定质量流量。

11-40 二氧化碳气体在直径 150mm、相对粗糙度 e/D=0.004 的管内流动，温度维持 313K，气体黏度 $\mu=1.95\times10^{-5}$Pa·s。在 30m 管段上下游两端测得的空气压力分别为 1100kPa 和 1030kPa，试确定质量流量。

11-41 空气在直径 5cm、长度 100m、相对粗糙度 e/D=0.00005 的管道内等温流动，温度维持 300K。已知出口压力 100kPa，空气 k=1.4，R=287J/(kg·K)，300K 时的黏度 $\mu=1.85\times10^{-5}$Pa·s。①试确定该管道等温流动的最大流量；②判断该管道可否实现进口马赫数 M_1=0.5 的等温流动；③确定该管道可实现等温流动的进口马赫数范围。

11-42 空气在直径 D=200mm、相对粗糙度 e/D=0.0015 的管道内等温流动。已知管道进口截面压力 p_1=600kPa、温度 T=25℃、流速 v_1=30m/s，在该截面下游另一截面测得的空气压力 p_2=100kPa。试确定：①两截面之间的距离；②为维持等温流动，两截面间需要由管壁输入的总热流量为多少；③ 输入的热流量沿流动方向（x 方向）如何变化（增加、减小或恒定），并计算两截面处单位管长所需的热流量。

11-43 根据理想气体在等截面管内定常流动的摩擦特性可知：流动绝热且进口马赫数 $M<1$，或流动等温且进口马赫数 $M<1/\sqrt{k}$，气流马赫数 M 沿流动方向总是不断增加的，即：沿流动方向 $\mathrm{d}M>0$。① 试将其余各参数沿流动方向的变换趋势（增大、减小、不变），用符号“↗”“↘”“—”填入表 11-2 中；② 阐述填空的依据（比如，等温流动时 p 的趋势是↘，其根据是等温流动时 $\mathrm{d}p=-(p/M)\mathrm{d}M$，即 $\mathrm{d}M>0$，必有 $\mathrm{d}p<0$）。

表 11-2 等截面管内定常流动的气流参数变化趋势（绝热流动进口 $M<1$，等温流动进口 $M<k^{-0.5}$）

流动分类	M	T_0	T	p	ρ	v	p_0	i	s
绝热流动	↗								
等温流动	↗								

11-44 图 11-33 是超音速飞机上用于测量马赫数的皮托管。已知飞行高度处空气温度 239.5K，皮托管驻点压力读数为 p_{02} =150kPa，静压读数为 p_1 =40kPa。试确定飞机飞行的马赫数 M_1 和速度 v_1。注：静压测口位于马赫波后的区域，而马赫波前后压力变化无限小，故测试的静压代表激波前方静压。

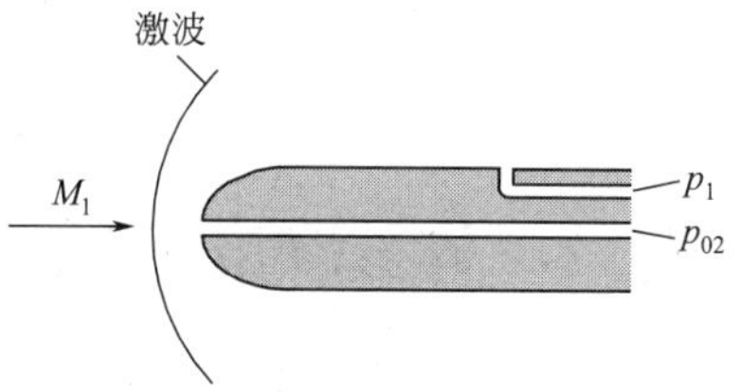

图 11-33 习题 11-44 附图

11-45 压力 p_1 =100kPa、温度 T_1=288K 的氢气通过文丘里管流动。文丘里管水平放置，进口直径 D_1=2cm，喉口直径 D_2=0.5 D_1。现测得两截面压降 p_1-p_2 =1kPa，试分别按可压缩和不可压缩计算氢气质量流量。取流量系数 C_d=0.62。

11

第11章
习题答案

12 过程设备内流体的停留时间分布

本章导言

停留时间即流体进入设备至离开设备的时间，停留时间分布即设备出口截面上流体停留时间长短的构成情况。对于过程设备中的流体流动，除了其流体动力学问题外，流体在设备内的停留时间也是值得关注的重要问题，因为停留时间分布反映了设备内构件对流场的影响，停留时间不同意味着流体与换热面、催化剂等的接触时间不同。

对于结构较为复杂的过程设备，其中的速度分布是难以测试或估计的，但其导致的流体停留时间分布却相对易于测试。通过实验测试获得停留时间分布曲线，就可对设备内的流动状况及其与结构的关系进行定性或定量的分析，从而为设备的结构优化以及连续反应器等设备的建模提供基本依据。

本章主要介绍：①停留时间的基本概念与关系；②停留时间分布函数及密度函数；③停留时间分布的测试及其数字特性；④典型流动模式的停留时间分布模型；⑤停留时间分布曲线的应用。

停留时间分布不仅能反映过程设备内部的流动行为，且实验测试相对容易，因此对于过程设备的结构创新与开发，停留时间分布实验亦是一种重要的研究手段，虽然这一手段尚需在理论与实践上不断完善。

12.1 停留时间的基本概念与关系

12.1.1 停留时间与返混

停留时间与停留时间分布 停留时间指物料由系统进口到出口所经历的时间。对于连续操作系统，一种理想的情况是：同时刻进入设备的流体，在经历相同停留时间后全部同时离开设备；但实际情况下，由于设备内流体速度分布不均，同一时刻进入系统的流体不可能都在同一时刻离开设备，因此出口截面上流体的停留时间是各不相同的。出口截面上流体停留时间的构成情况称为停留时间分布（residence time distribution，RTD）。

需要指出的是，间歇操作设备中，物料全部在同一时刻进入，同一时刻取出，所有物料具有相同停留时间，故不存在停留时间分布问题。

返混 是指停留时间不同的物料之间的混合，且主要指停留时间不同的同一种物料之间的混合（与一般意义上两种物料的混合不同）。返混发生原因主要包括以下两个方面：

① 设备内流体的分子扩散或涡流扩散。扩散将造成流体分子或微团的运动与主流方向相反，使停留时间不同的流体相互混合，从而导致返混，如图 12-1（a）所示。

② 设备内流体速度分布不均。实际设备内，如图 12-1（b、c）所示，内构件导致的流速大小与方向的变化、边角处存在的流动死区、机械对流体的搅拌与混合、颗粒床层中的沟流或短路、结构与动力因素产生的内

循环流等因素，都将导致速度分布不均。由于速度分布不均，同一时刻进入设备的物料就不可能同时到设备器出口，其中的滞后部分必然与后继进入的物料混合，从而导致“返混”。

返混对设备内部过程的进程和结果有直接影响。比如，在连续反应器中，返混导致的停留时间不均，必然导致出口物料的反应程度不一样；在换热器中，停留时间不均意味着流体接触换热面时间的长短不一。

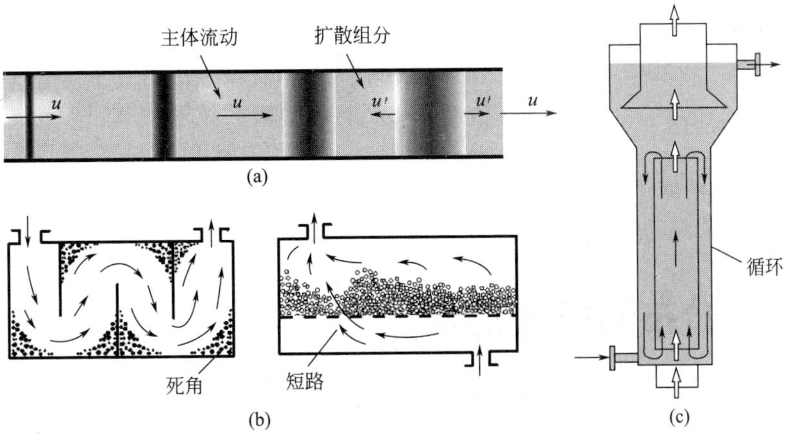

图 12-1　过程设备内的组分扩散及流动不均现象

停留时间分布既是物料返混行为表现，也是研究返混行为的出发点。研究设备内物料的停留时间分布：①可获得设备内部发生的物理过程的重要信息，如流动是否均匀、是否存在死区或短路，以及返混程度等；②可给出设备模拟放大时流动行为影响方面的启示；③确定设备内（基于停留时间分布行为）的流动模型。

12.1.2　流体停留时间与进口时间的关系

一般情况下，同一批物料由系统进口到出口所经历的时间（停留时间）是有长有短的，如图 12-2 所示，有的因短路等原因瞬间到达出口，其停留时间 $\tau\approx0$，有的因流动死区或内循环等原因需很长时间才能到达出口，其停留时间 $\tau\to\infty$；因此，出口流体的停留时间 τ 通常分布于 $0\to\infty$ 之间，图 12-3 是想象将出口截面上的流体按其停留时间 τ 的长短排列起来得到的停留时间分布图。需要指出，对于同一稳态连续系统，出口截面上流体的停留时间分布状态是确定不变的。

停留时间 - 进口时间的关系式及关系图　根据停留时间的定义可知，若流体在 t_0 时刻进入设备，在当前 t 时刻 $(t\geqslant t_0)$ 到达设备出口，则该流体的停留时间 τ 可表示为

$$\tau=t-t_0 \tag{12-1}$$

根据这一关系可知，图 12-3 中出口截面三个典型停留时间的流体的进口时间分别为

$$\tau=0\to t_0=t,\quad \tau=t\to t_0=0,\quad \tau=\infty\to t_0=-\infty$$

由此可见，以当前 t 时刻为准，设备出口截面上流体的停留时间 τ 与其进口时间 t_0 是相互对应的。将这种对应关系表示于图 12-4 中，便可很直观地确定以下两种重要关系。

① 停留时间为 τ 的流体所对应的输入时间 t_0。比如：

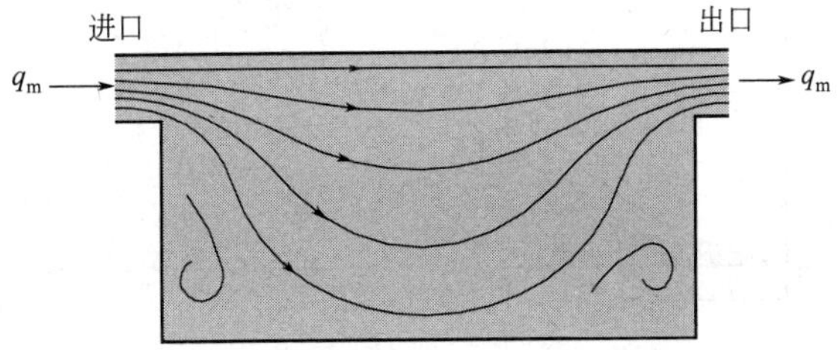

图 12-2　设备内流体流动的一般情况

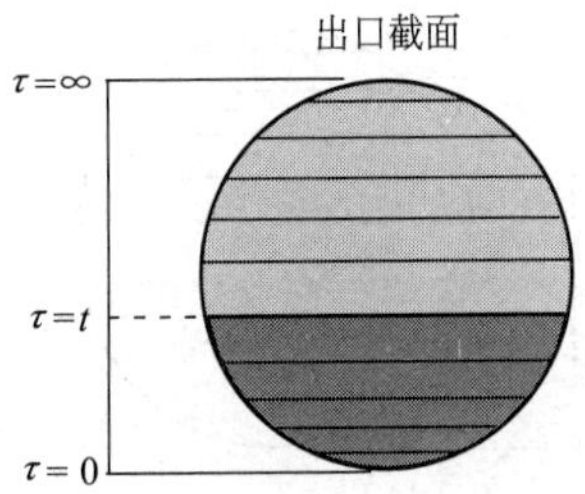

图 12-3　出口截面的停留时间分布图

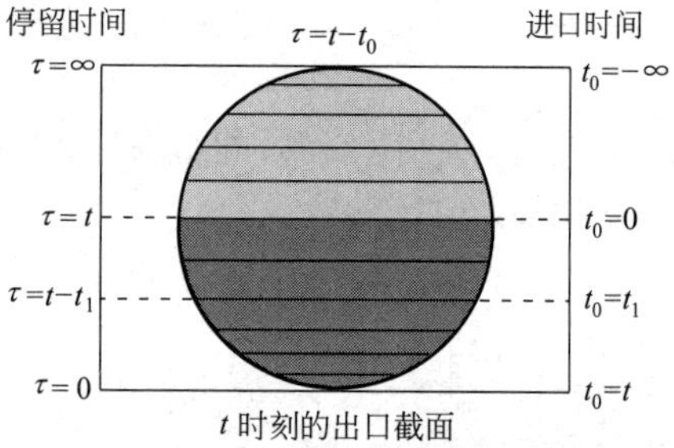

图 12-4 出口截面上 τ 与 t_0 的对应关系

• 停留时间 $\tau=0$ 的流体必然是 $t_0=t$ 时刻（当前时刻）进入系统的流体（短路情况）；

• 停留时间 $\tau=t$ 的流体必然是 $t_0=0$ 时刻进入系统的流体（进入后经时间 t 达到出口）；

• 停留时间 $\tau=\infty$ 的流体必然是 $t_0=-\infty$ 时刻（很久以前）就进入系统的流体。

② 不同时间段输入的流体在出口截面上的分布区间。比如：

• 在 $t_0=0\to t$ 期间进入系统的流体，只能且仅有其才能分布于 $\tau=t\to 0$ 的区域；

• 在 $t_0\leqslant 0$ 期间进入系统的流体，只能且仅有其才能分布于 $\tau=t\to\infty$ 的区域；

• 在 $t_0=0\to t_1$ 期间进入系统的流体，只能且仅有其才能分布于 $\tau=t\to t-t_1$ 的区域。

12.2 停留时间分布的相关函数

12.2.1 停留时间分布函数 $F(t)$ 与密度函数 $E(t)$

停留时间分布函数 $F(t)$ 分布函数 $F(t)$ 就是出口截面上停留时间为 $\tau=0\to t$ 的流体的质量分率，如图 12-5 所示。这样一来，若已知函数 $F(t)$（其确定方法见后），则 t 时刻出口截面上不同停留时间段的流体的质量分率 x 就可用分布函数 $F(t)$ 来表示。比如：

$$\tau=0\to t \qquad x=F(t)$$

$$\tau=0\to t+\mathrm{d}t \qquad x=F(t+\mathrm{d}t)$$

$$\tau=t\to t+\mathrm{d}t \qquad x=F(t+\mathrm{d}t)-F(t)=\mathrm{d}F(t)$$

因为停留时间 $\tau=0$ 的流体分率 x=0，停留时间 $\tau=0\to\infty$ 的流体分率 x=1，所以

$$F(0)=0,\quad F(\infty)=1 \tag{12-2}$$

停留时间密度函数 $E(t)$ 密度函数 $E(t)$ 定义为分布函数 $F(t)$ 对时间的导数，即

$$E(t)=\frac{\mathrm{d}F(t)}{\mathrm{d}t} \text{ 或 } E(t)\mathrm{d}t=\mathrm{d}F(t) \text{ 或 } F(t)=\int_0^t E(t)\mathrm{d}t \tag{12-3}$$

由此可知，$E(t)\mathrm{d}t$ 即停留时间在 $t\to t+\mathrm{d}t$ 时段（微分时段）的流体的质量分率。

注：因为 $E(t)=\mathrm{d}F(t)/\mathrm{d}t$ 表征的是单位时间的质量分率，故 $E(t)$ 的全称应为质量分率的时间密度，这与单位体积的质量 $\rho=\mathrm{d}m/\mathrm{d}V$ 被称为质量的体积密度相类似。

分布函数 $F(t)$ 与密度函数 $E(t)$ 的关系图 如图 12-6 所示，其中

① 分布函数 $F(t)$ 是一个累积函数，其中 t 时刻 $F(t)$ 的值等于 $0\to t$ 时间内 $E(t)$ 曲线下的面积；又因为 $F(\infty)=1$，所以 $E(t)$ 曲线下的总面积等于 1，即

$$F(\infty)=\int_0^\infty E(t)\mathrm{d}t=1 \tag{12-4}$$

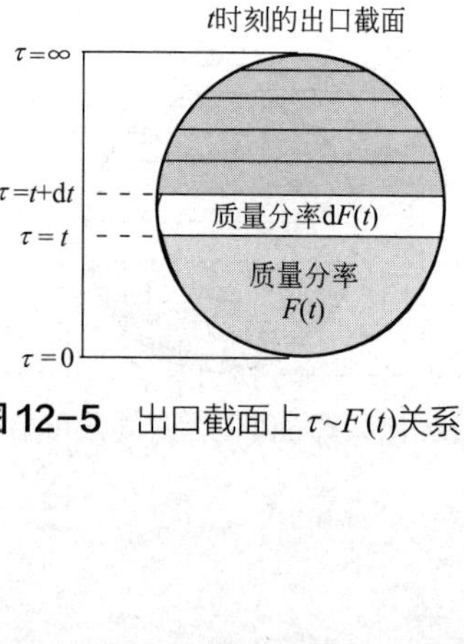

图 12-5 出口截面上 $\tau\sim F(t)$ 关系

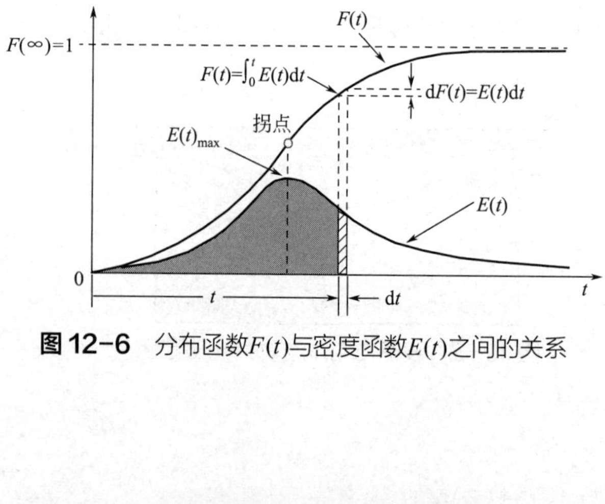

图 12-6 分布函数 $F(t)$ 与密度函数 $E(t)$ 之间的关系

此性质可用于检验实验所得$E(t)$曲线（其确定方法见后）的准确性。

② t时刻$E(t)$的值等于$F(t)$曲线在该点的斜率，即$E(t)=\mathrm{d}F(t)/\mathrm{d}t$；进而可知密度函数的峰值点即$E(t)_{max}$点对应于$F(t)$曲线的拐点。

12.2.2 特定输入/输出时间的流体量计算

对于质量流量q_m恒定连续流动系统，若已知其RTD分布函数$F(t)$或密度函数$E(t)$，则可计算不同时间输入的流体在特定时间段流出系统的总质量。典型的有四种情况。

① $t_0=0\to t$期间输入系统的流体在$0\to t$期间流出系统的总质量

根据τ与t_0的关系图12-4或关系式$\tau=t-t_0$可知，出口截面上$t_0=0\to t$期间输入的流体只能且仅有其才能分布于$\tau=t\to 0$的区域，而该区域流体分率为$F(t)$，所以$t_0=0\to t$期间进入系统的流体在t时刻出口截面上的质量流量为

$$q^{\mathrm{t}}_{\mathrm{m},0\to t}-q_{\mathrm{m}}F(t)=q_{\mathrm{m}}\int_0^t E(t)\mathrm{d}t \tag{12-5}$$

注：$q^{\mathrm{t}}_{\mathrm{m},0\to t}$中，下标$0\to t$表示输入时间段，上标t表示出口时刻，以下类似。

由此积分可得$t_0=0\to t$期间输入的流体在$0\to t$期间流出系统的总质量为

$$m_{0\to t}^{0\to t}=q_{\mathrm{m}}\int_0^t F(t')\mathrm{d}t'=q_{\mathrm{m}}\int_0^t\left[\int_0^{t'}E(t)\mathrm{d}t\right]\mathrm{d}t' \tag{12-6}$$

注：$m_{0\to t}^{0\to t}$中，下标为输入时间段，上标为输出时间段，以下类似。

② $t_0=0\to t_1$期间进入系统的流体在随后$t_1\to t$期间流出系统的总质量

类似地，因$t_0=0\to t_1$（$t_1\leqslant t$）期间输入的流体只能且仅有其才能分布于$\tau=t\to t-t_1$的区域，而该区域流体分率为$F(t)-F(t-t_1)$，所以$t_0=0\to t_1$期间进入系统的流体在随后t时刻（$t\geqslant t_1$）出口截面上的质量流量为

$$q^{\mathrm{t}}_{\mathrm{m},0\to t_1}=q_{\mathrm{m}}\left[F(t)-F(t-t_1)\right]=q_{\mathrm{m}}\int_{t-t_1}^t E(t)\mathrm{d}t \tag{12-7}$$

由此积分可得$t_0=0\to t_1$期间进入系统的流体在随后$t_1\to t$期间流出系统的总质量为

$$m_{0\to t_1}^{t_1\to t}=q_{\mathrm{m}}\int_{t_1}^t\left[F(t')-F(t'-t_1)\right]\mathrm{d}t'=q_{\mathrm{m}}\int_{t_1}^t\left[\int_{t'-t_1}^{t'}E(t)\mathrm{d}t\right]\mathrm{d}t' \tag{12-8}$$

③ $t_0=t_1$时刻进入系统的流体在随后$t_1\to t$期间流出系统的总质量

$t_0=t_1$时刻输入的流体定义为t_1时刻前的微分时段$\mathrm{d}t$输入的流体，即$t_0=t_1-\mathrm{d}t\to t_1$微分时段输入的流体，其输入量$m_0=q_{\mathrm{m}}\mathrm{d}t$。因该微分时段输入的流体只能且仅有其才能分布于$\tau=t-t_1+\mathrm{d}t\to t-t_1$的微分区域，而该区域流体分率为

$$F(t-t_1+\mathrm{d}t)-F(t-t_1)=\mathrm{d}F(t-t_1)$$

所以$t_0=t_1$时刻进入系统的流体在随后t时刻出口截面上的流量为

$$q^{\mathrm{t}}_{\mathrm{m},t_1}=q_{\mathrm{m}}\mathrm{d}F(t-t_1)\ \text{或}\ q^{\mathrm{t}}_{\mathrm{m},t_1}=m_0\frac{\mathrm{d}F(t-t_1)}{\mathrm{d}t}=m_0E(t-t_1) \tag{12-9}$$

由此积分可得$t_0=t_1$时刻进入系统的流体在随后$t_1\to t$期间流出系统的总质量为

$$m_{t_1}^{t_1\to t}=m_0F(t-t_1)=m_0\int_{t_1}^t E(t-t_1)\mathrm{d}t=m_0\int_0^{t-t_1}E(t)\mathrm{d}t \tag{12-10}$$

④ $t_0=0$时刻进入系统的流体在$0\to t$期间流出系统的总质量

在以上两式中令t_1=0，则可得$t_0=0$时刻进入系统的流体在随后t时刻出口截面上的流量和在$0\to t$期间流出系统的总质量分别为

$$q^{\mathrm{t}}_{\mathrm{m},0}=m_0\frac{\mathrm{d}F(t)}{\mathrm{d}t}=m_0E(t),\quad m_0^{0\to t}=m_0F(t)=m_0\int_0^t E(t)\mathrm{d}t \tag{12-11}$$

【例12-1】 已知$E(t)$计算特定时段的流体量。

图12-7为稳态连续流动系统，其中设备体积为V，流体体积流量为q_V，密度为ρ。已知该系统RTD密度函数$E(t)$为

$$E(t)=k^{-1}\mathrm{e}^{-t/k}$$

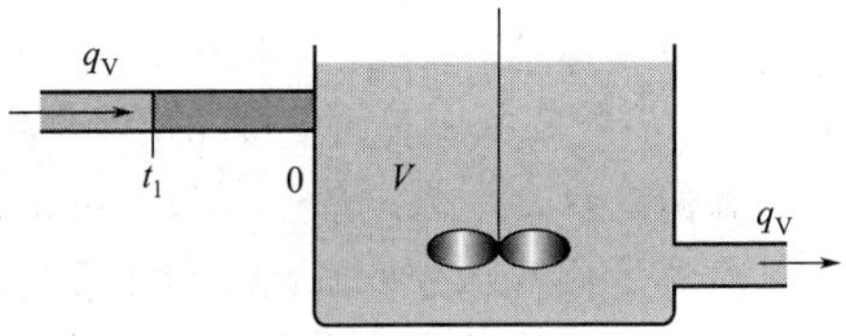

图12-7 例12-1附图

其中k是时间常数。设想$t_0=0$时刻系统进口切换为新流体，直到$t_0=t_1$时刻恢复为老流体，且新老流体物性/流量相同。试求

①$0\to t$时间内（$t\leqslant t_1$）流出系统的新流体的总质量；

②$0\to t$时间内（$t\geqslant t_1$）流出系统的新流体的总质量；

③$0\to t$时间内（$t\geqslant t_1$）流出系统的重新输入的老流体的总质量。

④$0\to t$时间内（$t\geqslant t_1$）流出系统的$t_0=0$以前输入的老流体的总质量。

解 ①当$t\leqslant t_1$时，$t_0=0\to t$时间内系统进口处的输入一直为新流体，而$t_0=0\to t$期间输入的流体在$0\to t$期间流出系统的总质量可按式（12-6）计算，因此$0\to t$期间流出系统的新流体的总质量为

$$m_{0\to t}^{0\to t}=q_m\int_0^t\left[\int_0^{t'}E(t)\mathrm{d}t\right]\mathrm{d}t'=\frac{\rho q_V}{k}\int_0^t\left[\int_0^{t'}\mathrm{e}^{-t/k}\mathrm{d}t\right]\mathrm{d}t'$$

积分后可得
$$m_{0\to t}^{0\to t}=k\rho q_V\left(\frac{t}{k}+\mathrm{e}^{-t/k}-1\right)$$

②当$t\geqslant t_1$时，新流体在$0\to t$期间流出系统的总质量可分为两部分，一部分是$0\to t_1$期间流出系统的新流体量，可在以上结果中令$t=t_1$得到，即

$$m_{0\to t_1}^{0\to t_1}=k\rho q_V\left(\frac{t_1}{k}+\mathrm{e}^{-t_1/k}-1\right)$$

另一部分是$t_1\to t$期间流出的新流体量，可按式（12-8）计算，即

$$m_{0\to t_1}^{t_1\to t}=q_m\int_{t_1}^t\left[\int_{t'-t_1}^{t'}E(t)\mathrm{d}t\right]\mathrm{d}t'=\frac{\rho q_V}{k}\int_{t_1}^t\left[\int_{t'-t_1}^{t'}\mathrm{e}^{-t/k}\mathrm{d}t\right]\mathrm{d}t'$$

积分后可得
$$m_{0\to t_1}^{t_1\to t}=k\rho q_V[1+\mathrm{e}^{-t/k}(1-\mathrm{e}^{t_1/k})-\mathrm{e}^{-t_1/k}]$$

两部分相加得
$$m_{0\to t_1}^{0\to t}=m_{0\to t_1}^{0\to t_1}+m_{0\to t_1}^{t_1\to t}=k\rho q_V\left[\frac{t_1}{k}-(\mathrm{e}^{t_1/k}-1)\mathrm{e}^{-t/k}\right]$$

当$t\to\infty$时，上式给出
$$m_{0\to t_1}^{0\to\infty}=\rho q_V t_1$$

即无限长时间后新流体将全部流出（新流体输出量等于其输入量$\rho q_V t_1$）。

③重新输入的老流体只能在$t\geqslant t_1$后流出系统，其流出的总量等于$t_0=0\to t$期间输入系统的流体在$0\to t$期间流出的总量减去该期间流出的新流体的量，即

$$m_{t_1\to t}^{t_1\to t}=m_{0\to t}^{0\to t}-m_{0\to t_1}^{0\to t_1}-m_{0\to t_1}^{t_1\to t}$$

即
$$m_{t_1\to t}^{t_1\to t}=k\rho q_V\left(\frac{t}{k}+\mathrm{e}^{-t/k}-1\right)-k\rho q_V\left[\frac{t_1}{k}+\mathrm{e}^{-t/k}(1-\mathrm{e}^{t_1/k})\right]$$

简化后得
$$m_{t_1\to t}^{t_1\to t}=k\rho q_V\left[\frac{t-t_1}{k}+\mathrm{e}^{-(t-t_1)/k}-1\right]$$

④$0\to t$时间内（$t\geqslant t_1$）流出系统的$t_0=0$以前输入的老流体的总质量，等于$0\to t$流出系统的流体总质量减去$t_0=0\to t$期间输入系统的流体在$0\to t$期间的流出量（包括新流体和重新输入的老流体的流出量），即

$$m_{-\infty\to 0}^{0\to t}=\rho q_V t-m_{0\to t}^{0\to t}$$

或
$$m_{-\infty\to 0}^{0\to t}=\rho q_V t-k\rho q_V(t/k+\mathrm{e}^{-t/k}-1)=k\rho q_V(1-\mathrm{e}^{-t/k})$$

因为$t\to\infty$时，$t_0=0$以前已经进入设备的老流体将全部流出，故在上式中令$t\to\infty$可得$t_0=0$以前设备内的老流体量为：$k\rho q_V$。由于设备体积为V，所以$t_0=0$以前已经进入设备的老流体量又等于ρV。由此可知$k=V/q_V$，即常数k是设备内流体的平均停留时间。

算例 取$q_m=1\mathrm{kg/min}$，$k=25\mathrm{min}$，$t_1=1\mathrm{min}$，$t=10\mathrm{min}$，根据以上结果有：

新流体输入总量为1kg，t时刻已经流出0.316kg，设备中剩余0.684kg；

重新输入的老流体量为9kg，t时刻已经流出1.442kg，设备中剩余7.558kg；

$t_0=0$ 以前设备内的老流体为 25kg，t 时刻已流出 8.242kg，设备中剩余 16.758kg；

根据以上结果：0→t 期间三部分流出总量为 10kg，与此期间输入的总量平衡；t 时刻剩余在容器内的三部分质量为 25kg，等于容器装载量。

12.2.3 内部年龄密度函数 $I(t)$

内部年龄及年龄分布密度函数 $I(t)$ 内部年龄即设备内流体的年龄，指 t 时刻仍然还在设备内的流体在设备内已经历的时间，用 τ_a 表示。显然，设备内流体的年龄 τ_a 有长有短，若定义年龄在 $\tau_a=t\rightarrow t+\mathrm{d}t$ 区间的流体分率为 $I(t)\mathrm{d}t$，则 $I(t)$ 称为年龄分布密度函数。

根据这一定义，若设备内流体不可压缩且体积为 V_0，则其中年龄段为 $\tau_a=t\rightarrow t+\mathrm{d}t$ 的流体体积 $\mathrm{d}V(t)$ 以及年龄段为 $\tau_a=0\rightarrow t$ 的流体体积 $V(t)$ 就可分别表示为：

$$\mathrm{d}V(t)=V_0I(t)\mathrm{d}t,\quad V(t)=V_0\int_0^t I(t)\mathrm{d}t \tag{12-12}$$

因设备内所有流体的年龄在 $0\rightarrow\infty$ 之间，故 $\tau_a=0\rightarrow\infty$ 的流体体积 $V(\infty)=V_0$，由此得

$$\int_0^\infty I(t)\mathrm{d}t=1 \tag{12-13}$$

年龄密度函数 $I(t)$ 与函数 $F(t)$ 和 $E(t)$ 的关系 为寻求年龄密度函数 $I(t)$ 与停留时间分布函数 $F(t)$ 和密度函数 $E(t)$ 之间的关系，可考察 $t_0=0$ 时输入系统的流体的质量守恒关系。

$t_0=0$ 时刻输入系统的流体指该时刻前 $\mathrm{d}t$ 时段输入的流体，其输入量为 $m_0=q_m\mathrm{d}t$。m_0 中的流体在 0→t 期间流出系统的质量可按式（12-11）计算，即

$$m_0^{0\rightarrow t}=m_0F(t)=m_0\int_0^t E(t)\mathrm{d}t$$

另一方面，因 $t_0=0$ 时刻前 $\mathrm{d}t$ 时段输入的流体在 t 时刻的年龄 τ_a 只能在 $t\rightarrow t+\mathrm{d}t$ 区间，而该年龄段的流体分率为 $I(t)\mathrm{d}t$，所以 $I(t)\mathrm{d}t$ 就是 t 时刻 m_0 中仍留在设备内的分率。若该分率的流体质量为 m_0'，则 m_0' 等于其分率 $I(t)\mathrm{d}t$ 与设备内流体总质量 ρV_0 的乘积，即

$$m_0'=\rho V_0I(t)\mathrm{d}t$$

根据质量守恒：$m_0^{0\rightarrow t}+m_0'=m_0$，并将以上两式代入且考虑 $m_0/q_m=\mathrm{d}t$，则可得

$$\bar{t}I(t)=1-F(t)=1-\int_0^t E(t)\mathrm{d}t=\int_t^\infty E(t)\mathrm{d}t \tag{12-14}$$

此即 $I(t)$ 与 $F(t)$ 和 $E(t)$ 的关系。其中 $\bar{t}=\rho V_0/q_m$ 是流体在设备内的平均停留时间。

12.2.4 无因次时间与无因次函数

为分析方便，通常还根据平均停留时间 $\bar{t}$ 定义无因次时间 θ、无因次停留时间密度函数 $E(\theta)$ 和无因次年龄密度函数 $I(\theta)$，即

$$\bar{t}=V_0/q_V,\quad \theta=t/\bar{t},\quad E(\theta)=\bar{t}E(t),\quad I(\theta)=\bar{t}I(t) \tag{12-15}$$

式中，V_0 是设备中流体占据的体积；q_V 为流体的体积流量。根据这样的定义，由 $F(t)$ 与 $E(t)$ 的关系式（12-3）、$I(t)$ 与 $F(t)$ 和 $E(t)$ 的关系式（12-14）可知

$$F(t)=\int_0^t E(t)\mathrm{d}t=\int_0^\theta \bar{t}E(t)\mathrm{d}\theta=\int_0^\theta E(\theta)\mathrm{d}\theta=F(\theta) \tag{12-16}$$

$$\bar{t}I(t)=I(\theta)=1-F(\theta)=1-\int_0^\theta E(\theta)\mathrm{d}\theta=\int_\theta^\infty E(\theta)\mathrm{d}\theta \tag{12-17}$$

由此可见，采用无因次时间 θ 后，仍然有 $F(t)=F(\theta)$，这是因为 $F(t)$ 本身无因次。

其次，$F(\theta)$ 与 $E(\theta)$ 的关系仍然和 $F(t)$ 与 $E(t)$ 的关系一样，即

$$\mathrm{d}F(\theta)=E(\theta)\mathrm{d}\theta,\quad F(\theta)=\int_0^\theta E(\theta)\mathrm{d}\theta \tag{12-18}$$

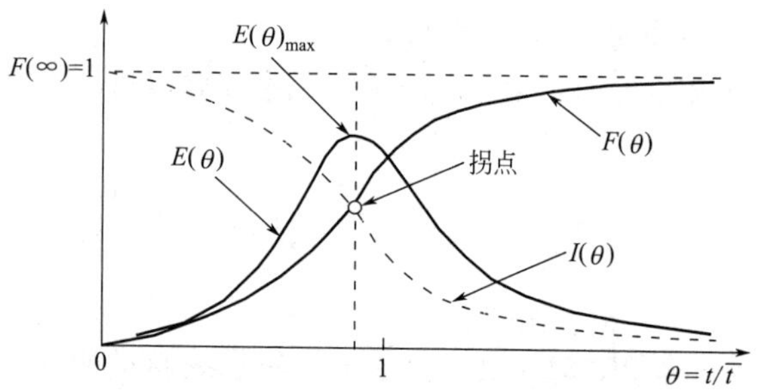

图 12-8 $E(\theta)$、$F(\theta)$、$I(\theta)$之间的关系

且仍然有 $F(0)=0,\quad F(\infty)=\int_0^\infty E(\theta)\mathrm{d}\theta=1$　　(12-19)

无因次函数 $I(\theta)$、$E(\theta)$、$F(\theta)$ 的曲线形状及关系如图 12-8 所示，其中

① 任意 θ 点处 $F(\theta)+I(\theta)=1$，且二者在拐点相交，交点对应于 $E(\theta)$ 的峰值点；

② $E(\theta)$ 的值是 $F(\theta)$ 曲线的斜率，即 $E(\theta)=\mathrm{d}F(\theta)/\mathrm{d}\theta=-\mathrm{d}I(\theta)/\mathrm{d}\theta$；

③ $0\to\theta$ 之间 $E(\theta)$ 曲线下的面积等于 θ 点 $F(\theta)$ 的值，$E(\theta)$ 曲线下的总面积 =1。

12.3 停留时间分布的测试及其数字特征

停留时间密度函数 $E(t)$ 和分布函数 $F(t)$ 通常采用示踪响应法测试，其中最常见的是脉冲响应法和阶跃响应法。此外还有周期输入频率响应法等。无论哪种方法，都要求示踪剂易于检测，流动性质与流体一样（完全随动），且出口处示踪剂浓度检测点应充分混合。

12.3.1 脉冲响应法

如图 12-9 所示，脉冲响应法 (pulse signal) 就是于 $t=0$ 时刻在系统进口以脉冲方式（瞬间）注入示踪剂 m_0 (kg)，同时在出口处测试示踪剂浓度，得到随时间变化的出口浓度曲线 $C(t)$ (kg/m^3)，该曲线称为示踪响应曲线。

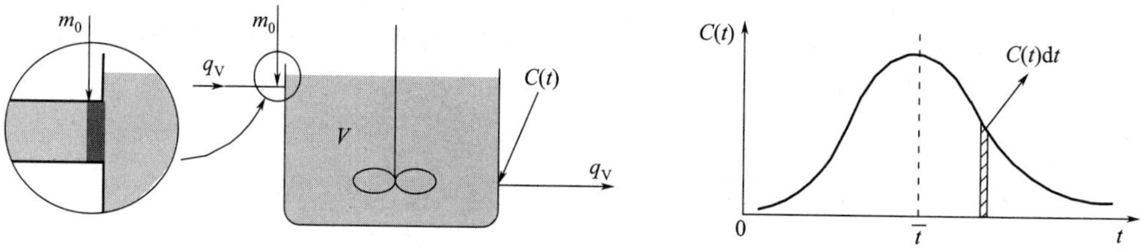

图 12-9 脉冲示踪实验及浓度响应曲线$C(t)$

脉冲示踪实验基本要求是：示踪剂有确定量 (m_0)，与流体相融，$t=0$ 时刻瞬间注入，不影响内部流动行为，且易于检测。比如，设备内流体为水时，可采用配制盐水作示踪剂，通过测试电导率确定其浓度。注：此时 m_0 是指配制盐水中的盐的质量。

根据式（12-11）可知，对于 $t=0$ 时刻以脉冲方式输入的示踪剂 m_0，在随后的 $0\to t$ 时间流出系统的示踪剂量为

$$m_0^{0\to t}=m_0F(t)=m_0\int_0^t E(t)\mathrm{d}t$$

测定出响应曲线 $C(t)$，则 $0\to t$ 时间流出系统的示踪剂量又可根据 $C(t)$ 计算，即

$$m_0^{0\to t}=\int_0^t C(t)q_V\mathrm{d}t$$

两者相等，可得系统 RTD 密度函数 $E(t)$ 与响应曲线 $C(t)$ 的关系，即

$$E(t)=\frac{q_V}{m_0}C(t)\tag{12-20}$$

若设备内流体体积为 V，并定义初始浓度 C_0、平均停留时间 $\bar{t}$ 和无因次浓度 $C(\theta)$ 如下

$$C_0=\frac{m_0}{V},\quad \bar{t}=\frac{V}{q_V},\quad C(\theta)=\frac{C(t)}{C_0}\tag{12-21}$$

则密度函数 $E(t)$ 与响应曲线 $C(t)$ 的关系又可表示为

$$\bar{t}E(t)=C(t)/C_0 \quad \text{或} \quad E(\theta)=C(\theta) \tag{12-22}$$

由此可见，脉冲响应法的优点是：可由响应曲线 $C(t)$ 直接获得密度函数 $E(t)$。但缺点是：随时间增加出口浓度 $C(t)$ 变得很低，精确测量困难，而这对模型的拟合往往又很重要；实际操作中的脉冲输入只是近似的，从而导致一定误差。

若实验中采用取样分析确定浓度，得到的则是离散数据，即 $t_i \sim C(t_i)$，此情况下可根据式（12-20）计算 t_i 时刻的 $E(t_i)$，进而根据 $F(t)$ 与 $E(t)$ 的关系计算 t_i 时刻的 $F(t_i)$，即

$$E(t_i)=\frac{q_{\mathrm{V}}}{m_0}C(t_i),\quad F(t_i)=\sum_{k=1}^{i}E(t_k)\Delta t_k,\quad i=1,2,\cdots,n-1,n \tag{12-23}$$

式中，Δt_k 是 $t_1 \to t_i$ 时间内相邻时间点的间隔；n 是总的数据点数。为使实验尽量准确，测试的总时间应足够长（即 t_n 足够大），且其中的测试点应足够多（即 Δt_k 足够小）。

此外，还可根据 $t_i \sim C(t_i)$ 计算示踪剂量 $m_{0\mathrm{c}}$，即

$$m_{0\mathrm{c}}=\sum_{i=1}^{n}q_{\mathrm{V}}C(t_i)\Delta t_i \tag{12-24}$$

然后通过比较 $m_{0\mathrm{c}}$ 与示踪剂实验用量 m_0 的误差大小，评判实验的误差程度。

12.3.2 阶跃响应法

阶跃响应法 (step change) 就是在 t=0 时刻将系统进口切换成浓度为 C_{S0} 的示踪剂溶液，其体积流量 q_{V} 与原流体一样，并同时在系统出口处测量示踪剂浓度 $C_{\mathrm{S}}(t)$（$\mathrm{kg/m^3}$）——响应曲线。

根据式（12-6）可知，对于从 t=0 时刻开始持续进入系统的新流体（示踪剂溶液），其在 $0 \to t$ 时间内流出系统的总质量为

$$m_{0\to t}^{0\to t}=\rho q_{\mathrm{V}}\int_0^t F(t')\mathrm{d}t'$$

注意，该式中的 $m_{0\to t}^{0\to t}$ 是示踪剂溶液的质量，其中示踪剂组分的质量为 $m_{0\to t}^{0\to t}(C_{\mathrm{S0}}/\rho)$。

另一方面，$0 \to t$ 时间内示踪剂流出系统的质量又可根据响应曲线 $C_{\mathrm{S}}(t)$ 表示为

$$m_{0\to t}^{0\to t}(C_{\mathrm{S0}}/\rho)=\int_0^t q_{\mathrm{V}}C_{\mathrm{S}}(t)\mathrm{d}t$$

于是，由以上两式可得 RTD 分布函数 $F(t)$ 与响应曲线 $C_{\mathrm{S}}(t)$ 的关系为

$$F(t)=\frac{C_{\mathrm{S}}(t)}{C_{\mathrm{S0}}}=C_{\mathrm{S}}(\theta)=F(\theta) \tag{12-25}$$

其中 $C_{\mathrm{S}}(\theta)$ 是阶跃法无因次响应浓度，定义为响应浓度与示踪剂溶液浓度之比，即

$$C_{\mathrm{S}}(\theta)=C_{\mathrm{S}}(t)/C_{\mathrm{S0}} \tag{12-26}$$

这意味着根据 $C_{\mathrm{S}}(t)$ 曲线读取 t_i-$C_{\mathrm{S}}(t_i)$，或直接根据取样分析的离散数据 t_i-$C_{\mathrm{S}}(t_i)$，即可计算 t_i 时刻的 $F(t_i)$，并由此绘制 t_i-$F(t_i)$ 曲线。

由此可见，阶跃响应法的优点是：可由响应曲线 $C_{\mathrm{S}}(t)$ 直接获得分布函数 $F(t)$。但缺点同样是：测试末期浓度变化很小，难以做到精确测量；由 $F(t)$ 求取 $E(t)$ 时需数值微分，误差较大，由此获得的 $E(t)$ 不如脉冲法精确。

12.3.3 停留时间分布的数字特征

考虑到流体或物料在设备中的停留时间分布具有概率分布的特点，故可借用概率统计理论上的一些数字特征来表征停留时间分布（RTD）的特点。

（1）停留时间的数学期望 $\bar{\tau}$

停留时间的数学期望 $\bar{\tau}$ 即 $E(t)$ 曲线的一次矩，其定义为

$$\tilde{\tau}\int_0^{\infty}E(t)\mathrm{d}t=\int_0^{\infty}tE(t)\mathrm{d}t \text{ 或 } \tilde{\tau}=\int_0^{\infty}tE(t)\mathrm{d}t\Big/\int_0^{\infty}E(t)\mathrm{d}t \tag{12-27}$$

或对于离散数据有

$$\tilde{\tau}=\frac{\Sigma t_i E(t_i)\Delta t_i}{\Sigma E(t_i)\Delta t_i}=\frac{\Sigma t_i \Delta F(t_i)}{\Sigma \Delta F(t_i)} \tag{12-28}$$

几何意义上，如图12-10所示，$tE(t)\mathrm{d}t$ 是面积 $E(t)\mathrm{d}t$ 对竖轴的矩，其中 t 是该面积的横坐标距离；$\tilde{\tau}$ 则是 $E(t)$ 曲线下总面积形心的横坐标，可看作是停留时间的“分布中心”，它表征停留时间分布（RTD）的平均特性，也称停留时间均值。

需要指出的是，由于设备内可能存在短路或死角等原因，停留时间均值 $\tilde{\tau}$ 与名义上的平均停留时间 $\bar{t}=V/q_V$ 不一定相等。因此通过比较 $\tilde{\tau}$ 与 $\bar{t}$ 可推断设备内的流动状况。比如，$\tilde{\tau}<\bar{t}$ 表明设备内可能存在沟流或短路；$\tilde{\tau}>\bar{t}$ 则表明可能存在死区或吸附。

（2）停留时间的方差 σ^2

停留时间方差 σ^2 是 $E(t)$ 曲线的二次矩，又称 $E(t)$ 曲线相对于 $\tilde{\tau}$ 的分散度，定义为

$$\sigma^2\int_0^{\infty}E(t)\mathrm{d}t=\int_0^{\infty}(t-\tilde{\tau})^2E(t)\mathrm{d}t \tag{12-29a}$$

将 $(t-\tilde{\tau})^2$ 展开并引用式（12-27），方差 σ^2 又可表示为

$$\sigma^2=\int_0^{\infty}t^2E(t)\mathrm{d}t\Big/\int_0^{\infty}E(t)\mathrm{d}t-\tilde{\tau}^2 \tag{12-29b}$$

或对于离散数据有

$$\sigma^2=\frac{\Sigma t_i^2 E(t_i)\Delta t_i}{\Sigma E(t_i)\Delta t_i}-\tilde{\tau}^2=\frac{\Sigma t_i^2 \Delta F(t_i)}{\Sigma \Delta F(t_i)}-\tilde{\tau}^2 \tag{12-30}$$

几何意义上，如图12-11所示，方差 σ^2 反映 $E(t)$ 曲线相对于 $\tilde{\tau}$ 的分散程度。其中，σ^2 小则 $E(t)$ 曲线的分散度小（或分布较集中），反之则分散度大；特别地，$\sigma^2=0$ 则表示 $E(t)$ 曲线分散度为零，此时流体停留时间都相同且等于 $\tilde{\tau}$。

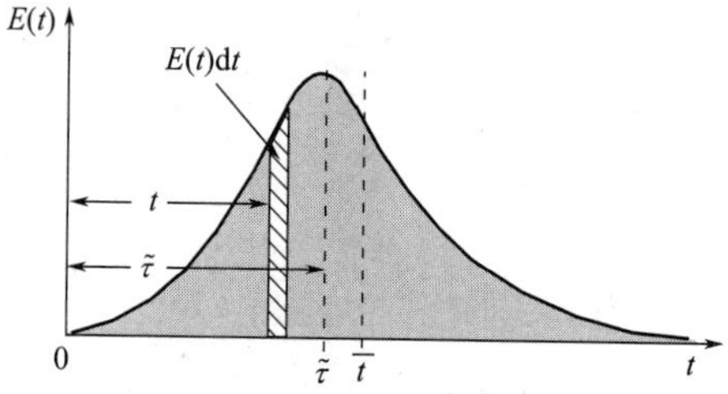

图12-10 停留时间的数学期望或均值

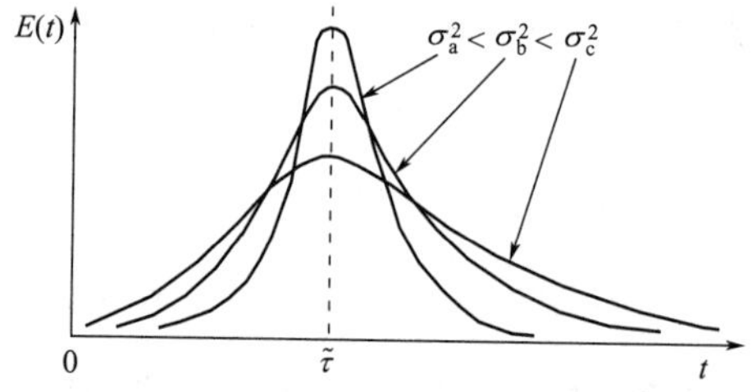

图12-11 停留时间的方差或分散度

12.4 几种典型的停留时间分布模型

实际设备中的流动模式是多种多样的。本节将介绍几种典型流动模式的RTD模型。其中包括：平推流模型，即物料返混为零的理想流动模型；全混流模型，即物料返混达到最大极限的理想流动模型；多釜串联模型，即多个串联的全混流反应釜模型；轴向扩散流模型，即平推流＋轴向扩散流模型。实际设备内的流动模式通常可用这些模型或其组合来描述。

12.4.1 平推流模型

平推流（plug flow）是流体以活塞状运动（完全无混合）的理想流动模式，又称活塞流。该模式下管道进口注入的示踪剂将如活塞一样以同一速度 u 向前运动（见图12-12），并在同一时间达到出口，即所有流体具有

相同的停留时间（等于流体平均停留时间 $\bar{t}=L/u$）。管道或管式设备内流体速度较高的流动通常接近平推流。

平推流模式下流体的停留时间均为 $\bar{t}$，即出口截面上停留时间为 $\bar{t}$ 的流体分率为 1，故平推流模型的 RTD 密度函数 $E(t)$ 与分布函数 $F(t)$ 可表述为

$$\begin{cases} t\neq\bar{t}: & F(t)=0, & E(t)\mathrm{d}t=0, & E(t)=0 \\ t=\bar{t}: & F(t)=1, & E(t)\mathrm{d}t=1, & E(t)=\infty \end{cases} \tag{12-31}$$

由此可得平推流的停留时间均值与方差分布为

$$\begin{cases} \tilde{\tau}=\int_0^\infty tE(t)\mathrm{d}t=\bar{t}\left[E(t)\mathrm{d}t\right]_{t=\bar{t}}=\bar{t} \\ \sigma^2=\int_0^\infty (t-\tilde{\tau})^2E(t)\mathrm{d}t=(\bar{t}-\tilde{\tau})^2=0 \end{cases} \rightarrow \begin{cases} \tilde{\tau}=\bar{t} \\ \sigma^2=0 \end{cases} \tag{12-32}$$

平推流的 $E(t)$ 与 $F(t)$ 见图 12-12。

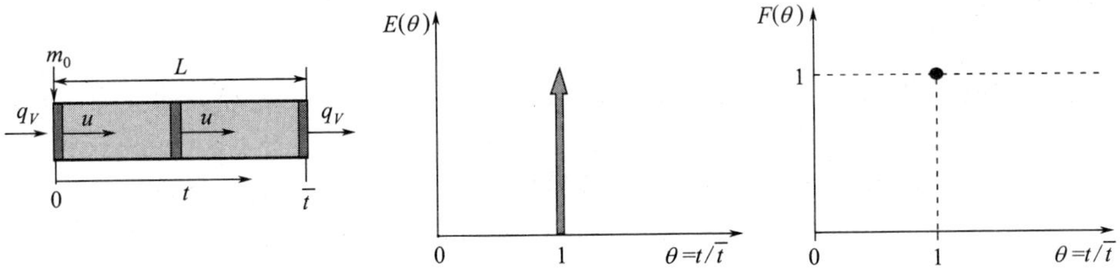

图 12-12 平推流模型的 RTD 密度函数 $E(t)$ 与分布函数 $F(t)$

12.4.2 全混流模型

全混流（perfect mixing flow）是设备内流体充分混合的理想流动模式。该模式下示踪剂进入设备后立刻与内部流体充分混合，设备内示踪剂浓度均匀，出口浓度 = 内部浓度。搅拌充分的混合器、反应器等设备内的流动模式接近全混流。

以 V 表示设备内流体的体积，设想 t=0 时刻在进口以脉冲方式注入示踪剂 m_0 (kg)，同时测得设备出口处不同 t 时刻的示踪剂浓度为 $C(t)$ (kg/m³)，则根据质量守恒方程，并考虑全混流时“出口浓度 = 内部浓度”，可得示踪剂的质量守恒方程为

$$0-q_VC(t)=\frac{\mathrm{d}VC(t)}{\mathrm{d}t} \quad 或 \quad 0-C(t)=\bar{t}\,\frac{\mathrm{d}C(t)}{\mathrm{d}t}$$

根据初始条件：$t=0$，$C(t)=C_0=m_0/V$，并引入平均停留时间 $\bar{t}$，积分上式可得

$$C(t)=C_0\mathrm{e}^{-t/\bar{t}} \tag{12-33}$$

因脉冲实验中：$\bar{t}E(t)=C(t)/C_0$，故全混流模式的 RTD 密度函数和分布函数分别为

$$E(t)=\frac{1}{\bar{t}}\mathrm{e}^{-t/\bar{t}} \quad 或 \quad E(\theta)=\mathrm{e}^{-\theta} \tag{12-34}$$

$$F(t)=\int_0^t E(t)\mathrm{d}t=1-\mathrm{e}^{-t/\bar{t}} \quad 或 \quad F(\theta)=1-\mathrm{e}^{-\theta} \tag{12-35}$$

全混流模式的 $E(\theta)$ 和 $F(\theta)$ 曲线形状如图 12-13 所示。计算可知，$t=\bar{t}$ 时，$F(\theta)$ =0.6321，即同一时刻进入设备的流体，其停留时间 $\tau\leqslant\bar{t}$ 的占 63.21%，$\tau>\bar{t}$ 的占 36.79%。对比平推流（$\tau=\bar{t}$ 的流体为 100%，$\tau\neq\bar{t}$ 的流体为零）可见，全混流设备内流体停留时间分布相当宽，这种分布对化学反应的收率和选择性均带来重要的影响。

根据密度函数分布式，积分可得全混流的停留时间分布均值与方差分别为

$$\tilde{\tau}=\int_0^\infty tE(t)\mathrm{d}t=\bar{t}\int_0^\infty \theta e^{-\theta}\mathrm{d}\theta=\bar{t}\left[-e^{-\theta}(1+\theta)\right]_0^\infty=\bar{t}$$

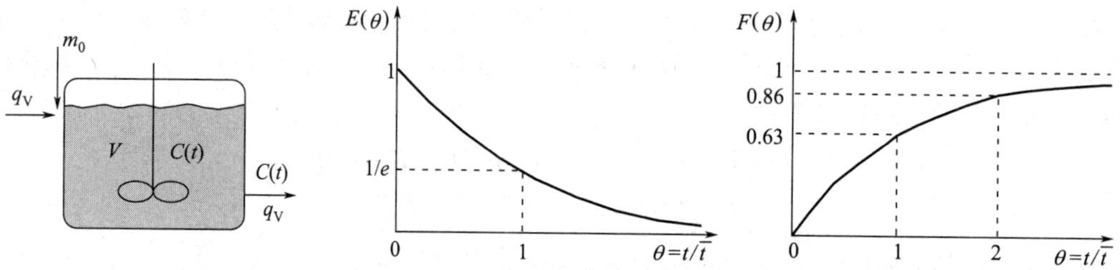

图 12-13　全混流模式的 RTD 密度函数$E(\theta)$与分布函数$F(\theta)$

$$\sigma^2 = \int_0^\infty t^2 E(t)\mathrm{d}t - \tilde{\tau}^2 = \bar{t}^2 \int_0^\infty \theta^2 \mathrm{e}^{-\theta}\mathrm{d}\theta - \tilde{\tau}^2 = \bar{t}^2\left[-\mathrm{e}^{-\theta}(2+2\theta+\theta^2)\right]_0^\infty - \tilde{\tau}^2 = \tilde{\tau}^2$$

即，对于全混流有

$$\tilde{\tau} = \bar{t},\ \sigma^2 = \tilde{\tau}^2 = \bar{t}^2 \tag{12-36}$$

12.4.3　多釜串联模型

实际设备中的流动模式很难达到理想的平推流或全混流。其中，对于返混较大的反应器等设备，可假设其流动模式等同于若干个全混釜串联时的流动模式，此即多釜串联模型。

多釜串联模型如图 12-14 所示。模型由 n 个等容积的理想混合釜串联而成，两釜间无返混，各釜的体积流量 q_V、容积 V_R、流体平均停留时间 $\tau = V_R/q_V$ 相等。该系统的 RTD 密度函数 $E(t)$ 可通过虚拟脉冲示踪实验分析得到，过程如下。

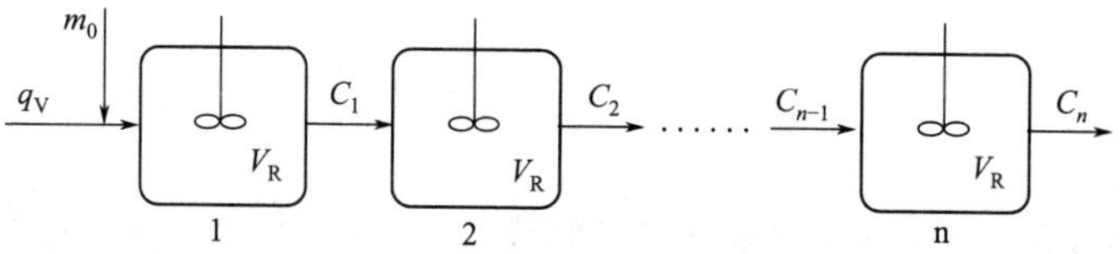

图 12-14　多釜串联模型示意图

首先设想 $t=0$ 时刻脉冲注入示踪剂 m_0，计算任意 t 时刻各釜出口的示踪剂浓度。

第一釜：设 $C_{01} = m_0/V_R$，根据全混流模型的出口示踪剂浓度公式（12-33）可知，t 时刻第一釜的出口浓度为

$$C_1 = C_{01}\mathrm{e}^{-t/\tau}$$

第二釜：针对示踪剂的质量守恒，考虑 $\tau = V_R/q_V$ 并将已知的 C_1 代入可得

$$C_1 q_V - C_2 q_V = \frac{\mathrm{d}}{\mathrm{d}t}(V_R C_2) \ \rightarrow\ \frac{\mathrm{d}C_2}{\mathrm{d}t} + \frac{1}{\tau}C_2 = \frac{1}{\tau}C_{01}\mathrm{e}^{-t/\tau}$$

参照与该方程类似的非其次线性方程及其解（见文献 [5] 附录），可得

$$C_2 = \mathrm{e}^{-\int \frac{1}{\tau}\mathrm{d}t}\left(\int \frac{1}{\tau}C_{01}\mathrm{e}^{-t/\tau}\mathrm{e}^{\int \frac{1}{\tau}\mathrm{d}t}\mathrm{d}t + c\right) = \mathrm{e}^{-t/\tau}\left(\frac{t}{\tau}C_{01} + c\right)$$

代入初始条件：$t=0$，$C_2=0$，可得 t 时刻第二釜出口浓度为

$$\frac{C_2}{C_{01}} = \frac{t}{\tau}\mathrm{e}^{-t/\tau}$$

同理可得 t 时刻第三釜、第四釜，直至第 n 釜的浓度为

$$\frac{C_3}{C_{01}} = \frac{1}{2}(t/\tau)^2\mathrm{e}^{-t/\tau},\quad \frac{C_4}{C_{01}} = \frac{1}{2}\times\frac{1}{3}(t/\tau)^3\mathrm{e}^{-t/\tau}$$

$$\frac{C_n}{C_{01}} = \frac{1}{(n-1)!}\left(t/\tau\right)^{(n-1)} e^{-t/\tau} \tag{12-37}$$

根据式（12-22）可知，对于任意的连续流动系统，脉冲实验中该系统出口示踪剂浓度 $C(t)$ 与该系统的密度函数 $E(t)$ 有如下关系

$$C(t) = \bar{t}C_0E(t)$$

因此，将所有串联釜视为一个系统，则上式中

$$C(t) = C_n，\quad \bar{t} = \frac{nV_R}{q_V} = n\tau，\quad C_0 = \frac{m_0}{nV_R} = \frac{C_{01}}{n}$$

将 C_n 用式（11-37）表达，则多级串联釜系统的 RTD 密度函数 $E(t)$ 可表示为

$$E(t) = \frac{C(t)}{\bar{t}C_0} = \frac{nC_n}{\bar{t}C_{01}} = \frac{1}{\bar{t}}\frac{n}{(n-1)!}\left(\frac{t}{\tau}\right)^{(n-1)} e^{-\frac{t}{\tau}} \tag{12-38}$$

考虑 $\tau = \bar{t}/n$，并令 $\theta = t/\bar{t}$，则 $E(t)$ 的无因次表达式为

$$E(\theta) = \bar{t}E(t) = \frac{n}{(n-1)!}(n\theta)^{(n-1)} e^{-n\theta} \tag{12-39}$$

根据 $E(t)$ 表达式，可得串联模型的停留时间均值 $\tilde{\tau}$ 与方差 σ^2 分别为

$$\tilde{\tau} = \bar{t}，\quad \sigma^2 = \bar{t}^2/n \tag{12-40}$$

多釜串联模型的 $E(\theta)$ 曲线如图 12-15 所示。其中 $n=1$：$\tilde{\tau}=\bar{t}$，$\sigma^2=\bar{t}^2$，流动模式为全混流；$n\to\infty$：$\tilde{\tau}=\bar{t}$，$\sigma^2=0$，流动模式为平推流。

模型应用：多釜串联模型中的 n 即为模型参数。对于实际设备，若认为其流动模式可近似为多釜串联模型，则可根据示踪实验获得的 $E(t)$ 数据按式（12-30）计算其方差，然后与式（12-40）对比确定其串联釜级数 n。其中 n 是虚拟级数，可以不是整数，且 n 越大说明返混程度越小（越接近平推流）。

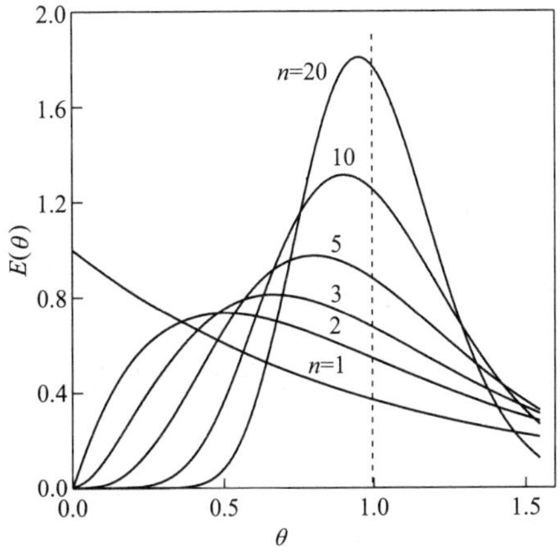

图 12-15 多釜串联模型的 $E(\theta)$ 曲线

12.4.4 轴向扩散流模型

对于管式换热器或反应器等管式设备，其定常流动条件下的截面平均速度 u 沿轴向是不变的，但其他参数诸如截面平均温度 T、截面平均浓度 C 等沿流动方向是变化的，即轴向存在温度梯度或浓度梯度，从而导致轴向存在热扩散或浓度扩散。因此，对于扩散效应较显著的管式设备，通常可假设其流动模式为平推流 + 轴向扩散，即轴向扩散流模型。

为理解轴向扩散流模型，可想象在管式设备进口处注入脉冲示踪剂，如图 12-16 所示。若流动模式为平推流，且没有扩散，则示踪剂将如同活塞般以平均速度 u 向前运动，示踪剂分布范围不变，并会在 $t=\bar{t}$ 时全部达到设备出口；但存在轴向扩散时，示踪剂在随平均速度 u 流动的同时，还要向两侧扩散，从而导致返混。轴向扩散模型就是在理想平推流基础上再叠加理想扩散，如图 12-16 所示。

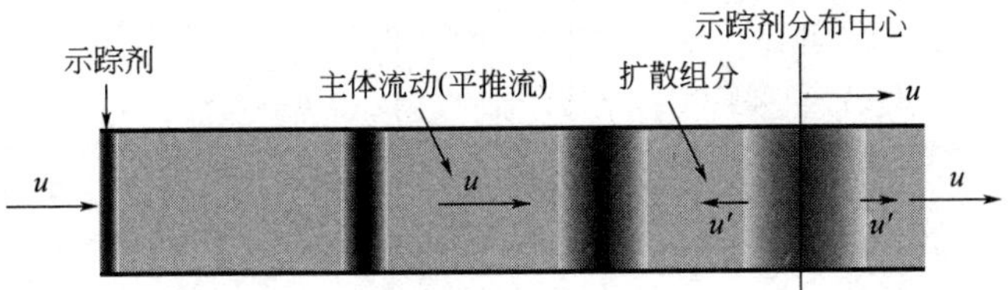

图 12-16 轴向扩散流模型示意图

轴向扩散模型的假设包括：①流体的主体流动为平推流，且运动速度 u 恒定；②横截面上浓度均匀（无扩散），流体的扩散仅有轴向扩散；③轴向扩散包括分子扩散和涡流扩散，且轴向扩散系数 D_e (m²/s) 为定值。

轴向扩散系数 D_e 表征扩散效应大小，其中 $D_e\to0$ 表示无扩散（无返混），即平推流；$D_e\to\infty$

表示扩散极大（返混极大），即全混流。轴向扩散流模型中，对流与扩散的相对大小通常用贝克列准数 Pe（Peclet number）来描述，其定义为

$$Pe = \frac{uL}{D_e} \tag{12-41}$$

轴向扩散流的 RTD 密度函数　根据虚拟脉冲实验分析可知，图 12-16 所示开式进出口管道轴向扩散流的 RTD 密度函数 $E(t)$ 具有如下形式（见参考文献 [5] 中的问题 P12-15）

$$E(\theta) = \bar{t}E(t) = \frac{1}{\sqrt{4\pi\theta/Pe}}\exp\left[-\frac{(1-\theta)^2}{4\theta/Pe}\right] \tag{12-42}$$

应用该式可得轴向扩散流的停留时间均值和方差分别为

$$\frac{\tilde{\tau}}{\bar{t}} = 1 + \frac{2}{Pe}, \quad \frac{\sigma^2}{\bar{t}^2} = \frac{2}{Pe} + \frac{8}{Pe^2} \tag{12-43}$$

式中 Pe 是式（12-41）定义的贝克列数。其中 $Pe \to \infty$（对应 $D_e \to 0$）表示无扩散，如平推流；$Pe \to 0$（对应 $D_e \to \infty$）表示扩散无限大，如全混流。

对于管式反应器或设备中的流动，贝克列数 Pe 与雷诺数 Re 的经验关系之一如下

$$Pe = \frac{uL}{D_e} = \frac{L}{d}\left(\frac{3.0\times10^7}{Re^{2.1}} + \frac{1.35}{Re^{1/8}}\right)^{-1} \tag{12-44}$$

其中 L、d 分别为管长和管径。这类关联式为轴向扩散流问题的分析计算带来了方便。

轴向扩散较小的情况　当 Pe 数较大时（比如 $Pe > 100$），$E(\theta)$ 可近似为正态分布，即

$$E(\theta) \approx \frac{1}{\sqrt{4\pi/Pe}}\exp\left[-\frac{(1-\theta)^2}{4/Pe}\right] \tag{12-45}$$

此时 $E(\theta)$ 对应的停留时间均值、方差和停留时间分布函数分别为

$$\tilde{\theta} = \frac{\tilde{\tau}}{\bar{t}} = 1, \quad \sigma_\theta^2 = \frac{\sigma^2}{\bar{t}^2} = \frac{2}{Pe} \tag{12-46}$$

$$F(\theta) = \frac{1}{2}\left[\mathrm{erf}\left(\frac{1}{2}\sqrt{Pe}(1-\theta)\right) - 1\right] \tag{12-47}$$

式中的 erf (x) 是误差函数。x 对应的函数值可在 Excel 表中输入 =erf (x) 得到。

轴向扩散流 $E(\theta)$ 曲线的分布形态见图 12-17，可见 Pe 越大 $E(\theta)$ 分布越集中，且越接近正态分布。其中正态分布的基本特性如图 12-18 所示，图中 $E(\theta)_{inf}$ 对应拐点。

模型应用：轴向扩散流模型中 Pe 是模型参数。对于实际设备，若认为其流动模式可近似为轴向扩散流，则可将示踪实验获得的 $E(\theta)$ 曲线与不同 Pe 数下轴向扩散流模型的 $E(\theta)$ 曲线比较，确定其对应的 Pe 以及方

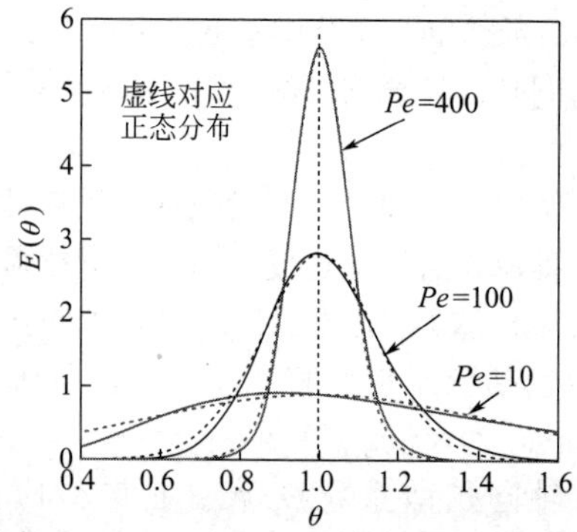

图 12-17　轴向扩散流的$E(\theta)$随 Pe 的变化

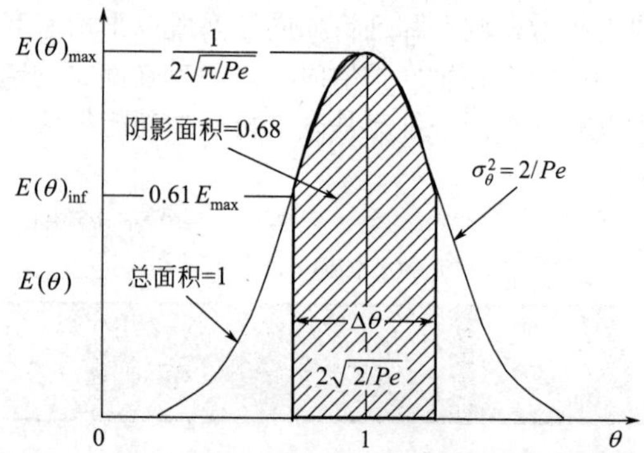

图 12-18　正态分布的$E(\theta)$特性

差 σ^2。

【例 12-2】 食用油汽提塔中的停留时间分布特性

为测定某食用油除臭汽提塔中的停留时间分布特性，在 t=0 时刻将进料改为性质相似的椰子油进行阶跃示踪实验，并通过测试馏出物取样的折光指数获得椰子油质量百分率随时间的关系如下表所示。

① 试确定汽提塔中油的停留时间均值；

② 若采用串联釜模型描述汽提塔停留时间分布，则串联釜的数量为多少？

③ 如果采用轴向扩散模型描述汽提塔停留时间分布，则贝克列数 Pe 为多少？

取样时间/min	30	40	45	50	55	60	65	70	80	105
质量百分率/%	0	5	16.5	34.5	53	69	82	92	99	100

解 由上表可计算相邻时间段 Δt_i 及其对应的质量百分率之差 $\Delta F(t_i)$，其中 $\Delta F(t_i)$ 对应的时间 t_i 可取相邻时间段的中点时间，由此可得 $\Delta F(t_i)$ 及对应的时间 t_i 如下：

$\Delta F(t_i)$/%	0	5	11.5	18.0	18.5	16.0	13.0	10	7.0	1.0
t_i/min	15	35	42.5	47.5	52.5	57.5	62.5	67.5	75.0	92.5

① 根据离散数据的平均停留时间公式（12-28）和方差公式（12-30）可得

$$\tilde{\tau} = \frac{\Sigma t_i \Delta F(t_i)}{\Sigma \Delta F(t_i)} = 55.15\text{min}, \quad \sigma^2 = \frac{\Sigma t_i^2 \Delta F(t_i)}{\Sigma \Delta F(t_i)} - \tilde{\tau}^2 = 115.23\text{min}^2$$

② 若采用串联釜模型描述汽提塔停留时间分布，则串联釜的数量 n 为

$$\sigma^2 = \frac{\tilde{\tau}^2}{n} \quad \rightarrow n = \frac{\tilde{\tau}^2}{\sigma^2} = \frac{55.15^2}{115.23} = 26.4$$

③ 如果采用轴向扩散流模型描述汽提塔停留时间分布，则贝克列数 Pe 为

$$\frac{\sigma^2}{\tilde{\tau}^2} = \frac{2}{Pe} + \frac{8}{Pe^2} \quad \rightarrow \frac{\sigma^2}{\tilde{\tau}^2} = 0.0379, \quad Pe = 56.5$$

因为 n 较大且 Pe 也较大，故汽提塔中食用油的流动模式更接近于轴向扩散流。

12.5 停留时间分布曲线的应用

12.5.1 根据 $E(t)$ 曲线定性推断流动情况

根据测得的 $E(t)$ 曲线的形状，见图 12-19，可对设备内的流动情况作出定性的判断，并针对存在的问题采取相应的措施。需要说明的是：造成返混的原因有多种且可能相互关联，因此，RTD 曲线形状与返混或流动模式之间不一定都是简单的对应关系。图 12-19 只是对一些典型形状的 $E(t)$ 曲线的经验判断。

12.5.2 确定流动模式及其模型参数

实际设备中的流动模式是多种多样的。为确定实际设备中的流动模式及模型参数，可通过冷模或在线状态下的 RTD 实验获得其密度函数 $E(t)$ 或分布函数 $F(t)$ 的曲线；然后根据其分布特征，对比前面介绍的平推流模型、全混流模型、多釜串联模型、轴向扩散模型，以及这些模型的组合模型等，确定实际设备内的流动模式及其模型参数。

例如，对于一般管式设备，尤其是当流速较高时，最直接的假定是将其视为平推流。虽然实际设备的流动模式不能达到理想的平推流，但平推流假设为管式设备的理论分析或评价提供了可能。例如列管换热器传热方程 $Q = KA\Delta t_m$ 的建立就应用了平推流假设。

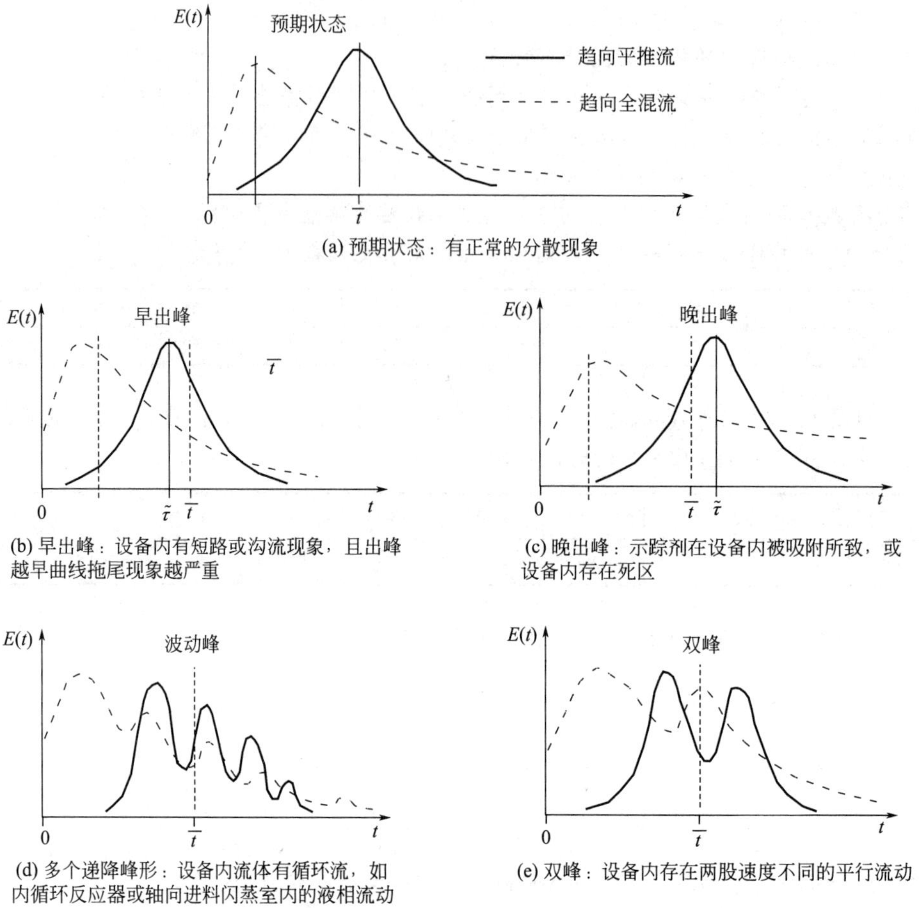

(a) 预期状态：有正常的分散现象

(b) 早出峰：设备内有短路或沟流现象，且出峰越早曲线拖尾现象越严重

(c) 晚出峰：示踪剂在设备内被吸附所致，或设备内存在死区

(d) 多个递降峰形：设备内流体有循环流，如内循环反应器或轴向进料闪蒸室内的液相流动

(e) 双峰：设备内存在两股速度不同的平行流动

图 12-19　RTD 密度函数 $E(t)$ 的曲线形状与流动分析

若管式设备流动问题中轴向扩散较显著，则可在平推流基础上增加考虑轴向扩散，即采用轴向扩散流模型来描述问题。从流动模式的角度，列管换热器壳程设置折流板就是促进壳程流动转变为轴向扩散流的结构措施。

对于连续操作的搅拌混合器或反应釜之类的设备，对其流动模式最常用的假定就是全混流假设（或充分混合假设）。虽然这类设备中的实际流动模式距离全混流仍有一定差距，但全混流假设使得设备的瞬态特性分析成为可能。这类设备的分析中，假设设备内的流动为全混流，则设备出口温度 = 设备内流体温度，或出口溶液浓度 = 设备内溶液浓度，由此便可获得设备内流体温度或溶液浓度的时间变化关系。

当采用全混流模型不足以表征其流动模式时，可采用前面介绍的多釜串联模型。采用多釜串联模型时，串联级数 n 就是需要通过实测 RTD 曲线来确定的模型参数。

此外，还可采用组合模型来表征实际设备内的流动模式。采用组合模型的关键是要求得组合模型的 RTD 密度函数 $E(t)$（通常可采用虚拟脉冲实验质量守恒分析，并由组合模型中已知模型的 RTD 特性确定），然后根据实测 RTD 曲线与组合模型的密度函数 $E(t)$ 对比，确定相关模型参数。

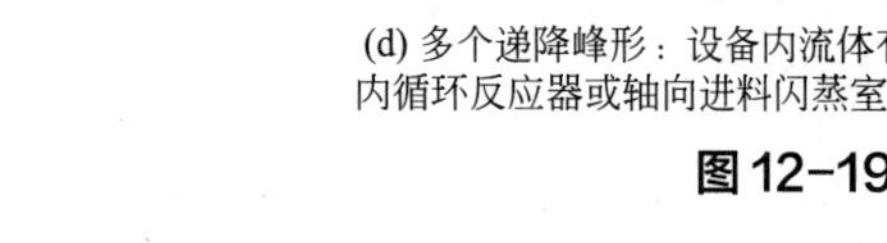

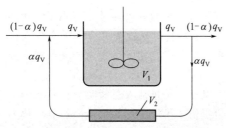

图 12-20　全混流 + 平推流组合模型

例如，对于有内循环或外循环的设备，若采用如图 12-20 所示的全混流 + 平推流组合模型来描述其流动模式（循环流视为平推流，流量分率为 α），则根据虚拟脉冲实验质量守恒分析（见习题 12-14），可得组合模型的密度函数 $E(\theta)$。其中，对于 n=1, 2,⋯, ∞，无因次时间 θ 位于的区间及对应的密度函数 $E(\theta)$ 为

$$(n-1)\beta \leqslant \theta < n\beta: \quad \bar{t}_1 E(t) = E(\theta) = (1-\alpha)\sum_{m=0}^{n-1}\frac{\alpha^m}{m!}(\theta - m\beta)^m \mathrm{e}^{-(\theta - m\beta)} \tag{12-48}$$

式中无因次时间 θ 及相关参数定义为

$$\theta = \frac{t}{\bar{t}_1}, \quad \beta = \frac{\bar{t}_2}{\bar{t}_1}, \quad \bar{t}_1 = \frac{V_1}{q_V}, \quad \bar{t}_2 = \frac{V_2}{\alpha q_V}$$

在此基础上，将实测 RTD 曲线与以上 $E(\theta)$ 曲线对比，可确定组合模型的 α 等参数。

12.5.3 确定设备结构对流动模式的影响

从过程强化的角度，过程设备内构件结构设计及创新的本质是：通过结构设计改变流场空间及边界形状，创造有利的流动模式，实现过程强化的目标（效率更高、能耗更低、工艺更清洁、设备更安全）。

有利的流动模式是相对于过程强化目标而言的，通常包括：均匀流动、充分接触、阻断或减薄边界层、增强横向混合、减小流动死区或防止流动短路等。

如前所述，停留时间 $E(t)$ 曲线测试相对比较容易且可在冷模下进行。通过测定不同结构参数下的 $E(t)$ 曲线，计算其停留时间均值 $\bar{\tau}$ 与方差 σ^2，可定量分析和比较不同结构对流动模式和返混的影响，以验证特定结构或部件的功效，并优化结构参数。

例如：对于连续操作的混合搅拌器，通过示踪实验测定 RTD 曲线，并比较不同搅拌器结构参数下 $E(t)$ 曲线的数学期望 $\bar{\tau}$ 和方差 σ^2，即可分析其接近理想混合的程度，由此获得优化结构参数。

过程设备中通常会采用折流板、导流板、导流筒、分布器等措施，以限制返混因素，防止短路或减小流动死区，使流体的分布更加均匀（趋向于平推流）；有的结构措施则是有意造成内循环流（如内循环反应器等）。评价这些措施的功效也可借助 RTD 实验，即针对不同的结构设计方案和操作条件进行冷模 RTD 实验，并通过对 RTD 曲线形状及其数字特征的分析比较，定量分析结构形式及参数对流动模式的影响，并据此确定优化方案。其中不同折流板数量下设备中流体停留时间分布与流动形态的对比研究可见参考文献 [28]。

本章说明：停留时间分布不仅能反映过程设备内部的流动行为，且实验测试相对容易。但这样一种简单易行的研究手段，以往主要应用于化学反应器流动模型分析。编者将停留时间分布问题纳入本书，是因为在过程设备的结构设计与创新中，同样可将停留时间分布实验作为一种有效的、值得重视的手段，应用于研究设备结构对流动行为的影响（虽然这一手段在应用于设备结构与流动模式分析中尚需在理论与实践上不断完善）。

习题

12-1 某稳态连续流动系统，系统内流体体积为 V，流体体积流量为 q_V，密度为 ρ；设想 t=0 时刻将进口流体切换为性质、流量完全相同的新流体，并一直保持下去。

① 试采用系统内流体的年龄分布密度函数 $I(t)$ 表示 t 时刻存留在系统中的新流体量 m_1；

② 试采用系统 RTD 分布函数 $F(t)$ 表示 $0 \to t$ 时间段流出系统的新流体量 m_2；

③ 试采用系统 RTD 分布函数 $F(t)$ 表示 $0 \to t$ 时间段流出系统的老流体量 m_3；

④ 根据以上质量之间的守恒关系，确定 $I(t)$ 与 $F(t)$ 或 $E(t)$ 之间的关系。

12-2 在某稳态连续流动系统中进行阶跃示踪实验，示踪剂溶液浓度 C_{S0}（g/m³），获得的浓度响应曲线 $C_S(t)$ 为

$$C_S(t)/C_{S0} = 1-(1+4k\theta)\mathrm{e}^{-2\theta}$$

其中，k 为常数，$\theta = t/\bar{t}$（$\bar{t}$ 为流体平均停留时间）。试确定该系统的 RTD 密度函数 $E(\theta)$ 和内部年龄密度函数 $I(\theta)$。

12-3 某稳态连续流动系统，系统内流体体积为 V，流量为 q_V。现采用脉冲示踪实验（示踪剂量 m_0）获得其浓度响应曲线为

$$C(t)=2k\theta e^{-2\theta}$$

其中 k 为常数，$\theta=t/\bar{t}$（$\bar{t}$ 为平均停留时间）。试确定常数 k，并求该系统的停留时间分布函数 $F(\theta)$，以及出口截面上停留时间区间为 0.5 $\bar{t}$ ~1 $\bar{t}$ 的流体的质量分率。

12-4 某稳态连续流动系统。现采用阶跃示踪实验获得其浓度响应曲线为

$$C_S(t)/C_{S0}=1-(1+4k\theta)e^{-2\theta}$$

其中 k 为常数，C_{S0} 为示踪剂溶液浓度（kg/m³），$\theta=t/\bar{t}$（$\bar{t}$ 为流体平均停留时间）。

① 若该系统流动模式可用两个全混釜串联模型描述，试确定其中的常数 k；

② 若 $t=0$ 时刻 dt 微元时段输入该系统的流体量为 m_0，试确定 50% 的 m_0 流出系统所需要的时间 θ。

12-5 为测定由 6 个搅拌器串联组成的系统的混合效率，进行停留时间实验。实验以水为流体，用某种酸为脉冲示踪剂；t=0 时刻酸由第一个搅拌器进口注入（脉冲示踪），在最后一个反应器出口取样分析的酸浓度结果如下表：

时间/min	0	5	10	15	20	25	30	35	40	50	60	70
浓度/(g/L)	0.0	0.10	1.63	3.23	3.96	3.71	3.00	2.12	1.39	0.51	0.10	0.0

① 试确定该串联系统的平均停留时间；

② 若采用串联釜模型描述系统停留时间分布，则串联釜的数量 n 为多少？

③ 如果采用轴向扩散流模型描述系统的停留时间分布，则贝克列数 Pe 为多少？

④ 如果系统流量为 100L/min，试确定注入的示踪剂量。

12.6 某化工厂旁有一混合池，其进 / 出口流量 q_V =0.1m³/s，液体密度为 ρ。该工厂时常将少量废液排入混合池进口，但由于废液量相对较少，废液的排入不影响混合池流量，仅影响其浓度。检测表明，在长期排放的情况下突然停止排放，混合池出口处废液组分浓度就呈指数规律下降，且每 100 分钟浓度降低 1/2。若该工厂从 t=0 时刻起，以 q_m =2g/s 的流量向清洁的混合池内连续排放 10min 的废液，试估计混合池出口处可检测到的废液组分最大浓度为多少 g/m³。

12.7 某化工厂旁有一水渠，水渠流量 q_V =0.1m³/s，平均流速 u=0.5m/s。若该工厂从 t=0 时刻起，以 q_m =1g/s 的流量向渠内连续排放 6min 的废液，试估计下游 500m 处可检测到的废液组分最大浓度为多少 g/m³，以及在该处第一次测得废液组分浓度为 5g/m³ 的时间。假设：废液排量相对很小，不影响水渠流量；废液在水渠中以轴向扩散模式流动，其中扩散系数 D_e =0.3m²/s。

12-8 两个理想混合容器串联，如图 12-21 所示。流体流量 q_V，容器的有效体积分别为 V_1 和 V_2，且 $V_1\neq V_2$。试通过虚拟脉冲示踪实验并对每个容器列出示踪剂质量守恒方程，确定两个串联容器整体系统的 RTD 分布密度函数 $\bar{E}_2(t)$（上划线表示串联系统的 RTD 密度函数，下标 2 表示系统由两个容器串联构成）。

提示：如下非齐次线性微分方程及其解为

$$\frac{dy}{dx}+p(x)y=q(x)\ \rightarrow\ y=e^{-\int p(x)dx}\left[\int q(x)e^{\int p(x)dx}dx+c\right]$$

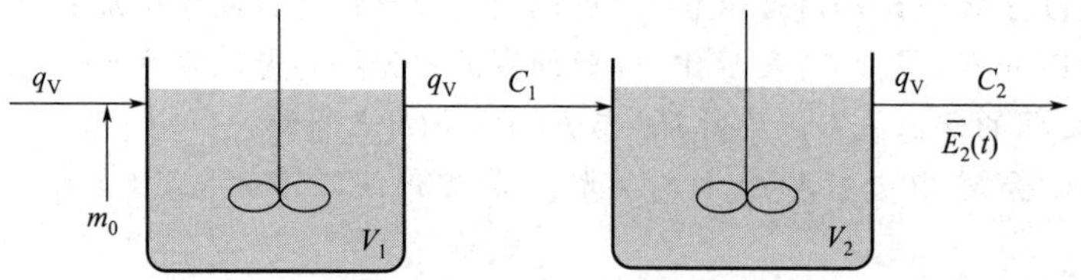

图 12-21 习题 12-8 附图

12-9 两个一般流动模式的容器串联，如图 12-22 所示。流体流量 q_V，其有效容积分别为 V_1 和 V_2，流体平均停留时间分别为 t_1 与 t_2。已知每个容器独立的 RTD 密度函数分别为 $E_1(t)$、$E_2(t)$（独立密度函数指各自作为独立容器时的密度函数）。

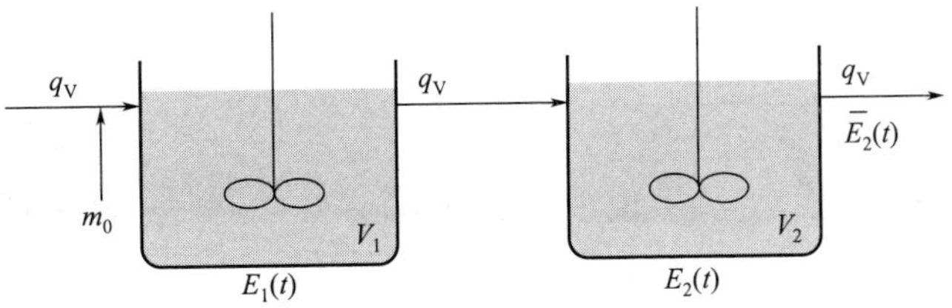

图 12-22 习题 12-9 附图

① 证明：该串联容器系统的 RTD 密度函数 $\bar{E}_2(t)$（其注解见习题 12-8）为

$$\bar{E}_2(t)=\int_0^t E_1(\tau)E_2(t-\tau)\mathrm{d}\tau$$

提示：设脉冲示踪剂量为 m_0，考察随后 $0\to t$ 期间容器 1 和容器 2 流出的示踪剂量。

② 假设两个容器内的流动模式为全混流，试用上式确定 $\bar{E}_2(t)$ 与 t、t_1、t_2 的关系。

12-10 图 12-23 是 n 个容器串联构成的系统，其中每个容器独立的密度函数为 $E_i(t)$（i=1, 2, ⋯, n）。试根据习题 12-9 第①问给出的两个串联容器系统的 RTD 密度函数 $\bar{E}_2(t)$，证明该 n 个容器串联系统末级出口处的 RTD 密度函数 $\bar{E}_n(t)$ 为

$$\bar{E}_n(t)=\int_0^t \bar{E}_{n-1}(\tau)E_n(t-\tau)\mathrm{d}\tau$$

注：$\bar{E}_n(t)$ 上划线表示串联系统的 RTD 密度函数，下标 n 表示系统由 n 个容器串联构成。类似地，$\bar{E}_{n-1}(t)$ 是前 n−1 个串联容器系统的 RTD 密度函数，且 $\bar{E}_1(t)=E_1(t)$。

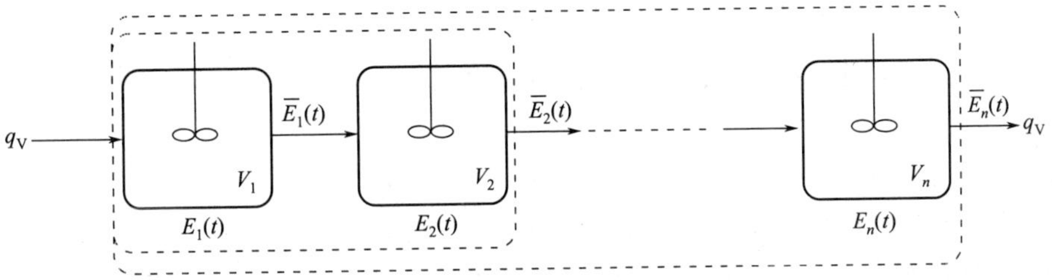

图 12-23 习题 12-10、12-11 附图

12-11 图 12-23 所示为 n 个容器串联构成的系统，已知每个独立容器的密度函数为 $E_i(t)$，n 个容器串联作为一个整体系统的 RTD 密度函数为 $\bar{E}_n(t)$，且

$$\bar{E}_n(t)=\int_0^t \bar{E}_{n-1}(a)E_n(t-a)\mathrm{d}a \quad (n=2,\ 3,\ \cdots,\ n-1,\ n)$$

其中 $\bar{E}_{n-1}(t)$ 是前 n−1 个容器作为整体系统的 RTD 密度函数，且 $\bar{E}_1(t)=E_1(t)$。若这 n 个容器均为体积相同的理想混合容器，流量连续稳定（每个容器流量相同），试求 $\bar{E}_n(t)$ 的具体表达式及其一次矩和散度。

12-12 试通过虚拟脉冲示踪实验确定轴向扩散模型的 RTD 密度函数 $E(t)$。

思路：轴向扩散模型描述见教材 12.4.4 节。根据该模型假设可知，若在管式设备进口注入脉冲示踪剂，则其流动扩散过程如图 12-24 所示。其中，示踪剂中心（图中白线）以平推流速度 u 向下游推进，同时示踪剂还由中心向两侧扩散。因此，为分析方便，可先考虑流体静止（u=0）时示踪剂的扩散，见图（b），并以扩散中心为原点建立新坐标 x'，分析微元 $\mathrm{d}x'$ 段示踪剂的质量守恒，建立示踪剂浓度 $C'(x',t)$ 的微分方程；其中扩散进入、输出微元体的示踪剂质量流量 q_1、q_2 及微元内示踪剂量 m 的变化率分别为

$$q_1=-D_\mathrm{e}S\frac{\partial C'}{\partial x'},\quad q_2=-D_\mathrm{e}S\frac{\partial C'}{\partial x'}-D_\mathrm{e}S\frac{\partial^2 C'}{\partial x'^2}\mathrm{d}x',\quad \frac{\partial m}{\partial t}=\frac{\partial C'}{\partial t}S\mathrm{d}x'$$

其中 D_e、S 分别为示踪剂在主流体内的扩散系数和管道的横截面积。求解微分方程获得距离扩散中心 x' 处的示踪剂浓度 $C'(x',t)$ 后，再将 x' 替换为 $x-ut$，见图（a），获得 x 位置处的浓度，即 $C(x,t)=C'(x-ut,t)$。

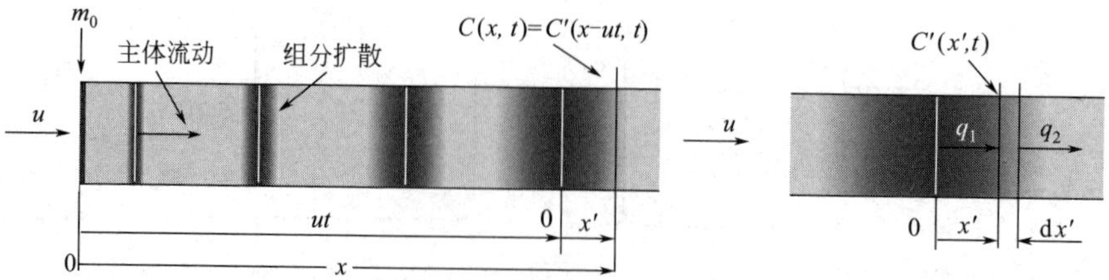

(a) 扩散中心(白线)随主体流动的平移　　(b) u=0时示踪剂的扩散

图 12-24　习题 12-12 附图

提示 1：设注入的示踪剂量为 m_0，则理论上示踪剂初始浓度 $C_0' = m_0/S\mathrm{d}x$。

提示 2：对于如下一维扩散方程及初值条件问题（一维扩散方程柯西问题）

$$\frac{\partial u}{\partial t}-\alpha^2\frac{\partial^2 u}{\partial x^2}=f(x,t),\quad u|_{t=0}=\varphi(x),\quad (-\infty<x<\infty)$$

方程的解为

$$u(x,t)=\frac{1}{(2\alpha\sqrt{\pi t})}\int_{-\infty}^{\infty}\varphi(\xi)\exp\left[-\frac{(x-\xi)^2}{4\alpha^2 t}\right]\mathrm{d}\xi+\int_0^t\left\{\int_{-\infty}^{\infty}\frac{f(\xi,\tau)}{2\alpha\sqrt{\pi(t-\tau)}}\exp\left[-\frac{(x-\xi)^2}{4\alpha^2(t-\tau)}\right]\mathrm{d}\xi\right\}\mathrm{d}\tau$$

12-13　流体以平均流速 u_m 在半径 R、长度 L 的圆管内作充分发展的层流流动，流速分布为

$$u=2u_\mathrm{m}\left(1-\frac{r^2}{R^2}\right)$$

① 忽略扩散，试证明该系统的 RTD 分布函数为

$$0\leqslant t<\frac{L}{2u_\mathrm{m}},\quad F(t)=0;\quad t\geqslant\frac{L}{2u_\mathrm{m}},\quad F(t)=1-\frac{L^2}{(2u_\mathrm{m}t)^2}$$

② 定义流体平均停留时间为：$t_\mathrm{m}=\int_0^1 t\mathrm{d}F$，证明：$t_\mathrm{m}=L/u_\mathrm{m}$

12-14　全混流 - 平推流循环系统的 RTD 密度函数。图 12-25 是理想混合容器与外循环构成的系统，其中容器体积 V_1，体积流量 q_V，循环流为平推流且容积 V_2，体积流量 αq_V（α 为回流比），系统流量为 $(1-\alpha)\,q_\mathrm{V}$。

① 假设 t=0 时刻在容器进口脉冲注入示踪剂 m_0，试通过示踪剂质量守恒分析证明：当无因次时间 θ 在 $(n-1)\beta\leqslant\theta<n\beta$ 区间时（n=1,2,⋯, ∞），容器出口处的示踪剂浓度 $C_n(\theta)$ 为

$$C_n(\theta)=\frac{C_n(t)}{C_*}=\sum_{m=0}^{n-1}\alpha^m\frac{(\theta-m\beta)^m}{m!}\mathrm{e}^{-(\theta-m\beta)}$$

其中

$$C_*=\frac{m_0}{V_1},\quad \bar{t}_1=\frac{V_1}{q_\mathrm{V}},\quad \bar{t}_2=\frac{V_2}{\alpha q_\mathrm{V}},\quad \theta=\frac{t}{\bar{t}_1},\quad \beta=\frac{\bar{t}_2}{\bar{t}_1}$$

② 根据上式进一步证明，当无因次时间 θ 在 $(n-1)\beta\leqslant\theta<n\beta$ 区间时，系统（容器 + 外循环）的 RTD 密度函数 $E_n(\theta)$ 为

$$E_n(\theta)=\bar{t}_1E_n(t)=(1-\alpha)\sum_{m=0}^{n-1}\alpha^m\frac{(\theta-m\beta)^m}{m!}\mathrm{e}^{-(\theta-m\beta)}$$

12-15　根据习题 12-14 给出的图 12-25 所示系统的 RTD 密度函数 $E_n(\theta)$，求 $t=0$ 时刻注入的脉冲示踪剂量 m_0 在 t=0.5 $\bar{t}_1$ 时有多少已流出系统。其中已知

$$m_0=1\mathrm{kg},\quad q_\mathrm{V}=60\mathrm{L/min},\quad \alpha=0.2$$

$$\bar{t}_1=V_1/q_\mathrm{V}=20\,\mathrm{min},\quad \bar{t}_2=V_2/(\alpha q_\mathrm{V})=6\,\mathrm{min},\quad \beta=\bar{t}_2/\bar{t}_1=0.3$$

12-16　变浓度连续示踪输入的响应曲线。某单元设备系统，如图 12-26 所示，其中进出口体积流量为 q_V，设备容积为 V。已知设备出口流体的 RTD 密度函数为 $E(t)$，分布函数为 $F(t)$。现设想从 t=0 开始，进口

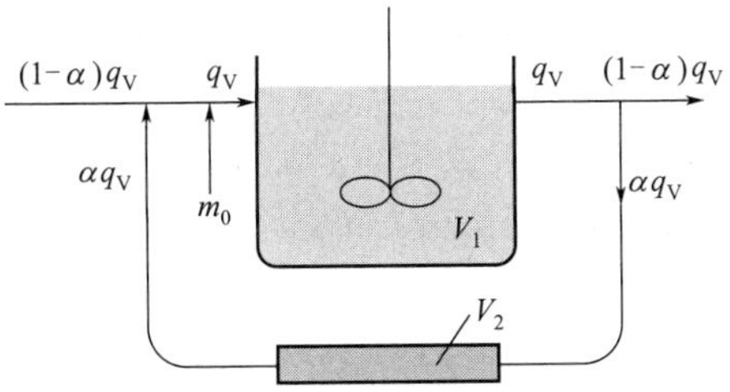

图 12-25 习题 12-14 附图

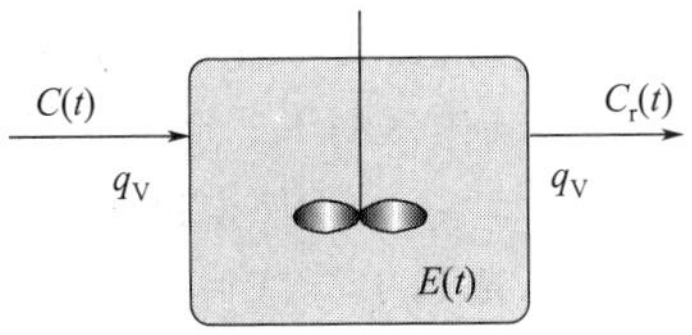

图 12-26 习题 12-16 附图

处流体切换成浓度为 $C(t)$ 的溶液，溶液流量及密度等物性与原流体相同，但输入浓度 $C(t)$ 随时间变化（变浓度阶跃示踪输入）。

① 试证明出口处的响应浓度 $C_r(t)$ 可表示为

$$C_r(t)=\int_0^t C(\tau)E(t-\tau)\mathrm{d}\tau \quad（其中 0\leqslant\tau\leqslant t）$$

② 根据上式验证：对于等浓度的连续输入（浓度恒定为 C_{0S}）或对于 t=0 时刻的脉冲示踪输入，分别有

$$\frac{C_r(t)}{C_{0S}}=\int_0^t E(t)\mathrm{d}t=F(t) \quad 或 \quad \frac{C_r(t)}{C_0}=\bar{t}E(t)$$

其中 $$C_0=m_0/V，\ \bar{t}=V/q_V$$

提示：对于 t=0 时刻的脉冲输入，示踪剂量 $m_0=C(t)_{t=0}q_V\mathrm{d}t$。

12-17 一般循环系统的脉冲示踪响应曲线及 RTD 密度函数。某连续稳态系统如图 12-27，由容器与循环管路构成，系统流量 $(1-\alpha)q_V$。已知，容器容积 V_1，体积流量 q_V，RTD 密度函数 $E_1(t)$；循环管路容积 V_2，体积流量 αq_V（α 为回流比），RTD 密度函数 $E_2(t)$。若在系统进口脉冲输入示踪剂 m_0 (kg)，测试得到出口示踪剂浓度响应曲线为 $C_r(t)$。注：$C_r(t)$ 不仅包含对 m_0 的响应，还包括对循环管返回示踪剂的响应。

① 试根据习题 12-16 第①问给出表达式证明，$C_r(t)$ 与 $E_1(t)$、$E_2(t)$ 有如下关系

$$C_r(t)=C_0\bar{t}_1E_1(t)+\alpha\int_0^t\left[\int_0^\tau C_r(\tau')E_2(\tau-\tau')\mathrm{d}\tau'\right]E_1(t-\tau)\mathrm{d}\tau$$

其中 $$C_0=m_0/V_1，\ \bar{t}_1=V_1/q_V，\ \bar{t}_1C_0=m_0/q_V$$

式中的 τ、τ' 均为时间参数，且 $0\leqslant\tau\leqslant t$，$0\leqslant\tau'\leqslant\tau$。

② 若整个系统的 RTD 密度函数为 $E_r(t)$，试根据上式进一步证明

$$E_r(t)=(1-\alpha)E_1(t)+\alpha\int_0^t\left[\int_0^\tau E_r(\tau')E_2(\tau-\tau')\mathrm{d}\tau'\right]E_1(t-\tau)\mathrm{d}\tau$$

提示：引用脉冲示踪实验浓度响应曲线与系统 RTD 密度函数的关系。

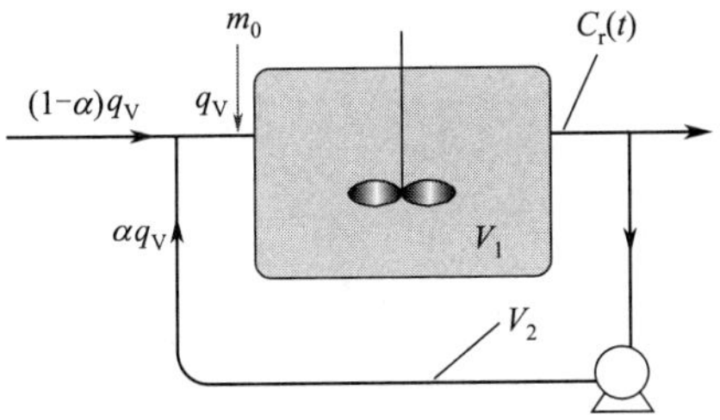

图 12-27 习题 12-17 附图

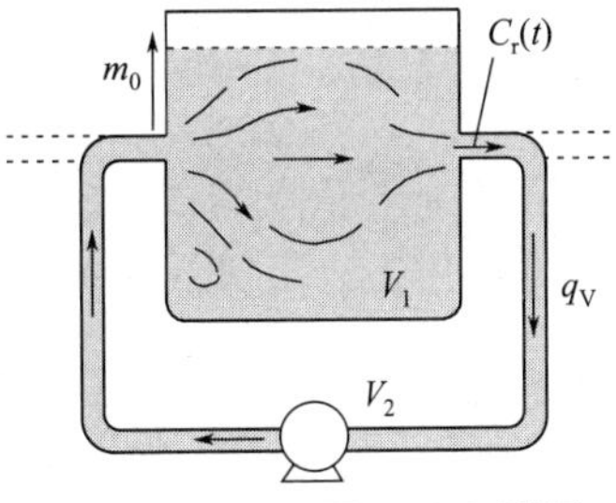

图 12-28 习题 12-18 附图

12-18 封闭循环系统脉冲示踪实验及 RTD 密度函数计算。参见图 12-28，为确定容器 V_1 出口截面上流体的 RTD 密度函数 $E_1(t)$，进行脉冲示踪实验，但由于排放限制等原因，不得不将容器进出口用管路连接形成封闭系统，这使得出口截面的示踪剂浓度 C_r 同时包括对脉冲输入和示踪剂返回输入的响应。现通过

脉冲示踪实验测得出口截面上示踪剂浓度 $C_r(t_i)$ 与时间 t_i 的数据（见表12-1）。若循环管路流动模式可视为平推流，试由表中数据计算 $E_1(t_i)$。

已知：容器流体体积 V_1、循环管路体积 V_2、示踪剂量 m_0 和流体流量 q_V 如下

$$V_1 = 245\text{L},\quad V_2 = 74.15\text{L},\quad m_0 = 60\text{g},\quad q_V = 25.08\text{m}^3/\text{h}$$

提示：应用习题12-17第①问给出表达式。

表12-1　容器出口截面上的示踪剂浓度及对应时间

t/s	C_r/(g/L)	*t*/s	C_r/(g/L)	*t*/s	C_r/(g/L)	*t*/s	C_r/(g/L)	*t*/s	C_r/(g/L)	*t*/s	C_r/(g/L)
0	0.0000	15	0.2500	30	0.1912	45	0.1765	60	0.1880	75	0.1907
1	0.0000	16	0.2680	31	0.1850	46	0.1782	61	0.1866	76	0.1910
2	0.0000	17	0.2745	32	0.1800	47	0.1810	62	0.1852	77	0.1900
3	0.0000	18	0.2745	33	0.1750	48	0.1828	63	0.1838	78	0.1890
4	0.0000	19	0.2730	34	0.1720	49	0.1840	64	0.1824	79	0.1883
5	0.0000	20	0.2680	35	0.1690	50	0.1865	65	0.1805	80	0.1879
6	0.0020	21	0.2600	36	0.1662	51	0.1885	66	0.1800	81	0.1878
7	0.0065	22	0.2530	37	0.1645	52	0.1895	67	0.1805	82	0.1877
8	0.0180	23	0.2460	38	0.1640	53	0.1915	68	0.1823	83	0.1876
9	0.0390	24	0.2390	39	0.1638	54	0.1920	69	0.1837	84	0.1877
10	0.0670	25	0.2300	40	0.1650	55	0.1922	70	0.1850	85	0.1878
11	0.0970	26	0.2215	41	0.1680	56	0.1924	71	0.1865	86	0.1879
12	0.1300	27	0.2130	42	0.1700	57	0.1920	72	0.1882	87	0.1880
13	0.1750	28	0.2050	43	0.1720	58	0.1910	73	0.1895	……	……
14	0.2170	29	0.1975	44	0.1745	59	0.1900	74	0.1903	140	0.1880

第12章
习题答案

附　录

附录 A　矢量与场论的基本定义和公式

A.1　矢量运算基本公式

直角坐标系下，任意矢量 **A** 及矢量 **A** 的模分别表示为

$$\mathbf{A}=A_x\mathbf{i}+A_y\mathbf{j}+A_z\mathbf{k}，\quad |\mathbf{A}|=\sqrt{A_x^2+A_y^2+A_z^2}$$

A.1.1　两个矢量的数积（或称点积）

定义： **A**、**B** 两矢量，夹角为 θ（≤π），其数积或点积定义为

$$\mathbf{A}\cdot\mathbf{B}=|\mathbf{A}||\mathbf{B}|\cos\theta=A_xB_x+A_yB_y+A_zB_z \tag{A-1}$$

意义： 两矢量的数积中，既可将 $|\mathbf{B}|\cos\theta$ 看成是矢量 **B** 在 **A** 上的投影，也可将 $|\mathbf{A}|\cos\theta$ 看成是矢量 **A** 在 **B** 上的投影，因此，若 **A**、**B** 两矢量相互垂直则必然有

$$\mathbf{A}\cdot\mathbf{B}=A_xB_x+A_yB_y+A_zB_z=0 \tag{A-2}$$

运算： 设 **A**、**B**、**C** 为矢量，λ 为常数，则矢量数积满足下列运算规律

$$\mathbf{A}\cdot\mathbf{B}=\mathbf{B}\cdot\mathbf{A} \tag{A-3a}$$

$$\mathbf{A}\cdot(\mathbf{B}+\mathbf{C})=\mathbf{A}\cdot\mathbf{B}+\mathbf{A}\cdot\mathbf{C} \tag{A-3b}$$

$$(\lambda\mathbf{A})\cdot\mathbf{B}=\lambda(\mathbf{A}\cdot\mathbf{B})=\mathbf{A}\cdot(\lambda\mathbf{B}) \tag{A-3c}$$

A.1.2　两个矢量的矢积（或称叉积）

定义： **A**、**B** 两矢量，夹角为 θ（≤π），其矢积或叉积为

$$\mathbf{A}\times\mathbf{B}=\begin{vmatrix}\mathbf{i} & \mathbf{j} & \mathbf{k}\\ A_x & A_y & A_z\\ B_x & B_y & B_z\end{vmatrix}=(A_yB_z-A_zB_y)\mathbf{i}+(A_zB_x-A_xB_z)\mathbf{j}+(A_xB_y-A_yB_x)\mathbf{k} \tag{A-4}$$

意义： **A**、**B** 两矢量矢积的模 $|\mathbf{A}\times\mathbf{B}|=|\mathbf{A}||\mathbf{B}|\sin\theta$ 等于以 **A**、**B** 为邻边所作平行四边形的面积，因此，若 **A**、**B** 两矢量平行则必然有

$$\mathbf{A}\times\mathbf{B}=0 \text{ 或 } (A_yB_z-A_zB_y)=(A_zB_x-A_xB_z)=(A_xB_y-A_yB_x)=0 \tag{A-5}$$

运算： 设 **A**、**B**、**C** 为矢量，λ 为常数，则矢量矢积满足下列运算规律

$$\mathbf{A}\times\mathbf{B}=-\mathbf{B}\times\mathbf{A} \tag{A-6a}$$

$$\mathbf{A}\times(\mathbf{B}+\mathbf{C})=\mathbf{A}\times\mathbf{B}+\mathbf{A}\times\mathbf{C} \tag{A-6b}$$

$$(\lambda\mathbf{A})\times\mathbf{B}=\lambda(\mathbf{A}\times\mathbf{B})=\mathbf{A}\times(\lambda\mathbf{B}) \tag{A-6c}$$

$$\mathbf{A}\times(\mathbf{B}\times\mathbf{C})=(\mathbf{A}\cdot\mathbf{C})\mathbf{B}-(\mathbf{A}\cdot\mathbf{B})\mathbf{C} \tag{A-6d}$$

A.1.3 三个矢量的混合积

定义：A、**B**、**C** 三个矢量的混合积为

$$\mathbf{A}\cdot(\mathbf{B}\times\mathbf{C})=\begin{vmatrix}A_x & A_y & A_z\\ B_x & B_y & B_z\\ C_x & C_y & C_z\end{vmatrix} \tag{A-7a}$$

或

$$\mathbf{A}\cdot(\mathbf{B}\times\mathbf{C})=A_xB_yC_z+A_yB_zC_x+A_zB_xC_y-A_xB_zC_y-A_yB_xC_z-A_zB_yC_x \tag{A-7b}$$

意义：混合积 $\mathbf{A}\cdot(\mathbf{B}\times\mathbf{C})$ 的绝对值等于以 **A**、**B**、**C** 为邻边所作平行六面体的体积，因此，若 **A**、**B**、**C** 三个矢量共面，则必然有 $\mathbf{A}\cdot(\mathbf{B}\times\mathbf{C})=0$ 。

运算：对于 **A**、**B**、**C** 三个矢量的混合积有

$$\mathbf{A}\cdot(\mathbf{B}\times\mathbf{C})=\mathbf{B}\cdot(\mathbf{C}\times\mathbf{A})=\mathbf{C}\cdot(\mathbf{A}\times\mathbf{B}) \tag{A-8}$$

A.2 梯度、散度和旋度

直角坐标中矢量 $\mathbf{A}=A_x\mathbf{i}+A_y\mathbf{j}+A_z\mathbf{k}$

柱坐标系中矢量 $\mathbf{A}=A_r\mathbf{e}_r+A_\theta\mathbf{e}_\theta+A_z\mathbf{e}_z$

式中 $\mathbf{e}_r$、$\mathbf{e}_\theta$、$\mathbf{e}_z$ 分别是 r、θ、z 方向的单位矢量，但 $\mathbf{e}_r$、$\mathbf{e}_\theta$ 不是常矢量，且

$$\mathbf{e}_r=\cos\theta\mathbf{i}+\sin\theta\mathbf{j},\quad \mathbf{e}_\theta=-\sin\theta\mathbf{i}+\cos\theta\mathbf{j},\quad \mathbf{e}_z=\mathbf{k},\quad \frac{\partial\mathbf{e}_r}{\partial\theta}=\mathbf{e}_\theta,\quad \frac{\partial\mathbf{e}_\theta}{\partial\theta}=-\mathbf{e}_r \tag{A-9}$$

A.2.1 哈密尔顿（Hamilton）算子及拉普拉斯（Laplace）算子

哈密尔顿（Hamilton）算子 ∇ 是矢量微分算子，其定义如下

$$\nabla=\frac{\partial}{\partial x}\mathbf{i}+\frac{\partial}{\partial y}\mathbf{j}+\frac{\partial}{\partial z}\mathbf{k}\quad 或\quad \nabla=\mathbf{e}_r\frac{\partial}{\partial r}+\mathbf{e}_\theta\frac{1}{r}\frac{\partial}{\partial\theta}+\mathbf{e}_z\frac{\partial}{\partial z} \tag{A-10}$$

拉普拉斯（Laplace）算子 ∇^2 是二阶微分算子，其定义如下

$$\nabla^2=\frac{\partial^2}{\partial x^2}+\frac{\partial^2}{\partial y^2}+\frac{\partial^2}{\partial z^2}\quad 或\quad \nabla^2=\frac{1}{r}\frac{\partial}{\partial r}\left(r\frac{\partial}{\partial r}\right)+\frac{1}{r^2}\frac{\partial^2}{\partial\theta^2}+\frac{\partial^2}{\partial z^2} \tag{A-11}$$

A.2.2 梯度

设标量函数 ϕ 连续可微，则 ϕ 的梯度 $\mathrm{grad}(\phi)$ 定义为

$$\nabla\phi=\frac{\partial\phi}{\partial x}\mathbf{i}+\frac{\partial\phi}{\partial y}\mathbf{j}+\frac{\partial\phi}{\partial z}\mathbf{k}\quad 或\quad \nabla\phi=\frac{\partial\phi}{\partial r}\mathbf{e}_r+\frac{1}{r}\frac{\partial\phi}{\partial\theta}\mathbf{e}_\theta+\frac{\partial\phi}{\partial z}\mathbf{e}_z \tag{A-12}$$

标量函数 ϕ 的梯度 $\nabla\phi$ 是矢量，指向 ϕ 变化率最大的方向。矢量的梯度同此定义。

A.2.3 散度

设矢量函数 **A** 连续可微，则 **A** 的散度 $\mathrm{div}(\mathbf{A})$ 定义为

$$\nabla\cdot\mathbf{A}=\frac{\partial A_x}{\partial x}+\frac{\partial A_y}{\partial y}+\frac{\partial A_z}{\partial z}\quad 或\quad \nabla\cdot\mathbf{A}=\frac{1}{r}\frac{\partial rA_r}{\partial r}+\frac{1}{r}\frac{\partial A_\theta}{\partial\theta}+\frac{\partial A_z}{\partial z} \tag{A-13}$$

矢量函数 **A** 的散度 $\nabla\cdot\mathbf{A}$ 是标量函数。

A.2.4 旋度

设矢量函数 **A** 连续可微，则 **A** 的旋度 $\mathrm{rot}(\mathbf{A})$ 定义为

$$\nabla\times\mathbf{A}=\left(\frac{\partial A_z}{\partial y}-\frac{\partial A_y}{\partial z}\right)\mathbf{i}+\left(\frac{\partial A_x}{\partial z}-\frac{\partial A_z}{\partial x}\right)\mathbf{j}+\left(\frac{\partial A_y}{\partial x}-\frac{\partial A_x}{\partial y}\right)\mathbf{k} \tag{A-14}$$

或

$$\nabla\times\mathbf{A}=\left(\frac{1}{r}\frac{\partial A_z}{\partial \theta}-\frac{\partial A_\theta}{\partial z}\right)\mathbf{e}_r+\left(\frac{\partial A_r}{\partial z}-\frac{\partial A_z}{\partial r}\right)\mathbf{e}_\theta+\frac{1}{r}\left(\frac{\partial rA_\theta}{\partial r}-\frac{\partial A_r}{\partial \theta}\right)\mathbf{e}_z \tag{A-15}$$

A.3 Hamilton 算子的常用运算公式

Hamilton 算子常用运算公式如下，其中 $\mathbf{A}$、$\mathbf{B}$ 是两个矢量函数，ϕ、η 是标量函数，$\mathbf{c}$ 是常矢量，c 是常数。

（1）$\nabla(c\phi)=c\nabla\phi$

（2）$\nabla(\phi\pm\eta)=\nabla\phi\pm\nabla\eta$

（3）$\nabla(\phi\eta)=\phi\nabla\eta+\eta\nabla\phi$

（4）$\nabla(\mathbf{A}\cdot\mathbf{B})=\mathbf{A}\times(\nabla\times\mathbf{B})+\mathbf{A}\cdot\nabla\mathbf{B}+\mathbf{B}\times(\nabla\times\mathbf{A})+\mathbf{B}\cdot\nabla\mathbf{A}$

（5）$\nabla\cdot(c\mathbf{A})=c\nabla\cdot\mathbf{A}$

（6）$\nabla\cdot(\mathbf{A}\pm\mathbf{B})=\nabla\cdot\mathbf{A}\pm\nabla\cdot\mathbf{B}$

（7）$\nabla\cdot(\mathbf{c}\phi)=(\nabla\phi)\cdot\mathbf{c}$

（8）$\nabla\cdot(\phi\mathbf{A})=\mathbf{A}\cdot(\nabla\phi)+\phi(\nabla\cdot\mathbf{A})$

（9）$\nabla\cdot(\mathbf{A}\times\mathbf{B})=(\nabla\times\mathbf{A})\cdot\mathbf{B}-(\nabla\times\mathbf{B})\cdot\mathbf{A}$

（10）$\nabla\cdot(\nabla\phi)=\nabla^2\phi$

（11）$\nabla\cdot(\nabla\times\mathbf{A})=0$

（12）$\nabla\times(c\mathbf{A})=c\nabla\times\mathbf{A}$

（13）$\nabla\times(\mathbf{A}\pm\mathbf{B})=\nabla\times\mathbf{A}\pm\nabla\times\mathbf{B}$

（14）$\nabla\times(\mathbf{c}\phi)=(\nabla\phi)\times\mathbf{c}$

（15）$\nabla\times(\phi\mathbf{A})=\phi(\nabla\times\mathbf{A})+(\nabla\phi)\times\mathbf{A}$

（16）$\nabla\times(\mathbf{A}\times\mathbf{B})=\mathbf{B}\cdot\nabla\mathbf{A}-\mathbf{A}\cdot\nabla\mathbf{B}-\mathbf{B}(\nabla\cdot\mathbf{A})+\mathbf{A}(\nabla\cdot\mathbf{B})$

（17）$\nabla\times(\nabla\phi)=0$

（18）$\nabla\times(\nabla\times\mathbf{A})=\nabla(\nabla\cdot\mathbf{A})-\nabla^2\mathbf{A}$

以下公式中，$\mathbf{r}=x\mathbf{i}+y\mathbf{j}+z\mathbf{k}$ 为矢径，其模 $r=|\mathbf{r}|=\sqrt{x^2+y^2+z^2}$，且 $\mathbf{r}^\circ=\mathbf{r}/r$：

（19）$\nabla r=\mathbf{r}/r=\mathbf{r}^\circ$

（20）$\nabla\cdot\mathbf{r}=3$

（21）$\nabla\times\mathbf{r}=\mathbf{0}$

（22）$\nabla f(r)=f'(r)\nabla r=f'(r)(\mathbf{r}/r)=f'(r)\mathbf{r}^\circ$

（23）$\nabla\times[f(r)\mathbf{r}]=\mathbf{0}$

（24）$\nabla\times(r^{-3}\mathbf{r})=\mathbf{0}$

A.4 矢量的积分定理

A.4.1 斯托克斯公式

设矢量函数 $\mathbf{F}$ 在曲面 S 上连续可微，$\mathbf{n}$ 是曲面 S 的外法线单位矢量，C 是曲面 S 的封闭边缘线，且 C 的正方向与 $\mathbf{n}$ 构成右手螺旋系，$\mathbf{r}$ 是边缘线 C 上任意点的矢径，则

$$\oint_C \mathbf{F}\cdot\mathrm{d}\mathbf{r}=\iint_S(\nabla\times\mathbf{F})\cdot\mathbf{n}\mathrm{d}S \tag{A-16}$$

该式称为斯托克斯公式，根据该式可将封闭曲线积分转化为曲面积分，反之亦然。

A.4.2 高斯公式

设矢量函数 $\mathbf{F}$ 在光滑封闭曲面 S 所包围的三维区域 V 内连续可微，$\mathbf{n}$ 是曲面 S 任意点的外法线单位矢量，则以下矢量积分公式成立

$$\oiint_S \mathbf{F}\cdot\mathbf{n}\mathrm{d}S=\iiint_V \nabla\cdot\mathbf{F}\mathrm{d}V \quad 或 \quad \oiint_S \mathbf{F}\times\mathbf{n}\mathrm{d}S=-\iiint_V(\nabla\times\mathbf{F})\mathrm{d}V \tag{A-17}$$

若标量函数 ϕ 在光滑封闭曲面 S 所包围的三维区域 V 内连续可微，$\mathbf{n}$ 是曲面 S 任意点的外法线单位矢量，$\mathbf{r}$ 是区域 V 内任意点的矢径，则以下矢量积分公式成立

$$\oiint_S \mathbf{n}\phi\mathrm{d}S=\iiint_V \nabla\phi\mathrm{d}V \quad 或 \quad \oiint_S \mathbf{r}\times\mathbf{n}\phi\mathrm{d}S=\iiint_V \mathbf{r}\times\nabla\phi\mathrm{d}V \tag{A-18}$$

以上公式都可称为高斯公式。由此可将相应情况下的封闭曲面积分转化为体积分。

附录 B　常见物理量的量纲、单位换算及常见特征数

表B-1　常见物理量的量纲、单位及其换算

（基本量纲：长度L，质量M，时间T，温度Θ；英制等其他单位×转换系数=SI制标准单位）

物理量名称[量纲]	英制等其他单位	转换系数	SI制标准单位
长度[L]	Å	10^{-10}	m
	in	0.0254	m
	ft	0.3048	m
	yd	0.9144	m
	mile	1609.3	m
面积[L^2]	in^2	6.45×10^{-4}	m^2
	ft^2	0.0929	m^2
体积[L^3]	in^3	1.639×10^{-5}	m^3
	ft^3	0.02832	m^3
	gal(US)	3.785×10^{-3}	m^3
	L(liter)	0.001	m^3
密度[$M L^{-3}$]	lb_m/ft^3	16.02	kg/m^3
	g/cm^3	1000	kg/m^3
黏度[$M L^{-1}T^{-1}$]	cP	0.001	Pa·s
	poise	0.1	Pa·s
	$lb_f\cdot s/ft^2$	47.88	Pa·s
	$lb_m/(ft\cdot s)$	1.488	Pa·s
比热容[$L^2T^{-2}\Theta^{-1}$]	$Btu/(lb_m\cdot {}^\circ F)$	4186.8	J/(kg·K)
	cal/(g·K)	4186.8	J/(kg·K)
扩散系数[L^2T^{-1}]	ft^2/h	2.581×10^{-5}	m^2/s
	ft^2/s	0.0929	m^2/s
导热系数[$MLT^{-3}\Theta^{-1}$]	erg/(cm·s·K)	10^{-5}	W/(m·K)
	cal/(cm·s·K)	418.68	W/(m·K)
	$lb_f/(s\cdot {}^\circ F)$	8.007	W/(m·K)
	$Btu/(ft\cdot h\cdot {}^\circ F)$	1.731	W/(m·K)
传热系数[$MT^{-3}\Theta^{-1}$]	$g/(s^3\cdot K)$	10^{-3}	$W/(m^2\cdot K)$
	$cal/(cm^2\cdot s\cdot K)$	41868	$W/(m^2\cdot K)$
	$lb_m/(s^3\cdot {}^\circ F)$	0.8165	$W/(m^2\cdot K)$
	$Btu/(ft^2\cdot h\cdot {}^\circ F)$	5.678	$W/(m^2\cdot K)$

物理量名称[量纲]	英制等其他单位	转换系数	SI制标准单位
力[MLT^{-2}]	dyne	10^{-5}	$N=kg\cdot m/s^2$
	lb_f	4.4482	$N=kg\cdot m/s^2$
	poundal	0.138	$N=kg\cdot m/s^2$
质量[M]	Ib_m	0.4536	kg
	ton(2000 lb)	907	kg
能量[ML^2T^{-2}]	Btu	1055.06	J=N·m
	cal	4.1868	J=N·m
	kcal	4186.8	J=N·m
	erg	10^{-7}	J=N·m
	$ft\cdot lb_f$	1.356	J=N·m
	kW·h	3.6×10^6	J=N·m
功率[ML^2T^{-3}]	Btu/s	1055.06	W=J/s
	cal/s	4.1868	W=J/s
	kcal/s	4186.8	W=J/s
	$ft\cdot lb_f/s$	1.356	W=J/s
	hp	735.5	W=J/s
压力[$ML^{-1}T^{-2}$]	atm	101325	$Pa=N/m^2$
	$ata=kgf/cm^2$	9.807×10^4	$Pa=N/m^2$
	bar	10^5	$Pa=N/m^2$
	lb_f/in^2(psi)	6895	$Pa=N/m^2$
	lb_f/ft^2	47.88	$Pa=N/m^2$
	dyn/cm^2	0.1	$Pa=N/m^2$
	torr	133.3	$Pa=N/m^2$
	inH_2O	249.1	$Pa=N/m^2$
	inH_g	3386.2	$Pa=N/m^2$
	mmH_2O	9.807	$Pa=N/m^2$
	mmH_g	133.3	$Pa=N/m^2$
温度[Θ]	$t(^\circ C)=(5/9)[t(^\circ F)-32]$ $T(K)=t(^\circ C)+273.15$		

表中符号注解：

ata—工程大气压
atm—标准大气压
Å—埃
bar—巴
Btu—英热单位
cal—卡
cm—厘米
cP—厘泊
dyne—达因
erg—尔格
ft—英尺
g—克
gal—加仑
h—小时
hp—马力
Hg—汞柱
H_2O—水柱
in—英寸
J—焦耳
kcal—千卡
kg—千克
kgf—公斤力
kW—千瓦
K—开尔文
lb_f—磅(力)
lb_m—磅(质量)
L—升
m—米
mile—英里
N—牛顿
poise—泊
poundal—磅达
Pa—帕
s—秒
ton—吨(英)
torr—托
W—瓦
yd—码
℃—摄氏度
℉—华氏度

表B-2 常见特征数（相似准数）及其意义

符号	准数名称	英文名称	定义式	意义与应用	符号定义
Ar	阿基米德	Archimedes	$\frac{\rho(\rho_p-\rho)gd^3}{\mu^2}$	有效重力与黏性力之比；应用于混合对流、颗粒流态化问题	a—声速 A—物体表面积 c_p—定压比热 d—颗粒直径 D_{AB}—质量扩散系数 h—对流换热系数 h_D—对流传质系数 k—流体导热系数 k_s—固体导热系数 L—定性尺度 P—流体压力 q_m—质量流量 t—时间 u—定性速度 V—物体体积 α—热扩散系数$(=k/\rho C_p)$ β—热膨胀系数 ΔT—流体温差 μ—流体黏度 ρ—流体密度 ρ_p—颗粒密度 ν—动量扩散系数或运动黏度
Bi	毕渥	Biot	$\frac{hL}{k_s}$或$\frac{h(V/A)}{k_s}$	物体内部导热热阻与边界对流换热热阻之比；应用于热传导问题	
Ca	毛细管(泰勒)	Capillary (Taylor)	$\frac{\mu u}{\sigma}$或We/Re	黏性力与表面张力之比；用于表征两相流中分散相液滴的形变和破裂行为	
Eu	欧拉	Euler	$\frac{p}{\rho u^2}$	压力与惯性力之比；应用于压差流或涉及空化的流动问题。	
Fo	傅里叶	Fourier	$\frac{\alpha t}{L^2}$或$\frac{\alpha t}{(V/A)^2}$	热扩散时间准数；应用于非稳态热传导问题，反映导热进程快慢	
Fr	佛鲁德	Froude	$\frac{u^2}{gL}$	惯性力与重力之比；应用于有自由表面的流动问题	
Ga	伽利略	Galileo	$\frac{g\rho^2d^3}{\mu^2}$	浮力与黏性力之比；应用于自然对流、颗粒沉降或流态化问题	
Gr	格拉晓夫	Grashof	$\frac{L^3\rho^2g\beta\Delta T}{\mu^2}$	温差浮力与黏性力之比；应用于自然对流换热问题	
Gz	格雷兹	Graetz	$\frac{q_mc_p}{kL}$	表征对流换热进口区长度；应用于管道内的对流换热问题	
Le	刘易斯	Lewis	$\frac{k}{c_p\rho D_{AB}}$或$\frac{\alpha}{D_{AB}}$	热量扩散与质量扩散之比；应用于对流换热问题	
Ma	马赫	Mach	$\frac{u}{a}$	流体速度与声速之比；应用于高速气体流动问题	
Nu	鲁塞尔特	Nusselt	$\frac{hL}{k}$	导热与对流热阻之比，表征对流换热强度；应用于对流换热问题	
Pe	贝克列	Peclet	$\frac{uL}{\alpha}$或$RePr$	热对流与热扩散速率之比；应用于对流换热问题	
			$\frac{uL}{D_{AB}}$或$ReSc$	对流流速与质量扩散速率之比；应用于对流传质问题	
Pr	普兰特	Prandtl	$\frac{c_p\mu}{k}$或$\frac{\nu}{\alpha}$	动量扩散与热量扩散之比；应用于对流换热问题	
Re	雷诺	Reynolds	$\frac{\rho uL}{\mu}$	惯性力与黏性力之比；应用于涉及黏性和惯性力的流动。	
Sc	斯密特	Schmidt	$\frac{\mu}{\rho D_{AB}}$或$\frac{\nu}{D_{AB}}$	动量扩散与质量扩散之比；应用于对流传质问题	
Sh	谢伍德	Sherwood	$\frac{h_DL}{D_{AB}}$	扩散与对流传质阻力比，表征对流传质强度；应用于对流传质问题	
St	斯坦顿	Stanton	$\frac{h}{c_p\rho u}$或$\frac{RePr}{Nu}$	组合准数，对流换热与热焓增量之比；应用于对流换热问题	
St	斯特哈尔	Strouhal	$\frac{L}{ut}$	局部加速度与对流加速度之比；应用于非稳态或周期性流动问题	
We	韦伯	Weber	$\frac{\rho u^2L}{\sigma}$或$CaRe$	惯性力与表面张力之比；应用于涉及流体界面力的流动问题	

附录C 常见流体的物性参数

表C-1 常压下常见液体的主要性质

流体名称	温度 t/℃	密度 ρ/(kg/m³)	黏度 μ/(10⁻³Pa·s)	比热容 c/[J/(kg·K)]	表面张力系数* σ/(N/m)	体积弹性模数 E_V/(10⁹Pa)
水	20	998	1.00	4187	0.073	2.171
海水	20	1023	1.07	3933	0.073	2.300
水银	20	13550	1.56	139.4	0.5137 (0.3926)	26.200
四氯化碳	20	1596	0.9576	842	0.0268 (0.0449)	1.386
乙醇	20	789	1.1922	—	0.0223	—
苯	20	876	0.6511	1720	0.029	1.030
甘油	20	1258	1494	2386	0.063	4.344
煤油	20	808	1.92	2000	0.025	—
汽油	20	680	0.29	2100	—	—
润滑油SAE10	20	918	82	—	0.037	1.724
润滑油SAE30	20	918	440	—	0.036	1.724
原油	20	856	7.2	—	0.03	—
液氢	−257	73.7	0.021	—	0.0029	—
液氧	−195	1206	0.278	~964	0.015	—

* 括号内的数据为液体与水接触，其余均指液体与空气接触。

表C-2 常见气体的主要性质（t=20℃，p=10⁵Pa）

气体名称	符号	分子量 M /(kg/kmole)	密度 ρ /(kg/m³)	黏度 μ /10⁻⁶Pa·s	气体常数 R /[J/(kg·K)]	比热容/[J/(kg·K)]		绝热指数 $k=c_p/c_v$
						c_p	c_v	
空气		28.97	1.205	18.1	287	1005	716	1.40
水蒸气	H_2O	18.02	0.747	10.1	461	1867	1406	1.33
氮	N_2	28.02	1.16	17.6	297	1038	742	1.40
氧	O_2	32.00	1.33	20.0	260	917	657	1.40
氢	H_2	2.016	0.084	9.0	4124	14320	10190	1.40
氦	He	4.003	0.166	19.7	2077	5200	3123	1.67
一氧化碳	CO	28.01	1.16	18.2	297	1042	745	1.40
二氧化碳	CO_2	44.01	1.84	14.8	189	845	656	1.29
甲烷	CH_4	16.04	0.668	13.4	519	2227	1709	1.30

表C-3 常见气体动力黏度随温度变化经验公式常数值（p=10⁵Pa）

气体名称	空气	水蒸气	氮	氧	氢	一氧化碳	二氧化碳	二氧化硫
μ_0/10⁻⁶Pa·s	17.09	8.93	16.60	19.20	8.4	16.80	13.80	11.60
C	111	961	104	125	71	100	254	306

气体动力黏度关联式

$$\mu=\mu_0\frac{273+C}{T+C}\left(\frac{T}{273}\right)^{1.5}$$

其中 μ 是温度为 T(K) 时气体的动力黏度，μ_0 为0℃时气体的黏度，C 为依气体而定的常数。

表C-4 水的物性参数

温度 t /°C	压力 $p\times10^{-5}$ /Pa	密度 ρ /(kg/m³)	热焓 $i\times10^{-3}$ /(J/kg)	比热容 $c_p\times10^{-3}$ / J/(kg·K)	导热系数 $\lambda\times10^2$ / [W/(m·K)]	导温系数 $a\times10^7$ / (m²/s)	动力黏度 $\mu\times10^5$ / Pa·s	运动黏度 $\nu\times10^6$ / (m²/s)	体积膨胀系数 $\beta\times10^4$ / K^{-1}	表面张力系数 $\sigma\times10^3$ / (N/m)	普兰特数 Pr
0	1.01	999.9	0	4.212	55.08	1.31	178.78	1.789	−0.63	75.61	13.66
10	1.01	999.7	42.04	4.191	57.41	1.37	130.53	1.306	+0.70	74.14	9.52
20	1.01	998.2	83.99	4.183	59.85	1.43	100.42	1.006	1.82	72.67	7.01
30	1.01	995.7	125.69	4.174	61.71	1.49	80.12	0.805	3.21	71.20	5.42
40	1.01	992.2	165.71	4.174	63.33	1.53	65.32	0.659	3.87	69.63	4.30
50	1.01	988.1	209.30	4.174	64.73	1.57	54.92	0.556	4.49	67.67	3.54
60	1.01	983.2	251.12	4.178	65.89	1.61	46.98	0.478	5.11	66.20	2.98
70	1.01	977.8	292.99	4.167	66.70	1.63	40.60	0.415	5.70	64.33	2.53
80	1.01	971.8	334.94	4.195	67.40	1.66	35.50	0.365	6.32	62.57	2.21
90	1.01	965.3	376.98	4.208	67.98	1.68	31.48	0.326	6.95	60.71	1.95
100	1.01	958.4	419.19	4.220	68.21	1.69	28.24	0.295	7.52	58.84	1.75
110	1.43	951.0	461.34	4.233	68.44	1.70	25.89	0.272	8.08	56.88	1.60
120	1.99	943.1	503.67	4.250	68.56	1.71	23.73	0.252	8.64	54.82	1.47
130	2.70	934.8	546.38	4.266	68.56	1.72	21.77	0.233	9.17	52.86	1.35
140	3.62	926.1	589.08	4.287	68.44	1.73	20.10	0.217	9.72	50.70	1.26
150	4.76	917.0	632.20	4.312	68.33	1.73	18.62	0.203	10.3	48.64	1.18
160	6.18	907.4	675.33	4.346	68.21	1.73	17.36	0.191	10.7	46.58	1.11
170	7.92	897.3	719.29	4.379	67.86	1.73	16.28	0.181	11.3	44.33	1.05
180	10.03	886.9	763.25	4.417	67.40	1.72	15.30	0.173	11.9	42.27	1.00
190	12.55	876.0	807.63	4.460	66.93	1.71	14.42	0.165	12.6	40.01	0.96
200	15.55	863.0	852.43	4.505	66.24	1.70	13.63	0.158	13.3	37.66	0.93
210	19.08	852.8	897.65	4.555	65.48	1.69	13.04	0.153	14.1	35.40	0.91
220	23.20	840.3	943.71	4.614	66.49	1.66	12.46	0.148	14.8	33.15	0.89
230	27.98	827.3	990.18	4.681	63.68	1.64	11.97	0.145	15.9	30.99	0.88
240	33.48	813.6	1037.49	4.756	62.75	1.62	11.47	0.141	16.8	28.54	0.87
250	39.78	799.0	1085.64	4.844	62.71	1.59	10.98	0.137	18.1	26.19	0.86
260	46.95	784.0	1135.04	4.949	60.43	1.56	10.59	0.135	19.7	23.73	0.87
270	55.06	767.9	1185.28	5.070	58.92	1.51	10.20	0.133	21.6	21.48	0.88
280	64.20	750.7	1236.28	5.229	57.41	1.46	9.81	0.131	23.7	19.12	0.89
290	74.46	732.3	1289.95	5.485	55.78	1.39	9.42	0.129	26.2	16.87	0.93
300	85.92	712.5	1344.80	5.736	53.92	1.32	9.12	0.128	29.2	14.42	0.97
310	98.70	691.1	1402.16	6.071	52.29	1.25	8.83	0.128	32.9	12.06	1.02
320	112.90	667.1	1462.03	6.573	50.55	1.15	8.53	0.128	38.2	9.81	1.11
330	128.65	640.2	1526.19	7.243	48.34	1.04	8.14	0.127	43.3	7.67	1.22
340	146.09	610.1	1594.75	8.164	45.67	0.92	7.75	0.127	53.4	5.67	1.38
350	165.38	574.4	1671.37	9.504	43.00	0.79	7.26	0.126	66.8	3.82	1.60
360	186.75	528.0	1761.39	13.984	39.51	0.54	6.67	0.126	109	2.02	2.36
370	210.54	450.5	1892.43	40.391	33.70	0.19	5.69	0.126	264	0.47	6.80

表 C-5 干空气的物性参数（$p=10^5$Pa）

温度t /℃	密度ρ /(kg/m^3)	比热容$c_p\times10^{-3}$ / [J/(kg·K)]	导热系数$\lambda\times10^2$ / [W/(m·K)]	导温系数$a\times10^5$ / (m^2/s)	动力黏度$\mu\times10^5$ / Pa·s	运动黏度$\nu\times10^6$ / (m^2/s)	普兰特数 Pr
−50	1.584	1.013	2.034	1.27	1.46	9.23	0.727
−40	1.515	1.013	2.115	1.38	1.52	10.04	0.723
−30	1.453	1.013	2.196	1.49	1.57	10.80	0.724
−20	1.395	1.009	2.278	1.62	1.62	11.60	0.717
−10	1.312	1.009	2.359	1.74	1.67	12.73	0.714
0	1.293	1.005	2.440	1.88	1.71	13.22	0.708
10	1.248	1.005	2.510	2.01	1.76	14.10	0.708
20	1.205	1.005	2.591	2.14	1.81	15.02	0.686
30	1.165	1.005	2.673	2.29	1.86	16.00	0.701
40	1.128	1.005	2.754	2.43	1.90	16.84	0.696
50	1.093	1.005	2.824	2.57	1.96	17.95	0.697
60	1.060	1.005	2.893	2.72	2.01	18.97	0.698
70	1.029	1.009	2.963	2.86	2.06	20.02	0.701
80	1.000	1.009	3.044	3.02	2.11	21.09	0.699
90	0.972	1.009	3.126	3.19	2.15	22.10	0.693
100	0.946	1.009	3.207	3.36	2.19	23.13	0.695
120	0.898	1.009	3.335	3.68	2.29	25.50	0.692
140	0.854	1.013	3.486	4.03	2.37	27.80	0.688
160	0.815	1.017	3.637	4.39	2.45	30.09	0.685
180	0.779	1.022	3.777	4.75	2.53	32.49	0.684
200	0.746	1.026	3.928	5.14	2.60	34.85	0.679
250	0.674	1.038	4.265	6.10	2.74	40.61	0.666
300	0.615	1.047	4.602	7.16	2.97	48.33	0.675
350	0.566	1.059	4.904	8.19	3.14	55.46	0.677
400	0.524	1.068	5.206	9.31	3.31	63.09	0.679
500	0.456	1.093	5.740	11.53	3.62	79.38	0.689
600	0.404	1.114	6.217	13.83	3.91	96.89	0.700
700	0.362	1.135	6.700	16.34	4.18	115.4	0.707
800	0.329	1.156	7.170	18.88	4.43	134.8	0.714
900	0.301	1.172	7.623	21.62	4.67	155.1	0.719
1000	0.277	1.185	8.064	24.59	4.90	177.1	0.719
1100	0.257	1.197	8.494	27.63	5.12	199.3	0.721
1200	0.239	1.210	9.145	31.65	5.35	233.7	0.717

参考文献

[1] 陈文梅 . 流体力学基础 . 北京：化学工业出版社，1995.

[2] 黄卫星，陈文梅 . 工程流体力学 . 北京：化学工业出版社，2001.

[3] 黄卫星，李建明，肖泽仪 . 工程流体力学 . 2 版 . 北京：化学工业出版社，2009.

[4] 潘文全 . 工程流体力学 . 北京：清华大学出版社，1988.

[5] 黄卫星 . 流体流动问题解析与计算 . 北京：化学工业出版社，2021.

[6] 李之光 . 相似与模化（理论与应用）. 北京：国防工业出版社，1982.

[7] R. B. 伯德，W. E. 斯图沃特，E. N. 莱特富特 . 传递现象（戴干策，戎顺熙，石炎福译）. 北京：化学工业出版社，2004.

[8] Welty J R，Wicks C E，Wilson R E，Gregory R. Fundamentals of Momentum，Heat，and Mass Transfer. 4th ed. New York：John Wiley & Sons，2001.

[9] Roberson J A，Crowe C T. Engineering Fluid Mechanics. 5th ed. Boston：Houghton Mifflin Company，1993.

[10] Finnemore E J，Franzini J B. 流体力学及其工程应用（第 10 版）. 北京：清华大学出版社，2003.

[11] Douglas J F，Gasiorek J F，Swaffield J A. Fluid Mechanics. 3nd ed. 北京：世界图书出版公司，2000.

[12] Douglas J F & Matthews R D. 流体力学题解（第 1 卷，第 3 版）. 北京：世界图书出版公司，2000.

[13] J M Coulson and J F Richardson. Chemical Engineering，Volume 1（化学工程，第一卷，第 6 版）. 北京：世界图书出版公司，2000.

[14] 戴干策，陈敏恒 . 化工流体力学（第二版）. 北京：化学工业出版社，2005.

[15] 陈敏恒，丛德滋，方图南，齐鸣斋 . 化工原理（上册，第二版）. 北京：化学工业出版社，1999.

[16] 康永，张建伟，李桂水 . 过程流体机械 . 北京：化学工业出版社，2008.

[17] 刘桂玉，刘志刚，阴建民，何雅玲 . 工程热力学 . 北京：高等教育出版社，1998.

[18] 数学手册编写组编 . 数学手册 . 北京：高等教育出版社，2000.

[19] Haaland S E. Simple and explicit Formulas for the Friction Factor in Turbulent Pipe Flow. *J Fluids Engineering*，Vol. 105，March，1983.

[20] Mishra P，Gupta S N. Momentum transfer in curved pipes-1 Newtonian fluids. *Ind Eng Chem Process Des Dev*，1979，18（1）:130-136

[21] Huang W-X，Gu D-T. A Study on Secondary Flow and Fluid Resistance in a Helically Coiled Tube with Rectangular Cross Section. *International Journal of Chemical Engineering*. 1989，29（3）：480-485.

[22] Min Qiao，Wenyun Wei，Weixing Huang，et al. Flow patterns and hydrodynamic model for gas-liquid co-current downward flow through an orifice plate. *Experimental Thermal and Fluid Science*，2019，100：144-157.

[23] Chaojun Deng，Weixing Huang. Modeling and design procedures for decontamination of an evaporation tower with sieve trays in radioactive wastewater treatment of nuclear power plant. *Environment Engineering Science*，2017，34（9）：648-658.

[24] Wangde Shi，Weixing Huang，Zhou Yuhan，et al. Hydrodynamics and pressure loss of concurrent gas-liquid downward flow through sieve plate packing. *Chemical Engineering Science*，2016，143（4）：206-215.

[25] Zhang Taoxian，Pan Dawei，Huang Weixing，et al. Effect of interface deformation on hydrodynamics of liquid–liquid two-phase flow in a confined microchannel. *Chemical Engineering Journal*，2022，427（Jan 1，131956）：1-11

[26] 徐博雅，邓朝俊，何雄元，王虢元，黄卫星．卧式双堰型三相分离器液层厚度的计算模型．化工设备与管道，2017，54（03）：23-27

[27] 黄卫星，余华瑞，石炎福．强制循环蒸发器流体停留时间分布测试分析．高校化学工程学报，1996，10（2）:140-144.

[28] 高章帆，范沐易，刘少北，邹雄，黄卫星．折流板设备中流体停留时间分布与流动形态的对比研究．过程工程学报，2021，21（11）：1269-1276